Leitfäden der angewandten Informatik

G. Dorffner
Konnektionismus

Leitfäden der angewandten Informatik

Herausgegeben von

Prof. Dr. Hans-Jürgen Appelrath, Oldenburg
Prof. Dr. Lutz Richter, Zürich
Prof. Dr. Wolffried Stucky, Karlsruhe

Die Bände dieser Reihe sind allen Methoden und Ergebnissen der Informatik gewidmet, die für die praktische Anwendung von Bedeutung sind. Besonderer Wert wird dabei auf die Darstellung dieser Methoden und Ergebnisse in einer allgemein verständlichen, dennoch exakten und präzisen Form gelegt. Die Reihe soll einerseits dem Fachmann eines anderen Gebietes, der sich mit Problemen der Datenverarbeitung beschäftigen muß, selbst aber keine Fachinformatik-Ausbildung besitzt, das für seine Praxis relevante Informatikwissen vermitteln; andererseits soll dem Informatiker, der auf einem dieser Anwendungsgebiete tätig werden will, ein Überblick über die Anwendungen der Informatikmethoden in diesem Gebiet gegeben werden. Für Praktiker, wie Programmierer, Systemanalytiker, Organisatoren und andere, stellen die Bände Hilfsmittel zur Lösung von Problemen der täglichen Praxis bereit; darüber hinaus sind die Veröffentlichungen zur Weiterbildung gedacht.

Konnektionismus

Von neuronalen Netzwerken zu einer „natürlichen" KI

Von Dr. Georg Dorffner
Universität Wien

B. G. Teubner Stuttgart 1991

Dipl.-Ing. Dr. Georg Dorffner

Geboren 1962 in Wien. Von 1980 bis 1985 Studium der Nachrichtentechnik und der Informatik an der Technischen Universität Wien. Von 1985 bis Ende 1986 Forschungsassistent an der Indiana University, USA, und Studium Computer Science mit Abschluß M.S. und Ende 1989 Ph.D. mit Nebenfach Linguistik. Dissertation über ein sub-symbolisches konnektionistisches Modell einfacher Aspekte der Sprache. Seit Anfang 1987 Assistent am Institut für Medizinische Kybernetik und Artificial Intelligence der Universität Wien, Leiter der Abteilung Konnektionismus und Neuronale Netzwerke an diesem Institut und am Österreichischen Forschungsinstitut für Artificial Intelligence. Seit 1988 Dozent einer Vorlesung über Konnektionismus und sub-symbolische AI an der Universität Wien. Federführende Mitarbeit am ESPRIT-II Projekt „NEUFODI: Neural Networks for Forecasting and Diagnosis Applications".

Die Deutsche Bibliothek – CIP-Einheitsaufnahme

Dorffner, Georg:
Konnektionismus : von neuronalen Netzwerken zu einer
„natürlichen" KI / von Georg Dorffner. – Stuttgart : Teubner,
1991
  (Leitfäden der angewandten Informatik)
  ISBN 978-3-519-02455-2   ISBN 978-3-322-94665-2 (eBook)
  DOI 10.1007/978-3-322-94665-2

Gesamtherstellung: Zechnersche Buchdruckerei GmbH, Speyer
Umschlaggestaltung: P.P.K,S-Konzepte Tabea Koch, Ostfildern/Stgt.

Vorwort

'Konnektionismus' – ein für den Laien wahrscheinlich inhaltsleeres Wort. Noch. Denn unter Informatikern, Psychologen, Philosophen und Kognitionsforschern wird dieser Begriff bereits mehr und mehr zum Schlagwort und steht dort für eine faszinierende und immer populärer werdende neue Forschungsrichtung der *künstlichen Intelligenz* (bzw. *Artificial Intelligence* oder *AI*).[1] Dabei wird versucht, zur Nachbildung von intelligenten und kognitiven Handlungen auf Maschinen nicht vom bisher üblichen Aufbau von Computern auszugehen, sondern stattdessen von Modellen, die einige wichtige Anleihen an der Funktionsweise des menschlichen Gehirns nehmen – passenderweise *neuronale Netzwerke* genannt. Sie sind kein Versuch, wirklich das Gehirn nachzubauen – dafür hat man in dieses auch noch viel zu wenig Einblick – aber es ist eine entscheidende, um nicht zu sagen vielleicht revolutionäre Alternative, einen Modellansatz für wesentliche Aspekte intelligenten Handelns zu entwerfen. In diesem Sinne könnte der Konnektionismus die Artificial Intelligence nachhaltig beeinflussen.

Dieses Buch versucht, in die Grundbegriffe des Konnektionismus einzuführen und mit dessen Hilfe eine neue Form der Artificial Intelligence, die nach Ideen von Hofstadter und Smolensky so benannte *sub–symbolische AI*, zu formulieren. Wesentliches Merkmal dieser Form von Artificial Intelligence ist, daß sie zunächst von der Modellierung von unbewußten, assoziativen oder intuitiven Vorgängen ausgeht. Symbolisches Denken, Schlußfolgern und Anwenden von Regeln spielen nach wie vor eine wesentliche Rolle, müssen aber in den Mechanismus der assoziativen Vorgänge eingebettet sein. Der Unterschied zur klassischen Vorstellung besteht darin, daß auch Wissen im Modell einen Platz haben kann, das sich nicht exakt durch Symbole und Symbolstrukturen darstellen läßt. Konzepte und Symbole, die für diese stehen, bilden nur eine

---

[1] In diesem Buch soll statt 'künstliche Intelligenz' der in Österreich übliche Terminus 'Artificial Intelligence' in der gleichen Bedeutung verwendet werden.

Annäherung einer viel reicheren Struktur, die sich gewissermaßen *unterhalb* der linguistischen Symbole befindet – daher der Name *sub–symbolisch*.

Eine weitere Implikation des neuen Paradigmas ist die folgende: Da das Lernen, bzw. die Selbstorganisation ein Grundbestandteil konnektionistischer Modelle ist, öffnen sich Möglichkeiten, von der strengen Abbildungstheorie der klassischen AI wegzukommen. Wissen muß nun zu großen Teilen nicht mehr formalisiert und (vom Systemdesigner) in das Modell eingebracht werden, sondern es kann sich aufgrund der Interaktionen mit der Umwelt selbst heranbilden. Repräsentation von Wissen (im strengen Sinne einer Abbildung vom System auf die wirkliche Welt) kann somit zum Großteil durch Selbstorganisation ersetzt werden. Konzepte und Symbole in diesem Wissen können so gestaltet werden, daß sie in den erfahrbaren Zuständen des Systems sozusagen "verankert" sind, etwas was man in letzter Zeit im englischen Sprachraum *'grounding'* nennt. Dies scheint wesentliche Auswirkungen auf die Betrachtungsweise intelligenter Vorgänge und auf so wesentliche Aspekte wie *Bedeutung* zu haben.

Dieses Buch liefert starke Argumente für das neue (sub–symbolische) Paradigma, wenn es darum geht, plausible Computermodelle der Intelligenz zu erstellen. Dabei sollen aber viele Erkenntnisse des klassischen Paradigmas keineswegs aufgegeben, sondern vielmehr in die Modellvorstellung eingebunden werden. Da die sub-symbolische AI sich zunächst auf der Ebene unbewußter assoziativer und intuitiver Vorgänge bewegt, will sie klassische Ansätze hauptsächlich auf dieser Ebene verdrängen. Bewußte symbolische und regelhafte Vorgänge müssen darin eingebettet werden – ein Punkt, wo sich das neue Paradigma mit dem alten treffen kann. In diesem Licht werden existierende konnektionistische Ansätze durchaus kritisch betrachtet, um zukünftige Richtungen der Forschung aufzuzeigen.

In diesem Sinn ist das Buch also nicht nur eine technische Einführung in ein neues Fachgebiet, sondern auch eine theoretische Abhandlung einer alternativen Denkvorstellung. Es kann daher einerseits als einführender Text in neuronale Netzwerke und konnektionistische Systeme, andererseits aber auch als Diskussionsgrundlage über das Wesen der Artificial Intelligence und Kognitionsforschung verstanden werden. Theorie und Praxis werden gleichermaßen beleuchtet.

Zum Inhalt

Dieses Buch besteht im wesentlichen aus vier Teilen:

Der erste Teil beschäftigt sich mit den Grundlagen. Nach einer allgemeinen Diskussion der Grundpfeiler der klassischen ("symbolischen") AI wird ausführlich der Konnektionismus vorgestellt: Einer Einführung in die Grundideen neuronaler Netzwerke folgt eine ausführliche Diskussion der fundamentalen Architekturen, ihrer Eigenschaften und Kombinationsmöglichkeiten. Einige bekannte Beispiele werden ebenfalls besprochen. In einem weiteren Kapitel werden die Aktivierungsausbreitung, das Lernen und das Wesen der verteilten Repräsentation und Verarbeitung in Netzwerken einer detaillierten Betrachtung zugeführt. Dies soll ein Verständnis der Vorgänge in verteilten Netzwerken bringen.

Der zweite Teil beinhaltet eine Formulierung des sub-symbolischen Paradigmas, ausgehend von den Arbeiten Hofstadters (1982), Smolenskys (1987a, 1988), sowie eine eingehende Betrachtung der Auswirkungen dieser Modellvorstellung. Zunächst wird auf das Thema Repräsentation eingegangen. Dann wird diskutiert, welche Rolle Symbole, die für intelligentes Handeln sehr wohl wesentlich sind, spielen, bzw. wie sie in den Mechanimsus eingebettet werden können. Analog dazu werden Regeln im klassischen und im verteilten Sinne beleuchtet. Eine Diskussion der Lernvorgänge in konnektionistischen Modellen sowie Themen wie Stochastizität u. a. schließen den zweiten Teil ab. Dabei werden die sub-symbolischen Ansätze nicht nur den symbolischen gegenübergestellt, sondern auch kritisch auf ihre momentanen Grenzen und Unzulänglichkeiten hin durchleuchtet.

Der dritte Teil bietet eine mehr anwendungsorientierte Sicht der sub-symbolischen AI. Es wird gezeigt, in welchen Teilgebieten der AI mit Hilfe des Konnektionismus Erfolge erzielt werden können oder schon erzielt wurden, bzw. wie sich diese Bereiche in die sub-symbolische AI einordnen. Weitere Grenzen des Ansatzes und Probleme, die noch zu lösen sein werden, werden hier aufgezeigt.

Der vierte und letzte Teil beinhaltet schließlich eine kritische Zusammenfassung der Hypothesen der sub–symbolischen AI. Zunächst werden gängige Kritiken von seiten der Vertreter des klassischen Paradigmas (z.B. Fodor & Pylyshyn 1988) diskutiert. Daraus ist zu sehen, daß – so plausibel die präsentierten Beobachtungen für viele erscheinen – das neue Paradigma keineswegs von allen unwidersprochen akzeptiert wird. Ja mehr noch, die Auseinandersetzungen unter den Wissenschaftlern nehmen mitunter schon fast "kriegerische" Zustände an. Abschließend wird ein Versuch unternommen, die mögliche Zukunft des Konnektionismus in der AI zu erkunden, und dessen vielleicht unüberwindlichen Grenzen aufzuzeigen.

Zu den Lesern dieses Buchs

Dieses Buch ist aus einem Skriptum zu einer Vorlesung an der Universität Wien entstanden. Es richtet sich daher vor allem an Studenten und Wissenschaftler der Informatik, Philosophie, Psychologie, Linguistik (u.a.) und sonstige Interessierte der Artificial Intelligence (künstliche Intelligenz) und des immer populärer werdenden Themas Konnektionismus. Voraussetzungen für das Verständnis dieses Buches sind lediglich einige Grundkenntnisse der Artificial Intelligence und – zum Erfassen der Funktionsweise der Netzwerke – fundamentales Wissen über Vektoralgebra.

Danksagungen

Ich bedanke mich besonders bei Univ.-Prof. Dr. Robert Trappl für die Unterstützung und die freundliche Atmosphäre am Institut für Medizinische Kybernetik und Artificial Intelligence der Universität Wien, die mir die Arbeit an diesem Buch ermöglicht hat; weiters meinen Kollegen – insbesondere Christian Mannes, Herbert Wiklicky, Martin Rotter, Silvia Miksch, Paolo Petta, Markus Peschl, Gerhard Widmer – für hilfreiche Diskussionen, Anregungen und für mühevolles Korrekturlesen. Meine Kontakte zu Paul Smolensky und David Touretzky haben mir wesentliche Impulse gegeben. Außerdem danke ich allen Studenten meiner Vorlesungen und Seminare der letzten Jahre, die durch ihr Feedback erst die Reifung dieses Buchs ermöglicht haben. Zu guter letzt gilt mein Dank meiner Frau Gabriele, die mir unter anderem geholfen hat, einige der Tücken des sonst so angenehmen Desktop-Publishing Systems zu überwinden.

Wien, im Frühjahr 1991   *Georg Dorffner*

–*–

Für David.

Inhaltsverzeichnis

12 Kategorisierung und Konzeptualisierung   346

Teil 1

Die Grundlagen

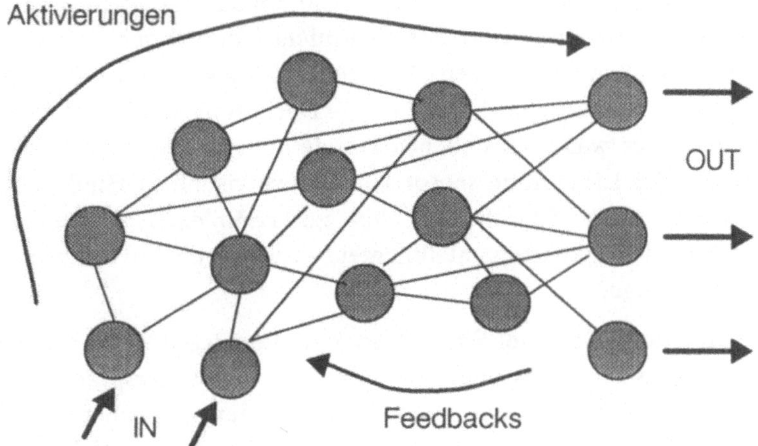

Der erste Teil dieses Buches stellt zunächst die Grundannahmen der klassischen Artificial Intelligence vor und führt dann ausführlich in das Gebiet der neuronalen Netzwerke (des Konnektionismus) ein. Dabei werden zunächst die Grundprinzipien erklärt und die gängigsten Modellmodule vorgestellt, ehe einige Mechanismen genauer unter die Lupe genommen werden, um dem Leser ein Bild dessen zu vermitteln, was neuronale Netzwerke zu leisten imstande sind.

1 Von der klassischen AI zum Konnektionismus

1.1 Allgemeines

Was heißt es, intelligent zu sein? In der umgangssprachlichen Verwendung von 'Intelligenz' bedeutet das am ehesten, Handlungen durchzuführen, deren Lösung nicht trivial ist, und die daher auch nicht jeder Mensch gleich gut erledigen kann – manche sind eben "intelligenter" als andere. In einer viel weiteren – und "wissenschaftlicheren" – Definition bedeutet Intelligenz jedoch beinahe alles was menschliches Handeln ausmacht, bzw. ermöglicht. Angefangen bei der Erkennung sensorischer (etwa visueller) Eindrücke, über das Beherrschen einer Sprache bis hin zu komplexen Problemlösungsvorgängen reicht das Spektrum intelligenter – oder auch im weitesten Sinne *kognitiver* – Vorgänge.

Fragt man eine "Person auf der Straße", so wird diese wohl kaum meinen, daß das Erkennen eines Freundes oder das Sprechen der Muttersprache sehr viel mit Intelligenz zu tun hat – "denn das kann doch jeder". Betrachtet man diese Leistungen jedoch näher, so erkennt man, daß dabei Erstaunliches vor sich gehen muß. Dies erkennt man besonders dann, wenn man versucht, einer Maschine solche Intelligenz einzuhauchen. Kein Computer schafft es noch, die Großmutter seines Erbauers in allen Lebenslagen zu erkennen. Stattdessen kann er fünfzig-stellige Zahlen in Windeseile miteinander multiplizieren, wo doch der intelligente Mensch oft schon bei einfachen Rechnungen aufgibt. Dies ist eine offensichtliche Diskrepanz zwischen Mensch und Maschine.

Eine *Maschine* intelligent zu machen – das ist das Ziel einer Forschungsrichtung, die schon auf die Anfänge des Computerzeitalters – und weiter – zurückgeht: die *Artificial Intelligence* (*AI*, zu deutsch: *künstliche Intelligenz, KI*). Doch genau hier scheiden sich bereits die Geister, wenn es darum geht, das 'I' in 'AI' zu definieren.

Ein möglicher Ausweg aus der Begriffsverwirrung wäre die Definition von AI als Versuch, Maschinen ein Verhalten zu verleihen, wie es in etwa von einem menschlichen Partner *erwartet* würde. Dazu gehören auch die Fähigkeiten, in einer natürlichen Sprache zu kommunizieren, aus unvollständigen Angaben die plausibelste Vorgangsweise zu erahnen, den Benutzer auf Fehler aufmerksam zu machen, und vieles mehr. AI wird damit in erster Linie die Entwicklung von *Performanzmodellen*, das heißt, die Erstellung von Mechanismen, die sich nach Möglichkeit in einer gewissen Aufgabenstellung nach außen hin ähnlich wie ein Mensch verhalten. Das hat zur Folge, daß man im Prinzip nicht so sehr auf die interne Struktur der Systeme achten muß, solange das beobachtbare Verhalten dem gewünschten entspricht. Der Zweck heiligt hier, wie so oft, die Mittel. Im Unterschied zur allgemeineren Kognitionswissenschaft (Cognitive Science), wo das Ziel auch die Entwicklung eines Strukturmodells ist, haben die meisten "reinen" AI-Forscher Systeme im Auge, die einen vorgegebenen Job möglichst gut ausführen.

Viele AI-Systeme verbleiben jedoch nicht auf der Ebene eines Performanzmodells, sondern werden auch als ein allgemeineres Modell für menschliche Kognition angesehen (z.B. Laird et al. 1987). Auch in diesem Buch wird AI mit größeren Ambitionen betrachtet: nicht nur als Unterfangen, ein gut funktionierendes System für eine begrenzte Domäne zu entwickeln, sondern als Versuch dem Verständnis menschlichen Denkens bei der Modellierung ein wenig näher zu kommen. Dabei wird es sich jedoch herausstellen, daß zu diesem Zweck die Voraussetzungen für AI-Modelle, wie sie jahrzehntelang vorherrschend waren, nicht mehr ganz adäquat sind. Dieses Buch ist daher ein Versuch, das zugrundliegende Paradigma der AI neu zu formulieren und in verschiedenen Anwendungen zu durchleuchten.

Sehen wir uns daher zunächst einmal an, worauf die AI der bisherigen Jahre – ab nun 'klassisch', 'traditionell' oder 'konventionell' genannt – meist beruht:

1.2 Die Annahmen der AI

Obwohl, wie wir gerade gesehen haben, die interne Struktur eines Systems nicht das Hauptaugenmerk der AI sein müßte, wurde dennoch bereits sehr früh der Versuch unternommen, eine Hypothese über die Beschaffenheit intelligenter Systeme aufzustellen. Die bekannteste dieser Art ist zweifellos die sogenannte **'Physical Symbol Systems Hypothesis'** (PSSH) von Newell & Simon (1976), die folgendes aussagt:

Ein 'Physical Symbol System' hat die notwendigen und hinreichenden Voraussetzungen für ein intelligentes System.

Def: Ein 'Physical Symbol System' ist ein System, das aus Symbolen und Symbolstrukturen besteht, die physikalisch realisiert sein müssen.

Wir werden uns noch später ausführlich damit auseinandersetzen, was etwas zu einem Symbol oder einer Symbolstruktur macht. Die Hypothese besagt, daß soferne ein System Symbole physikalisch realisiert, es auch alle Voraussetzungen dafür, ein intelligentes System realisieren zu können, erfüllt hat. Interessant ist dabei die Betonung auf *'notwendige* **und** *hinreichende Bedingung'*. Mit anderen Worten kann nicht nur jedes Symbolsystem ein intelligentes System sein, sondern umgekehrt, ist jedes intelligente System – also auch der Mensch – ein symbolverarbeitendes System.

Eine zweite Annahme der AI ist diejenige der **Wissensbasiertheit.** Es wird angenommen, daß alle intelligenten Vorgänge umfangreiches Wissen zur Voraussetzung haben, das im System gespeichert und jederzeit abrufbar sein muß. Zu dieser Erkenntnis ist man in vielen Bereichen erst recht spät gelangt, so hat man zum Beispiel bei der Verarbeitung von natürlicher Sprache zu Beginn hauptsächlich die syntaktischen Muster behandelt, ehe man erkannte, daß ohne eine frühe Berücksichtigung der Bedeutung von Aussagen selbst bei kleinen Domänen eine Analyse nur sehr schwer oder gar nicht möglich ist. Um die Bedeutung festzustellen, muß das System über Wissen – sowohl sprachliches als auch allgemeines Weltwissen – verfügen. Als Folge ist das Problem der *Wissensrepräsentation* das Zentralthema der meisten AI-Forschungen.

Als Beispiel einer möglichen Umsetzung dieser beiden Annahmen können sogenannte *semantische Netzwerke* dienen, die in der AI weite Verwendung finden (Brachman & Schmolze 1985, Trost 1983). Sie stellen eine der Möglichkeiten dar, sich das in ein System einzubringende Wissen angeordnet zu denken. Wie das einfache Beispiel in Abb. 1.1 zeigt, bestehen semantische Netze konzeptuell aus Knoten, die Objekte in der realen Welt repräsentieren und Kanten, die Beziehungen zwischen den Objekten darstellen. Die Knoten und Kanten sind die Symbole im System und werden in Form von eindeutigen Bitstrings und Verweisen auf Speicherzellen (*Pointern*) im Computer realisiert. Damit sind die Voraussetzungen der PSSH erfüllt.

Zu den Stärken semantischer Netzwerke zählt unter anderem die Eigenschaft, Hierarchien von Objekten oder Konzepten darzustellen, und allgemeines Wissen, das für alle Unterkonzepte einer in der Hierarchie weit oben stehenden Struktur gilt, durch sogenannte *Vererbung*smechanismen effizient zu speichern.

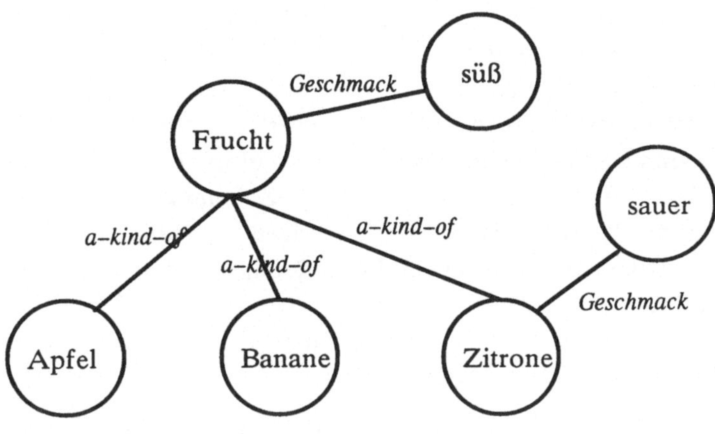

Abb. 1.1

Zum Beispiel ist in Abb. 1.1 die Eigenschaft *süß*, die im allgemeinen für Früchte gilt, direkt am (sogenannten generischen) Knoten *Frucht* angehängt. Will man nun wissen, wie ein Apfel schmeckt, sucht man zunächst, ob beim Konzept Apfel eine Kante *Geschmack* zu finden ist. Ist das nicht der Fall, steigt man die Hierarchie (durch Kanten, die man allgemein mit *is-a* oder *a-kind-of* bezeichnet) hoch, bis man eine entsprechende Kante (hier bei *Frucht*) findet. In Ausnahmefällen, wie der der Zitrone, kann die Vererbung überschrieben werden. Durch solche und ähnliche Mechanismen erreichen semantische Netzwerke eine Komplexität, die über das bloße Aufzählen von Namen weit hinausgeht, und somit allgemein als effiziente Repräsentation menschlichen Alltags- und Fachwissen angesehen wird.

1.2.1 Hintergründe der Physical Symbol System Hypothesis

Beleuchten wir nun etwas näher, was es bedeutet, wenn man die PSSH, so wie sie oben formuliert wurde, als Grundlage für die AI nimmt. Zunächst müssen wir definieren, was ein *Symbol* ist. So wie es in der AI verwendet wird, ist ein Symbol eine eindeutig identifizierbare und lokalisierbare Einheit, die per Definition *"für etwas steht"*, bzw. dieses Etwas *repräsentiert*. Das Aussehen des Symbols ist dabei beliebig (*arbiträr*), es kann eine Kette von Zeichen sein, eine Ansammlung von aufgemalten Linien oder – wie im Computer – eine Menge von elektrischen Zuständen (die meist als Zeichenkette und sodann als Symbol interpretiert wird). Wichtig dabei ist, daß zwar zur Darstellung von Symbolen sehr oft eine Aneinanderkettung von kleineren Einheiten (etwa Buchstaben, die wiederum aus Linien bestehen) gewählt wird, diese kleineren Bestandteile selbst aber nichts repräsentieren, also bedeutungslos sind. Mit anderen Worten, Symbole sind atomar, also nicht sinnvoll zu zerlegen. Zum Beispiel ist es nicht bedeutungsvoll, das Wort 'Apfel' im Netzwerk aus Abb. 1.1 in die Bestandteile A, p, f, e und l zu zerlegen. Anstelle dieses Worts könnte genausogut 'apple', 'hund', 'xyz' oder irgendeine andere Zeichenkette stehen, ohne die Funktionalität des Systems zu beeinträchtigen. Wichtig ist nur die eindeutige Identifizierbarkeit und die (ebenfalls eindeutige) Abbildung vom Symbol auf das repräsentierte Konzept.

1.2.1.1 Erklärbarkeit der Modelle

Solange nun jedes Symbol eine Interpretation hat – und das war ja vorausgesetzt – hat auch jede Handlung, die auf dem so dargestellten Wissen basiert, eine Interpretation. Ist zusätzlich jedes Symbol mit einem Namen verbunden (meist ein Wort aus der Sprache des Designers) werden alle Aufgaben, die das System durchführt, *beschreibbar*. Wenn zum Beispiel ein System, das über das semantische Netz in Abb. 1.1 verfügt, den Satz "Ein Apfel schmeckt meist süß" produziert, kann man die Frage "Wie kommt das System zu diesem Schluß" leicht beantworten, indem man Schritt für Schritt den Vererbungsmechanismus nachvollzieht, so ähnlich wie es hier im Text des vorigen Absatzes geschehen ist.

1.2.1.2 Die Church-Turing These

Abgesehen von der Annehmlichkeit, die die Tatsache mit sich bringt, ein wissensbasiertes System jederzeit beschreiben zu können, scheint der Grund, sich für eine symbolische Darstellung zu entscheiden, auch in der Architektur der heute gebräuchlichen Maschinen (sprich: Computer) zu liegen. Diese Architektur wird im allgemeinen nach *von Neumann*, einem der Pioniere des Computerzeitalters, benannt und ist in Abb. 1.2 schematisch dargestellt.

Demnach besteht ein Computer aus drei wesentlichen Komponenten: Einem *Hauptspeicher*, einem *Prozessor* und einer *Ein-/Ausgabeeinheit*. Sowohl Daten als auch Programme stehen als Bitfolgen im Speicher. Um ein Programm abzuarbeiten, liest nun der Prozessor Befehl für Befehl einzeln ein, interpretiert ihn und führt in aus. Zu den Möglichkeiten zählen hier im allgemeinen einfache arithmetische und logische Verknüpfungen, sowie der Datentransfer. Als Folge besteht jedes Programm aus Einzelbefehlen, die sequentiell und zentral vom selben Prozessor ausgeführt werden.

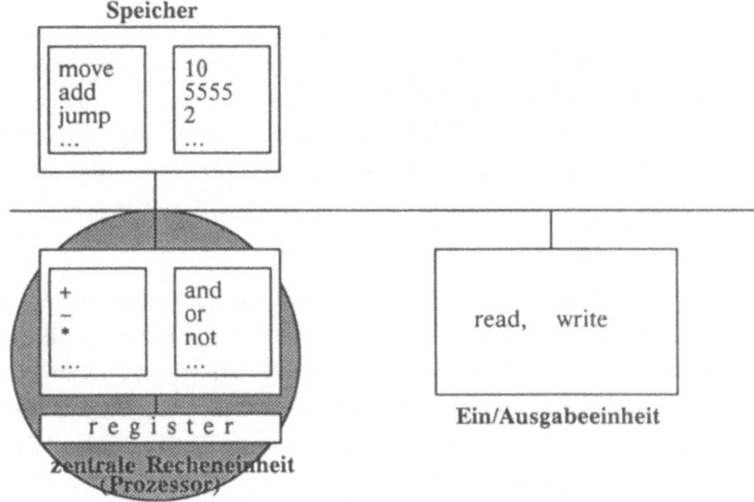

Abb. 1.2

Um dem Programmierer auch Problemlösungen auf einem abstrakteren Niveau als dem der einfachen Maschinenbefehle zu ermöglichen, wurden höhere Programmiersprachen entworfen. Sie erlauben Formulierungen, die auch anderen als der von Neumann Architektur entsprechen können. Diese werden dann in das einfache Maschinenbefehlsschema übersetzt. Theoreme wie die Church-Turing These beweisen, daß das möglich ist.

Church-Turing These:
Jede berechenbare Funktion kann von einer Turing-Maschine berechnet werden, somit auch von jeder Maschine, die einer Turingmaschine äquivalent ist.
Ein von Neumann Computer, mit theoretisch beliebig viel Speicherraum, ist einer Turingmaschine äquivalent.

Eine *Turingmaschine*,[1] auf der diese These beruht, ist ein Gedankenmodell einer informationsverarbeitenden Maschine und besteht aus relativ wenigen einfachen Elementen, wie einem Speicher (Band), Symbolen, einem Programm (Übergangsschema) und einem einfachen Prozessor (Lese/

---

[1] Für eine exakte Definition der Turingmaschine siehe Hopcroft&Ullman (1979)

Schreibekopf). Die Ähnlichkeiten mit einer von Neumann Architektur sind leicht zu sehen.

Aufgrund dieser These kann man einen Lösungsweg in Form eines Computerprogramms als unabhängig von der internen Struktur der Maschine sehen. Sie zeigt, daß soferne die Maschine mächtig genug ist (und das ist die von Neumann Maschine), man jeden berechenbaren Vorgang auf ihr implementieren kann. Das Thema der Architektur wäre somit weitgehend abgehakt.

Die Konsequenzen dieser These passen perfekt zu den Annahmen der AI, nämlich, daß die interne Struktur eines Prozesses solange keine Rolle spielt, als man damit an der Oberfläche das gewünschte Verhalten erreichen kann. Die PSSH ist in gewissem Sinne eine Instanz der Church-Turing These. Sie besagt ja, daß es genügt, Symbole und symbolverarbeitende Prozesse zur Verfügung zu haben, um damit jeden denkbaren (intelligenten) Vorgang zu simulieren. Ein intelligentes System – inklusive des Menschen – wird damit einer Turingmaschine gleichgesetzt, intelligente Handlungen entsprechen berechenbaren Funktionen.

Diese Sichtweise wird *Computermetapher* genannt. Der Computer – in seiner heute gebräuchlichen Bauweise – als das komplexeste vom Menschen erfundene informationsverarbeitende System wird als ein Analogon für das menschliche Denken herangezogen. Oder noch viel weitreichender, das menschliche Gehirn und der elektronische Computer werden als zwei gleichwertige mögliche Instanzen von informationsverarbeitenden und intelligenten Systemen angesehen. Dieser Vergleich geht in vielen Arbeiten so weit, daß verschiedenen in Computerprogrammen bewährten Mechanismen wie Stackverarbeitung (z.B. Marcus 1979) oder rekursive Regelanwendung eine Entsprechung im menschlichen Denken zugeordnet wird.

1.2.1.3 Prozeßstrukturen auf Makroebene

Die Beschaffenheit der von Neumann Architektur hat aber noch weitere Konsequenzen. Auf einer Maschine dieser Art kann man nicht nur jedes Programm Schritt für Schritt verfolgen und nachvollziehen, sondern auch jeden Schritt unmittelbar als einen Vorgang in der repräsentierten Welt interpretieren. Die Maschinenbefehle sind nämlich so gestaltet, daß sie die Bearbeitung von Daten, die direkt interpretiert werden können, nahelegen. Eine Addition entspricht im allgemeinen auch auf abstrakterem Niveau einer Addition, ein Sprung an eine andere Programmstelle entspricht meist auch einem konzeptuellen Sprung an eine andere Stelle im Problemlösungsablauf. Das müßte nicht so sein. Höhere Programmiersprachen wären abstrakt genug, um Prozesse zu implementieren, die am Niveau der Maschinensprache keine direkte Enstprechung mehr haben, sondern nur mehr indirekt verwirklicht sind. Nichtsdestotrotz scheint sich beim Entwurf von Programmen die Sicht der Nachvollziehbarkeit und direkten Interpretierbarkeit auch auf höherem Niveau über weite Teile durchgesetzt zu haben.

In der AI bedeutet das einerseits, daß sich die unmittelbare Bedeutung der Daten auf Maschinenniveau auf die unmittelbare Bedeutung von Symbolen in einer höheren Wissensrepräsentation übersetzt zu haben scheint. Die Tatsache, daß sich auf Maschinenebene jeder Programmschritt interpretieren läßt, beeinflußt das Design von abstrakteren Prozessen so sehr, daß auch auf höherer Ebene interpretierbare und nachvollziehbare Programme vorherrschend bleiben. Andererseits hat das aber auch zur Folge, daß in AI-Prozessen sehr oft eine zentrale Steuerungseinheit (wie z.B. ein Regelinterpreter (Marcus 1979) oder ein Parser (Winograd 1983)) angenommen wird.[2] Auch hier hat sich also die Prozessorstruktur auf mikroskopischer Ebene auf die makroskopische übertragen.

Ein Beispiel soll dies illustrieren: Obwohl es mehr oder weniger bekannt ist, daß das visuelle Erkennen von Objekten ein Vorgang ist, der zum grossen Teil auf ganzheitlichen Assoziationen beruht, ist es in der AI sehr üblich, Algorithmen zu entwerfen, die eher reduktionistisch das Gesamtbild aus Bildpunkten und geometrischen Primitiven wie Geraden und Kreisen zusammenzusetzen versuchen (z.B. Waltz 1975). Ein solcherart gestaltetes Programm erlaubt es – soferne es funktioniert – jeden Schritt der Erkennung zu erklären, da alle verwendeten Konzepte (wie *Linie*, *Polygon*, etc.) eine direkte Entsprechung haben. Eine Implementierung des Prozesses, bei dem einzelne Bildpunkte nur als kleiner Beitrag zum Ganzen gesehen werden, und deren Teile nicht notwendigerweise unmittelbar evident sein müssen, wurde lange Zeit nicht betrachtet. Konnektionismus, so wie er weiter unten vorgestellt wird, ist eine solche Implementierung.

---

[2] Es gibt eine Reihe von AI-Modellen, die nicht eine einzige Steuerungseinheit voraussetzen, wie zum Beispiel das Hearsay-Modell zur Spracherkennung (Lesser et al. 1975), das mit dem sogenannten Blackboard-Mechanismus mehreren Prozessen gleichzeitig erlaubt, an zu analysierenden Strukturen zu arbeiten. Solche Modelle sind jedoch überraschend rar. Außerdem wird – auch in Hearsay – meist innerhalb der einzelnen Module wieder eine zentrale Steuerung angenommen.

1.3 Ebenen kognitiver Prozesse

Warum sollte man nach einer Prozeßimplementierung verlangen, bei der nicht jeder Schritt notwendigerweise direkt interpretierbar ist? Ein genauerer Blick auf die Natur kognitiver Prozesse gibt darauf eine Antwort.

Im allgemeinen wird unter *Kognition* die Fähigkeit des Menschen verstanden, in Symbolen zu denken, zu abstrahieren und Sprache zu verwenden. Menschliches Verhalten – so wird von den meisten Kognitionsforschern angenommen – geschieht nicht bloß nach dem Stimulus-Response Schema, in dem ein bestimmtes sensorisches Muster eine bestimmte Aktion auslöst. Wir können kategorisieren, was wir empfinden, diese Kategorien benennen und auf einer sehr abstrakten Ebene darüber reflektieren, Entscheidungen treffen und anderen Menschen Teile unseres dergestalteten Wissens mitteilen. Zum Beispiel können wir nicht nur Katzen von Tigern unterscheiden (eine Kategorisierung, zu der viele Tiere auch fähig sind) und dementsprechend entweder zum Streicheln übergehen oder davonlaufen. Wir können auch bewußt logisch über eine Situation nachdenken und etwa wie folgt zu einem Schluß kommen:

"Da ich momentan in Indien bin, muß es daher ein indischer Tiger sein. Unlängst habe ich doch gelesen ... wie hieß doch gleich das Magazin .. ach ja, im National Geographic. Also wie ging das? Wenn ich mich jetzt ganz ruhig verhalte, passiert mir nichts. Außerdem weht der Wind von mir zu ihm, vielleicht riecht er mich gar nicht. Was habe ich denn noch in der Schule über Raubkatzen gelernt? Können sie gut sehen? ......"

Auch wenn die Schlußfolgerungen nicht immer so verbal ablaufen, eine Form von Symbolstrukturen (z.B. *Tiger a-kind-of Raubkatze*) und bewußten Regeln (z.B. *wenn Wind aus Rücken weht, dann kein Geruch*) ist meist involviert. Nicht immer, jedoch sehr oft, haben die Symbole, die wir zum Reflektieren verwenden, eine direkte Entsprechung in unserer Muttersprache. Daher wird der Schlußfolgerungsvorgang nachvollziehbar, in dem Sinn, daß die Art und Weise, wie man zu einem Schluß gelangt ist, leicht jemandem anderen mitgeteilt werden kann.

Diese Art von intelligentem Handeln scheint es zu sein, auf die klassische AI-Techniken – sowie die PSSH selbst – abzielen. Symbole und Symbolstrukturen in Wissensrepräsentationen entsprechen den abstrakten Kategorien und Konzepten, die wir zum bewußten Schließen verwenden. Regeln (insbesondere 'wenn-dann' Regeln, aber auch jede ander Form der Herleitung neuer Symbolstrukturen) entsprechen dem mehr oder weniger verbalisierten Wissen, das wir haben, um neues (statisches) Wissen abzuleiten. Nicht umsonst zählen daher etwa Expertensysteme in Domänen mit komplexer Wissenstruktur, die sich von menschlichen Experten leicht formulieren läßt, zu den größten Erfolgen der AI.

Zweifellos, die Verwendung von Symbolstrukturen und bewußten Regeln zählt zu den Fähigkeiten, die uns als intelligent handelndes Wesen auszeichnen. Aber indem man sich auf sie allein konzentriert, läßt man dabei nicht etwas entscheidendes aus? Die Antwort, die dieses Buch geben will, ist ein eindeutiges JA. Was von symbolischen Modellen ausgelassen, oder zumindest nur mit größten Schwierigkeiten inkludiert wird, sind assoziative und ganzheitliche Erkennungsvorgänge, sowie Schlußfolgerungen, die nicht auf einem bewußten und ausformulierbaren Niveau vor sich gehen. Um auf das vorherige Beispiel zurückzukommen: Wie ist es etwa zu erklären, daß ich das Tier als Tiger erkannt habe, daß ich aus seinem Verhalten erkenne, ob er böswillig oder nicht ist und daß der Wind aus meinem Rücken bläst, daß ich in diesem Moment an meine Schulzeit gedacht habe, daß ich der Frage, ob der Tiger gut sieht oder nicht, eine entscheidende Bedeutung beigemessen habe, und, und, und? Wie kann man weiters erklären, daß ich nach weiteren drei solcher Situationen wahrscheinlich sofort starr stehenbleibe, ohne durch die selben Überlegungen zu gehen?

Ein Teil dieser offenen Fragen sind dem Gebiet *Perzeption* zuzuordnen, das von einigen AI-Forschern aus diesem Grund sogar von der künstlichen Intelligenz ausgeschlossen wird. Allerdings sind andere Fragen sehr wohl innerhalb dessen, was sich auch eine AI im engen Sinn zum Ziel gesteckt und zu modellieren versucht hat. Dieses Buch versucht nun die These aufzustellen, daß viele wesentliche Vorgänge intelligenten Handelns zu diesem unbewußten assoziativen Bereich gehören, und das mit symbolverarbeitenden Mechanismen allein eine Modellierung nicht oder nur sehr schwer möglich ist. Diese These will aber nicht bewußte symbolische Vorgänge von unbewußten assoziativen trennen[3], in dem Sinn daß für erstere klassische AI in unveränderter Form weiterhin angemessen wäre. Sie besagt vielmehr, daß auch symbolische Schlußfolgerungen auf höhere Ebene – deren Existenz keineswegs abgestritten

---

[3] Die Bezeichnungen 'bewußt' und 'unbewußt' werden hier hauptsächlich als Bezeichner verwendet, da sich die beiden Ebenen durch diese Eigenschaften auszeichnen. Die Bedeutung des Bewußtseins beim Handeln soll aber nicht überbetont werden.

wird – als in einen assoziativen Grundmechanismus eingebettet gesehen werden sollten. AI unter diesen Gesichtspunkten ist das, was in dieser Arbeit **subsymbolische AI (SSAI)** genannt wird. Der Ausdruck selbst wird später noch genauer definiert.

Abb. 1.3 zeigt nochmals schematisch die Annahmen über intelligente Handlungen, die die klassische AI trifft, gegenüber der These der sub-symbolischen AI. Die klassische AI setzt voraus, daß sich sowohl bewußt symbolische Hand-

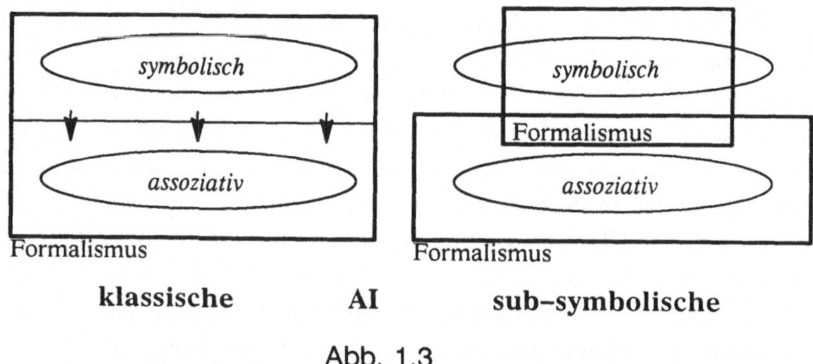

Abb. 1.3

lungen, als auch unbewußte Assoziationen und Inferenzen mit dem gleichen Formalismus modellieren lassen: Nämlich einem symbolverarbeitenden System. Dabei sind die Prozesse auf der höheren Ebene die zugrundeliegenden, weshalb auch die dafür adäquaten Formalismen zur Modellierung aller Prozesse übernommen werden. Die sub-symbolische AI hingegen versucht, den zwei Ebenen verschiedene Mechanismen zuzuordnen. Außerdem sieht sie die unbewußte Ebene als die zugrundeliegende an, in die ein bewußter Symbolmechanismus eingebettet werden, bzw. aus der ein solcher hervorgehen muß.

Der sub-symbolische Ansatz umfaßt also unter anderem folgende Punkte:

- *eine adäquatere Modellierung assoziativer und intuitiver Prozesse*
- *eine ganzheitlichere Modellvorstellung der Intelligenz*
- *die Betrachtung eines kognitiven System als lernendes und sich selbstorganisierendes System*

Dies geschieht unter Aufgabe folgender Aspekte:

- *der unbedingten Forderung nach Beschreibung und Erklärung*
- *der gängigen Prozeßarchitekturen*

*— des Prinzips der universalen Äquivalenz ohne Rücksicht auf Plausibilität
und Effizienz*

Nach wie vor bleiben aber die folgenden Annahmen zu einem gewissen Grad
erhalten:

*— das Theorem der Wissensbasiertheit (obwohl 'Wissen' anders definiert
werden muß)*
*— die Annahme, es handelt sich um keine Modellierung auf der Ebene von
Neuronen, der biologischen Basis intelligenter Vorgänge*

Man sieht also, daß die SSAI auf einer anderen Ebene beginnt als der klassische Ansatz. Nicht die komplexen, scheinbar auf Logik beruhenden
Denkleistungen auf hohem Niveau sind der Ausgangspunkt, sondern die
scheinbar so trivialen, da uns so leicht fallenden Aufgaben wie Erkennen, intuitiv Schließen, und Assoziieren. Genau hier unterscheiden wir Menschen uns
nämlich noch am drastischsten von den Computern, nachdem es der regelhafte, algorithmische Ansatz bis jetzt noch kaum geschafft hat, diese Vorgänge
zu erfassen. Es erscheint sehr "unnatürlich" zu glauben, daß wir Menschen ein
Programm ausführen so wie ein von Neumann Computer. Vielmehr scheinen
wir mit Leichtigkeit eine Unzahl von sensorischen und anderen Eindrücken
gleichzeitig verarbeiten zu können und damit spontan umzugehen, bevor wir
uns zu seriellem und regelhaftem Verhalten entschließen. In diesem Sinn soll
in der SSAI versucht werden, künstliche Intelligenz auf eine "natürliche" Basis zu stellen (Caudill & Butler 1989), also quasi nach einer *natürlich
künstlichen Intelligenz* zu forschen.

Der Unterschied zwischen den Auffassungen der klassischen symbolischen
und der sub-symbolischen AI wird auch durch eine Passage in Hofstadter
(1982) sehr gut beleuchtet. Hofstadter zitiert Newell Simon, einen der
Protagonisten der klassichen AI, daß dieser meine, "alles Interessante [in der
Intelligenzforschung] befindet sich oberhalb der 300 ms Grenze". Er meine
damit, daß die Forschung über Kognition erst mit jenen Vorgängen beginnen
sollte, die über einer magischen Zeitdauergrenze von ca. 300 ms. läge.
Vorgänge wie das Erkennen von Formen, das Identifizieren von Worten, also
jene, die zum Großteil unbewußt und "automatisch" ablaufen, befänden sich
unterhalb der Grenze und stellten daher kaum einen Angriffspunkt für die
Artificial Intelligence dar. Dieser beginne erst danach, wenn Vorgänge dem
Individuum auch bewußt werden. Dies spiegelt die Ansicht vieler AI-Forscher

wider, daß "Mustererkennung auf niedrigem Niveau (low-level) und Speech Recognition nicht wirklich zur AI gehören".

Hofstadter hält dem entgegen, daß es eigentlich genau umgekehrt sei, daß "sich alles Interessante *unterhalb* der 300 ms Grenze abspielt". Als Beispiel führt er die menschliche Fähigkeit an, Buchstaben in verschiedensten Zeichensätzen, maschin- oder handgeschrieben, mit einer großen Leichtigkeit zu erkennen. Er meint, daß erst wenn wir begriffen, wie diese Leistungen zustande kommen, könnten wir einem Verständnis kognitiver Vorgänge näher kommen. Das was danach käme, die bewußte Anwendung symbolischer Regeln etwa, wäre im Vergleich dazu eher trivial. Diese Sicht entspricht genau dem Bild über die sub-symbolische AI (Abb. 1.3), das unbewußte assoziative Vorgänge in den Mittelpunkt gerückt hat.

Als ein Paradigma zur Verwirklichung von sub-symbolischer AI bietet sich der *Konnektionismus*, die Modellierung mittels künstlicher *neuronaler Netzwerke*, an. Dieses Paradigma soll in weiterer Folge vorgestellt und ausführlich analysiert werden.

2 Konnektionismus – eine Einführung

2.1 Allgemeines

Die Grundlage des Konnektionismus sind sogenannte *neuronale Netzwerke* (oder oft auch *neurale* Netzwerke genannte – Köhle 1990). Diese sind eine neuartige Modellvorstellung der Informationsverarbeitung mittels Prozessoren, die sich in mehreren Punkten sowohl von der von Neumann Architektur unterscheidet, als auch vom geschilderten Aufbau der meisten in der AI verwendeten Programme. Diese Modellvorstellung ist zunächst unabhängig von ihrer Realisierung, legt aber auch eine neue Art von Hardware nahe. Da diese Hardware bestenfalls in Ansätzen existiert, werden die meisten Modelle, von denen die Rede sein wird, auf konventionellen Computern simuliert. Die Idee der neuronalen Netzwerke ist die folgende:

Die Informationsverarbeitung geschieht durch eine große Anzahl von relativ einfachen Prozessoren, die in einem dichten Netzwerk miteinander verbunden sind. Diese Prozessoren (auch Units genannt[1]) arbeiten lokal, jeder für sich allein, und kommunizieren mit anderen Units nur via Signale, die sie über die Verbindungen senden.

Schematisch ist das in Abb. 2.1 dargestellt. Im Gegensatz zur Architektur in Abb. 1.2 gibt es eine große Anzahl voneinander relativ unabhängiger Prozessoren, die lokal für sich arbeiten können. Es wird keine zentrale Steuerung angenommen, die gleichzeitig alle Prozessoren (Units) einsehen und danach handeln könnte. Daher ergibt sich auch das Ergebnis der Verarbeitung erst aus der Gesamtheit aller Einzelprozessoren.

In einem solchen Netzwerk von Units lassen sich im allgemeinen verschiedene Unitarten, gemäß ihrer Funktion in der Verarbeitung, unterscheiden. Die sogenannten *Input-Units* können ihre Eingangssignale von außen erhalten,

---

1 Andere gebräuchliche Namen sind *Verarbeitungselemente (processing elements), künstliche Neuronen* oder *Knoten (nodes).*

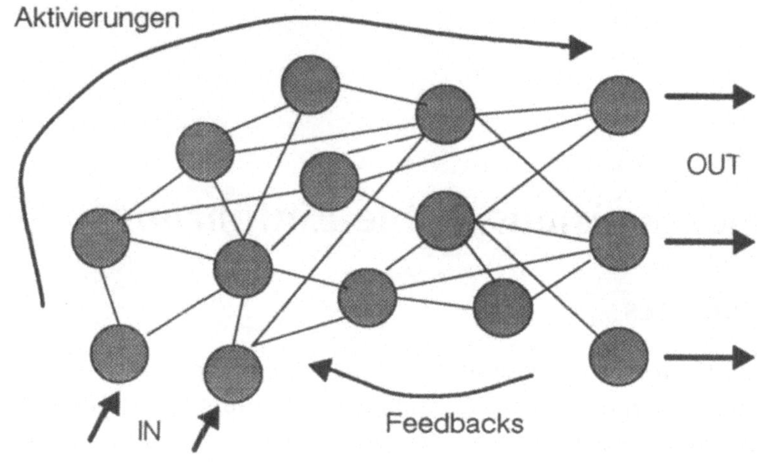

Abb. 2.1

Output Units können analog dazu ihre Signale nach außen abgeben, bzw. sichtbar machen. Diese Unittypen stellen also die Schnittstelle mit der Außenwelt dar, durch das die Verarbeitung im Netzwerk beobachtbar und "sinnvoll" wird. Units können durchaus auch Input und Output Units gleichzeitig sein. Alle Units, die weder Input noch Output Units sind, werden *Hidden Units* genannt.

Wie eine Unit aussieht und was sie im allgemeinen tut ist in Abb. 2.2 skizziert (an Rumelhart & McClelland 1986a angelehnt). Dies soll keine exakte Definition einer Unit sein (es gibt in der Literatur eine Reihe von Variationen), sondern vielmehr eine ungefähre allgemeine Beschreibung einer solchen. Demnach besitzt eine Unit eine *Aktivierung* (*a*) und einen *Outputwert* (*o*). Die Aktivierung bestimmt den momentanen Zustand der Unit, der Outputwert ist jenes "Signal", das an andere Units weitergesandt wird. Die Verarbeitung innerhalb einer Unit sieht nun im allgemeinen wie folgt aus: Über eine Reihe von Verbindungen kann die Unit den Outputwert von beliebig vielen anderen Units empfangen. Diese Werte werden in der Regel *gewichtet* (d.h. mit einem Gewicht *w* multipliziert), aufsummiert und ergeben den sogenannten *Nettoinput* (*net*). Eine einfache, meist nichtlineare Funktion *f* bildet daraus die Aktivierung *a* der Unit. Sie wird daher *Aktivierungsfunktion* genannt und kann auch vom momentanen Wert der Aktivierung abhängen. Eine weitere Funktion *g*, die *Outputfunktion*, berechnet aus der Aktivierung den Outputwert. Auch diese kann von alten Werten abhängen. Sowohl f als auch g sind auch

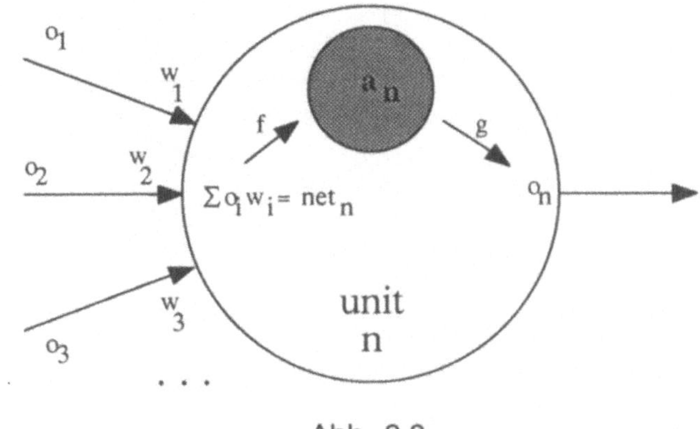

Abb. 2.2

unter dem Namen *Transferfunktion* bekannt. Das Berechnen und Setzen des Outputwerts auf einen Wert ungleich *0* nennt man auch *feuern*.

In vielen Fällen sind *f* oder *g*, oder beide, gleich der Identitätsfunktion, wodurch die Aktivierung gleich dem Outputwert, bzw. der Outputwert gleich dem Nettoinput sein kann. Mit anderen Worten, die Unterscheidung von Aktivierung und Outputwert ist in vielen Fällen praktisch, aber nicht immer notwendig. Wenn im folgenden von 'Aktivierungen' die Rede sein wird, dann ist meist gleichzeitig der Outputwert gemeint, außer wenn es explizit anders angegeben ist. Analog dazu heißt 'aktiv' meist, daß sowohl Aktivierung als auch Outputwert von 0 verschieden sind.

Wie man erkennt, sind Verbindungen zwischen Units im allgemeinen gerichtet. Wenn Unit A mit Unit B verbunden ist, dann können Signale von A nach B gesandt werden, aber nicht automatisch umgekehrt. Ist auch dies verlangt, so muß explizit eine Rückverbindung eingeführt werden. Dies sendende Unit A in dieser gerichteten Verbindung wird – in Anlehnung an die Biologie – oft die *präsynaptische* Unit, die empfangende Unit B die *postsynaptische* genannt.

Typische Beispiele für weitere Aktivierungs- und Outputfunktionen sind die Schwellenfunktion (Abb. 2.3a), die aus einem kontinuierlichem Wert einen diskreten macht, die lineare Schwellenfunktion (Abb. 2.3b), die in einenem vorgegebenen Bereich linear abschwächt oder verstärkt, und die sigmoide 'squashing' Funktion (Abb. 2.3c), die kontinuierliche aber begrenzte Werte erzeugt. Prinzipiell sind für alle Gewichte, Aktivierungen und Outputwerte

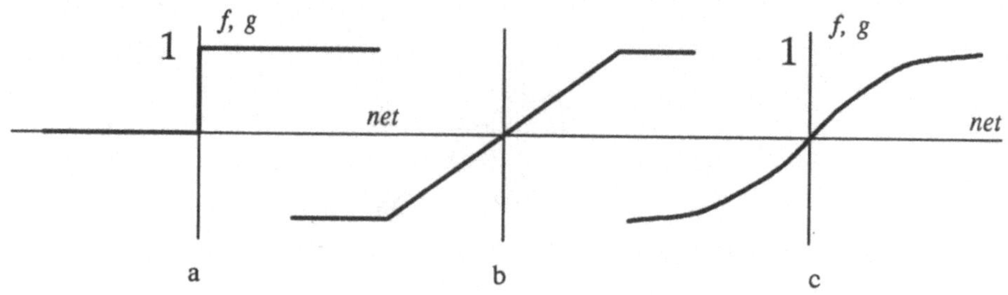

Abb. 2.3

kontinuierliche und theoretisch unbegrenzte Werte erlaubt, sehr oft aber nimmt man solche begrenzte kontinuierliche oder sogar diskrete Wertebereiche an (z.B. *binär*: 0 und 1, bzw. −1 und 1, *trinär*: −1, 0, und 1).

Der Verarbeitungsschritt, in dem Units ihre neue Aktivierung berechnen, wird *Update* genannt. Diesen Vorgang kann man sich prinzipiell als kontinuierlich und analog vorstellen, d.h. alle Units adaptieren ständig ihre Aktivierungswerte. Da man aber in vielen Fällen neuronale Netzwerke auf herkömmlichen Computern simulieren muß, kommt man nicht umhin, sowohl Zeit als auch Wertebereiche zu diskretisieren. Dabei kann man dann zwischen *synchronem* und *asynchronem* Update unterscheiden. Bei ersterem berechnen alle Units einer Gruppe gleichzeitig, innerhalb eines Zeitschritts, ihre neuen Werte. Bei letzterem feuern Units in zufälliger Reihenfolge einzeln. Der Unterschied macht sich vor allem dann bemerkbar, wenn Feedbackverbindungen, also Schleifen im Netz bestehen.

Eine wichtige Eigenschaft der Verarbeitung in einer Unit ist die, daß der neue Outputwert streng lokal berechnet werden kann, wenn sich auch einige Modelle nur mit kleinen "Tricks" an dieses Schema halten können. Mit Ausnahme der Werte, die eine Unit über wohldefinierte Verbindungen empfängt, "weiß" sie nichts über andere Units. Daraus folgt, daß – zumindest in Theorie – alle Units parallel, also gleichzeitig arbeiten können.

Das vorgestellte Modell einer Unit hat grobe Ähnlichkeiten mit einem biologischen Neuron im menschlichen Gehirn, von dem dieser Ansatz auch starke Anleihen genommen hat (woher auch der Name 'neur(on)ale' Netzwerke rührt). Inputkanäle entsprechen ungefähr den *Dendriten*, Outputs den *Axonen*, und Gewichte (Verbindungen) den *Synapsen*. In einer vereinfachten Sichtweise empfangen biologische Neuronen für gewöhnlich Signale von beliebig vielen anderen Neuronen, kumulieren diese Signale auf, bis sie einen

Schwellwert (Threshold) erreichen, und feuern dann, indem sie selbst ein Signal abgeben. Dies entspricht in etwa einem Update einer Unit, wenn man vielleicht die Schwellenfunktion als Aktivierungsfunktion annimmt. Hier hören die Parallelen aber bereits wieder auf. Die Annahmen, die hier getroffen werden, sind sicherlich zu simplifizierend, als daß die Modelle weiterhin mit den biologischen Vorbildern verglichen werden könnten. Dazu weiß man auch viel zu wenig über die exakte Funktionsweise dieser. Von nun an sollen konnektionistische Netzwerke für sich alleine betrachtet werden, das biologische Vorbild wird höchstens zu einigen Anregungen herangezogen werden. Konnektionismus erhebt also eindeutig *nicht* den Anspruch, Gehirne nachzubauen. Trotzdem kann man nicht verleugnen, daß die konnektionistische Modellvorstellung sich stark an der Realität im Gehirn orientiert, zumindest stärker als es der klassische AI-Ansatz tat.

In einem wesentlichen Unterschied zu herkömmlichen Prozessen und Programmen werden in neuronalen Netzen im allgemeinen nicht alle Daten (d.h. jedes einzelne Signal, das über die Verbindungen läuft) selbst direkt interpretiert, sondern die Aktivierung – oder der Signalwert – einer oder mehrerer designierter Units (der Input und Output Units). Ein Einzelprozeß, i.e. die Aussendung eines Signalwerts, oder eine der Verknüpfungen, allein betrachtet hat nur wenig oder gar keine Bedeutung. Die Bedeutung für den Beobachter ergibt sich erst aus dem Zusammenspiel aller Einzelprozesse.

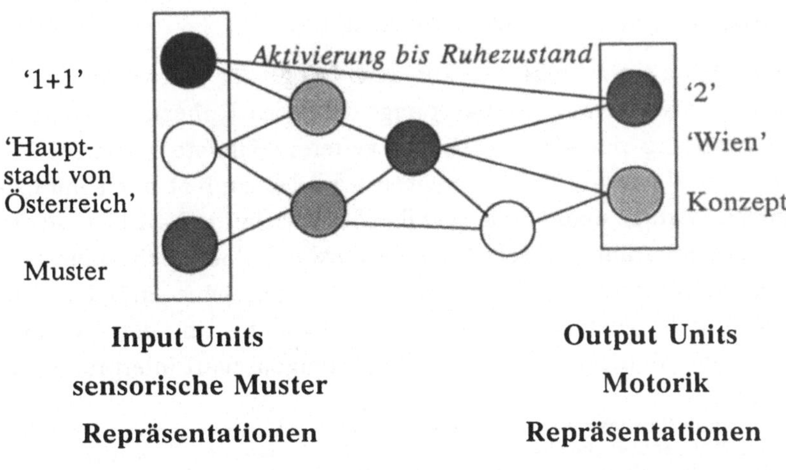

Abb. 2.4

Die Interpretation von Input- und Outputaktivierungen geschieht nach einfachen Schemata der Codierung. So kann etwa ein beliebiges Konzept in ein Bitmuster – ganz genauso wie es in von Neumann Rechnern geschieht – übersetzt werden, das sodann als eine Folge von Signalen mit den Werten 0 oder 1 in das System übertragen wird. Outputaktivierungen können ganz ähnlich interpretiert werden, wenn man noch einen Schwellwertmechanismus vorsieht (etwa durch die Aktivierungs- oder Outputfunktion), der gewährleistet, daß nur Werte von 0 und 1 vorkommen können. Dieses Schema, das auf Bitmustern beruht, ist eines der am häufigsten eingesetzten, aber bei weitem nicht das einzig mögliche. So kann zum Beispiel auch der Wert der Aktivierung direkt proportional zum Wert eines gewissen Parameters interpretiert werden.

In Abb. 2.4 ist das sich daraus ergebende allgemeine Verarbeitungsschema konnektionistischer Netzwerke dargestellt[2]. Eine definierte Menge von Units – die Input Units – wird von außen angeregt, d.h. deren Aktivierungen bzw. Outputwerte werden von außerhalb des Systems gemäß eines gewünschten Codierungsschemas – auch *Muster von Aktivierungen* (*pattern of activations*) oder kurz *Muster* genannt – gesetzt. Dadurch kann Information in das Modell eingebracht werden. Sehr oft werden die Aktivierungen und Outputwerte für die Zeit der Verarbeitung festgehalten, ein Vorgang, den man *clamping* nennt. Eine weitere Menge von Units – die Output Units – dient dazu, Information wieder aus dem System auszulesen, indem ein Beobachter oder andere Komponenten eines größeren Systems von Netzwerken die Outputwerte dieser Units übernehmen und wieder decodieren. Units werden dabei oft in Gruppen zusammengefaßt, die man auch *Layer* nennt.

Die Verarbeitung geschieht nun auf dem Wege der Aktivierungsausbreitung bis zum Erreichen eines (zumindest angenäherten) Ruhezustands, in dem sich die Aktivierungen der Units auch bei weiterem Update kaum mehr ändern. Existieren im Netzwerk keine Schleifen – weder explizit noch implizit durch die Updatedynamik einer Unit (vergleiche Abschnitt 2.4.21) – so ist dieser Zustand immer garantiert, viele Modelle werden jedoch nicht ohne solche auskommen. Schwingungszustände sind daher durchaus möglich, die man entweder durch geeignete Wahl der Gewichte an den Verbindungen eindämmt, oder dementsprechend als Modelleigenschaft interpretiert. Dann ist

---

[2] In dieser und allen weiteren Abbildungen werden Aktivierungen von Units nach folgender Konvention dargestellt: Die Stärke der Aktivierung, bzw. des Outputwerts wird mit variierendem Grauwert als Farbe der Unit (meist ein Kreis) dargestellt. Schwarz bedeutet maximale Aktivierung (meist 1), weiß minimale Aktivierung (meist 0). Werden negative Werte dargestellt so wird dies extra erwähnt.

das Auslesen und Interpretieren von Outputmustern nicht mehr auf Ruhezustände beschränkt, sondern auch zu jedem Zeitschritt denkbar.

Der Art der vom Netzwerk zu verarbeitenden Information sind im Prinzip keine Grenzen gesetzt. So könnte ein solches Modell zum Beispiel auch dazu verwendet werden, zwei Zahlen zu addieren, soferne Input- und Outputmuster als Codierung von Zahlen und Operatoren interpretiert werden. Wie sich aber herausstellen wird, eignet sich dieses Schema nicht gerade ideal für derart exakt bestimmbare Funktionen. Bei der Anwendung auf AI-Probleme werden die Muster vielmehr Konzepte und deren Strukturen repräsentieren, wobei die Verarbeitung etwa einem Schlußfolgerungsmechanismus, einer Diagnose oder einer Klassifikation gleichkommen kann. So könnte man sich etwa ein Modell vorstellen, das auf die codierte Eingabe 'Hauptstadt von Österreich' die codierte Ausgabe 'Wien' produziert, oder eines, das auf vorverarbeitete Daten über einen Patienten mit einer Diagnose antwortet. In anderen realistischen Anwendungen werden Inputmuster sensorische Muster – wie etwa ein Feld von Bildpunkten – und/oder die Outputmuster motorische Impulse – etwa die Ansteuerung eines Roboterarms – sein.

Wie man leicht sieht, wird das Verhalten eines Netzwerkmodells dieser Art vor allem von den Gewichten der Verbindungen bestimmt. Das Verhalten einzelner Units ist im allgemeinen bis auf die Variation einiger Parameter immer gleich. Die Stärke der Aktivierungen, die schließlich das (interpretierte) Ergebnis liefern, hängt wesentlich von den Stärken der Verbindungen, über die die Signale fließen, ab. Aus dem englischen Wort für Verbindung – 'connection' – kommt der Name *Connectionism*, eingedeutscht zu *Konnektionismus*. Die Verteilung der Gewichte könnte man auch als das *statische Wissen* des Systems bezeichnen. Gewichte sind zwar sehr wohl änderbar, aber wenn man das Verhalten des Netzwerkes zu einem bestimmten Zeitpunkt festhalten will, erreicht man das durch Einfrieren der Gewichte. Demgegenüber wären Aktivierungsmuster, die sich auf einer Gruppe von Units mit eingefrorenen Gewichten zu verschiedenen Zeitpunkten ganz verschieden ausprägen können, als *dynamisches Wissen* zu bezeichnen. Diese Unterscheidung entspricht grob der in der Psychologie üblichen Aufteilung von *Langzeit-* und *Kurzzeitgedächtnis* (*STM* und *LTM*, vergleiche dazu Abschnitt 8.2.1).

2.1.1 Das XOR-Netz

Als ganz einfaches Beispiel, das die Arbeitsweise konnektionistischer Units beleuchten soll, kann das sogenannte *XOR-Netz* (Abb.2.5) dienen. Es ist ein

Netzwerk mit zwei Input, zwei Hidden und einer Output Unit und soll die Abbildung des logischen exklusiven Oder (Tab. 2.1) berechnen. Die zwei Hidden Units haben je eine Verbindung zu beiden Input Units mit Gewicht 1 bzw. –1 (durch einen Pfeil, respektive einen kleinen Kreis in Abb. 2.5 dargestellt). Verbindungen mit positiven Gewichten nennt man im allgemeinen *aktivierend* (oder *exzitatorisch*), solche mit negativen Gewichten *hemmend* (*inhibitorisch*). Die Output Unit ist mit aktivierenden Verbindungen (Gewicht 1) mit beiden Hidden Units verbunden.

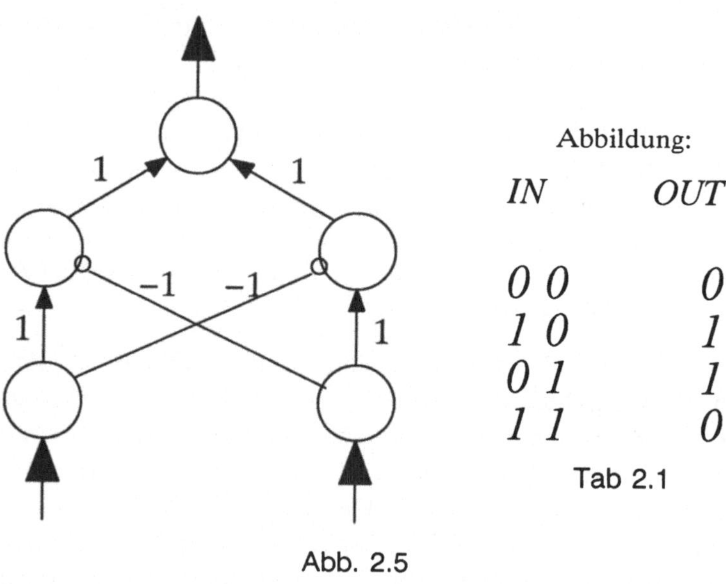

Abb. 2.5

Wählt man nun die Identitätsfunktion als Aktivierungsfunktion (*f*) und die Schwellenfunktion mit Schwellwert *0.1* als Outputfunktion (*g*), so kann man leicht nachvollziehen, daß das Netzwerk tatsächlich die gewünschte Musterabbildung (XOR) durchführt: Legt man etwa das Muster *0/1* an den Input Units an, geschieht folgendes: Der Nettoninput (*net*) der linken Hidden Unit ergibt sich aus der gewichteten Summe der Werte der Inputunits, also: *0x1+1x(–1) = –1*. Durch die Identitätsfunktion *f* ist dies gleich der Aktivierung dieser Unit. Anwendung von *g* bedeutet Vergleich mit dem Schwellwert. Da –1 kleiner als *0.1* ist, ergibt sich ein Outputwert von *0*. Ähnlich berechnet sich der Outputwert der rechten Hidden Unit: *net = a = 0x(–1)+1x1 = 1, o = 1*, da *1>0.1*. Mithilfe dieser Werte läßt sich nun der Outputwert der Output Unit berechnen: *net = 0x1+1x1 = 1>0.1 –> o=1*, wie gewünscht. Ganz ähnlich lassen sich auch die anderen drei Fälle bestätigen.

Dieses einfache Netz soll keine typische Anwendung sein (konnektionistische Modelle eignen sich wie betont eigentlich nur schlecht für logische und arithmetische Aufgaben), sondern soll nur die Informationsverarbeitung und Aktivierungsausbreitung klarer machen. Außerdem wird es oft als einfaches Beispiel nicht-trivialer Verarbeitung zitiert und wird daher auch später wieder auftauchen.

2.2 Repräsentation – die klassische Unterscheidung

Wenn das Verhalten eines Systems oder Modells "sinnvoll", d.h. beobachtbar sein soll, so müssen die Inputs und Outputs der Verarbeitung etwas darstellen, bzw. repräsentieren, oder mittels weiterer Komponenten überprüfbares Verhalten (etwa Sprachausgabe) erzeugen. In konventionellen Computern erfolgt das meist durch Zeichenketten, die Symbole, Zahlenwerte oder Steuersignale für weitere Komponenten darstellen. Im neuronalen Netzwerkmodell sind es nicht als Ganzes behandelte Zeichenketten, sondern die Menge von Aktivierungen eines Input oder Output Layers, die etwas repräsentieren oder auslösen. In der AI sind dieses Etwas meist Objekte und Konzepte aus der behandelten Domäne, sehr oft werden aber auch Zahlenwerte codiert.

Dazu gibt es mehrere Möglichkeiten. Gemäß der Klassifikation, die man in der konnektionistischen Literatur (z.B. Rumelhart, McClelland 1986a) am häufigsten antrifft, unterscheidet man:

   a) *Lokale Repräsentation (1 Unit = 1 Konzept, bzw. 1 Zahl)*
   b) *Verteilte Repräsentation (mehrere Units = 1 Konzept, bzw. 1 Zahl)*

Später werden wir sehen, daß es zusätzlich zu dieser Zweiteilung auch so etwas wie *repräsentationsfreie Muster* geben kann, was zu einem der Standbeine der sub-symbolischen AI werden wird. Zunächst sollen aber diese beiden Arten der Darstellung beschrieben werden.

a) Lokale Repräsentation

Die einfachste Methode, Konzepte durch Aktivierungsmuster zu repräsentieren, ist eine Unit für ein Konzept stehen zu lassen. Dadurch bleiben alle repräsentierten Einheiten lokalisierbar und beobachtbar, das Verhalten des Netzes wird überschaubar und nachvollziehbar, wie das einfache Beispiel in Abb. 2.6 beweist. Dieses Netzwerk repräsentiert lokal und mittels der gewichteten Verbindungen etwa folgendes Wissen:

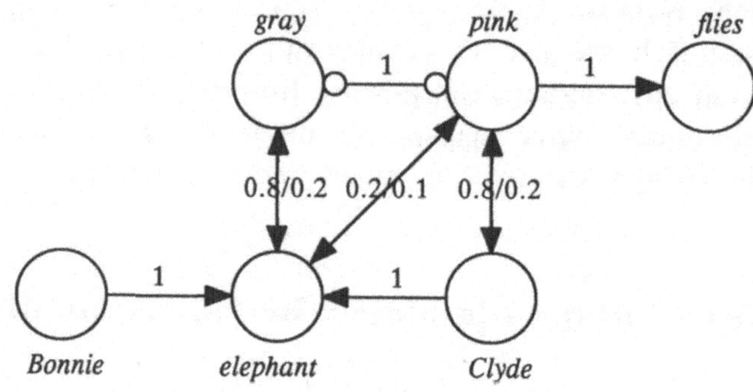

Fig. 2.6

- Bonnie ist ein Elefant
- Clyde ist ein (wahrscheinlich) rosa-farbener Elefant
- Die meisten Elefanten sind grau, manche rosa
- Alles was rosa ist, fliegt

Zusätzlich drückt die stark negativ gewichtete Verbindung zwischen den Units für *grau* und *rosa* die Unvereinbarkeit der beiden Konzepte aus (Annahme: ein Objekt kann nur eine Farbe haben). Als Aktivierungsfunktion f sei die Identitätsfunktion, als Outputfunktion g die lineare Schwellenfunktion zwischen den Werten *0* und *1* gewählt (vgl. Abb. 2.3). Aktiviert man nun die Unit, die für Bonnie steht (d.h. diese Unit ist für diesen Moment die einzige Inputunit), und läßt das Netz für einige (z.B. 10) Zyklen laufen, d.h. alle Units mehrere Male ihren neuen Wert berechnen, dann sehen die Aktivierungen der Units folgendermaßen aus:

Bonnie: 1   (wurde festgehalten)
Elefant: 1
Clyde: 0
grau: 0.86
rosa: 0.22
fliegt: 0.13

Versteht man nun *alle* Units als Outputunits, so läßt sich das sich so ergebende Aktivierungsmuster als die Gesamtheit der wahrscheinlichsten Eigenschaften von Bonnie interpretieren: nämlich, daß sie wahrscheinlich ein grauer Elefant ist und daher ziemlich sicher nicht fliegt. Die negative Verbindung zwischen *grau* und *rosa* hat dabei bewirkt, daß ein anfänglicher Unterschied in der Aktivierung beider Units noch größer geworden ist (*grau* unterdrückt *rosa* mehr als umgekehrt). Durch anfängliches Aktivieren der *Clyde*-Unit ergibt sich ein anderes Muster, das die Eigenschaften von Clyde ausdrückt. Das bedeutet, daß das selbe statische Wissen im Netz (die Gewichte als Beziehungen zwischen Repräsentationen) verschiedenes dynamisches Wissen (Aktivierungsmuster als Eigenschaften von Objekten) ausdrücken kann.

Dieses Schema der Repräsentation wird auch *strukturiertes Netzwerk* genannt und zeigt sehr starke Ähnlichkeiten zu semantischen Netzwerken aus der klassichen AI (siehe Abb. 1.1). Ein Beispiel für eine Anwendung strukturierter Netzwerke, die sich also fast rein lokaler Repräsentation bedienen, ist das Modell zur Wortdesambiguierung von Waltz&Pollack (1985), das in Kapitel 13 näher beschrieben wird. Zu den Unterschieden zu semantischen Netzen gehört die Tatsache, daß Kanten im konnektionistischen Fall nicht interpretiert werden (also kein Label wie *a-kind-of* erhalten), und daß zwischen statischem und dynamischem Wissen unterschieden wird. Allerdings gibt es auch in klassischen Modellen Versuche, semantische Netzwerke zu kanonisieren (Brachman & Schmolze 1985), d.h. möglichst viel Information von Kanten auf Knoten zu verlagern, sowie Ansätze, in denen dynamisch durch *spreading activation* Wissen extrahiert wird. In der Tat sind daher die Übergänge von lokalen konnektionistischen Netzwerken zu semantischen Netzwerken fließend.

Eine der wichtigsten Gemeinsamkeiten von sematischen und strukturierten neuronalen Netzwerken ist, daß die Knoten bzw. Units starken Symbolcharakter haben. Daher sind auch rein lokal repräsentierende konnektionistische Netzwerke zur symbolischen AI zu zählen und haben für die sub-symbolische AI wenig Bedeutung. Dennoch besitzen sie interessante Eigenschaften, die viele klassische Modelle nicht hatten (siehe Abschnitt 2.5), die aber *allen* konnektionistischen Modellen gemeinsam sind, und eignen sich daher als gute Demonstrationsbeispiele für die Arbeitsweise der Netzwerkverarbeitung. Außerdem werden viele der noch zu besprechenden Modelle teilweise lokale Repräsentation enthalten.

In der sub-symbolischen AI haben lokale Repräsentationen besonders als Darstellungsmethode am Input und Output eine Bedeutung. Hat man mehrere Konzepte zur Auswahl, von denen eines (oder auch mehrere) dargestellt werden soll(en), so wählt man für jedes Konzept eine Unit und aktiviert dementsprechend. Das sich so ergebende Muster kann dann vom Netzwerk verarbeitet werden, wobei in tieferliegenden (Hidden) Layern die direkte Interpretierbarkeit einzelner Units nicht mehr gegeben sein muß. Ein Beispiel, die Repräsentation einer von mehreren Affenarten, ist in Abb. 2.7 dargestellt.

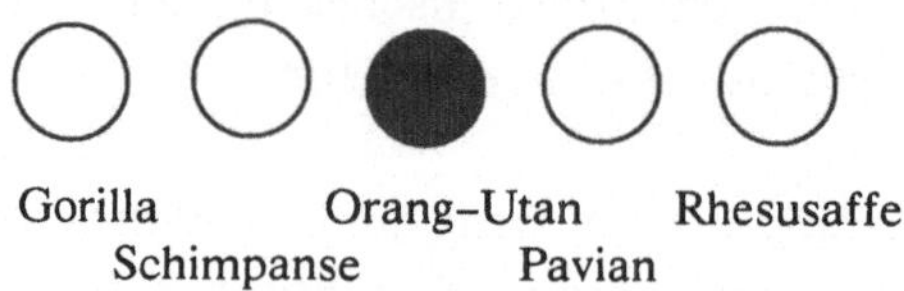

Abb. 2.7

Von lokaler *Repräsentation* sind allgemeine *Muster mit lokaler Aktivierung* zu unterscheiden, die sich dadurch auszeichnen, daß in einem Layer nur eine einzige Unit aktiv ist. Wie wir gesehen haben sind erstere immer interpretierbar, das heißt, es läßt sich jedesmal ein für den Beobachter zugängliches Konzept, dem die Unit enstpricht, angeben. Muster mit lokaler Aktivierung können in neuronalen Netzwerken hingegen auch an Stellen auftreten, an denen eine solche Interpretation unter Umständen nicht möglich ist (Hidden Layers).

(b) Verteilte Repräsentation

In der verteilten Repräsentation versucht man, ein Konzept nicht einer einzelnen Unit zuzuordnen, sondern es über eine Gruppe von Units zu verteilen. Auf diese Art und Weise können sich Repräsentationen von verschiedenen Konzepten überlappen, wodurch Ähnlichkeiten direkt ausgedrückt werden. Betrachtet man zum Beispiel das einfache Netzwerk in Abb. 2.8, in dem wieder verschiedene Affenarten repräsentiert werden sollen, so erkennt man, daß durch Überlappungen der Repräsentationen von *Gorilla* und *Schimpanse* die Ähnlichkeiten der beiden Konzepte ausgedrückt werden (angelehnt an ein Beispiel in Rumelhart & McClelland 1986a). Ja mehr noch, man könnte sogar in vielen Fällen den Bereich der Überlappung als das übergeordnete Konzept *Affe* interpretieren, mit anderen Worten das, was alle Affen gemeinsam haben.

Der Vorteil dieser direkt repräsentierten Ähnlichkeiten zeigt sich in einem einfachen Beispiel. Will man in einem Netzwerk wie in Abb. 2.8 ausdrücken, daß Gorillas Bananen lieben, so kann man das durch Verstärken aller Verbindungen zwischen den Units in der Gruppe, die Gorilla repräsentiert, und jenen in einer Gruppe, die das Konzept *Bananen lieben* repräsentieren, erreichen. Gleichzeitig verstärken sich aber auch die Units vom (übergeordneten) Kon-

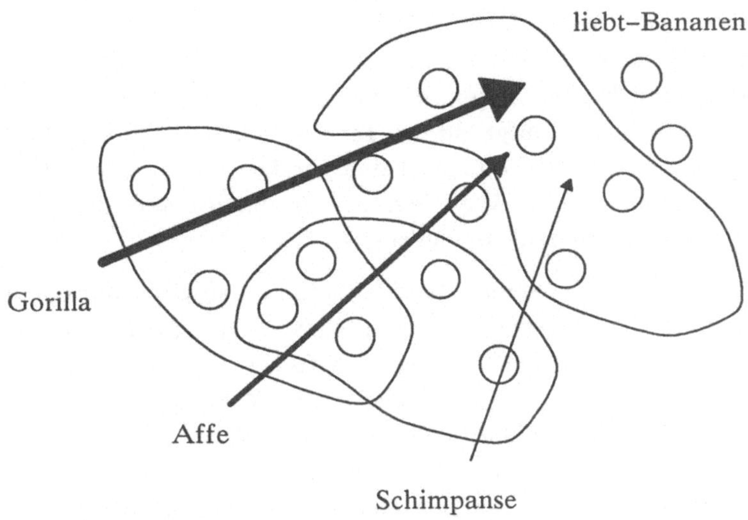

Abb. 2.8

zept *Affe* zu *Bananen lieben*, wenn auch insgesamt gesehen nicht so stark, und sogar ein Teil jener, die von *Schimpanse* ausgehen. Dies entspricht einem inexakten induktiven Schluß, der in der Kognition eine große Rolle spielt, in Modellen der formalen Logik jedoch wenig Einzug gefunden hat: Aus der Tatsache, daß Gorillas Bananen lieben, steigert sich die Evidenz, daß Affen im allgemeinen und alle anderen Affenarten diese Vorliebe haben. Je ähnlicher eine Art dem Gorilla ist, je mehr seine Repräsentation also mit der des Gorillas überlappt, desto stärker wird diese Beeinflußung sein. Natürlich kann diese Verallgemeinerung durch explizites Ändern der überlappenden Verbindungen überschrieben werden, ein Schluß wie dieser ist also nie endgültig und unverrückbar. Auch die Tatsache, daß solche Generalisierungen kontinuierlich vor sich gehen (soferne die Gewichte kontinuierlich verändert werden – siehe später), macht diese Form der Repräsentation zu einem sehr plausiblen Modell der Wissensverarbeitung. Verteilte Verarbeitung dieser Art, eine zentrale Eigenschaft konnektionistischer Modelle, wird uns also noch mehr beschäftigen.

Eine Unit in der verteilten Repräsentation spielt nun eine andere Rolle als eine in der lokalen. In vielen Fällen ist es so, daß keine einzelne der Units unbedingt notwendig für die Repräsentation des gesamten Konzepts ist, sondern erst die Gesamtheit der Gruppe diese ausmacht. Fällt eine der Units weg oder wird sie gestört, so bleibt die Repräsentation dennoch erhalten (oder wird nur um einen minimalen Wert "schwächer"). Andererseits kann man eine solche Unit aber auch als eine Art Merkmal (*Feature*) des Konzepts, also eine von vielen kleinen Eigenschaften, die das Konzept ausmachen, ansehen. Da solche Features sehr oft (aufgrund der Tatsache, daß sie ohne großen Verlust auch weggelassen werden können) keine direkte sprachliche Interpretation haben, nennt man sie gerne *Microfeatures*, um darzustellen, daß sie Features auf einer "mikroskopischen" Ebene sind.[3]

Auf dieser Eigenschaft verteilter Repräsentation – daß Units nur einen Beitrag zum Gesamtbild liefern, aber nicht jede einzelne dringend benötigt wird[4] – beruhen weitere vorteilhafte Eigenschaften wie *Fehlertoleranz* und *Generalisierungsfähigkeit*, die noch eine große Rolle spielen werden. Auch wird aus diesem Schema klar, daß neuronale Netze Repräsentationen im allgemeinen nicht als unteilbar behandeln und sie daher nicht als ganzes (als *Token*) verarbeiten, sondern an den Repräsentationen selbst ansetzen. Jeder kleine Teil eines Aktivierungsmusters, daß als Gesamtheit etwas darstellt, kann seinen Einfluß auf die Verarbeitung haben. Daraus folgt, daß Repräsentationen einander mehr oder weniger ähneln, und daher auch ähnliche Reaktionen verursachen können. Symbole oder Zahlen – als Bit- oder Zeichenstring gesehen – konnten dies im von Neumann Schema nicht. Als Folge scheinen konnektionistische Modelle reichere Mittel der Repräsentation zur Verfügung zu haben, da damit subtile Gemeinsamkeiten und Unterschiede von Konzepten zum Ausdruck gebracht werden können.

Unklar ist im Moment, wie eine solche verteilte Repräsentation zustandekommen sollte. Wie ermittelt man die notwendigen Ähnlichkeiten, wie entscheidet man etwa, wie nahe zusammen die Konzepte *Schimpanse* und *Gorilla* liegen? Die Lösung ist sicher nicht trivial, weshalb diese Fragestellung oft das *Codierungsproblem* genannt wird – das Problem, wie man die Welt mit verteilten Mustern am besten darstellt. Einige Lösungsansätze werden später erläutert werden. Der tatsächliche Schlüssel zu verteilten Mustern wird aber in der Selbstorganisation liegen, dort nämlich, wo es sich nicht mehr um Repräsentation im strengen Sinn handelt. Dazu aber mehr in Kapitel 5.

---

3 Dieser Name wird in der Literatur leider oft auch dann verwendet, wenn man den Units sehr wohl eine Interpretation zuweisen kann, wenn also wieder symbolische Features daraus werden.

4 Ein Vergleich dazu wäre etwa der Beitrag, den ein einzelner Wähler in einer Demokratie zum Gesamtausgang der Wahl liefert.

2.3 "Programmieren" von konnektionistischen Netzwerken

Es stellt sich nun die wesentliche Frage, wie einem Netzwerk, das ja von einer großen Anzahl von Variablen abhängig ist, ein bestimmtes, gewünschtes Verhalten verliehen werden kann. In gewohnter Terminologie: Wie kann ein konnektionistisches Netzwerk programmiert werden? Dazu müssen wir uns vor Augen führen, was das "Programm" eines solchen Netzwerks ist; wie wir schon gesehen haben, ist es der Satz sämtlicher Gewichte auf den Verbindungen des Netzwerks. Diesen Satz von Gewichten können wir uns zusammengefaßt als Menge von Zahlenwerten vorstellen, wobei es nun gilt, jene Menge (oder eine von vielen) zu finden, die zum gewünschten Verhalten führt. Dazu gäbe es prinzipiell verschiedene Möglichkeiten:

Direktes Interpretieren und manuelles Setzen der Gewichte
(d.h.: die Aufgabe wird von einem intelligenten Systementwickler erfüllt)

Die Methode, die Matrix von Gewichten per Hand zu setzen, ist nur in seltenen Fällen zielführend. Um nämlich das Gewicht – d.h. den Grad des Einflusses, den eine einzelne Unit ausübt – direkt zu bestimmen, ist fast immer eine Interpretation der Verbindung notwendig. Daher wird hauptsächlich im Fall von lokalen Repräsentationen ein solcherart manuelles Programmieren möglich sein. So sind etwa die Gewichte in Abb. 2.6 durch Interpretation der Verbindungen als Randbedingungen anhand des gewünschten Wissens ermittelt worden. Im Falle von verteilter Repräsentation ist ein manuelles Setzen jedoch fast immer praktisch unmöglich. Da die kanonische Interpretation einer Verbindung fehlt, kann ad hoc nicht gesagt werden, wie stark sie sein muß. Höchstens Trial-and-Error Verfahren könnten hier zum Ziel führen.

Globale analytische Verfahren
(d.h.: die Aufgabe wird von einem globalen unabhängigen Prozeß oder Algorithmus erfüllt)

Eine weitere Möglichkeit, die gewünschte Gewichtsmatrix aufzufinden, wäre, das Netzwerk einem globalen analytischen Verfahren zu unterwerfen. Dabei könnte man die Gewichte als Veränderliche in einem hoch-dimensionalen Raum auffassen, während ein Maß für die Abweichung des momentanen Netzwerkverhaltens vom gewünschten einen Funktionswert darstellt, den es zu minimieren gilt. Verfahren wie das Newton'sche Approximationsverfahren können hier, auf das ganze Netzwerk angewandt, zum Ziel führen. Ein

Beispiel ist in Kohonen (1984) zu finden, wo die Gewichte eines Netzwerks als Matrix zusammengefaßt und durch Bestimmen der sogenannten Pseudoinverse berechnet werden – ein Verfahren, das an der *Gesamtheit* aller Verbindungen *zugleich* arbeitet. Die Unhandlichkeit, immer das ganze Netzwerk betrachten zu müssen, und die Tatsache, daß diese Methode oft einen globalen Kontroller verlangt, schließt dieses Verfahren jedoch meist aus.

Selbstorganisation (Lernen)
(d.h.: die Aufgabe ist in das Netzwerk und seine Arbeitsweise integriert)

Die weitaus wichtigste und am meisten angewandte Methode, die Gewichtsmatrix zu bestimmen, ist die, das Netzwerk, nach einfachen Regeln sich selbst organisieren – oder, wie man sagt, *lernen* – zu lassen. Die Idee dabei ist die folgende: Durch Interaktion mit der Umwelt wird schrittweise jedes einzelne Gewicht so adaptiert, daß dabei das Netzwerk dem gewünschten Verhalten näher kommt. Dies kann mit Hilfe eines expliziten Feedbacks geschehen (sogenanntes *supervised learning*) oder rein durch vorgegebene Architekturrestriktionen (*unsupervised learning*).

Wie schon eingangs erwähnt, sollte eine der zentralen Eigenschaften eines subsymbolischen kognitiven Modells die Fähigkeit sein, sich ständig zu adaptieren, sich also durch Lernen selbst zu verändern. Daher wird Selbstorganisation nicht nur eine interessante Methode zur Gewichtsbestimmung sein, sondern eine der wesentlichen Fundamente für konnektionistische Modelle in der AI bilden. Daher werden wir uns jetzt ausführlich damit beschäftigen. In Abschnitt 3.2.3 wird übrigens noch klar werden, daß die Grenzen zwischen Selbstorganisation und den zuvor erwähnten analytischen Verfahren verschwimmen können.

2.3.1 Prinzipien des konnektionistischen Lernens

Aufbauend auf den konzeptuellen Eigenschaften neuronaler Netzwerke, erwartet man sich von einem Mechanismus zum selbständigen Lernen folgendes:

- *der Algorithmus zur Gewichtsadaption soll lokal in den Units oder an den Verbindungen erfolgen können*

- *ein Lernvorgang soll bereits gespeichertes Wissen nicht oder möglichst wenig zerstören*

Erstere Forderung folgt aus der Arbeitsweise der Netzwerke. Genausowenig wie für das Berechnen neuer Outputwerte soll für das Bestimmen eines neuen

Gewichts anderes Wissen als das, das über die Verbindungen zugänglich ist, notwendig sein. Die zweite Forderung folgt aus dem Einsatz als kognitives Modell. Lernen soll nicht bloße Änderung des Verhaltens sein, sondern auf längere Zeit gesehen im allgemeinen auch Erweiterung des Wissens (i.e. des Raumes der möglichen sinnvollen Verhaltensweisen). Bereits einmal angeeignete Verhaltensweisen sollen also nicht durch einen neuen Lernschritt vollkommen zerstörbar sein, sondern höchstens durch oftmalig wiederholte Schritte in eine andere Richtung.

2.3.1.1 Das Hebb'sche Prinzip

Das Grundprinzip der meisten gebräuchlichen und in dieser Arbeit beschriebenen Lernverfahren geht auf eine Beobachtung von biologischen Neuronen durch Hebb (1949) zurück. Hebb stellte fest, daß Adaption im Modell dadurch erreicht werden kann, wenn man das Gewicht zwischen zwei stark feuernden Units vergrößert. Das gleichzeitige Feuern deutet auf eine Korrelation zwischen den beiden Units hin, daher soll die gegenseitige Beeinflussung vergrößert werden. Verallgemeinert man dieses Prinzip auf "negatives Lernen" (also Verringerung des Gewichtes), so könnte man allgemein folgende Grundmechanismen definieren:

- *Wenn eine Verbindung, bzw. eine Verstärkung dieser, das gewünschte Verhalten* **unterstützt**, *dann* **vergrößere** *deren Gewicht.*

- *Wenn eine Verbindung einen* **negativen** *Einfluß zum gewünschten Verhalten hat, dann* **verringere** *deren Gewicht.*

Die einzelnen Lernalgorithmen unterscheiden sich nun meist dadurch, wie darüber entschieden wird, ob die Verbindung das Verhalten unterstützt oder einen negativen Einfluß hat.

Die einfachste Form von Lernregel gemäß dieses Prinzips ist das, was gemeinhin als die *Hebb'sche Regel* bezeichnet wird. Sie ist dann anwendbar, wenn alle Units in einem Netzwerk binäre Outputwerte haben (0 oder 1). Mathematisch formuliert ist die Regel aus Abb. 2.9a ersichtlich.

In Worten bedeutet das, daß in einem solchen binären Netzwerk ein Gewicht immer dann um einen kleinen Faktor μ vergrößert wird, wenn die Units an beiden Enden der Verbindung an sind ($o=1$). Diese Regel erfüllt beide obige Anforderungen: Das Gewicht der Verbindung kann allein aufgrund der Out-

$$\Delta w = \begin{cases} \mu & \textit{wenn } x = y = 1 \\ 0 & \textit{sonst} \end{cases}$$

$$w_{n+1} = w_n + \Delta w$$

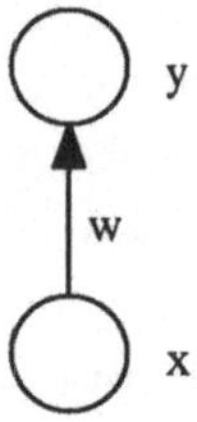

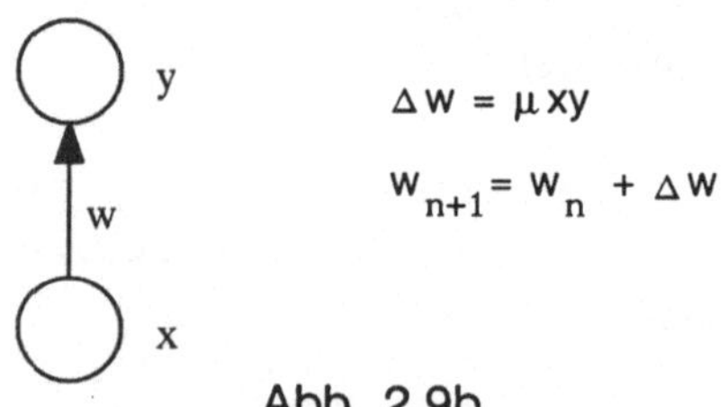

Abb. 2.9a

putwerte der anliegenden Units X und Y[5] bestimmt werden, also kann die lokale Verarbeitung gewahrt bleiben.[6] Außerdem gewährleistet ein kleines μ, daß der vorherige Zustand des Netzwerkes nur leicht verändert wird.

Neben der Tatsache, daß diese Regel nur auf bestimmte Netzwerke anwendbar ist, gilt als weiterer Nachteil, daß damit nur Gewichts*erhöhungen* möglich sind. Ein Netzwerk kann also *nie* einmal Gelerntes wieder überschreiben. Außerdem steigen durch mehrmaliges Lernen die Gewichte ständig an, wodurch sich nach einiger Zeit alle Unitaktivierungen im Sättigungsbereich bewegen, und so die Selektivität des Netzwerkes drastisch reduziert ist. Der Lernvorgang muß also oft zeitlich beschränkt werden, was für viele Modelle nicht erwünscht ist.

2.3.1.2 Erweiterung der Hebb'schen Regel

Die originale Hebb'sche Regel (Abb. 2.9a) läßt sich sehr leicht auf beliebige (auch kontinuierliche) Outputwerte verallgemeinern (siehe Abb. 2.9b).

$$\Delta w = \mu xy$$

$$w_{n+1} = w_n + \Delta w$$

Abb. 2.9b

Demnach wird ein Gewicht *proportional zum Produkt* der beiden Unit-Werte geändert. Wenn auch negative Outputwerte zugelassen sind, kann also auch negatives Lernen erfolgen (auch *Anti-Hebb* genannt). Im Prinzip wird durch

---

5 Zur Vereinfachung der Formeln wird auf diesen Seiten für den Outputwert der Unit X der Buchstabe x statt o_x verwendet. Dasselbe gilt für Y.

6 Hier wird stillschweigend angenommen, daß die Speicherung und Änderung von Gewichten von den postsynaptischen Units vorgenommen werden.

diese Regel die *Korrelation* der beiden beteiligten Units (positiv oder negativ) berechnet und proportional dazu das Gewicht verändert. Unterstützung des Netzwerkverhaltens durch die Verbindung wird also durch positive Korrelation der Unitaktivierungen definiert. Durch die Wahl eines kleinen Proportionalitätsfaktors μ wird auch hier erreicht, daß bereits erlernte Zustände nicht zu stark beeinträchtigt werden. Ja mehr noch, für unkorrelierte Muster wirken sich die gesammelten Änderungen eines Musters auf alle anderen Muster wie ein gleichverteiltes Rauschen aus und ergeben daher im Mittel einen vernachlässigbaren Einfluß. Wie leicht zu erkennen ist, enthält Regel 2.9b die Regel 2.9a als Spezialfall, wenn man nur Werte von *0* und *1* zuläßt.

2.3.1.3 Von der Delta Rule zur Backpropagation

Bis jetzt wurde nur das Lernen innerhalb eines Netzwerks betrachtet, ausgehend von der Annahme, daß sich das Netzwerk bereits auf ein gewünschtes Aktivierungsmuster eingestellt hat. Mit Hilfe der erweiterten Hebb'schen Regel kann man demnach die Korrelationen zwischen feuernden Units verstärken. Allerdings wurde noch keine Aussage darüber gemacht, wie ein gewünschter Zustand erreicht wird. Eine Möglichkeit wäre, Output Units gemäß dem gewünschten Muster zu aktivieren und einen Hebb'schen Lernschritt einzulegen. Bei vielen Anwendungen möchte man jedoch einen sogenannten *teaching input* durch einen *Lehrer* von außen in das Netzwerk einbringen, worauf das Lernen aufgrund der noch bestehenden Abweichung des tatsächlichen vom gewünschten Muster vorgenommen werden soll. In einer diskreten Version wurde das zum ersten Mal im sogenannten *Perceptron* von Rosenblatt (1961) durchgeführt. In allgemeiner Form wird solch ein Lernen mit Lehrer in der *Delta-regel* (*delta rule*, Widrow-Hoff 1960) ausgedrückt, die in Abb. 2.9c angegeben ist.

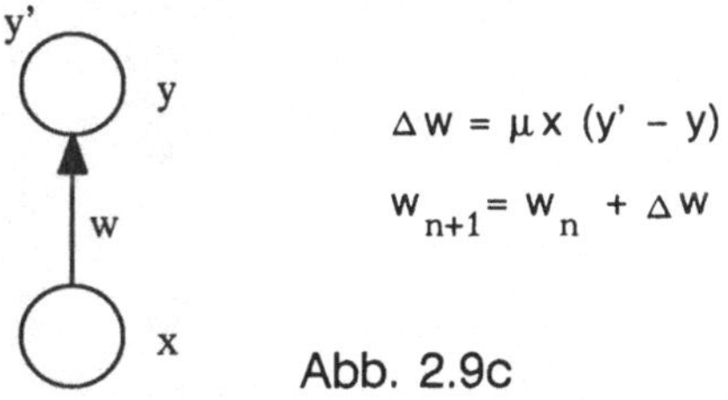

Angenommen, der Outputwert der Unit Y wäre y. Der (vom externen Lehrer) gewünschte Outputwert ist allerdings y'. Nun wird das Gewicht proportional zur Differenz von gewünschtem zu tatsächlichem Input, sowie nach wie vor zum Outputwert der Unit X geändert. Da eine Differenz sehr oft mit dem griechischen Buchstaben δ bezeichnet wird, bekam diese Regel den Namen *Delta*-Regel.

Der wichtigste Unterschied zur Regel 2.9b ist, daß nicht der Wert der Unit Y direkt eingeht, sondern nur ihre Abweichung vom Lehrer. Da diese Abweichung idealerweise durch wiederholtes Lernen immer kleiner wird, wird demnach auch die Gewichtsveränderung immer kleiner. Mit anderen Worten, je näher eine Unit dem gewünschten Output ist, desto weniger verändern sich die zu ihr hinführenden Gewichte. Daraus folgt, daß das Lernen theoretisch beliebig lang fortgesetzt werden kann, ohne daß es zu einer Übersättigung (bzw. einer Überhandnahme der Gewichte) kommt. Als "Unterstützung des gewünschten Verhaltens" gemäß dem Hebb'schen Prinzip wird in dieser Regel die Tatsache angesehen, daß eine Verstärkung der Verbindung die Unit näher zur gewollten Aktivierung bringt. Ein "negativer Einfluß" ist hingegen eine zu starke Aktivierung für ein positives x, bzw. eine zu schwache für ein negatives.

Mit der Delta-Regel läßt sich schon in vielen Fällen die Adaptierung eines Netzwerkes auf ein gewünschtes Verhalten erreichen. Allerdings läßt sie sich nicht ohne weiteres auf alle Netzwerktypen verallgemeinern, da zum Adaptieren einer Verbindung immer ein teaching input (y') vonnöten ist. Nun gibt es aber in vielen Netzen Hidden Units, die keinen direkten Zugang zur Außenwelt haben, von denen man also nicht sagen kann, welche Aktivierung (bzw. welchen Outputwert) sie haben sollten. Eine weitere Verallgemeinerung der Lernregel, die *generalized delta rule* (Werbos 1974, Rumelhart et al. 1986a), berücksichtigt auch dies (Abb. 2.9d).

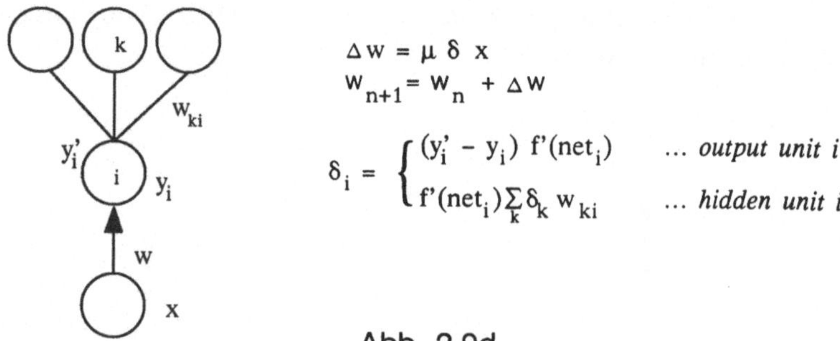

$$\Delta w = \mu \, \delta \, x$$
$$w_{n+1} = w_n + \Delta w$$

$$\delta_i = \begin{cases} (y'_i - y_i) \, f'(net_i) & \dots \text{ output unit } i \\ f'(net_i) \sum_k \delta_k \, w_{ki} & \dots \text{ hidden unit } i \end{cases}$$

Abb. 2.9d

Anstelle der Differenz y'–y aus 2.9c wird ein allgemeiner *Abweichungsterm* δ eingeführt. Für alle Output Units wird δ ganz ähnlich wie vorhin proportional zur Differenz von y' und y gebildet. Was hinzukommt ist die erste Ableitung der Aktivierungsfunktion, die den Effekt, daß die Gewichtsänderung umso größer ist, je weiter man sich von einem der Maximalwerte befindet, noch verstärkt.[7]

Für Hidden Units hingegen wird der Wert von δ als gewichtete Summe der δ-Werte der unmittelbar mit ihnen verbundenen postsynaptischen Units berechnet (wiederum mit der ersten Ableitung von f multipliziert). Damit kann nun für *alle* Units eine Gewichtsveränderung, proportional zu δ und x, errechnet werden. Die Details der soeben dargelegten Formeln ergeben sich aus der Herleitung der Regel als Gradientenverfahren, das den Gesamtfehler des Netzwerkes minimiert (siehe dazu Abschnitt 3.2.3).

Diese Backpropagation-Regel kann auf beliebige Netzwerke, bei denen ein Teaching Input an den Output Units vorliegt, angewandt werden (ein Beweis dafür, sowie ein Beweis für die Funktionstüchtigkeit und Konvergenz dieser Regel findet sich in Rumelhart et al. 1986a). Um alle Hidden Units, die keine direkte Verbindungen zu Output Units haben, ihre Gewichte adaptieren zu lassen, muß man den Schritt der Berechnung von δ mehrere Male wiederholen, maximal bis zur "Tiefe" (= Abstand von den Output Units) der entsprechenden Units. Da dadurch der *Fehler*wert δ schrittweise "rückwärts" im Netzwerk propagiert wird, wird dieser Lernalgorithmus im allgemeinen *(Error) Backpropagation* genannt. Selbst wenn im Netzwerk Schleifen vorhanden sind, kann damit gelernt werden, soferne nach einer endlichen Zahl von Schritten abgebrochen wird (die "Tiefe" einer Unit in einer Schleife könnte ja als beliebig groß angesetzt werden).

Was implizit von der Backpropagation Regel vorausgesetzt wird, ist die Existenz von *Rückverbindungen* zwischen den Units – mit gleichen Gewichten wie die Vorwärtsverbindungen – zum Rückpropagieren von δ. Damit wird diese Regel einerseits etwas unplausibel, wenn man sie mit biologischen Netzwerken vergleicht, andererseits sprengt sie etwas die Annahmen über konnektionistische Netzwerke, die davon ausgegangen sind, daß immer nur ein Outputwert pro Unit existieren kann. Hier sind es ja zwei verschiedene Werte (o und für das Lernen δ), die von einer Unit weitergegeben werden können. Es läßt sich jedoch zeigen, daß das für Backpropagation erforderliche Netzwerk auf ein "reines" neuronales Netz, das dem in Abb. 2.2 abgesteckten Rahmen

---

7 siehe zum Beispiel die sigmoide Funktion in Abb. 2.3, die den größten Anstieg im Ruhewert zwischen den Maxima hat.

entspricht, zurückgeführt werden kann (Hecht-Nielsen, pers. Mitteilung). Diese Anomalität der Regel soll uns also nicht weiter stören.[8]

Wir haben uns somit schrittweise einer allgemein anwendbaren Lernregel für neuronale Netzwerke genähert. Im Laufe der weiteren Betrachtungen werden noch eine Reihe von anderen Mechanismen vorgestellt werden, wobei auch klar werden wird, daß die Backpropagation aus vielen Gründen keineswegs ein ideales Lernschema bietet. Dieser erste kurze Exkurs sollte dessen ungeachtet in die Grundideen der Selbstorganisation in neuronalen Netzen einführen.

2.4 Netzwerkgrundtypen

Soweit also zu den Grundprinzipien neuronaler Netzwerke. In der Literatur (Rumelhart & McClelland 1986a, Wasserman 1989, etc.) sind nun eine Reihe von verschiedenen Netzwerkarchitekturen zu finden. Die Modelle reichen von einzelnen Unitgruppen – ab jetzt nur mehr *Layer* genannt – mit recht einfachen Verbindungsstrukturen bis hin zu komplexen Zusammenstellungen von Netzwerk-Modulen. Prinzipiell sollte ein für eine Anwendung gedachtes konnektionistisches System eine komplexe interne Struktur besitzen, die aus mehreren Layern mit unterschiedlicher Vernetzungsstruktur besteht. Dies gilt im besonderen für Anwendungen in der AI und der kognitiven Modellierung, da man nicht annehmen kann, daß komplexe Funktionen von einem massiv aber unstrukturiert verbundenen Netzwerk nachempfunden werden können. Nichtsdestotrotz können bereits einfache Strukturen mit wenigen Units erstaunliche Ergebnisse erzielen. Dies wird in den nächsten Abschnitten ersichtlich werden, in denen die fundamentalen Netzwerkstrukturen beschrieben sind. Man sollte sich dabei aber ständig vor Augen halten, daß die nun beschriebenen Netzwerktypen nur als "Bausteine" für ein größeres System betrachtet werden, ungeachtet dessen, was diese einfachen Typen bereits zu leisten imstande sind.

2.4.1 Feedforward-Verbindungen zwischen Layern

Eine elementare Verbindungsstruktur zwischen zwei Unitlayern ist die sogenannten *Feedforward-Vollverbindung*. Dabei wird *jede* Unit des ersten Layers mit *jeder* Unit des zweiten verbunden. Bestehen die beiden Layer aus

---

8 Die für die Fehler–Rückpropagierung benötigten Rückverbindungen, die demnach keine "echten" Verbindungen sind und daher auch keine Schleifen erzeugen, werden von nun an auch nicht mehr extra erwähnt oder gezeichnet.

jeweils *n* und *m* Units, so gibt es in dieser Struktur *n* x *m* Verbindungen. Abb. 2.10 zeigt dies für *n=3* und *m=4*. Der Pfeil gibt die Richtung der Verbindun-

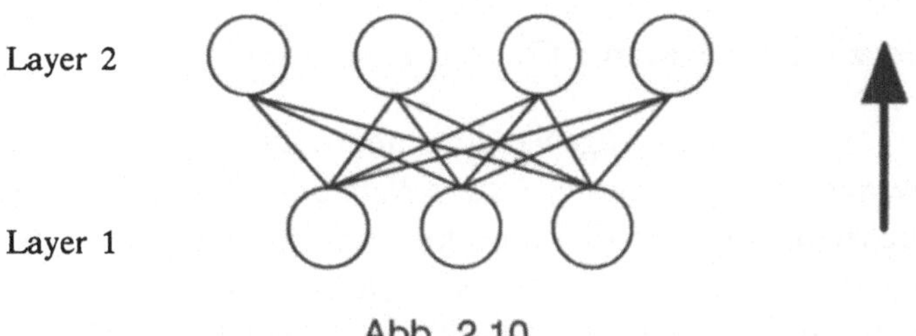

Abb. 2.10

gen und somit die Ausbreitungsrichtung der Aktivierungen an. Durch die Vollverbindungen hat jede Unit in Layer 1 einen Einfluß auf alle Units in Layer 2.

Das Verhalten dieser Grundstruktur wird im allgemeinen **Assoziation** genannt, einer der Grundmechanismen von neuronalen Netzen. Der Name begründet sich in deren Eigenschaften, die später noch klarer werden. Ein Aktivierungsmuster, das in Layer 1 anliegt, erzeugt durch synchrones Update aller Units in Layer 2 ein neues Muster. Es gibt keine Schleifen in dieser einfachen Architektur, daher können weitere Updates an den Mustern nichts mehr ändern. Für diese *Abbildung* sind Ähnlichkeiten in den Mustern ausschlaggebend, wobei diese zunächst als Überlappungen zwischen Mustern definiert sind. Abb. 2.11 zeigt das an einem einfachen Beispiel. Zwei Inputmuster (die

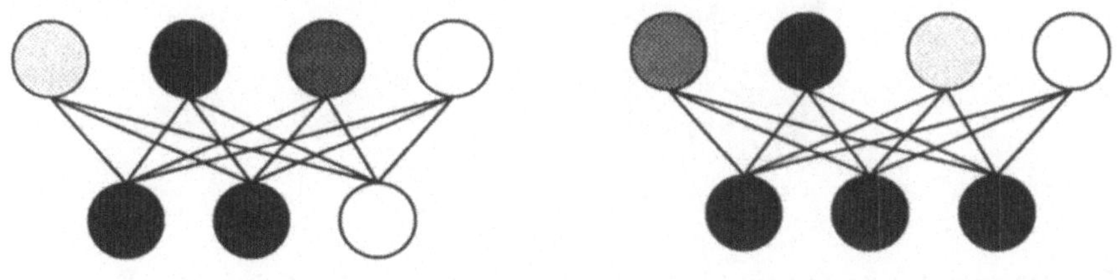

Abb. 2.11

Muster in Layer 1), die einander ähneln (sie haben zwei aktivierte Units gemeinsam), erzeugen Outputmuster, die ebenfalls Ähnlichkeiten aufweisen. Dies wird in Kapitel 3 noch eingehender beleuchtet.

Solch ein Verhalten, Inputmuster gemäß ihren Ähnlichkeiten zu anderen Mustern zu behandeln, ist die Grundlage für einige der wichtigsten Eigenschaften

von neuronalen Netzwerken, wie *Generalisierungsfähigkeit* (die Fähigkeit,
neue noch nie gesehene Inputs sinnvoll zu verarbeiten) und *Fehlertoleranz*.

2.4.1.1 Assoziationsnetzwerke (Pattern Associators)

Eines der am häufigsten angewandten neuronalen Netze ist das sogenannte
Assoziationsnetzwerk (auch *assoziatives Netz* oder *Pattern Associator* genannt),
das eindrucksvoll die Vorteile verteilter Verarbeitung zeigt. Ein assoziatives
Netz kombiniert mehrere Layers von Units, die nach dem Feedforward-
Schema verbunden sind. Der Output Layer einer Assoziation wird dabei der
Input Layer der nächsten. Abb. 2.12 zeigt ein Beispiel. In diesem Fall sind es

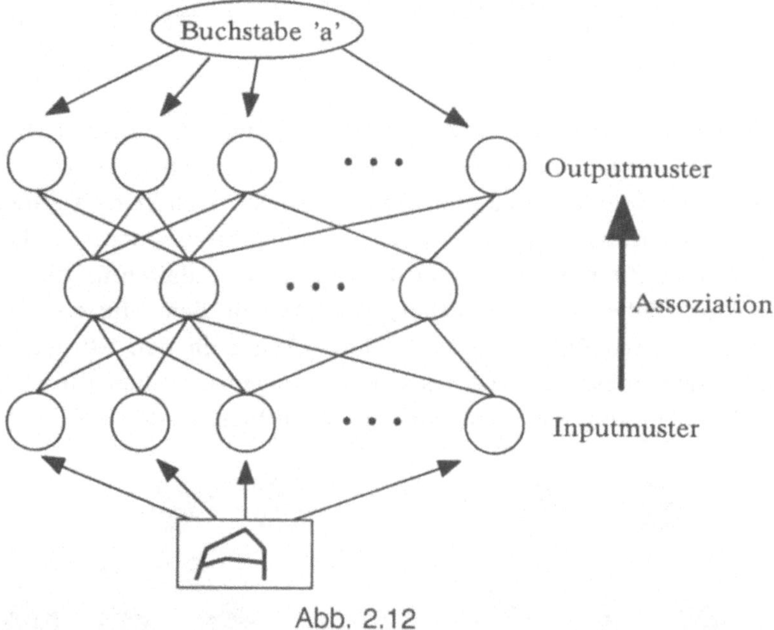

Abb. 2.12

drei Layers von Units (Input, Hidden und Output), die folgendes bewerkstelligen sollen: Jedesmal, wenn am Input Layer ein bestimmtes Aktivierungsmuster angelegt wird, soll sich – nach Ausbreitung der Aktivierungen – am Output
ein bestimmtes anderes (oder auch das gleiche) Muster ergeben. Das Netzwerk
soll also wieder eine Assoziation, diesmal über mehrere Zwischenlayer hinweg, vom Inputmuster auf das Outputmuster bewerkstelligen. Solch eine erweiterte Assoziation ist unter bestimmten Voraussetzungen mächtiger als eine
mit nur einem Layerpaar, wie in Kapitel 3 ausführlich gezeigt und besprochen

wird. Natürlich sollen nicht nur ein sondern gleich mehrere Musterpaare vom selben Netzwerk assoziiert werden können.

Im Zusammenhang mit Assoziationsnetzwerken entstehen leicht Konfusionen, was die Anzahl der Layer betrifft. Die Bezeichnung "3 Layer" kann bei verschiedenen Autoren unterschiedliches heißen: Entweder drei Layer insgesamt (also ein Input, ein Hidden und ein Output Layer); oder drei Layer ohne Input Layer (also zwei Hidden Layer), da dieser aufgrund des fehlenden Updates nicht als wesentlich gesehen wird – bzw. drei Verbindungslayer; oder aber auch drei Hidden Layer (also fünf Layer nach der ersten Zählungsart), da diese in vieler Hinsicht die bedeutensten sind. Ich werde mich an die erste Konvention, also das Zählen sämtlicher involvierter Unit-Layer, halten, oder explizit betonen, wenn etwas anderes gemeint ist. Erwähnt werden sollte auch, daß diese Art von Netzwerk oft *Multi-Layer Perceptron* genannt wird. Dies geht auf die schon erwähnten Arbeiten von Rosenblatt (1961) zurück. Eine Assoziation mit nur zwei Layern – der Grundtyp – ähnelt einem Perceptron, erweiterte Assoziationen werden also als Ketten von Perceptrons gesehen.

Ein Assoziationsnetzwerk ist prädestiniert für die Anwendung der Backpropagation Regel. Weiß man nämlich, welche Assoziationen erwünscht sind, mit anderen Worten, kennt man alle oder viele der gewünschten Musterpaare, so lassen sich die Outputmuster dieser Paare als Teaching Input verwenden. Das Netzwerk wird dann mit der angeführten Regel trainiert (Abb. 2.9d), nachdem das entsprechende Inputmuster angelegt und die Aktivierungen bis zum Output ausgebreitet wurden. Ein Lernzyklus sieht also folgendermaßen aus:

(a) *Präsentiere ein Inputmuster am Input Layer (d.h. aktiviere die Units demgemäß)*

(b) *Breite die Aktivierungen über alle Hidden Layers (über die Vorwärtsverbindungen) bis zum Output Layer aus*

(c) *Vergleiche den so ermittelten Output mit dem gewünschten Output und berechne δ für alle Output Units*

(d) *Ändere die Gewichte und propagiere δ eine Ebene zurück*

(e) *Wiederhole (c) und (d) für alle Hidden Layers.*

Dieser Zyklus muß nun für *alle* vorhandenen Musterpaare *mehrmals* durchgeführt werden, wobei nach jedem Durchlauf durch alle Trainingspaare das Netzwerk den gewünschten Assoziationen einen Schritt näher kommt. Man beachte, daß, obwohl dieser Ablauf nach einer globale Kontrolle aus-

sieht, alle Schritte lokal von jeder einzelnen Unit durchgeführt werden
können. Lediglich die Synchronisation der Unit Layer ist global zu kontrollieren, aber auch das ist im Prinzip automatisch denkbar, soferne alle Units
gleich schnell arbeiten.

Das Lernen wird im allgemeinen so lange fortgesetzt, bis der Fehler (meist
aufsummiert über alle Musterpaare) kleiner als ein Schwellwert ϵ geworden ist.
Dazu kann einerseits der Absolutfehler (Abweichung der tatsächlichen Outputwerte) oder – im Falle einer Interpretation des Musters als Binärfolge – die
Abweichung des der Schwellenfunktion unterworfenen Outputmusters vom
gewünschten Bitmuster herangezogen werden. Gemäß Rumelhart et al.
(1986a) ist in vielen Fällen eine Konvergenz garantiert, soferne die Anzahl
und Beschaffenheit der Musterpaare der durch die Anzahl der Units vorgegebenen Netzwerkkapazität entsprechen.

Dieser Typus von neuronalem Netzwerk hat nun eine Reihe von Anwendungen: Wenn man etwa den Input als visuelle Muster auffaßt und den Output als
(z.B. lokal repräsentierte) Darstellung von Konzepten, so läßt sich das Modell
zur **Erkennung** oder **Klassifikation** von Mustern verwenden (in Abb. 2.12
ist das Erkennen von Buchstaben auf diese Weise angedeutet). Verwendet
man als Output das gleiche Muster wie für den Input, so spricht man von einer
Autoassoziation. Besteht nun gleichzeitig der Hidden Layer aus relativ wenigen
Units, so kann dies entweder als **Umcodierung** oder als **Extraktion** von
relevanten Features (siehe später) gesehen werden. Man kann das Netzwerk
aber auch trainieren, auf ein beliebiges Muster mit einer **Assoziation**, also
einem dem Input zugeordneten Muster, zu antworten (entsprechend dem
Namen des Netzwerks). Diese letzte Anwendung zeigt starke Ähnlichkeiten
mit Assoziationen in der Psychologie und kann sehr gur für Modelle
entsprechender Funktionen (z.B. dem Aufruf eines Gedächtnisinhalts) herangezogen werden.

2.4.1.2 Einige Beispiele

Die Muster, die von Assoziationsnetzwerken verarbeitet werden, können im
Prinzip beliebiges darstellen. Sie können Konzepte verteilt oder lokal repräsentieren, wie in Abschnitt 2.2 angedeutet, wobei es hier ganz besonders auf die
Ähnlichkeiten der Repräsentationen ähnlicher Konzepte ankommt. Sie
können aber auch einfachen Zahlenwerten – etwa Meßwerten – Bildmustern
oder anderen sensorischen Reizen entsprechen. Im folgenden werden einige

vielzitierte Anwendungen besprochen, die vor allem die Eigenschaften dieser Netzwerkarchitektur beleuchten sollen.

Interessant ist bei solchen Beispielen nicht nur das Ergebnis des Trainingsvorgangs – die mehr oder weniger erfolgreiche Abbildung aller Input Muster – sondern auch die Veränderung des Verhaltens während des Trainings selbst. Sehr oft ergeben sich dabei – in gewissen Grenzen – erstaunliche Parallelen zum menschlichen Langzeitlernen.

Das Erlernen der XOR-Funktion

Kommen wir zurück zum XOR-Netzwerk aus Abb. 2.5. Während dort die Verbindungen durch Probieren ermittelt und händisch gesetzt wurden, könnte sich ein entsprechendes Netz die Funktion auch durch den geschilderten Lernvorgang selbst erwerben. Das Assoziationsnetzwerk besteht dafür demnach aus drei Unitlayern mit jeweils 2 (Input), 2 (Hidden) und 1 Unit (Output). Verwendet man die Backpropagation-Regel, muß man allerdings die Schwellenfunktion durch eine differenzierbare – etwa die sigmoide – Funktion ersetzen. Außerdem muß für ein erfolgreiches Training ein sogenannter *Bias* eingeführt werden, ein Wert der die sigmoide Funktion horizontal verschiebt. Die Trainingspaare sind die folgenden:

```
0 0      ->      0
1 0      ->      1
0 1      ->      1
1 1      ->      0
```

Nach mehrmaligem Durchlaufen des Lernzyklus (in Abhängigkeit des Lernparameters μ meist einige 1000 Male) kann das Netz die XOR-Funktion (bis auf einen kleinen Fehler) reproduzieren. Der Fehler kann zwar in Theorie beliebig klein gehalten werden, wird aber in der Praxis nie ganz verschwinden. Dies zeigt bereits, daß sich diese Art von Modell eher weniger für exakte Abbildungen in großem Maße (wie z.B. logische oder arithmetische Funktionen) eignet. Verwendet man das Netz aber für Bitmuster wie im Fall des XOR-Netzes, so werden die Outputmuster – wie erwähnt – zur Interpretation einer Schwellenfunktion (mit Schwellwert = *0.5* bei binären Werten von *0* und *1*) unterworfen, wodurch dann von einer fehlerfreien Reproduktion der gewünschten Assoziation gesprochen werden kann. Dadurch stellt sich auch meist die Konvergenz schon viel früher ein, denn obwohl zum Beispiel ein Output von *0.76* noch sehr weit von der gewünschten *1* entfernt ist (der abso-

lute Fehler also noch groß ist), bedeutet der interpretierte Output (*0.76>0.5 ->*
1) das exakte Ergebnis.

NetTalk und NETZSPRECH

Um die Fähigkeit von Multi-Layer-Perceptrons zu demonstrieren, hatten Sejnowski & Rosenberg (1986) eine einfache aber geniale Idee: Sie setzten ein
Drei-Layer Assoziationsnetzwerk ein, um englischen Text (geschrieben Worte)
auf seine Aussprache, das heißt die entsprechende Lautschrift, abzubilden.
Genial war die Idee deswegen, weil es einfache Mittel gibt, im Computer dargestellte Lautwerte (sogenanntc *Phoneme*) in verständliche akustische Signale
zu verwandeln[9]. Dadurch werden die Fortschritte und Ergebnisse des Lernvorgangs hörbar und leichter nachvollziehbar. Das Modell nannten sie 'NetTalk',
was zu einem der meist zitierten Ausdrücke unter Konnektionisten wurde.

NetTalk wurde leider sehr oft auch mißverstanden. Durch die eindrucksvolle
Demonstration mittels hörbarer künstlicher Sprache haben die Ergebnisse viele
dazu verleitet zu glauben, daß es sich um weit mehr handelt, als tatsächlich
dahinter steckt. Ein Artikel in *Business Week*, zum Beispiel, spricht von einem
"network that learns to speak like a six-year-old overnight". 'Overnight' bezieht
sich dabei auf die verbrauchte Computerzeit während des Trainingsvorgangs –
Sejnowski & Rosenberg mußten die Netzwerksimulation über Nacht laufen lassen, um die gewünschten Ergebnisse zu erzielen. Da man aber unter "speak
like a six-year-old" weit mehr versteht als eine bloße Abbildung von Text auf
Lautschrift, wird ersichtlich, wie leicht man komplexes Verhalten in ein recht
einfaches System hineininterpretiert. NetTalk ist also nicht als ein vollständiges
Modell des menschlichen Sprechapparates zu verstehen, sondern vielmehr als
eine Demonstration der Fähigkeiten des neuronalen Mechanismus Assoziation, die auf die mögliche Mächtigkeit neuronaler Netzwerke hinweisen, wenn
man Assoziationsnetzwerke als Komponenten von umfangreicheren Modellen
einsetzt.

In Dorffner (1989b) wird ein Nachbau des Originalsystems beschrieben, das
die selbe Aufgabe – die Abbildung von Text auf Lautschrift – für das
Deutsche löst. Nicht ohne Humor wurde dieses System 'Netzsprech' genannt.
Es soll nun in der Folge kurz beschrieben werden.

Das gewünschte Verhalten von Netzsprech, einem Drei-Layer Assoziationsnetzwerk, ist also die Abbildung von Text (geschriebenen Wörtern)

---

[9] Wie das von den Autoren verwendete Sprachsynthesesystem DecTalk oder den
Synthesebaustein VOTRAX.

auf Lautschrift (eine Kette von Phonemen). Das bedeutet, daß das Inputmuster eine Repräsentation von Textteilen – vorzugsweise Buchstaben – und das Outputmuster eine Repräsentation von Phonemen sein sollte. Die Ebene, auf der die besten Generalisierungen erwartet werden, ist jene von einzelnen Buchstaben mit ihrem lokalen Kontext. In anderen Worten, es wird angenommen, daß sich die Aussprache des Deutschen (bzw. des Englischen) am leichtesten "Buchstabe für Buchstabe", unter Berücksichtigung des Kontextes, erlernen läßt. Man könnte genausogut ganze Wörter oder sogar Sätze auf einmal abbilden, jedoch werden in einem gegebenen Korpus Wörter untereinander viel weniger Ähnlichkeiten aufweisen als lokale Kontexte. Ähnlichkeiten waren aber als wesentlich für gewisses Verhalten vorausgesetzt worden. So gibt es zum Beispiel zum Wort 'Spieler' wesentlich weniger ähnliche Worte als es zur Sequenz '#spi' (# bedeutet Wortgrenze) ähnliche Sequenzen gibt. Weiters erscheint es sehr plausibel, einzelne Buchstaben (plus Kontext) als Basis für die Produktion der Aussprache zu nehmen, scheint doch unsere Buchstabenschrift auf der Erkenntnis der Existenz von Phonemen zu basieren. Eine modellgemäß plausible Erweiterung auf größere Elemente wie ganze Wörter ist in Dorffner (1988a) beschrieben.

Das Englische und das Deutsche in ihrer geschriebenen Form sind aus soeben erwähnten Gründen weitgehend phonetisch (das Deutsche sicher weit mehr als das Englische), das heißt, ein Buchstabe entspricht weitgehend einem Phonem. Doch gibt es, wie wir alle wissen, eine Reihe von Ausnahmen, bzw. kontextabhängige Variationen. Im deutschen wird 's' zum Beispiel oft als [s] ausgesprochen, in vielen Kontexten (wie vor 'p' und 't' am Silbenanfang) jedoch als [ʃ] (der Laut in 'Schule'). Dazu gibt es auch Ausnahmen wie in 'Stil'. Aus diesem Grund ist es notwendig, von Buchstabensequenzen, oder auch von einem Buchstaben mit beiderseitigem Kontext (d.h. den Buchstaben, die links und rechts vom betrachteten stehen) zu sprechen.

Konsequenterweise werden in Netzsprech am Input Layer fünf Buchstaben repräsentiert (in NetTalk waren es sieben aufgrund der größeren Komplexität des Englischen), am Output ein Phonem. Der mittlere Buchstaben der fünf ist der momentan betrachtete, dem auch das Phonem am Output zugeordnet wird, die anderen vier bilden den Kontext. Jedes Wort, das zum Training oder zum Testen verwendet wird, liefert also so viele Musterpaare, wie es Buchstaben enthält. Für die Markierung von Wortanfang und Wortende (im Kontext der ersten und letzten beiden Buchstaben) wurde ein Sonderzeichen ('#') ein-

geführt. Jedes dieser Musterpaare muß dem Netzwerk einzeln präsentiert, und
der Lernvorgang wie oben beschrieben durchgeführt werden.

Abb. 2.13 zeigt die Architektur von Netzsprech: ein Dreilayer-As-
soziationsnetzwerk mit Feedforward-Vollverbindungen. Der Input Layer ist in

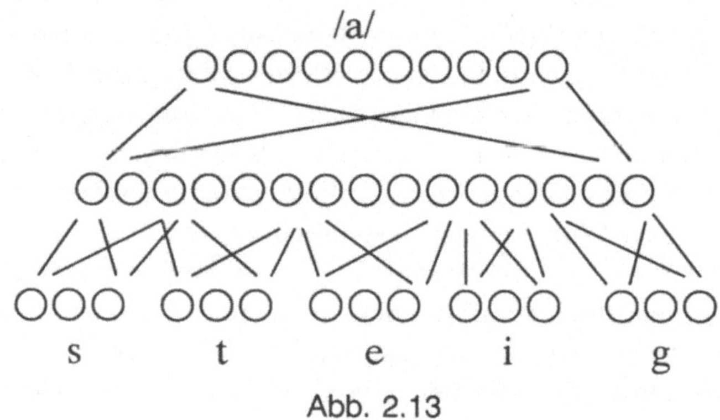

Abb. 2.13

fünf Gruppen (Clusters) von je 31 Units (vereinfacht dargestellt) unterteilt.
Dies erleichtert das Verständnis (jeder Cluster repräsentiert einen Buchstaben),
hat aber auf das Verhalten keine Auswirkung, da ja keine Querverbindungen
innerhalb eines Layers existieren. Der Hidden Layer besteht aus 30 Units – ein
Wert der empirisch gefunden wurde – der Output Layer aus 10 Units, die ein
Phonem repräsentieren.

Zur Repräsentation muß eine geeignete Codierung, die Konzepte – in diesem
Fall Buchstaben und Phoneme – auf Aktivierungsmuster abbildet, gefunden
werden. Die erwünschten Ähnlichkeiten müssen dabei – wie gesagt – eine
Rolle spielen. Im Falle des Inputs sollten nur Ähnlichkeiten zwischen Sequenzen, nicht aber Ähnlichkeiten zwischen verschiedenen Buchstaben betrachtet
werden. Das heißt, Buchstaben wurden als eindeutig identifiziert und
voneinander vollkommen unterschiedlich betrachtet. Um dies auszudrücken
wurde ein Buchstabe in einem Cluster lokal repräsentiert. Demnach gibt es für
alle vorkommenden Zeichen (26 Buchstaben, 3 Umlaute, 'ß', und Sonderzeichen '#') eine designierte Unit, die für das Zeichen steht. Um ein Zeichen
zu repräsentieren, wird die betreffende Unit auf den Maximalwert 1 gesetzt.
So können einander zwei vollständige Inputmuster teilweise überlappen (also
ähnlich sein), nicht aber zwei Teilmuster innerhalb eines Clusters. In Abb.
2.14 ist die Repräsentation der Sequenz 'befah' (wie zum Beispiel im Wort

'befahren') zu sehen, wobei die fünf Clusters untereinander (wieder nur der Anschauung wegen) und nur ein Teil der Units dargestellt sind.

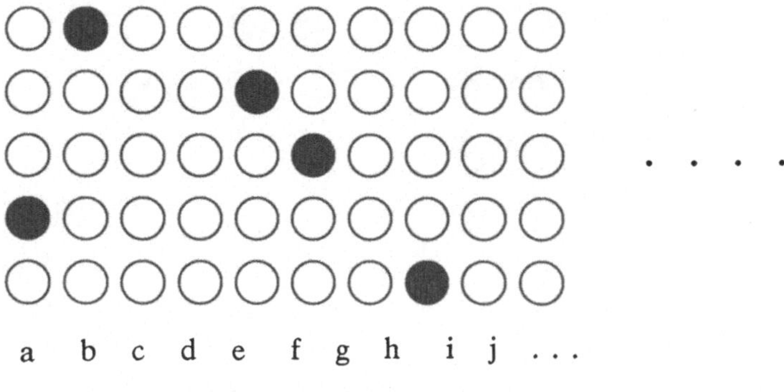

Abb. 2.14

Am Output sollten wesentlich mehr Ähnlichkeiten berücksichtigt werden. Um das Verhalten plausibler zu gestalten, sollten Fehler, die unweigerlich besonders zu Trainingsbeginn auftreten, wenn möglich die Produktion ähnlicher Phoneme verursachen. Ein [t] sollte also eher fälschlicherweise als ein [d] ausgegeben werden als etwa ein [g]. Daher wurden die Muster so gewählt, daß sie phonetische Übereinstimmungen durch Musterüberlappungen ausdrücken. Dazu wurde eine Beschreibung der Phoneme anhand von phonetischen Merkmalen (Chomsky & Halle 1968) herangezogen, die für einige Laute in Abb. 2.15 dargestellt ist. Dieses Schema entspricht einer einfachen phonetischen Klassifikation der deutschen Laute.

Vokale und Konsonanten werden getrennt betrachtet. Bei Vokalen unterscheidet man den Stress, die Höhe und Längsposition (entspricht ungefähr der Stellung der Zunge), die Rundung und die Länge. Stress, Rundung und Länge sind binäre Features, werden also durch eine Unit dargestellt. Höhe und Längsposition sind durch 4 bzw. 3 Units repräsentiert, wobei die Muster so gewählt wurden, daß benachbarte Positionen starke Überlappungen besitzen. Bei Konsonanten ist die Artikulationsart (Plosiv wie [p], Nasal wie [n], Frikativ wie [f], Glide wie [l] und Trill wie [r]), der Artikulationsort (mehrere Positionen von vorne bis hinten) und die Stimmhaftigkeit wesentlich. Letzteres ist wieder ein binäres Feature, der Ort wird wie die Position bei Vokalen präsentiert. Einzelne Artikulationsarten haben untereinander keine Ähnlichkeiten und werden daher lokal repräsentiert.

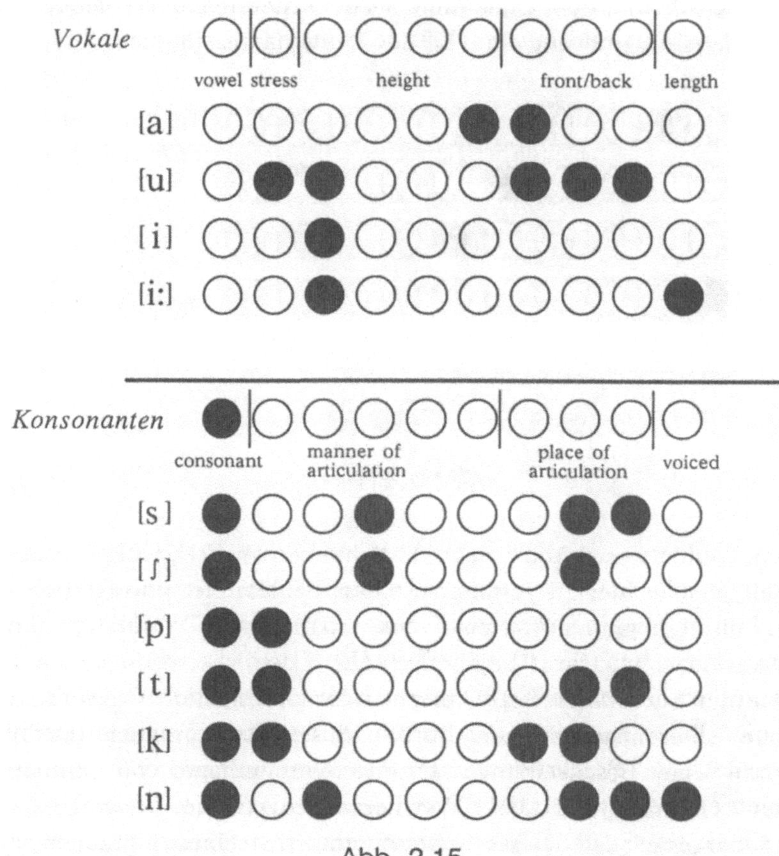

Abb. 2.15

In gewissem Sinne könnte diese Darstellung als eine verteilte Repräsentation mittels Microfeatures betrachtet werden, da ein Phonem erst durch die Gesamtheit der zehn Units dargestellt ist. Einige Units haben dabei tatsächlich "echte" Microfeature-Eigenschaft. So haben etwa die Units 7 bis 9 keine direkte Interpretation und drücken jeweils einen Teil der symbolischen Eigenschaft *Ort* aus. Unter gewissen Umständen könnte eine dieser Units sogar ausfallen, ohne daß die Repräsentation des Orts vollständig verloren ginge. Andere Units hingegen haben eine rein symbolische Funktion und stehen direkt für Features. An diesen Units sieht man, daß der Unterschied zwischen verteilter und lokaler Repräsentation oft nur eine Sache des Blickwinkels ist.

Zum Training wurde die Menge der 1000 häufigsten deutschen Wörter nach Meier (1967) herangezogen. Jedes dieser Wörter plus Aussprache, die als

Teaching Input ja bekannt sein mußte, wurde Buchstabe für Buchstabe wie oben beschrieben dem Netzwerk präsentiert. Die ganze Trainingsmenge wurde mehrere Male durchlaufen, ehe eine Performanz von weit über 90% von korrekt identifizierten Features erreicht wurde. Abb. 2.16 zeigt eine diesem Trainingsvorgang entsprechende Lernkurve.[10] Dabei muß zwischen korrekt

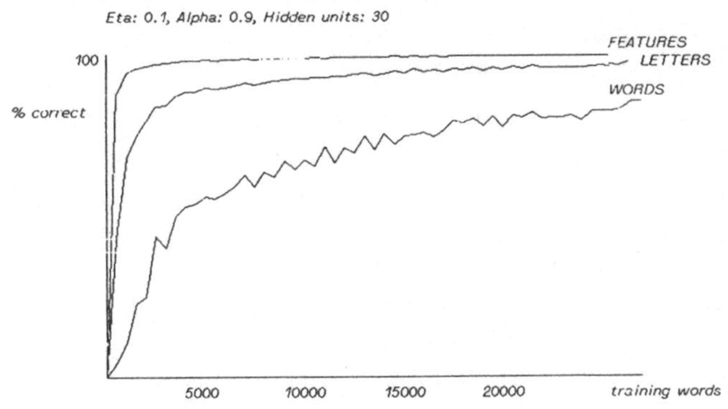

Abb. 2.16

reproduzierten Merkmalen (eine Output Unit richtig), korrekt reproduzierten Phonemen (alle Output Units richtig) und korrekt reproduzierten Wörtern (alle Output Units für alle Phoneme eines Worts richtig) unterschieden werden. Um einen Output als 'richtig' bezeichnen zu können, wurde eine Schwellenfunktion eingesetzt. Jeder Wert über einem Schwellenwert (0.5) wurde als 1 interpetiert, jeder Wert darunter als 0. Erst damit kann man von "korrektem" Output sprechen, da die tatsächlichen Outputwerte die gewünschten nur annähern können. Zur Berechnung des δ-Wertes für die Backpropagation muß natürlich dieser tatsächliche Wert herangezogen werden, die Schwellwertfunktion dient nur dem "Auslesen".

Interessant sind hier mehrere Aspekte. Zunächst zeigt die Lernkurve, daß die Performanz mit zunehmender Anzahl von Trainingsbeispielen langsam aber stetig steigt. Dies erinnert sehr an das Langzeitlernen beim Menschen, etwa dann, wenn Wissen oder eine Fähigkeit durch ständiges Wiederholen (d.h. Training) erworben wird. Weiters läßt eine Untersuchung der Performanz zu

---

10 Eine maschinenlesbare Form der häufigsten Wörter, sowie ein Sprachsynthetisator, der die Ergebnisse von Netzsprech auch hörbar machen konnte, wurde freundlicherweise vom Inst.f.Nachrichtentechnik der TU Wien zur Verfügung gestellt.

verschiedenen Zeitpunkten erkennen, daß häufig vorkommende Sequenzen wie 'en#' oder eben '#spi' viel früher korrekt abgebildet werden als andere.

Zu erwähnen wäre aber vor allem die schon angedeutete *Generalisierungsfähigkeit*. Das Netzwerk ist imstande, nach dem Training auch Wörter korrekt abzubilden, die nie zuvor präsentiert wurden. So enthielt etwa das Ergebnis in einem Test mit einem willkürlich gewählten einfachen Text nur einen signifikanten Fehler, obwohl er Wörter inkludierte, die nicht unter den 1000 häufigsten waren. Nicht nur das, auch auf der Ebene der Fünf-Buchstaben-Sequenzen müssen nicht alle möglichen einmal vorgekommen sein, um das Netzwerk zu korrekter Performanz zu führen. So ist es zum Beispiel ohne weiteres imstande, aufgrund der Beispiele 'Spiel' und 'Sport' auf 'sparen' – was die Aussprache des 's' betrifft – zu "schließen".

Warum ist das so? Dies läßt sich am besten anhand der oft zitierten Musterähnlichkeiten erklären. Werden während des Trainings Sequenzen wie '##spi' und '##spo' auf das Phonem [s] abgebildet, so werden die entsprechenden Gewichte verstärkt. Ausschlaggebend sind dabei die wiederkehrenden Teilsequenzen, also jene Teile, die stark mit dem Output korreliert sind. In diesem Fall ist dies '#sp'. Solche Teile sind aber nichts anders als Musterüberlappungen, oder eben Ähnlichkeiten. Der Rest, in diesem Fall das 'i' und 'o', sind mehr oder weniger "zufällig" variierende Teile und stärken die Gewichte weit weniger. Unter bestimmten Umständen löschen einander die Einflüsse aller solchen "zufälligen" Komponenten sogar aus. Das Netzwerk wird daher starke "Verbindungskanäle" von Inputteilen auf den Output (oder auf Output-teile) entwickeln. Sieht es dann eine "neuen" Input – etwa '##spa' – so sind diese Kanäle stark genug, ungeachtet des unbekannten Anteils ('a') den korrekten Output zu erzeugen.

Natürlich tendiert solch ein Netzwerk aufgrund dieser Eigenschaft leicht zu Übergeneralisierungen. Ausnahmen für diese 'Regeln' müssen daher explizit präsentiert werden. In diesem Fall kommt die große Anzahl von Verbindungen ins Spiel, die eine Feedforward-Architektur ausmacht. Wäre zum Beispiel '##spu' eine Ausnahme, so könnten sich zusätzliche starke Verbindungen vom 'u' zu einem anderen Output entwickeln, die zusammen mit jenen von '##sp' den "regelhaften" Output "überschreiben". Beide Teile allein können jedoch schwach genug bleiben, sodaß dadurch die "Regel" nicht gestört wird. Auf diese Art und Weise können sowohl komplexe Regeln als auch deren Ausnahmen und Unterausnahmen erfaßt werden.

Ähnlichkeiten müssen bei weitem nicht so trivial sein wie die soeben beschriebenen. Verschiedene Grade von Überlappung, bzw. Hierarchien von Ähnlichkeiten können durch ein Assoziationsnetzwerk leicht erfaßt werden. Voraussetzung ist immer, daß für alle Klassen von Fällen genug Trainingsbeispiele vorhanden sind.

Faßt man fehlerhafte Inputs als "neue" Inputs in der gleichen Art auf, so sieht man, daß das Netzwerk eine weitere Eigenschaft – *Fehlertoleranz* über weite Bereiche – besitzt. Ist ein Teil des Inputs gestört, kann der restliche Input stark genug sein, um trotzdem den richtigen, bzw. nur leicht abgeschwächten Output zu erzeugen. Wieder ist es die Eigenschaft der Verteiltheit aufgrund der vielen Verbindungen, die hier zum Tragen kommt. Fällt ein Teil der Units und daher Verbindungen aus, so können andere für sie "einspringen".

NetTalk und Netzsprech sind somit eine Demonstration für die Leistungsfähigkeit des Mechanismus Assoziation. Da die Input und Output Muster, wie erwähnt, beliebiges darstellen können (unter Umständen kann genau jenes Netzwerk mit genau jenen Mustern, die in Netzsprech verwendet wurden, etwas ganz anderes bedeuten), sind den Anwendungen zunächst keine Grenzen gesetzt. Überlegungen über die Grenzen des Ansatzes (d.h. des Machbaren dieser einfachen Architektur) werden noch später folgen.

Das Erlernen von Past Tense Formen im Englischen

Eine weiter Anwendung von Assoziationsnetzwerken, die viel Aufsehen erregt hat und deswegen auch oft zitiert wird, ist der Versuch von Rumelhart & McClelland (1986b), ein Netz die Abbildung von englischen Zeitwörtern auf ihre Mitvergangenheitsform (past tense) lernen zu lassen. Abb. 2.17 zeigt die Grobstruktur des Modells. Die beiden äußersten Verbindungslayer dienen nur der Codierung und Decodierung der Muster. Der tatsächliche Input ist Layer 2, der Output Layer 3. Das Netz besitzt somit keinen Hidden Layer im obigen Sinn.

Zur Wahl des Inputcodes waren ähnliche Überlegungen ausschlaggebend wie bei Netzsprech. Da die interessanten Prinzipien der Past-Tense-Bildung im Englischen hauptsächlich auf phonologischer Ebene ablaufen (z.B. entscheidet sich die Frage, ob bei schwachen Verben die Endung [d] oder [id] auszusprechen ist, anhand des Endkonsonanten; graphemisch wäre hier in beiden Fällen nur ein 'ed' anzuhängen), wurde der Code auf dieser Ebene angesetzt. Dies geschah ähnlich wie am Output von Netzsprech, nur wurden statt der dort

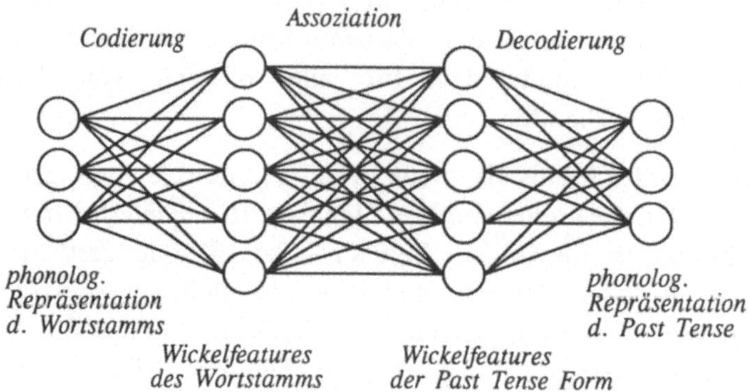

Abb. 2.17   nach Rumelhart & McClelland (1986b)

verwendeten Merkmale sogenannte 'Wickelfeatures' verwendet. Reihenfolgeinformation, die in Netzsprech explizit durch die Einführung von Inputclusters gegeben war, wurde dadurch berücksichtigt, daß nicht einzelne Features sondern Featuretriples von drei benachbarten Buchstaben codiert werden. Rumelhart & McClelland beteuern, daß ein ungeordnetes Set von solchen Tripeln jederzeit wieder eindeutig auf ein Wort abbildbar wird. Z.B. läßt sich (auf graphemischer Ebene) das Wort 'play' auf die Menge von Tripeln {#pl, pla, lay, ay#} abbilden, bzw. umgekehrt. Diese Codierung/Decodierung bewerkstelligen die beiden zusätzlichen Layer an den "Seiten" des Modells.

Dieses Netzwerk war imstande, die Abbildung gängiger englischer Zeitworte zu erlernen. Nicht nur das, es war auch imstande, auf neue Inputs plausibel zu reagieren. Es gibt im Englischen neben den schwachen Verben (die mit der 'ed'-Endung) auch eine Reihe von starken, die im Stamm eine Änderung widerfahren, die auch einer gewissen Regelhaftigkeit zu folgen scheinen. Ein Beispiel wäre die Gruppe 'sing/sang, 'ring/rang', etc. Das Modell konnte, anhand der selben Mechanismen wie Netzsprech, solche Regeln lernen. Die wichtigste Regel allerdings involvierte das Anhängen von 'ed'.[11] Hier zeigte das Netzwerk in einem ganz spezifischen Trainingszyklus ein ganz besonderes Verhalten. Das Trainingsset für diesen speziellen Zyklus enthielt ganz häufige starke und unregelmäßige Verben zu Beginn. Nach einigen Trainingsläufen

---

11 Es handelt sich – auf der betrachteten phonologischen Ebene – eigentlich um 4 Regeln: Das Anhängen von[t] wie in 'worked', [it] wie in 'rented', [d] wie in 'mugged' oder von [id] wie in 'traded'.

wurden neue Verben dem Set hinzugefügt, unter denen sich mehr schwache als starke befanden. Dieser Vorgang des Erweiterns wurde mehrmals wiederholt, was in ungefähr der Wortverteilung entsprechen sollte, die ein Kleinkind während des Spracherwerbs benutzt und sich aneignet.

Die Ergebnisse zeigten überraschende Übereinstimmungen mit dem tatsächlichen Lernverhalten bei Kindern. Die Verben, die vom Anfang an präsentiert wurden, konnten relativ bald korrekt reproduziert werden. Zu dem Zeitpunkt allerdings, zu dem schwache Verben zahlreicher wurden, kam es plötzlich zu einem Phänomen der Übergeneralisierung. Das Netzwerk "entdeckte" die Regel "ed' anhängen' und entwickelte dementsprechend starke Verbindungen. Diese Verbindungen wurden so stark, daß sie bereits gelernte Abbildungen überschrieben. Wörter wie 'go', die bereits richtig abgebildet werden konnten, wurden plötzlich gemäß der schwachen Regel abgeleitet und ein Output wie 'goed' oder sogar 'wented' erzeugt. Erst nach wiederholtem Training mit starken und schwachen Verben konnten die Klassen wieder auseinandergehalten werden. Wie bei Netzsprech wurden schließlich Regelfälle *und* deren Ausnahmen und Subausnahmen beherrscht. Abb. 2.18 zeigt dieses Verhalten in einer Lernkurve, in der korrekte und übergeneralisierte Fälle eingezeichnet sind.

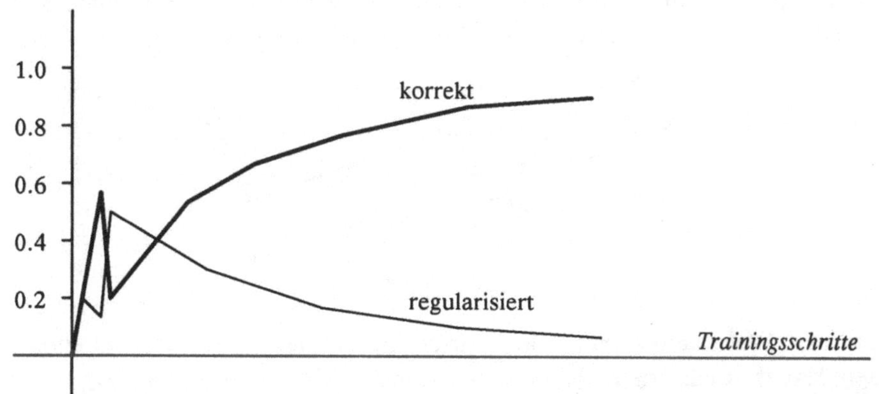

Abb. 2.18   nach Rumelhart & McClelland (1986b), stilisiert

Das Überraschende dabei war, das viele Kinder eine ähnliche Übergeneralisierung zeigen. Auch diese – wie etwa Bybee & Slobin (1982) bestätigen – können Verben zunächst richtig ableiten, verlieren diese Fähigkeit aber über einen gewissen Zeitraum wieder zugunsten der häufigeren 'ed'-

Regel, bevor sie die Past Tense aller Verben beherrschen. Noch überraschender ist, daß Kinder oft tatsächlich das typische Langzeitverhalten im Lernen zeigen. Korrigiert man als Lehrer ein falsch abgeleitetes Beispiel, so wird das Kind sehr oft unmittelbar darauf wieder die unrichtige Antwort geben. Erst wiederholtes Feedback über längere Zeiträume hinweg prägen sich ein. Erwachsene – beim Erlernen einer Fremdsprache – würden da wohl zumindest kurzzeitig ganz anders reagieren.

Es ist klar, daß man auch dieses kleine Netzwerk nicht überbewerten sollte. Es ist bei weitem kein vollständiges Modell auch nur eines Teils der Sprachbeherrschung eines Kindes. Es zeigt allerdings ein Verhalten auf, daß eine große Anzahl von Aspekten nachempfindet, wie es ein klassisches, regelbasiertes AI-System kaum könnte. Wie anfangs erwähnt sollten Assoziationsnetzwerke nur als mögliche Komponente in einem komplexeren AI-System gesehen werden. Die Beispiele in diesem Abschnitt sollten zeigen, was der Beitrag einer solchen Komponente sein kann, soferne sich die Eigenschaften über den Einbau in übergeordnete Strukturen hinweg erhalten.

2.4.1.3 Bidirektionale Assoziation (BAM)

Eine Fortführung des einfachen Assoziationsschemas ist die bidirektionale Assoziation wie das *bidrectional associative memory (BAM)* von B.Kosko (1987). Zwei Layer sind mit Feedforward-Verbindungen in beide Richtungen verbunden (Abb. 2.19). Dadurch entstehen im Gesamtnetzwerk zwar bereits

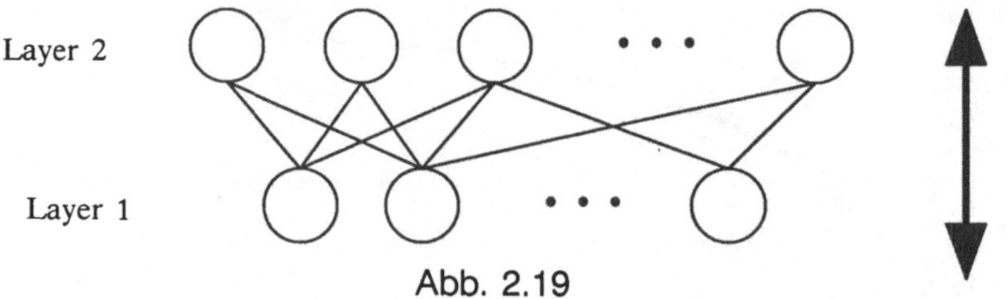

Abb. 2.19

Schleifen, diese kann man aber durch getrenntes synchrones Update der beiden Layer noch recht leicht beherrschen. Mit anderen Worten, Schwingungszustände, die durch Schleifen leicht entstehen können, und die uns später noch beschäftigen werden, können hier noch leicht vermieden werden.

Präsentiert man nun Musterpaare wie zuvor und adaptiert die Verbindungen in beide Richtungen, so ergeben sich einfach zwei relativ unabhängige Assoziationen daraus. Man kann daher nach dem Lernen nicht nur ein Inputmuster präsentieren und auf ein Outputmuster mit den erwähnten Eigenschaften abbilden, sondern auch umgekehrt. Das Schema ließe sich auf Ketten von mehr als zwei Layern verallgemeinern, wobei man aber entweder die Hidden Layer trennen müßte oder aber mit der Möglichkeit versehen, die Verbindungen aus den zwei verschiedenen Richtungen auseinanderzuhalten. Geschieht dies nicht, kommt es unweigerlich zu einem Übersprechen von Vorwärts- und Rückwärtsassoziation, da ja normalerweise immer *alle* Verbindungen, die zu einer Hidden Unit führen, mitlernen.

Die Besonderheit von BAM ist, daß die Verbindungen zwischen zwei Units symmetrisch sind, das heißt, daß die Gewichte für die Verbindungen in beide Richtungen identisch sind. Formal ausgedrückt:

$$w_{ij} = v_{ji} \tag{2.1}$$

wobei w_{ij} die Gewichte von Layer 1 nach Layer 2 sind, und v_{ij} die Gewichte von 2 nach 1. Koppelt man auf diese Art die Gewichte, so lernen die Rückverbindungen automatisch mit. Dies funktioniert allerdings nur unter bestimmten Bedingungen, die die Muster einhalten müssen – mehr dazu in Kapitel 3 – und es sind keine Hidden Layer zugelassen.

Die durch die Rückverbindungen sich ergebenden Schleifen kann man auch gezielt ausnutzen. Prinzipiell ist für Netzwerke mit Schleifen (auch *rekurrente Netzwerke* genannt) nicht gesichert, daß sich nach endlicher Anzahl von Update-Schritten die Aktivierungen nicht mehr ändern. Führt man in BAM mehrmals alternierend ein synchrones Update in Output und Input Layer durch, so haben die sich neu ergebenden Muster einen Einfluß auf das Muster im jeweils anderen Layer. Die symmetrischen Verbindungen garantieren jedoch, daß es zu keinen Schwingungen kommt, daß die Aktivierungen also gegen einen Ruhezustand konvergieren. Mehr noch, sie geben dem Netzwerk die Eigenschaft, die beiden Muster einander bis zur Sättigung verstärken zu lassen, da die Assoziation zwischen Mustern ja in beide Richtungen funktioniert. Wird ein fehlerhaftes oder teilweise gestörtes Muster am Input angelegt, so erzeugt das zunächst ein abgeschwächtes oder auch zum Teil gestörtes Outputmuster. Dieses hat aber nun einen Einfluß auf das Inputmuster, indem es die "richtigen" Units stärkt und die "falschen" abschwächt. Durch mehrmaliges Wiederholen des Vorgangs wird also das Muster im Input korrigiert oder vervollständigt.

2.4.2 Vollverbindungen innerhalb eines Layers

Eine weitere konnektionistische Grundarchitektur sind *Vollverbindungen* unter den Units *eines* Layers. Anders ausgedrückt, innerhalb eines Layers mit *n* units ist jede Unit mit jeder der anderen *n–1* Units und mit sich selbst verbunden. Daraus ergibt sich eine Anzahl von n² Verbindungen. In Abb. 2.20 ist dies anhand eines Layers mit 5 Units, die zur besseren Übersicht kreisförmig angeordnet sind, dargestellt. Die Verbindungen von einer Unit auf sich selbst

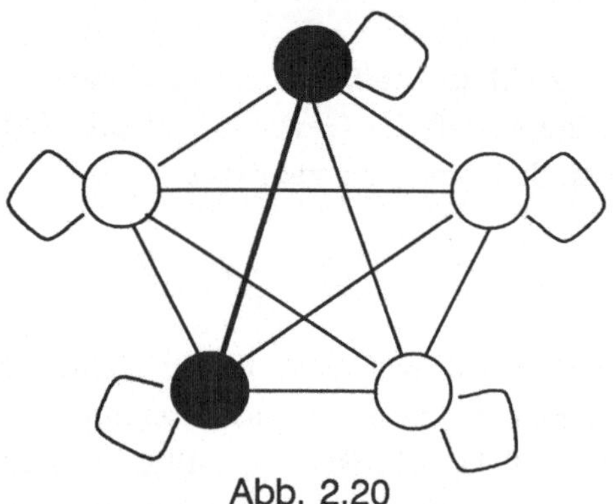

Abb. 2.20

könnten auch in den Transferfunktionen der betreffenden Unit subsummiert werden. Eine Unit versucht im Prinzip über diese Verbindung, ihren eigenen Aktivierungswert zu erhalten, indem sie sich über diese Verbindung selbst aktiviert. Ist das Gewicht klein, so wird dies nur zum Teil gelingen, bzw. wird es bei positiver Aktivierung in gewisser Weise wie ein Abfallfaktor (*decay*) der Unitaktivierung wirken. Ist es größer oder gleich 1, so bleibt die Aktivierung auch dann vollständig erhalten, wenn alle anderen Units inaktiv sind (d.h. den Wert 0 haben). Setzt man das Gewicht dieser Verbindung auf 0, so hat sie überhaupt keinen Einfluß. Aufgrund dieser Eigenschaft wird diese Art von Verbindung sehr oft in einem expliziten Term in der Aktivierungsfunktion, in dem die momentane Aktivierung eingeht, berücksichtigt oder oft ganz weggelassen.

In dieser Architektur haben wir es nun mit massiver Schleifenbildung zu tun, weshalb dieser Typ zu den extrem rekurrenten Netzwerken gehört. Nicht nur die Verbindungen der Units mit sich selbst, sondern jeder beliebige Zyklus in dem vollverbundenen Layer erzeugt einen potentiell unendlichen Weg für die Aktivierungsausbreitung. In den meisten Anwendungen und Modellen möchte man stabile Systeme, also solche die gegen einen Ruhezustand, in dem sich

Aktivierungen auch mit weiteren Updates nicht oder kaum mehr ändern, streben. Daher muß man sich mit den Bedingungen auseinandersetzen, unter denen dies erfüllt ist. In diesem Abschnitt werden dazu zunächst nur Andeutungen gemacht, in Kapitel 3 wird dieses Thema dann etwas genauer behandelt.

Prinzipiell kann über das Verhalten eines vollverbundenen Layers folgendes gesagt werden: Jede Unit hat eine Verbindung zu und von, und daher einen Einfluß auf jede andere Unit im Layer. Eine stark aktivierte Unit wird also tendieren, all jene Units auch zu aktivieren, mit denen sie eine Verbindung mit großem positiven Gewicht hat. Alle Units, mit denen sie eine Verbindung mit stark negativem Gewicht besitzt, werden von ihr unterdrückt (gehemmt). Ähnliches passiert in umgekehrter Richtung. Gibt es also Gruppen von Units innerhalb des Layers, die untereinander stark positiv verbunden sind, so werden diese Gruppen dazu tendieren, ihre Aktivierungen zu erhalten, während die anderen Units abfallen. In Abb. 2.20 ist dies schematisch mit einer Gruppe von zwei Units dargestellt, wobei der stark ausgezogenen Verbindung ein positives, allen anderen ein negatives Gewicht zugeordnet wird. Dies ist natürlich nur eine sehr grobe Beschreibung dessen, was passiert, wie gesagt sind Schwingungen und sich ständig neu bildende Zustände bei allgemeinen Gewichtsverteilungen nie ausgeschlossen.

2.4.2.1 Interactive Activation

Mehrere Autoren (Grossberg 1982, McClelland & Rumelhart 1981) verwenden spezielle Aktivierungsfunktionen, die das soeben grob beschriebene Verhalten noch verstärken. Diese Funktion schließt den momentanen Aktivierungswert zur Berechnung des neuen Wertes mit ein, was mathematisch ausgedrückt für die *interactive activation* – einen Spezialfall der sogenannten *shunting equation* (Grossberg 1982) – so aussieht:

$$a_i\,(n+1) = a_i\,(n) + \Delta a_i \qquad\qquad\qquad (2.2)$$
$$\Delta a_i = (max - a_i)\,net_i - decay\,(a_i - rest) \qquad \textit{für } net_i{>}0$$
$$= (a_i - min)\,net_i - decay\,(a_i - rest) \qquad \textit{sonst}$$

max und *min* sind dabei die Maximal- und Minimalwerte der Aktivierung. Der im Vergleich zu bisher beschriebenen Berechnungsverfahren neuartige Aspekt ist der, daß der Nettoinput und die alte Aktivierung einer Unit multiplikativ in die Gewichtsänderung eingehen (*shunting*). Der zweite Term der beiden rechten Seiten ist genau jener Abfallterm, der wie oben beschrieben durch eine

Verbindung der Unit auf sich selbst realisiert werden könnte (*decay* und *rest* sind dabei die Parameter für die Stärke des Abfalls und den Ruhewert). Die Gewichte der Verbindungen zwischen den Units sollten negativ sein und kleine Absolutwerte haben, dann ist über weite Teile Stabilität gewährleistet (Dämpfung). Diese Funktion bewirkt unter diesen Umständen, daß eine Unit, die zunächst unter allen Units am stärksten aktiviert war (der *Gewinner*), nach einigen synchronen Updates des Layers noch stärker wird, während alle anderen abgeschwächt werden (siehe Abb. 2.21 – der Pfeil am Rand deutet Vollverbindungen an, die in diesem Zusammenhang oft *laterale* Verbindungen genannt werden). Dieser Vorgang wird der *"the rich get richer" Effekt* genannt.

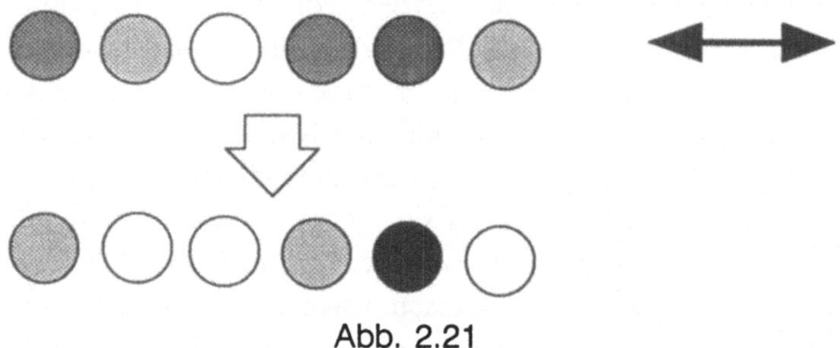

Abb. 2.21

Sollten auch positive Verbindungen vorhanden sein, so können mehrere Units als Gewinner übrigbleiben. Welche Unit zunächst die stärkste ist, entscheidet meist ein externer Input durch Verbindungen, die von anderen Layern stammen, oder ein explizites Setzen.

Allgemein betrachtet bewirkt dieser Mechanismus also, daß die Units des Layers miteinander in "Wettstreit" treten, wobei meist die anfänglich stärkste gewinnt. Das wird im allgemeinen **Kompetition** genannt, nach der Assoziation der zweite wesentliche Grundmechanismus neuronaler Netzwerke. So wie die Assoziation hat auch die Kompetition ihre interessanten Eigenschaften und Analogien in der Psychologie. Phänomene wie das "Umklappen" beim sogenannten *Necker-Würfel* (siehe Abschnitt 6.4.1) oder das Entscheiden bei mehrdeutigen Inputs können damit simuliert werden. Abstrakt gesehen tendiert die Kompetition meist, verteilte Muster in lokale (oder "lokalere") Muster überzuführen. Wenn die verschiedenen Units für verschiedene Hypothesen (was auch immer betreffend) stehen, so bewirkt sie, daß eine Entscheidung getroffen wird, indem die stärkste Hypothese die schwächeren unterdrückt, soferne die Verbindungen es zulassen, die Unterdrückung also konsistent ist. Dies ist ein ähnlicher Vorgang wie die Vervollständigung von Mustern, die wir schon beim BAM gesehen haben.

Das bekannteste Beispiel für diesen Mechanismus ist das *Worterkennungsmodell* von McClelland & Rumelhart (1981, 1982). Abb. 2.22 zeigt eine Grobstruktur dieses Modells. Es wurde als Simulation des Erkennens von

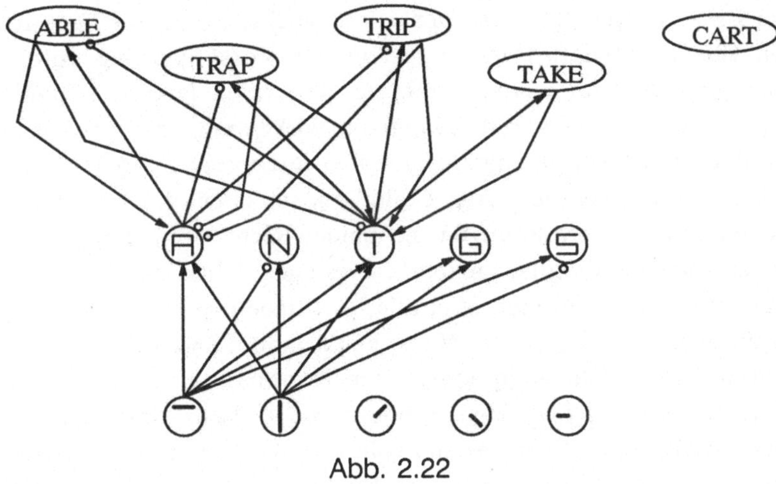

Abb. 2.22

nach McClelland & Rumelhart (1981), nur einige Verbindungen eingezeichnet

Wörtern beim Lesen entwickelt. Insbesondere sollte die Fähigkeit, über Fehler und teilweise Abdeckungen sozusagen "hinwegzulesen", simuliert werden.

Das Worterkennungsmodell besteht aus drei Ebenen. In der untersten Ebene werden lokal einige primitive Features, wie horizontale oder vertikale Linien, aus denen Buchstaben in einem einfachen Schrifttyp (Font) bestehen, repräsentiert. In der zweiten Ebene stehen lokale Units für Buchstaben im Alphabet, während in der obersten Ebene einzelne Units ganzen Wörtern entsprechen. Die erste und die zweite Ebene sind in Clusters unterteilt, wobei jeder Cluster einer Buchstabenposition mit vollständiger Darstellung aller Features und Buchstaben entspricht. So entspricht zum Beispiel die Unit im zweiten Cluster der zweiten Ebene mit dem Label 'A' einem A in zweiter Position.

Gemäß den obigen Überlegungen sind nun in diesem Modell alle unvereinbaren Hypothesen (z.B. zwei verschiedene Buchstaben an der gleichen Stelle) hemmend verbunden und alle vereinbaren (z.B. Ein Buchstabe an erster Position – wie 'r' – und ein Wort, das diesen Buchstaben eben dort enthält – wie 'rose') aktivierend. Interessant dabei ist, daß diese Verbindungen nicht nur innerhalb der Ebenen, sondern auch zwischen den Ebenen und in beide Richtungen eingeführt werden. Die lateralen Verbindungen innerhalb der Ebenen bewirken also die Kompetition, die Feedforward-Verbindungen dazwischen lassen eine Ebene als (zeitlich veränderlichen) externen Input für die anderen Ebenen fungieren.

In einem Erkennungsvorgang werden nun zunächst einige der Features in der untersten Ebene aktiviert (dies entspricht der Voraktivierung durch andere Komponenten). Sodann werden mehrere Zeitzyklen lang alle Units gemäß Formel *(2.2)* aktiviert. Die Verbindungen bewirken nun, daß zunächst von unten nach oben (*bottom-up*), später dann aber auch umgekehrt (*top-down*), die plausibelste Gesamthypothese zum Schluß am stärksten aktiviert bleibt. Durch das Feedback der Verbindungen in beide Richtungen können einander Hypothesen sozusagen "aufschaukeln". Dies entspricht einer Realisierung folgender Überlegung: Weiß man über alle Buchstaben Bescheid, kennt man das Wort, weiß man andererseits das Wort, kennt man damit alle Buchstaben, die darin vorkommen. Fehlt nun einige der Information, so scheint sich der Schlußfolgerungsvorgang in den Schwanz zu beißen: Man erkennt einen Buchstaben nicht, daher wäre es sinnvoll, das Wort zu kennen. Dies ist aber wiederum nur möglich, wenn man die Buchstaben kennt. Genau mit diesem Problem sind viele klassische Erkennungsmodelle (wie HEARSAY zur Spracherkennung, Erman et al. 1980), die diesen Schlußfolgerungsvorgang auf symbolische Weise nachvollziehen wollen, konfrontiert.

Im Interactive Activation Mechanismus geschieht dieser scheinbar widersprüchliche Vorgang auf verteilte Weise, in einer Art "sich selbst aus dem Sumpf ziehen" (bootstrapping). Zunächst wird soviel aktiviert, wie bekannt ist. Das reicht um Wortunits bis zu einem gewissen Wert zu aktivieren. Dies wiederum wirkt auf die Wortunits zurück, usf. Nach einigen Zeitzyklen wird die verträglichste Gesamthypothese gewinnen. Abb. 2.23 zeigt in einer Simulationskurve, wie sich das für das gestörte Wort 'WORx', wobei x entweder ein R oder ein K sein kann, auswirkt. Da kein Wort WORR existiert, gewinnt schließlich WORK, sowie das K über das R.

2.4.2.2 Hopfield Netze

Ein anderer Typus von Netzwerk mit Vollverbindung wird nach dem bekannten Forscher John Hopfield, der sich viel mit dieser Architektur beschäftigt hat und eine Analogie zu den in der Physik gebräuchlichen *Spingläsern*

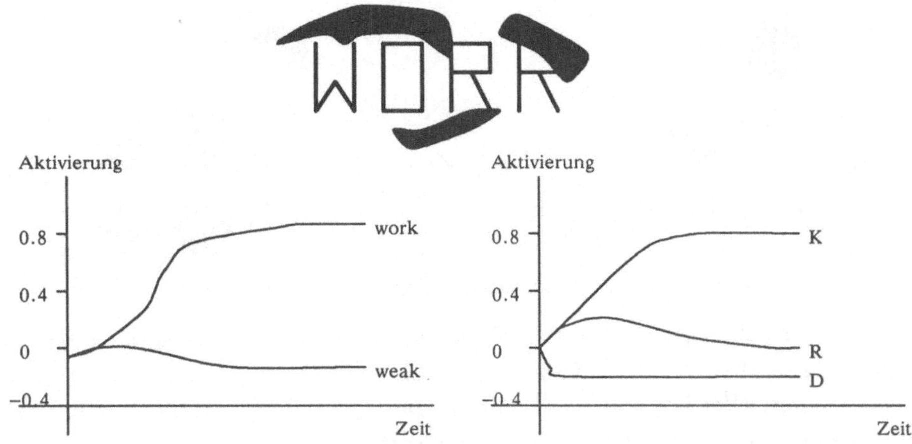

Abb. 2.23   nach McClelland & Rumelhart (1981), stilisiert

festgestellt hat, *Hopfield-Netzwerk*[12] (Hopfield 1982) benannt. Es zeichnet sich durch folgende Restriktionen aus:

- es sind nur Binärwerte (0 und 1) als Aktivierung erlaubt
- die Gewichte sind symmetrisch, also $w_{ij} = w_{ji}$.

Es läßt sich zeigen (Cohen & Grossberg 1983), daß ein solches Netzwerk immer stabil ist. Ziel des Modells ist es im allgemeinen, eine Menge von Mustern zu speichern und durch Teilmuster abrufbar zu machen. Neben dem Assoziationsnetz ist dies also eine weitere Art des konnektionistischen Assoziativspeichers (*associative memory*) und funktioniert nach ähnlichem Prinzip wie die Interactive Activation, nur daß hier im allgemeinen mehrere aktive Units zugelassen sind. Die Gewichte werden durch verallgemeinertes Hebb'sches Lernen gesetzt. Durch die sich ergebende Gewichtsverteilung sind die Muster als stabile Zustände gespeichert. Angefangen von einem Anfangszustand, strebt das Netzwerk gegen einen dieser stabilen Zustände, die man gemäß einer Analogie zur Theorie der dynamischen Systeme auch *attractor basins* nennt. Sie verhalten sich wie Mulden in einer Oberfläche, in die das Netz "hineinfällt" (siehe dazu Abschnitt 3.1.3.2).

Abb. 2.24 zeigt ein einfaches Beispiel, in dem angenommen wird, das Muster auf der rechten Seite wäre gespeichert. Setzt man nun die Units gemäß der linken Seite und startet einige Update-Zyklen, so wird sich das Netz in Rich-

---

12 Streng genommen besitzt das, was in der Literatur 'Hopfield Netzwerk' genannt wird, noch weitere Einschränkungen. Hier wird es etwas allgemeiner – im Einklang mit den anderen Modellen – beschrieben.

Abb. 2.24

tung des ähnlichen gespeicherten Musters bewegen. Dadurch daß immer ein
stabiler Zustand erreicht wird, können auch fehlerhafte Muster eine Assoziation erzeugen, allerdings ist nicht immer die Optimalität (größte Ähnlichkeit)
der Lösung garantiert (siehe später). Dieser mit der Kompetition verwandet
Effekt wird im allgemeinen **Mustervervollständigung** (*pattern completion*)
genannt, die wir im BAM (Abschnitt 2.4.1.3) und dem Worterkennungsmodell (Abschnitt 2.4.2.1) schon gesehen haben, und die wir somit als
dritten neuronalen Grundmechanismus neben Assoziation und Kompetition
einreihen könnten. Der Mechanismus läßt sich auch zur Lösung von sogenannten Constraint-Satisfaction-Problemen einsetzen (Hopfield & Tank 1985).

2.4.3 Andere Grundtypen

Weitere neuronale Grundarchitekturen sind Spielarten der "Extremfälle"
Feedforward und Vollverbindungen. Genau genommen könnten sogar diese
beiden zusammengefaßt werden, und der vollverbundene Layer als der
allgemeinste Netzwerktypus angesehen werden, von dem die assoziativ verbundenen Layer ein Spezialfall sind. Wegen der besonderen Eigenschaften und
des häufigen Einsatzes wurde diese Architektur gesondert behandelt. Jeder
Vollverbindungslayer verhält sich jedoch – wenn man so will – als stelle er eine
Reihe von Assoziationen dar, die alle vom Layer auf sich selbst wirken.

Hält man an der ursprünglichen Zweiteilung fest, so kann man leicht mögliche
Abwandlungen der beiden Grundtypen erkennen:

2.4.3.1 Partielle Verbindungen

Sowohl Assoziations- als auch Kompetitionsschemen können auch durch par-
tielle Verbindungsstrukturen verwirklicht werden. Für erstere gibt es folgende
Möglichkeiten: Man kann die Units in Layer 1 als räumlich geordnet sehen
(was ja bisher durch nichts in der Architektur reflektiert war), und jeder Unit

in Layer 2 ein Feld von benachbarten Units in Layer 1 zuordnen. Solch ein
Feld oder Ausschnitt nennt man in Anlehnung an Neuronen in der Retina
rezeptives Feld (Abb. 2.25a, mit rezeptiven Feldern der Größe 3). Oder aber

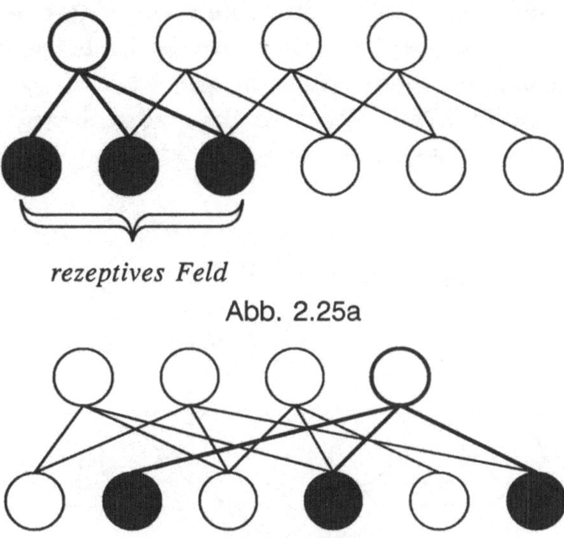

Abb. 2.25a

Abb. 2.25b

man spezifiziert für jede Unit eine maximale Anzahl wegführender (*fan out*),
bzw. hereinkommender Verbindungen (*fan in*) und verbindet die Units gemäß
dieser Zahl zufällig miteinander (Abb. 2.25b, mit Fan-In von 3). In beiden
Fällen wird die Verteiltheit der Architektur etwas eingeschränkt. Die Units
reagieren nun etwas spezifischer, da sie nur einen gewissen Bereich einsehen.
Sehr oft lassen sich dadurch erhebliche Verbesserungen in der Performanz und
der Generalisierungsfähigkeit erreichen. Gleichzeitig wird dadurch das assoziative Verhalten eine Spur lokalisierbarer, da einzelne "Kanäle" auf weniger
Verbindungen beschränkt bleiben. Es zeigt sich also, daß zwar Verteiltheit in
Assoziativen Netzwerken erwünscht sind, diese Verteiltheit aber nicht eine
totale, auf die gesamte Verbindungsebene ausgedehnte sein muß.

Auch in einem kompetitiven Layer mit lateralen Verbindungen lassen sich par-
tielle Verbindungsstrukturen statt den Vollverbindungen einsetzen. Dies hat
einen ähnlichen Effekt auf das Verhalten wie im Fall der assoziativen Netze:
Die Verteiltheit wird etwas eingeschränkt, wodurch sich unter Umständen
komplexere Strukturen heranbilden können. Komplex bedeutet hier, daß
lokale Bereiche entstehen können, die ihre Aktivierungsmuster relativ un-

abhängig von anderen Bereichen heranbilden können, und somit gesamt
gesehen mehrere Gewinner gleichzeitig eine Chance haben können zu bestehen. Auch hier können wieder zufällige Verbindungen mit einer Maxi-
malanzahl oder auch regelmäßige Strukturen eingeführt werden. Zu den
letzteren zählen unter anderem Layer, in denen die Units zweidimensional angeordnet sind und nur räumliche Nachbarn eine Verbindung (in beide Richtungen) erhalten (Abb. 2.26a). Diese Struktur könnte man auch als Input

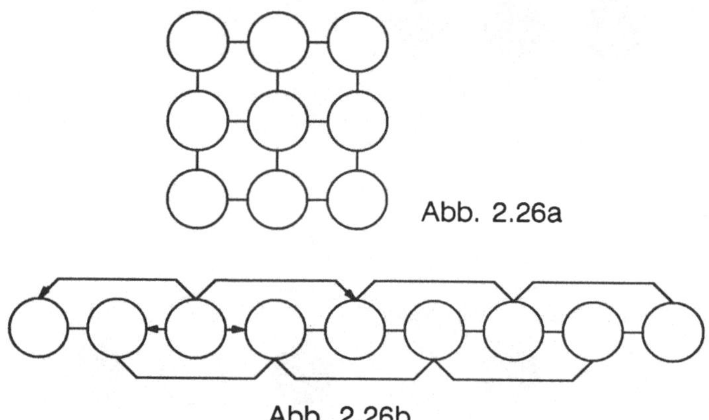

Abb. 2.26a

Abb. 2.26b

Layer zu einem Assoziationsnetzwerk sehen, in dem räumliche Nachbarschaftsbeziehungen eine Rolle spielen, was etwa zur visuellen Mustererkennung von Vorteil sein kann. Eine andere Struktur wäre ein Layer in eindimensionaler Anordnung, wobei jede Unit mit genau n Nachbarn verbunden sind
(Abb. 2.26b, für $n = 2$). Solche eine Architektur erlaubt Kompetition auf
lokalem Niveau, sowie die Entwicklung sogenannter "Bubbles" (Kohonen
1982), Regionen von aktiven Units, die durch Lernen wachsen oder
schrumpfen können.

2.4.3.2 Eins-zu-Eins Verbindungen

Eine logische Fortsetzung von partiellen Verbindungen sind *Eins-zu-Eins Verbindungen* zwischen zwei Layern (Abb. 2.27). Hier wird jeweils nur eine Unit
in Layer 1 mit genau einer Unit in Layer 2 verbunden. Dabei geht jegliche
Verteiltheit verloren, Beziehungen zwischen Musterpaaren in den beiden
Layern sind vollständig lokalisierbar. Solche Verbindungsstrukturen werden
eher selten angewandt, spielen aber dann eine Rolle, wenn etwa Muster von
einem Layer in einen anderen (ganz oder abgeschwächt) kopiert werden sollen
(z.B. Mannes 1989). Die Kopie wird nur dann das Muster tendentiell erhalten,

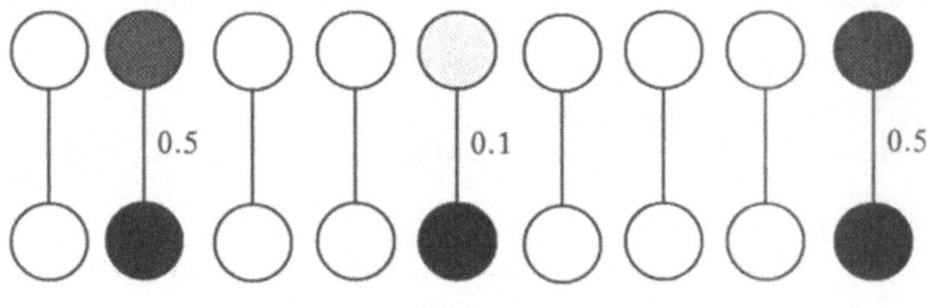

Abb. 2.27

wenn alle Gewichte gleich groß sind, ansonsten werden "Verzerrungen" auftreten (siehe Abb. 2.27).

2.4.4 Zusammengesetzte Netzwerkmodelle

Nachdem nun die wesentlichen "Bausteine" von Netzwerkmodellen beschrieben wurden, sollen nun einige Architekturen vorgestellt werden, die mehrere dieser Grundtypen vereinen. Eine erweiterte Architektur – das Multi-Layer Perceptron – wurde bereits diskutiert, es lassen sich aber auch verschiedenartige fundamentale Verbindungsstrukturen beliebig kombinieren. Wie bereits erwähnt, müssen leistungsfähige Modelle – besonders in der sub-symbolischen AI – aus komplexe Strukturen bestehen, deren Bestandteile oder Module Unit- und Verbindungslayer der beschriebenen Art sind. Wir haben gesehen, daß bereits Grundtypen alleine recht beeindruckende Ergebnisse erzielen und auch ihre Anwendungen haben, kognitive Modellierung oder AI wird auf diesem Niveau jedoch nur beschränkt möglich sein. In den folgenden Abschnitten werden einige gängige Kombinationen beschrieben, die alle ebenfalls noch recht einfach sind. Weitere Architekturen werden in den folgenden Kapiteln vorgestellt. Es sei jedoch erwähnt, daß sich die Komplexität der gut erforschten Modelle in der Literatur meist auf der Ebene der hier beschriebenen Systeme bewegt, daß hier also noch viele Wege und Fragen offen bleiben.

2.4.4.1 Competitive Learning

Ein Modell, das auf von der Malsburg (1973) und Grossberg (1976) zurückgeht und von Autoren wie Kohonen (1982) oder Rumelhart & Zipser (1985) in leichten Variationen weiter entwickelt, bzw. neu vorgestellt wurde, ist das sogenannte *Competitive Learning*. Die Grundarchitektur dieses Verfahrens vereint assoziative und kompetitive Vernetzungsstrukturen und ist in

Abb. 2.28 dargestellt. Sie besteht – ähnlich wie das Assoziationsnetzwerk – aus

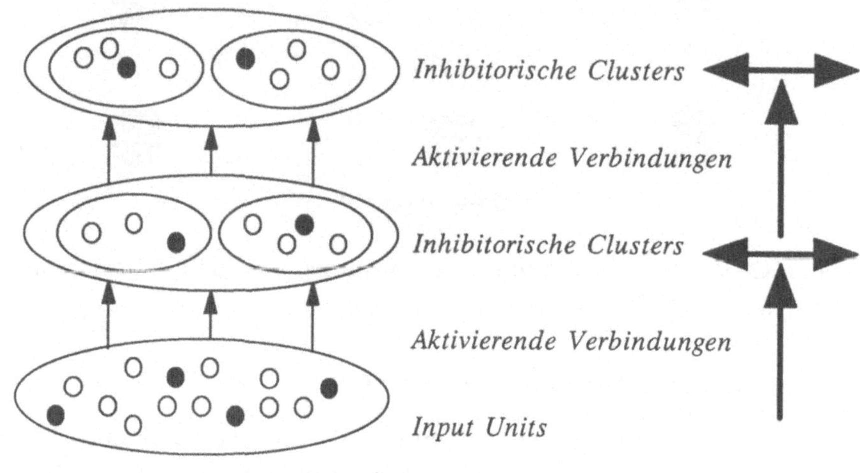

Abb. 2.28

mehreren Ebenen, die mit Feedforward-Verbindungen mit *positiven* Gewichten *('excitatory')* in eine Richtung vernetzt sind. Die unterste Ebene ist wieder
der Input Layer, an den Muster von außen angelegt werden können. Die Units
der anderen Layer sind in Gruppen (*Clusters*) aufgeteilt, die lateral mit für die
Kompetition notwendigen negativen Gewichten (*'inhibitory'*) verbunden sind.

Das Competitive Learning Verfahren zeichnet sich dadurch aus, daß es sich
dabei um sogenanntes *unsupervised learning* handelt. Das bedeutet, daß zum
Lernen kein expliziter Lehrer (Teaching Input) notwendig ist. Das Netzwerk
wird mit Inputmustern angeregt und dann im Rahmen der Architektur und der
vorgegebenen Lernschritte sich selbst überlassen. Muster, die so in einem der
Clusters entstehen, können danach gegebenenfalls interpretiert werden, oder
für den Input an andere Modelle verwendet werden. Dadurch wird das Modell
von einer externen Steuerung, wie es ein Unit-für-Unit Teaching Input war,
befreit, und stattdessen rein von der Architektur und den Inputmustern (der
Umgebung) geleitet.

Die Interpretation dieses selbstorganisierenden Prozesses ist im allgemeinen
der einer *Kategorisierung*. Eine Unit in einem Cluster steht dabei für eine
Kategorie von Mustern, die auf ein Element der Kategorie mit starker Aktivierung reagiert. Welche Kategorie es ist, kann natürlich a priori nicht gesagt
werden, da ja keine externe Kontrolle über die Auswahl der Units gegeben ist.

Es kann nur gesagt werden, daß sich die Units in einem Cluster, soferne sich die Muster im Trainingsset in Gruppen (Kategorien) aufteilen lassen, mit hoher Wahrscheinlichkeit auf jeweils eine Kategorie spezialisieren (*sparse pattern learning theorem*, siehe z.B. Grossberg 1987). Eine sichere Aussage kann nicht gegeben werden, da dies von den zufälligen Anfangsverteilungen der Gewichte abhängt. Deshalb werden in einem Layer meist mehrere Cluster zur Verfügung gestellt. Dadurch erhält das Modell zusätzlich die Möglichkeit, Kategorien entlang verschiedener Dimensionen zu "entdecken", da Muster sich oft nach verschiedenen Kriterien gruppieren lassen. Diese Kriterien sind – wie schon zuvor – die Ähnlichkeiten unter den Mustern, das Maß dafür ist wiederum die Überlappung von aktiven Units.

Die Funktionsweise ist nun die folgende: Wird ein Inputmuster angelegt, das nur aus Nullen und Einsen bestehen darf (also binär sein muß), so werden zunächst die Aktivierungen ausgebreitet und die Outputwerte der Units aller höherliegenden Layers bestimmt. Danach folgen zusätzliche Updatezyklen in diesen Layern. Da Units innerhalb eines Clusters negativ verbunden sind, setzt Kompetition in jedem Cluster und somit der "rich-get-richer" Effekt ein. Dies wird solange fortgesetzt, bis der Gewinner des Clusters praktisch Maximalaktivierung (*1*) und alle anderen Units Minimalaktivierung (*0*) erreicht haben. Mit stark negativen Gewichten ist solch ein Zustand leicht zu erreichen. Zur Vereinfachung kann das Ergebnis allerdings vorweggenommen werden: Dazu wird in jedem Cluster der Gewinner ermittelt und sofort auf *1* gesetzt, während alle anderen Units eine Nullaktivierung erhalten. Dieser Prozeß wird auch *winner take all (WTA)* genannt, eine Art Kompetition im "Extremen". Er scheint eine globale Kontrollinstanz, die alle Units gleichzeitig sieht, vorauszusetzen, unter den obgenannten Umständen ist dieser Vorgang jedoch rein lokal denkbar.

Innerhalb eines Clusters lernt jetzt nur der Gewinner, der als einziger eine Aktivierung größer als Null hat, d.h. nur die Gewichte, die zu dieser Unit führen, werden verändert. Die Lernregel (in Rumelhart & Zipser 1985) sieht wie folgt aus:

$$\Delta w_{ij} = 0 \qquad\qquad wenn\ Unit\ i\ verliert \qquad\qquad (2.3)$$
$$\phantom{\Delta w_{ij}} = \mu\ (c_{ik}\ /\ n_k - w_{ij}) \qquad wenn\ Unit\ i\ gewinnt$$

wobei n_k die Anzahl der aktiven Units im Muster k des darunterliegenden (also direkt verbundenen) Layers ist. c_{ik} ist genau dann *1*, wenn die präsynaptische Unit i der Verbindung (also jene im darunterliegenden Layer) aktiv ist, sonst

0. μ ist wieder der Lernparameter und ist im allgemeinen viel kleiner als 1. Außerdem muß folgende Skalierung der Gewichte (die, wie man leicht zeigen kann, auch nach Anwendung der Lernregel erhalten bleibt) gelten:

$$\Sigma_i \; w_{ij} = 1 \tag{2.4}$$

Im Klartext bedeutet diese Lernregel folgendes: Es werden alle Gewichte des darunterliegenden Layers zur gewinnenden Unit (die alle positive sind und deren Gesamtsumme gleich 1 ist) betrachtet. Zunächst wird von allen Gewichten ein μ entsprechender Bruchteil abgezogen. Die Summe aller so erhaltenen Gewichtsteile wird nun gleichmäßig auf alle aktiven Verbindungen (das sind jene, bei denen beide Units, also auch die präsynaptische, an sind) verteilt. Alle aktiven Verbindungen werden also verstärkt, alle inaktiven abgeschwächt. Die Gewichte werden mit dieser Regel sozusagen "umverteilt", sodaß alle Gewichte positiv und auch die Gesamtsumme gleich 1 bleiben. Nach Durchführung der Gewichtsinkremente und -dekremente steigt somit die Wahrscheinlichkeit, daß die selbe Unit beim selben Muster wieder gewinnen wird.

Aus der Beschreibung dieser Regel wird klar, daß auch sie dem ursprünglichen Hebb'schen Prinzip entspricht, das die Grundlage aller bisherigen Lernregeln war. Positive Beiträge zum Resultat (das Gewinnen der betrachteten Unit) werden verstärkt, negative abgeschwächt. Mehr noch, die Regel läßt sich beinahe auf die Hebbregel selbst zurückführen: Sind prä- und postsynaptische Unit an, so wird das Gewicht dazwischen – für alle solche Verbindungen konstant – verstärkt. Diese Regel wurde um zwei Aspekte erweitert: Erstens werden Verbindungen, bei der die präsynaptische Unit inaktiv, die postsynaptische Unit jedoch aktiv ist, abgeschwächt (die Hebb Regel hätte hier ein Gewichtsinkrement von 0 vorgesehen), was ein Verstärken des kompetitiven Effekts zur Folge hat. Zweitens wird die Gewichtsskalierung beibehalten. Dies ist notwendig, um den Einfluß verschieden großer Muster auszugleichen. Besteht ein Muster aus sehr vielen Einsen, so bekommt es in der ursprünglichen Hebbregel eine viel stärke Gesamtbetonung als ein Muster mit nur wenigen Einsen. Dies wird hier vermieden.

Das Verhalten des Netzwerkes, das wie gesagt als Kategorisierung interpretiert werden kann, läßt sich leicht anhand einer geometrischen Analogie verbildlichen (Rumelhart & Zipser 1985). Die Inputmuster können als Vektoren in einem n-dimensionalen Raum (n = Anzahl der Units im Input Layer) aufgefaßt werden, eine Darstellung, die auch später noch verwendet werden wird.

Setzt man voraus, daß jedes Muster aus der gleichen Anzahl m von aktiven Units besteht (dies muß nicht so sein, wie wir gerade gesehen haben), dann kann man sich die Vektorenspitzen alle auf einer $n\text{-}1$-dimensionalen Hyperkugel "vorstellen". Da ja m konstant angenommen wurde, haben alle Vektoren die gleiche Länge. Anschaulich geht das natürlich nur für $n=3$ und ist in Abb. 2.29 durch die dünn ausgezogenen Linien dargestellt.

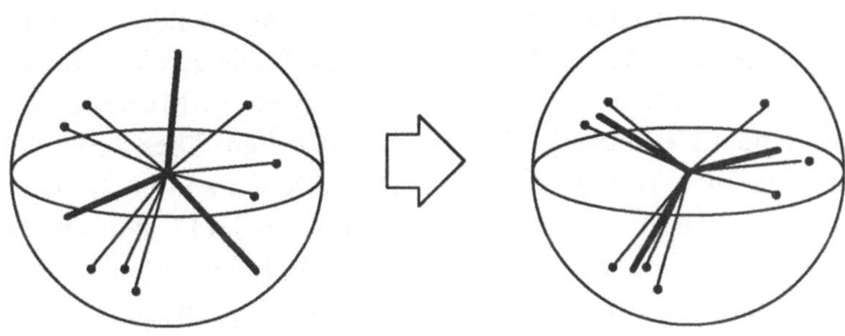

Abb. 2.29

Betrachten wir nun alle Gewichte zu einer der Units in einem der Clusters auf der nächsthöheren Ebene. Da es genauso viele derartige Gewichte wie Units im Input gibt, können wir sie uns ebenfalls als Vektoren im n-dimensionalen Raum vorstellen, in Abb. 2.29 als fett gezeichnete Linien dargestellt. Diese Vektoren haben nicht immer die gleiche Länge, können aber der Anschaulichkeit wegen in der ungefähr gleichen Größe gezeichnet werden.

Soferne nun eine Gruppierung der Inputmuster besteht, wie in Abb. 2.29 angedeutet, wird durch den Lernvorgang folgendes erreicht: Die Gewichtsvektoren je einer der kompetitiven Units drehen sich im Raum, bis sie möglichst gut (d.h. mit möglichst geringer durchschnittlicher Abweichung) die Vektoren einer Gruppe annähern, ihnen also ähnlich sind, wobei Ähnlichkeit sich aus dem inneren Produkt von Vektorpaaren, bzw. bei Normierung aus dem Winkel zwischen zwei Vektoren ergibt. Dies ist auf der rechten Seite von Abb. 2.29 angedeutet. Voraussetzung ist, daß mindestens so viele Units im Cluster existieren wie Gruppen vorhanden sind. Dies ist sicher ein Nachteil dieses Modells, das die Kategorien ja erst "entdecken" soll. Obwohl also die Anzahl von Gruppen vor dem Training nicht bekannt sind (oder sein müssen), muß eine geeignete Anzahl von Units pro Cluster angenommen werden. Durch entsprechende Überdimensionierung kann erreicht werden, daß keine Kategorie "unentdeckt" bleibt. Die Kompetition verhindert, daß keine zwei Units auf die selbe Gruppe ansprechen. Da jeweils nur der Gewinner lernt,

bleiben die anderen Units relativ unbeeinflußt und können für neue
Kategorien sensitiv bleiben.

Die Anwendung dieses Schemas liegt bei der automatischen Klassifizierung
komplexer Muster, wie zum Beispiel visuelle (Fukushima 1980) oder aku-
stisch-sprachliche Inputs. Es kann auch zur sogenannten feature discovery, also
zum Entdecken von Mustergemeinsamkeiten, verwendet werden (Rumelhart
& Zipser 1985). Es muß dabei aber immer im Auge behalten werden, daß nur
Unitüberlappungen als Musterähnlichkeiten eine Rolle spielen können, wie in
Abschnitt 3.1.1 noch näher beschrieben. Zwei (binäre) Muster sind einander
ähnlich, wenn sie viele aktive Units gemeinsam haben. Dies wirkt sich oft un-
erwartet aus, da man subjektiv ganz andere Ähnlichkeiten in den Mustern
erkennt (siehe dazu auch Abschnitt 8.2.3 und Kapitel 11). Außerdem können
Kategorien dann, wenn Muster sich zwar in Gruppen teilen, aber dennoch
gleichverteilt sind (wenn sich die Gruppen also nicht klar genug in
Oberflächenähnlichkeiten ausdrücken), unentdeckt bleiben. Rumelhart & Zipser geben einige Erweiterungen an – z.B. das sensitiver Machen einer Unit, die
schon lange nicht der Gewinner war – um in den meisten Fällen optimale
Resultate zu erzielen.

Als einfaches Beispiel wählten Rumelhart & Zipser Darstellungen von
Buchstaben auf einem Raster von Units. Abb. 2.30 zeigt die vier Inputmuster
A, B, E und S. Aufgrund der natürlichen Ähnlichkeiten (Überlappungen) ist

Inputmuster: *resultierende Gewichte zu Unit 1.*[13]

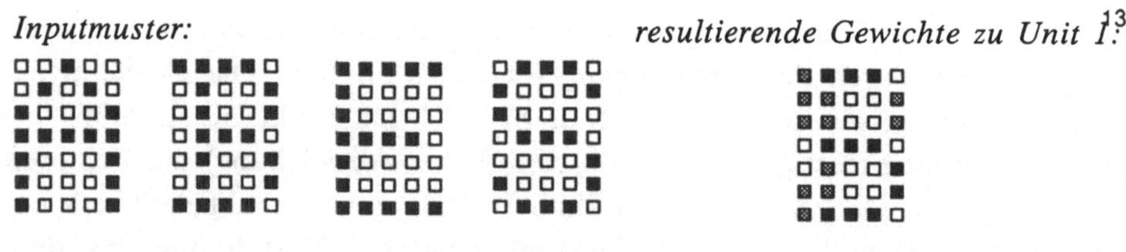

Abb. 2.30

eine Gruppierung von {A, E} und {B, S} zu erwarten. Ein Netzwerk mit einem
Cluster zu zwei Units (gemäß den zwei Kategorien) ist auch tatsächlich imstande, diese zwei Gruppen zu entdecken (mit einer gewissen Wahrscheinlichkeit, nicht jede beliebige Anfangskonfiguration gelangt dorthin). Abb. 2.30
unten zeigt die resultierenden Gewichte zu einer der beiden Units (Gruppe {A,

---

13 Die Tatsache, daß diese Anordnung möglich ist, unterstreicht nochmals das weiter
   oben gezeichnete Bild, in dem sowohl Inputmuster als auch die Gewichtsvektoren der
   kompetitiven Units Vektoren der gleichen Dimension sind.

E}) nach dem Lernen, zur Veranschaulichung gleich wie die zugehörigen Units angeordnet. Man sieht, daß der sich ergebende Gewichtsvektor hauptsächlich aus denjenigen Komponenten besteht, die beide Elemente der Kategorie gemeinsam haben. In diesem Sinne hat sich dieser Vektor also möglichst gut an die Inputvektoren angepaßt.

Die Anzahl der erlernbaren Kategorien hängt also – neben der Gewichtsverteilung am Anfang – von der Anzahl der zur Verfügung gestellten Units ab. Enthält ein Cluster etwa vier Units, so werden mit einer gewissen Wahrscheinlichkeit alle vier Buchstaben getrennt einer Gruppe zugeordnet. Diese Abhängigkeit (sie ist nicht streng, da man jederzeit *mehr* Units annehmen kann als Gruppen gewünscht sind) gereicht dem Modell etwas zum Nachteil.

2.4.4.2 Counterpropagation

Eine weitere Kombination von assoziativen Verbindungen mit Winner-take-all (WTA) ist das von Hecht-Nielsen (1987) entwickelte *Counterpropagation*-Netzwerk. Die Architektur ist in Abb. 2.31 dargestellt. Das Modell besteht aus

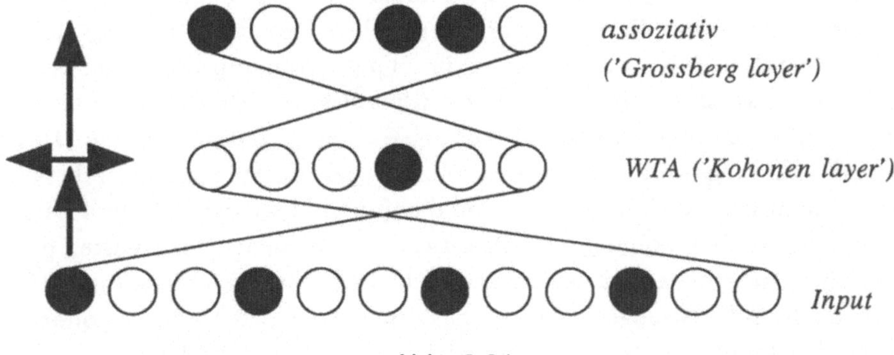

Abb. 2.31

drei Layern, einem Input Layer, einem kompetitiven Layer mit lateralen Verbindungen bzw. WTA – *Kohonen Layer* genannt – und einem Output Layer – dem *Grossberg Layer*. Alle drei Layer sind in Vorwärtsrichtung assoziativ und voll miteinander verbunden. Das Ziel des Modells ist es, wie ein reguläres Assoziatiosnnetzwerk Abbildungen von Input- auf Outputmuster zu erlernen.

Der große Unterschied zu einem Drei-Layer Perceptron ist die Kompetition im mittleren Layer. Die Muster in diesem "Hidden" Layer werden also insofern eingeschränkt, als daß nur einzelne Units aktiv sein können. Wie beim Competitive Learning entspricht diese Unit einer Musterkategorie des Inputs.

Dementsprechend erfolgt auch das Training des Kohonenlayers nach einer ähnlichen Regel, und zwar nur für den Gewinner gemäß dem sogenannten *Instar-Lernen* (Grossberg 1982):

$$\Delta w_{ij} = \mu \ (o_j - w_{ij}) \tag{2.5}$$

Der etwas überraschende Term $(o_j - w_{ij})$ ergibt deshalb Sinn, weil die Gewichte wieder normalisiert sind und sich daher im selben Bereich wie die Outputwerte der Units bewegen. Ein Gewicht von *1* entspricht also einer perfekt trainierten Verbindung (nach dem selben Kriterium wie beim Competitive Learning) und resultiert daher in cinem Gewichtsinkrement von *0*. Ein geringeres Gewicht wird proportional zur Abweichung verstärkt.

Die Muster mit lokaler Aktivierung (*WTA-Muster*) im Kohonenlayer werden assoziativ auf Outputmuster abgebildet. Wie bei der Backpropagation wird während des Trainings ein Target vorgegeben, das Lernen erfolgt gemäß dem sogenannten *Outstar-Lernen* (Grossberg 1982), ein der Deltaregel verwandter Mechanismus.

Dieses Modell erfüllt also die gleiche Aufgabe wie ein Assoziationsnetz mit Backpropagtion. Der Hidden Layer kann sich jedoch nicht frei entwicklen, sondern "entdeckt" Musterkategorien im Input; Counterpropagation ist also ein Pattern Associator mit kompetitivem Klassifikator. Dadurch kann das Lernen wesentlich rascher erfolgen als bei der Backpropagation, wo jede Hidden Unit sich erst langsam auf bestimmte Muster spezialisieren mußte. Als Nachteil muß natürlich gesehen werden, daß damit nicht beliebige Musterabbildungen gelernt werden können. Werden zwei verschiedene Inputmuster gleich klassifiziert, so erzeugen sie den exakt gleichen Output. Generalisierung erfolgt damit auch auf "strenge" Art und Weise. Neue, fehlerhafte oder unvollständige Inputs werden auf einen von *n* Outputs abgebildet, Abstufungen und kontinuierliche Verschiebungen gibt es nicht. Counterpropagation wird vor allem dort eingesetzt, wo schnelles Lernen gefragt ist und sich die Nachteile nicht drastisch auswirken.

2.4.4.3 Topological Feature Maps

Ein dem Competitive Learning eng artverwandtes Modell sind die sogenannten *topological feature maps* von Kohonen (1982). Auch dieses Modell geht von einer Architektur aus, in der ein Input Layer voll mit einem Layer von kompetitiven Units verbunden ist. Ein wesentlicher Unterschied besteht darin, daß diese kompetitiven Units eine topologische Struktur besitzen, daß also für jede Unit auch *n Nachbarn* definiert sind (Abb. 2.32). Erinnern wir uns – bis

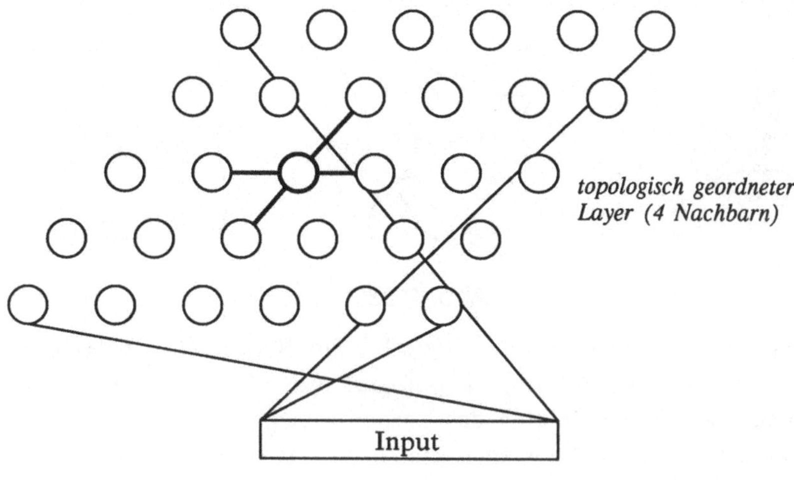

Abb. 2.32

jetzt bestand ein Layer ja nur aus einer unzusammenhängenden Menge von Units.

In diesem Layer findet wieder eine Kompetition, also die Auswahl eines Gewinners statt. Die Lernregel des Competitive Learning muß insoferne abgewandelt werden, als daß nicht der Gewinner alleine sondern auch seine *n* Nachbarn – mit einem Abschwächungsfaktor – mitlernen. Dies hat nun eine entscheidende Auswirkung: Soferne die Inputs gemäß ihren Ähnlichkeiten eine topologische Struktur in der gleichen Dimensionalität wie die Struktur des kompetitiven Layers haben, so wird diese Topologie vom Netzwerk sozusagen "wiederentdeckt". Das heißt, sie spiegelt sich insofern wider, als daß benachbarte Units auf in der Topologie benachbarte Inputmuster ansprechen. Das Ergebnis wird daher *Karte (map)* genannt. Dabei ist es wesentlich, zwischen der Dimension der Inputvektoren und der Dimension der Karte zu unterscheiden, die keineswegs gleich sein muß. Sehr oft wird ein hochdimensionaler Inputraum auf eine ein- oder zweidimensionale Karte abgebildet, die demnach nur eine Teilstruktur des Inputraums nachempfinden kann.

Angenommen, die Inputvektoren wären gleichmäßig über eine zweidimensionale Ebene verteilt (haben also eine Topologie auf zwei Dimensionen). Zeichnet man nun die Gewichtsvektoren der ebenfalls auf zwei Dimensionen angeordneten Kohonen-Units als Punkte und verbindet diejenigen, die auf benachbarte Inputvektoren (oder Gruppen von Vektoren) ansprechen, mit einer Linie, so ergibt sich ein Bild wie in Abb. 2.33 (stilisiert). Vor dem Ler-

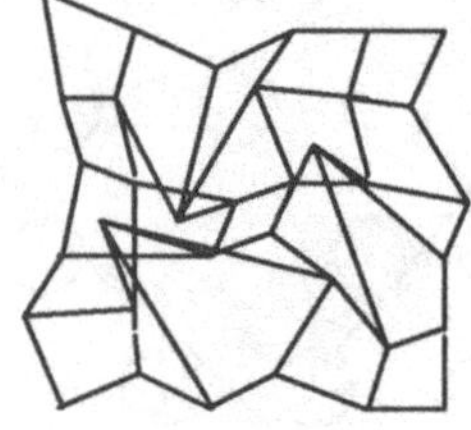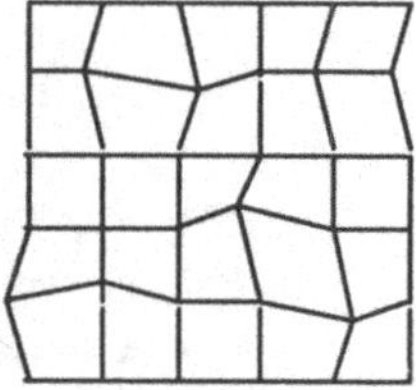

Abb. 2.33

nen liegen die Gewichtsvektoren willkürlich im Raum. Die Abhängigkeiten sind also unstrukturiert (zufällige Topologie), was sich in einem "verwickelten" Linienmuster äußert. Durch das Lernen verschieben sich die Antworten des Kompetitionslayers jedoch nach und nach, bis sie zum Schluß fast identisch die Topologie der Inputvektoren "nachbauen". Dieses Bild entspricht dem Prinzip in Abb. 2.29, die Arbeitsweise ist also analog dem Competitive Learning. Ein kleiner weiterer Unterschied besteht darin, daß Kohonen die *Euklidische Norm* zweier Vektoren (Abstand) als Ähnlichkeitsmaß verwendet,[14] während es im Competitive Learning das innere Produkt (der Winkel) ist. Dieses Ähnlichkeitsmaß, angewandt auf Gewichtsvektoren und Inputmuster, wird bei beiden Verfahren minimiert.

Sind die Inputvektoren nicht gleichverteilt, sondern gibt es Häufungen in gewissen Teilbereichen, so spezialisieren sich für diese Bereiche mehr Units, die Auflösung wird also der Anzahl der benachbarten Vektoren angepaßt. Die so resultierende Topologie spiegelt also auch die Wahrscheinlichkeitsverteilung der Inpumuster wider.

Dieses Modell ist für viele Anwendungen von großer Bedeutung. Es fußt auf der Beobachtung, daß es solche topologischen "Landkarten" auch im Gehirn zu geben scheint (z.B. Georgopoulos et al. 1986). Experimente zeigen, daß etwa Neuronen, die auf Bewegungen der Gliedmaßen in bestimmte Richtungen ansprechen, auch isomorph angeordnet sind. Dadurch scheint ein Gefühl der Ordnung vermittelt zu werden, daß auch zu Generalisierungen Anlaß geben kann. In gewissem Sinn handelt es sich dabei um *analoge* Repräsentationen, da ihre Struktur die Struktur des zu Repräsentierenden nachbildet.

---

14 Da Kohonen die Euklidische Norm verwendet, ist die Darstellung in Abb. 2.33
   mittels einer Ebene korrekt.

Kohonen's Originalmodell ist für zahlreiche Probleme wie die Erkennung gesprochener Sprache (Kohonen 1988) und semantische Einordnung von Wörtern (Ritter & Kohonen 1989) eingesetzt worden. Im Prinzip realisiert es kategorisierendes Verhalten, wird also hauptsächlich für Klassifikationen ohne Lehrer (unsupervised) eingesetzt (siehe auch Ritter et al. 1990).

2.4.4.4 Adaptive Resonance Theory (ART)

Ein etwas "aus dem Rahmen fallendes" aber nicht weniger interessantes Netzwerkmodell sind die Implementierungen der *adaptive resonance theory* von Grossberg (1976), Carpenter & Grossberg (1987). Gemäß der Abkürzung der Theorie wird das Modell oft ART genannt, wobei mehrere Versionen existieren (*ART1* bis *ART3*). In Abb. 2.34 ist die Grobstruktur des ART1-Modells nach einer leichten Modifikation durch Wasserman (1989) dargestellt. Gemäß

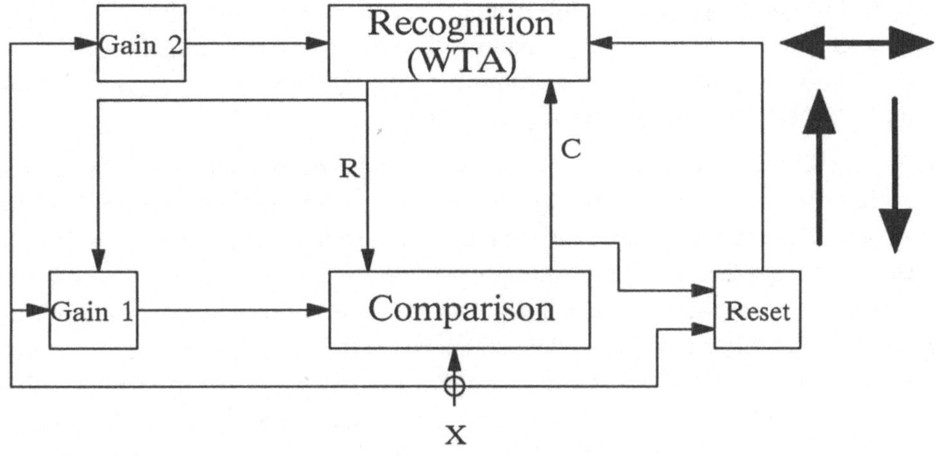

Abb. 2.34

den Gepflogenheiten der Autoren sind Unitlayer als Rechtecke und Verbindungsstrukturen als Pfeile gezeichnet. Was wie ein Flußdiagramm aussieht, stellt dennoch ein neuronales Netzwerk dar. Die entsprechenden Verbindungstypen zwischen den Hauptlayern *Comparison* und *Recognition* (assoziativ feedforward, kompetitiv lateral) sind durch Pfeile am Rand des Bildes angedeutet. Ein neuartiger Aspekt sind zusätzliche spezialisierte Units *Gain1*, *Gain2* und *Reset*, die bestimmte einfache Funktionen erfüllen und den Gesamtablauf steuern können. Dieser Ablauf ist ein über weite Teile sequentieller – ähnlich wie das Update in den Layern eines Multi-Layer-Perceptrons sequentiell ist – während natürlich das Update innerhalb eines Layers wie gehabt parallel vor sich geht.

ART1 kann ähnlich wie das Competitive Learning zur Klassifikation von Bitmustern eingesetzt werden. Dies geschieht durch die Units im Recognition Layer. Dieser Layer besitzt nun auch Rückverbindungen zum Input Layer Comparison. Sie dienen dazu, anhand einer einmal gewonnenen Klassifikation (eine aktivierte Unit im Recognition Layer) ein prototypisches Muster für die Kategorie zu rekonstruieren. Dieser Prototyp wird nun mit dem ursprünglichen Inputmuster durch einfaches Abzählen der gemeinsamen Einsen verglichen. Stimmen sie weitgehend überein, ist eine Klassifizierung gefunden, und die Gewichte können nach Hebb'schen Prinzipien verstärkt werden. Ist die Abweichung zu groß, so bedeutet das, daß die momentane Klassifizierung nur durch Zufall und nicht aufgrund von Ähnlichkeiten (so wie es sein sollte) getroffen wurde. In einem solchen Fall wird mittels der Unit Reset die gewinnende Unit in Recognition unterdrückt, sodaß eine andere Unit die Chance hat, sich im WTA-Prozeß zu aktivieren. Dieser Vorgang wird solange wiederholt, bis der Vergleich Übereinstimmung anzeigt oder bis eine bis dahin untrainierte Unit die Klassifizierung übernimmt.

Der geschilderte Vergleich von Mustern und die darauffolgende Aktion werden **Resonanz** genannt. Das Modell resoniert, wenn das Inputmuster und das von der Klassifikation *erwartete* Muster in großem Maße übereinstimmen. Dieser Mechanismus – beziehungsweise das Komplement *keine Resonanz (mismatch)* – verhindert, daß häufige Muster überhand nehmen und nach der Gewichtsadaptierung neuen oder selteneren Mustern "keine Chance" mehr lassen, und vermeidet daher die vor allem dem Competitive Learning anhaftenden Instabilitäten durch "unglückliche" Musterverteilungen. Mit anderen Worten, es wird nicht versucht, "mit Gewalt" jedes Muster auf gelernte Klassifikationen abzubilden, sondern es bleibt die Möglichkeit, neue Units für neuartige Muster zu *rekrutieren*. Dies ist ein wesentlicher Aspekt, der in allen bisher behandelten Modellen kaum eine Entsprechung hat. Aus diesem Grund könnte man Resonanz als den vierten wesentlichen Mechanismus neuronaler Netzwerke – neben Assoziation, Kompetition und Mustervervollständigung – betrachten. Er eignet sich als Modell für viele kognitive Aspekte, wie etwa das Erkennen von neuartigen oder nicht gelernten Reizen. In der Sprache wäre ein solcher Aspekt beim Erkennen von ungrammatischen Äußerungen zu finden.

In Mannes (1989) und Dorffner (1989c) werden weitere Anwendungen von Resonanz beschrieben. Bei letzterer wird zur Ermittlung der Übereinstimmung von erwartetem und tatsächlichem Muster folgende Formel verwendet:

$$r_{xy} = \sum_{i}^{n} |(x_i - y_i)| \, / \, n \qquad\qquad (2.6)$$

wobei x_i und y_i die Outputwerte der beiden Muster sind, die gleich viele Units (n) involvieren müssen.

2.4.4.5 Rekurrente Feedforward-Netzwerke

Eine weitere in gewissem Sinn zusammengesetzte Netzwerkarchitektur mit eigener Dynamik ist die Fortsetzung von Feedforward-Verbindungsketten auf einen der Layer der Kette zurück. Dadurch bilden sich natürlich Schleifen, die aber ähnlich wie im Bidirectional Associative Memory (BAM, Abschnitt 2.4.1.3) leicht kontrollierbar sind, da das Netzwerk nach wie vor als Feedforward-Architektur betrachtet werden kann, in der die Aktivierungsausbreitung nach einer fixen Anzahl von Schritten beendet wird. Durch die Schleifen eröffnet sich jedoch die Möglichkeit, mit ganzen Sequenzen von Inputmustern anstatt einzelnen statischen Mustern umzugehen, bzw. diese als ganze abzubilden. Die bekanntesten Ansätze dazu kommen von Jordan (1986) und Elman (1990). Da uns die Problematik der Sequentialität noch mehrmals begegnen wird (Abschnitte 7.3.1 und 11.3.3) wird für eine genauere Beschreibung auf später verwiesen.

2.4.5 Stochastische Modelle

Alle Netzwerktypen, die bisher beschrieben wurden, haben eines gemeinsam: Das Update, also die Veränderung des Netzwerkzustands geschieht rein deterministisch. Zwei Netzwerke mit der genau gleichen Gewichtskonfiguration und dem gleichen Aktivierungszustand reagieren auf eine gegebene Situation (Inputmuster) immer gleich. Durch die Vielfalt der verwendeten Muster und die große Anzahl von Freiheitsgraden (Gewichte) wird das Verhalten zwar sehr oft undurchschaubar, es läßt sich aber dennoch in Theorie jederzeit rekonstruieren oder reproduzieren. Es gibt eine Reihe von konnektionistischen Modellen, in denen dies nicht so ist. In diesen geschieht entweder der Update einzelner Units und/oder das Lernen zum Teil zufällig oder *stochastisch*. So kann man etwa eine Unit abhängig vom Nettoinput nur mit einer gewissen Wahrscheinlichkeit feuern lassen, oder eine Gewichtsadaptierung nur manchmal durchführen. Der Grad der Stochastizität läßt sich in vielen Fällen von außen regeln, wodurch ein langsamer Übergang von einem rein zufälligen auf ein rein deterministisches Verhalten möglich wird.

Die bekanntesten Vertreter stochastischer Netzwerke sind die *Boltzmann Maschine* (Ackley et al. 1985), die *Harmony Theory* (Smolensky 1986) oder das *Cauchy Lernen* (Szu & Hartley 1987). Sie besitzen eine Reihe von Eigenschaften, die deterministische Modelle nicht teilen. So kann bei vielen stochastischen Netzwerken eine Konvergenz viel eher garantiert werden als etwa beim Lernen durch die Backpropagation oder dem Update im Hopfield Netz. Der Vorgang, um dies zu erreichen, wird oft mit dem Abkühlen (*Annealing*) von Metallen verglichen – das notwendig ist, um eine geordnete Struktur im Material zu erreichen – und daher *simulated annealing* genannt. Nachteile sind meist eine viel längere Relaxations- oder Lernzeit.

Stochastische neuronale Netzwerke werden detaillierter in Kapitel 3 beschrieben, wo auch klarer werden wird, warum man Stochasitizität einsetzen sollte.

2.4.6 Netzwerke höherer Ordnung

Eine Komponente neuronaler Netzwerke war bis jetzt für alle Modelle gleich: die sogenannte *rule of propagation* (Ausbreitungsregel), d.h. die Regel, die den Nettoinput einer Unit aus den Outputwerten der verbundenen Units ermittelt. Wie schon in Abb. 2.2 verdeutlicht wurde immer die gewichtete Summe aller Outputwerte als Ausbreitungsregel genommen:

$$net_i = \Sigma_j w_{ij}\, o_j = w_{i1}\, o_1 + w_{i2}\, o_2 + \dots \qquad (2.7)$$

Dies ist ein *linearer* Ausdruck über die Menge von Variablen $\{o_j\}$, bestehend aus den Outputwerten. Nun müßte das nicht so sein. Genausogut könnte man ein beliebiges Polygon, das auch Ausdrücke höherer Ordnung, also etwa Produkte von verschiedenen Outputwerten oder Potenzen von solchen enthält. Solche Modelle gibt es tatsächlich, wobei man zeigen kann, daß Netzwerke höherer Ordnung im Vergleich zu den bisherigen Netzen in vielen Fällen mit weniger Units und Layern für das gleiche Problem auskommen (Maxwell et al. 1986). Allerdings handelt man sich damit natürlich auch eine wesentlich größere Komplexität, was die Berechnung des Updates und die Lernregeln betrifft, ein. Das Resultat ist ein Kompromiß (*tradeoff*) zwischen Komplexität in der Architektur und Komplexität in der Berechnung. Da wir hauptsächlich an halbwegs durchschaubaren Modellen, die unter anderem aufgrund der biologischen Plausibilität auf einfachen Mechanismen beruhen, interessiert sind, wollen wir uns mit allgemeinen Netzen höherer Ordnung nicht weiter beschäftigen.,

Eine Version solcher Netze ist es allerdings wert noch etwas näher betrachtet zu werden – Netze mit sogenannten *Sigma-Pi Units*. Ein solches Netzwerk enthält Units, die in der gewichteten Summe auch Produkte von je zwei Outputwerten enthalten können. Mit anderen Worten, Units dieser Art sind auf die Ordnung zwei beschränkt, wobei Quadrate – also Produkte eines Outputwertes mit sich selbst – im allgemeinen nicht zugelassen sind. Allgemein stellt sich die Rule of Propagation daher wie folgt dar:

$$net_i = \Sigma_j \, w_{ij} \, \Pi_{l \, \in \, \{1 \, .. \, n\}^2} \, o_l \qquad\qquad (2.8)$$

Die beiden Buchstaben Σ und Π, die die Summe und das Produkt darstellen, haben der Unit zum Namen verholfen. Die Wirkungsweise dieser Struktur kann nun wie folgt interpretiert werden (Abb. 2.35): Zu jeder Verbindung, die

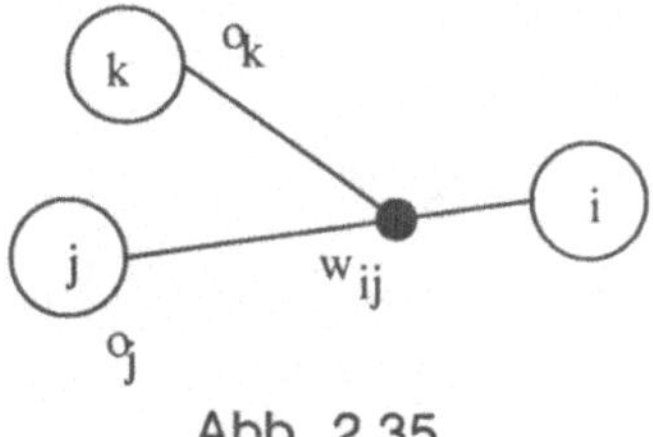

Abb. 2.35

zur Unit *i* führt, kann es noch eine weitere Verbindung geben, die die Wirkungsweise der ersten Verbindung moduliert. Ist der betreffende Outputwert (o_k) nämlich gleich 0, so wird durch die so beeinflußte Verbindung nichts an Unit i weitergegeben (wegen des Produkts); ist er gleich 1, so wird der Beitrag der Verbindung (Gewicht mal Outputwert oj) ungeschwächt durchgelassen. Das modulierende Gewicht kann also die Verbindung beliebig ein- und ausschalten, bzw. auch beliebig schwächen. Dadurch lassen sich eine Reihe von Mechanismen, wie zum Beispiel das modulierte Kopieren von Mustern (siehe Kapitel 7), recht elegant modellieren. Ein Seitenblick auf das biologische Vorbild zeigt, daß dieser Ansatz auch in der Natur vorzukommen scheint, es gibt offensichtlich Synapsen, die die Wirkung anderer Synapsen hemmen können (*heterosynaptische Modulation*).

2.4.7 Klassifikation von Netzwerkgrundtypen

Damit sind wir nun am Ende einer groben Übersicht über einfache neuronale Netzwerktypen angelangt. Diese fundamentalen Netzwerkmodelle lassen sich zusammenfassend recht einfach in ein globales Klassifikationsschema einordnen. Im Prinzip können dafür (mindestens) vier Dimensionen unterschieden werden, die unabhängig voneinander betrachtet werden sollten: Unitverhalten, Updatestrategien, Lernstrategien und Netzwerkarchitektur. Spezifische Modelle oder Modelltypen ergeben sich aus einer Kombination von verschiedenen Ausprägungen entlang der vier Dimensionen. Ein Hopfield Netz hat etwa Units mit Schwellenfunktion, normales synchrones Update, lernt mit der Hebbregel und besitzt Vollverbindungen. In Abb. 2.35 ist diese Vielfalt schematisch dargestellt. Daraus wird ersichtlich, daß sich eine große An-

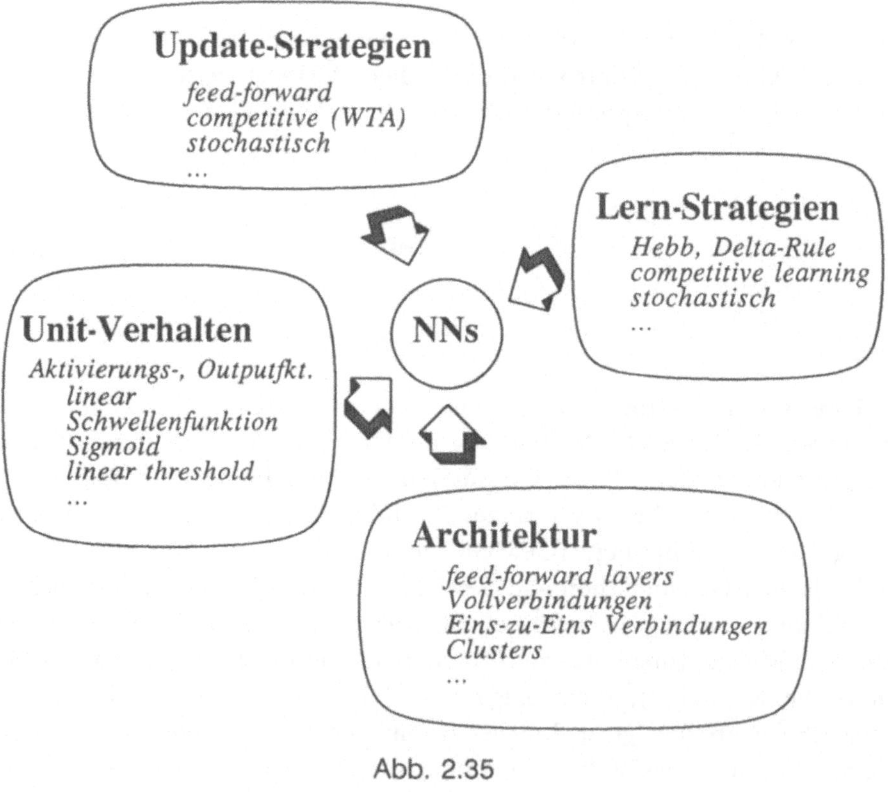

Abb. 2.35

zahl von verschiedenen neuen Modellen (oder besser Modellmodulen) durch Kombinieren von Aspekten erstellen ließe. Nicht jede Kombination ergibt allerdings Sinn – WTA ist etwa an Vollverbindungen gebunden.

2.5 Aspekte von konnektionistischen Modellen

Zusammenfassend sollen nun einige der wichtigsten Eigenschaften und Aspekte neuronaler Netzwerke beschrieben werden, die sich aus den vorgestellten Modellen herauskristallisiert haben. Diese Aspekte unterstreichen die wichtigsten Unterschiede zu klassischen Modellvorstellungen von Informationsverarbeitung oder Kognition.

2.5.1 Parallelität und Verteiltheit

Zu den wesentlichen Eigenschaften von konnektionistischen Netzwerken gehören **Parallelität**, sowie **Distribuiertheit** (Verteiltheit) der Daten und der Verarbeitung. Aus diesem Grund wird Verarbeitung nach diesem Schema im Englischen auch *Parallel Distributed Processing* (Rumelhart & McClelland 1986a) genannt.

Jede Unit in einem konnektionistischen Netzwerk kann im allgemeinen lokal für sich arbeiten, da sie außer den Inputsignalen, die sie über die Verbindungen empfängt, kein Wissen über die anderen Units im Netzwerk benötigt. Mit anderen Worten, der Ablauf im Netzwerk funktioniert ohne einen globalen Kontrollapparat, der Ressourcen verteilt. Daraus folgt, daß – zumindest im Prinzip – alle Units, als Prozessoren betrachtet, gleichzeitig, also parallel, arbeiten können. Diese Eigenschaft gilt für alle hier besprochenen Netzwerke und wirkt sich auch dann aus, wenn die Parallelität aufgrund von Hardwarebeschränkungen nicht oder nur zum Teil ausgenützt werden kann (z.B. wenn das Netzwerk auf einem von Neumann Rechner simuliert werden muß). Denn aufgrund der inhärenten Parallelität muß zu keinem Zeitpunkt sequentielle Abarbeitung von Konzepten und Regeln, die diese verbinden, angenommen werden. Dadurch fallen viele Beschränkungen durch Mechanismen wie Conflict Resolution und Suche, wie sie in der klassischen AI vorherrschen, weg, bzw. werden durch andere Mechanismen wie simuliertes synchrones Update vorweggenommen.

Das "Wissen" eines Netzwerks ist, wie wir gesehen haben, meist nicht lokalisierbar, sondern auf eine Menge von Orten (Units und Verbindungen) verteilt. Gleiches gilt für die Verarbeitung. Dieser Aspekt gilt für verteilte mehr als für lokale Repräsentation, da bei letzterer ja einzelne Units und sogar Verbindungen direkt interpretiert werden können. Verteiltheit äußert sich in wesentlichen Eigenschaften dieser Systeme: Sie sind fehlertolerant und daher sehr robust, der Ausfall einzelner Komponenten, bzw. Störungen im Input müssen sich nicht drastisch auf das Ergebnis auswirken. Neuronale Netzwerke zeigen ein Verhalten, das man im allgemeinen als *'graceful degradation'* bezeichnet, d.h. die Performanz sinkt bei immer stärker werdenden Störungen nur graduell ab und nicht sprunghaft, wie es zum Beispiel das Fehlen einer symbolischen Regel bewirken kann. Und außerdem befähigt die Verteiltheit des Wissens das Modell, mittels Ähnlichkeiten auf neue, nie zuvor gesehene Inputs zu *generalisieren*. Dazu wird später noch mehr gesagt werden. All dies sind Eigenschaften, die man auch an Beispielen menschlicher kognitiver Fähigkeiten feststellen kann, vor allem, wenn es um intuitive und assoziative Vorgänge geht.

Aus diesen Überlegungen wird klar, daß – obwohl der Name 'Parallel Distributed Processing' leicht falsche Assoziationen weckt – es sich hier nicht um bloße Parallelisierung altbekannter Prozesse (wie es zum Beispiel der Transfer eines Produktionensystems auf ein Multi-von-Neumann-Prozessorsystem wäre) und auch nicht um bloße Verteilung von Aufgaben handelt (gemäß einer konzeptuellen Modularisierung des Prozesses – siehe Huhns 1987, distribuierte AI), sondern um ein (im Vergleich zu den geschilderten klassischen Schemen) neuartiges Verarbeitungsmodell.

Wenn in diesen Überlegungen immer wieder vom Gegensatz der konnektionistischen zur von Neumann Architektur die Rede ist, so sei dazu nochmals folgendes gesagt: Wohl kann, wie schon eingangs erwähnt, der Konnektionismus als ein Vorschlag für neue Rechnerhardware angesehen werden, in dem logische Chips durch Siliziumäquivalente von Units ersetzt werden. Dann könnte der erwähnte Gegensatz auch wörtlich genommen werden. Allerdings ist es noch verfrüht, auch tatsächlich an solche Hardware zu denken – vor allem deswegen, weil man noch viel zu wenig über optimale Architekturen für bestimmte Problemstellungen weiß. Als Konsequenz müssen konnektionistische Netze meist auf von Neumann Maschinen simuliert werden, wobei einige Vorteile – wie der erhöhten Geschwindigkeit aufgrund der Parallelität – verloren gehen. Dann ist der Gegensatz aber als konzeptueller zu sehen, ein Gegensatz von grundsätzlichen Auffassungen, wie Informationsverarbeitung implementiert werden kann.

2.5.2 Adressierbarkeit anhand des Inhalts

Verteilte neuronale Netzwerke sind – wie man es nennt – *content addressable*. Das bedeutet, daß ein Konzept, dargestellt durch ein Muster, anhand seines Aussehens "zugegriffen" (bzw. reproduziert) werden kann. Im Gegensatz zum klassischen Ansatz, wo jedem Konzept ein Symbol, das nichts über Inhalt (die Bedeutung) des Konzepts aussagt, und diesem Symbol wieder eine beliebige Speicheradresse zugeordnet wird, erfolgt der Zugriff hier mit Hilfe des durch das Muster ausgedrückten Inhalts des Konzepts. Erinnern wir uns, daß in verteilter Repräsentation die Ähnlichkeit der Muster im allgemeinen bedeutungsvoll ist, d.h. die Ähnlichkeiten der Konzepte untereinander ausdrückt. Das bedeutet, daß selbst wenn nur ein Teilmuster anliegt (also nur ein Teil der Informationen über den Inhalt), das richtige – dem gewünschten Konzept entsprechende – Verhalten erreicht werden kann (mittels Mustervervollständigung).

Zur Erläuterung der Content-Addressability ein Beispiel: Angenommen, es wäre eine Person gesucht, die amerikanischer Schauspieler und Politiker war und eine Frau namens Nancy hat. In einem rein klassischen System würde dies im allgemeinen eine Suche durch die Liste aller Schauspieler und aller Politiker und eine Durchschnittsbildung erfordern. Da eine Personenrepräsentation wie das Wort 'Reagan' nichts über die Eigenschaften aussagt, muß es explizit in den Listen eingetragen sein und kann nur durch Suche gefunden werden. Natürlich kann eine solche Datenspeicherung auf eine bestimmte Suche ausgerichtet werden (im Falle von relationalen Datenbanken spricht man vom Indizieren einer Spalte). So kann zum Beispiel zu jedem Schauspieler eingetragen werden, ob er auch Politiker ist, wodurch die Suche wesentlich beschleunigt wird. Allerdings ist es (praktisch) nicht möglich, diese Einträge für sämtliche mögliche Kombinationen von Eigenschaften durchzuführen. Außerdem würde damit Wissen in der Wissensbank an verschiedenen Orten, die unabhängig voneinander existieren und daher wieder nicht die Gemeinsamkeiten ausdrücken, multipliziert.

In einem verteilten Netzwerk beinhaltet die Repräsentation von *Reagan* – per definitionem – alle zu seiner Identifikation notwendigen Eigenschaften, da sie durch ein Muster, das mit den Mustern aller ähnlichen Konzepte (z.B. alle anderen Schauspieler und Politiker) überlappt. Durch die Generalisierungsfähigkeit und Fehlertoleranz kann nun aufgrund eines Teils des Musters (nämlich der, der sich durch Aktivierung von *Schauspieler, Politiker* und *Frau Nancy* ergibt) das vollständige Muster reproduziert werden, wie es zum Beispiel im Hopfield-Netz geschieht. Sogar bei lokalen Repräsentationen (die auf einer anderen Ebene auch als eine Art von verteilter Repräsentation angesehen werden können, wobei lokale Units zu symbolischen Features werden) kann diese Inhalts-Adressierbarkeit festgestellt werden. Erinnern wir uns doch an das kleine Netzwerk in Abb. 2.6. Ein Aktivierungsmuster über der Gesamtheit aller Units könnte dort auch als verteilte Repräsentation eines der Konzepte *Bonnie* oder *Clyde* angesehen werden. Wollten wir zum Beispiel einen 'rosa Elefanten' suchen, so ergibt sich nach Aktivierung der beiden Units für *rosa* und *Elefant* (jetzt symbolische Features) und einigen Zyklen ein Muster, das dem Konzept *Bonnie* entspricht.[15] Ähnlich verhält es sich bei anfänglicher Aktivierung von zwei anderen von Bonnies (identifizierenden) Eigenschaften.

Eine Bemerkung ist hier zweifellos am Platz: Es ist ganz klar, daß eine verteilte und vernetzte Darstellung von Fakten, wie die in den soeben genannten Beispielen, extremen Speicherbedarf hat, wenn man zunächst einmal die Simulation eines Netzwerkes mit einer Datenbank vergleicht. Führt man weiters in letzterer sämtliche mögliche und sinnvolle Pointer zwischen den Einträgen ein (indiziert man also nach allen Aspekten), so wird man sicherlich ein ähnliches Zugriffsverhalten erreichen. Es geht im Konnektionismus allerdings nicht um eine Ersetzung relationaler Datenbanken. Ganz im Gegenteil! Es geht aber um eine plausible Modellvorstellung – etwa des assoziativen Zugriffs auf Wissen – und da erscheint der vernetzte und massiv parallele Ansatz gegenüber der Vorstellung einer sequentiellen Liste (die in der Computermetapher nur allzu gerne dem Menschen zugesprochen wird) überlegen zu sein.

2.5.3 Constraint Satisfaction

Ein weiterer Aspekt, unter dem konnektionistische Netzwerke betrachtet werden können, ist der folgende: Verbindungen zwischen Units in einem Netzwerk können als gegenseitige Randbedingungen oder Einschränkungen der Units (sogenannte *Constraints*) aufgefaßt werden. Units als symbolische Features oder sub-symbolische Microfeatures beeinflussen einander also gemäß den Gewichten an den Verbindungen. Der Netzwerkablauf bewirkt nun, daß (im allgemeinen) ein Zustand erreicht wird, in dem möglichst viele der Constraints möglichst gut erfüllt werden. Es handelt sich also um "weiche" Constraints, die nicht um jeden Preis erfüllt werden müssen, sondern nur dann, wenn es auch die anderen Constraints erlauben, bzw. nur bis zu einem gewissen Grad.

Zum Beispiel ist die Verbindung zwischen *rosa* und *grau* in Abb. 2.6 die Randbedingung, daß nur eines der beiden Konzepte aktiv sein kann. Diese

---

[15] Die Units, die mit 'Bonnie' und 'Clyde' betitelt sind, müßten dann allerdings als das Feature *Name* oder ähnliches gesehen werden.

Constraint wird zwar in beiden besprochenenen Ruhezuständen recht gut erfüllt (eine der beiden Units ist viel stärker aktiviert als die andere), aber die anderen Beeinflussungen, wie jene, daß Elefanten sowohl rosa als auch grau sein können, werden mitberücksichtigt. Dadurch bleiben im Aktivierungsmuster gewisse Wahrscheinlichkeitsaussagen erhalten (z.B.: *rosa* ist wahrscheinlicher als *grau*, aber keines der beiden ist vollkommen ausgeschlossen).

Diese Eigenschaft der *Constraint Satisfaction* macht Netzwerke dieser Art zu einem adäquaten Modell von Phänomenen, wo eine Reihe von Informationsquellen und Kontexteinflüsse, die vielfältig zusammenwirken, eine Rolle spielen, wie z.B. der Erkennung gesprochener Sprache (*speech*) oder visuelles Empfinden (siehe später). Dadurch bieten sich neuronale Netzwerke als Lösung für sogenannte *'chicken-and-egg'* Probleme an. Dieser Ausdruck wurde im Zusammenhang mit gesprochener Sprache von Dennis Klatt (1985) kreiert. Er meinte damit das Problem, daß Laute und Worte einander beeinflussen (in beide Richtungen) und daß nun das Problem vorliegt: Was versuche ich zuerst zu erkennen – die eindeutigen Laute oder das Wort? Dies weckt Assoziationen zur altbekannten Frage: "Was war vorher da – das Huhn oder das Ei?"

3 Neuronale Netzwerke –
Eine nähere Betrachtung

Nachdem im vorangegangenen Kapitel ein Überblick über die Arbeitsweise und die prinzipiellen Möglichkeiten einfacher konnektionistischer Modelle gegeben wurde, sollen diese hier nun einer genaueren Analyse unterworfen werden. Damit soll ein größeres Verständnis über das, was die Netzwerke können und das, was sie nicht oder noch nicht können, erreicht werden.

Um sich diesem Verständnis anzunähern, werden im allgemeinen Aussagen über mehrere qualitative Kriterien verlangt. Zu diesen zählen etwa:

- *welche Arten von Mustern werden wie verarbeitet?*

- *welche Muster sind erlernbar?*

- *bleibt ein Aktivierungs- oder Lernverfahren stabil?*

- *sind die Ergebnisse optimal?*

Bei weitem nicht zu jeder dieser Fragen können universale mathematische Antworten gefunden werden, weil etwa in vielen Fällen ein genaues Wissen über die präsentierten Muster vonnöten wäre. Manchmal fehlt auch einfach noch ein ausreichender formaler Unterbau, um alle Eigenschaften befriedigend zu beschreiben. In vieler Hinsicht ist das praktische Entwerfen von neuronalen Netzwerken daher auf die Anwendung von einigen Heuristiken und Daumenregeln beschränkt. Mit diesen Überlegungen im Hintergrund sollen im folgenden gängige mathematische Techniken zur Untersuchung einiger der Netzwerkeigenschaften präsentiert werden, getrennt nach Aktivierungsausbreitung, Lernen (Gewichtsadaptierung), und einem kurzen Exkurs über verteilte Aktivierungsmuster.

3.1 Ein mathematischer Abriß der Aktivierungsausbreitung (Update)

In diesem Abschnitt soll als erster wichtiger Aspekt die Aktivierungsausbreitung in neuronalen Netzen genauer untersucht und damit die Möglichkeiten und Grenzen der Grundarchitekturen aus Kapitel 2 beleuchtet werden. Gewichtsänderungen werden also zunächst außer Acht gelassen. Als mathematisches Hilfsmittel empfiehlt sich dabei die Darstellung von Aktivierungsmustern der n Units eines ganzen Layers als n-dimensionaler Vektor. Dadurch ergibt sich einerseits eine kompakte Beschreibung der Verarbeitung durch das Netzwerk, andererseits auch oft eine anschauliche geometrische Analogie der Vorgänge. Betrachten wir zum Beispiel einen Layer mit 4 Units und folgenden Outputwerten

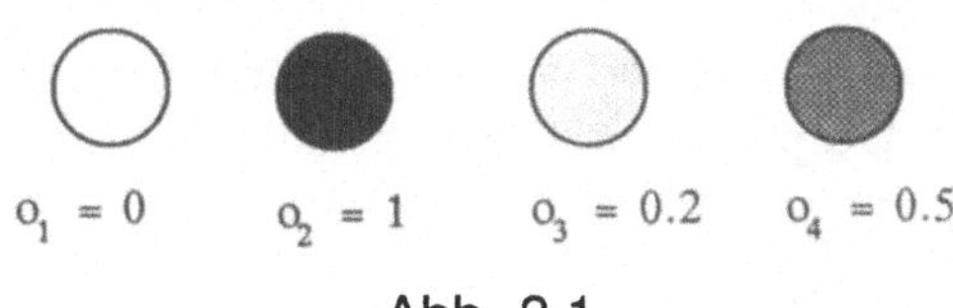

Abb. 3.1

Wie schon in der allgemeinen Beschreibung in Kapitel 2 werden die Outputwerte aller Units mit fortlaufendem Index gekennzeichnet. Diese Darstellung kann nun direkt in einen Vektor verwandelt werden, wenn man die indizierten Werte als dessen Komponenten auffaßt. Der Aktivierungsvektor (bzw. Vektor der Outputwerte) dieses Layers lautet somit[1]

$$\mathbf{o} = (0, 1, 0.2, 0.5)$$

Jedem getrennt betrachteten Layer wird so zu jedem Zeitpunkt ein eigener Vektor zugeordnet. Dieses Prinzip bildet die Grundlage für die nun folgenden Untersuchungen.

3.1.1 Update im assoziativen Netz

Als erste Grundarchitektur sollen die Feedforward Verbindungen untersucht werden. In der einfachsten Zusammenstellung haben wir zwei Vektoren, in Analogie zu den Layers der *Input-* und der *Outputvektor* genannt. Lassen wir zunächst die Aktivierungsfunktionen f und die Outputfunktion g außer Acht,

---

[1] Alle Vektoren und später auch Matrizen werden mit Buchstaben in Fettdruck bezeichnet.

bzw. setzen wir sie gleich der Idenditätsfunktion, und betrachten ein einfaches Beispiel mit 2 und 2 Units, wobei die Gewichte wie in Kapitel 2 indiziert werden (d.h. w_{ij} bezeichnet das Gewicht von Unit j zur Unit i)

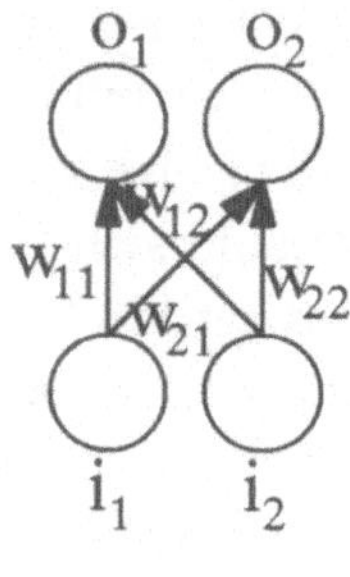

Abb. 3.2

Da der Nettoinput sich aus der gewichteten Summe der Inputs ergibt, und durch Wahl der Identitätsfunktion für f und g gleich dem Output ist, kann man diesen für die beiden Output Units wie folgt berechnen:[2]

$$o_1 = w_{11}\, i_1 + w_{12}\, i_2 \tag{3.1}$$
$$o_2 = w_{21}\, i_1 + w_{22}\, i_2$$

Diese Berechnung hat nun eine sehr kompakte Entsprechung in der Vektornotation, nämlich

$$\mathbf{o} = \begin{pmatrix} o_1 \\ o_2 \end{pmatrix} = \begin{pmatrix} w_{11} & w_{12} \\ w_{21} & w_{22} \end{pmatrix} \begin{pmatrix} i_1 \\ i_2 \end{pmatrix} = \mathbf{W}\,\mathbf{i} \tag{3.2}$$

Man erkennt also, daß sich die Gewichte in Form einer Matrix $\mathbf{W}$ anordnen lassen, wobei die Indizes ihre Spalten bzw. Zeilen kennzeichnen (auch umgekehrt möglich). Dies läßt sich natürlich für eine beliebige Anzahl von Komponenten in beiden Layern durchführen. In dieser Form läßt sich der Prozeß einer Assoziation mit zwei Layern einfach als eine Multiplikation einer Matrix mit einem Vektor beschreiben. Es handelt sich also dabei im ersten Schritt um eine lineare Transformation von Vektoren. Wir haben damit eine sehr kom-

---

[2] i_1 und i_2 bezeichnen hier die Outputwerte der beiden Input Units, damit keine Verwechslungen zwischen Outputwert einer Unit und dem Wert einer Output Unit entstehen, und die Notation nicht zu komplex wird. Eigentlich sollte statt i_1 o_{i_1} und statt o_1 o_{o_1} stehen.

pakte Darstellung einer Assoziation, die uns weiterhelfen wird, deren Eigenschaften näher zu untersuchen.

Betrachten wir also nun genauer, welche Assoziationen ein einfaches Netzwerk mit zwei Layern und Feedforward-Verbindungen reproduzieren kann. Wir gehen dabei von der soeben abgeleiteten Beziehung aus (die Anzahl der Komponenten, also die Dimension der Vektoren ist in dieser Darstellung beliebig):

$$o = W\, i$$

Nehmen wir an, ein Netzwerk dieser Art mit der momentanen Gewichtsmatrix W könnte die beiden Assoziationen von i_1 auf o_1 und i_2 auf o_2 reproduzieren. Es gilt daher:

$$o_1 = W\, i_1 \qquad\qquad (3.3)$$
$$o_2 = W\, i_2$$

Nehmen wir weiters an, ein drittes Input Muster i_3 wäre eine *Linearkombination* von i_1 und i_2, d.h. es ließe sich wie folgt beschreiben:

$$i_3 = k_1\, i_1 + k_2\, i_2 \qquad\qquad (3.4)$$

Da das Netzwerk nichts anderes als eine lineare Vektorabbildung durchführen kann, muß sich daher folgender assoziierter Outputvektor ergeben:

$$
\begin{aligned}
o_3 &= W\, i_3 \qquad\qquad (3.5)\\
&= W\,(k_1\, i_1 + k_2 i_2)\\
&= k_1\, W\, i_1 + k_2\, W\, i_2\\
&= k_1\, o_1 + k_2\, o_2
\end{aligned}
$$

Der zu i_3 assoziierte Output ist somit unweigerlich die selbe Linearkombination aus den beiden Outputvektoren o_1 und o_2. Ein Versuch, etwa mittels Training, i_3 auf einen anderen Vektor als o_3 abzubilden, würde ebenso unweigerlich mindestens eine der beiden Assoziationen $i_1 \rightarrow o_1$, $i_2 \rightarrow o_2$ "verzerren". Auch wiederholtes Lernen kann keine Abhilfe schaffen, da das Netzwerk auf lineare Abbildungen beschränkt bleibt.

Ein möglicher Ausweg scheint es zu sein, ein zweites solches Netzwerk, das von den Output Units des ersten Netzwerks gespeist wird, anzuhängen, also einen Drei-Unit-Layer Pattern Associator daraus zu machen. Sehr schnell muß man aber auch diese Möglichkeit verwerfen, da folgendes gilt (*1* bezeichnet das erste, *2* das darüberliegende Teilnetzwerk):

$$o = W_2\, o_1 \qquad o_1 = W_1\, i \qquad\qquad (3.6)$$
$$o = W_2\, W_1\, i$$
$$o = W_3\, i$$

Die Multiplikation der Matrizen der beiden Teilnetze, W_1 und W_2, ergeben einfach eine neue Matrix W_3 der geeigneten Dimension. Man kann also, soferne wie angenommen beide Transferfunktionen gleich der Identitätsfunktion sind, jederzeit ein derartiges Mehrlayer-Netz auf ein Netz mit zwei Unit-Layern zurückführen. Das Anhängen von Layern bringt also keinen Gewinn. Als Schlußfolgerung kann über einfache assoziative Netewerke dieser Art folgendes gesagt werden: Nur **linear unabhängige** Inputmuster können auf beliebige Outputmuster abgebildet werden. Das heißt, daß man starken Beschränkungen bezüglich der implementierbaren Assoziationen unterliegt, da es höchstens n voneinander linear unabhängige Muster gibt. Zu dieser Erkenntnis – neben anderen Resultaten – sind bereits Minsky und Papert (1969) in ihrer Analyse des Perceptrons (Rosenblatt 1961) gelangt, die übrigens als einer der Hauptgründe für das rapide Sinken des Interesses an neuronalen Netzen in den 60er Jahren gesehen wird.

3.1.1.1 Lineare Abhängigkeiten

Die zunächst als Restriktion erkannte Auswirkung linearer Abhängigkeiten ist es wert, genauer betrachtet zu werden. Man nehme dazu zwei beliebige Aktivierungsvektoren, die wir uns der Einfachheit halber in der (zweidimensionalen) Ebene vorstellen (Abb. 3.3). Zwei Vektoren sind nur dann voneinander linear abhängig, wenn sie durch Multiplikation mit einem Skalar ineinander übergehen, wenn also gilt

$$i_2 = k\, i_1 \qquad\qquad (3.7)$$

bzw. wenn sie in der geometrischen Analogie auf einer Linie liegen. Der Nullvektor (alle Komponenten gleich null) ist ein Sonderfall und muß von dieser Analyse ausgenommen werden.

Soferne zwei Vektoren allerdings nicht orthogonal aufeinander stehen, kann man immer einen der beiden – etwa i_1 – als Summe zweier Teilvektoren ungleich dem Nullvektor sehen, von denen einer vom anderen Vektor – i_2 – linear abhängig ist und der andere darauf orthogonal steht (Orthogonalprojektion, siehe Abb. 3.3).Die zu i_1 und i_2 gehörigen Outputvektoren kann man nun so berechnen:

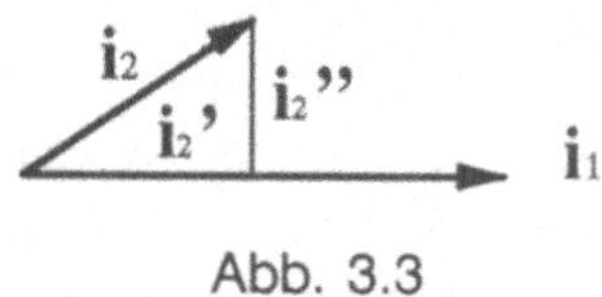

Abb. 3.3

$$o_1 = W\ i_1 \tag{3.8}$$
$$o_2 = W\ i_2 = W\ (i_2' + i_2'') = W\ (k\ i_1 + i_2'')$$
$$= k\ W\ i_1 + W\ i_2''$$
$$= k\ o_1 + W\ i_2''$$

Da i_2'' orthogonal auf i_1 steht, kann $W\ i_2''$ beliebige Werte annehmen und somit den Gesamtvektor o_2 von o_1 unabhängig machen. Ein entsprechendes Einstellen von W, etwa durch wiederholtes Training, kann dies erreichen. Je kleiner i_2'' ist, desto kleiner wird im Schnitt auch die Abweichung $W\ i2''$ werden, bzw. desto stärker wird sich die zu o_1 parallele Komponente bemerkbar machen (für beliebige aber in einem gewissen Rahmen beschränkt große Gewichte). Tatsache bleibt, daß o_2 in diesem Fall eine von o_1 abhängige Komponente enthält, daß also ohne zusätzliche Maßnahmen o_2 von o_1 nicht vollkommen unabhängig ist. Diese Abhängigkeit kann umso größer sein, je mehr i_1 und i_2 in einer Linie liegen, je größer also die linear abhängige Komponente i_2' wird.

Obwohl es streng mathematisch gesehen nur die Begriffe 'abhängig' und 'unabhängig' gibt, kann gefühlsmäßig in dieser Beobachtung so etwas wie 'mehr oder weniger abhängig' gesehen werden. Je größer die zu einem gegebenen Vektor $i1$ parallele Komponente i_2' ist, desto "abhängiger" wird das $i2$ zugeordnete Ergebnis von diesem Vektor. Dies gilt insbesondere für die durch einen der Lernmechanismen wie die Deltaregel sich ergebenden Gewichtsmatrizen. Wurde die Abbildung von i_1 auf o_1 bereits trainiert, so wird die Reichtung von i_1 besonders betont, macht also i_2' umso bedeutsamer. Die Aussage "Ein Vektor ist von einem anderen Vektor mehr oder weniger (stark oder schwach) abhängig" ist natürlich nur eine statistische, gilt also im Durchschnitt mehrere Beobachtungen, ist aber im Einzelfall durch die Beliebigkeit der orthogonalen Komponente nie garantiert.

Die Länge von i_2' ergibt sich durch das normierte innere Produkt der beiden Vektoren

$$s = i_1\ i_2\ /\ |\ i_1|\ =\ 1/|\ i_1|\ (i_{1,1}\ i_{2,1} + i_{1,2}\ i_{2,2} + ...) \tag{3.9}$$

Wenn zwei Vektoren orthogonal aufeinander stehen, ist das innere Produkt gleich 0 und die Vektoren können stets vollkommen unabhängig voneinander abgebildet werden. Sind sie hingegen linear abhängig, ist das innere Produkt maximal und sie können überhaupt nicht unabhängig voneinander abgebildet werden, wie oben gezeigt wurde. Alle Lagen dazwischen können eine teilweise Beeinflussung bewirken. Dazu sei nochmals gesagt, daß im allgemeinen die Abhängigkeit bei den zugehörigen Outputvektoren durch geeignete Wahl von **W** beliebig klein gemacht werden kann (Transformation), daß also für zwei Inputvektoren keine prinzipielle Restriktion besteht. Die Abhängigkeit ist aber dann zu spüren (zumindest im statistischen Mittel), wenn man ein Netzwerk mit seinem momentanen Zustand (also mit gegebenem **W**) und zwei willkürlich gewählte Vektoren betrachtet.

Diese Eigenschaft ist keineswegs vollkommen unerwünscht. Gehen wir von der Vektordarstellung auf Aktivierungsmuster zurück, sehen wir warum (Abb. 3.4). Wählen wir einen binären Vektor als Ausgangsbasis, so hat ein anderer

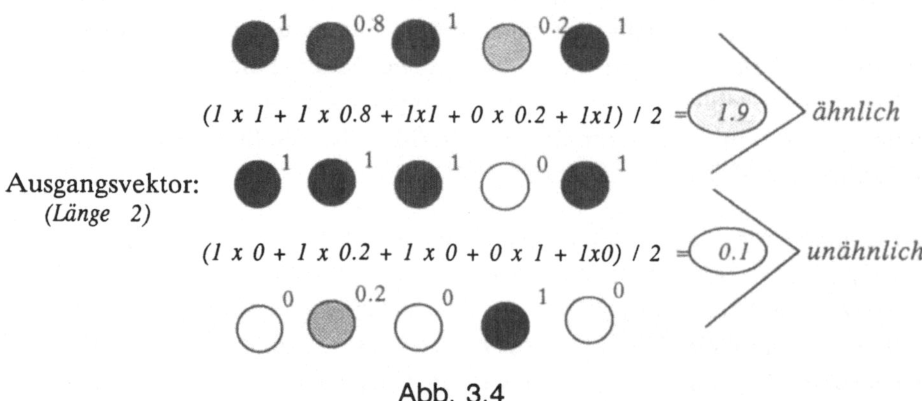

Abb. 3.4

Vektor genau dann ein großes inneres Produkt mit diesem, wenn er an den Stellen, an denen der Ausgangsvektor Einsen hat, möglichst große Aktivierungswerte besitzt. Mit anderen Worten, das innere Produkt ist dann groß, wenn möglichst viele der *aktivierten* Units möglichst gut *übereinstimmen*. Bei nicht-binären Mustern müssen überlappende aktivierte Unitbereiche möglichst stark aktiviert sein.

Das innere Produkt s ist also in diesem Fall ein Maß für die **Ähnlichkeit** von einem beliebigen Muster zu einem gegebenen, und präzisiert mathematisch das Kriterium *'Überlappung von aktiven Units'*, das etwas weniger formal in Kapitel 2 schon als Ähnlichkeitsmaß beschrieben wurde. Angenommen i_1 aus dem obigen Beispiel wäre ein Input, dessen Abbildung während des Trainings gelernt wurde, und i_2 wäre ein neuer "unbekannter" Input. Je ähnlicher dieser zum gelernten Input ist, desto größer wird der ähnliche Anteil am Output und desto größer wird aufgrund der beschriebenen Eigenschaft auch die Wahrscheinlichkeit, daß der erzeugte Output Ähnlichkeiten zum gelernten Originaloutput aufweist. Da es natürlich mehr als einen gelernten Vektor gibt, ergibt sich das Ergebnis aus der Überlappung aller Einflüsse (deshalb war auch von der 'Wahrscheinlichkeit' die Rede). Das Netzwerk ist also genau aufgrund dieser Eigenschaft imstande zu generalisieren, also unbekannte Inputs plausibel zu verarbeiten. Die Wahl von **W** – dies geschieht während des Lernens – entscheidet, wie stark gewisse Ähnlichkeiten betont werden sollen. Anders ausgedrückt, Ähnlichkeiten können durch Gewichtung mehr oder weniger hervorgehoben werden. Für i_1 und i_2 können auch, wenn notwendig, vollkommen beliebige Outputs erzwungen werden. Dies kann man sich in etwa so erklären: Auch wenn i_1 und i_2 sich nur in kleinen Teilen voneinander unterscheiden, so kann durch entsprechende Gewichtung dieser Unterschied zum einzig relevanten gemacht werden. In Abb. 3.5 ist das an einem Extrembeispiel gezeigt, wobei nur Gewichte ungleich *0* eingezeichnet sind. Ein und

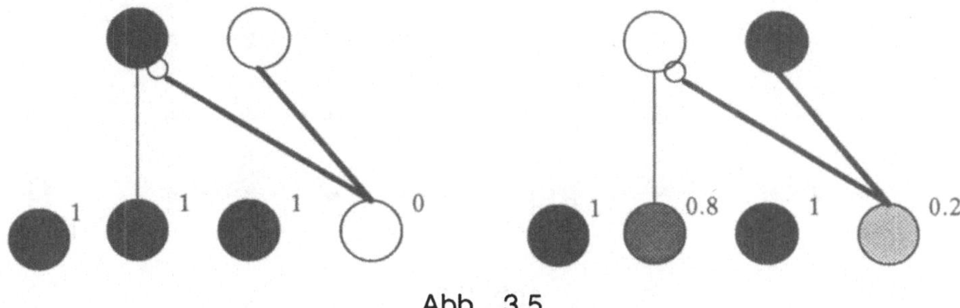

Abb. 3.5

dasselbe Netzwerk ist imstande, die beiden oberen Muster aus Abb. 3.4 unterschiedlich abzubilden. Im ersten Fall genügt ein leicht positives Gewicht von der zweiten Input Unit, um Output Unit 1 stark zu aktivieren. Im zweiten Fall aktiviert das stark positive Gewicht von Input Unit 4 die Output Unit 2, der Einfluß von Input Unit 2 wird durch das negative Gewicht ausgeschaltet.

Zusammenfassend gesagt ist es also die Eigenschaft, linear abhängige (Teil-)Vektoren voneinander abhängig zu verarbeiten, die aufgrund der daraus resultierenden *Stetigkeit* in der Abbildung neuronalen Netzwerken die Fähigkeit zur Generalisierung verleiht. Nicht nur diese, auch Fehlertoleranz und andere Aspekte sind damit zu erklären. Lernen – etwa mit der Deltaregel – gestaltet die Transformation so, daß die Ähnlichkeiten, die dem Trainingsraum entsprechen, maximal betont werden – im Falle der Deltaregel zum Beispiel nach dem sogenannten *LMS-Kriterium*, das heißt so, daß die quadratische Abweichung aller Vektoren zu den gewünschten Outputs minimiert wird. Jeder neu hinzukommende Input wird gemäß den so festgesetzten Ähnlichkeiten behandelt.

Betrachten wir zum Beispiel das Netzwerk in Abb. 3.6 mit einer Abbildung, die im linken Teil verdeutlicht ist.[3] In diesem Fall wurden Muster gewählt, die *+1* und *–1* als Aktivierungswerte haben, was aber auf die bisherige mathematische Behandlung keinen Einfluß hat. Legen wir nun ein fehlerhaftes Muster an (d.h. zwei Stellen sind unspezifiziert und erhalten *0* als Wert – daher die Wahl von *–1* vorhin). Der Output entspricht nicht dem ursprünglichen

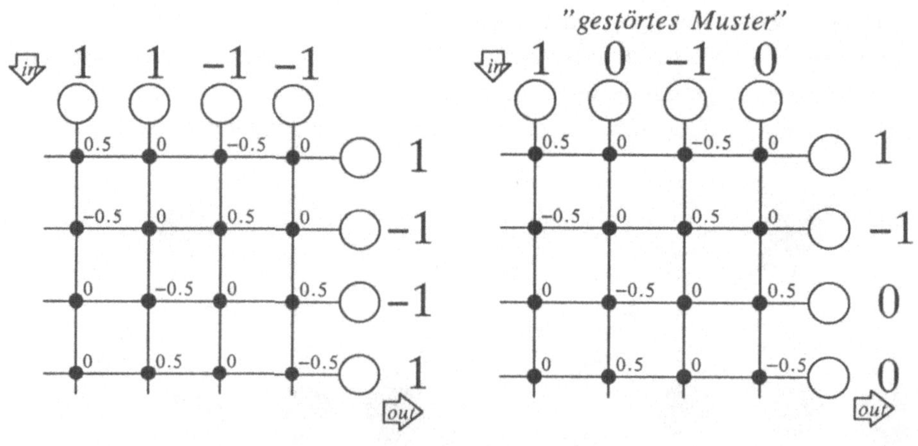

Abb. 3.6

Output, zeigt aber Ähnlichkeiten mit diesem,[4] bzw. bewahrt einige von dessen Eigenschaften. Das Netzwerk ist also nicht vollkommen "hilflos", sondern ver-

---

3 Zur besseren Übersicht werden hier Input und Output Units aufgefächert und mit Linien pro Verbindung gezeichnet, sodaß sich die Gewichte tatsächlich als Matrix anordnen (aus Rumelhart & McClelland 1986a). Der Input ist waagrecht, der Output senkrecht angeordnet. Diese Darstellungsart wird später noch öfter eingesetzt werden.

4 Die Ähnlichkeit ist durch die Tatsache ausgedrückt, daß sich der Vektor (1 1 -1 -1) als Summe der beiden orthogonalen Komponenten (1 0 -1 0) und (0 1 0 -1) darstellen läßt, also eine Linearkombination der beiden darstellt. Die erste Komponente ist identisch mit dem in Abb. 3.6 gewählten Muster.

sucht das neuartige Muster, kraft seiner Eigenschaften als lineares System, so gut es geht auf die gelernten Muster zurückzuführen.

Dieses Verhalten ist bei weitem nichts mystisches, sondern ergibt sich einfach aus den in diesem Abschnitt dargelegten Sachverhalten. Wie man sieht, bewahrt diese mathematische Eigenschaft relevante Features in den Mustern. Zugegebenermaßen zeigt dieses einfache *4x4* Modell die Eigenschaften auf nicht sehr eindrucksvolle Weise. In größeren Netzwerken (mit komplexeren Mustern) wirkt sie sich jedoch sehr oft auf die erwartete Weise aus, und war auch der Grund für die Erfolge von Modellen wie das Perceptron und andere.

Dies ist allerdings erst der Anfang der Geschichte, denn was bleibt sind nach wie vor die Einschränkungen, die sich aufgrund linearer Abhängigkeiten ergeben haben. Die Transformationen, die Ähnlichkeiten von zwei Vektoren "ausblenden" konnten, sind machtlos wenn die Vektoren "vollkommen" (also im streng mathematischen Sinn) linear abhängig sind, oder wenn unter mehr als zwei Vektoren einer davon eine Linearkombination der anderen ist. Bei n Input Units gibt es maximal n Vektoren, die voneinander unabhängig sind, unter $n+1$ Vektoren läßt sich schon jeder als Linearkombination der anderen darstellen. Bevor wir uns einer Erweiterung der Netzwerke zuwenden, die diese Einschränkung umgehen kann, soll nochmals kurz auf den Zusammenhang von Vektorähnlichkeit und Assoziation eingegangen werden.

3.1.1.2 Vektorähnlichkeit und Netzwerkantwort

Wir haben gesehen, daß das normierte innere Produkt zweier Vektoren ein Maß für die Ähnlichkeit der entsprechenden Aktivierungsmuster sein kann. Diese Feststellung ist jedoch nur die halbe Wahrheit. Denn um Ähnlichkeiten zwischen Inputvektoren zu bestimmen, muß auch definiert werden, was 'ähnlicher Output' bedeutet. Denn erst die Definition, wann zwei Aktivierungen am Output als gleich oder ähnlich zu betrachten sind, läßt Rückschlüsse auf die Inputs zu.

Was in den Betrachtungen im letzten Abschnitt stillschweigend als Definition angenommen wurde, ist die, der die meisten neuronalen Netzwerkmodelle folgen. In der Mehrzahl der Anwendungen möchte man nämlich eine eindeutige Entscheidung am Output, also entweder eine Klassifikation mittels eines WTA-Musters (eine Unit maximal aktiv, alle anderen minimal) oder ein binäres Muster (zumindest nach der Decodierung mittels Schwellenwert). Das bedeutet, daß das Netzwerk danach trachtet, alle Outputunits entweder möglichst nahe am Maximal- oder Minimalwert zu aktivieren. Da meist eine begrenzende Funktion eingesetzt wird, heißt das auch, daß der Nettoinput möglichst groß oder möglichst klein werden soll. Die Definition für Gleichheit, bzw. Ähnlichkeit zweier Outputs ist somit:

Definition 1: *ein Outputvektor o_2 ist einem zu gegebenen Vektor o_1 als ähnlich, bzw. gleich zu betrachten, wenn alle Units in o_1 mit großem Nettoinput in o_2 auch einen möglichst großen, alle Units mit niedrigem Nettoinput in o_2 einen möglichst kleinen Input erhalten.*

Mit dieser Definition ergibt sich im wesentlichen das oben angegebene Ähnlichkeitsmaß anhand des normierten inneren Produkts. Dabei kann es auch durchaus passieren, daß eigentlich der Ausgangsvektor selbst gemäß der Definition gar nicht der beste (d.h. ähnlichste) ist. Diese paradox anmutende Folgerung wird etwas klarer, wenn man sich ein Beispiel ansieht. Angenommen, man hat ein Zwei-Layer Feedforward-Netzwerk, das gelernt hat, Buchstaben zu klassifizieren. Während des Trainings hatte es aber nur schwach aktivierte Muster gesehen, wie jenes in Abb.3.7 rechts, die relativ kurzen Vektoren im Raum entsprechen. Durch eine geeignete Gewichtsmatrix lassen sich

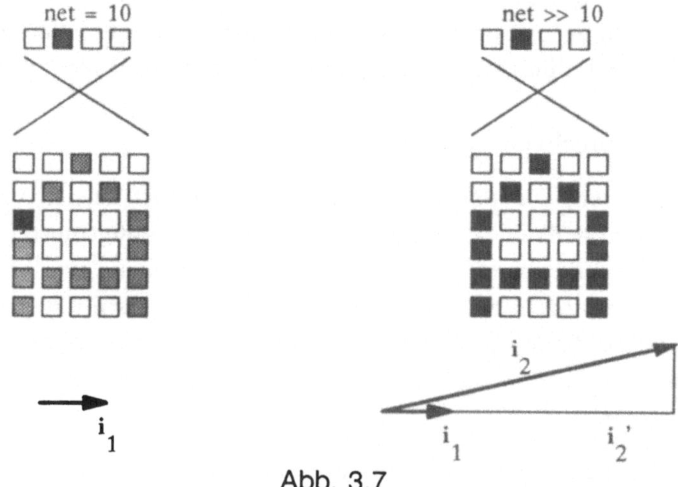

Abb. 3.7

diese Muster dennoch genügend trennen, wodurch eine Output Unit relativ stark (z.B. mit Nettoinput *net = 10*), alle anderen relativ schwach aktiviert werden. Nun "testet" man das Netzwerk mit einem stark ausgeprägten, aber sonst praktisch identischen Muster, wie jenes in Abb.3.7 rechts. Dieses Muster entspricht nun einem sehr langen Vektor, der – soferne, so wie in Abb.3.7, im

Originalmuster eine Unit stärker aktiviert war als die anderen – nicht einmal in einer Linie mit dem ersten Vektor liegen muß. Die Projektion auf den ursprünglichen Vektor ist nun länger als dieser selbst. Daher wird das Netzwerk mit großer Wahrscheinlichkeit "noch besser" reagieren, nämlich den Gewinner noch stärker (mit *net >> 10*), alle anderen noch schwächer aktivieren. Wir sehen also, daß ein Vektor einem Ausgangsmuster "ähnlicher" sein kann als dieses zu sich selbst.

Das innere Produkt als Ähnlichkeitskriterium taucht in einer genaueren Analyse der Netzwerke noch an einer anderen Stelle auf. Da es eine Summe von Produkten einzelner Wertepaare ist, hat es genau die gleiche Form wie die gewichtete Summe, die den Nettoinput einer Unit darstellt. Es liegt also nahe, sich auch den Nettoinput einer Unit in einer Vektoranalogie vorzustellen (siehe z.B. Kohonen 1982). Betrachten wir dazu eine Unit *i*. Einer der Vektoren des inneren Produkts besteht wieder aus Aktivierungen, und zwar von all jenen Units, die mit Unit *i* verbunden sind. Der zweite Vektor des inneren Produkts besteht im Unterschied zu vorhin aus Gewichtswerten, und zwar jenen, die den besagten Verbindungen zugeordnet sind (Abb.3.8). Der Nettoinput ist also das innere Produkt aus Aktivierungsvektor der präsynaptischen Units und dem zugeordneten Gewichtsvektor. Betrachtet man nun ein vollständiges 2-Layer Assoziationsnetzwerk, so sind diese Gewichtsvektoren die Zeilen der Gewichtsmatrix **W**.

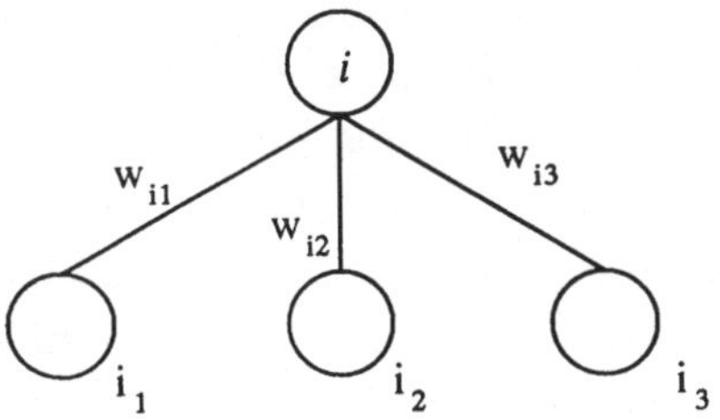

$$net_i = \begin{pmatrix} w_{i1} & w_{i2} & w_{i3} \end{pmatrix} \begin{pmatrix} i_1 \\ i_2 \\ i_3 \end{pmatrix} = \mathbf{w}_i \mathbf{i}$$

Abb. 3.8

Daraus folgt, daß eine Unit in einem Feedforward Netzwerk genau dann stark anspricht (feuert), wenn ihr Gewichtsvektor dem Aktivierungsvektor des darunterliegenden Layers nach Definition 1 sehr ähnlich ist. Solch ein Bild wurde bereits früher, bei der Erklärung des Competitive Learning, eingesetzt. In Abb. 2.29 wurde die Funktionsweise der Adaptierung im Modell damit erklärt, daß der Gewichtsvektor immer ähnlicher den Mustervektoren einer

Kategorie wird, und daher die zugeordnete Unit immer stärker auf Vertreter der Kategorie anspricht.

Wie angedeutet gibt es aber noch andere Kriterien, Ähnlichkeit am Output und somit am Input zu definieren. In vielen Anwendungen möchte man etwa, daß das Netzwerk einen gewünschten Output Unit für Unit möglichst gut annähert. Soll also die Aktivierung einer Output Unit zum Beispiel 0.7 werden, dann ist ein Wert von 0.5 genau so schlecht oder gut wie 0.9, da beide genau 0.2 vom Target entfernt sind, Schwellenwerte haben hier keine Bedeutung. Diese Anforderung erscheint intuitiv klar – die Delta-Regel ist offensichtlich auch darauf ausgerichtet, da sie gemäß des Abstandes von Target und Output adaptiert – wird aber sehr oft nicht eingesetzt, wie die obige Beschreibung klar gemacht hat. Eine möglich Anwendung wäre etwa, ein Bild mit allen seinen Grauwerten möglichst gut zu rekonstruieren oder von Rauschen zu befreien. Das Ähnlichkeitskriterium wird demnach zu folgendem:

Definition 2: *Zwei Outputvektoren sind dann als ähnlich zu betrachten, wenn die Summe der Beträge der Abweichungen möglichst gering bleibt (euklidische Norm).*

Diese Definition ist fast gleichbedeutend mit der Frage nach einer möglichst geringen *euklidischen Distanz* zweier Vektoren. Zwei Muster, als geometrische Vektoren dargestellt, sind demnach dann sehr ähnlich, wenn ihre Spitzen möglichst nahe beieinander liegen. Auf die Inputvektoren umgelegt bedeutet das – wie sich leicht zeigen läßt – daß ebenfalls das euklidische Maß eine Aussage über Ähnlichkeiten trifft, wenn auch verschiedene Richtungen im Raum verschieden stark betont werden können (sodaß aus einer Kugelumgebung eine Ellipsoidumgebung wird, Kaghofer 1990). Mit anderen Worten, auch Inputvektoren sind als ähnlich zu bezeichnen, wenn sie einen geringen euklidischen Abstand haben. Abb.3.9 zeigt, das somit Vektoren als ähnlich betrachtet werden, die nach Definition 1 nicht so gut abgeschnitten haben. Wir erkennen weiters, daß dieses Ähnlichkeitsmaß ein absolutes ist, daß wir also nicht mehr einen Ausgangsvektor zum Vergleich verlangen müssen. Das obige Paradoxon kann demnach nicht mehr auftreten, ein Vektor ist immer sich selbst der ähnlichste.

3.1.1.3 Hidden Units und lineare Trennbarkeit

Lineare Abhängigkeiten schränken, wie wir gesehen haben, die Möglichkeiten eines assoziativen Netzwerks ein. Obwohl das daraus resultierende Verhalten

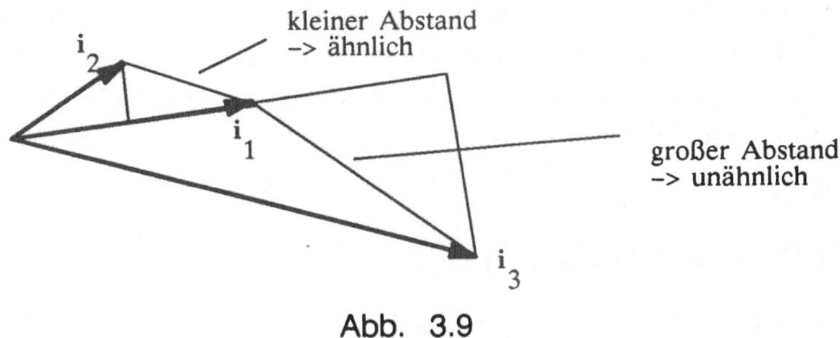

Abb. 3.9

bezüglich Musterähnlichkeiten durchaus erwünscht ist, ist es noch bei weitem zu "streng". Die Skalierung und Gewichtung der Ähnlichkeiten ist rein linear, sodaß es zu besagten Abhängigkeiten zwischen einzelnen Abbildungen kommt. Will man die Netzwerke in der Mustererkennung oder in kognitiven Modellen einsetzen, muß man Wege finden, auch komplexere *Transformationen der Ähnlichkeit* durchzuführen. Gerade bei der gesteuerten Kategorisierung von Mustern (supervised learning) will man oft erreichen, daß einige Muster sozusagen zusammengefaßt ("zusammengedrängt") und von den Mustern anderer Kategorien deutlich unterschieden werden. Dabei tritt häufig der Fall auf, daß ein von anderen Mustern linear abhängiges auf einen unabhängigen Output abgebildet werden soll. Zum Beispiel fußen viele Kategorisierungen durch den Menschen (z.B. radiale Kategorien, metaphorische Kategorien, etc. – siehe Lakoff 1987) auf Mechanismen, die nichts oder nur wenig mit offensichtlichen Ähnlichkeiten in den visuellen Repräsentationen zu tun haben. In Kapitel 12 soll darüber noch mehr gesagt werden. Dies ist aber gleichbedeutend mit der Forderung nach assoziativen Netzwerken, die auch beliebige (oder fast beliebige) Abbildungen reproduzieren können, die Ähnlichkeitsbeschränkungen aufgrund der Linearität also durchbrechen. Die Transformation und Gewichtung der Ähnlichkeiten soll also auch *nicht-linear* erfolgen, wozu der bisher betrachtete Netzwerktyp nicht imstande ist.

Wie kann das geschehen? Der Schlüssel liegt in dem Faktor, den wir bis jetzt schweigend unter den Tisch fallen gelassen haben: Nicht-lineare Output- und Aktivierungsfunktionen f und g. Nehmen wir der Einfachheit halber an, eine der beiden Funktionen wäre die Identität und betrachten nur die eine nicht-lineare Funktion.[5] Wie wir in den letzten Abschnitten gesehen haben, werden durch einen Verbindungslayer Ähnlichkeiten verschieden stark gewichtet. Um

---

5 f und g könnten ja zu einer Funktion zusammengefaßt werden, wenn man nur am Outputwert interessiert ist.

nun nicht den Beschränkungen der Linearität zu erliegen, muß man die Gewichtungen zusätzlich noch nicht-linear "verzerren". Dies ist genau das, was mit Hilfe einer nicht-linearen Aktivierungsfunktion geschieht. Mathematisch kann man das wie folgt ausdrücken:

$$\mathbf{o} = F(\mathbf{W}\ \mathbf{i}) \tag{3.10}$$

wobei gilt ($\mathbf{x}$ ist ein beliebiger Vektor)

$$F(\mathbf{x}) = (f(x_1), f(x_2), \ldots) \quad \text{... elementweise Anwendung} \tag{3.11}$$

Nehmen wir nun die drei linear abhängigen Inputvektoren von vorhin, dann ergibt sich

$$
\begin{aligned}
\mathbf{o}_3 &= F(\mathbf{W}\ \mathbf{i}_3) \\
&= F(\mathbf{W}\ (k_1\ \mathbf{i}_1 + k_2 \mathbf{i}_2)) \\
&\neq k_1\ F(\mathbf{W}\ \mathbf{i}_1) + k_2\ F(\mathbf{W}\ \mathbf{i}_2) \qquad \text{<– keine Gleichheit !} \\
&= k_1\ \mathbf{o}_1 + k_2\ \mathbf{o}_2
\end{aligned}
\tag{3.12}
$$

Der Outputvektor $\mathbf{o}_3$ ist also nicht mehr die Linearkombination der Outputvektoren $\mathbf{o}_1$ und $\mathbf{o}_2$ (was ja durch die Nichtlinearität zu erwarten war), und könnte theoretisch im weiter oben definierten Sinn "völlig unabhängig" von den beiden sein. In der Praxis sieht dies noch leicht anders aus. Implizit wurde bei der Definiton von neuronalen Netzwerken (Abschnitt 2.1) vorausgesetzt, daß die Aktivierungsfunktion f monoton steigend, oder zumindest nicht wesentlich komplexer[6] sein soll. Das Verhalten des Netzwerks soll ja vor allem durch das Zusammenspiel der Units und die Gewichte an den Verbindungen, nicht aber durch komplexe und aufwendige Verarbeitung innerhalb der Units enstehen. Außerdem sollte f fix vorgegeben sein und sich während einer Adaptierung nicht ändern. Um also beliebige Abbildungen zu bewerkstelligen, reicht f alleine noch nicht, der erste Schritt – die "Verzerrung" in der Transformation der Ähnlichkeit – ist aber getan.

Der zweite Schritt ist das Hinzufügen eines weiteren Layers. Soferne die Ähnlichkeiten von Mustern, die durch einen Layer nicht-linear transformiert wurden, nun die gewünschten Unabhängigkeiten ausdrücken, können die so erzeugten Muster durch eine weitere Assoziation auf die gewünschten Outputs abgebildet werden. Die Betonung liegt also auf einer Transformation, die diejenigen linearen Abhängigkeiten, die die Abbildung zunächst noch gestört haben, in andere Abhängigkeiten oder sogar linear unabhängige Muster

---

6 Es gibt Netzwerke mit einer Gauß'schen Glockenkurve als Aktivierungsfunktion.

überführt. Dies muß nicht in einem Schritt möglich sein, mit anderen Worten, es könnten mehrere nicht-lineare Transformationen der Ähnlichkeit notwendig sein.

Kommen wir zur Illustration der beschriebenen Wirkungsweise auf das XOR-Netzwerk von Abschnitt 2.1.1 zurück. Das einfache Problem des XOR ist bereits eines, in dem die offensichtliche "ad hoc"-Ähnlichkeit ("Oberflächenähnlichkeit") durchbrochen werden muß. Obwohl das Input-muster *1/1* eine Linearkombination aus den Mustern *1/0* und *0/1* ist, soll es auf ein von den beiden unabhängiges Outputmuster (*0* statt *1*) abgebildet werden. Die nicht-lineare Funktion, die das Netzwerk aus Abb. 2.5 verwendet, ist die einfache Schwellenfunktion, die alle Werte über dem Schwellwert (*0.1*) auf *1*, alle darunter auf *0* abbildet.

Abb. 3.10 zeigt die Inputmuster auf einer zwei-dimensionalen Ebene. Diejenigen Muster, die auf eine *1* abgebildet werden sollen, sind als schwarzer Kreis, die anderen als weißer Kreis dargestellt. Unter der Annahme einer Schwellenfunktion kann eine einzelne Unit nur dann Gruppen von Mustern auf zwei verschiedene Aktivierungswerte abbilden, wenn sich die beiden Grup-pen durch eine Gerade trennen lassen. Die Klasse von solchen Problemen wird *linear trennbar (linear separable problems)* genannt. Wie aus Abb. 3.10 zu erkennen ist, ist diese Trennung beim XOR nicht möglich.

Fügt man hingegen eine weitere Unit-Ebene hinzu, die mit den Outputs des ersten Netzwerks *nach* Anwendung der nichtlinearen Funktion gespeist wird, so kann, wie im zweiten Teil der Abb. 3.10 gezeigt ist, die Abbildung be-werkstelligt werden. Was geschieht hier? Die nichtlineare Funktion (in diesem Fall eine Schwellenfunktion) kann zwar die Muster selbst nicht linear trennen, kann aber linear abhängige Muster zu linear unabhängigen oder zumindest zu linear trennbaren machen. Dies ist in Abb. 3.10 in der mittleren Zeile zu erkennen, in der die Outputwerte vor und nach Anwendung der Schwellen-funktion angegeben sind. Die zu den drei Inputmustern *1/1, 0/1* und *1/1* gehörigen (vorläufigen) Outputs sind zunächst in der gleichen Weise linear abhängig: *0/0 = 1/–1 + –1/1* nach Anwenden der Schwellenfunktion sind jedoch beliebig weiter verarbeitbare Muster daraus geworden: *0/0* ist zwar noch linear abhängig von *1/0* und *0/1*, aber zusammen mit dem zum ersten Input gehörigen Muster von diesen trennbar. Daher können die Inputs auf die un-abhängigen (endgültigen) Outputmuster *1* bzw. *0* abgebildet werden.

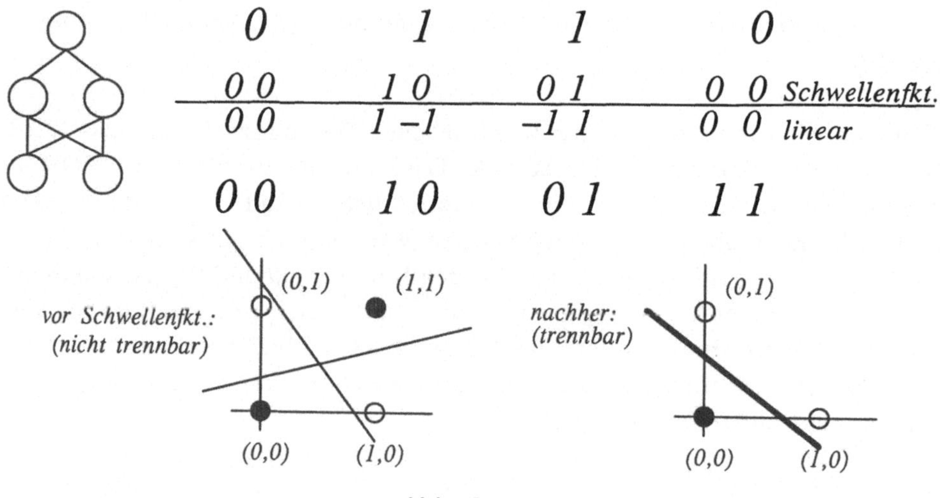

Abb. 3.10

Die nichtlineare Funktion im ersten Unit-Layer nach dem Input (dem Hidden Layer) kann also eine Art Zwischenabbildung oder Umcodierung der Muster bewerkstelligen und linear abhängige Muster auf anders abhängige (teilbare) oder unabhängige aufteilen. Ein weiterer Layer schafft somit die gewünschte Gesamtabbildung. Wenn man lineare Abhängigkeiten wieder als Ähnlichkeiten auffaßt, könnte man sagen, daß der Hidden Layer eine *nicht-lineare Transformation der Ähnlichkeit* durchführt, aus ähnlichen Mustern unähnliche macht (und umgekehrt). Dadurch werden jetzt auch Abbildungen, die nicht auf Oberflächenähnlichkeiten beruhen, reproduzierbar. Die Ähnlichkeiten auf dem Hidden Layer sind nun in gewissem Sinne "abstrakte" Ähnlichkeiten.

Eine einfache Überlegung (Lippmann 1987) gibt Aufschluß, unter welchen Voraussetzungen ein oder mehrere Hidden Layer notwendig sind. Wie schon oben beschrieben, kann eine einzelne Unit mit Schwellenfunktion den Raum der Muster linear teilen (Abb. 3.11a). Verwendet man stattdessen etwa die sigmoide Funktion, so wird nicht streng geteilt, sondern ein kontinuierlicher aber nicht-linearer Übergang geschaffen (Abb. 3.11b). Faßt man nun mehrere solche Units zu einem Hidden Layer zusammen und fügt in einem weiteren Layer eine Output Unit hinzu, so geschieht folgendes: Die Wirkungsweise der Output Unit kann, bei geeigneter Wahl des Schwellwerts, als eine Art logische UND-Verknüpfung betrachtet werden. Der Schwellwert und die Gewichte können ja so gesetzt sein, daß die Output Unit dann und nur dann feuert,

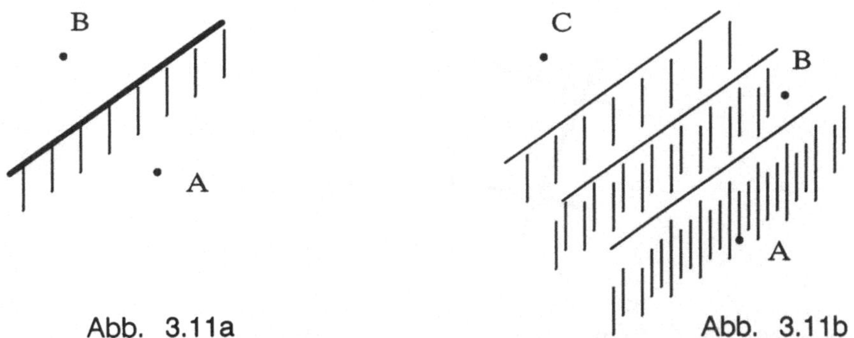

Abb. 3.11a   Abb. 3.11b

wenn alle Hidden Units ebenfalls feuern. Die Aufteilung des Raums mit Hilfe
dieser Architektur erfolgt dann nach dem Durchschnitt mehrerer linearer Auf-
teilungen (Abb. 3.12). Die Entscheidungsregionen (englisch *decision regions*)

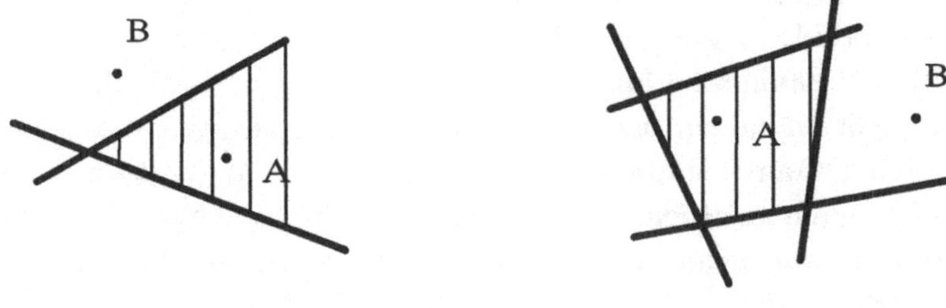

Abb. 3.12

sind also schon wesentlich komplexer und können bereits nicht linear separier-
bare Probleme (wie das XOR) lösen.

Einzelne Units in einem Mehrlayer-Netzwerk klassifizieren in dieser
Sichtweise also Inputmuster, oder Teile davon, mit derartigen
Entscheidungsregionen. Wird eine kontinuierliche Aktivierungsfunktion verwendet, so sind es keine strengen Klassifizierungen sondern Unterteilungen
des Raumes mit kontinuierlichen Übergängen. Musterabbildungen werden
daraus, wenn man wieder mehrere Output Units zu einem Layer zusammenfaßt. Die Allgemeinheit der möglichen Abbildungen ist damit aber noch
nicht ganz gezeigt, dazu müßten die Entscheidungsregionen den Raum auf
beliebige Art und Weise aufteilen können. Wie man leicht zeigen kann, sind
mit der beschriebenen Konfiguration nur *konvexe* Regionen erzielbar. Fügt
man hingegen einen weiteren Layer hinzu, verknüpft man also mehrere solcher konvexer Regionen und fügt sie zu einer neuen zusammen, so sollten nun

tatsächlich Entscheidungen beliebiger Komplexität möglich sein (Abb. 3.13).

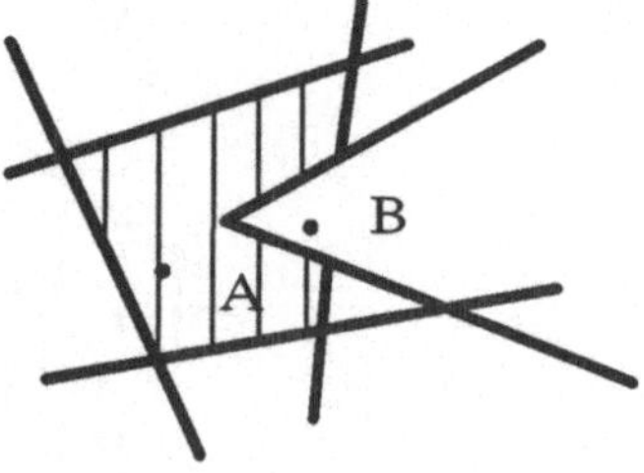

Abb. 3.13

Damit ist gezeigt, daß ein Assoziatives Netzwerk mit zwei Hidden Layern jede beliebige Musterabbildung zustande bringen kann, vorausgesetzt es sind genügend Units vorhanden.

Diese Überlegungen unterstützen nur das Verständnis von Mehr-Layer Netzwerken, stellen aber keinen Beweis für die Notwendigkeit einer gewissen Anzahl von Hidden Layern dar. Erstens müßten Units nicht als strenge UND- oder ODER-Verknüpfung funktionieren, zweitens ist in dieser Betrachtung die Tatsache nicht enthalten, daß lineare Entscheidungsregionen einzelner Units ja durch den gesamten Raum führen und daher einander beeinflussen. Es gibt sogar einen mathematischen Beweis (Hecht-Nielsen 1990), der zeigt, daß theoretisch für eine gegebene Abbildung nie mehr als ein Hidden Layer nötig ist, vorausgesetzt man beschränkt die Anzahl der Units nicht.

In den meisten Fällen ist aber die Fähigkeit zu generalisieren, also neue Inputs abzubilden, eine der wesentlichsten, was in dieser mathematischen Analyse nicht genügend berücksichtigt wird. Dadurch kann sich durchaus die Forderung nach einem weiteren Hidden Layer stellen. In praktischen Problemen stellt sich heraus, daß ein Hidden Layer sehr oft ausreicht, manchmal aber zwei leichter bessere Ergebnisse bringen. Die prinzipielle Erkenntnis – die unter anderen Rumelhart et al. (1986a), etc. Anfang der 80er Jahre zurückgeht – daß unter der Voraussetzung

  – mindestens ein Hidden Layer
  – nichtlineare Aktivierungsfunktionen

beliebige Abbildungen möglich sind, ist einer der Hauptgründe für das stark wiedererwachte Interesse am Konnektionismus nach den beinahe niederschlagenden (aber voreiligen) Erkenntnissen zwanzig Jahre davor (Minsky & Papert 1969).

Die Überlegungen bezüglich Musterähnlichkeiten des vorangegangenen Abschnitts haben nach wie vor ihre Gültigkeit. Die nicht-linearen Transformationen können nun zwar Ähnlichkeiten ohne Einschränkungen trennen oder zusammenführen, neue – d.h. nicht im Training berücksichtigte – Muster werden aber immer noch aufgrund ihrer Überschneidungen mit bekannten Mustern berücksichtigt (außer sie besitzen wesentliche Komponenten, die auf alle trainierten Vektoren orthogonal stehen). Der Kern des Netzwerks ist ja nach wie vor die lineare Assoziation – die Multiplikation eines Vektors mit einer Matrix – die durch die Nichtlinearität nur verformt wird. Die Verformung geschieht entweder diskret (z.B. Schwellenfunktion), sodaß alle Muster, die in eine Klasse fallen, gleich behandelt werden, oder kontinuierlich (z.B. sigmoide Funktion), sodaß durch die graduellen Übergänge benachbarte Vektoren ähnliche Antworten erzeugen. Die Generalisierungsfähigkeit des Netzwerkes, die ja in Kapitel 2 schon demonstiert wurde, beruht also primär auf den Eigenschaften der Vektortransformation. Diese Eigenschaften können dort, wo gewünscht, durch explizite Maßnahmen (Training) umgangen werden, in allen anderen Bereichen bleiben sie aber bestehen und erlauben dem Netzwerk, flexibel auf neue, nicht erlernte Stimuli zu reagieren. Spezifischere Aussagen als diese sind in den meisten Fällen jedoch nicht möglich.

3.1.1.4 Partielle Verbindungen

Netzwerke mit partiellen assoziativen Verbindungen können ganz einfach wie Netzwerke mit vollständigen Feedforward Verbindungen analysiert werden, wenn man überall dort ein Gewicht von 0 einsetzt, wo zwischen zwei Units eine Verbindung fehlt. Somit kann diese Architektur auf Vollverbindungen zurückgeführt werden, und alle Ergebnisse sind auch hier anwendbar. Zusätzliche Einschränkungen können sich nur durch zu vielen Nullen in der Gewichtsmatrix ergeben, die bestimmte Transformationen der Ähnlichkeit verhindern können.

3.1.2 Die Kombination von Assoziation und WTA

Bisher wurden nur Netzwerke mit Feedforward Verbindungen beschrieben. All bisherigen Untersuchungen sind damit rein auf solche Netzwerktypen zu beziehen. Eine einfache Erweiterung, die Verbindung assoziativer Netze mit dem Winner-take-all Mechanismus (WTA, extreme Kompetition) ändert bereits die Situation, was mögliche Abbildungen betrifft. Betrachten wir nochmals ein Ein-Layer Perceptron, das – wie gezeigt – den Linearititätsbeschränkungen unterliegt. Aus den beiden Abbildungen in Abb. 3.14a folgt unweigerlich die Abbildung in Abb. 3.14b. Das dritte Muster kann also nicht

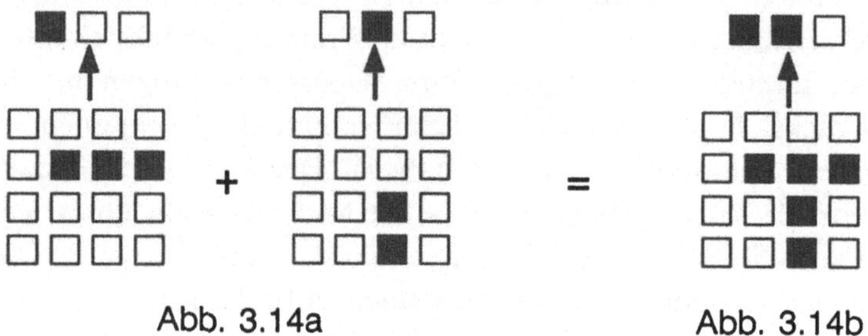

Abb. 3.14a   Abb. 3.14b

unabhängig von den anderen beiden verarbeitet werden.

Setzen wir nun voraus, daß im Output Layer immer – so wie beim Competitive Learning – WTA in Kraft tritt, daß also nur die am höchsten aktivierte Unit mit Wert 1 aktiv bleibt. In Abb.3.15a sind an einem Beispiel die Aktivierungen, die sich aufgrund der beiden linken Muster aus Abb.3.14a ergeben könnten, eingezeichnet. In beiden Fällen ergeben sich verschiedene Gewinner

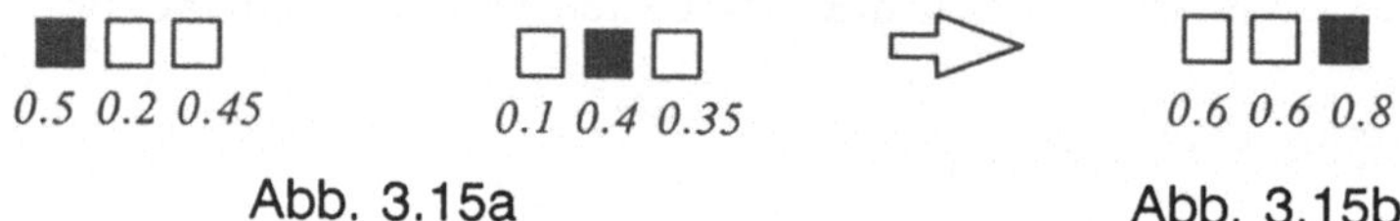

Abb. 3.15a   Abb. 3.15b

und in Folge die gleichen Antwortmuster wie in Abb.3.14. Beim dritten Muster, das nichts anderes als die Summe (vektoriell gesehen) der beiden anderen Muster ist, ergeben sich aufgrund der linearen Transformation zunächst die Summen der Aktivierungen der ersten beiden Fälle (Abb. 3.15b). Nun stellt sich aber heraus, daß plötzlich die bis jetzt unbetroffene Output Unit 3 der Gewinner ist und demnach aktiviert bleibt. Das Beispiel zeigt also, daß mit dieser Konfiguration linear abhängige Muster durchaus auf linear unbhängige Outputs abgebildet werden können. Die Einschränkung, die nun herrscht, ergibt sich durch die Forderung nach einem Output, bei dem nur eine einzige Unit an ist (*WTA-Muster*).

In einer (unbewiesenen) Folgerung können wir also annehmen, daß bei der Assoziation von n Inputmustern auf n verschiedene WTA-Muster die Abbildungen beliebig gewählt werden können, das Netzwerk also weniger Einschränkungen unterliegt. Viele Modelle wie das Competitive Learning oder die Counterpropagation machen sich diese Tatsache zunutze.

Wie steht es nun mit der umgekehrten Abbildung, also mit der Assoziation von WTA-Mustern auf weitere Unitlayer. Stellt man solch Muster mit lokaler Aktivierung wieder als Vektor dar, so ist die Antwort einfach (Abb. 3.16). Die

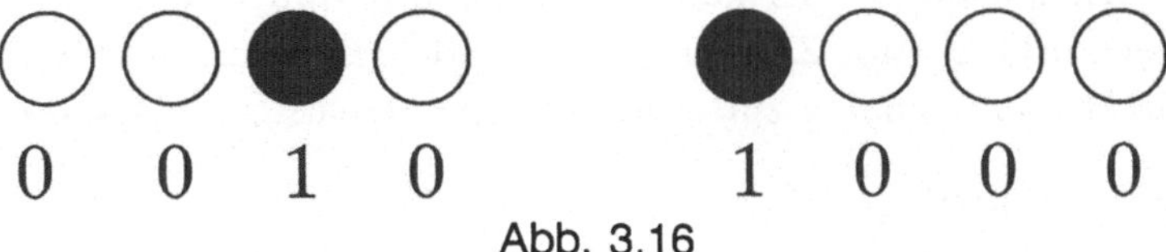

Abb. 3.16

zugehörigen Vektoren sind alle Einheitsvektoren (nur eine Komponente ist *1*, alle anderen *0*), und diese sind schon per Definition linear unabhängig voneinander, ja stehen sogar orthogonal aufeinander. Daher ist auch eine Assoziation dieser Art keinen weiteren Einschränkungen unterworfen, was in Modellen wie der Counterproagation ebenfalls von Bedeutung ist. Zusammenfassend gesagt: Wenn man es mit lokalen WTA-Mustern zu tun hat, muß man sich um Linearitätsbeschränkungen von Einlayer-Perceptrons keine Sorgen machen.

3.1.3 Update mit Vollverbindungen

Auch ein Netzwerk mit lateralen Vollverbindungen nach Abschnitt 2.4.2 läßt sich einfach mit Hilfe von Matrizen und Vektoren beschreiben. Ein Beispiel, bei dem nur einige Verbindungen vorhanden sind, ist in Abb.3.17 gegeben.

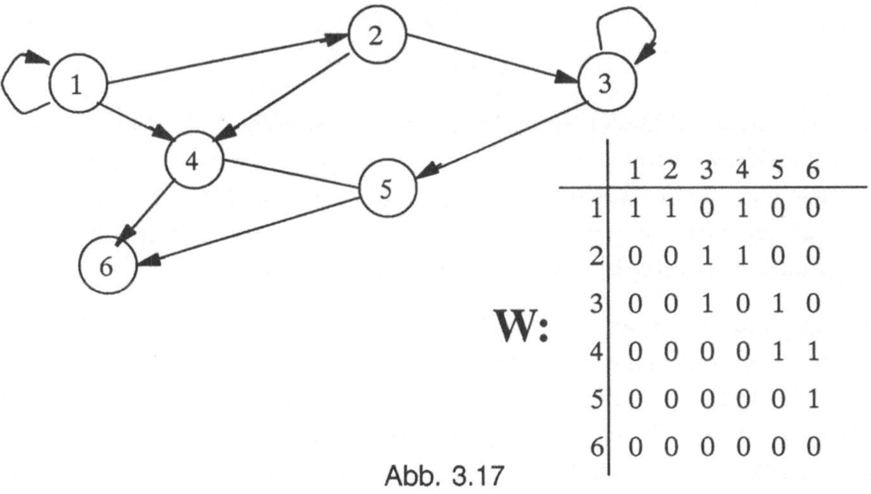

Abb. 3.17

Eine Unterscheidung zwischen Input und Output ist bei dieser einfachen Konfiguration nicht so leicht möglich, es müssen immer die Aktivierungswerte sämtlicher Units betrachtet werden, darstellbar durch einen Vektor **p**. Die n^2 Gewichte zwischen den Units können wieder als Matrix dargestellt werden. Der Netzwerkzustand zum Zeitpunkt $t+1$ ergibt sich somit aus dem Zustand zum Zeitpunkt t ganz analog zur bisherigen mathematischen Beschreibung als

$$\mathbf{p}\,(t+1) = F\,(\mathbf{W}\,\mathbf{p}(t)) \tag{3.13}$$

bzw. mit der Identitätsfunktion als Transferverhalten

$$\mathbf{p}\,(t+1) = \mathbf{W}\,\mathbf{p}(t) \tag{3.14}$$

Aufgrund dieser Analogie zu den Assoziationsnetzwerken können nun ähnliche Überlegungen bezüglich der Aktivierungsausbreitung in Vollverbindungsnetzwerken angestellt werden wie vorhin. Noch deutlicher wird diese Analogie, wenn man von einer endlichen und beschränkten Zahl von Updates ausgeht und sich das vollverbundene Netz als Assoziationsnetz "aufgefaltet" denkt, bei dem aufeinanderfolgende Layer den Units zu aufeinanderfolgenden Zeitschritten entsprechen (Abb.3.18, Rumelhart et al. 1986a). Verwendet man

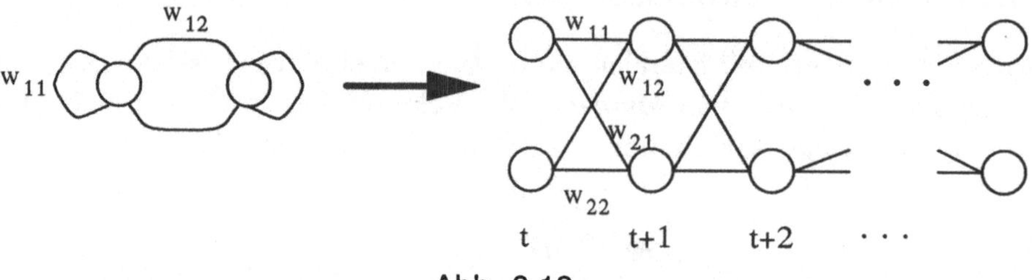

Abb. 3.18

daher nur lineare Aktivierungsfunktionen, ließen sich m Zeitschritte mittels einer neuen Gewichtsmatrix durch einen einzigen Schritt subsumieren, ganz analog wie ein lineares Mehrlayer-Netz auf ein Einlayer-Netz reduziert werden konnte. Durch Hinzufügen von Nichtlinearität können sich mit fortschreitender Zeitdauer theoretisch beliebige Muster entwickeln.

Allerdings sind bei dieser Art von Netzwerken sehr oft ganz andere Kriterien interessant. Es steht meist nicht mehr die *Abbildung* von Muster auf Muster im Mittelpunkt, sondern Aspekte wie Kompetition – wo zum Beispiel die Anzahl der Zeitschritte zum Erreichen des Endzustands sehr Wohl eine Rolle spielen kann – Mustervervollständigung oder Stabilität. Daher sollen Vollverbindungsstrukturen nun nach diesen Vorstellungen beleuchtet werden.

3.1.3.1 Die Möglichkeiten der Kompetition

Die Frage, die sich im Zusammenhang mit kompetitivem Verhalten stellt, ist die, wann und wie stark ein "rich get richer" Effekt in einem vollverbundenen Netzwerk auftritt. Folgende Beobachtungen sind dazu möglich: Zunächst muß einmal gesagt werden, daß für die "reine" Kompetition (ein Gewinner) ausschließlich negative Gewichte, außer an den Verbindungen der Units zu sich selbst, vorhanden sein sollten. Zwar könnte auch ein Netzwerk mit leicht exzitatorischen Verbindungen denselben Effekt zeigen, jedoch ist dann keine Garantie mehr gegeben. Negativ deswegen, weil die Kompetition das Resultat einer gegenseitigen Unterdrückung von verschieden stark aktivierten Units darstellt.

Betrachten wir dazu das Netz nochmals auf zwei Layer aufgefächert (zwei aufeinanderfolgende Zustände) (Abb. 3.19). Die Verbindungen zwischen

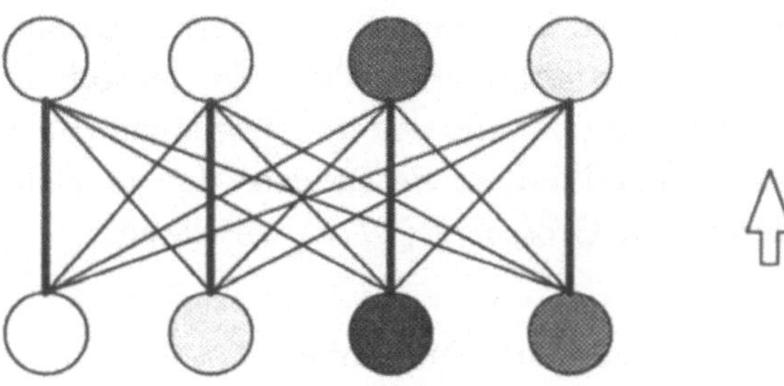

Abb. 3.19

einander entsprechenden Units haben positive Gewichte oder Gewichte gleich 0 (durch fette Linien gezeichnet), alle anderen sind negativ (durch dünne Linien gezeichnet). Jede Unit im oberen Layer (d.h. jede Unit im Netz zum nächsten Zeitschritt) erhält also eine Inhibition, deren Größe sich aus der gewichteten Summe der Aktivierungen *aller anderen Units* ergibt. Sind die Gewichte nun etwa alle gleich groß, so folgt daraus, daß der am stärksten aktivierten Unit (dem Gewinner) die insgesamt kleinste Inhibition widerfährt, daß sie also am geringsten abgeschwächt wird. Sind die Verbindungen der Units auf sich selbst noch positiv, so erhält der Gewinner zusätzlich die stärkste Exzitation.

Das Resultat ist im allgemeinen ein Zustand, in dem der Gewinner am stärksten aktiviert bleibt, während die anderen – abhängig von ihrer Postition in der Stärkehierarchie – mehr und mehr abgeschwächt werden. Die Relation vom Gewinner zu den anderen Units vergrößert sich dabei, da er doppelt "gewinnt" (bei Exzitation und Inhibition). Dies ist im Groben der erste Schritt in Richtung Kompetition.

Ganz ist es aber noch nicht der gewünschte Effekt. Denn "rich get richer" geschieht hier nur in Relation zu den anderen Units, insgesamt wird auch der Gewinner abgeschwächt. Erst wenn alle anderen Units auf 0 abgesunken sind, ändert sich auch der Gewinner nicht mehr. Um dieses Manko zu beseitigen, wurde der *Interactive Activation* Algorithmus eingeführt, der garantiert, daß der Gewinner gegen den Maximalwert strebt, und alle anderen gegen den Minimalwert. Voraussetzungen sind nach wie vor ungefähr gleich große negative Gewichte w_{ij} für $i \neq j$.

Durch verschieden große negative Gewichte kann die Stärke der gegenseitigen Inhibition variiert werden, wodurch sich verschiedene Units als Gewinner verschieden stark durchsetzen können. Nicht jede Unit kann sich somit gleich gut anhand einer initialen Differenz "bereichern". Durch große Differenzen in den Gewichten kann sogar eine Unit, die zunächst nicht der absolute Gewinner ist, schließlich über alle anderen gewinnen. Für eine mathematische Behandlung der Kompetition, sowie Beweise der gemachten Beobachtungen wird unter anderem auf Grossberg (1976) verwiesen.

3.1.3.2 Stabilität und Liapunov-Funktionen

Ein anderes Kriterium, das für alle Layer mit Vollverbindungen wesentlich ist, ist die zeitliche *Stabilität* bei fortgesetztem Update. Ein Netz ist stabil, wenn es sich – grob gesagt – mit zusätzlichem Update nicht oder nur mit immer kleiner werdenden Schrittweiten seine Aktivierungen ändert. Ein stabiler Layer *konvergiert* also gegen ein *Equilibrium*, meist **ein** Aktivierungsmuster. Dies ist besonders dann wichtig, wenn eine eindeutige Antwort des Netzwerkmodells verlangt wird, wie zum Beispiel beim assoziativen Speicher, bei der Mustervervollständigung, aber auch meistens bei der Kompetition.

Es stellt sich also die Frage, unter welchen Umständen ein Netzwerk stabil ist. Allgemeine Aussagen dazu sind sehr schwer zu treffen, es gibt jedoch einige Bedingungen, unter denen Stabilität garantiert ist. Eine davon wurde schon behandelt, nämlich das kompetitive Netzwerk mit gleichmäßig verteilten negativen Gewichten. Da der "rich get richer"-Effekt hauptsächlich Aktivierungen abschwächt, und bei der Interactive Activation den Gewinner bis zum Maximalwert verstärkt, ist garantiert, daß ein stabiler Zustand erreicht wird. Dieser Zustand ist im Falle der Interactive Activation ein WTA-Zustand mit einer einzigen aktiven Unit.

Eine zweite Bedingung, unter der Stabilität garantiert ist, wurde zum ersten Mal für das Hopfield-Netzwerk formuliert (Cohen & Grossberg 1983): Wenn in einem vollverbundenen Netz die Gewichte symmetrisch sind und außerdem keine Verbindungen einer Unit auf sich selbst existieren, dann konvergiert das System. Mathematisch ausgedrückt bedeutet das, daß die Gewichtsmatrix symmetrisch ist und nur Nullen in der Diagonale besitzt, daß also gilt

$$w_{ij} = w_{ji} \qquad \text{für } i \neq j \qquad\qquad (3.15)$$
$$w_{ii} = 0$$

Solange diese Bedingungen erfüllt sind, können die Gewichte durchaus positiv sein. Dadurch sind Endzustände mit mehreren aktiven Units möglich, so wie es im Hopfield-Netz im Sinne eines assoziativen Speichers gewünscht ist.

Eine allgemeine Methode, Stabilität in einem neuronalen Netzwerk festzustellen, bedient sich der sogenannten *Liapunov-Funktionen* (Hirsch & Smole 1974, Cohen & Grossberg 1983). Eine Liapunov Funktion für ein Netzwerk ist grob gesprochen eine Funktion, die für den gesamten Netzwerkzustand berechnet werden kann, und die bei jedem Update monoton sinkt. Wenn nun solch eine Funktion existiert und einen Minimalwert besitzt, dann ist damit garantiert, daß das Netzwerk irgendwann konvergiert (Cohen & Grossberg 1983, Wasserman 1989). Dies gilt deshalb, weil ja die Funktion bei stetigem Sinken irgendwann das Minimum erreichen oder vorher schon stillstehen muß, und dann das Netzwerk seinen Zustand nicht mehr ändert.

Eine Liapunov-Funktion für das Hopfield Netzwerk (von vielen möglichen) ist die folgende

$$E = -(1/2) \ \Sigma_i \ \Sigma_j \ w_{ij} \ o_i \ o_j - \Sigma_j \ e_j \ o_j \qquad\qquad (3.16)$$

wobei e_j der externe Input für Unit j ist. Wie leicht gezeigt werden kann (Wasserman 1989), sinkt diese Funktion wegen des Schwellwertverhaltens tatsächlich bei jedem Update, womit die Stabilität gezeigt wäre. Dies gilt auch für jedes andere Netzwerk, für die eine Funktion mit ähnlichem Verhalten gefunden werden kann. Damit existiert eine allgemeine Methode, um Stabilität festzustellen.

Der Funktionswert E wird in einer physikalischen Analogie gerne die *(künstliche) Energie* des Systems genannt (oder mit umgekehrtem Vorzeichen auch *Harmonie* – Smolensky 1986). Dies ist darin begründet, daß E einer Art Gesamtaufwand des Netzes entspricht, der idealerweise möglichst klein (bzw. dem Betrag nach möglichst groß) sein sollte. Der Ablauf, während dem das Netzwerk gegen ein Minimum von E strebt, kommt also einer Art Energieminimierung gleich. Dies könnte man sich anhand einer Fläche im n-dimensionalen Raum (wobei n die Anzahl der Units, deren Aktivierungen im Moment die Variablen sind) vorstellen, wie in Abb. 3.20 für den zweidimensionalen Fall (von oben gesehen) skizziert. Die Fläche, auf der sich die Werte

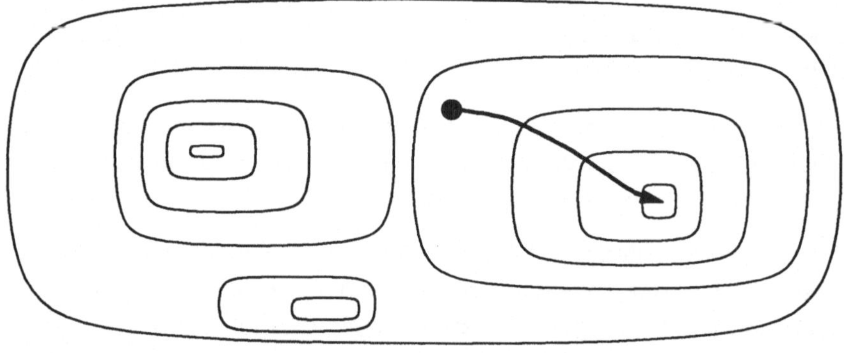

Abb. 3.20

von E bewegen, hat im allgemeinen ein oder mehrere Minima – sozusagen "Gruben" – in die das Netzwerk gelangen kann – zu veranschaulichen als eine Kugel, die in eine der Gruben rollt. Aufgrund dieses Bildes nennt man die Minima auch *attractor basins* des Netzwerks.

Allerdings ist nicht garantiert, daß das Minimum, in das das Netzwerk "fällt", auch wirklich optimal ist, oder mit anderen Worten das globale Minimum der Energiefunktion ist, da ja immer ein ständig fallender Weg genommen wird (siehe die Definition einer Liapunov-Funktion). Abb. 3.21 verdeutlicht was hier passieren kann. Startet das Netzwerk etwa mit einem Zustand A (im Graphen ganz links), so wird es im *lokalen Minimum* (Grube B links) stehen bleiben. Gleichzeitig gibt es aber noch einen anderen minimalen Zustand mit wesentlich optimalerem Wert von E (*globales Minimum* C), in die das Netzwerk von diesem Anfangszustand aus aber nie gelangt. Im Falle des Hopfield Netzwerks ist das zunächst gar nicht so unerwünscht. Denn abhängig von einem Anfangsmuster sollte der *nächste* stabile Zustand (das nächste attractor basin) gefunden werden, und nicht immer der global optimale. Allerdings kann es auch hier zu ähnlichen Hindernissen kommen. Hält man nämlich die

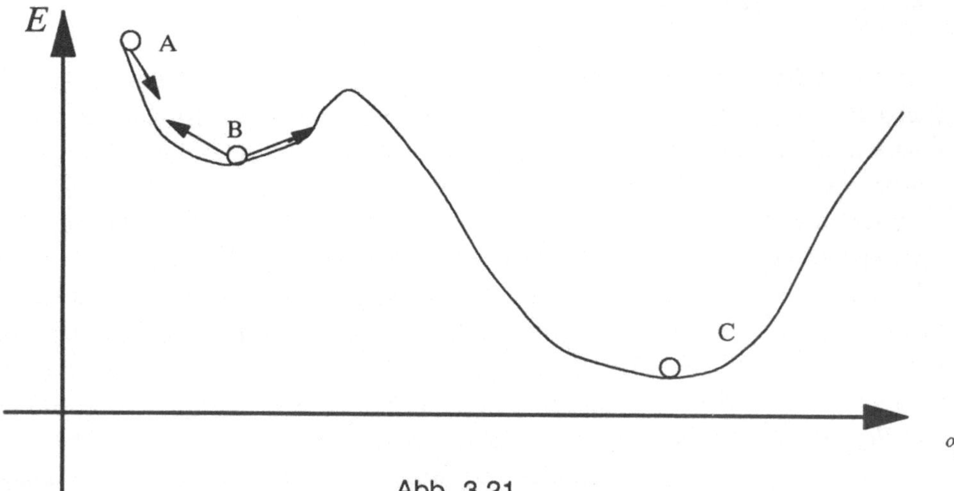

Abb. 3.21

Units des Anfangsmusters fest (clamping), so ergibt sich unter diese Bedingung eine neue Energieoberfläche, von der es jetzt gilt, das *globale* Minimum zu finden. Lokale Gruben können den Vorgang hier also genauso behindern.

Man erkennt somit, daß ein Netzwerk wie das von Hopfield in vielen Fällen beschränkt bleiben muß, da es nicht den optimalen Zustand erreichen kann. Das liegt in erster Linie daran, daß der Update immer deterministisch vor sich geht und unweigerlich die Energiefunktion stets hinab läuft. Dies führt uns zu einer Erweiterung der bisher behandelten Netzwerke, bei der das Update einer Unit *zufällig* auch in die andere Richtung als der normalerweise gewünschten gehen kann.

3.1.4 Stochastisches Update

Die Idee hinter einer Methode, die lokale Minima der Energielandschaft umgehen kann, ist die folgende: Um zu vermeiden, daß das Netz unweigerlich immer nur auf der Oberfläche bergab läuft, muß die Möglichkeit gegeben sein, daß auch einmal das Umgekehrte, also das Einschlagen eines Weges, der auf der Fläche bergauf führt, geschieht. Im Hopfield Netzwerk geschieht das dann, wenn man eine Unit, deren Nettoinput über dem Schwellwert liegt, *nicht* feuern läßt, sondern auf *0* setzt (zur Erinnerung: Im Hopfield Netz sind nur binäre Werte erlaubt). Damit dies nicht wieder deterministisch abläuft, muß man diesem Fall eine endliche *Wahrscheinlichkeit* zuordnen, die etwa folgendermaßen berechnet werden kann (Ackley et al. 1985, Wasserman 1989):

$$p_k = 1 \; / \; (1 + exp \; (- \; \Delta E_k \; / \; T)) \qquad\qquad (3.17)$$

p_k ist somit die Wahrscheinlichkeit, daß o_k auf *1* gesetzt wird, wenn *net_k* > Θ gilt (bei *net_k* < Θ wird wie bisher die Unit *k* deterministisch, also immer auf 0 gesetzt). ΔE in dieser Formel ist jene Änderung der Energie, die sich ergeben würde, wenn Unit *k* sich von 0 auf 1 änderte, also in gewissem Sinn der Energieanteil der Unit k für den momentanen Zustand. Diese Änderung der Gesamtenergie ist glücklicherweise lokal bestimmbar, ja im wesentlichen ist ΔE_k gleich dem Nettoinput *net_k*, wie man aus Formel (3.16) leicht ableiten kann. Je größer der Anteil ist, desto größer ist die Wahrscheinlichkeit, daß die Unit feuert. Units, die einen großen Beitrag liefern, werden also eher feuern als solche mit kleinem Beitrag. Der Parameter *T* steuert in gewissem Sinn die *Zufälligkeit (Stochastizität)* des Updates. Je größer *T* ist, desto mehr bewegt sich p_k für alle ΔE in Richtung *1/2*, was vollkommen zufälligen Update bedeuten würde (Unit *k* würde völlig unabhängig von ΔE einmal feuern, einmal nicht). Strebt *T* gegen *0*, geht p_k für alle ΔE gegen *1*, was gleichbedeutend mit deterministischem Update ist (Unit *k* feuert immer wenn *net_k* > Θ). In einer weiteren physikalischen Analogie könnte man diesen Parameter *(künstliche) Temperatur* nennen, zufälliges Update käme dann in etwa einer Brown'schen Molekularbewegung gleich.

Das übliche Verfahren, um nun ein Netzwerk in ein globales Minimum der Energie überzuführen, ist der folgende: Man beginnt mit einem relativ großen Wert von T und läßt das Netzwerk eine Zeitlang laufen. Global gesehen wird es seine Energie herabsenken, dazwischen gibt es aber immer wieder Übergänge, bei denen sie kurzzeitig ansteigt. Mit fortschreitendem Update senkt man nun *T* schrittweise immer mehr, bis die Temperatur schließlich den Wert *0* erreicht. Dadurch verringert sich die Zufälligkeit immer mehr, das Netzwerk verhält sich immer stärker wie ein rein deterministisches. Dadurch erhöht sich auch die Wahrscheinlichkeit, daß ein einmal gefundener Bereich (idealerweise die globale Grube) nicht mehr verlassen wird. Die Chance nach diesem Verfahren ist also sehr groß, daß tatsächlich das globale Minimum gefunden wurde. Auch dieser Vorgang hat eine Entsprechung in der Physik. Viele Materialen, wie zum Beispiel Metallegierungen, erreichen dann eine besonders geordnete Molekularstruktur, wenn man sie vom heißen Zustand langsam abkühlt, also genauso die Temparatur stetig absenkt. Da dieser Vorgang 'Annealing' (Auskristallisieren) heißt, nennt man das "Abkühlen" von stochastischen Netzwerken *simulated annealing* (Aarts & Korst 1989).

Eine andere Analogie, anhand derer man sich das Verhalten stochastischer Netzwerke vorstellen kann, ist das schon erwähnte Bild von einer Oberfläche mit einer Kugel, die in eine Grube rollt. Um zu verhindern, daß die Kugel in einer lokalen (seichten) Grube hängen bleibt, kann man die Fläche *schütteln*, sodaß sie auch einmal über einen Berg springen kann. Dieses Schütteln wird man nun stetig verringern, damit die Kugel in der einmal erreichten globalen Grube bleibt. Die Wahrscheinlichkeit übrigens, daß sie von einer lokalen in eine globale Grube springt, ist größer als die für den umgekehrten Fall, da in letzterem eine viel größere Hürde zu überwinden wäre. Dadurch ist gesichert, daß zufälliges "Schütteln" des Netzwerks den Zustand nicht vollkommen arbiträr verändert, sondern global gesehen ebenfalls eine minimierende Tendenz hat.

3.2 Ein mathematischer Abriß der Lernregeln

Ähnlich wie die Aktivierungsausbreitung sollen nun konnektionistische Lernregeln genauer untersucht werden, um deren Möglichkeiten und Grenzen aufzuzeigen. Da sehr viele gängige Lernmechanismen dem Grundprinzip der Hebb'schen Regel – der Korrelation von Unitereignissen – verwandt sind, wird mit dieser begonnen.

3.2.1 Die Grenzen der Hebb'schen Regel

Abb. 3.22 zeigt anhand eines Beispiels, wie sich in einem einfachen Netzwerk die Aktivierungen ausbreiten und die Gewichte mittels der Hebb'schen Regel verändern. Das einfache Netz besteht aus 4 Input und 4 Output Units, die vollständig in Feedforward Manier verbunden sind. Zur besseren Übersicht sind die Verbindungen wie schon zuvor als Knotenpunkte einer 4x4-Matrix dargestellt. Weiters gilt die (der Hebb'schen Regel gemäßen) Annahme, daß die Outputwerte binär sind (mit den Werten *0* oder *1*). Zu diesem Zweck wird als Aktivierungsfunktion f die Schwellwertfunktion mit Schwellwert = *0.5* und als Outputfunktion g die Identitätsfunktion gewählt.

Das Netzwerk startet mit allen Gewichten auf *0* gesetzt. Zum Training, wie geschildert, werden die Output Units auf die gewünschten Werte gesetzt und die Hebb'sche Regel angewandt. Nach dem Training ist die Abbildung dann reproduzierbar. Auf diese Weise kann dieses Netz als einfacher Pattern Associator eingesetzt werden. Nun soll untersucht werden, wie weit damit beliebige Assoziationen erlernbar sind.

Gewünscht seien folgende Musterassoziationen:

1 0 0 1 –>   1 0 1 0
0 1 0 0 –>   1 0 0 1

Das erste Netz in der oberen Hälfte von Abb. 3.22 zeigt den Zustand nach einem Lernschritt mit dem ersten Musterpaar. Die Gewichte wurden bereits

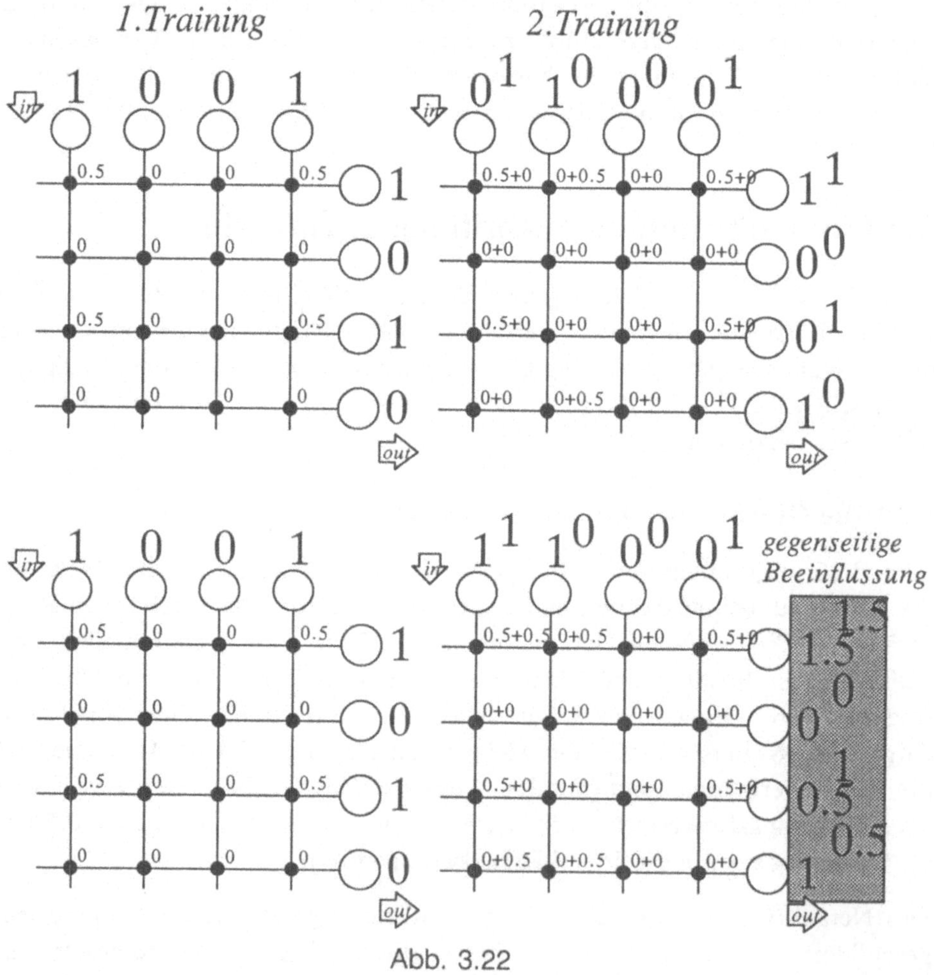

Abb. 3.22

auf die neuen Werte gesetzt (μ = 0.5). Die Werte an den Output Units (rechts senkrecht) zeigen die Nettoinput-Werte, die sich nach Aktivierungsausbreitung mit der so erhaltenen Gewichtsmatrix ergeben. Wie man sieht, ist durch die

Wahl von μ bereits nach einem einzigen Lernschritt das gewünschte Ergebnis erzielt worden.

Das rechte Netz gleich daneben zeigt den Zustand nach einem Lernschritt mit dem zweiten Musterpaar. Hier sind nun beide Inputmuster und die mit der neuen Gewichtsmatrix sich daraus ergebenden Outputmuster eingetragen. Wie man erkennt, können beide Assoziationen exakt reproduziert werden. Die durch das zweite Paar hinzugekommenen Gewichtsveränderungen haben das erste Paar nicht beeinflußt. Würden nun weitere Lernschritte (mit den selben zwei Paaren hinzukommen, so würden sich die Gewichte, und somit die Nettoinputs an den Outputs Units, stetig vergrößern. Nach Anwendung von f und g bleibt aber das Ergebnis immer gleich.

Nun seien folgende zwei Assoziationen verlangt:

```
1 0 0 1  ->    1 0 1 0
1 1 0 0  ->    1 0 0 1
```

Die untere Hälfte in Abb. 3.22 zeigt das analoge Ergebnis nach einem und nach zwei Lernschritten. Jetzt können jedoch nach dem zweiten Schritt nicht mehr die beiden Assoziationen fehlerfrei reproduziert werden, die Nettoinputs sind in einigen Fällen auf 1.5, in anderen Fällen auf 0.5 erhöht worden. Dies geschieht deswegen, weil sich die Gewichtsänderungen des zweiten Musterpaars auf die erste (vorher exakt gelernte) Assoziation auswirken, bzw. umgekehrt sich die erste Assoziation für die zweite ebenso negativ bemerkbar macht. Man beachte, daß zwar jetzt noch durch die Wahl eines Schwellenwert > 0.5 das richtige Ergebnis erzwungen werden kann, aber – da bei weiteren Lernschritten die Gewichte ständig ansteigen – kein Schwellwert gefunden werden kann, der dieses Ergebnis immer, also auch nach mehrmaligem Lernen, reproduzieren kann. Mit anderen Worten, es lassen sich nicht alle Kombinationen von Musterpaaren unabhängig voneinander lernen.

Ein erster genauerer Blick auf die verwendeten Musterpaare zeigt uns bereits einen Hinweis, warum das so sein könnte. Im ersten Fall (obere Hälfte) hatten die beiden Inputmuster keine 1 gemeinsam, während im zweiten Fall (untere Hälfte) eine solche Überlappung existiert. Offensichtlich dürfen Muster keine Teilmuster (bestehend aus Einsen) gemeinsam haben, um unabhängig voneinander erlernbar zu sein.

Abb. 3.23 zeigt nun einen ganz ähnlichen Lernvorgang mit der verallgemeinerten Hebb Regel, wobei als binäre Werte jetzt -1 und 1 gewählt wurden. Im

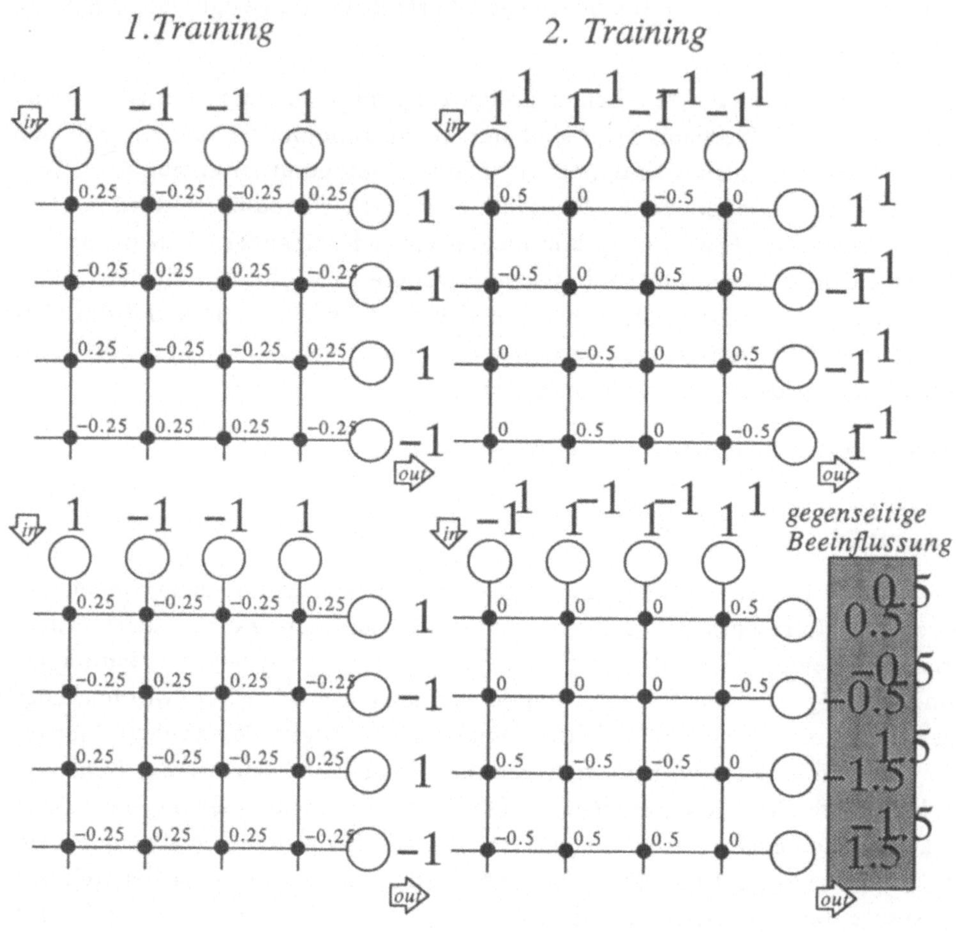

Abb. 3.23

ersten Fall sind die beiden linken im zweiten die beiden rechten Abbildungen
verlangt:

    1 –1 –1 1   -> 1 –1 1 –1   1 –1 –1 1   ->   1 –1 1 –1
    1 1 –1 –1   -> 1 –1 –1 1   –1 1 1 1   ->   1 –1 –1 1

Wieder können im ersten Fall beide Assoziationen störungsfrei gelernt werden, während im zweiten Fall eine gegenseitige Beeinflussung stattfindet. Es
sind jedoch einige bemerkenswerte Unterschiede zu Abb. 3.22 festzustellen:
Zunächst erkennt man, daß aufgrund der negativen Input- und Outputwerte
auch negative Gewichtsänderungen vorkommen können. Dadurch kann sich
eine Änderung aufgrund des ersten Paars beim zweiten wieder auslöschen

(Gesamtänderung = 0). Andere Gewichtsänderungen verstärken einander. Dadurch bringen erneute Lernschritte zwar nach wie vor stetige Erhöhungen einiger Gewichte, aber nicht notwendigerweise auch der Nettoinputs an den Output Units.

Weiters bemerkt man, daß die zwei Musterpaare im ersten Fall störungsfrei gelernt werden können, obwohl die zwei Inputmuster Einsen gemeinsam haben, also nicht frei von Überlappung sind. Das Kriterium, wann Muster unabhängig voneinander gelernt werden können, muß also neu durchdacht werden.

Um ein solches Kriterium zu erhalten, bietet sich wieder eine mathematische Untersuchung anhand der Vektoranalogie an. Sieht man sich die Hebb'sche Regel in dieser Weise an, so entdeckt man, daß sich alle Gewichtsänderungen im Netzwerk als das *äußere Produkt (Tensorprodukt)* von Outputvektor und (transponiertem) Inputvektor darstellen läßt, also durch jene Matrix, die sich aus allen möglichen Produkten von Inputwert mit Outputwert (multipliziert mit μ) ergibt (hier am zweidimensionalen Beispiel):

$$\Delta w_{ij} = \mu \; o_i \, i_j \tag{3.18}$$

$$\begin{pmatrix} \Delta w_{11} & \Delta w_{12} \\ \Delta w_{21} & \Delta w_{22} \end{pmatrix} = \mu \begin{pmatrix} o_1 \\ o_2 \end{pmatrix} (i_1 \quad i_2)$$

$$\rightarrow \Delta \mathbf{W} = \mu \, \mathbf{o} \, \mathbf{i}\hat{} \qquad \mathbf{i}\hat{}...\text{transponierte Matrix (Vektor)}$$

Man erkennt aus dieser Formel auch, daß durch geeignete Wahl von μ die gewünschte Matrix mit einem einzigen Schritt gesetzt werden kann. Beginnt man nun mit der Nullmatrix (d.h. alle Gewichte gleich Null) und will das Netzwerk auf zwei Musterpaare trainieren, ergibt sich die Gewichtsmatrix aus der Summe der beiden Änderungen:

$$\mathbf{W} = \mu \, \mathbf{o}_1 \, \mathbf{i}_1\hat{} + \mu \, \mathbf{o}_2 \, \mathbf{i}_2\hat{} \tag{3.19}$$

Mit geeigneter Wahl von μ ergibt sich im Prinzip mit der so gewonnenen Matrix nach Eingabe des ersten Inputmusters das folgende:

$$\begin{aligned} \mathbf{o}_2{}' \quad &= \mathbf{W} \, \mathbf{i}_2 \\ &= (\mu \, \mathbf{o}_1 \, \mathbf{o}_1\hat{} + \mu \, \mathbf{o}_2 \, \mathbf{i}_2\hat{}) \, \mathbf{i}_2 \\ &= \mu \, \mathbf{o}_1 \, \mathbf{i}_1\hat{} \, \mathbf{i}_2 + \mu \, \mathbf{o}_2 \, \mathbf{i}_2\hat{} \, \mathbf{i}_2 \\ &= \mu \, \mathbf{o}_1 \, \mathbf{i}_1\hat{} \, \mathbf{i}_2 + \mu \, \mathbf{o}_2 \, |\mathbf{i}_2|^2 \end{aligned} \tag{3.20}$$

$$= o_2, \quad \text{wenn } i_1 \hat{\ } i_2 = 0 \text{ und } \mu = 1/|i_2|^2$$

$i_1 \hat{\ } i_2$ ist aber nichts anderes als das innere Produkt von i_1 und i_2. Das bedeutet, daß der Outputvektor nur dann ungestört bleibt, wenn die beiden Inputvektoren **orthogonal** aufeinander stehen. Das bedeutet natürlich eine starke Beschränkung bezüglich der unabhängig voneinander erlernbaren Muster, da es höchstens *n* aufeinander orthogonale Muster gibt, wenn *n* die Anzahl der Input Units ist.

Es sei noch erwähnt, daß die Transferfunktionen *f* und *g* hier außer Acht gelassen wurden. Wie wir an den Beispielen gesehen haben, kann eine (nicht-lineare) Funktion zwar in einigen Fällen noch das richtige Ergebnis erzwingen, es kann aber – soferne es sich um monoton steigende Funktionen handelt – keine allgemeine Funktion gefunden werden, die *immer* aus den verzerrten Outputvektoren die richtigen Ergebnisse liefert.

Eine weitere Eigenschaft der Hebb-Regel, die aus dieser Untersuchung sichtbar wird, betrifft die Änderungen der Gewichte. Werden binäre Input- und Outputwerte gewünscht, so können Gewichte immer nur um den gleichen Betrag geändert werden (und zwar um $\mu\, o_i\, i_j$, daher im allgemeinen um $+\mu$, $-\mu$ oder *0*). Positive und negative Änderungen können einander zwar ausschalten, wo aber immer mit dem gleichen Vorzeichen geändert wird, steigt der Betrag der Gewichte stetig an. Dadurch kann es zu einer "Übersättigung" des Netzwerks kommen, in der alle Gewichte so hohe Werte haben, daß kein vernünftiges Lernen (bzw. Verlernen) mehr stattfinden kann. Außerdem sieht man, daß verschiedene Gewichtsbereiche in der Verbindungsstruktur nicht verschieden stark betont werden können, da der Wert des Inkrements (bzw. Dekrements) immer gleich ist. Genau aus diesem Grund kommt es bei Überlappungen bei nicht-orthogonalen Mustern zu den gegenseitigen Beeinflussungen.

Wenn wir uns nochmals an lokal aktivierte (WTA-) Muster (Muster mit genau einer aktivierten Unit) erinnern, die in kompetitiven Layern entstehen können, so läßt sich eine weitere Beobachtung machen. Liegen in einem Zwei-Layer Netzwerk nur solche lokal aktivierten Muster am Input an, so ist das Netz keinen Beschränkungen, was die Hebb'sche Lernregel betrifft, unterworfen, da die Muster Einheitsvektoren darstellen und daher immer orthogonal aufeinander stehen.

3.2.2 Das Wesen der Delta-Regel

Wie sieht es nun mit der Delta-Regel aus, bei der ja nicht anhand der gewünschten Outputwerte selbst, sondern anhand der Differenz von gewünschtem und tatsächlichem Output gelernt wird. Abb. 3.24 zeigt anhand des gleichen Netzwerktypes wie in Abb.3.22 und 3.23, was während des Lernvorgangs geschieht. Alle Units sind durch eine lineare Schwellenfunktion

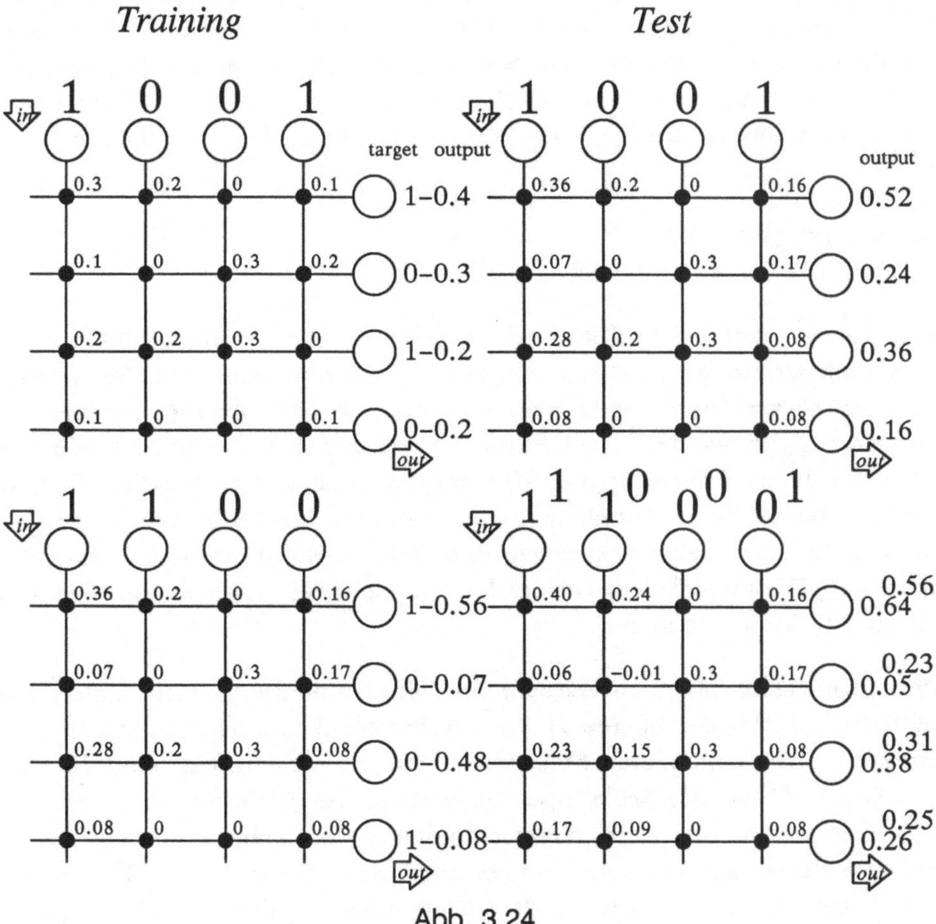

Abb. 3.24

als Aktivierungsunktion (g = Identität) bestimmt. Das heißt, daß die Outputwerte zwischen den Werten *0* und *1* beschränkt sind, soferne allerdings der Nettoinput innerhalb dieses Bereichs liegt, herrscht lineares Verhalten (vgl. Abb. 2.3). Gewünscht werden wieder folgende zwei Assoziationen:

```
1 0 0 1 ->      1 0 1 0
1 1 0 0 ->      1 0 0 1
```

Die linke Seite beider Hälften von Abb. 3.24 ist der Zustand vor einem Lernschritt, wobei der Input bereits angelegt und die Aktivierungen bereits ausgebreitet wurden. An den Output Units sind nun sowohl der tatsächliche momentane Output als auch der gewünschte Output (als Binärmuster) angegeben. Begonnen wird mit einer zufälligen Gewichtsmatrix. Proportional der Differenzen von gewünschtem zu tatsächlichem Wert (Faktor $\mu = 0.1$) werden nun die Gewichte verändert (die neue Gewichtsmatrix ist auf der jeweils rechten Seite der beiden Abbildungshälften dargestellt). Zum Beispiel verändert sich das Gewicht von der ersten Input zur ersten Output Unit von 0.3 auf 0.36, da:

$$\Delta w = \mu \; (y'-y) \; x = 0.1 \; (1-0.4) \; 1 = 0.06 \qquad (3.21)$$
$$-> w := w + \Delta w = 0.3 + 0.06 = 0.36$$

Man sieht, daß die Differenz (der 'Deltawert') und daher die Gewichtsänderung sowohl positiv als auch negativ sein kann. Auf der rechten Seite der oberen Hälfte sieht man den Zustand nach dem ersten solchen Lernvorgang (mittels des ersten Musterpaares) und den Output, der sich mit Hilfe der neuen Matrix ergibt. Man erkennt, daß der gewünschte Output keineswegs noch exakt reproduziert wird, daß aber durchwegs alle Werte den gewünschten etwas näher gekommen sind. Würde man den selben Lernschritt mehrere Male wiederholen, würde der Output stetig gegen das gewünschte Muster 1 0 1 0 konvergieren.

Die untere Hälfte zeigt den Zustand vor (hier wurde die Gewichtsmatrix aus der rechten Matrix der oberen Hälfte übernommen) und nach einem zweiten Lernschritt mit dem anderen Musterpaar. Auf der rechten Seite sind die nun erreichbaren Muster für beide Inputs angegeben. Outputmuster zwei ist, so wie oben, dem gewünschten etwas näher gekommen. Outputmuster eins hat sich in einigen Units wieder eine Spur vom gewünschten wegbewegt (zum Beispiel an Unit 3 von 0.36 zu 0.31, wo 1 der zu erreichende Wert ist), allerdings ist dieser Einfluß des zweiten Musters kleiner als der vorher durchs Lernen mit dem ersten verursachte (0.31 ist immer noch näher zu 1 als 0.2 zu Beginn). Idealerweise wird also zwar durch Lernen eines neuen Musters eine geringe Beeinflussung der anderen Muster die Folge sein, diese kann aber durch weitere Lernschritte mit eben diesem Muster wieder aufgehoben werden. Setzt man also die zwei angegebenen Lernschritte alternierend mehrmals fort, werden beide Musterassoziationen zu den gewünschten konvergieren.

Wie man weiters erkennt, verlangsamt sich der Lernfortschritt – d.h. die Gewichtsänderungen werden kleiner – je mehr das Netz konvergiert, da ja die Gewichtsänderung proportional zum Deltawert ist. Das hat die besagten Vorteile, daß nun Beeinflussungen *nicht-orthogonaler* Muster (so wie es die zwei Inputmuster in Abb. 3.24 sind) ausgeglichen werden können. In Abb. 3.25 wird verdeutlicht, wie das im Groben funktioniert. Es werden unabhängige

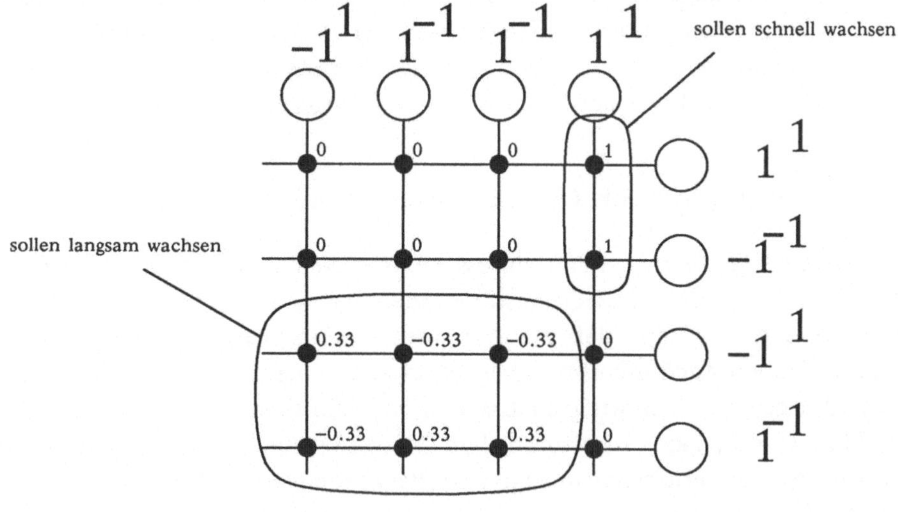

Abb. 3.25

Abbildungen zweier nicht-orthogonaler (aber auch nicht linear abhängiger) Muster verlangt, wobei die eingezeichnete (händisch errechnete) Gewichtsmatrix dies auch bewerkstelligt. Wie man sieht, sind Gewichte ungleich *0* dort notwendig, wo Überlappung im Input herrscht und der gleiche Output verlangt wird (erste beiden Zeilen), und wo einander die Inputvektoren nicht überlappen und unterschiedlicher Output verlangt wird (dritte und vierte Zeile). Da der überlappende und der nicht-überlappende Bereich verschieden groß sind – was ja hier Anlaß zur Nicht-Orthogonalität gibt – müssen zwecks ordnungsgemäßer Skalierung die Beträge der Gewichte in den beiden Bereichen verschieden groß sein (in diesem Fall *1/3*, wo es drei nicht überlappende Units sind, bzw. *1*, wo es nur eine überlappende Unit ist). Die Hebbregel, die wie gesagt immer das gleiche Gewichtsinkrement (positiv oder negativ) annimmt, kann dies nicht bewerkstelligen. Mit anderen Worten, die

Hebbregel kann verschiedene Bereiche der Gewichtsmatrix nicht unterschiedlich betonen.

Man kann nun zeigen, daß die Delta-Regel die Möglichkeiten eines Zwei-Layer Netzwerkes tatsächlich ausschöpft (Widrow & Hoff 1960). Mit anderen Worten, soferne das Netzwerk aufgrund seiner Architektur eine Assoziation zu bewerkstelligen imstande ist, kann diese auch gelernt werden. In der diskreten Version ist diese Aussage als *Perceptron Convergence Theorem* bekannt geworden. Die Betonung liegt nun auf der Netzwerkarchitektur. Nur soferne eine Assoziation überhaupt möglich ist, kann sie gelernt werden. Wie im letzten Abschnitt hergeleitet, unterliegt ein Zwei-Layer Netzwerk ja Beschränkungen bei linear abhängigen Inputmustern. Diese Beschränkung kann klarerweise durch eine Lernregel wie der Delta-Regel *nicht* umgangen werden!

3.2.3 Backpropagation als Optimierungsvorgang

Wie bereits gezeigt wurde, kann ein assoziatives Netzwerk mit Hidden Layers und nicht-linearen Aktivierungsfunktionen jede beliebige Abbildung realisieren. Die Aussage, daß ein Netzwerk eine Assoziation reproduzieren kann, sagt jedoch noch nichts darüber, ob es auch einen Lernalgorithmus gibt, der auf die geeignete Gewichtsmatrix kommt. Wie bereits im letzten Kapitel geschildert wurde, gibt es einen solchen Mechanismus, der Assoziationen in Mehrlayer-Netzen erlernbar macht: Die Backpropagation Regel. Allerdings gilt dies nur unter bestimmten Voraussetzungen, die in diesem Abschnitt untersucht werden sollen. Wir können an der in Kapitel 2 angegebenen Regel erkennen, daß sich die Backpropagation auf Netzwerke mit Hidden Units und nichtlinearen, aber differenzierbaren, Funktionen anwenden läßt. Die verlangte Differenzierbarkeit schließt an sich die Schwellenfunktion aus, diese ist aber für Probleme wie das XOR oder andere nicht notwendig, eine sigmoide Funktion erfüllt prinzipiell den gleichen Zweck.

Der Nachweis für die Mächtigkeit der Backpropagation würde den Rahmen dieser Betrachtungen sprengen, daher soll auf die Literatur (Rumelhart et al. 1986a, Le Cun 1988) verwiesen werden. Der Nachweis ist ident mit der Herleitung der Lernregel, basierend auf folgender Idee: Wenn ein Netzwerk k Abbildungen zustande bringen soll, dann bedeutet das, daß für alle k Output Muster die Abweichung vom Target (Teaching Input) möglichst klein werden soll. Idealerweise sollte sie natürlich gleich 0 sein, diesen Wert wird man aber mit realen Netzwerken kaum erreichen. Als Maß für die Abweichung nimmt man den sogenannten *summed squared error e*, der sich folgendermaßen berchnet:

$$e = \Sigma_k \Sigma_i \, (o_{ik} - t_{ik})^2 \qquad\qquad (3.22)$$

wobei o_{ik} die Outputwerte der Output Units und t_{ik} die Targetwerte des k-ten Musters sind. e ist also die Summe der quadrierten Einzelabweichungen (daher auch der Name), im wesentlichen die euklidische Norm des Differenzenvektors. Anhand dieses Maßes kann der Lernvorgang nun als Minimierung von e mit den Gewichten des Netzwerks als Variablen betrachtet werden: man suche dabei jene Gewichtsmatrix, für die die Abweichung e am geringsten ist (dies ist wieder das LMS-Kriterium – vergleiche Abschnitt 3.1.2.1). Die Backpropagation-Regel läßt sich relativ leicht finden, wenn man von der Forderung ausgeht, daß die Gewichte bei jedem Schritt so geändert werden sollen, daß die Verkleinerung von e in dieser Situation maximal ist. Daraus wird auch ersichtlich, daß die Regel, die zunächst nach einem sehr lokalen Verfahren wie die Hebb'sche Regel ausgesehen hat, auch global – also für das ganze Netzwerk auf einmal – betrachtet, und daher auch zu den in Abschnitt 2.3 'global-analytisch' genannten Verfahren gezählt werden kann. Die Grenze zwischen den beiden Kategorien von Adaptionsverfahren verschwimmt also.

Faßt man alle n Gewichte des Netzwerks als Veränderliche in n Dimensionen auf, so kann man sich alle Werte des Fehlerwerts e auf einer Hyperfläche im $n+1$-dimensionalen Raum "vorstellen". Als Beispiel ist eine solche Fläche für $n=2$ in Abb. 3.26 dargestellt. Der Lernvorgang entspricht einer Minimierung

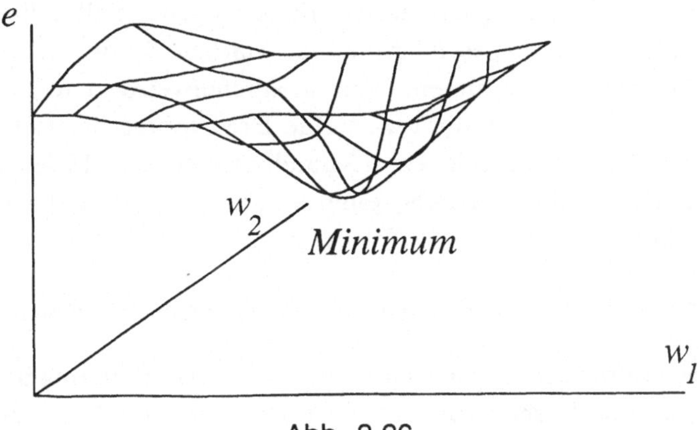

Abb. 3.26

von e, also der Suche nach dem (globalen) Minimum der Hyperfläche. Die

Backpropagation Regel entspricht nun einem sogenannten *steepest-descent* oder umgekehrten *Hillclimbing Verfahren*, da es vom momentanen Punkt auf der Fläche ausgehend immer den Weg mit dem steilsten Abfall nimmt. Das bedeutet allerdings, daß ein eventuell existierendes lokales Minimum, dessen Fehlerwert durchaus weit über dem des globalen Minimums (also weit über dem theoretisch Erreichbaren) liegen kann, die Suche vorzeitig beenden kann. Wird nämlich solch ein Punkt erreicht, gibt es keinen abfallenden Weg mehr, wodurch das Verfahren keine Verbesserung mehr bringt. Genau so ein Verhalten haben wir ja schon beim Update eines Hopfield Netzwerkes beobachtet, allerdings waren dort die Outputwerte die Variablen, und die Energie die zu minimierende Größe.

Diese Eigenschaft gilt als einer der großen Nachteile und Beschränkungen des Backpropagation Verfahrens. Empirische Ergebnisse (Rumelhart & McClelland 1986b, Sejnowski & Rosenberg 1986, etc.) deuten zwar darauf hin, daß sich diese Beschränkung bei vielen praktischen Anwendungen nicht negativ auswirkt, jedoch kann das Verfahren dadurch nicht als ein universelles Lernverfahren, das *immer* die optimale Lösung findet, angesehen werden. Der Erlernbarkeit sind also Grenzen gesetzt.

Wie bei der Delta-Regel wird auch bei der Backpropagation der Lernvorgang im Sinne von einzelnen Gewichtsänderungen immer langsamer, je näher das Netzwerk an die Konvergenz rückt (für die Units, die sich schon nahe am gewünschten Output befinden). Das sollte keine Überraschung sein, da der Algorithmus ja eine Verallgemeinerung der Delta-Regel ist (und auch *generalised delta rule* heißt). Durch die erlaubten prinzipiell beliebigen Input-Output Abbildungen kann es allerdings zu starken Sprüngen zwischen den Gewichtsveränderungen kommen, was möglicherweise den Lernfortschritt beeinträchtigt. Aus diesem Grund wird eine Erweiterung der Lernregel 11(d) in einigen Fällen vorgeschlagen (Rumelhart et al. 1986a), die dem Lernfortgang die Tendenz verleiht, eine einmal eingeschlagene Richtung im Groben beizubehalten:

$$\Delta w = \mu\ \delta\ x + \alpha\ \Delta w_{old}, \qquad \Delta w_{old}...\text{Gewichtsänderung beim letzten Lernschritt} \qquad (3.23)$$

Der Faktor α bestimmt also, wie weit eine Gewichtsveränderung beim nächsten Mal wieder in die Formel eingeht. Der ganze zweite Summand wird oft *Trägheitsterm (momentum term)* genannt. In vielen Anwendungen lassen sich damit bessere Lernresultate erzielen.

Einer der Gründe dafür, daß sich die Beschränkung durch das verkehrte Hillclimbing sehr oft nicht drastisch auswirkt, könnte darin liegen, daß Voraussetzungen für die Aussage zu Abb. 3.26 umgangen werden. Die oben genannten Überlegungen gelten nämlich nur dann exakt, wenn ein fixes Trainingsset verwendet wird, die Gewichtsänderungen für alle Trainingspaare aufsummiert werden, und erst dann die Gewichte de facto verändert werden (die sogenannte *batch learning* Methode). Oft werden jedoch Trainingspaare in zufälliger Reihenfolge präsentiert, bzw. können neue während des Trainings hinzukommen. Dadurch kann es durchaus vorkommen, daß kurzzeitig ein Weg gewählt wird, der auf der Fläche des gesamten fehlers e bergab führt. Die strengen Annahmen des steepest descent Verfahrens müssen also nicht immer gültig sein.

Außerdem wird oft mit einer *zufälligen* Gewichtsmatrix begonnen, wodurch ein zufälliger Punkt auf der Hyperfläche als Ausgangspunkt genommen wird. Wiederholt man den Lernvorgang mehrere Male mit verschiedenen Ausgangspunkten, so ist die Wahrscheinlichkeit groß, daß einer der Durchgänge das globale Minimum (oder ein sehr nahes) trifft. Viele Anwendungen verlangen außerdem kein absolut globales Minimum, sondern man kommt auch oft gut mit einem lokalen aus.

Zu guter Letzt liefert eine (allerdings unbewiesene) Bemerkung von Rumelhart (Pers.Komm.) weitere Indizien dafür, daß Backpropagation trotz seiner Limitierungen sinnvoll eingesetzt werden kann: Er meint nämlich, daß durch die hohe Dimensionalität der praktischen Netzwerke lokale Minima sehr selten sind. Man kann sich das ungefähr so vorstellen: Damit auf der n-dimensionalen Hyperfläche ein Minimum bestehen kann, muß der untersuchte Wert (e) für alle Variablen, das heißt in der Schnittfläche mit allen Ebenen des Koordinatensystems, ein Minimum haben. Je größer die Dimensionalität (Bei $100 + 50 + 100$ Units wird etwa schon ein Wert von $n=10000$ erreicht), desto geringer scheint für viele Anwendungen die Wahrscheinlichkeit, daß solch ein Punkt existiert.

Ein Weg, alle Limitierungen der Backpropagation zu umgehen, ist die Einführung eines stochastischen Lernverfahrens, in Analogie zum stochastischen Update. Dies wird etwas später noch beschrieben.

3.2.4 Lernen mit Vollverbindungen

Nachdem das Lernen vor allem in Assoziationsnetzwerken mit Feedforward Verbindungen beschrieben wurde, soll nun ein Blick auf vollverbundene Layer geworfen werden. Dabei ist zu bemerken, daß die bisher besprochenen Lernalgorithmen nicht auf Feedforward Verbindungen beschränkt bleiben müssen, sondern auf beliebige Verbindungsstrukturen verallgemeinert werden können. Als Beispiel kann dazu das Lernen im Hopfield Netzwerk dienen. Der in der Originalbeschreibung von Hopfield angegebene Mechanismus zum "Setzen" der Gewichte, um Muster zu speichern, ist eigentlich nichts anderes als ein Hebb'scher Lernschritt. Die Units werden gemäß des zu speichernden Musters aktiviert und alle Gewichte, die zwischen zwei aktivierten Units liegen, um einen Betrag angehoben.

Auch für vollverbundene Layer, die über mehrere Zeitschritte hinweg ein Update durchführen, bevor eine Aktivierung ausgelesen werden soll, sind die bisher durchgeführten Betrachtungen anwendbar. Geht man etwa von einer beschränkten Zahl n von Updates aus, so kann – wie schon in Abb.3.18 dargestellt – ein Netzwerk mit Lateralverbindungen als Feedforward Netzwerk betrachtet werden. Demnach läßt sich auch die Backpropagation Regel auf dieses Netzwerk anwenden (Rumelhart et al. 1986a). Man aktiviert dazu zunächst alle Input Units, hält sie gegebenenfalls fest (clampen), führt n Updatezyklen durch, greift die Output Units heraus und vergleicht sie mit dem Target. Nun können, gemäß der Auffaltung (Abb. 3.18), n Backpropagation Schritte folgen, die die Gewichte sukzessive verändern. Dabei werden natürlich n Mal die gleichen Gewichte adaptiert. Im aufgefalteten Feedforward Netz sind alle Units zum Zeitpunkt 0 Input Units, zu den Zeitpunkten 1 bis $n-1$ Hidden Units, und diejenigen Units, die ausgelesen werden sollen zum Zeitpunkt n Output Units (die anderen werden dabei außer Acht gelassen). Entscheidend für diesen Vorgang ist das Speichern der Aktivierungszustände zu allen Zeitpunkten und das Aufsummieren aller Gewichtsinkremente, bevor die Gewichte tatsächlich geändert werden. Dies verhindert, daß die Lernschritte einander beeinflussen.

Im Falle eines Netzwerkes, das mit der Interactive Activation Regel arbeitet, ist eine solche Analyse nicht anwendbar, da der neue Wert der Aktivierung vom alten (mit net_i multiplizierten) abhängig, eine Entfaltung mit konstanten Gewichten also nicht möglich ist. Um auch solche Netzwerke lernen zu lassen, muß man das Hebb'sche Prinzip auf den gewünschten Ausgang (verstärkte Kompetition) hin anwenden. Ein Beispiel ist in Abb. 3.27 dargestellt. Angenommen, ein zum betrachteten Layer externer Input setzt ein Aktivierungsmuster wie eingezeichnet. Um die Kompetition für diesen speziellen Zustand zu verstärken (alle anderen Zustände sind in diesem Moment

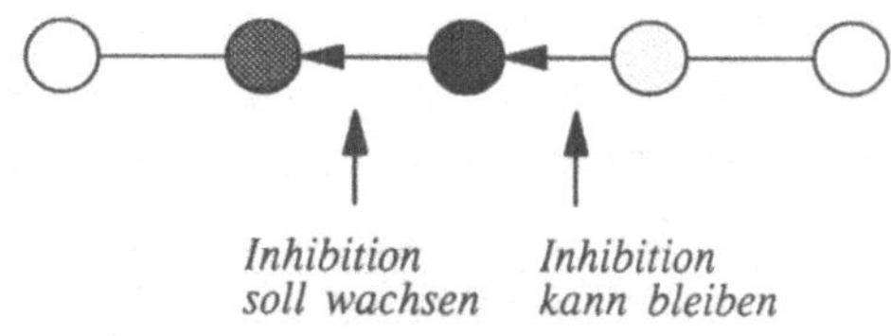

Abb. 3.27

belanglos), muß die Inhibition zwischen einer Unit und allen anderen, die schwächer aber nicht auf *0* aktiviert sind, vergößert werden. Formal bedeutet das, daß der absolute Betrag des Gewichts zwischen zwei Units j und i inkrementiert werden soll, falls o_j größer als o_i ist:

$$\Delta\, w_{ij} = -\,\mu\; o_i\, o_j \qquad \textit{... falls } o_j > o_i \tag{3.24}$$

Die Gewichte in umgekehrter Richtung (von der weniger zur stärker aktivierten Units) könnten in Analogie abgeschwächt werden, meist empfiehlt es sich aber, diese gleich zu belassen, da ein Mindestmaß an negativem Gewicht für das Funktionieren der Kompetition angestrebt werden sollte. Die Regel ist, wie man leicht erkennt, wieder nichts anderes als die erweiterte Hebb-Regel (eigentlich Anti-Hebb, da die Änderungen negativ sind). Sie bewirkt, daß für alle vorkommenden Zustände – d.h. alle die vom externen Input erregt werden – der Grad der Kompetition verstärkt wird, daß also ausgehend von diesem Zustand schneller ein WTA-Zustand erreicht wird.

Eine andere Form des Lernens in Netzwerken mit beliebigen Verbindungsstrukturen ist eine Art von *Random Learning* (Wasserman 1989). Dabei wird bei jedem Schritt ein zufällig gewähltes Gewicht um einen bestimmten Betrag erhöht oder erniedrigt. Dann wird geprüft, ob damit im Gesamtnetwerk eine Verbesserung erreicht wurde (nach den Trainingskriterien) oder nicht. Ist dies der Fall, so wird die Änderung beibehalten, sonst wird sie wieder zurückgenommen. Trotz der Zufälligkeit in der Wahl des Gewichtes hat dieses Verfahren, wie auch die anderen bisher betrachteten, einen entscheidenden Nachteil: es kann in einem lokalen Minimum der zu optimierenden Größe (Gesamtfehler) hängenbleiben. Dies deswegen, weil immer nur eine Verbesserung behalten wird, also wie bei der Backpropagation immer nur Wege, die auf der Fehlerfläche bergab führen, gewählt werden. Dies führt uns erneut zu einer Erweiterung konnektionistischer Adaptierung – dem *stochastischen Lernen*.

3.2.5 Stochastisches Lernen

Die Überlegungen, Zufälligkeit während des Lernens einzubauen, sind die selben wie beim stochastischen Update (siehe Abschnitt 3.1.4). Da Lernverfahren wie die Backpropagation Regel auf der betrachteten Fläche (diesmal das Fehlermaß e) immer bergab (d.h. in Richtung eines kleineren Fehlers) gehen, sucht man ein Verfahren, daß mit einer gewissen Wahrscheinlichkeit auch einmal eine Verschlechterung von e in Kauf nimmt. Wieder sollte diese Zufälligkeit zu Beginn relativ groß sein und mit Fortschreiten des Lernens immer mehr in Richtung deterministischen Verhaltens gehen.

Wieder kann auch eine Beobachtung aus der Physik herhalten. Die Wahrscheinlichkeit, daß ein ideales Gas die Energie E hat, ergibt sich durch folgende Formel:

$$p(E) = \alpha \; exp \; (- E \,/\, kT) \tag{3.25}$$

wobei T die Temperatur des Systems und k die Boltzmannkonstante ist. Wenn man nun den Wert E aus Abschnitt 3.1.4 wieder als (künstliche) Energie des Systems betrachtet, bzw. den Unterschied ΔE, der sich beim schon erwähnten Random Learning durch Ändern eines Gewichtes ergibt, so erhält man eine Formel für die zufällige Gewichtsänderung. Ein mögliches Verfahren (eine Erweiterung des Random Learnings, Wasserman 1989) sieht nun so aus:

für alle Gewichte: $\qquad\qquad\qquad\qquad\qquad\qquad\qquad\qquad$ (3.26)
$\qquad$ *– führe eine zufällige Gewichtsänderung durch*
$\qquad$ *– wenn eine Verbesserung eintritt, behalte die Gewichtsänderung*
$\qquad$ *– wenn eine Verschlechterung um ΔE eintritt,*
$\qquad\quad$ *so behalte die Gewichtsänderung mit Wahrscheinlichkeit*
$\qquad\qquad$ $p(\Delta E) = exp \; (-\Delta E \,/\, T'),$ *wobei* $T' = kT$

Diese Formel ist Prinzip die gleiche wie in 3.1.4, nur daß hier die Wahrscheinlichkeiten zwischen *0* und *1* (statt *1/2* und *1*) liegen, und zusätzlich eine Konstante k eingeführt wurde. Außerdem sind hier die Gewichte die Veränderlichen, während es beim stochastischen Update die Outputwerte waren. p ist umso kleiner, je größer ΔE ist. Der Parameter T – die künstliche Temperatur – steuert wie gehabt den Grad der Zufälligkeit. Ist sie sehr hoch, wird auch die Wahrscheinlichkeit groß, strebt sie gegen *0*, geht die Wahrscheinlichkeit auch gegen *0*. Optimales Lernen ergibt sich aus einem *Simulated Annealing* Prozeß, wobei, beginnend mit einem hohen Wert, T langsam gegen *0* gesenkt wird.

Dieses Lernverfahren führt zwar theoretisch zum Ziel, nimmt aber eine äußerst lange Zeit in Anspruch. Für eine einzige Gewichtsänderung muß ja das ganze Netzwerk hinsichtlich seiner Performanz evaluiert werden. Eines der bekanntesten stochastischen Netzwerke – die *Boltzmann Maschine* (Ackley et al. 1985, der Name erinnert an die physikalische Analogie) – geht daher einen anderen Weg: In diesem Verfahren werden die Eigenschaften des *stochastischen Updates* (Abschnitt 3.1.4) zum Lernen ausgenutzt. Bei vorgegebener (zunächst sehr hoher) Temperatur T breiten sich im Netzwerk zunächst eine Zeitlang die Aktivierungen gemäß Formel *(3.17)* aus, und zwar einmal mit angelegten Input- und Outputmustern (Phase '+') und einmal im "Freilauf" (ohne extern angelegte Muster, Phase '–'). Beide Phasen werden bis zu einem Equilibrium fortgesetzt, in dem sich alle Aktivierungen mit gleicher Wahrscheinlichkeit ändern. Dann werden die Wahrscheinlichkeitsverteilungen aller Aktivierungswerte geschätzt, und die Differenz zwischen den Verteilungen in den beiden Phasen berechnet. Mit Hilfe dieser Differenz werden schließlich die Gewichte nach einem Gradientenverfahren *deterministisch* geändert. In einem Simulated Annealing durch Senken der Temperatur wird dieser Vorgang so lange fortgesetzt, bis eine (die optimale) Wahrscheinlichkeitsverteilung sozusagen "eingefroren" wird. Für eine detailliertere Beschreibung dieser recht komplexen Vorgangsweise siehe Ackley et al. (1985), Hinton & Sejnowski (1986) und Aarts & Korst (1989).

Die Boltzmann Maschine vermeidet im allgemeinen tatsächlich lokale Minima in der Fehlerfläche und hat damit weit weniger Grenzen als etwa die Backpropagation. Gleichzeitig hat das Verfahren aber einen entscheidenden Nachteil: Es ist noch immer extrem langsam. Dies liegt vor allem daran, daß es im Gegensatz zur Backpropagation Regel kein gerichtetes Verfahren ist, sondern auf dem Random Learning beruht. Es findet Minima quasi nur per Zufall, während die Backpropagation den Wegen des steilsten Abfalls des Fehlers gefolgt ist. Außerdem gilt, daß durch den *Annealing Schedule* (den Plan für das Absenken von T) von vornherein mehr Zyklen notwendig sind als bei einem deterministischen Verfahren.

Es gibt nun mehrere Ansätze, stochastisches Lernen zu beschleunigen. Einer davon ist das sogenannte *Cauchy Lernen*, daß statt der Boltzmann- die Cauchy-Verteilung verwendet (Szu & Hartley 1987, Wasserman 1989), die größere Gewichtsänderungen verursacht. Ein anderer Ansatz wäre der, die Vorteile der Backpropagation mit denen des stochastischen Lernens zu verbinden. Wasserman (1989) hat die Standard-backpropagation mit dem Cauchy-Lernen kombiniert. Eine Gewichtsänderung in diesem Netzwerk ergibt sich aus folgender Formel:

$$\Delta w = \eta \ \Delta w_{backprop} + (1-\eta) \ \Delta w_{cauchy} \qquad (3.27)$$

Die Gesamtänderung ist also eine gewichtete Summe aus der Änderung, die sich aus der Backpropagation Regel ergibt und jener aus dem Cauchy Lernen. Der Faktor η bestimmt dabei, welche der beiden Komponenten stärker betont werden soll. Dadurch ergibt sich ein gerichtetes Lernverfahren, daß dennoch mit einer gewissen Wahrscheinlichkeit einen Weg der Verschlechterung nimmt.

Eine andere Möglichkeit, Backpropagation mit einer stochastischen Komponente zu versehen, ist in Kundrat (1989) beschrieben: Demnach werden die Werte, die sich deterministisch aus der sigmoiden Funktion ergeben würden, durch eine Gaußsche Normalverteilung zufällig gestreut ("verrauscht"), um dadurch auch Sprünge, die die Fehlerfläche hinaufsteigen, zu erlauben. Die Breite der Verteilung hängt vom Wert des Nettoinputs ab und ist dort, wo der Anstieg der sigmoiden Funktion am größten ist (bei *net = 0*), maximal (Abb. 3.28).

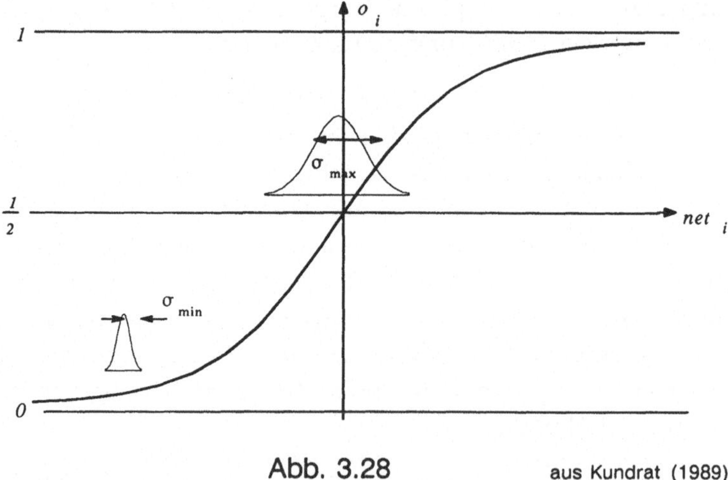

Abb. 3.28   aus Kundrat (1989)

Schließlich kann man sich folgende Beobachtung zunutze machen, um die Boltzmann Maschine oder auch andere stochastische Verfahren schneller zu machen. In der Physik kennt man beim Erhitzen oder Abkühlen von Materialien *Phasenübergänge*, in denen sich die Struktur bei gleichbleibender oder nur leicht sich ändernder Temperatur stark ändert (z.B. beim Gefrieren).

Auch in stochastisch lernenden Netzwerken kann solch ein Übergang festgestellt werden, wie anhand Abb. 3.29 erklärbar wird. Angenommen, die

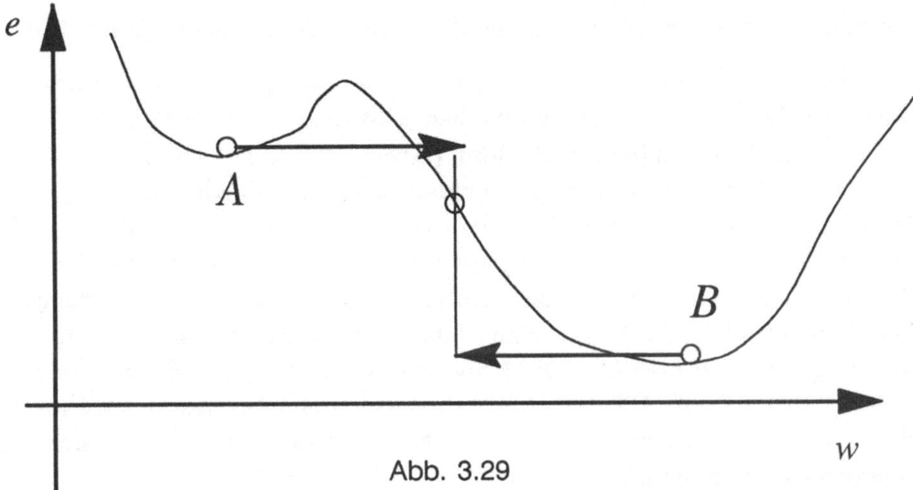

Abb. 3.29

künstliche Temperatur T bewirkt eine durchschnittliche Änderung, die ungefähr der Länge der Pfeile in Abb. 3.29 entspricht. Für die dargestellte Fehlerfläche bedeutet das, daß die Wahrscheinlichkeit sehr groß ist, daß der Zustand von Grube A in Grube B übergeht, sie für den umgekehrten Vorgang aber sehr klein ist. Dadurch kommt es bei diesem Wert von T zu sehr raschen Verbesserungen, also zu einem Art Zustandsübergang. Bei kleinerem T verweilen die Zustände in den jeweiligen Gruben, bei größerem T springen sie zwischen den Gruben hin und her.

Aus dieser Beobachtung läßt sich folgern, daß der Parameter T im Bereich der "Phasenübergänge" – soferne man sie feststellen kann – eher langsam gesenkt werden sollte, da hier wesentliche Veränderungen vor sich gehen, in anderen Bereichen jedoch rascher verringert werden kann. Durch diesen gezielten Annealing Schedule kann das Verfahren um einiges beschleunigt werden.

3.2.6 Zusammenfassung

Die Analysen in diesem und dem vorhergehenden Abschnitt sollten einen kleinen Einblick in die Arbeitsweise der neuronalen Netzwerke geben. Eine genauere und vor allem mathematisch vollständigere Darstellung ist in der angeführten Literatur zu finden. Wie schon eingangs erwähnt gibt es aber (noch) keine Theorie, die alle in der Praxis gestellten Fragen beantwortet, bzw. alle

Anforderungen an neuronale Netzwerke formal in ein optimales Netzwerkmodell umsetzt. In vieler Hinsicht scheint eine solche formale Beschreibung gar nicht möglich zu sein, da sie ohne genaues Wissen über die Verteilung der verwendeten Aktivierungsmuster nicht erstellt werden kann.

Ein Beispiel dafür ist etwa die Aussage, ob ein Backpropagation-Netzwerk in einem lokalen Minimum hängen bleiben wird oder nicht. Gemäß der Definition der Regel als Gradientenverfahren (Abschnitt 3.2.3) kann man diese Aussage nur treffen, wenn man die Fehlerfläche, die durch die Menge aller Trainingspaare und die Gewichtsverteilung gegeben ist, genau analysiert. Diese Analyse wird aber einerseits durch die hohe Dimensionalität des Problems erschwert, andererseits würde sie – soferne erfolgreich – einen Trainingsvorgang beinahe überflüssig erscheinen lassen. Das Netzwerk wird ja oft genau dort eingesetzt, wo man über die Umwelt (die Trainingsdaten) nicht oder nur wenig Bescheid weiß. Das Arbeiten mit neuronalen Netzwerken wird also nie ohne Heuristiken, Daumenregeln und empirisch bestimmte Architekturen und Parameter auskommen.

Für die Betrachtungen in den folgenden Kapiteln soll uns aber dieser erste Einblick genügen. Wir haben gesehen, welche Arten von Aktivierungsausbreitung es gibt, und daß für viele Architekturen theoretisch universelle Lernregeln existieren. Optimalität in Geschwindigkeit oder Kapazität werden im weiteren keine wesentlichen Kriterien darstellen, sodaß wir mit den vorgestellten Verfahren zunächst auskommen werden. Prinzipielle Beschränkungen in der Modellierung mit diesen Netzwerken werden sich jedoch an mehreren Stellen noch herauskristallisieren.

3.3 Verteilte Aktivierungsmuster

Im letzten Abschnitt dieses Kapitels soll eines der wesentlichen Elemente neuronaler Netzwerke noch eingehender besprochen werden – nämlich *verteilte* Muster von Aktivierungen. Vor allem soll der Frage nachgegangen werden, auf welche Weise sie bedeutungsvolle Informationen enthalten können, sodaß die grundlegenden Eigenschaften verteilter Systeme wie Generalisierungsfähigkeit, Fehlertoleranz, und Adressierbarkeit anhand des Inhalts voll ausgenutzt werden. Bis jetzt wurden Muster ja immer als gegeben betrachtet, wie jedoch ein gewisser Inputvektor einem Konzept mit allen adäquaten Überlappungen entsprechen kann, blieb unerwähnt. Anhand einiger Möglichkeiten verteilter Repräsentation soll diese Thematik etwas näher beleuchtet werden.

3.3.1 Die Bedeutung verteilter Aktivierungsmuster

Es gibt mehrere Gründe, die für verteilte Darstellung und Verarbeitung – auch *massiv parallele* Verarbeitung genannt – sprechen. Diese sollten aus der bisherigen Besprechung neuronaler Netzwerke eigentlich schon klar geworden sein. Fassen wir nochmals die Voraussetzungen zusammen, die eine verteilte Darstellung erfüllen muß, um diese Vorteile voll auszuschöpfen.

Als wichtige Eigenschaft verteilter Verarbeitung wäre zunächst die schon öfter zitierte Fähigkeit zur Generalisierung auf neue Inputs zu erwähnen. Grundvoraussetzung dafür ist eine Darstellung, die die relevanten *Ähnlichkeiten* erhält. Ähnlich zu behandelnde Konzepte sollen auf ähnliche Muster abgebildet werden, die wiederum – im ersten Schritt – durch Überlappungen aktiver Units gekennzeichnet sind. In vielen Fällen wird es von der Anwendung abhängen, wie 'ähnliche Behandlung' definiert ist. Es muß also zunächst keine global optimale Methode geben, ein Konzept in einen Mustercode zu übersetzen.

Ein weiterer Faktor sind Fehlertoleranz und Robustheit. Um diese Eigenschaften zu besitzen, muß in einer Darstellung ein gewisses Maß an *Redundanz* stecken. Mit anderen Worten, die Information muß an mehr als einem Ort in der Darstellung gespeichert sein – relevante Aspekte sollten dafür also nicht lokal, sondern eben verteilt dargestellt sein.

Schließlich sollten verteilte Darstellungen leicht im Schema der verteilten Netzwerke weiter zu verarbeiten sein. So lange die Funktionsweise des Netzwerks nicht von einer komplexen Interpretation einzelner Units abhängt, ist diese Eigenschaft praktisch immer gegeben.

3.3.2 Features und Microfeatures

Die simpelste Methode, ein Konzept in ein verteiltes Muster umzusetzen, ist, dieses Konzept in eine Menge identifizierender Merkmale (Features) aufzuteilen, und diese Features lokal zu repräsentieren. Diese Methode ist in Kapitel 2 schon angeklungen, und legt den Gedanken nahe, daß der Unterschied von lokaler versus verteilter Repräsentation nur eine Sache des Blickwinkels ist, aus dem ein Netzwerk betrachtet wird. Bei strenger Einhaltung des Merkmalschemas stimmt dies auch tatsächlich.

Betrachten wir dazu das "Affennetzwerk" von Abb.2.8 und versuchen, verteilte Muster für Affen anhand von gemeinsamen und unterscheidenden

Merkmalen zu erhalten. Ein Beispiel ist in Abb. 3.30 gegeben. Wesentlich ist

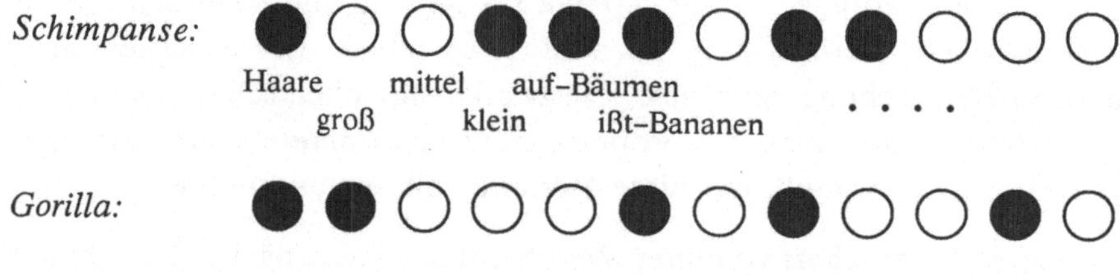

Abb. 3.30

dabei die Beobachtung, daß alle Features *binär* sind, das heißt durch eine 'ja/nein' ('trifft zu/trifft nicht zu') Unterscheidung gekennzeichnet sind. Hier kann man nun tatsächlich sagen, daß die Darstellung auf der Ebene der Features eine lokale, auf der Ebene der Konzepte aber eine verteilte ist.

Ein anderes Beispiel zeigt, daß sich bereits bei der Featurecodierung die Verhältnisse etwas aufweichen können. In Abb. 3.31 ist anhand einiger Beispiele die Codierung von Konsonanten in Netzsprech angegeben. Es ist in-

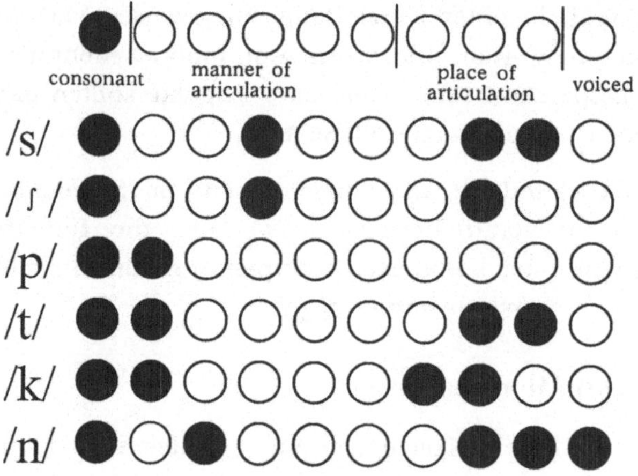

Abb. 3.31

teressant zu bemerken, daß gerade in der Phonologie (der linguistischen Lehre von den Phonemen) der Trend zur Einführung von binären Features zur Darstellung von Phonemen besteht. Es hätte sich also angeboten, eine solche Darstellung aus der Literatur (Chomsky & Halle 1968) zu wählen. Dies wurde aber nur zum Teil getan, denn phonologische Features zeigen gleichzeitig die Grenzen von rein binären Merkmalen. Eine Reihe von Features sind der

Anschaulichkeit wegen besser als mehrwertig zu betrachten, wie zum Beispiel die Art der Artikulation. Für deutsche Konsonanten unterscheidet man fünf Arten: Verschlußlaute (z.B. [t]), Reibelaute (z.B. [f]), Nasale (z.B. [n]), sogenannte Glides (z.B. [l]) und Trills ([r]). Da diese fünf Arten eher wenig miteinander zu tun haben, empfiehlt es sich, ein Merkmal anzunehmen, das fünf Ausprägungen hat. Ähnlich ist es mit dem Ort der Artikulation, wo man im Deutschen sieben Stellen von ganz vorne (bei den Lippen) bis ganz hinten (bei den Stimmbändern) unterscheidet.

In der Phonologie tendiert man nun, diese Merkmalsbereiche dennoch mit binären Features und dazu noch möglichst effizient und kompakt abzudecken. Eine naheliegende Methode zur Übersetzung ins Binäre wäre, ein fünfwertiges Merkmal durch fünf zweiwertige zu ersetzen, wobei immer nur eines davon zutreffen kann. Diese Darstellungsart geht aber sehr "verschwenderisch" mit Merkmalen um, da für fünf Werte eigentlich drei Merkmale (drei "bits") genügen würden. So gibt es daher in der Phonologie sehr oft eine eher "unnatürliche" Darstellung wie im folgenden Beispiel: Zur Klassifikation von Vokalen unterscheidet man zwischen *hohen, mittleren* und *tiefen* Lauten, wobei dieses Merkmal ungefähr der Zungenstellung entspricht. Dieses dreiwertige Feature wird nun in zwei zweiwertige hoch und tief umgesetzt, wobei {+hoch, −tief} (das '+' bedeutet 'Feature ist belegt') für hohe, {−hoch, +tief} für tiefe und {−hoch, −tief} für mittlere Laute eingesetzt wird. Die Paarung {+hoch, +tief} hat keine Bedeutung.

Für die verteilte Repräsentation mittels Merkmalen ist Effizienz oder Kompaktheit aber nicht das Hauptentscheidungskriterium. Ein solches ist viel mehr die zu erhaltende Ähnlichkeit. Betrachten wir dazu nochmals die beiden Merkmale Art und Ort der Artikulation. Wie schon festgestellt, haben die fünf Arten kaum etwas miteinander zu tun, man kann also nicht sagen, daß ein Nasal einem Reibelaut ähnlicher wäre als einer anderen Art. Daher empfiehlt es sich in diesem Fall, tatsächlich fünf binäre Features einzuführen (Verschlußlaut, Reibelaut, ...) und jedes lokal durch eine Unit zu repräsentieren. Dies geschieht durch die zweite bis sechste Unit in Abb. 3.31. Jedes Muster innerhalb dieses Teils des Layers entspricht also einem WTA-Muster, die voneinander maximal unterschiedlich (unähnlich) sind. Man muß daher auch gleichzeitig sicherstellen, daß kein anderes Muster auftreten kann (etwa durch Kompetition oder andere Entscheidungsmechanismen).

Anders verhält es sich mit dem Ort der Artikulation, wo man doch einige Ähnlichkeiten zwischen verschiedenen Ausprägungen, ausgedrückt durch

Nachbarschaft, feststellen kann. Daher sollte hier ein Code gewählt werden, der diese Ähnlichkeiten ausdrückt. Eine Möglichkeit im Falle der relativ geringen Anzahl von Werten (sieben) ist der aus der Informationstheorie her bekannte *Hammingcode*. Dieser Code zeichnet sich dadurch aus, daß benachbarte Werte einander immer nur um ein Bit unterscheiden. Abb. 3.31 zeigt einen solchen Code für sieben Werte und drei Bits. In Netzsprech wurde genau dieser Code verwendet, der zwar nicht alle gewünschte Ähnlichkeiten exakt ausdrückt, aber dennoch einige der Information erhält.

Wir sehen, daß im Gegensatz zur Codierung mittels binärer Features hier die einzelnen Units bereits etwas von ihrere Interpretierbarkeit verloren haben. Die Anzahl von Bits wurde hier relativ beliebig gewählt, und auch der Code, der Ähnlichkeiten bewahren soll, wurde nicht mit Rücksicht auf die Bedeutung einzelner Bits bestimmt. Weiters ist in diesem Schema durch die Wahl von m aktiven aus n Units insgesamt (*m aus n Code*), die Featureinformation selbst auf mehrere Units verteilt. Eine einzelne Unit – speziell bei längeren Codes dieser Art – kann durchaus einmal ausfallen, ohne daß die gesamte Information über das Feature verloren gehen muß. Diese Eigenschaften – Nicht-Interpretierbarkeit und Toleranz gegenüber Ausfall – waren es, die uns bereits einmal Anlaß gegeben haben, von sogenannten *Microfeatures* im Rahmen von "wirklich" verteilter Repräsentation zu sprechen.

Wir sehen gleichzeitig, daß die Ansicht, der Unterschied zwischen verteilter und lokaler Repräsentation wäre nur eine Frage der Sichtweise, einen Teil ihrer Gültigkeit bereits verloren hat, bzw. nur mehr in einer sehr abstrakten Form weiterbestehen kann. Welches "Feature" sollte in einem Fall wie dem soeben beschriebenen denn lokal repräsentiert sein, wenn man keine eindeutige Interpretation finden kann, ja wenn es sogar wegfallen kann, ohne viel zu zerstören.

Man könnte natürlich fragen, warum in der Codierung bis jetzt nur binäre Werte verlangt wurden, warum nicht das kontinuierliche Spektrum eines Outputwertes ausgenützt wurde, um mehrwertige Merkmale darzustellen. Dies ist zwar im Prinzip möglich, bzw. oft sogar ein sehr gangbarer Weg, dennoch gibt es einige entscheidende Nachteile für diese Methode. Dazu müssen wir uns zurückerinnern, wie Ähnlichkeit für ein Netzwerk definiert war. Als ein in vielen Fällen brauchbares Maß hatte sich in Abschnitt 3.2 das innere Produkt zweier den Aktivierungsmustern entsprechenden Vektoren herausgestellt. Je größer dieses Produkt, desto ähnlicher sind die Vektoren (Muster). Vergleichen wir nun zwei verschiedene Darstellungen des siebenwertigen

Merkmals Artikulationsort. In einem Fall wird ein dreidimensionaler Vektor (so wie in Netzsprech), im anderen nur ein eindimensionaler verwendet, dessen Komponente einen Wert zwischen 1/7 und 1 (mit konstante Abständen von 1/7) erhält. Zwei einander ähnliche Vektoren hätten also im ersten Fall einige Stellen gemeinsam, die zusammen ein inneres Produkt größer als 0 ergeben. Im zweiten Fall hätten die Vektoren eine ähnliche Zahl als Komponente, z.B. 1/7 und 2/7, oder 5/7 und 6/7. Es macht für das innere Produkt aber einen großen Unterschied aus, in welchem Bereich sich die Ähnlichkeit befindet, denn 1/7 mal 2/7 ergibt ein ganz anderes (ein kleineres) Ergebnis als 5/7 mal 6/7. Analog könnten zwei unähnliche Werte (etwa 1/7 und 6/7) das gleiche Ergebnis bringen wie zwei ähnliche (etwa 2/7 und 3/7).

Man sieht also, daß verlaufende Aktivierungen sich nicht in Vektorähnlichkeiten, so wie sie für das Netzwerk relevant sind, übersetzen. Die einzige Unterscheidung, die getroffen werden kann, ist, ob eine starke Übereinstimmung im positiven Sinn vorhanden ist (beide Werte sehr groß, bzw. beide sehr klein) oder nicht (Werte sehr verschieden oder dazwischen). Wenn man einen Layer von repräsentierenden Units als horizontale Achse auffaßt, könnte man die Information, die sich auf mehrere Units aufteilt als die *horizontale*, und diejenige, die sich proportional in Aktivierungen ausdrückt, als *vertikale Information* bezeichnen. Man kann also sagen, daß assoziative Netzwerke gegenüber horizontaler Information wesentlich sensitiver als gegenüber vertikaler ist. Sind also mehrere Bereiche von Werten relevant (in unserem Beispiel drücken alle sieben Werte etwas Relevantes aus), so sollte die Information so weit es geht in horizontale Aktivierungen umgesetzt werden.

Ein anderer Weg, sich den Unterschied vorzustellen, eröffnet sich, wenn man die Anzahl der involvierten Gewichte für die beiden Codierungsarten betrachtet. Da horizontale Information weit mehr Units benötigt, sind im assoziativen Netz auch mehr Gewichte, und somit mehr *Freiheitsgrade* für das Lernen vorhanden. Mehr Freiheitsgrade bedeutet für das Netzwerk mehr Möglichkeiten, zwischen verschiedenen Mustern zu unterscheiden.

Wo vertikale Information dennoch einsetzbar ist, ist dort, wo es um Abstufungen des Grades eines Merkmals geht. Ein solches Merkmal wäre etwa die Lichtstärke eines Bildpunktes oder die Größe eines einfachen Parameters wie Temperatur oder Alter. Dann, wenn es nur eine annähernd lineare Beziehung zwischen Merkmalswert und Auswirkung gibt (etwa "je älter, desto ..."), kann man eine Unit für dieses Merkmal verwenden und proportional zum Wert aktivieren. Das Netzwerk kann dann auch proportional dazu reagieren. Sollten aber etwa wieder mehrere Bereiche des Parameters verschiedene Relevanz haben (etwa verschiedene Aggregatzustände eines Materials bei verschiedenen Temperaturbereichen), dann sollte die Codierung wieder auf mehrere Units aufgeteilt werden.

3.3.3 Coarse Coding

Eine beliebte Methode, ähnlichkeitserhaltende verteilte Repräsentationen zu gewinnen, ist das sogenannte *Coarse Coding (CC)*. Vorausetzung dafür ist, daß die darzustellenden Konzepte in einem ein- oder mehrdimensionalen kontinuierlichen Raum anordbar sind. Dies wird besonders von Zahlenwerten oder auch Bildpunkten in einer zweidimensionalen Ebene erfüllt. Für das Coarse Coding wird ein Layer von Units, die in der selben Dimensionalität wie der Raum der Konzepte angeordnet sind, und die in linearer Abfolge Punkten in diesem Raum entsprechen. Jede Unit sieht nun einen gewissen Bereich des Raumes ein, und bestimmt ihre Aktivität gemäß der Anzahl der zu repräsentierenden Konzepte in diesem Bereich, der auch *rezeptives Feld* genannt wird. Ist jeweils nur ein Konzept gegeben, so wird die Unit aktiviert, wenn das Konzept in ihr rezeptives Feld fällt, sonst nicht. Die rezeptiven Felder verschiedener Units können – und sollen in vielen Fällen auch – überlappen, sodaß sich ein Muster von mehreren aktivierten Units ergibt.

In. Abb.3.32 ist dies für den eindimensionalen Fall dargestellt. Werden die rezeptiven Felder ohne jede Überlappung so gewählt, daß sie zusammen den gesamten Raum abdecken, ergibt sich daraus eine lokale Repräsentation der entsprechenden n Intervalle (bei n Units). Gibt es jedoch starke Überlappungen, so werden pro Konzept mehrere benachbarte Units aktiviert. Noch interessanter wird das Schema, wenn man das rezeptive Feld nicht gleichmäßig, sondern proportional zum Abstand von Konzept und Referenzpunkt (der Punkt im Raum, dem die Unit entspricht) verschieden empfindlich macht. Je weiter also das Konzept von der Unit entfernt ist, desto schwächer wird die Aktivierung. In Abb. 3.32 ist das durch verschieden große und verschieden stark gezeichnete Kreise dargestellt. Sehr oft wird hier eine (ein- oder mehrdimensionale) Gaußverteilung als Verlauf für die Abschwächung genommen, weshalb man diese Methode auch *Gauß-CC*, das obige unabgestufte Verfahren *Rechteck-CC* nennen könnte.

Der große Vorteil des Gauß-CC liegt darin, daß damit mehr Konzepte (d.h. Punkte im Raum) als vorhandene Units dargestellt werden können, bzw. daß die Auflösung der Darstellung größer als n ist. Gleichzeitig leidet aber auch

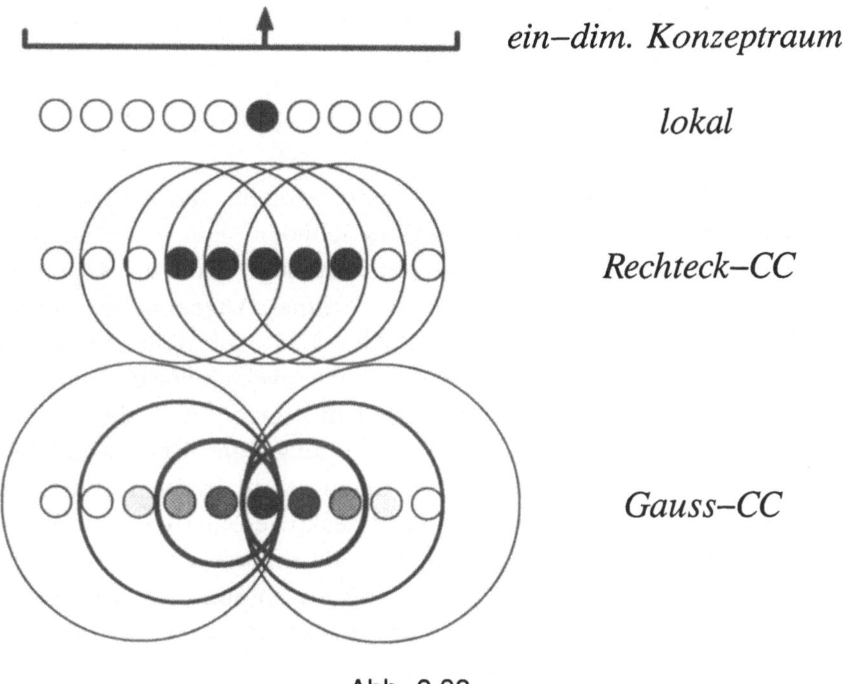

Abb. 3.32

die Genauigkeit, da eine kleine Störung der Repräsentation das darzustellende Konzept verfälschen kann. Die Ähnlichkeit, die durch das CC dargestellt wird, ist gleichbedeutend mit Nachbarschaft im Raum: je näher zwei Konzepte zueinander liegen, desto ähnlicher sind die Repräsentationen. Durch Überlagerung der Aktivierungen können auch mehrere Konzepte gleichzeitig dargestellt werden.

Ein großer Nachteil dieser Darstellung – besonders des Gauß-CC – ist sicher die in vielen Fällen schwierige bis unmögliche *Decodierung*. Verwendet man das Schema etwa, um Konzepte in einem Output Layer zu repräsentieren, so muß man damit rechnen, daß sich – besonders am Anfang eines Lernvorgangs – Aktivierungsmuster ergeben, die keine oder nur sehr geringe Ähnlichkeiten mit einer Gaußverteilung haben. Dadurch wird eine Zuordnung der Darstellung zu den Konzepten extrem erschwert oder unmöglich gemacht. Mit anderen Worten, Darstellungen im CC decken nur einen Teil des Vektorraumes ab, Muster im anderen Teil sind praktisch als "ungültig" zu sehen. Ein allgemeines Netzwerk kann aber für gewöhnlich nicht daran gehindert werden, solche Muster zu produzieren. Daher wird sich das Coarse Coding vor allem als Inputcodierung bewähren müssen.

3.3.4 Conjunctive Coding

In McClelland & Kawamoto (1986), einem Modell, daß Darstellungen von englischen Sätzen auf semantische Frames abbilden kann (siehe auch Kapitel 13), wird eine andere Methode eingesetzt, verteilte Muster zur Repräsentation zu erzeugen: das sogenannte *conjunctive coding*. Angenommen, man hätte einen (binären) Featurevektor, so wie in Abb. 3.33. Nun stelle man sich diesen Vektor einmal als Zeilen- und einmal als Spaltenvektor vor und ermittle eine Matrix von Unitaktivierungen nach folgendem Prinzip: Für jedes Element der Matrix betrachte man die zugehörigen Aktivierungen des Zeilen- und des Spaltenvektors; ist bei beiden eine 1, so aktiviere die diesem Matrixelement zugeordnete Unit; ist bei beiden eine 0, so deaktiviere die Unit. Ist jedoch nur eine der beiden Ausgangsunits aktiviert und die andere nicht, so wähle zufällig einen Wert aus {0, 1}. Abb.3.33 zeigt das an einem einfachen Beispiel, wobei zufällige Werte zunächst durch ein Fragezeichen dargestellt sind. Im rechten Teil der Abbildung ist eine der möglichen Instanzierungen dieses generischen Schemas dargestellt.

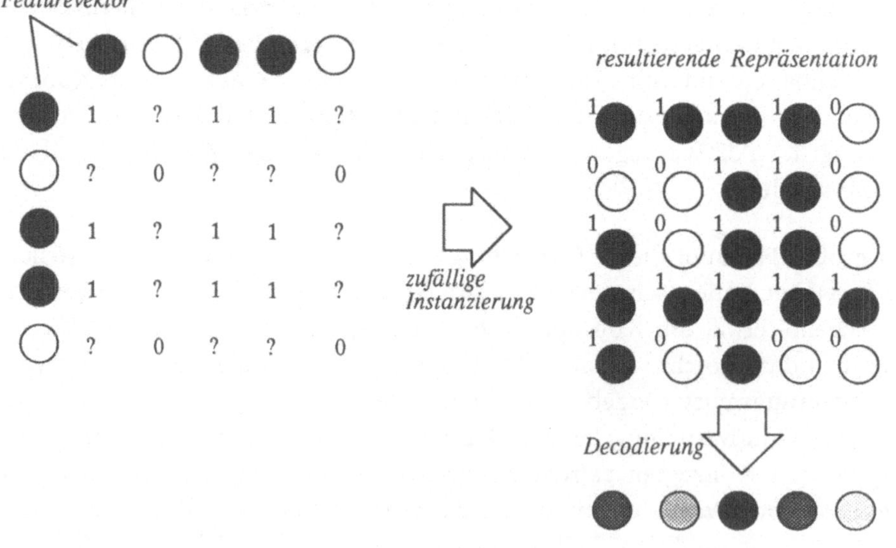

Abb. 3.33

Eine Decodierung der Darstellung kann einfach durch Aufsummierung der Spalten- (bzw. Zeilen-) Aktivierungen erfolgen. In Abb. 3.33 ist der sich so ergebende Aktivierungsvektor rechts unten dargestellt, wobei die maximale Anzahl von aktivierten Units in einer Spalte (hier *5*) der Aktivierung *1* (schwarz), die minimale Anzahl (*0*) der Aktivierung *0* (weiß) entspricht. Wendet man darauf noch eine Schwellwertfunktion an, so läßt sich der ursprüngliche Featurevektor wieder eindeutig rekonstruieren.

Man sieht also, daß das Conjunctive Coding aus einem Featurevektor eine verteilte Darstellung über n^2 Units erzeugt, die erstens die Information extrem redundant codiert, und zweitens leichte Zufallseinflüsse inkludiert. Beide Eigenschaften berühren einen wichtigen Aspekt verteilter und massiv paralleler Verarbeitung – die *Robustheit* gegenüber Störungen. In der resultierenden Matrix können nämlich durchaus einige Units ausfallen, bzw. von Rauschen überlagert sein, die Wahrscheinlichkeit einer korrekten Rekonstruktion ist durch die Redundanz immer noch recht hoch. Die Ähnlichkeiten in dieser Art von Darstellung sind hauptsächlich durch die Ausgangsvektoren bestimmt, werden aber auch noch durch zufällige Einflüsse variiert. Einzelne Units in der Matrix verlieren großteils ihre Merkmaleigenschaft, da sie zwar teilweise als Schnittpunkte zwischen Features interpretiert werden können, die eigentlichen Merkmale aber über mehrere Units "verstreut" sind.

Die selbe Methode läßt sich mit zwei verschiedenen Featurevektoren als Zeile und Spalte der Matrix anwenden. In McClelland & Kawamoto (1986) wurde damit die Zuordnung von Rollen (wie *Objekt*) zu Füllern (wie *Ball*) codiert. Da es keine "ungültigen" Zustände gibt, läßt sich eine Repräsentation mittels Conjunctive Coding auch bequem als Outputrepräsentation verwenden. Hier ist dann das Decodierungsschema so wie oben angegeben ein wesentlicher Aspekt. McClelland & Kawamoto zeigen, daß ein assoziatives Netzwerk mit dieser Darstellung zu sehr plausiblen Generalisierungen fähig ist (siehe auch Kapitel 13).

3.3.5 Zufälliger m aus n Code

Steht praktisch nur mehr die Robustheit im Vordergrund, und sind Ähnlichkeiten zwischen den Darstellungen nicht mehr gefragt, so läßt sich folgendes einfaches Schema anwenden. Man nehme n Units und wähle für jedes Konzept zufällig m Units. Diese werden aktiviert, um das Konzept darzustellen. Eine Darstellung dieser Art wurde etwa in Touretzky & Hinton (1985) verwendet, um Symbole eines Produktionensystems zu repräsentieren. Da dadurch Ähnlichkeiten als Unitüberlappungen vorkommen, diese aber rein zufälliger Natur sind, können sie für die Repräsentation nicht relevant sein. Durch Schwellwertmechanismen und geeignete Wahl der Zahlen m und n kann gesichert werden, das "Übersprechungseffekte" zwischen den Darstellungen verschiedener Konzepte verhindert werden. Gleichzeitig folgt daraus, daß Zwischenformen – etwa unklare Konzepte oder Überlappungen – nicht dargestellt werden können, die Repräsentation somit eine symbolische ist (siehe dazu Kapitel 6).

Der große Vorteil dabei ist – wie gesagt – daß einerseits die Darstellung robust und fehlerunanfällig ist, und andererseits sehr speichereffizient arbeitet, da die Anzahl von potentiell darstellbaren Konzepten wesentlich größer ist, als die Anzahl n der Units. Die einzelnen Units besitzen nun keine irgendwie geartete Merkmaleigenschaft mehr, sind also reine Microfeatures, die in *keinem* Fall eine Interpretation erhalten können.

3.3.6 Selbstorganisation

Der Schlüssel zu allen Vorteilen verteilter Darstellung und Verarbeitung – wie uns auch später noch klarer werden wird – scheint allerdings in der *Selbstorganisation* mittels Lernalgorithmen zu liegen. Verlangt man nämlich ein verteiltes Muster aus reinen Microfeatures, so kann dieses aus Ermangelung einer direkt zugänglichen Interpretation nicht händisch erstellt werden, sondern sollte dem Netzwerk selbst überlassen werden. Hidden Units in einem Backpropagation Netzwerk, zum Beispiel, können komplexe Korrelationen zwischen Input- und Outputmustern entdecken und somit Konzepte durch verteilte Muster darstellen. Hier geht meist mit der Interpretation der Microfeatures auch die Interpretation der gesamten dargestellten Konzepte verloren, was aber der Funktionsweise des Netzwerks keinen Abbruch tut. Es ist ja keineswegs gesagt, daß alle Zustände, die für das Netzwerkmodell relevant sind, auch für uns Beobachter einen Sinn ergeben müssen. In Kapitel 5 werden wir auf diese Thematik noch ausführlich eingehen.

Teil 2

Ein neues Paradigma

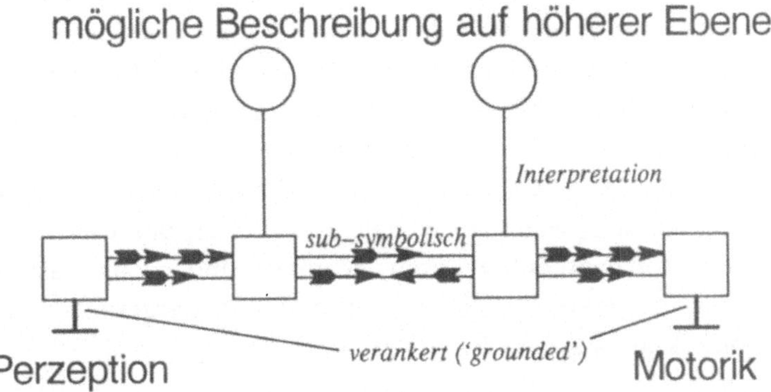

Der zweite Teil dieses Buches stellt – auf der Basis des in Teil 1 beschriebenen Konnektionismus – das sogenannte *sub-symbolische Paradigma* als Modellvorstellung für die Artificial Intelligence vor. Mehrere ausgesuchte Themen werden ausführlich besprochen, die einerseits das sub-symbolische Modell dem klassischeren symbolverarbeitenden gegenüberstellt, andererseits Aspekte behandelt, die im neuen Paradigma wesentlich sind, um ein möglichst umfassendes Bild über Modelle kognitiven Handelns zu erhalten. Auch einige Grenzen des Ansatzes werden angerissen.

4 Das Sub-Symbolische Paradigma

4.1 Von Hofstadter zu Smolensky

Der Formalismus des Konnektionismus soll in dieser Arbeit als Grundlage für die Formulierung eines Modellparadigmas dienen, das über die Restriktionen der Annahmen von symbolischen Ansätzen hinausgehen soll. An die Arbeiten von Douglas Hofstadter (1981, 1982, 1985) und Paul Smolensky (1987a, 1988) anlehnend möchte ich dies das *sub-symbolische Paradigma* nennen. Konnektionismus ist sicher nicht die einzig denkbare technische Realisierung dieser Modellvorstellung, wenn auch viele Ideen dazu aus den Erfahrungen mit neuronalen Netzwerken geboren worden sind. Zunächst soll das Paradigma daher in allgemeiner Form definiert und dargestellt werden, ehe wieder von konnektionistischen Modellen die Rede sein wird.

Hofstadter (1982) sieht Kognition als ein Resultat (*Epiphänomen*) der massiven Aktivität von sehr vielen zusammenspielenden Einheiten (etwa den Neuronen). Beginnend mit primitiven Prozessen auf unterster Ebene kann man Stufe für Stufe die Aktivitäten mehrerer Einheiten zusammenfassen und auf abstrakterer Ebene beschreiben. Die höchste Ebene in der Kognition wäre die der Konzepte und Symbole, die unser bewußtes und nachvollziehbares Denken ausmachen. Als anschauliche Metapher dafür verwendete er bereits in *Gödel, Escher, Bach* (Hofstadter 1980) das Bild eines riesigen Ameisenhaufens, dessen Aktivität auf unterster Ebene aus einzelnen Ameisen besteht, die sich zu Teams mit eigener Dynamik formieren, diese wieder zu Teams von Teams, usw. Man könnte sich, so meint Hofstadter, vorstellen, daß ein Beobachter, der nur die Aktivitäten und Dynamiken auf abstrakter Ebene beobachtet, die Vorgänge im Ameisenhaufen als kognitiven Vorgang interpretiert, wobei Superteams von Ameisen den Konzepten und linguistischen Symbolen entsprächen. Das interessante dabei ist, daß eine einzelne Ameise nichts von der Aktivität auf abstrakter Ebene "wissen", sondern konsequent ihre eigenen relativ simplen Wege weitergehen würde.

Auch durch andere Metaphern läßt sich ein ähnliches Bild herstellen. Eines davon ist das Bild von Flipperkugeln, die in einem abgeschlossenen Raum ähnlich wie die Moleküle in einem Gas "umherfliegen" und voneinander abprallen können. Wieder könnten sich Gruppen, und Verbände von Gruppen bilden, die auf höherer Ebene beobachtbar wären. Allen diesen Metaphern ist gemein, daß aus der massiven Aktivität vieler kleiner Elemente abstraktere Vorgänge auf höherer Ebene entstehen, denen man zu einem gewissen Grad eine eigene, losgelöste Dynamik zuschreiben kann – allerdings eben nur zu einem gewissen Grad, da das Verständnis der darunterliegenden Prozesse für viele Phänomene doch notwendig ist. Kognition ist also die "Spitze eines Eisbergs" von datunterliegenden Aktivitäten. Da diese Spitze die des symbolischen Handelns ist, nannte bereits Hofstadter die Prozesse auf der Ebene darunter "sub-symbolisch" (die noch weiter darunter "sub-sub-symbolisch" etc.).

Smolensky (1988) verfolgt eine ähnliche Gedankenlinie, unterscheidet der Einfachheit halber aber nur drei Ebenen, auf denen man kognitive Vorgänge betrachten kann.

- *Die **konzeptuelle Ebene**: exakt von symbolischen Modellen beschrieben*
- *Die **sub-konzeptuelle Ebene**: exakt von sub-symbolischen Modellen beschrieben*
- *Die **neurale Ebene**: exakt vom Gehirn "beschrieben"*

Daran schließt Smolensky folgende Überlegungen: Während die neurale Ebene zur Beschreibung intelligenter Handlungen zum Großteil (noch?) unzugänglich ist, beschreibt die konzeptuelle Ebene nur annäherungsweise, was im Zuge solcher Vorgänge vor sich geht. Daher wird eine dritte, dazwischenliegende Ebene angenommen, die als die adäquateste zur Beschreibung von kognitivem Handeln angesehen wird. Während auf der konzeptuellen Ebene Symbole die geeignetsten Mittel sind, um Wissen darzustellen, muß hier ein Formalisums existieren, der auch Information,[1] die in reinen Symbolstrukturen ausgelassen wird, miteinschließt. Wissen wird in einer Form festgehalten, die gewissermaßen unterhalb der symbolischen Ebene liegt, in dem Sinn, daß

---

[1] Unter **Information** soll hier recht allgemein jedes Detail in der Welt oder im Modell gemeint sein, das für Teile des Modells etwas bewirken oder auslösen kann. Die Betrachtungen gehen also wie der klassische Ansatz von einer Theorie der Intelligenz als Informationsverarbeitung aus, wobei ein Beobachter entscheiden muß, ob eine Information "sinnvoll" ist. Der Begriff 'Information' soll also nicht an die Begriffe 'Sinnhaftigkeit' oder 'Inhalt' für uns Beobachter gebunden sein.

sie eine feinere Struktur als streng voneinander abgegrenzte Symbole enthält.
Daher auch hier der Name '*sub*-symbolisch'.

Formal formuliert Smolensky eine Hypothese, die die Physical Symbol Systems Hypothesis aus Abschnitt 1.2 ersetzen soll und wie folgt lautet:

Die sub-symbolische Hypothese:
Inferenzen und die Ableitung von Wissen sind die Interaktion von einer großen Anzahl von Prozessoren (Units). Diese Interaktion erlaubt keine exakte Beschreibung auf konzeptueller Ebene, sondern muß direkt durch Modellprozessoren verwirklicht werden.

Hier hält er sich natürlich sehr an neuronale Netzwerke, die Hypothese könnte aber viel allgemeiner betrachtet werden, ähnlich wie es Hofstadter mit seinen Metaphern versucht hat.

Der Zusammenhang zwischen der sub-konzeptuellen und der neuralen Ebene ist hier noch unklar, unter anderem deswegen, weil die Funktionsweisen biologischer neuronaler Netze noch viel zu wenig erforscht sind. Der Zusammenhang zwischen sub-konzeptueller und konzeptueller Ebene ist jedoch wie folgt zu sehen: Die sub-konzeptuelle Ebene bildet die Basis für die konzeptuelle, muß also auch die Möglichkeit vorsehen, die Symbole zu realisiseren, mit denen Vorgänge auf der konzeptuellen Ebene arbeiten. In Kapitel 1 war bereits von einer *Einbettung* symbolischer Vorgänge die Rede, was sich nun auch hier widerspiegelt. Wenn konzeptuelles und symbolisches Handeln als Epiphänomen der darunterliegenden Prozesse betrachtet wird, so läßt es sich vollständig nur dann verstehen, wenn man es von diesen *nicht* loslöst, sondern stattdessen in diese einbettet.

Der Mechanismus, der die Vorgänge auf der sub-konzeptuellen Ebene durchführt, wird von Smolensky der *intuitive processor* (IP) genannt, woran wir uns auch halten wollen. Der IP ist die virtuelle Maschine, auf der alle sub-symbolischen Prozesse ablaufen. Dem gegenüber stellt Smolensky den *conscious rule interpreter* (CRI), die Maschinerie, die für bewußte symbolische Handlungen und Regelanwendungen zuständig ist. Diese Zweiteilung, wie sie hier dargestellt wird, ist sicher nicht so streng zu sehen, wie es den Anschein hat. Es könnten – so wie bei Hofstadter – beliebig viele Ebenen dazwischen angenommen werden, die mehr oder weniger ineinander übergehen. Der CRI faßt sozusagen die Spitze der Hierarchie zusammen, ist aber nicht allein auf die oberste Ebene beschränkt, da auch bewußtes Denken von Wissen Gebrauch machen kann, das unterhalb der höchsten konzeptuelle Ebene liegt.

Der IP umfaßt vor allem die Vorgänge, die instantan, also assoziativ oder intuitiv ohne bewußtes Zutun ablaufen. Wichtig ist, daß überhaupt eine Unterscheidung von Ebenen gemacht wird, da ihr Fehlen in der klassischen Auffassung neben anderen Gründen – wie wir sehen werden – Anlaß für die starken prinzipiellen Grenzen des Ansatzes ist.

Um auf Abb. 1.3 in Kapitel 1 zurückzukommen, dessen zweiter Teil nochmals leicht verändert in Abb. 4.1 dargestellt ist, lassen sich folgende Parallelen zwischen Smolensky's Nomenklatur und unseren ersten Forderungen an ein sub-symbolisches Modell ziehen: Der IP in der sub-symbolischen AI ist das Rah-

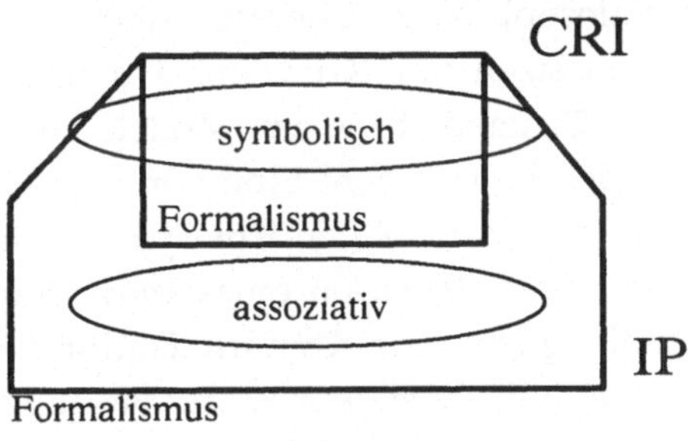

Abb. 4.1

menwerk, das assoziative und intuitive Prozesse modelliert (unterer Teil der Abbildung) während der CRI der Modellteil ist, der hauptsächlich bewußte symbolische und konzeptuelle Vorgänge des Denkens nachvollzieht. Dieser ist vollständig im IP *eingebettet*, in dem Sinn, daß die symbolischen Strukturen, die dort verwendet werden, aus der sub-symbolischen Struktur im Sinne eines Epiphänomens *hervorgehen* müssen (daher umfaßt der untere Bereich nun auch den oberen). Um auf das Beispiel der Konfrontation mit einem Tiger aus Kapitel 1 zurückzukommen: Die Vorgänge, die dort unbewußt abgelaufen sind – also das Erkennen der Gestalt als einen Tiger, die Einschätzung der Relevanz von Schulwissen, etc. – sind auf der Ebene des IP anzusiedeln, wohingegen die bewußt durchgeführten Handlungen – wie etwa die Schlußfolgerung aus der sprachlich formulierten Regel "Wenn der Wind zu mir weht, dann ungefährlich" – Prozesse des CRI sind. Zwischen diesen beiden Ebenen der Betrachtung ist offensichtlich eine ständige Interaktion im Gange.

In diesem Buch werden wir uns hauptsächlich auf der Ebene des IP bewegen, die meisten Themen werden also aus der Sicht des assoziativen und intuitiven Handelns betrachtet. Da die Forschungen sich erst im Anfangsstadium befinden, wäre es weit verfrüht, das Wesen des CRI ebenfalls abstecken zu wollen.

Erkenntnisse der klassischen AI werden hier zwar helfen können, aber es erscheint bei genauer Betrachtung klar, daß die Prozesse auch dort nicht nach dem strengen algorithmisierten Schema des symbolischen Paradigmas ablaufen. Wir werden das Thema CRI daher nur hin und wieder streifen, bzw. einige Möglichkeiten der Einbettung in und der Interaktion mit dem IP betrachten.

Beim Lesen dieser Zeilen sollte jedem bewußt sein, daß die Termini 'Symbol' (Wort) und 'Konzept' (Begriff; dies ist eine Übersetzung aus dem englischen 'concept') etwas anders gebraucht werden, als in weiten Teilen der psychologischen oder philosophischen Literatur, und oft auch in der AI. Symbol ist hier nicht gleichzusetzen mit Konzept.[2] Unter Konzept wäre ein bestimmter klarer mentaler Zustand, bzw. im Modell ein Zustand des Equilibrium zu verstehen, der sich in gewissem Sinn von anderen (nicht-konzeptuellen) Zuständen abhebt (vgl. Amari 1977). Ein Symbol hingegen ist ein davon losgelöstes Element, das mittels *Intention* eines Individuums für ein Konzept steht und das zur Darstellung bzw. zur Kommunikation verwendet wird. Es ist somit ein *linguistisches* Symbol, so wie ein Wort, das den "Namen" eines konzeptuellen Zustands darstellt. Ein Symbol hat somit *Tokenfunktion*, ist also ein String oder ein anderes Zeichen, das unabhängig von dem, wofür es steht, betrachtet werden kann. In diesem Sinn wollten Newell & Simon (1976) Symbole in der PSSH verstanden wissen, und so sollen sie für den Moment auch hier betrachtet werden. In Kapitel 6 wird nochmals ausführlich auf das Thema 'Symbole' zurückgekommen werden.

4.2 Die Gebirgsanalogie

Der Unterschied zwischen sub-konzeptueller und konzeptueller Ebene soll mit einer weiteren Metapher verdeutlicht werden. Angenommen, der Raum der internen Zustände, die ein System annehmen kann, sei als ein dreidimensionaler Gebirgszug dargestellt (siehe Abb.4.2). Dieser Zustandsraum ist es, der ein gewisses Verhalten des Systems ermöglicht, und könnte daher sein *Wissen* genannt werden, genauso wie wir im ersten Teil des Buches die Gewichtsmatrix eines Netzwerks als dessen (statisches) Wissen bezeichnet haben. Eine solch allgemeine Definition soll von nun an auch die Bedeutung des Begriffs 'Wissen' sein. Punkte auf der Oberfläche des Gebirges entsprechen somit einzelnen (dynamischen) Wissenszuständen, die basierend

---

2 Diese Verwendung unterscheidet sich **auch** von der in Smolensky (1988)!

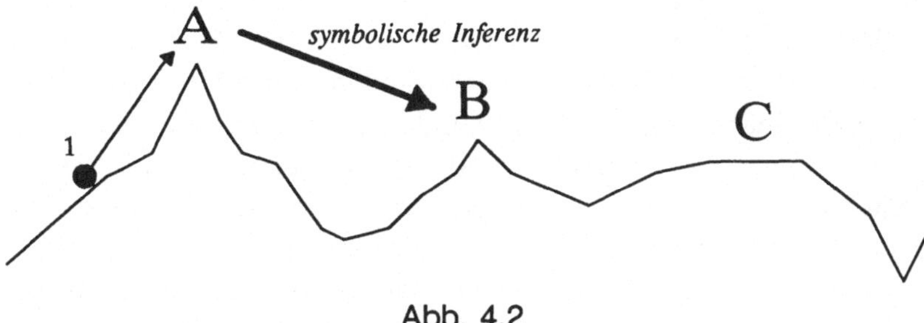

Abb. 4.2

auf einem gewissen Input erreicht werden können. Die "Höhe" der Punkte
auf der Oberfläche soll in der Analogie einem Aktivierungsgrad des Zustands
entsprechen, etwa in dem Sinne der künstlichen Energie oder Harmonie des
Systems, wie in Kapitel 3 für neuronale Netzwerke beschrieben. Nun können
wir postulieren, daß Gipfel in diesem Gebirge mehr oder weniger klaren Konzeptualisierungen entsprechen, wenn man annimmt – so wie vorhin schon angedeutet – daß Konzepte einen internen Zustand maximaler oder minimaler
Energie induzieren, der für längere Zeit erhalten werden kann.

Was in der symbolischen Wissensrepräsentation geschieht, ist nun so zu
verstehen: Symbole, d.h. in ihrer Form beliebige Einheiten ('Tokens'), werden
zunächst nur für klare, also konzeptuelle Zustände eingeführt, das heißt für
solche, wo eine Entscheidung, ob es sich um das eine oder das andere Konzept
handelt, leicht fällt. In der Analogie heißt das: Die meisten Symbole stehen für
die Gipfel in diesem Gebirge. Soll ein Wissenszustand (z.B. Punkt 1) mit
einem Symbol ausgedrückt werden (wie es etwa in der Sprachkommunikation
notwendig ist), so muß in dieser Analogie der zu diesem Ausgangspunkt
näheste Gipfel (hier: A) erklettert werden. Im allgemeinen wird es viele klar
unterscheidbare Gipfel geben, aber ebenso viele eher flache Hügel, bei denen
nicht eindeutig ist, wo sich der höchste Punkt befindet. Diese entsprechen den
eher verschwommenen (im Englischen 'fuzzy') Konzepten, die sich leicht
durch den Kontext beeinflussen lassen.

Da sich das symbolische Paradigma nur der Symbole bedient, die die
Oberfläche durch repräsentierte Punkte (oder Flächen[3]) ersetzen, ist nun leicht

---

3 Wir können in dieser Analogie zwei gleichberechtigte Sichtweisen annehemen: Die
eine sagt, daß einzelne Punkte durch Symbole ersetzt werden. Somit muß für eine
Umsetzung der nächst-liegende repräsentierte Punkt erreicht werden. Die andere
sagt, daß die ganze Fläche (also der "ganze Berg") d.h. alle Punkte, die dem
Gipfel zugeordnet sind, unstrukturiert (!) ersetzt werden. Hier wird die erste Sichtweise angenommen.

zu sehen, was hier versucht wird: nämlich im Prinzip eine Modellierung der Struktur durch eine Aufstellung der Gipfel und ihrer Relationen untereinander (wie die Höhen und Distanzen) herzustellen. Obwohl dieses Modell eine ziemlich gute Annäherung und Beschreibung der Wirklichkeit ist und auch in vielen Fällen seinen Zweck erfüllt (in ähnlicher Weise wie eine Beschreibung eines tatsächlichen Gebirges mittels verbaler Angabe seiner Gipfel und deren Relationen sehr oft ausreichend ist), wird es doch eine Reihe von anderen Fällen recht unbefriedigend beschreiben. Zum Beispiel erklärt die Repräsentation eines flachen Hügels (wie C) durch seinen Gipfel nicht, daß dem Gipfel benachbarte Punkte fast gleichberechtigt sind.

In ähnlicher Weise kann das symbolische Paradigma keine Antwort auf das folgende Problem geben (siehe Abb. 4.3). Man betrachte Punkt 1 auf der

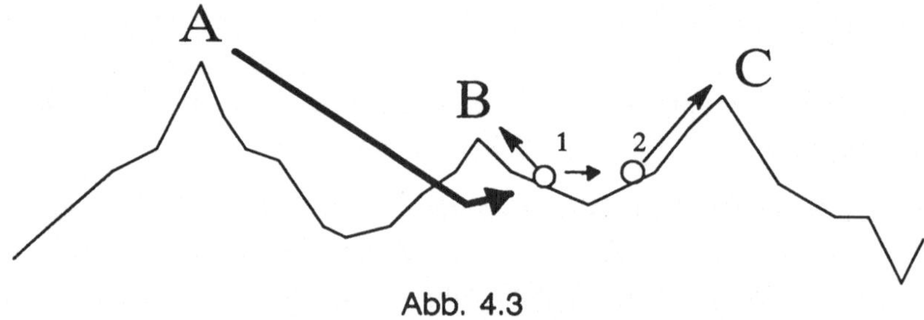

Abb. 4.3

Oberfläche zwischen B und C, der ein Punkt sein könnte, der aufgrund eines bestimmten Inputs und des Ausgangspunkts A aktiviert wurde. Von 1 aus wäre Gipfel B am leichtesten zu erreichen, und das zugehörige Symbol würde in diesem Augenblick als dessen Beschreibung gewählt werden. Allerdings würde nur wenig Anstrengung (d.h. Kontexteinfluß) genügen, um Punkt 2 statt Punkt 1 zu aktivieren. Von dort allerdings ist Gipfel C der leichter zu erreichende. Auf konzeptueller Ebene sieht das wie zwei völlig verschiedene Übergänge aus (A nach B, bzw. A nach C). Nimmt man also nur die Gipfel für die Beschreibung der Übergänge (die in der Analogie etwa den Inferenzen entsprechen), so kann man in diesem Fall nicht erklären, daß es von A–>B zu A–>C nur ein kleiner Schritt war, der leicht von anderen Aktivitäten ausgelöst werden könnte.

Gemäß dieser Analogie erzeugt das symbolische Paradigma die Illusion, daß das internalisierte Wissen nur aus den Gipfeln (den Konzepten) besteht, und versteckt das, was dazwischen liegt. Daher können eine Reihe von kleinen (aber vielfach wichtigen) Details in den Übergängen zwischen Zuständen nicht modelliert werden. Anders ausgedrückt: Das symbolische Modell kennt nur die Epiphänomene – das was sich aus dem Zusammenspiel mehrerer Zustände (Punkte der Oberfläche) deutlich herauskristallisiert.

Der wesentliche Beitrag der sub-symbolischen Hypothese ist es nun festzustellen, daß der Gebirgszug mehr als nur diese Gipfel enthält, nämlich aus der gesamten gekrümmten Oberfläche (in diesem Fall 2-dimensional, in Realität natürlich n-dimensional, $n \gg 2$), die alle Täler und Hänge miteinschließt. Dieser Raum inkludiert Zwischenzustände, ohne deren Berücksichtigung viele kognitive Phänomene (wie Kontextabhängigkeiten des Verstehens, Täuschungen, individuelle Bedeutungen, assoziative Zuordnungen, etc.) nicht adäquat erklärt bzw. nachvollzogen werden können.

4.3 Die symbolische Annäherung

Etwas wurde in dieser Analogie relativ stillschweigend vorausgesetzt: Nämlich, daß die Symbole, derer sich das symbolische Paradigma in Form von klassischer Wissensrepräsentation bedient, *immer* direkt den internen Konzeptualisierungen entsprechen. Diese Annahme kam nicht von ungefähr. Erstens ist es vielfach tatsächlich so, daß in Wissensrepräsentationen Symbole nur für ziemlich eindeutige Konzepte, über die wir Menschen verfügen, und für die wir auch meistens ein Wort haben, gewählt werden.[4] Zweitens kann auch eine Erzeugung von "namenslosen" Symbolen (d.h. Symbolen ohne korrespondierendes Wort in der Sprache), wie wir gleich sehen werden, praktisch nie die Struktur, die durch die Oberfläche des Gebirges vorgegeben ist, vollständig modellieren.

Tatsächlich ist das einer der Hauptangriffspunkte der Kritiker an der hier präsentierten Sicht von Wissensdarstellung. Es wird nämlich sehr oft das Argument eingebracht, daß Symbolstrukturen ja nicht auf die Gipfel beschränkt sein müssen (um bei der Sprechweise der Gebirgsanalogie zu bleiben), sondern daß man jederzeit neue Symbole für Zwischenzustände einführen, die Darstellung also beliebig fein machen könnte.[5] Dies stimmt zwar, läßt aber wieder

---

4 Siehe zum Beispiel die Literatur über semantische Netzwerke, wie Brachman & Schmolze (1985). Da dort meist Worte aus dem Englischen als Symbole gewählt werden, entsprechen diese demnach meist klaren uns zugänglichen Konzepten, die eben in der Sprache reflektiert sind. Auch für "künstliche" Worte (etwa 'edible plant') gibt es doch ziemlich klare Vorstellungen über das zugehörige Konzept.

5 Hierzu sei gesagt, daß das zwar eine vielzitierte aber doch sehr selten praktizierte Möglichkeit symbolischer Wissensrepräsentation ist (vgl. Fußnote 3).

eine entscheidende Eigenschaft von Symbolstrukturen beiseite. Wie noch ausführlich erklärt werden wird, sind Symbole in der in der AI adaptierten Definition beliebig (*arbiträr*) – d.h. ihre Form sagt nichts über den Inhalt aus – und eindeutig identifizierbar, bzw. lokalisierbar. Mit anderen Worten, sie sind atomar und können daher einzeln keine Struktur darstellen. Auf die Analogie umgelegt heißt das, daß Symbole eigentlich nur einzelnen Punkten auf der Oberfläche entsprechen, oder einen Teil der Oberfläche *unstrukturiert* ersetzen können. Damit kann man zwar durch Einführung neuer Symbole (i.e. neuer "Gipfel"- oder "Berg"bezeichnungen, die nun nicht mehr immer lokale Maxima sein müssen) die Oberfläche beliebig annähern, wird dabei aber nie vollständig die Struktur erreichen, die durch die sub-konzeptuelle Darstellung gegeben war.

Nun könnte man sagen, daß es ja ausreicht, eine Struktur beliebig genau annähern zu können. Schließlich kann man im Computer reelle Zahlen auch nur beliebig (aber nie vollkommen) genau repräsentieren, was aber zur Berechnung der meisten Probleme ausreicht. Weiters kann eine sub-symbolische Realisation (sei es ein konnektionistisches Netzwerk oder etwas anderes) auch immer nur eine Annäherung auf beliebige aber nie exakte Genauigkeit sein. Auch das stimmt im Prinzip. Der Unterschied liegt darin, *wie* in den beiden Modellvorstellungen angenähert wird.

Sehen wir uns dazu die Natur der symbolischen Annäherung etwas genauer an: Aufgrund der Tatsache, daß Symbole arbiträr sind, ihre äußere Form also nichts über ihren Inhalt aussagt, müssen Symbolbeziehungen immer explizit angegeben werden. Im semantischen Netzwerk von Abb. 1.1, zum Beispiel, ist dem Symbol APFEL nicht abzulesen, daß das repräsentierte Konzept eine Frucht ist.[6] Daher ist eine explizite *a-kind-of*-Kante zwischen *Apfel* und *Frucht* einzutragen. Jedes zusätzlich eingefügte Symbol, das eine neue Art von Frucht repräsentieren soll, muß diese Kante ebenfalls erhalten. Damit sind aber erst die Beziehungen zwischen allen Früchten und dem Konzept *Frucht* selbst hergestellt. Alle Symbole, die für verschiedene Früchte stehen, sind untereinander noch völlig unabhängig. Will man Beziehungen zwischen diesen darstellen, muß man neue Kanten (oder auch Knoten, die für Kantenbeziehungen stehen) einführen. Man sieht, daß das bereits hier rasch zu einem fast unüber-

---

6 Obwohl man sehr versucht ist, dies anzunehmen. Durch die Wahl von Wörtern als Symbole sind viele (fehlende) Eigenschaften dieser Repräsentation erst auf dem zweiten Blick zu erkennen.

windlichen Problem führt, will man tatsächlich das Wissen vollständig repräsentieren.

In der Gebirgsanalogie heißt das, daß es zwar denkbar ist, die Oberfläche durch Einführung neuer Symbole (etwa den Punkten 1 und 2 entsprechend) beliebig anzunähern, daß aber die Symbole allein "in der Luft hängen", solange nicht durch explizite Repräsentationen der Relationen – zum Beispiel zwischen benachbarten Punkten – die Einordnung der Symbole festgelegt wird. Der Unterschied zwischen dem symbolischen und dem sub-symbolischen Paradigma ist also zunächst der, daß letzteres in seiner Maschinerie von vornherein die vollständige Struktur (wenn man so will, beliebig genau) theoretisch zur Verfügung stellt. Jeder neu evolvierende aktive Zustand, also auch jedes neu hinzukommende Konzept, ist automatisch in die Gesamtstruktur eingefügt (das haben wir ja im Ansatz schon bei der Diskussion verteilter Repräsentationen gesehen). Das symbolische Paradigma hingegen müßte sich die Struktur erst mittels "Herantasten" konstruieren, da es keine Möglichkeit der nicht-linearen Interpolation hat. Später werden noch weitere Gründe für die Unzulänglichkeit erkennbar werden.

Das entscheidende Problem bei der Herantastung liegt an der Interpretierbarkeit der Symbole. Dem Designer fällt es schwer, Zwischenzustände genau zu definieren, da sie ihm (ihr) selbst meist nicht bewußt zugänglich sind. Solch eine Definition wäre aber notwendig, um neu erzeugte Symbole (etwa eines, das in LISP durch die Funktion GENSYM[7] erzeugt wird) einzuordnen. Will man dies das System selbst automatisch machen lassen (durch symbolisches Maschinenlernen), so müßte man in ähnlicher Weise zumindest einen Algorithmus für die Einordnung angeben. Die erwünschten Zwischenzustände für diese zu definieren ist aber mindestens ebenso schwierig bis unmöglich.

Wenn in diesem Buch die Rede davon ist, daß ein symbolverarbeitendes System Kognition *nicht effizient* oder *nicht effektiv* modellieren kann, dann ist genau das soeben gesagte gemeint: Theoretisch ist es schon möglich (auch im Sinne einer erweiterten Church-Turing-These), mit Symbolstrukturen ein in der Performanz zufriedenstellendes Modell zu bauen, jedoch nicht ohne ineffektive und nur schwer zu handhabende Strukturen zu erzeugen und nicht ohne den Systemdesigner vor eine schier unlösbare Aufgabe zu stellen. Diese

---

7 GENSYM ist eine Funktion in LISP, die bei jedem erneuten Aufruf ein eindeutiges, vorher noch nicht existierendes Symbol – mit einem String wie 'G00001' als Name – erzeugt. Symbole wie diese gehören in LISP – einer der wichtigsten Programmiersprachen der AI – zu den Kernelementen für die Wissensrepräsentation.

These will also nicht die prinzipielle Unmöglichkeit der rein symbolischen AI zeigen, sondern nur ihre Adäquatheit und ihre Durchführbarkeit mittels Programmierung anzweifeln. Die Church-Turing-These als Grundlage wird natürlich nie in Abrede gestellt, es wird nur festgestellt, daß sich diese nie um Effizienz, Plausibilität oder Implementierbarkeit mittels Programmierung gekümmert hat. Im Rahmen der Kognitionsforschung scheint dies nicht der richtige Weg zu sein.

Es sei hier noch anzumerken, daß natürlich auch dem Konnektionismus als Realisation von sub-symbolischer AI seine Grenzen an Effizienz und Effektivität gesetzt sind, wobei es zu diesem Zeitpunkt noch nicht genau abzuschätzen ist, wann diese erreicht sein könnten. Dies wird in Kapitel 15 noch diskutiert. Dort wird dann auch versucht, global Vor- und Nachteile der beiden Paradigmen abzuwägen.

4.4 Als Beispiel: Buchstabenerkennung

Betrachten wir zur Illustration der vorgestellten Theorie folgende Forderung: Ein System soll Wissen besitzen, das es ermöglicht, Buchstaben in gedruckter oder handgeschriebener Form mit und ohne Kontext zu erkennen (dies ist übrigens auch eines der "Lieblings"probleme von D. Hofstadter). Im symbolischen Ansatz muß es dafür nicht nur Symbole für die Buchstaben selbst geben, sondern auch für Features (Eigenschaften) derselben, die erstens leicht zu ermitteln und zweitens relevant für die Erkennung sind, d.h. in einer bestimmten Zusammensetzung eindeutig einen Buchstaben identifizieren. Abb. 4.4 zeigt mehrer Ausprägungen eines Zeichens, die von den meisten Kundigen der lateinischen Schrift als 'A' erkannt werden können.

Abb. 4.4

Ein offensichtlicher Ansatz, ein *A* mit symbolischen Features zu identifzieren, wäre etwa folgender:

Ein A besteht aus
– zwei schrägen, gegeneinander geneigten Linien

– die einander berühren
– und aus einer waagrechten Linie, die beide schräge Lininen schneidet

Wie man zunächst einmal sieht, entsprechen diese Features relativ klaren und uns (als intelligenten Wesen) bewußt leicht zugänglichen Konzepten (*waagrechte Linie, Berührung, etc.*), daher wurde diese Beschreibung ja auch als *offensichtlich* tituliert. Wie schon erwähnt, werden in der klassischen AI meist solche offensichtlichen Repräsentationen eingesetzt, da man sich als Designer von seinen eigenen formulierbaren Vorstellungen leiten läßt, ja lassen muß. Zur Erkennung eines 'A's müßte das prinzipiell nicht so sein. Genausogut könnte auch ein Feature wie das folgende herangezogen werden.

Feature X:
Def: vier Bildpunkte, die nicht singulär in der Ebene angeordnet sind, wobei die zwei obersten (die mit der größten y-Koordinate) näher zusammenliegen als die beiden anderen). Ein Objekt besitzt Feature X, wenn sich vier solche Punkte als Teil des Objekts finden lassen.

z.B:

Dieses Feature entspricht keiner uns im allgemeinen zugänglichen Eigenschaft von Buchstaben – da wir für gewöhnlich Einzelpunkte von visuellen Objekten kaum herauserkennen können – wäre aber dennoch formal gesehen gleichberechtigt mit den anderen oben angegebenen Features, ja könnte in vielen Fällen sogar ein 'A' besser definieren als *zwei schräge Linien.* Wie erkennen also die Crux einer Programmierung mittels Symbolen, die für etwas stehen müssen, das wir bewußt erkennen können.

Betrachten wir nun, nach dieser anfänglichen Beobachtung, genauer, was es bedeutet, symbolisch, bzw. sub-symbolisch die Aufgabe des Buchstabenerkennens zu lösen:

4.4.1 Features ersetzen den vollständigen Zustand

Wir haben gesehen, daß wir im symbolischen Ansatz identifizierende Features brauchen, da wir nicht direkt von der Form auf das Konzept schließen können (Abb. 4.4). Werden diese Features nun symbolisch repräsentiert, dann bedeutet das, daß dadurch das Muster einschließlich der Details, die zu diesen Features geführt hatten, *ersetzt* werden. Das heißt, daß alle drei Formen in Abb.26 durch den Satz von identifizierenden Features ersetzt werden, wobei etwa die Information, daß die rechte der drei Formen aus geschwungenen Linien besteht, verloren geht (da dies im Moment nicht relevant ist). Aus dieser Ersetzung folgen nun unter anderem zwei Dinge:

Zunächst ist eine exakte und genau definierte Abbildung von den Features auf das Gesamtkonzept (den Buchstaben) anzugeben. Das heißt, es muß festgelegt werden, in welcher Weise die Features das Konzept definieren, da durch die symbolische Repräsentation dieser Zusammenhang nicht von vornherein klar ist, da die Repräsentation keine Information darüber beibehält. Jedes neu hinzugenommene Feature muß außerdem durch weitere Definitionen in die Menge der bestehenden eingebunden werden (etwa durch "Das Feature *schräge Linie* steht zum Feature *horizontale Linie* in einem Verhältnis, das durch einen *Winkel* von weniger als 90 Grad gekennzeichnet ist").

Weiters folgt aus der Ersetzung, daß unweigerlich Information verloren geht, wie wir ja bereits gesehen haben. Da wir zur Erkennung nur von Buchstaben definierenden Features ausgegangen sind, haben wir andere Details (wie die Form, Geschwungenheit und andere zum Teil subtile Aspekte) außer Acht gelassen. Dies führt uns aber zum nächsten Problem:

4.4.2 Zwischenzustände und Kontext

Durch die Wahl der symbolisch repräsentierten Features haben wir den Zustandsraum durch Punkte abgesteckt. Zwischenzustände, wie sie die Gebirgsanalogie postuliert, werden jedoch ausgelassen. Wir können zwar eventuell durch Zuweisung von Wahrscheinlichkeiten (oder "Stärkegraden") zu den einzelnen Features *linear* dazwischen interpolieren, eine komplexere Struktur auf der Oberfläche ist damit aber nicht rekonstruierbar. Ein Zwischenzustand also, der sich aufgrund der mehr oder weniger stark geschwungenen Form des Buchstabens von anderen unterscheidet, kann durch die symbolische Repräsentation nicht von diesen unterschieden werden. Zwischenzustände sind aber wesentlich für die Modellierung von *Kontexteinflüssen*. Betrachten wir zum Beispiel Abb.4.5, in der zwei der Formen aus Abb.4.4 in einen (den selben) Kontext gesetzt sind.

Im ersten Fall ist es relativ leicht, die Form, die oben (ohne Kontext, bzw. mit dem Kontext der anderen beiden 'A's) als 'A' identifiziert wurde, nun als 'H'

Abb. 4.5

zu erkennen. Im zweiten Fall ist das schon erheblich schwieriger. Dies liegt einerseits daran, daß die erste Form das Feature *Berührung* nicht besitzt und daher einem 'H' ähnlicher ist als das zweite. Das wäre ja noch kein Problem für den symbolischen Ansatz. Es liegt aber sehr wahrscheinlich auch daran, daß die zweite Form aufgrund ihrer *geschwungenen Form* in gewissem Sinn einem anderen Schrifttyp zugeordnet wird und daher viel mehr "heraussticht", bzw. sich weniger in den Kontext einfügt. Eine Eigenschaft, die zunächst nicht beachtet wurde, ist hier nun wesentlich geworden; ganz abgesehen davon, daß *Geschwungenheit* wohl kaum exakt zu definieren wäre. Es handelt sich deswegen um einen Zwischenzustand in der Erkennung, weil die geschwungene Form zunächst tendiert, ein kaum bewußt werdendes Merkmal zu sein, das aber zusammen mit dem Kontext plötzlich zu einem offensichtlichen Feature wird. Diese Eigenschaft kann außerdem verschieden stark – also zu einem beliebigen Grad – ausgprägt sein.

4.4.3 Der Versuch der symbolischen Annäherung und die sub-symbolische Antwort

Man kann natürlich versuchen, dieses Dilemma dadurch zu lösen, daß Features wie *geschwungene Form* in das Modell inkludiert werden. Diese Vorgangsweise ist genau jene, die bereits allgemein im vorhergehenden Abschnitt beschrieben wurde: die Oberfläche durch neue Symbole anzunähern. Dort wurden aber mehrere Einschränkungen eben dieser Vorgangsweise angegeben, die wir auch hier beobachten können. Zunächst müßten wir als Designer *sämtliche* in irgendeinem vorstellbaren Kontext relevante Features vorsehen. Damit kommen wir in eine Schwierigkeit, die allgemein Repräsentationen anhaftet, und daher im nächsten Kapitel ausführlich behandelt wird; nämlich, daß jedes relevante Feature *vor* Design des Systems vorhergesagt werden muß. Genauso wie im Fall von *geschwungen* könnte *jeder* Aspekt des Zeichens in bestimmten Kontexten wirksam werden. Es ist nicht vorhersagbar, welche Details benötigt werden und welche nicht, bzw. welche in gewissen Situationen Anlaß für neue Features geben könnten.

Außerdem gibt es nicht nur die uns zugänglichen Konzepte, sondern theoretisch beliebig viele Features, so wie das oben angeführte – relativ willkürlich gewählte – Feature X. das bedeutet, daß die Anzahl der relevanten Features (oder besser: Wissenszustände) im Prinzip unbeschränkt ist. Mit jedem neuen Feature, das erst aufwendig eingebunden werden muß (etwa müssen wir angeben, wie das Vier-Punkte-Feature X mit dem Feature *schräge Linie* zusammenhängt), kommen wir dem Gewünschten nur schrittweise und sehr aufwendig näher.

Auf die Diskussion der Gebirgsanalogie zurückkommend wird uns das klarer. Wir haben postuliert, daß das Wissen eine komplex strukturierte Oberfläche bildet. Nun gibt es auf jeder Oberfläche theoretisch unendlich viele Punkte, i.e. Zustände. Jeder dieser Zustände könnte als ein 'Feature' bezeichnet werden, wobei viele nicht allgemein zugänglichen (da nicht klaren und hoch aktivierten) Konzepten entsprechen. Da wir aufgrund von Ressourcenbeschränkungen die Oberfläche natürlich nur beliebig annähern können, müssen wir uns auf ein Subset beschränken.

Im Gegensatz zur symbolischen Annäherung durch komplexe Einpassung von neuen Features, beinhaltet nun der sub-symbolischen Ansatz keine punktuell und isoliert repräsentierten Zustände, die den eben beschriebenen Problemen zum Opfer fallen, sondern eine große Anzahl von interagierenden Prozessen (siehe sub-symbolische Hypothese), die erst durch ihr Zusammenspiel die Oberfläche annähern. Jeder, auch nur theoretisch erreichbare, Zustand ist dadurch automatisch im Gesamtgefüge untergebracht und zunächst nicht gegenüber anderen Zuständen ausgezeichnet. Dadurch kann der Kontext beliebig Zustände in andere Zustände überführen. Erst *nachdem* dies geschehen ist, kommt es zu einer eventuellen symbolischen Formulierung des Wissens (also zu einer "Erkletterung eines Gipfels"). Davor blieb jede Information über Zwischenzustände erhalten.

Kommen wir auf das Beispiel der Buchstabenerkennung zurück: Wir haben schon im Ansatz gesehen, wovon ein sub-symbolisches Modell zur Erkennung von Zeichen ausgehen könnte: etwa von einzelnen Bildpunkten, die einem assoziativen Netzwerk als Input dienen. Die durch das Netzwerk einnehmbaren Zustände entsprechen einer (strukturierten) Annäherung an die zur Erkennung notwendige Wissensoberfläche. Da das Modell lernen kann, ist es fähig, die Oberfläche schrittweise anzunähern, ohne jemals durch Symbole zu ersetzende Features zu definieren. Das heißt unter anderem, daß das Modell zu keinem Zeitpunkt über ein Feature wie *schräge Linie* verfügen muß, in dem Sinn, daß es auch jederzeit identifizierbar sein müßte (die Betonung liegt auf 'muß nicht', da man das System ja dazu bringen könnte, genau diese Eigenschaft zu erkennen). Es ersetzt also zu keinem Zeitpunkt die möglichen Zustände durch einschränkende Repräsentationen, sondern behält jederzeit den (durch die Anzahl der Units und Verbindungen vorgegebenen) potentiellen Zustandsraum bei. Dadurch können auch nie Zwischenzustände verloren gehen, die für den Einfluß eines Kontext von Wichtigkeit sein können.

Mit anderen Worten ausgedrückt: Eigenschaften wie *geschwungene Form* sind zu jedem Zeitpunkt im abgesteckten Zustandsraum enthalten, soferne sie irgendwann während des Lernvorgangs Relevanz besitzen. Sind sie – so wie diese – halbwegs zugängliche Konzepte, so werden sie wahrscheinlich lokale Maxima an Aktivierung heranbilden und wären daher auch *hinterher* identifizierbar. Zur gleichen Zeit sind aber auch alle anderen theoretisch willkürlich zu wählenden "Features" (wie das Feature X) in der Struktur enthalten und können im entscheidenden Augenblick zum Tragen kommen. Erst die *Gesamtheit* aller im Spiel befindlichen Zustände der Prozessoren ergeben den Endzustand des Systems.

4.5 Die Gegenprobe: identifizierbare Features

Stimmt all das Gesagte über sub-symbolische Modellvorstellungen anhand der Gebirsganalogie, so müßte es möglich sein, in einem solchen Modell *hinterher* (das heißt *nach* dem Lernen) stark aktivierbare Zustände im Zustandsraum des Netzwerks zu identifizieren, die man als einige der symbolischen Features, die in klassischen AI-Systemen verwendet werden, interpretieren könnte. Denn schließlich sind wir davon ausgegangen, daß das symbolische Modell eine *Annäherung* des sub-symbolischen ist, und daher für Anwendungen, bei denen es auf Zwischenzustände und daraus resultierende Effekte nicht ankommt, halbwegs adäquat die Vorgänge nachvollzieht. Wenn wir uns nun wieder auf konnektionistische Modelle konzentrieren, ist diese nachträgliche Interpretation nun tatsächlich (unter bestimmten Umständen) möglich, wie ein kleines

Modell von Hinton (1986) zeigt. Die Hypothesen über den Zusammenhang der beiden Modellvorstellungen werden damit sozusagen durch "Gegenprobe" untermauert.

Hinton versuchte, ein assoziatives Netzwerk darauf zu trainieren, eine Repräsentation einer Person und einer Verwandtschaftsbeziehung (z.B. *Onkel*) auf die Repräsentation der zugehörigen Person (z.B. den Onkel) abzubilden. Dies ist ein Problem, das sich exakt durch symbolische Regeln beschreiben läßt, wo also Zwischenzustände (etwa Zustände, die "zwischen" den repräsentierten Personen im Sinne einer uneindeutigen Zuordnung liegen) fast keine Rolle spielen. Was Hinton mit diesem Modell, das die Assoziationen erfolgreich erlernte, zeigen konnte, ist folgendes:

– ein sub-symbolisches Modell wie dieses ist fähig, auch klar symbolisch beschreibbare Prozesse nachzuvollziehen, es schließt also diese Prozesse mit ein (merke: Die Tatsache, daß das Problem symbolisch beschreibbar ist, heißt nicht, daß es im allgemeinen bewußt symbolisch gelöst werden muß, daher kann es Teil des IP sein).

– eine Interpretation des sich durch den Lernvorgang ergebenden Zustandsraumes (durch die Gewichte des Netzwerkes gegeben) als Zusammensetzung symbolischer Features kann in der Tat möglich sein.

Abb. 4.6 zeigt die von Hinton zugrundegelegten Stammbäume ("Trainingsset") und die Gewichte von zwei der insgesamt sechs Hidden Units nach dem Lernen. Der Name der entsprechenden Unit im ersten Stammbaum ist zur Identifizierung angegeben und bezieht sich auf die oberen Reihen der Gewichte (es wurde lokale Repräsentation gewählt). Die unteren Reihen sind die Gewichte der Verbindungen, die von den entsprechenden Units des zweiten Stammbaums ausgehen.

Wie zu erkennen ist, lassen sich etwa Unit 1 als das Feature *Nationalität* (es gibt zwei unabhängige Stammbäume der Nationalitäten *Italiener* und *Engländer*) und Unit 2 als (dreiwertiges) Feature *Generation* (es gibt Personen dreier Generationen) interpretieren. Diese Interpretation erfolgt leicht aufgrund der Tatsache, daß die entsprechenden Units relativ eindeutig auf die verschiedenen Ausprägungen der Features verschieden stark ansprechen (etwa maximal positiv oder maximal negativ). Dies ist wiederum an den Farben der Gewichte zu ersehen (ein weißes Quadrat bedeutet ein positives Gewicht, ein schwarzes ein negatives). *Nationalität* und *Generation* sind zwei Features, die offensichtlich für die Zuordnung von Verwandten in der hier gegebenen Form eine entscheidende Rolle spielen, die aber weder in der Repräsentation enthalten waren, noch sonst wie explizit dem Modell vorgegeben wurden. Es wurden

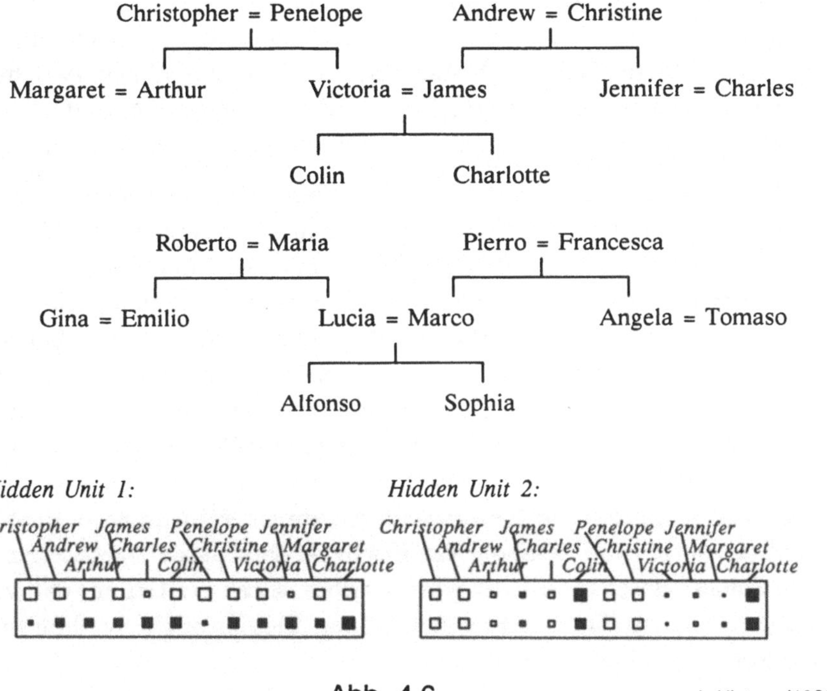

Abb. 4.6   nach Hinton (1986)

also selbsttätig Eigenschaften erlernt, die sich nachträglich symbolisch interpretieren lassen. Diese Interpretation bleibt aber auch hier nur eine ungefähre.
Sollte zu irgendeinem Zeitpunkt doch ein Zwischenzustand relevant sein, so ist
dieser durch die Gewichtsverteilung dennoch noch gegeben, die erkannten
Features können also (durch zusätzliche Aktivierungen) jederzeit "umgangen"
werden.

Daraus kann geschlossen werden, daß man eine symbolische Modellierung
tatsächlich als Annäherung der umfassenderen sub-symbolischen auffassen
kann (was Prozesse auf dem Niveau des IP betrifft!).

4.6 Die konnektionistische Version des sub-symbolischen Paradigmas

Als Hofstadter 1985 zum ersten Mal den Ausdruck 'sub-symbolisch' zu Papier
brachte, waren neuronale Netze zwar schon seit Jahrzehnten bekannt, aber der
Zusammenhang seiner Ideen zum Konnektionismus war (zumindest für

Hofstadter) noch unbekannt. Smolensky (1988) hingegen formulierte seine Version des sub-symbolischen Paradigmas in einem Paper mit dem Titel "On the proper treatment of connectionism" und hatte daher konnektionistische Netzwerke im Auge. Daher soll hier nun der Zusammenhang zwischen den Ideen, die bis jetzt in diesem Kapitel beschrieben worden sind, und neuronalen Netzwerken noch etwas genauer unter die Lupe genommen werden.

Zunächst kann natürlich beobachtet werden, daß neuronale Netzwerke aufgrund ihrer massiven Parallelität die besten Voraussetzungen für die von der sub-symbolischen Hypothese geforderte massive Interaktion kleiner Einheiten, die sich zu Epiphänomenen wie Konzepten zusammenspielen können, haben. Nimmt man die Gesamtheit der Aktivierungen aller Units eines Netzwerks (z.B. in Form eines Vektors), so erhält man damit einen potentiell riesigen Raum an Zuständen, die kontinuierlich variieren können. Aufgrund der Eigenschaften verteilter Netzwerke, die ja ausführlich behandelt wurden, passen sich neue Zustände automatisch in dieses Gefüge ein. Dies ist deswegen der Fall, weil in neuronalen Netzwerken Aktivierungsmuster nicht unabhängig von ihrer Form (so wie Symbole mit Tokenfunktion in der klassischen Sicht) sondern anhand derer verarbeitet werden. Dies ist mit ein Grund, daß verteilte Zustände nicht losgelöst von ihrer Bedeutung, also nicht als Symbole im klassischen Sinn betrachtet werden können.

Wie steht es nun mit den anderen Überlegungen hinsichtlich sub-symbolischen Wissens? Ansatzweise haben wir ja im letzten Abschnitt bereits gesehen, wie in einfachen assoziativen Netzwerken Vorgänge bemerkbar werden, die in der Metapher der Gebirgsanalogie, bzw. der Mehrebenen-Modellvorstellung postuliert wurden. Primär ist dort ein konzeptueller Zustand durch eine stark aktivierte Unit (z.B. Hidden Unit 1 für *Nationalität*) gegeben. Allerdings werden die anderen Hidden Units aufgrund der verteilten Verarbeitung auch einen kleinen Anteil an diesem Konzept haben. Wir müssen also dennoch die Gesamtheit der involvierten Units betrachten.

Um zu sehen, ob dieser Zustand auch wirklich einen hohen "Aktivierungsgrad" (wie auch immer definiert) besitzt, also einen Gipfel in der Wissensoberfläche des Netzwerks darstellt, könnte folgendes Maß eingesetzt werden: das Verhältnis zwischen Gesamtaktivierung (im normalen Sinne von Unitaktivierungen) zum "Zerstörungsgrad", der entsteht, wenn dieser Zustand, bzw. die ihn realisierenden Units und Gewichte, entfernt würden. Unter Zerstörungsgrad muß man sich dabei den Anstieg des Gesamtfehlers (z.B. der "summed squared error") des Netzwerks vorstellen. Wenn dieses Maß ein lokales Minimum bei dem betrachteten Zustand erreicht, so handelt es sich tatsächlich um einen Gipfel. Mit anderen Worten, der Zustand "ragt" deshalb über andere Zustände hinaus, da er bei minimaler Aktivierung maximale Information für den Netzwerkprozeß beinhaltet (vgl. Kindermann & Linden 1989).

In Hintons Modell sind konzeptuelle Zustände dieser Art (zumindest einige davon) relativ lokalisierbare Aktivierungen des Hidden Layers, was sich jedoch nicht auf beliebige assoziative Netzwerke verallgemeinern läßt. Je größer die Dimensionalität des Problems, und vor allem des Hidden Layers, desto verteilter bleiben auch klare konzeptuelle Zustände in dieser Definition. In vielen Anwendungen (siehe auch Kapitel 12) will man diese Eigenschaft allerdings nicht. Eine andere Möglichkeit wäre deshalb, die Lokalisierbarkeit konzeptueller Zustände zu erzwingen, was sehr schön mit Hilfe kompetitiver Layer zu realisieren ist.

Betrachten wir dazu einen voll lateral verbundenen Layer, so wie er in den Abschnitten 2.4.2 und 3.1.3 beschrieben ist. Wir haben zwei wichtige Fälle unterschieden: die starke Kompetition mit dem "rich get richer"-Effekt (WTA, topographic maps) und die Mustervervollständigung (Hopfield Netzwerk). In beiden Fällen wird – ausgehend von einem beliebigen Anfangszustand – ein stabiler Endzustand erreicht, in dem ein oder mehrere Units stark aktiviert sind, die anderen nur sehr schwach. Wir haben anhand der Liapunov-Funktionen gesehen, wie man dieses Update in vielen Fällen als Minimierung einer künstlichen Energie betrachten kann. Nimmt man nun diesen Energiewert mit umgekehrten Vorzeichen direkt als "Aktivierungsgrad" eines Zustandes, so kann man die Aktivierungsmuster am Ende des Updates wieder als konzeptuellen Zustand bezeichnen. Solch ein Zustand ist stabil, klar gegenüber anderen abgegrenzt, und zusätzlich relativ gut lokalisierbar, weshalb er später auch noch *identifizierbarer Zustand (identifiable state)* genannt wird. In einem Layer können nun mehrere solcher konzeptuellen Zustände gespeichert sein (idealerweise durch Lernen), die abhängig vom Initialzustand und vom Kontext aktiviert werden können.

Smolensky (1988) schreibt in diesem Zusammenhang: "The contents of consciousness reflect only the large-scale structure of activity patterns: subpatterns [...] that are stable for relatively long periods of time" (Smolensky 1988, S.13). Wichtig scheint also tatsächlich die Stabilität eines konzeptuellen Zustands zu sein, da er – wenn das Konzept bewußt zugänglich werden soll – für einige Zeit aktiv bleiben muß.

Man sieht also, daß konnektionistische Netzwerke gemäß der sub-symbolischen Hypothese betrachtet werden können und somit die Grundvoraussetzungen für ein sub-symbolisches Modell erfüllen. Sie können einen hochdimensionalen, reichhaltigen Zustandsraum implementieren, in denen Konzepte als Epiphänomen hervortreten. Das heißt aber nicht, daß automatisch jedes konnektionistische Modell ein sub-symbolisches wäre – weit gefehlt! Dazu müssen eine Reihe von Annahmen und deren Konsequenzen ständig im Auge behalten werden, von denen einige in den folgenden Kapiteln besprochen werden sollen. Außerdem wird die Modellvorstellung noch um einige Forderungen, bzw. Annahmen erweitert werden.

5 Repräsentation und Selbstorganisation

5.1 Allgemeines

In diesem und den folgenden Kapiteln sollen verschiedene Themen, die in der Artificial Intelligence eine große Rolle spielen, unter den Gesichtspunkten des im letzten Kapitel definierten Sub-symbolischen Paradigmas beleuchtet werden. Das dabei wohl zentralste Thema ist das der *Wissensrepräsentation*. Wie schon in Kapitel 1 erläutert, ist es eine der Grundhypothesen der klassischen AI, daß ein System Wissen über die Welt repräsentieren muß, um intelligent handeln zu können. Was bedeutet nun 'Repräsentation', bzw. wie wird dies in der AI im allgemeinen definiert?

Gehen wir dazu von folgender sehr strengen Definition aus: Repräsentation bedeutet demnach, daß eine Menge von identifizierbaren und realisierbaren Entitäten für Konzepte in der Welt stehen. Dafür müssen zwei Voraussetzungen erfüllt sein: Erstens muß eine *Welt*, die real aber auch imaginär sein kann, existieren, damit sie repräsentiert werden kann. Zweitens muß es eine eindeutige *Abbildung* von den Entitäten auf die Konzepte in der Welt geben. Die Form der Repräsentation (z.B. das Aussehen der Symbole) kann somit arbiträr sein, und ist es in der klassischen AI auch, erst die Abbildung bestimmt ihre Bedeutung. Abb. 5.1 zeigt dies schematisch. Wie zu sehen ist, muß eine bedeutungsbestimmende Abbildung auch von den Relationen zwischen Symbolen (die ja auch meist durch Symbole dargestellt werden) auf die Relationen zwischen Konzepten existieren.

5.2 Symbolische Repräsentation

Symbolische Repräsentation zeichnet sich dadurch aus – wie der Name sagt – daß die repräsentierenden Einheiten Symbole sind, d.h. eindeutig identifizierbare Elemente, deren Form unabhängig vom Inhalt ist. Wie wir bereits im letzten Kapitel gesehen haben, geht bei dieser Art von Repräsentation Wissen

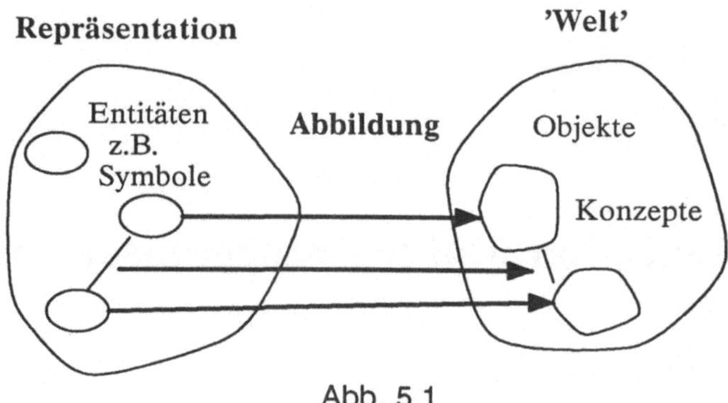

Abb. 5.1

verloren, da eine komplexe Wissenslandschaft durch singuläre Punkte (oder unstrukturierte Flächen) ersetzt wird. Um bei der Gebirgsanalogie zu bleiben: eine Liste von Bergnamen und (einiger) ihrer Relationen zueinander wäre das Analogon zur symbolischen Repräsentation (eine Landkarte, auch ohne Höhenlinien, enthält bereits eine direkte und sub-symbolische Repräsentation der Gipfeldistanzen).

Zusätzliche Eigenschaften symbolischer Repräsentation sind die folgenden:

(1) Um ein funktionierendes System zu bauen, ist eine *vollständige Formalisierung* der Domäne (= Übersetzung in Symbolstrukturen) vonnöten. Ein fehlendes Symbol kann in einigen Fällen zum Systemstillstand führen.

(2) Diese Formalisierung muß *vor* dem Aufbau des Systems geschehen, es müssen also alle notwendigen Konzepte vorhergesagt werden.

(3) Aus (1) und (2) folgt, daß solch ein System extrem *domänenabhängig* ist, außer man geht von der unrealistischen (wenn nicht überhaupt unmöglichen) Vorstellung aus, es liege eine Repräsentation des gesamten "Weltwissens" vor.

(4) Wie bereits erklärt, ist eine nicht notwendige, dennoch oft eingehaltene Eigenschaft symbolischer Repräsentation, daß hauptsächlich (dem Designer) bewußt zugängliche Konzepte repräsentiert werden.

Man könnte versuchen, Eigenschaften (1) – (3) dadurch aufzulockern, daß man das System *lernen*, also neue Repräsentationen selbst akquirieren läßt (einen guten Überblick dazu bietet etwa Michalski et al. 1983 und 1986). Wie allerdings die Diskussion um die symbolische Annäherung gezeigt hat, ist das nur dann möglich, wenn entweder alle zu lernenden Konzepte vorher ebenfalls formalisiert werden (-> Eigenschaft (1)), oder zumindest ein eindeutiger Mechanismus angegeben wird, wie neue symbolische Repräsentationen in die bestehenden eingepaßt werden sollen (-> (2) und (3)). Die Wissenserweiterung ist also auf Konzepte beschränkt, die sich als vollständige Kombination der vom Designer vorgebenenen Konzepte darstellen lassen.

5.3 Sub-symbolische Repräsentation

Repräsentation im Rahmen der *sub-symbolischen Hypothese* bedeutet zunächst folgendes: Da davon ausgegangen wird, daß die gesamte Wissensoberfläche einen Platz im Modell finden soll, können die repräsentierenden Entitäten keine Symbole sein, sondern müssen aus Elementen bestehen, die strukturisomorph zur gewünschten Oberfläche zusammengesetzt werden können. In der Gebirgsanalogie kann man sich sub-symbolische Repräsentation als den Versuch vorstellen, eine *Reliefkarte* des Gebirges zu gestalten, das die Welt darstellt. Als Beispiel dazu diene wieder das einfache Netzwerk aus Kapitel 2 (Abb. 2.8), das Affenarten repräsentiert. Durch den Ansatz, die Repräsentation auf mehrere Units zu verteilen, die mit anderen Unitgruppen überlappen, wird versucht, die detaillierte Struktur des Wissens über Affen – etwa, daß Gorillas im Aussehen Orang Utans ähnlicher sind als Schimpansen, oder ein leicht anderes Verhalten zeigen – zu erhalten. Wird das System nun plötzlich mit einer neuartigen Situation konfrontiert – etwa mit einem Wesen, das Eigenschaften von sowohl Gorillas als auch Schimpansen hat, oder einer neuen Merkmalskombination wie einem Affen, der spricht – können sowohl unausgeprägte Zwischenzustände, als auch neue ausgeprägte Konzepte entstehen, die alle automatisch in das Gesamtgefüge eingeordnet sind.[1] Daher sind auch neue Konzepte (zumindest in Theorie) stets adäquat eingepaßt, bzw. wurden durch die Formung der Wissenslandschaft in Relation zu den anderen gestellt.

Nach wie vor wird allerdings diese Art von Repräsentation von den doch ziemlich einschränkenden Eigenschaften (1) bis (4) beherrscht:

– Formalisierung ist nach wie vor vor dem Aufbau des Systems notwendig. Es gilt, möglichst genau die notwendige Wissensoberfläche zu bestim-

---

1 Um dieses Beispiel wirklich zu verstehen, muß man sich die Units in Abb. 2.8 als "echte" Microfeatures ohne Interpretation vorstellen, da ansonsten der Unterschied zum symbolischen Ansatz nicht herauskommt.

men, was in vielen Fällen wesentlich schwieriger ist als die Bestimmung einzelner Konzepte, da ja nicht die gesamte Oberfläche zugänglich, bzw. formulierbar und daher mitteilbar ist. –> (1), (2)

– Das Modell ist daher immer noch domänenabhängig, solange nicht gelernt werden kann (davon aber später). Es können keine vollkommen neuartige Konzepte eingepaßt werden, daß Modell bleibt also "blind" (Winograd & Flores) gegenüber unvorhergesehenen Situationen. –> (3)

– solange keine Selbstorganisation (kein Lernen) stattfindet, müssen auch nach wie vor die repräsentierten Konzepte nach den selben Kriterien dem Designer zugänglich sein (s. oben). Die Details, die dies nicht sind, können demnach betsenfalls durch Schätzungen ermittelt werden. –> (4)

Aus dem letzten Punkt sieht man, daß ein zusätzliches Problem hinzukommt, das aufgrund der Token-Eigenschaft der Symbole früher nicht vorlag: die Frage, wie man ein verteiltes Muster als Repräsentation bestimmt, sodaß es Ähnlichkeiten zwischen den repräsentierten Konzepten optimal darstellt, also weder über- noch unterbetont (siehe auch Kapitel 3, Abschnitt 3.4, wo die Schwierigkeiten, eine geeignete verteilte Darstellung zu finden, besprochen wurden). Dies ist unter anderem unter dem Namen *Codierungsproblem (coding problem)* bekannt.

Zunächst scheint man sich also im sub-symbolischen Modell fast ebensoviele Nach– wie Vorteile eingehandelt zu haben. Allerdings wurde ja noch nicht von einer der wesentlichen Komponenten der sub-symbolischen Modelle – der *Selbstorganisation* – gesprochen. Da scheint sich etwas abzuspielen, das über Repräsentation im strengen Sinn hinausgeht. Doch dazu in Kürze mehr.

5.4 Die Notwendigkeit eines Interpreters

Woran liegt es, daß – sowohl die symbolische als auch die sub-symbolische – Repräsentation den Eigenschaften (1) bis (4) unterliegt? Betrachten wir nochmals die zwei strengen Voraussetzungen dafür, daß etwas *Repräsentation* genannt werden kann.

Zunächst wäre hier die *Abbildung* vom Repräsentierenden zum Repräsentierten zu untersuchen. Sie wird in den meisten Fällen vom (menschlichen) Designer definiert und durch einen entsprechenden Entwurf des Algorithmus in das System eingebracht. Dies ist nicht immer so offensichtlich für jedermann, was zum Großteil wieder an der Form der meisten Repräsentationen (i.e. eine

Symbolstruktur, die sich Wörtern aus der Muttersprache von Designer und Benutzer bedient) liegt. Zum Beispiel entspricht in einem semantischen Netz, das Wissen über Tiere in der (uns bekannten, wirklichen) Welt repräsentieren soll, das Symbol HUND meist dem uns geläufigen Konzept *Hund*. Man sagt also, das Symbol HUND *repräsentiert* dieses Konzept. Allerdings ist ein Satz wie dieser letzte notwendig, um diese Repräsentation herzustellen, denn das Symbol für sich allein trägt diese Bedeutung nicht. Ganz genauso könnte HUND auch für das Konzept einer Katze stehen, wir als des Deutschen mächtige Benutzer des Systems sind bloß verleitet zu glauben, das Symbol für sich enthielte schon die ganze Information. Ohne den Abbildungsmechanismus[2] vom Symbol auf das Konzept kann man allerdings nicht von einer Repräsentation sprechen. Und für diesen Abbildungsmechanismus ist ein Interpreter, also jemand, der ihn für uns oder die Maschine definiert, notwendig.

Die Forderung nach einem Interpreter stellt sich als entscheidend heraus, wenn die Wissensrepräsentation nicht bloß auf dem Papier existieren, sondern auf einer Maschine einen Vorgang steuern soll. Dort äußert sich diese Abbildung wie gesagt im Aufbau der einzelnen Prozesse (im Algorithmus), die zum Beipspiel die adäquate Speicherzelle ansprechen oder ein bestimmtes Wort ausgeben sollen. Verlangt man zum Beispiel jedesmal, wenn es um Hunde geht, eine bestimmte Ausgabe und programmiert das System demgemäß, so steckt in der Kopplung von HUND und diesem Output indirekt die definierte Abbildung. Erneut stellt sich dabei heraus, daß es vor allem der Designer, also jemand außerhalb des Systems ist, der die Abbildung bestimmt, sprich: die Abhängigkeiten zwischen den Symbolen und den Prozessen. Wird ein neues Symbol kreiert, so muß es entweder von eben jener Person "eingepaßt" werden, oder es muß von vornherein ein Algorithmus zur Feststellung der neuen Abhängigkeit eingebaut sein.

Soweit die Forderung, daß Repräsentation eine definierte Abbildung vom Repräsentierenden auf ein Konzept voraussetzt, was den Pfeilen in Abb. 5.1 entspricht; wie steht es nun mit der Forderung, daß die Welt – der rechte Teil der Abbildung, das worauf die Pfeile zeigen – existieren muß? Auch hier scheint ein außenstehendes intelligentes Wesen, wie den Menschen, erforder-

---

2 Für semantische Netzwerke der beschriebenen Art sieht der Abbildungsmechanismus meist so aus: Jedes Symbol steht für das Konzept, das ein Sprecher der entsprechenden Sprache mit dem Wort der selben Form assoziiert. Dies erspart dem Designer, die Abbildung für jedes Symbol einzeln zu definieren, löst aber das Grundproblem nur für den Beobachter des Modells, der selbst die Sprache beherrschen muß. Für die Maschine muß nach wie vor für jedes Symbol eine definierte Abbildung in Form einer Einbindung in das Programm realisiert sein.

lich, der diese Welt empfindet, sie für real hält, oder sie durch innere Vorstellungen erzeugt. Viele Konzepte werden jedoch stark subjektiv empfunden (vergleiche die Diskussionen in Lakoff 1987 und Watzlawick 1976) und können auch von einem objektivistischen Standpunkt kaum als existent ohne den intelligenten Beobachter betrachtet werden. Tatsächlich ist also nicht das Bild in Abb. 5.1, sondern eher das in Abb. 5.2 gültig. Was dabei passiert, ist

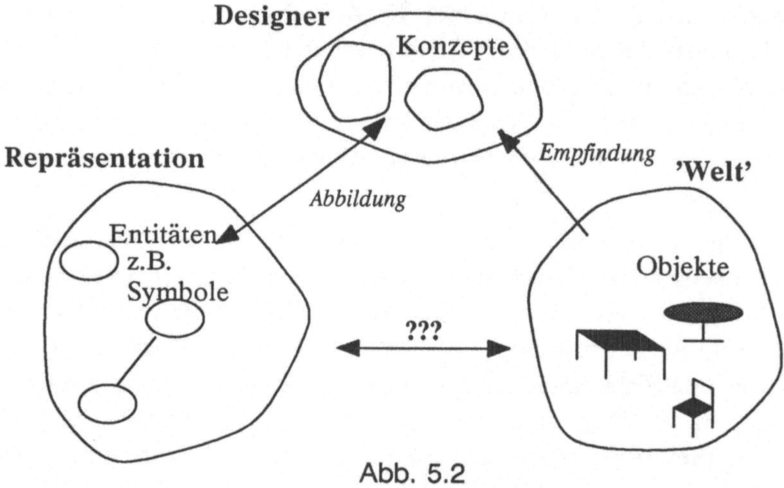

Abb. 5.2

folgendes: Die reale Welt wird vom Designer des Systems (dem Interpreter der Repräsentation) empfunden und konzeptualisiert. Dabei muß bereits nicht mehr jedes Konzept auch einem tatsächlich existierenden Ding entsprechen, sondern es beinhaltet auch rein subjektive Erfahrungen und daher subjektive Konzepte. Die Abbildung, die anhand der Repräsentation nun definiert wird, verbindet die Entitäten (Symbole oder sub-symbolische Strukturen) mit den *individuellen Konzepten* des Designers. Für andere Beobachter als den Designer funktioniert das zu großen Teilen ebenfalls, weil sie über ähnliche Konzepte verfügen, die durch die sprachlich formulierte Abbildungsdefinition in ihnen wachgerufen werden. Aber eben nur *zum Teil*, da die subjektiv empfundenen Konzepte sehr wahrscheinlich von denen des Designers abweichen werden.

Der Zusammenhang zwischen Repräsentation und der realen Welt ist jetzt mehr als fragwürdig. Obwohl eine Abbildung gerade dieser Welt beabsichtigt wurde, scheint trotzdem etwas daraus geworden zu sein, das von ihr zum Teil weit abgehoben ist. Die Abbildung von den repräsentierenden Einheiten auf die Welt, die zunächst vermutet wurde, ist also oft nur eine Illusion.

Nehmen wir dazu ein Beispiel. Bei konkreten Dingen scheint die Abbildung ja noch relativ eindeutig zu sein: Das Symbol HUND steht für das Konzept *Hund*, TISCH für *Tisch*, etc. Dies scheint deshalb so eindeutig zu sein, da es in den meisten Fällen kaum Diskussionen gibt, was denn ein Hund und was ein Tisch ist. Sowohl Designer, als auch die meisten Benutzer des Systems werden sich darüber ziemlich einig sein. Diese Einigkeit erzeugt die Illusion, daß objektiv gesehen in der Welt eindeutig etwas existiert, das mit den Konzepten *Hund* und *Tisch* ident ist. Doch die Illusion verrät sich spätestens bei der Betrachtung von Grenzfällen. Ist ein Wolfshund ein *Hund* oder ein *Wolf*? Dazu kann man einen Biologen fragen, aber was nützt das, wenn man doch die Intelligenz eines Menschen modellieren will, der von Biologie höchstens Schulwissen hat. Ist ein merkwürdiges Ding aus Holz, das ein Hobbytischler gebaut hat, nun ein *Tisch* oder ein *Sessel*? Für diese Frage gibt es wahrscheinlich nicht einmal einen Experten, die Beantwortung hängt unter anderem von dem ab, was man damit anstellen möchte – etwa sich daraufsetzen oder etwas daraufstellen. Vollkommen hoffnungslos wird die Suche nach einer Entsprechung in der Welt aber offensichtlich bei abstrakteren Begriffen wie *Liebe, Freiheit, Vertrauen*, etc. Schon ein kurzer Blick in die politische Welt zeigt, daß es wohl kaum objektive – also von einem menschlichen Beobachter unabhängige – Kriterien gibt, die einen Begriff wie *Freiheit* festlegen.

Diese Beispiele zeigen, daß die Suche nach Dingen in der Welt, die durch Zustände im System repräsentiert werden, meist relativ ergebnislos bleiben muß. Der einzige Weg aus dem Dilemma scheint die obige Annahme zu sein, daß Konzepte etwas sind, das nur innerhalb eines intelligenten Agenten – eben zum Beispiel des Systemdesigners – existiert. Auf diese Beobachtung werden wir noch mehrmals zurückkommen, sie ist eine wichtige Annahme für die sub-symbolische AI.

Zusammenfassend kann also gesagt werden, daß für die beiden wesentlichen Elemente einer Repräsentation (d.h. die Faktoren, die eine wahllose Ansammlung von Symbolen oder sub-symbolischen Zuständen erst zu einer Repräsentation machen), nämlich die externe Welt und die Abbildung auf diese, ein außerhalb des Systems stehender Beobachter und Interpreter notwendig ist. Hier hilft wahrscheinlich nicht einmal mehr, die Definition aufzuweichen und von kausalen Abhängigkeiten der Strukturen im System von den Strukturen in der Welt zu sprechen. Denn auch dafür müßte ein Beobachter zugegen sein, der die Strukturen in der Welt identifiziert – sprich: jene, die die Abhängigkeit verursachen – und über andere mögliche Strukturierungen stellt.

5.5 Was aber passiert in Hidden Units?

Sehen wir uns nun zum Vergleich an, was in einem einfachen konnektionistischen Modell wie dem Assoziationsnetzwerk passiert (ein sicherlich im Moment sehr metaphorischer Vergleich): Wie noch ausführlich analysiert wird, kann ein solches Modell gewisse Vorgänge simulieren, die einen Platz in intelligentem Verhalten zu haben scheinen, und die im klassischen Paradigma mittels einer Wissensrepräsentation und eines Regelapparats modelliert wurden. Wenn man durch Anwendung eines der besprochenen Lernalgorithmen (z.B. des Backpropagation Algorithmus) ein Netzwerk dazu bringt, Inputmuster auf Outputmuster abzubilden, entsteht in vielen Fällen (wie Sejnowski & Rosenberg 1986, Rumelhart & McClelland 1986b, Dorffner 1988b) ein Verhalten, daß sich auch durch Regeln beschreiben ließe. Bezeichnen wir ein solches Verhalten als *regel-folgend* (rule-following, siehe auch Kapitel 7). Würden wir nun annehmen, daß das Verhalten auch von internen Regeln bestimmt wird, also *regel-beherrscht* (rule-governed) ist, müßten wir im allgemeinen eine interne Wissensrepräsentation voraussetzen, derer sich die Regeln bedienen. Zum Beispiel, müßte ein Symbol A eingeführt werden (plus seiner Interpretation), wenn eine Regel existiert die sagt "Wenn der Input zur Kategorie A gehört, so erzeuge Output B".[3]

Im Assoziationsnetzwerk scheint aber etwas anderes zu passieren. Da es, wie angenommen, das gleiche Verhalten wie das Regelsystem hat, müßte es also über das gleiche, oder besser, über ein ebenso ausreichendes Wissen verfügen. Das Wissen, das in den Input- und Outputcodes steckt, unterscheidet sich dabei nicht vom symbolischen Modell. Muster von Aktivierungen entsprechen gewissen Konzepten – dies wurde vom Systemdesigner definiert – sie repräsentieren sie also. Es gibt aber noch das *interne* Wissen, zu dem etwa im Regelsystem die erwähnte Kategorie A gehört. Dieses Wissen steckt im konnektionistischen Modell in irgendeiner Form in den Hidden Units. Allerdings wäre es nun falsch zu sagen, daß dieses Wissen in Form von Konzepten in den Hidden

---

3 In Kapitel 7 werden Regelsysteme, sowie die Unterscheidung regel-folgend vs. regel-beherrscht, noch genauer untersucht.

Units (und deren Verbindungen) repräsentiert ist. Warum? Wäre es so, dann müßte folgendes gelten:

- *Sollte es sich um symbolische Repräsentation handeln, müßte ein Cluster von Units (oder Verbindungen) im Hidden Layer, das ein Konzept repräsentiert, eindeutig und unersetzbar sein (Tokenfunktion). Würde man es aus dem Netzwerk entfernen, sollte das Konzept als Ganzes nicht mehr repräsentiert sein.*

In Assoziationsnetzwerken wurde allerdings gezeigt (Sejnowski & Rosenberg 1986, Dorffner 1988b), daß in vielen Fällen beliebig große Teile des Hidden Layers entfernt werden können, ohne ein bestimmtes regel-folgendes Verhalten ganz auszulöschen. Dies ist als Graceful Degradation oder Robustheit bekannt.

- *Sowohl für symbolische als auch für sub-symbolische Repräsentation müßte der Cluster (die repräsentierende Entität) eindeutig identifizierbar sein, um von Repräsentation sprechen zu können, da dies für eine Interpretation (bzw. Definition einer Abbildung) notwendig wäre.*

Einige Versuche (z.B. Hinton 1986, Elman 1990) haben zwar gezeigt, daß Versuche, interpretierbare Subcluster im Hidden Layer eines Assoziationsnetzwerks zu identifizieren, erfolgreich sein können, allerdings muß das nicht in allen Modellen der Fall sein. Wichtig dabei ist, daß die Funktionalität des Modells nicht vom Erfolg einer Interpretation abhängt. Der Algorithmus (in diesem Fall das Update und das Lernen im Netzwerk) funktioniert auch ohne erfolgreiche Interpretation der Aktivierungen durch irgendjemanden. Bei symbolischen Systemen ist so etwas nicht der Fall, dort muß zumindest der Designer die Interpretation festlegen.

- *Es müßte eine vom Designer vorgestellte Welt im Sinne von Abb.5.2 existieren, der die Repräsentation entspricht. Ein Cluster von Units (oder Verbindungen) könnte nicht zu einer Repräsentation im strengen Sinn werden, bevor eine Vorstellung dessen, wofür der Cluster stehen soll, existiert.*

Ein Assoziationsnetzwerk hingegen ist in seinem Inneren ein selbstorganisierendes System, das von interpretationsfreien Mechanismen (wie einem der Lernalgorithmen) gesteuert wird. Units und Gewichte auf Verbindungen bilden sich also heraus, ohne daß je die Notwendigkeit einer in irgendeiner Form existierenden Welt vorausgesetzt wird, mit Ausnahme dessen, was durch die Input- und Outputmuster in das System gelangt.

Diese kleine Abhandlung zeigt das folgende: Wenn wir beweisen können, daß ein sub-symbolisches Modell kognitives Verhalten simulieren kann, haben wir gezeigt, daß ein kognitives System zu weiten Teilen (wie weit werden wir gleich sehen) *keine Wissensrepräsentation* in der oben gegebenen Definition benötigt, um funktionieren zu können. Wohl kann eine solche in Form einer *nachträglichen Interpretation* (siehe Hinton 1986) vorhanden sein, sie ist aber keine notwendige Voraussetzung, da das System auch ohne eine erfolgreiche Interpretation das richtige Verhalten zeigt.

Erst jetzt wird uns die volle Tragweite sub-symbolischer Modelle bewußt. Ein selbstorganisierendes System, wie es konnektionistische Netzwerke sein können, kann kognitives Verhalten auch ohne Repräsentation – also in gewissem Sinn **repräsentationsfrei** (non-representationalist) – modellieren. Daher unterliegt es auch nicht den Beschränkungen (1) bis (4) von Abschnitt 5.2:

- *Vollständige Formalisierung* vor dem Aufbau des Systems ist nicht notwendig, da das Wissen, das sich das System aneignet, nicht formalisiert werden muß.

- Daher können sub-symbolische Modelle auch großteils *domänenunabhängig* werden, zumindest was die repräsentationsfreien Teile (also zum Beispiel Hidden Units) betrifft. Ein und dieselbe Architektur, wenn richtig entworfen, kann für beliebige Trainingsumgebungen verwendet werden, wobei das System sich das jeweils adäquate Wissen aneignet.

- Da sich das System nun in diesen Teilen vom Designer befreit hat, müssen verwendete 'Konzepte' (jetzt für das System selbst definiert), sowie nicht-konzeptuelle Teile des Wissens *nicht alle bewußt* zugänglich sein (genausowenig wie alles Wissen, über das ein Mensch verfügt, ihm/ihr selbst bewußt zugänglich ist).

Um diese Behauptungen zu verfolgen, muß man von einer neuen Definition von *Wissen* ausgehen, da der bisherige Gebrauch viel zu sehr Repräsentationen impliziert:

Wissen *eines kognitiven Systems ist die im System gespeicherte Information, die eine bestimmte Handlungsweise ermöglicht (vgl. etwa Maturana & Varela 1987, S. 29).*

Diese Sicht eine kognitiven Systems schließt – wie gesagt – natürlich nicht aus, daß gewisse kausale Abhängigkeiten zwischen Zuständen in der Welt und Zuständen im System zu beobachten sind. Im Gegenteil – solche Abhängigkeiten sind in hohem Grade sogar zu erwarten. Wesentlich dabei ist aber, daß das Funktionieren des Systems von der Identifikation einer solchen Abhängigkeit nicht abhängt, daß es also unter anderem auch dann intelligent handeln kann, wenn ein anderer Beobachter diese Abhängigkeit nicht feststellen kann, weil etwa dessen konzeptuelles System die betreffende Struktur in der Welt nicht über andere stellt. Der große Unterschied besteht also darin, daß sich in einem repräsentationsfreien System die Abhängigkeiten von selbst heranbilden, daß also niemand sie vorher identifizieren und formalisieren muß.

Natürlich kann man auch kausale Abhängigkeiten als 'Repräsentationen' bezeichnen, was auch oft in der Literatur getan wird. Ein Aufblinken am Nachthimmel "repräsentiert" etwa das Eindringen eines Meteoriten in die Atmosphäre. Genauso könnte eben ein mentaler Zustand einen Zustand in der Welt "repräsentieren". Der Grund, warum ich die strenge Definition gewählt habe, ist der, daß diese in der klassischen AI (oft implizit) angenommen wird, und daß dadurch der Unterschied von selbstorganisierenden Ansätzen von solchen mit strenger Repräsentation klar wird. Die Verwendung der gleichen Terminologie für beide Fälle führt sehr oft zu Mißverständnissen und zu falscher Einschätzung konnektionistischer Modelle (z.B. in Fodor & Pylyshyn 1988). Dies wird unter anderem in Kapitel 12 klarer werden.

Auf die Gebirgsanalogie umgelegt bedeutet repräsentationsfreie Selbstorganisation des Wissens das folgende: Repräsentationsfreie Modelle versuchen nicht, eine existierende "Oberfläche" nachzubilden (wozu ein Designer, der quasi seine eigene zur Verfügung stellt, nötig wäre), sondern sich eine für das Verhalten in einer Umwelt adäquate selbst heranzubilden.

5.6 Warum wurde Repräsentation als so wichtig eingeschätzt?

Die Schlußfolgerung, daß kognitive Modelle in Theorie ohne Repräsentation auskommen könnten, erscheint sehr plausibel, wenn wir uns das höchst entwickelte, momentan existierende kognitive System, den Menschen, ansehen – zumindest wenn man ein Vertreter gängiger Evolutionstheorien ist. Der Mensch ist offensichtlich ein zum Großteil selbstlernendes und selbstorganisierendes "System", das aus einem ebenfalls selbstorganisierenden System (der Evolution) enstanden ist. Es hat daher nie eines außenstehenden, der Interpretation von Repräsentationen fähigen, Wesens bedurft, um ein funktionierendes System zu entwickeln. Mit anderen Worten, das menschliche

Gehirn, als allgemein angesehene Zentrale menschlichen Wissens, besitzt keine Repräsentation im obigen Sinne. Warum sollte also ein Modell der Vorgänge im Gehirn eine solche unbedingt benötigen?

Bevor wir zur Frage kommen, wie weit ein solches Modell nun tatsächlich keine Repräsentation mehr benötigt, möchte ich versuchen, eine andere Frage zu beantworten: Warum wurde Repräsentation – eben in oben angegebenem Sinn – in der klassischen AI so stark betont, wenn sie doch (zumindest nicht immer) notwendig zu sein scheint? Eine mögliche Erklärung:

Der erste Grund ist offensichtlich der, daß durch Repräsentation der Bau von Modellen (ohne selbstorganisierenden Lernvorgang) machbar wird. Wollte jemand ein Modell entwickeln, ohne je Entitäten einzuführen und zu interpretieren, so wäre das wahrscheinlich ein langwieriger trial-and-error Vorgang, solange bis das gewünschte Verhalten erreicht ist. Es ist ja genau die Fähigkeit zu lernen, die sub-symbolischen Modellen die Möglichkeit gibt, ein gewünschtes Verhalten zu erreichen.[4] Ohne eine solche im System eingebaute Fähigkeit wird Repräsentation zur Notwendigkeit, in gewissem Sinne ein Weg, dem System zu "befehlen" was es tun soll, es ihm *mitzuteilen*. Das Mittel, das dem Menschen am natürlichsten erscheint, um einem System etwas "mitzuteilen", ist seine Muttersprache, oder eine ihr sehr verwandte. Sprache bedient sich großteils Symbolen, um Information zu verpacken. Gleichzeitig gibt uns die symbolische Natur unserer Sprache die Illusion, daß das mitzuteilende Wissen allein aus diesen Symbolen besteht.[5]

Infolgedessen erscheint es uns am leichtesten und naheliegendsten, eine Struktur zu verwenden, die sehr ähnlich dem ist, was wir jeden Tag verwenden, um Wissen zu kommunizeren: eine Symbolstruktur. Da eine natürliche Sprache als zuwenig exakt angesehen wird, wird im allgemeinen eine etwas formalere Sprache verwendet, wie wir aber gesehen haben, werden oft sogar viele Wörter beibehalten. Wissensrepräsentation ist also eine Art, dem System mitzuteilen, was es zu tun hat. In Kapitel 6 werden wir nochmals auf die Problematik dieser Vorgangsweise zurückkommen.

Der zweite Grund ist ein praktischer. Selbstorgansisation durch Lernen ist meist ein sehr zeitaufwendiger Prozeß und erfordert eine intensive Interaktion des Systems mit der Umwelt. Außerdem kann Selbstorganisation nicht ohne

---

4 Ein Vorgang wie der Backpropagation-Algorithmus ist eigentlich ein gesteuertes Trial-and-error Verfahren.
5 Siehe dazu eine ausführliche Diskussion in Kapitel 13.

aufwendige Grundstruktur beginnen (siehe 5.7.1), die in vielen Fällen nicht bekannt ist. Aus praktischen Gründen möchte man also das Ergebnis des Lernens – die kausale Abhängigkeit eines Systemzustandes von einem externen Zustand – vorwegnehmen, indem man die Abhängigkeit und den externen Zustand vorher identifiziert, und einen systeminternen Zustand diesen eben repräsentieren läßt. Aus dieser praktischen Überlegung heraus werden wohl auch im Konnektionismus Repräsentationen nicht so schnell verschwinden.

Der dritte mögliche Grund, Repräsentation vor allem mittels Symbolen als sehr wichtig einzuschätzen, ist der, daß wir Menschen fast immer eine Art von *Erklärung* für die Vorgänge, die wir erforschen, verlangen. Wissenschaft in der westlichen Kulturhemisphäre ist fast gleichzusetzen mit der Suche nach Erklärung, nach Verstehen und nach Beschreibung von verschiedensten Phänomenen. Was bedeutet es aber zu "erklären"? In den meisten Fällen bedeutet das, ein Phänomen in eine mitteilbare, also "sprachliche" Form zu bringen. Klassische Modelle hatten diese Eigenschaft frei Haus mitgeliefert, da zur Erklärung nur die internen Symbolstrukturen in eine verständliche Form gebracht werden müssen, was in den meisten Fällen relativ einfach, manchmal sogar fast eins-zu-eins geht. Nicht zuletzt bei der Entwicklung von Expertensystemen (z.B. Buchanan & Shortliffe 1984) wurde eine Erklärungskomponente als ein wesentlicher Bestandteil betrachtet. Dies ist verständlich, wenn man ein Modell fordert, das vor allem schnell gute Ergebnisse bringen soll, weil man ja stets überprüfen will, wie es zu einem Resultat gelangt ist. Da die sub-symbolische AI etwas andere Ziele verfolgt, ist die Erklärung der Vorgänge keine notwendige Forderung.

Sieht man sich einige Kritiken am Konnektionismus an, so scheint Erklärung in der Tat einer der Hauptangriffspunkte für sub-symbolische Modelle zu sein. Die Argumentation geht ungefähr so: Was nützen uns Modelle, die vielleicht das Richtige tun, die wir aber nicht mehr verstehen, weil wir den Vorgängen in den Gewichtsmatrizen nicht mehr folgen können? Die Antwort dazu hängt entscheidend von den Zielen der Aufgabenstellung ab. Will man AI betreiben, um intelligente Handlungen Schritt für Schritt zu verstehen, dann ist ein symbolischer Ansatz durchaus hilfreich, mit dem geschilderten Nachteil, daß er eben nur eine Annäherung ist und vieles ausläßt. Will man aber ein möglichst realitätsnahes Modell, dann kann Erklärung auf sprachlicher Basis offensichtlich keine Hauptgrundlage mehr für ein solches sein. Oder doch? In gewissem Sinn können nämlich auch sub-symbolische Modelle eine Basis für eine (sprachliche) Erklärung liefern, wenn auch auf einer anderen Ebene. In vielen Fällen ist zum Beispiel eine Beschreibung eines gewissen Verhaltens V wie folgt möglich:

"Input I aktiviert das Muster M1, das normalerweise das Verhalten W auslöst, da aber Muster M2 ebenfalls noch aktiv ist, wird M1 soweit überschrieben, sodaß Verhalten V das Ergebnis ist."

Zusammenfassend gesagt haben sub-symbolische Modelle Eigenschaften, die zwei offensichtliche Grundlagen für die Einführung von Repräsentation zum Teil als irrelevant erscheinen lassen: Sie können sich selbst organisieren, wodurch ihnen nicht mehr explizit ihr Verhalten "mitgeteilt" werden muß. Und sie können ein Verhalten erreichen, ohne daß eine verbale Erklärung notwendig erscheint, bzw. daß eine solche erst auf einer ganz anderen Ebene möglich wird.

5.7 Kognitive Modelle ohne Repräsentation? – Das Tower-Bridge Bild

Eine naheliegende Schlußfolgerung aus der bisherigen Diskussion scheint zu sein, daß kognitive Modelle tatsächlich ohne jede Repräsentation im strengen Sinn gebaut werden können. Mit anderen Worten, Modellierung scheint möglich zu sein, ohne daß ein Designer das nötige Wissen einbringt, in einem allgemeinen Sinn also vorprogrammiert. Stattdessen scheint es möglich zu sein, das Modell alles relevante Wissen sozusagen durch Lernen und adaptives Verhalten selbst aneignen zu lassen. Wie weit stimmt das nun wirklich?

Bei der Betrachtung von Hidden Layers in konnektionistischen Netzwerken lag die Betonung darauf, daß sie offensichtlich *internes* Wissen nicht repräsentieren. Im Input- und Outputlayer findet sehr wohl noch Repräsentation statt. Diese ist notwendig, um zu beobachten, was das System tut, ob es im besonderen dem entspricht, was man sich als Designer vorstellt. Cummins und Schwarz (1987) haben dafür ein Bild zur Veranschaulichung, das sie aus offensichtlichen Gründen *Tower Bridge image* nennen.

Zu beiden Seiten eines kognitiven Modells befindet sich demnach etwas, was mittels eines Repräsentationsschemas interpretierbar sein, also eine Beschreibung auf höherer Ebene haben muß. Was allerdings den sub-symbolischen Ansatz vom symbolischen unterscheidet, ist, daß letzterer annimmt, daß auch ein direkter Übergang zwischen den Repräsentationen (die "Fußgängerverbindung" der Tower Bridge) existiert und das jeder Punkt dieses Übergangs

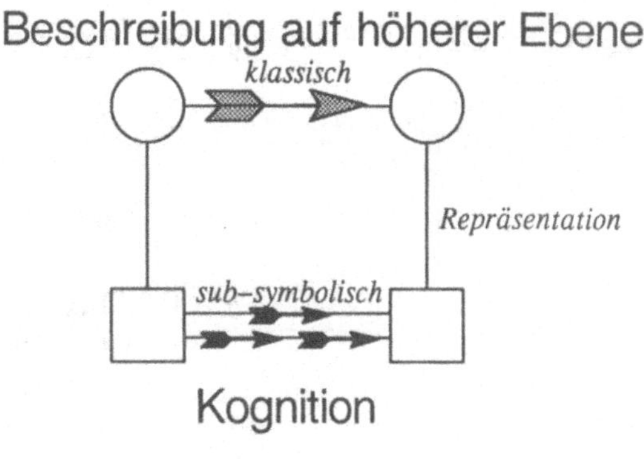

Abb. 5.3

die direkte Entsprechung eines Punktes auf der tatsächlichen kognitiven Transformation (der "Straße") ist. Im Gegensatz dazu sagt das sub-symbolische
Paradigma mit der Annahme der Repräsentationsfreiheit, daß nur der Übergang auf der unteren Ebene existiert und durch dessen Modelle simuliert wird.
Mit anderen Worten, es gibt nicht für jeden Punkt dazwischen eine exakte
Beschreibung auf höherer Ebene.

Ich möchte dieses Bild etwas erweitern. In den meisten Modellen, die wir
heute bauen können, sind Input und Output sozusagen "künstliche" Enden
des Systems. Dies hat unter anderem mit den beschränkten Ressourcen
heutiger Maschinen zu tun. Zum Beispiel bewegt sich das Mikromodell
NETZSPRECH zwischen der Ebene von Wörtern (in geschriebener Form)
und Phonemen. Diese Situation entspricht aber bei weitem nicht der in einem
vollständigen kognitiven System. In einem solchen besteht der Input
durchwegs aus *sensorischen* Mustern, der Output aus Signalen für *motorische*
Aktivitäten. Was die Muster auf diesen Ebenen bedeuten, ist jedoch
automatisch evident, ihre Repräsentation ist somit gewissermaßen *direkt
verankert (immediately grounded)*. Die Aktivierung einer Unit als Teil einer
künstlichen Retina etwa "repräsentiert" die Lichtstärke an diesem Punkt,
während eine Unit am Motorik-Ausgang in ihrer Aktivierung genau die Stärke
eines künstlichen Muskelimpulses codiert. Das Codierungsproblem entfällt
also zunächst, da man sich nicht erst ein Schema überlegen muß, das das zu
repräsentierende (z.B. einen visuellen Input) auf Unitaktivierungen übersetzt.
Das Bild sieht daher aus wie in Abb. 5.4.

Sollte ein Modell gemäß dieses Bildes gebaut werden können, dann existieren
tatsächlich keine strengen Repräsentation mehr, außer den direkt verankerten

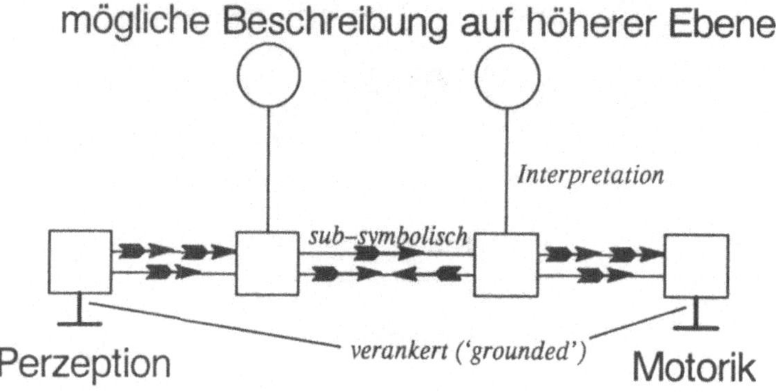

Fig. 5.4

an den beiden Enden. Wohl kann es *möglich* sein, Teile des Wissens zu interpretieren, wie wir gesehen haben, dies ist aber *nie eine Notwendigkeit* für das
System. All das ist im Moment allerdings nur eine höchst theoretische Vorstellung eines kognitiven Modells, da wir noch äußerst weit entfernt sind,
tatsächlich ein komplettes System zu bauen (wiewohl es auch zweifelhaft ist,
ob wir je dort hingelangen können). Was dieses Bild allerdings klar machen
soll, ist, daß es – rein theoretisch – gesehen, keine Grundforderung für strenge
Repräsentation in einem kognitiven Modell gibt. Wohl aber aus praktischen
Gründen werden wir uns noch lange damit beschäftigen müssen.

5.7.1 Repräsentation auf Metaebene

Noch ist das Bild eines theoretischen Modells etwas irreführend. Für das
Funktionieren des Ansatzes müssen wir nämlich sehr wohl eine entsprechende
Architektur verlangen, die es erlaubt, das gewünschte Verhalten zu erlernen.
Dies hier soll kein Vorschlag einer extrem behavioristischen Theorie sein, die
dem Modell keine interne Struktur zuschreibt. Im Gegenteil, es wird argumentiert, daß ein kognitives Modell eine sehr komplexe interne Struktur haben
muß, ohne die es sicher nicht umfangreiche intelligente Handlungen
simulieren kann. Zum Beispiel wird es starke interne Feedbacks und
dynamische Komponenten geben müssen, um das Modell von einem reinen
stimulus-response System abzuheben (siehe auch Kapitel 10). Weiters muß ein
kognitives System die Möglichkeit haben, sensorischen Input zu kategorisieren,
somit Konzepte heranzubilden, wie es im Kapitel 4 besprochen wurde (siehe
auch Lakoff 1987). Ein Modell muß daher eine geeignete Architektur besitzen, die die Heranbildung von Kategorien ermöglicht, denn die Aufgabe von

symbolischer Repräsentation bedeutet nicht die Preisgabe der Grundlage symbolischen Denkens: Konzepte und Kategorien. Der Unterschied hier ist, daß nicht verlangt wird, daß irgendeine der vom Menschen verwendeten Kategorien repräsentiert sein muß, sondern lediglich, daß die Kapazität zur Kategorisierung und Konzeptbildung (conzeptualization capacity – Lakoff 1987, siehe auch Kapitel 12) vorhanden sein muß.

Ein wenig näher betrachtet, kann der Einbau einer spezifischer Architektur jedoch auch wieder als Repräsentation angesehen werden (McClelland, persönliches Gespräch) – allerdings auf einer anderen Ebene. Eine Modellstruktur etwa, die Kategorisierung ermöglicht, ist in gewissem Sinne die Repräsentation des *Konzeptes einer Kategorie selbst*. Stipulierte Architektur ist somit Repräsentation auf einer *metakonzeptuellen* Ebene. Gemäß den früheren Betrachtungen müßten auch diese durch selbstorganisierende Vorgänge ohne die Notwendigkeit einer Interpretation entstehen können. Dies würde aber wahrscheinlich ein Modell der Evolution selbst beinhalten müssen, etwas was nun doch viel, viel zu weit jenseits des Fokus dieses Buches liegt.

Wir können daher abschließend eine Hypothese – Repräsentation betreffend – formulieren:

Hypothese der Repräsentationsfreiheit:
In einem kognitiven Modell gibt es die theoretische Forderung nach Repräsentation nur auf einer metakonzeptuellen oder -linguistischen Ebene. Repräsentation im klassischen Sinn ist nicht notwendig, außer an "künstlichen" Eingängen, die nicht sensorischen Mustern oder Impulsen an die Motorik entsprechen.

Eine wichtige Konsequenz dieser Hypothese ist, daß kognitive Modelle prinzipiell als domänenunabhängig betrachtet werden sollten. Der Begriff einer Domäne wurde in der AI eingeführt, da – ebenfalls aus praktischen Gründen – Wissensrepräsentation nie die gesamte dem Menschen zugängliche Welt beinhalten konnte. Sub-symbolische Modelle werden das zunächst auch nicht können, da aber keine Repräsentation von vornherein eingebracht werden muß, kann sich das Modell an die jeweilige Umgebung leicht anpassen. [6]

5.7.2 Repräsentationsfreie konnektionistische Modelle

Die bisherigen Überlegungen gelten eigentlich recht allgemein für AI-Systeme und kognitive Modelle. Kommen wir nun wieder konkret auf konnektionis-

---

6 Dies betrifft natürlich wieder nicht Input- und Outputrepräsentationen.

tische Modelle zurück. Hier ist es wert, einen kurzen Blick darauf zu werfen, wie mit dem Begriff 'Repräsentation' in der Literatur umgegangen wird.

In Arbeiten zum Konnektionismus ist sehr häufig von *verteilten Repräsentationen* (distributed representations) im Unterschied zu *lokalen* (localist representations) die Rede, eine Unterscheidung, der auch ich in Kapitel 2 gefolgt bin. Dies scheint aber oft die Gewichte und Aktivierungen in den Hidden Layers zu inkludieren, wie folgende Stelle aus Hinton et al. (1986) zeigt:

> Distributed Representations provide an efficient way of using parallel hardware to implement best-fit searches. The basic idea is fairly simple, though it is quite unlike a conventional computer memory. Different items correspond to different patterns of activity over the very same group of hardware units.
>
> ....
>
> A new item is "stored" by modifying the interactions between the hardware units so as to create a new stable pattern of activity.

Diese Stelle paßt zu dem, was in einem Hidden Layer eines Assoziationsnetzwerkes passiert. Allerdings, wie wir gesehen haben, ist der Ausdruck 'Repräsentation' nicht ganz der richtige dafür, bzw. bezeichnet dieser hier höchstens kausale Abhängigkeiten. Aktivierungsmuster im Hidden Layer entsprechen nie Konzepten in der selben Art und Weise, wie es für Symbole der Fall ist. Vielleicht ist es in vielen Fällen sogar unmöglich, je eine interpretierbare Entität zu finden. Außerdem ist es sehr wahrscheinlich, daß *alle* Hidden Units für *alle* Assoziationen eine Rolle spielen. Dies widerspricht jedoch dem, was in der Beschreibung von "echten" verteilten Repräsentationen (z.B. die Überlegungen in Abschnitt 3.4) gestanden ist.

Aus diesem Grund empfiehlt es sich, von *verteilten Repräsentationen* nur dann zu sprechen, wenn tatsächlich etwas im strengen Sinn repräsentiert wird, wie in den Input- oder Outputlayern der meisten Modelle. Das Affenbeispiel, coarse coding oder das Schema in Smolensky (1987b) – siehe Abschnitt 5.8.1 – sind verteilte Repräsentationen. Dort entspricht tatsächlich eine Menge von Units einem Konzept in der vorgestellten Welt. Ein Hidden Layer hingegen sollte eigentlich als *repräsentationsfrei* bezeichnet werden. In ihm wird durch Selbstorganisation nicht notwendigerweise interpretierbares Wissen herangebildet.

Zum Abschluß noch ein Beispiel aus dem NETZSPRECH Modell (Dorffner 1989b). In einem symbolischen Modell zur Umsetzung von Schrift auf Phoneme werden im allgemeinen Repräsentationen eingeführt, die sich auf Konzepte so wie *Vokal* oder *Doppelkonsonant* beziehen. In NETZSPRECH können nach der Trainingsphase auch tatsächlich Units gefunden werden, die lose interpretiert dem Konzept *Doppelkonsonant* entsprechen, wie etwa diejenige, deren Gewichte zum Input Layer in Abb. 5.5 dargestellt sind. Die

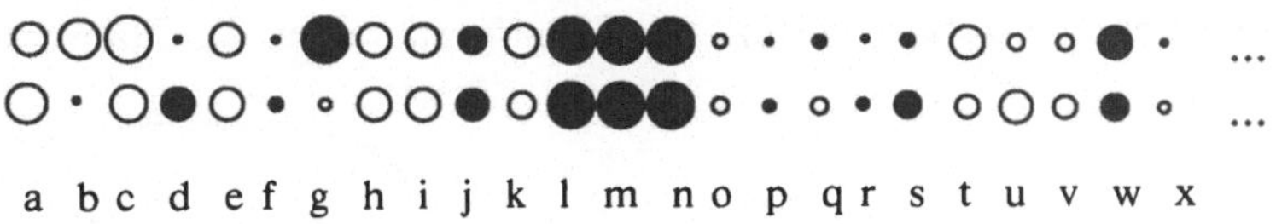

a b c d e f g h i j k l m no p qr s t u v w x

Abb. 5.5

Gewichte stammen vom zweiten und dritten der fünf Clusters (siehe Abschnitt 2.4.1.2), die den Buchstaben des Deutschen entsprechend angeordnet sind. Man sieht, daß die dargestellte Unit zu den Sequenzen 'll', 'mm' und 'nn' – drei sehr häufige Doppelbuchstaben im Deutschen – ein starkes negatives (hier schwarzes) Gewicht entwickelt hat.

Allerdings kann man hier eben nicht von einer strengen Repräsentation sprechen. Erstens ist diese Entsprechung nur sehr vage, die Unit spielt wahrscheinlich auch bei anderen Regeln eine Rolle, während andere Units zum Konzept *Doppelkonsonant* etwas beitragen. Zweitens hat das Netzwerk auch das richtige Verhalten gezeigt, bevor diese Unit entdeckt wurde. Ferner inkludiert das Netzwerk vielleicht Konzepte, die wir nie oder nur sehr schwer identifizieren könnten, da sie keinem *uns* geläufigen Konzept entsprechen. Wir können daher sagen, NETZSPRECH verfügt intern über einen repräsentationsfreien Wissensspeicher, von dem Teile interpretiert werden können.

5.8 Sub-Symbolische Repräsentation – Das 'Binding Problem'

Nach den theoretischen und eher allgemeinen Betrachtungen über Repräsentation in kognitiven Modellen soll nun wieder von sub-symbolischer Repräsentation – in der strengen Definition nach Abb. 5.2 – und ihren Problemen die Rede sein. Will man nämlich Wissen auf den "künstlichen Enden" eines Modells in Form von Aktivierungsmustern repräsentieren, so scheint es hier starke Einschränkungen zu geben (wie zum Beispiel Fodor & Pylyshyn 1988 argumentieren). Im speziellen geht es um die Darstellung von Beziehungen zwischen Konzepten (also deren *Bindung* aneinander) und um die Bindung von Variablen, so wie es in komplexen symbolischen Systemen getan wird.

Angenommen, man will die Tatsache *"Maria liebt Hans"* mit Hilfe von überlappenden Mustern, die einzeln *Maria, Hans* und *lieben* darstellen, repräsentieren. Abb.5.6 zeigt dies schematisch anhand einer Menge von Units, die einen Raum von Konzepten verteilt repräsentieren sollen. Da Hans und Maria

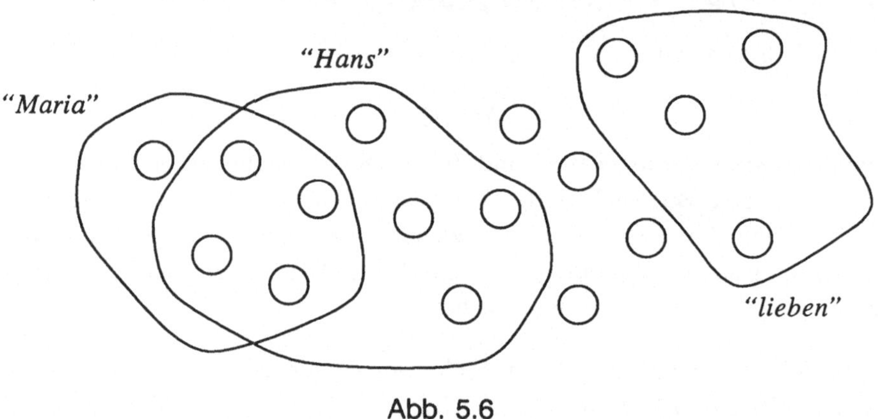

Abb. 5.6

beide Personen sind, haben ihre Repräsentationen starke Überlappungen. Das Konzept *lieben* (in seiner Allgemeinheit) ist hingegen eine Tätigkeit oder ein Zustand, hat mit den beiden daher wenig zu tun und ist hauptsächlich auf eine getrennte Gruppe von Units beschränkt (die Umrandungen sind hier nur als ungefähre und grobe Lokalisierungen von Konzepten zu sehen).

Die Frage, die sich stellt, ist die: Wie unterscheidet sich diese Repräsentation von derjenigen, die *"Hans liebt Maria"*, also der umgekehrten Konstellation entspricht? Da per Definiton den Verbindungen keine Interpretationen, also auch keine Labels wie *a-kind-of* oder *Agens* zugeschrieben werden, kann zwischen den beiden Arten der Bindung von *Hans* und *Maria* an *lieben* nicht differenziert werden. Ein ähnliches Problem liegt dann vor, wenn man etwa die Punkte einer Ebene durch ihre x- und y-Koordinaten (so wie im Schema des Coarse Codings) repräsentieren will (Abb. 5.7). *Ein* Punkt läßt sich ohne Probleme darstellen (linker Teil). Werden aber die Repräsentationen von zwei Punkten aktiviert, so ergeben sich damit auch falsche Repräsentationen – Punkte, die durch die selben Aktivierungen gemeint sein könnten (rechter Teil).

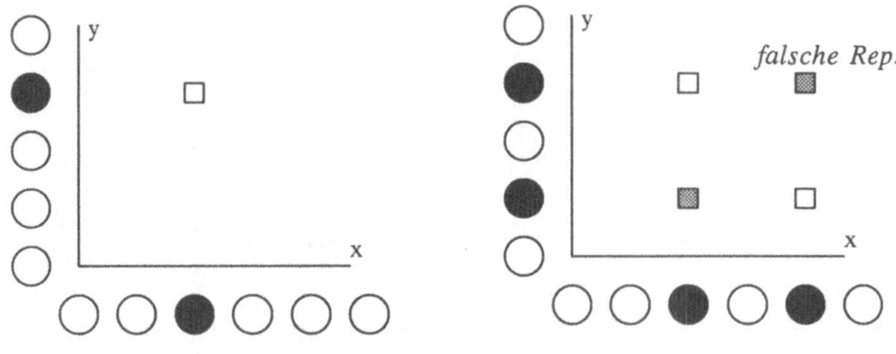

Abb. 5.7

Darüber hinaus wird von einer Repräsentation von Beziehungen gerne verlangt, daß man Teile davon beliebig gegen andere austauschen kann, um neue Beziehungsrepräsentationen zu bekommen (etwa die Repräsentation von *Hans* gegen die von *Fritz* austauschen, um die Darstellung von *Fritz liebt Maria* zu erhalten). Das bedeutet, daß die Repräsentation von ... *liebt Maria* mit beliebigen Füllern (...) auf andere Muster assoziiert werden können muß, dieses Teilmuster allein also die Ähnlichkeiten aller dieser Kontexte ausdrückt. Dieses Problem wird in der symbolischen Darstellung ganz einfach dadurch gelöst, daß Variablen eingeführt werden, für die beliebiges eingesetzt werden kann, etwa: *liebt (x, Maria)*. Das Binding Problem wird also auch zu einem Problem der *Bindung von Variablen* in verteilten Systemen.

5.8.1 Die Tensor-Produkt Repräsentation

Smolenksy (1987b) schlägt eine Lösung für die Repräsentation von komplexen Strukturen wie die oben angegebene in einem verteilten Schema vor. So soll etwa die Beziehung zweier Konzepte (etwa einer Beziehung mit einer Rolle und deren Füller, wie: *glücklich (Hans)*) verteilt repräsentiert werden. Smolensky's Verfahren nimmt die Vektoren, die die beiden Konzepte verteilt repräsentieren und bildet die Matrix, die sich aus dem externen (Tensor-) Produkt der beiden Vektoren ergibt. Abb. 5.8, in der beide Vektoren und die Matrix durch Kreise mit variabler Schwärzung (schwarz = maximal aktiviert) gezeichnet sind, stellt das an einem Beispiel dar. Diese sich so ergebende Matrix wird nun wieder als Aktivierungsmuster über nunmehr $n \times m$ Units (wenn die beiden Ausgangsvektoren n, bzw. m Komponenten hatten) aufgefaßt und stellt die Repräsentation der Beziehung dar.

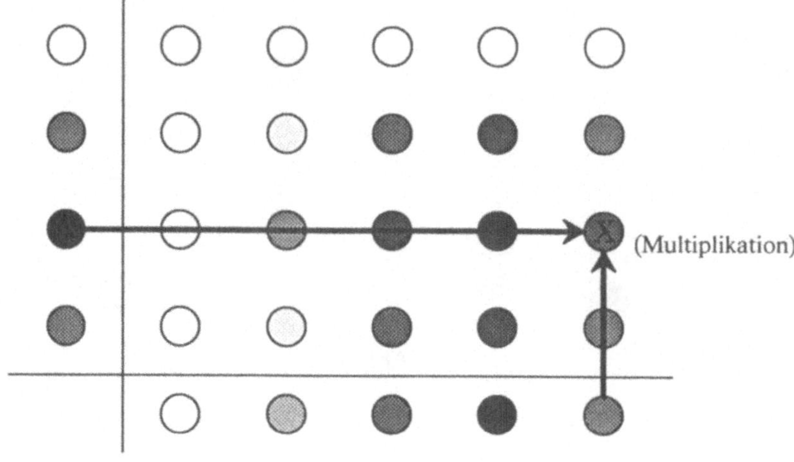

Abb. 5.8

Werden als Ausgangsrepräsentationen Muster nach dem Coarse-Coding (CC) Schema verwendet (Abschnitt 3.4), so erhält die resultierende Matrix folgende Eigenschaften: Beziehungen sind eindeutig dargestellt, da jede Rolle mit jedem Füller ein distinktes Muster erzeugt, wodurch auch mehrere Beziehungen gleichzeitig dargestellt werden können. Durch die Musterüberlappungen im Falle des Coarse Codings ist aber außerdem beschränkt ein Generalisierungsverhalten feststellbar, da gleiche Rollen mit verschiedenen Füllern starke Ähnlichkeiten zeigen (siehe Rotter 1990).

Lokale Repräsentation ist eigentlich ein Spezialfall dieser Methode. Würden wir etwa die Repräsentation eines Strings in Netzsprech gemäß Abb. 5.9 (Kontext 'badez' – etwa der Beginn von 'Badezimmer') aufzeichnen, so erkennen wir ein ganz analoges Schema: Senkrecht ist die Rolle (= Position im Wort) und waagrecht die (lokale) Repräsentation eines Einzelbuchstaben gegeben. Die gesamte Matrix stellt die Repräsentation des Strings dar, die gleichzeitig *fünf* Rolle-Füller Beziehungen beinhaltet.

Dieser Vergleich zeigt aber auch, daß die Möglichkeit der Repräsentation von Beziehungen nur mit einer hohen Anzahl von notwendigen Units erkauft wurde. Wollte man etwa die zwei Punkte aus Abb. 5.7 nach dem Tensor-Produkt Schema repräsentieren, so liefe das darauf hinaus, für *jeden* Punkt in der Ebene eine Unit vorsehen zu müssen.[7] Das Binding Problem wurde also

---

[7] Mit einem CC–Schema könnte man die Auflösung mit weniger Units erreichen, hat aber dann die Nachteile der Fehleranfälligkeit – siehe Abschnitt 3.4.3.

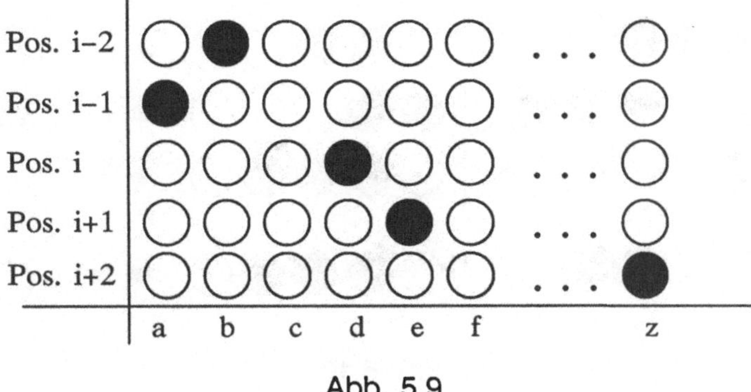

Abb. 5.9

zunächst nur durch eine *kombinatorische Vervielfältigung der Ressourcen* gelöst. In genau diese Kerbe schlagen Fodor & Pylyshyn (1988), indem sie sagen, Beziehungen müßten einzeln aufgelistet werden, um dargestellt werden zu können. Das Problem, das daraus resultiert, ist die fehlende Allgemeinheit, da eine Beziehung nun völlig unabhängig von allen anderen wird (was, wie man gesehen hat, durch das "verschmierende" CC-Codierungsschema nur teilweise umgangen werden kann).

5.8.2 Binding Problem: Fragen und Beobachtungen

Die Frage steht zweifellos zunächst im Raum: Stellt das Binding Problem eine gravierende Limitierung verteilter Netzwerke dar, oder beruht es auf einer falschen Auffassung dessen, was sie tun? Man könnte zunächst argumentieren, daß man sich von Repräsentationen im strengen Sinn ja sowieso, so weit es geht, befreien möchte, und daher von dem Problem nicht allzu sehr eingeschränkt ist. Allerdings könnte die Beobachtung auch auf eine Beschränktheit dessen, was in den Hidden Units erlernt werden kann, hindeuten. Sind zum Beispiel Musterabbildungen wie die ersten drei aus Abb. 5.10 erlernbar, sodaß die vierte daraus generalisiert werden kann? Wenn ja, dann hat das Netzwerk die Beziehung *"Muster 1 (3 schwarze Units) vor Muster 2 (2 schwarze Units)"* gelernt und muß sie in irgendeiner Form in den Hidden Units herangebildet haben. Damit wäre gezeigt, daß das Binding Problem auf repräsentationsfreies Wissen nicht zutrifft. Läßt sich dies allerdings nicht allgemein erlernen, so würde dies auf das ganz gleiche Problem verteilter Systeme hindeuten.

Die nächste Frage, die sich stellt: Wenn es sich hier um ein Problem handelt, ist es nur durch kombinatorische Vervielfältigung zu lösen? Wäre das der Fall,

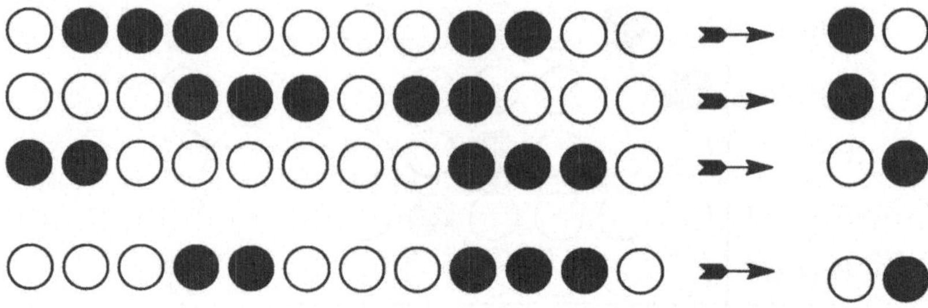

Abb. 5.10

würde aus dem Problem ganz sicher eine (zumindest teilweise) Beschränkung hinsichtlich der Verarbeitung von Beziehungen folgen (nämlich: eine vielleicht nicht zu bewältigende Menge an Units und fehlende Generalisierung durch unabhängige Darstellung ähnlicher Beziehungen). Im folgenden findet sich ein weiterer Gedanke in Richtung Beantwortung dieser Frage.

5.8.3 Kompositionalität

Mit dem Binding Problem hängt ein anderer Aspekt der Wissensrepräsentation eng zusammen: die *syntaktische Kompositionalität* von komplexen Konzepten. Die klassische AI setzt dabei voraus, daß dieses Prinzip (meist) seine Gültigkeit hat, daß sich also komplexe Konzepte aus einer *konkatenativen* Zusammensetzung (d.h. durch Aneinanderreihung) ihrer Bestandteile – einfacheren Konzepten – ergeben. Diese Voraussetzung wurde zunächst auch für verteilte Repräsentationen von Konzepten wie *John liebt Maria* übernommen. Doch erst die Annahme, daß sich dieses Konzept aus den Teilen *John*, *Maria* und *lieben* durch einfache Überlappung ergibt, daß sich also auch *John* jederzeit durch eine andere Repräsentation, etwa *Bill*, ersetzen ließe, führt zum Binding Problem. Vielleicht muß man also vor allem an diesem Prinzip der Kompositionalität rütteln.

Smolensky (1988) gibt dafür ein Beispiel: Man betrachte das Konzept *Kaffeetasse*; Der klassische Ansatz, gemäß dem syntaktischen Kompositionalitätsprinzip dieses Konzept zu erklären, bzw. darzustellen, ist im allgemeinen der folgende: Es gibt zwei unabhängige einfachere Konzepte *Tasse* und *Kaffe*, die anhand ihrer Eigenschaften beschrieben werden können. Will man nun das zusammengesetzte Konzept beschreiben, so nehme man das erste, *Tasse*, und versehe es mit irgend einer Art Pointer (z.B. mit dem Label *Inhalt*), der auf *Kaffee* zeigt. Im großen und ganzen bleiben aber die beiden ursprünglichen Konzepte unverändert (von Ausnahmen abgesehen). Smolensky zeigt allerdings auf, daß die Vorstellung, die wir alle von *Kaffeetasse* zu haben scheinen, nicht so ohne weiters auf bloßer Zusammensetzung beruht. *Tasse* heißt hier vielmehr *Tasse im Kontext Kaffee*, schließt also bereits viele Tassenarten aus, wird wahrscheinlich in der Größe begrenzt sein, etc. *Kaffee*, ganz analog, heißt hier soviel wie *Kaffee im Kontext Tasse*, bezieht sich also auf flüssigen Kaffee: wahrscheinlich mit Milch, in der Form der umgebenden Tasse, etc. Daraus folgt, daß *Kaffeetasse* eigentlich etwas anderes ist als *Kaffekanne* oder gar etwa *Kaffeebaum*, daß sich diese also *nicht* einfach durch Substitution von *Tasse* mit *Kanne* oder *Baum* ergeben.

Umgelegt auf verteilte Repräsentation hieße das, daß das, was in der symbolischen AI mit gleichen Symbolen repräsentiert wird (etwa 'Kaffee'), hier mit *verschiedenen* Vektoren dargestellt werden sollte, um die (wenn auch oft nur feinen) Unterschiede darzustellen. Smolensky bezeichnet diese Vektoren als eine Repräsentation, die den Kontext *innerhalb* des Symbols realisiert, als Symbol ist dabei der repräsentierende Vektor gemeint. Zu dieser Bemerkung sei zunächst auf Kapitel 6 verwiesen, wo 'Symbol' etwas anders verwendet wird. Wichtig für den Moment ist aber, daß sich symbolische und sub-symbolische Repräsentation dadurch unterscheiden sollten, daß letztere den Kontext innerhalb der Darstellung berücksichtigt (bzw. berücksichtigen kann), während erstere den Kontext nur extern realisieren kann, die einzelnen Repräsentationen dabei aber unverändert läßt.

Kommen wir daher auf das Binding Problem zurück und betrachten das Konzept *Hans liebt Maria* im neuen Licht. 'Hans' ist hier also als *Hans, der Maria liebt* zu sehen, 'Maria' wiederum als *Maria, die von Hans geliebt wird*, und 'lieben' als *lieben mit Hans als Agens und Maria als Ziel*. Mit anderen Worten, die Repräsentation der Personen sollte also die Information, daß sie lieben oder geliebt werden, beinhalten, während die Repräsentation von *lieben* in diesem Fall die Darstellung der Personen mit berücksichtigt. Daraus folgt aber, daß *Hans liebt Maria* und *Maria liebt Hans* zwei zwar ähnliche aber doch verschiedene verteilte Repräsentationen haben, das Binding Problem in diesem Fall also nicht auftritt. Was diese Beobachtung nahelegt ist dies: Wenn ein selbstorganisierendes System seine repräsentationsfreien Wissenskomponenten nach diesem kontext-berücksichtigenden und nicht-syntaktischen kompositionalen Schema heranbildet, dann ist das Binding Problem keine allgemeine Einschränkung für sub-symbolische Modelle.

Eine Reihe von einfachen Modellen in der Literatur scheint dies zu bestätigen. Das bekannteste davon ist das *recursive auto-associative memory* (*RAAM*) von Pollack (1988, 1990). Dieses Netzwerk ist im Prinzip ein Backpropagation-Netz, dessen Input und Output Layers aus zwei gleich großen Teilen besteht, die so groß wie der Hidden Layer sind (Abb. 5.11). Das Netzwerk wird

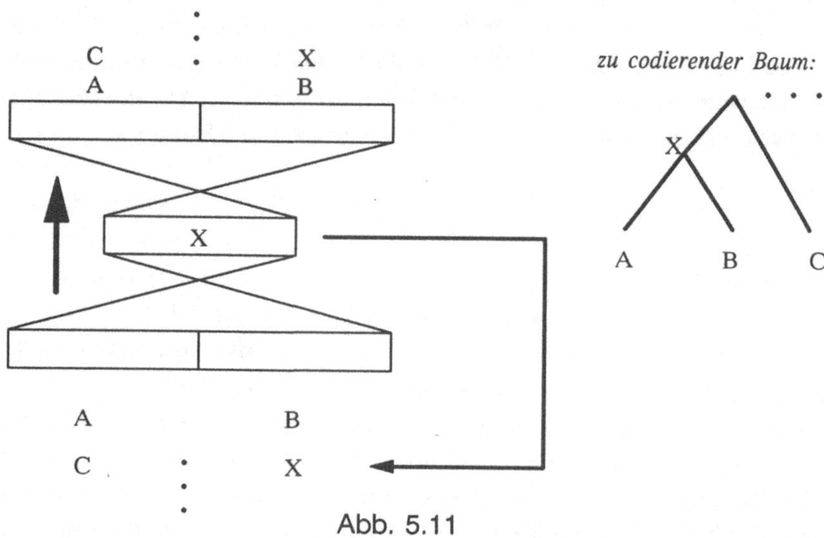

Abb. 5.11

autoassoziativ (d.h. mit gleichen Input- wie Outputmustern) trainiert. Dabei wird das Netzwerk gezwungen, im Hidden Layer (der ja halb so groß wie die beiden anderen Layer ist) eine reduzierte Darstellung des Inputs zu entwickeln (vergleiche Abschnitt 2.4.1.1). Das Ziel ist dabei folgendes: Zwei beliebige (gleich groß repräsentierte) Element sollen im Hidden Layer gemeinsam kompakt umcodiert werden. Diese Umcodierung geschieht durch die Selbstorganisation im repräsentationsfreien Teil des Netzwerks. Da diese kompakte Darstellung die gleiche Größe wie einer der beiden Inputteile besitzt, kann er selbst wieder zusammen mit einem neuen Element einer Umcodierung unterworfen werden (daher wird das Netzwerk 'rekursiv' genannt). Dadurch werden nach und nach ganze (binäre) Baumstrukturen in ein einziges kompaktes Muster umgesetzt werden. Dies kommt der impliziten Realisierung eines *Stapelspeichers* (*stack*) gleich, wobei sukzessive immer mehr Elemente oder ganze Stapelinhalte auf einen (weiteren) Stapel gelegt werden. Das ganze geschieht allerdings *nicht konkatenativ* sondern durch *Überlagerung* in den verteilten Mustern des Hidden Layers.

Dies hat nun mehrere interessante Konsequenzen. Man kann nämlich zeigen, daß mit dem RAAM prinzipiell beliebig große Bäume (bis zum Erreichen der Kapazitätsgrenze) kompakt codiert werden können, wobei der resultierende Code mit dem selben Netzwerk auch wieder (fast) fehlerfrei in seine Bestandteile zerlegt werden kann. Erinnern wir uns – da das Netzwerk eine Autoassoziation lernt, implementiert es nicht nur eine Abbildung von den Einzelteilen auf den kompakten Code, sondern auch umgekehrt. Das bedeutet, daß das kompakte Muster die vollständige Information über die syntaktische Struktur des Baums und seine Elemente enthält, nur eben nicht mittels Konkatenation (Aneinanderreihung) sondern implizit und verteilt. Stellt der Baum nun Rolle-Füller-Beziehungen so wie die Tensorprodukt-Repräsentation dar, so ergeben sich für verschiedene Bindungen unterschiedliche Muster. Diese Muster sind *nicht* einfach in die Konstituenten zu zerlegen, sondern sind Überlagerungen von einander beeinflussenden Vektoren. Dies entspricht schön den obigen Überlegungen zu "natürlicher" Kompositionalität. Chalmers (1990) hat neben anderen gezeigt, daß RAAM-Darstellungen auch struktur-sensitiv verarbeitet werden können, daß also zwischen konkatenativer und impliziter Kompositionalität prinzipiell funktionelle Äquivalenz herrscht. Eine starke Argumentation in diese Richtung ist zum Beispiel in van Gelder (1990) zu finden, wo RAAM und andere ähnliche Arbeiten theoretisch zusammengefaßt werden.

Wir sehen also, daß verteilte Muster Strukturen von Konzepten mit Bindungen an Rollen enthalten können, ohne der kombinatorischen Explosion zu erliegen (das kompakte Muster ist so groß wie einer der Strukturteile). Das Problem ist zwar noch nicht vollständig aus dem Weg geräumt – man müßte erst im größeren Rahmen die Wirksamkeit des Ansatzes beweisen – aber im Prinzip ist gezeigt, daß verteilte Verarbeitung nicht den Einschränkungen unterliegt, die von Fodor & Pylyshyn postuliert wurden. Dabei muß man aber – und das sollte uns nach diesem Kapitel nicht verwundern – von klassischen Sichtweisen wie der syntaktische Konkatenation von Konzepten abgehen. In Kapitel 12 wird auf die Problematik nochmals anhand von reiner Selbstorganisation (das RAAM geht ja nicht von direkt verankerten Inputs sondern repräsentierten Konzepten aus) und weiteren Beispielen eingegangen.

6 Symbole in sub-symbolischen Modellen

6.1 Allgemeines

Nachdem wir nun eingehend die theoretischen Hintergründe sub-symbolischer Modelle besprochen haben, wollen wir uns näher der Rolle von *Symbolen* in der AI unter diesen Voraussetzungen widmen.

Wie bereits erwähnt, ist die Fähigkeit symbolisch, das heißt abstrakt und jenseits bloßer sensorischer Muster, zu denken, einer der Hauptpunkte, die ein kognitives System – wie den Menschen – auszeichnet. Obwohl, wie wir gesehen haben, Symbolstrukturen allein offensichtlich nicht den ganzen Inhalt unseres Wissens ausmachen, spielen sie doch eine große Rolle und müssen in irgendeiner Art und Weise im Modell einen Platz finden. Einer der Grundsätze sub-symbolischer AI ist es, daß Symbole in das darunterliegende verteilte Rahmenwerk eingebaut sein müssen, daß sie also quasi als Epiphänomen aus sub-symbolischen Prozessen hervorgehen.

Eine Frage stellt sich zunächst: *woher kommen Symbole in der Kognition?, bzw. Welche Rolle spielen sie dort?* Die Antwort scheint im Gebrauch von Sprache zu liegen. Symbole (das heißt Wörter, Zeichen, etc. – hier sind nicht nur verbale Sprachen gemeint) sind die Mittel der Sprache, um Wissen mitzuteilen, bzw. zu transferieren. Die wenigen Ausnahmen der Sprache, die keinen Symbolcharakter haben, beinhalten Intonation, ironische "Obertöne" und ähnliches.

Die Symbolhaftigkeit der Sprache wiederum scheint stark durch unsere Fähigkeit, visuelle und andere Inputs zu *kategorisieren*, motiviert zu sein. Demnach sehen (und hören, fühlen, etc.) wir unsere Umwelt nicht als eine unzusammenhängende Menge von (Bild-)punkten, sondern können, meist bereits vor dem Einsatz von Sprache, Gruppen von zueinander ähnlichen Objekten unterscheiden (siehe zum Beispiel: Roberts & Horowitz 1986, oder die *conceptualization capacity* bei Lakoff 1987). Zum Beispiel können wir leicht einige der

Pflanzen, die wir sehen, in Bäume und Sträucher einteilen, obwohl die Grenzen zwischen diesen beiden Kategorien sicher alles andere als klar sind. Aufgrund der Häufigkeiten der Vorkommnisse und anderer Aspekte, die in unserem Handeln eine Rolle spielen, wird uns der Unterschied klar. Kategorisierungen dieser Art motivieren uns nun, Wörter wie 'Baum' oder 'Strauch' oder andere Symbole zu verwenden, die für diese Kategorien stehen, also alle Vertreter der Kategorie stellvertretend repräsentieren. In den meisten Fällen von Kommunikation reicht es aus, ja ist es sogar viel sinnvoller, nur die Information auszudrücken, daß ein bestimmtes Objekt einer bestimmten Kategorie zugehört, als jedes kleine Detail ebenfalls mitzuteilen. Allerdings sollte klar sein, daß ohne Zweifel bei dieser Art von Kommunikation Information verloren geht, beziehungsweise durch den Zuhörer selbst – und daher eventuell inadäquat – neu generiert wird. In Kapitel 13 soll darauf nochmals eingegangen werden.

Zusammenfassend gesagt scheinen Symbole also hauptsächlich durch die Verwendung von Sprache[1] in ein intelligentes System zu gelangen. Ansonsten wäre der Bedarf an Symbolen nicht so groß, da kognitives Handeln, solange es nicht mitgeteilt werden muß, großteils nicht-symbolisch vor sich gehen kann. Wir können daher folgende Hypothese aufstellen:

Hypothese über Symbole:
Kommunikative Symbole (z.B. Wörter einer Sprache, aber auch interne Symbole) sind die einzigen, die in einem kognitiven Modell einen Platz haben müssen. Sie sind daher Einheiten, die für etwas stehen, wobei dahinter die **Intention** *eines individuellen Subjekts steht.*

Diese Definition von Symbolen ergibt zwar Sinn, wird aber bei weitem nicht von allen Theoretikern der AI übernommen. Speziell angeregt durch die Theorie der Turingmaschine und der Pysical Symbol Systems Hypothesis (Abschnitt 1.2.1) wird oft jeder physikalische "Token" als Symbol – auch in Bezug auf die zu simulierende kognitive Handlung – bezeichnet, selbst wenn er nicht Teil einer sprachlichen Kommunikation ist. In dieser Sicht könnte man auch jede Unit eines Netzwerkes als Symbol bezeichnen, wodurch der Unterschied zwischen sub-symbolischen und symbolischen Ansätzen scheinbar in Frage gestellt wird. Wir wollen in diesem Kapitel schrittweise klar machen, warum die soeben gegebene Definition konsistent bleibt und diesen Un-

---

1 damit ist auch so etwas wie "interne Sprache", also Kommunikation eines CRIs mit sich selbst gemeint.

terschied sehr wohl beleuchtet. Vor allem wird es sich herausstellen, daß Symbole in der Modellierung von kognitiven Vorgängen nur interessant sind, wenn sie in Bezug auf diese Vorgänge eine Rolle spielen, bzw. ein Teil davon sind.

Auch zum Gebrauch von 'Symbol' in der Psychologie bleibt hier ein Unterschied bestehen, der aber weniger auffällig ist. Denn auch dort bedeutet 'symbolisch' sehr oft, daß "etwas für etwas anderes steht", also ähnliche Funktion hat wie ein Wort oder Zeichen einer Sprache – nur daß oft die Intention dahinter fehlt (z.B. bei "unbewußter Symbolik"). In den folgenden Abschnitten sollte also klar sein, daß ein Symbol als ein Element der Sprache gesehen wird, das durch seine Fähigkeit, für etwas zu stehen, dieses Etwas mitteilen kann.

6.2 Symbole und Informationstheorie

Die Motivation für den Einsatz von Symbolen steckt somit in der Verwendung einer Sprache, um Wissen mitzuteilen. Kommunikation könnte aber theoretisch auch mit Signalen funktionieren, die direkt, also in analoger Weise, bestimmte Information codieren. Zum Beispiel wäre es denkbar, eine Sprache zu entwickeln, in der bestimmte Eigenschaften des Signals (zum Beispiel Tonhöhe, Vokalqualität, Lautstärke, etc.) kontinuierlich variiert werden, um Information auszudrücken. Etwa könnte man mitteilen, wie groß etwas ist, indem man einen Vokal mit einer der Größe proportionalen Tonhöhe ausspricht. Allerdings hat die Informationstheorie gezeigt (Shannon 1948), daß dies eine recht unglückliche Art der Kommunikation ist, wenn man es mit einem gestörten Übertragungskanal zu tun hat. Und so einen muß man im allgemeinen annehmen, denn Hindernisse oder Geräuscheinflüsse beeinträchtigen die Sprachkommunikation fast ständig. Es ist jedoch möglich, Übertragung von Information störsicherer, ja sogar in einem vorgegebenen Medium gemäß der Kapazität des Kanals beliebig sicher zu machen, vorausgesetzt das Signal wird diskretisiert, also aus eindeutig identifizierbaren und voneinander verschiedenen Elementen, die ein ganzes Intervall von Werten zusammenfassen, aufgebaut. Symbole sind nun nichts anderes als eine Diskretisierung von Zuständen (Campbell 1982). Mit anderen Worten, wenn man die Information mit Hilfe von Symbolen überträgt, wird die Kommunikation relativ unanfällig gegenüber von Störeinflüssen.

Ein ähnliches Prinzip wird in der Audiotechnik verwendet, wo Signale digitalisiert und somit widerstandsfähig gegen Rauschen und Übertragungsfehler gemacht werden. Dabei geht einige der darstellbaren Information verloren – aufzählbar viele digitale Werte sind nun mal in der Anzahl geringer als die (theoretisch) unendlich vielen analogen Werte – dieser "Fehler" kann aber beliebig klein gemacht werden und bleibt über weite Strecken konstant (während Störeinflüsse auf analoge Signale sich ständig aufsummieren).

Dies ist in Abb. 6.1 deutlich gemacht. Ein kontinuierlicher Bereich wird auf

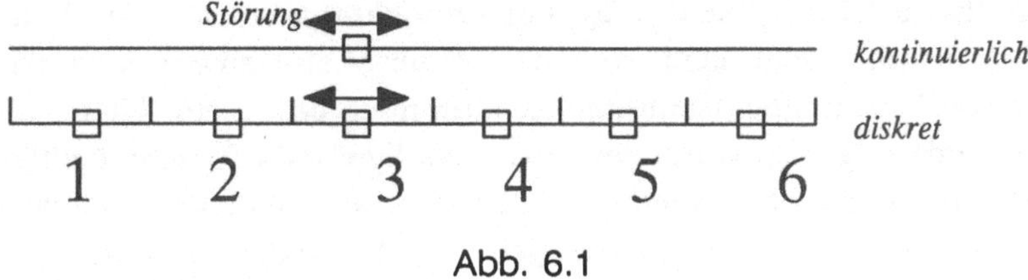

Abb. 6.1

einen diskreten abgebildet, indem die theoretisch unendlich vielen Werte durch eine endliche Anzahl ersetzt werden. Der Mittelwert eines dieser diskreten Intervalle steht dann für sämtliche Werte, die dort hineinfallen. Damit wird sozusagen ein "künstlicher" Fehler in das System gebracht. Kleine unvorhersehbare Störungen beinflussen nun das Signal aber nicht mehr, da durch eine Abweichung der Wert immer noch im selben diskreten Intervall liegt. Dies erinnert uns an die Diskussion um das Coarse Coding Schema (Abschnitt 3.4.3). Dort entsprach lokale Repräsentation der Diskretisierung, wobei eine größere Fehlerrobustheit mit einer geringeren Auflösung einhergegangen ist.

Die Benutzung von Symbolen in der Sprache hat nun offensichtlich eine ähnliche Auswirkung: Ein Teil der möglichen Information geht verloren, wenn man von einer analogen zu einer symbolischen Ausdrucksweise übergeht, dabei wird allerdings die Kommunikation wesentlich weniger störanfällig. Das liegt daran, daß Symbole – ähnlich wie digitale Signalwerte – in ihrer Darstellung (z.B. dem akustischen Signal) genügend weit voneinander entfernt sind, sodaß in ihrer unmittelbaren Umgebung kein weiteres interpretierbares Element liegt. Daher kann etwas, das sich durch einen Störeinfluß von der ursprünglichen Symboldarstellung entfernt hat, wieder auf diese zurückgeführt werden, ganz ähnlich wie jeder Punkt auf einem Berg in der Gebirgsanalogie auf den nächstgelegenen Gipfel abgebildet werden kann.

Tatsächlich scheint das einer der Gründe gewesen zu sein, warum sich praktisch alle menschlichen Sprachen hauptsächlich Symbolen bedienen (vergleiche Campbell 1982). Es gibt zwar meist auch nicht-symbolische, also analoge, Elemente, wie zum Beispiel das graduelle Variieren von Tonhöhen, um mehr oder weniger Ironie in eine Äußerung zu bringen, diese keineswegs zu vernachlässigenden Elemente stellen aber im Vergleich zu den Worten in einer Sprache eine relativ geringen Informationsgehalt dar.

6.3 Die Rolle symbolischer Muster

Sub-symbolische AI möchte also Symbole in nicht-symbolische Strukturen einbetten. Bevor nun beschrieben wird, in welcher Weise dies in konnektionistischen Netzwerken möglich sein könnte, muß noch eine feine Unterscheidung getroffen werden: Bisher wurde der Ausdruck 'Symbol' oft recht nachlässig für verschiedene Dinge verwendet, die dennoch auseinandergehalten werden sollten: *Konzepte, interne Realisierungen* von Symbolen und deren *externe Darstellung.*

Konzepte können am ehesten mit intern realisierten kategorialen Zuständen gleichgesetzt werden, die zum Beispiel als klar ausgeprägte, aber doch in Einzelfällen verschiedene Muster ins Spiel kommen. In der Gebirgsanalogie wär dies einer der Berge. Dieser kann zwar als selbständige Einheit angesehen werden, ist aber selbst noch kein Symbol, vor allem deswegen, weil seine Grenzen in vielen Fällen sehr verschwommen sind – und er daher nicht eindeutig als Ganzes identfizierbar ist – und weil er nicht via Intention für etwas steht.

Demgegenüber muß es eine **interne Realisierung** eines Symbols geben, die (meist) eine starke Bindung an eines der Konzepte hat. Im Gegensatz zum Konzept selbst muß diese Realisierung, etwa ein Aktivierungsmuster, eindeutig identifizierbar sein und darf nicht in sinnvoller Weise mit anderen Symbolrealisierungen überlappen.[2]

Zur Kommunikation mit Hilfe von Symbolen nach außen hin muß es zu guter Letzt eine **externe Darstellung** eines Symbols geben. Diese ist zum Beispiel ein akustisches Signal, das von den Artikulationsorganen erzeugt wird, oder ein geschriebenes Zeichen. Diese externen Darstellungen werden von den internen Realisierungen getriggert, umgesetzt, von jemand anderen interpretiert und wieder eindeutig auf eine der internen Realisierungen abgebildet. Wichtig zu bemerken ist hier, daß einer internen Realisierung durchaus mehrere ex-

---

2 Zusammengesetzte Symbole wie Komposita in der Sprache können natürlich schon auf der Ebene der atomaren Symbole überlappen. Hier ist von letzteren – also den unteilbaren Einheiten – die Rede.

terne Darstellungen entsprechen können, die Interpretation in umgekehrter Richtung jedoch eindeutig sein muß.

Abb. 6.2 soll diese Unterscheidung etwas verdeutlichen. Ein Konzept A1

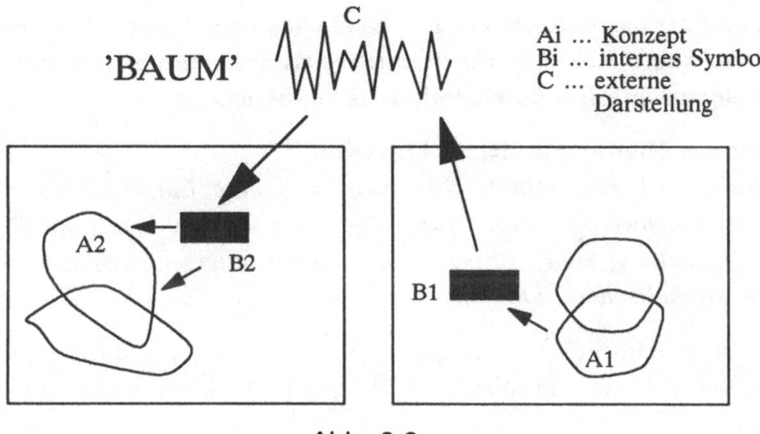

Abb. 6.2

motiviert das interne Symbol B1, das die externe Darstellung C auslöst. Diese wird wieder interpretiert, in eine interne Realisierung (B2) umgesetzt, wobei es erneut Konzepte (A2) aktivieren kann.

Zwei Beispiele sollen den Unterschied, vor allem zwischen Ebene A und B, klar machen: Zunächst zum Verstehen von Sprache: Liegt die akustische Realisierung eines Wortes (C) etwa physikalisch gesehen exakt zwischen 'Brei' und 'drei', so liegen die Assoziationen (A2) keineswegs dazwischen (also aus einer Überlappung der Assoziationen zu 'Brei' und den zu 'drei'). Es muß also eine eindeutige Abbildung auf das interne Symbol B2 stattfinden.

Ähnliches passiert in der Sprachproduktion: Wird etwa als visueller Input das Bild einer Pflanze verwendet, die nicht klar den Konzepten *Baum* oder *Strauch* zuzuordnen ist, so werden wahrscheinlich beide Konzepte (A1) aktiviert sein. Dies wiederum kann eine Aktivierung der internen Realisierungen *beider* Worte 'Baum' und 'Strauch' (etwa zweier lokaler Units) verursachen. Soll allerdings diese Pflanze in einer Äußerung bezeichnet werden, muß eine Entscheidung, die im allgemeinen von einer Reihe von Kontexteinflüssen beeinflußt wird, getroffen, also wieder eine eindeutige Abbildung auf das interne Symbol B1 vollzogen werden.

Symbole auf der Ebene B von Sprachkommunikation, die einem Konzept zugeordnet sind, müssen also eindeutig sein.[3] Dies geht Hand in Hand mit der meist in der Semiotik gemachten Beobachtung, daß Symbole in ihrer Funktion als Zeichen *formunabhängig* (*arbiträr*) sind (siehe etwa Lyons 1977 für eine Überblick zu diesem Thema). Mit anderen Worten, die Form eines Symbols sagt nichts über das Bezeichnete aus, Ähnlichkeitstrukturen auf der einen Seite haben also keine Relevanz für Ähnlichkeitsstrukturen auf der anderen. Wir können demnach folgende Hypothese formulieren:

Hypothese über symbolische Funktion

Zur Kommunikation mittels Symbolen muß eine Entscheidung zwischen zunächst gleichwertigen Aktivierungen getroffen werden. Erst wenn die betreffende Darstellung eindeutig von den anderen unterschieden werden kann, hat sie symbolische Funktion.

Anders ist es natürlich bei komplexeren Konzepten, die durch *Symbolstrukturen* ausgedrückt werden müssen. In diesem Fall können mehr als ein Symbol gleichzeitig aktiviert sein, da diese einander ja nicht widersprechen.

Wir sehen also, daß sich der symbolische Prozeß von einem "normalen" konzeptuellen Prozeß dadurch unterscheidet, daß Zwischenzustände nun *nicht* mehr erlaubt sind. Für das Modell heißt das, daß der "normale" Vorgang konnektionistischer Modelle – etwa die kontinuierliche und verteilte Verarbeitung – durchbrochen werden muß. Hiezu sei noch bemerkt, daß sich diese Interpretation von Symbol von der Smolenskys (Smolensky 1988, p.18, Satz (22)) unterscheidet. Hier offenbart sich nämlich ein weiterer Unterschied in der Auffassungsweise von Symbolen. Da diese für etwas stehen sollen – mit dahinterliegender Intention – kann nicht ein Zustand des Systems, der sich durch Selbstorganisation im Zuge unbewußter Konzeptbildung heranbildet, als Symbol gesehen werden, was aber Smolensky und auch Hofstadter (1985) offensichtlich tun. Hier erkennen wir wieder den Unterschied zwischen bloßer kausaler Abhängigkeit – die offensichtlich bei Konzepten der Fall ist – und intendierter Abbildung – die Kraft hinter Symbolen. Insofern kann auch nicht jede beliebige Einheit im System als Symbol bezeichnet werden.

---

3 Natürlich kann man auch sagen 'Baum oder Strauch', wenn die Unterscheidung nicht wesentlich ist. Dies hängt aber sicher stark von bewußten Entscheidungsvorgängen ab, die hier nicht besprochen werden können. Im generell instantan ablaufenden Sprachgebrauch werden zur Bezeichnung von Objekten aber stets Entscheidungen getroffen. Wortüberblendungen wie 'Straum' etwa gehören *nicht* zu den Standardmitteln der Sprache.

Somit wird uns auch der Unterschied zwischen 'symbolischer' und repräsentationsfreier 'sub-symbolischer' AI um einiges klarer: 'Symbolisch' bedeutet in der hier präsentierten Sichtweise, daß das System *externe Darstellungen* von Symbolen enthält, die vom Designer dazu eingesetzt werden, für seine Konzepte zu stehen (vgl. auch Abb. 5.2). Diese Symbole sind also gewissermaßen in das System "implantiert" und haben daher oft keine "Bedeutung" für das System selbst, da die zugehörigen Konzepte fehlen. Im hier vorgestellten sub-symbolischen Ansatz geht man hingegen davon aus, daß im System zunächst keine Symbole vorhanden sind, sondern daß diese erst ins Spiel kommen, wenn das System mittels Sprache kommunizieren soll. Dazu muß es zu jeder externen Darstellung selbst ein *internes Symbol* entwickeln, wofür zunächst eine Konzeptualisierung der Situation via sensorischem Input notwendig ist. Solche Symbole kommen also aus dem System und dessen Erfahrung heraus, sind – wie man sagt – gewissermaßen "verankert" (*symbol grounding* – Harnad 1990). Der adäquate Gebrauch eines Symbol wie etwa 'Freiheit' kann daher von solch einem künstlichen System auch so lange nicht wirklich erlernt werden, bis es ein Konzept entwickeln kann, daß diesem Gebrauch entspricht.

In diesem Zusammenhang sollte man explizit betonen, daß hier natürlich immer von Symbolen *in Bezug auf die kognitive Handlung* des betrachteten Systems die Rede ist. Daß jedes neuronale Netzwerk in einem Programm simuliert werden kann, und in diesem Programm natürlich Symbole vorkommen, widerspricht den bisherigen Beobachtungen keineswegs. Diese Symbole sind Teil der Simulation und verhalten sich im definierten Sinn bestenfalls *in Bezug auf den Programmierer*, wenn man den Vorgang des Programmierens als formal-*sprachliche* Mitteilung auffaßt. Nach solchen Symbolen war hier aber nicht gefragt, bzw. sind es nicht diese, die sub-symbolische von symbolischen Ansätzen unterscheiden.

Externe Darstellungen – also etwa geschriebene Worte oder Zeichen – tragen, wenn man sie losgelöst von den sie verwendenden Individuen betrachtet, die Symbolfunktion oder ihre Bedeutung nicht mit sich, sondern sind so lange einfach nur bedeutungslose physikalische Zustände, bis ein intelligentes Wesen ihnen die Funktion und Bedeutung zukommen läßt, bzw. sie als Symbol erkennt. "Losgelöst von allen Individuen betrachten", das ist etwas, was uns natürlich – besonders bei der Beobachtung von uns geläufigen Symbolen – sehr schwer fällt, da wir selbst "erkennende Individuen" sind. Man versuche sich aber einmal vorzustellen, man wäre auf einem fremden Planten und stolpere achtlos über "wahllos verteilte" Felsbrocken, bis man von einem "Dolmetsch" der dort lebenden Wesen erfährt, daß es sich dabei in Wirklichkeit um Werbeaufschriften in der fremdweltlichen Sprache handelt. Einer Maschine wie unseren Computern fällt es – solange sie Symbole nicht durch Verankerung wirklich interpretieren können – auch bei uns auf der Erde nicht schwer, mit Symbolen (Worten) so umzugehen wie mit einer zufälligen Aneinanderreihung von Nullen und Einsen.

Diese Beobachtung, daß Symbole in klassischen AI-Systemen von diesem sozusagen losgelöst von jedem Erfahrbaren manipuliert werden (*symbol manipulation*), hat schon viel früher zu Kritiken geführt. So ist wahrscheinlich die berühmte "Chinese Room" Analogie von Searle (1980) mit dieser Beobachtung zu verstehen. Searle's Analogie funktioniert wie folgt: Man stelle sich vor, eine Person, die perfekt Englisch aber kein Wort Chinesisch verstehe, sitze in einem abgeschlossenen Raum vor einem Schreibtisch mit einer Schachtel voll Tafeln mit chinesichen Schriftzeichen und einer Liste von Instruktionen, in Englisch geschrieben. Durch einen Schlitz in der Tür schiebe nun jemand weitere Tafeln mit Schriftzeichen herein. Die Aufgabe der Person sei es, anhand der Instruktionen und der Zeichen auf diesen Tafeln, ihrerseits Zeichentafeln durch den Schlitz hinauszureichen. Nun stelle man sich vor, daß die Instruktionen so geschrieben sind, daß ein Chinese, der das ganze System von außen beobachtet, die hineingereichten Zeichen als eine (beliebige) Frage und die herausgereichten als eine passende Antwort versteht. Für diesen Chinesen wäre das System also durchaus als intelligent zu bezeichnen, während – so argumentiert Searle – keines der Zeichen für das System eine Bedeutung hätte. Dieses würde nur "dumm" den Instruktionen folgen, ohne eine Ahnung zu haben "worüber es spräche".

Im Licht des präsentierten Vorschlags läßt sich diese Analogie so interpretieren: Ein symbolisches AI-Programm empfängt und verarbeitet – wie gesagt – nur externe Darstellungen von Symbolen, die für jemand anderen Bedeutung haben – in der Analogie für den Schreiber der Instruktionen und denjenigen, der die Zeichentafeln durch den Türschlitz hineinschiebt, in der Realität für den Systemdesigner und -benutzer. Auch wenn ein Programm (die "Instruktionen") so gut geschrieben ist, daß ein Beobachter keinen Unterschied zu einem Menschen bemerkt, so werden diese Symbole im allgemeinen dennoch nie für das System eine Bedeutung haben, da sie nicht mit Erfahrungen desselben gekoppelt sind. Das sub-symbolische Paradigma geht hier noch einen Schritt weiter als Searle, der ja ein solch cleveres Programm nicht ausschließt: Es sagt, daß es solch ein Programm praktisch nicht geben kann, da man dazu als Designer seine eigenen "Verankerungen" von Symbol zu (sub-symbolischem) Konzept modellieren müßte, deren man sich aber nicht aller bewußt werden kann. Ein selbstorganisierendes sub-symbolisches Modell hat die Möglichkeiten, sich diese selbst anzueignen, und damit Symbolen eine Bedeutung zuzuweisen.

Zu bemerken wäre noch, daß Searle selbst diese Lesart des Konnektionismus offensichtlich nicht zuläßt, da er seine Analogie und somit seine Kritik auch auf neuronale Netzwerke erweitert (*"chinese gym,"* Searle 1990).

Ein wichtiger Punkt bleibt freilich noch offen – der der *Intention* (der Absicht) in der vorgestellten Hypothese über Symbole. In einfachen Modellen muß eine solche sicher postuliert oder "fix verdrahtet" werden. Wichtig ist hier vor allem, daß Symbole erst durch den Akt des "sich auf etwas Beziehen" (der *Referenz*) ins Spiel kommen, und daß diese Referenz aus dem System selbst hervorgeht. In Kapitel 10 wird noch kurz angerissen werden, wie man sich künstliche Systeme vorstellen kann, die Intention durch *Motivation* besitzen.

6.4 Darstellung von Symbolen in konnektionistischen Netzwerken

Wir haben somit einen Weg gefunden, kognitiv relevante Symbole (d.h. solche, die in einem kognitiven Modell eine Rolle spielen) zu identifizieren. Diese kommen erst durch die Sprache (im allgemeinsten Sinn) ins Spiel und erhalten ihre Funktion für das System – nämlich für etwas zu stehen – aus dem System selbst heraus. Nun wollen wir uns damit auseinandersetzen, wie interne Symbole (also B in Abb. 6.2) in einem konnektionistischen Modell realisiert werden können, bzw. wann es sich um externe Darstellungen (C) handelt.

6.4.1 Lokale Realisierung

Die Voraussetzung, die ein internes Symbol erfüllen muß, ist die folgende: es muß eindeutig identifzierbar sein und für einige Zeit stabil bleiben (vgl. Smolensky 1988, S.13, Kaplan et al. 1990). Das heißt zunächst, daß ein internes Symbol genügend von anderen unterscheidbar sein muß. Mit anderen Worten, es darf für das System nicht unklar sein, ob das Symbol nun aktiviert ist oder nicht, wenn es zum Einsatz in der Sprache kommt. Dies folgt aus dem verlangten Entscheidungsprozeß, der alle Zwischenzustände ausschaltet (siehe Abb 6.2). Die einfachste Möglichkeit dafür wäre *lokale Realisierung*, sprich:

eine konnektionistische Unit steht für *ein* mögliches internes Symbol. In einem selbstorganisierenden Modell bedeutet das, daß eine Anzahl von Units zur Verfügung steht, von denen jede einzeln als internes Symbol fungieren kann.

Ein konnektionistischer Mechanismus zur Durchführung einer *Entscheidung* – um eine Symboldarstellung über eine andere gewinnen zu lassen – ist der *Interactive Activation Mechanismus* von McClelland & Rumelhart (1981), der in Kapitel 2 schon vorgestellt wurde. Sind also im Beispiel zu Abb. 6.2 die zwei Wörter 'Baum' und 'Strauch' in einem solchen Schema mit einem negativen Gewicht verbunden, so wird die Unit, die stärker ist (und sei die Differenz noch so klein) die andere unterdrücken. Somit wird also tatsächlich eine Entscheidung getroffen, und die Symboldarstellungen werden eindeutig identifizierbar und stabil. Die auch in Kapitel 2 besprochene Extremform der Kompetition – der *winner-take-all (WTA)* Mechanismus – würde die Entscheidung in einem Schritt treffen. Dies kann eingesetzt werden, wenn man an den Zwischenzuständen in der Übergangsphase nicht interessiert ist.

Ein mögliches Modell zur Interaktion von Symbolen mit sub-symbolischen Komponenten sieht nun folgendermaßen aus: In einem Outputlayer werden Symbole durch lokale Units dargestellt, die untereinander inhibitiv (mit negativem Gewicht) verbunden werden. Nun kann ein Modellteil (z.B. ein Backpropagation Netzwerk) gewisse Symbolunits aktivieren, die dann den plausibelsten Hypothesen (inklusive widersprechender Teilhypothesen) entsprechen. Kontexteinflüsse können durch beliebige zusätzliche Verbindungen modelliert werden, die die Aktivierung in die eine oder andere Richtung "pushen". Soll nun das so dargestellte (dynamische) Wissen in einen linguistischen Output umgesetzt werden, wird einige Zeitzyklen lang der Interactive Activation Mechanismus ins Spiel gebracht, wobei die stärkste Hypothese über die anderen gewinnt. Ein ähnlicher Mechanismus ist auch für nicht-lokale Realisierungen möglich (siehe später).

Ein anschauliches Beispiel für eine andere Anwendung dieses Prozesses ist das sogenannte "Hin- und Herflippen" zwischen Interpretationen, das beim Erkennen von Gegenständen, aber auch beim Sprachverstehen vorkommen kann, soferne der Input zweideutig (*ambig*) ist. Das wohl bekannteste ist der 'Necker-Würfel' in Abb. 6.3a. Diesen einfach dargestellten Würfel kann man auf zwei Arten sehen, entweder "von unten" (wobei A vorne liegt), oder "von oben" (wobei B weiter vorne ist). In Rumelhart & McClelland (1986a) ist ein kleines Modell beschrieben, das diesen Vorgang modelliert (s.Abb. 6.3b). Repräsentiert man die Ecken (linker Teil) und die Hypothesen über ihre

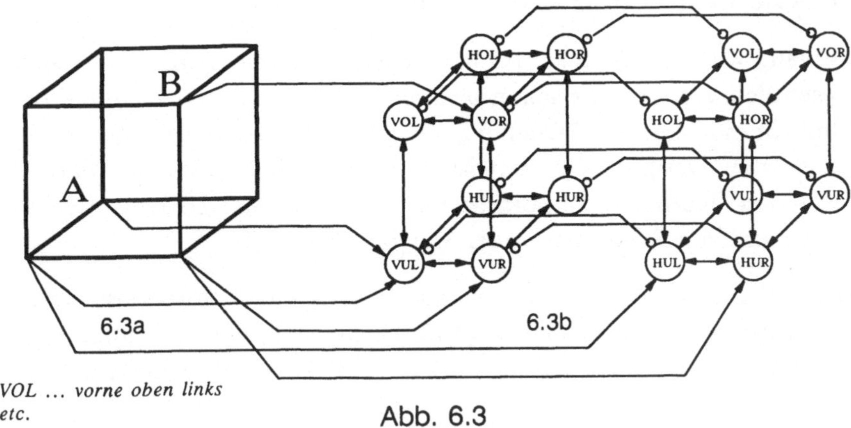

VOL ... vorne oben links
etc.

Abb. 6.3

Positionen (rechter Teil) mit lokalen Units und verbindet sie entsprechend
hemmend oder aktivierend, so sind in diesem Netzwerk zwei stabile Gesamtak-
tivierungen möglich, die genau den zwei Interpretationen des Bildes
entsprechen. Abhängig von einer zufälligen Anfangsaktivierung oder eines
durch zusätzliche Verbindungen realisierten Kontexteinflusses, wird sich dieses
Netz jeweils für eine der beiden stabilen Zustände "entscheiden". Aktiviert
man danach einen Teil des Netzes (z.B. A vorne) stark genug, so kann das
Modell "kippen", genauso wie man als Mensch zwischen den Interpretationen
hin- und herspringen kann.

Dieser Vorgang ist nun analog zu dem, was sich bei der Entscheidung um ein
Symbol abspielt. Angenommen man sieht etwas, das ein Tisch oder auch ein
Sessel sein könnte, wodurch das zugeordnete Konzept "verwaschen" und un-
ausgeprägt wird. Will man nun im Zuge der Kommunikation auf dieses Ding
hinweisen, so muß man (meist ganz unbewußt) eine Unterscheidung treffen.
Man sagt 'Tisch' oder 'Sessel' oder bestenfalls 'Ding', aber nie automatisch so
etwas wie 'Tissel' oder die vollständige Überlappung der akustischen Korrelate
von 'Tisch' und 'Sessel'. Überlappungen sind eben nicht Teil der symbolischen
Sprache, genausowenig wie man im allgemeinen den Necker-Würfel gleichzeitig von unten und von oben sehen kann. Wären nun in der lokalen
Realisierung die zwei Units 'Tisch' und 'Sessel' gleichzeitig an, und würden
diese Units direkt einen Output erzeugen, würde sich aufgrund der
Eigenschaften neuronaler Netzwerke eine perfekte Überlappung der
entsprechenden Outputs ergeben. Dies gilt es aber zu verhindern.

6.4.2 Lokale Realisierung externer Darstellungen

Die Vorgangsweise, Units lokal für *interne* Symbole einzusetzen, unterscheidet
sich wesentlich von der uns schon bekannten lokalen *Repräsentation*, bei der
eine Unit für eine *externe* Darstellung eines Symbols steht, dies aber schon von
Beginn an vom Designer definiert ist. Solche Symbole kommen daher nicht
erst durch den Gebrauch von Sprache ins Spiel und unterscheiden sich in ihrer
Funktion nicht von Symbolen in der klassischen AI.

Ein Beispiel für solche – auch *strukturiert* genannte – Netzwerke wäre das
Sprachanalysemodell von Cottrell (1985), das sich voll auf interne lokale
Repräsentation stützt. Abb. 6.4 zeigt dazu ein Beispiel. Es werden dabei nicht

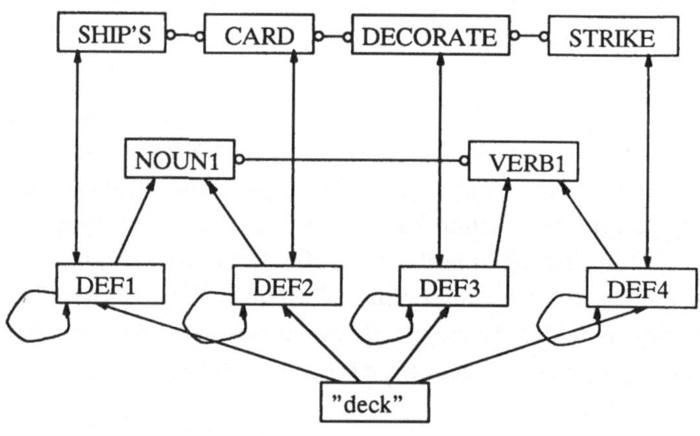

Abb. 6.4   nach Cottrell (1985)

nur Units für Worte wie 'deck' sondern auch für andere, gewöhnlicherweise in
einem klassischen linguistischen System verwendete Symbole wie 'noun' eingesetzt. Diese Symbole stellen das Wissen des Systems selbst dar, nicht die
Mittel des Systems, sein Wissen mitzuteilen, wie wir es hier verlangt haben.

Gemäß der uns nun schon bekannten Unterscheidung sind Modelle wie diese
eindeutig der reinen *symbolischen* Verarbeitung (wie ein klassisches AI-
Programm) zuzuordnen. Wir erkennen also einen entscheidenden Unterschied
zwischen reiner Symbolverarbeitung und dem Gebrauch von Symbolen durch
ein sub-symbolisches System. Da es uns hier um solche kognitiv relevanten,
gemäß der eingangs formulierten Hypothese also kommunikativen Symbole
geht, werden Modelle wie das in Abb. 6.4 abgebildete in Folge wenig Rolle
spielen.

6.4.3 Verteilte Realisierung von Symbolen

Wie sieht es mit der verteilten Realisierung von internen Symbolen aus? In einer verteilten Darstellung sind per Definition stets mehr als eine Unit aktiv an einem repräsentierenden Muster beteiligt. Infolgedessen müssen auch Symbole in verteilter Realisierung aus einer Gruppe von Units bestehen.

Da die Form von Symbolen im allgemeinen unabhängig von ihrer Bedeutung (d.h. ihrem Einsatz, ihren Assoziationen) sein soll, sollten im Fall von verteilter Realisierung Musterähnlichkeiten *nicht* ausgenutzt werden. Zwei beliebige Symbole sollten vielmehr immer als völlig *unähnlich* zueinander betrachtet werden. Wir haben das schon am Beispiel 'drei' vs. 'Brei' gesehen: Sobald das System sich für eines der beiden Symbole entschieden hat, dürfen sich Ähnlichkeiten zwischen den beiden (die hier auf Ebene C – den externen Realisierungen gegeben ist) nicht mehr auswirken.

Für interne Symbole, wenn als Verbindung zwischen Konzepten betrachtet, scheint es ähnlich gelagert zu sein (vgl. Abb. 6.2). Wenn Ähnlichkeiten in C auf A keine Auswirkungen haben sollen, so dürfen sie auch nicht in B ausgedrückt sein. Das heißt, daß bei einer Transformation eines Musters von C auf B relevante Ähnlichkeiten nicht bewahrt bleiben dürfen. Im Falle der lokalen Realisierungen waren diese Forderungen erfüllt, da zwei verschiedene lokal aktivierte Muster einander nie überschneiden (nur eine Unit ist involviert). Bei verteilten Aktivierungsschemen sind wir jedoch davon ausgegangen, daß Musterähnlichkeiten auch relevante Überlappungen ausdrücken. Davon ging eine der Stärken von verteilten Mustern aus, nämlich daß Generalisierungen und assoziative Schlüsse (vergleiche Affenbeispiel aus Kapitel 2) sehr gut damit modelliert werden können. Daraus scheint sich ein Widerspruch zu ergeben, verteilte Repräsentation scheinen für Symbole also nicht geeignet zu sein.

Hinton et al. (1986) zeigen, daß das nicht unbedingt so sein muß. Sie implementierten ein kleines Modell, das externe Realisierungen von Symbolen (Strings) auf interne Bedeutungselemente abbilden soll (Abb. 6.5). Die drei Ebenen dieses Modells sind direkt mit den Ebenen A (oberste), B (mittlere) und C (unterste) gleichzusetzen.[4] In diesem Fall sind Konzepte auf Ebene A symbolisch durch eine Menge von lokal repräsentierten Features dargestellt.

---

4 Die unterste Ebene stellt eigentlich nicht direkt Ebene C, sondern die von Ebene C (externe Symbolrealisierungen wie Zeichenstrings) in das Modell gebrachten Aktivierungen dar.

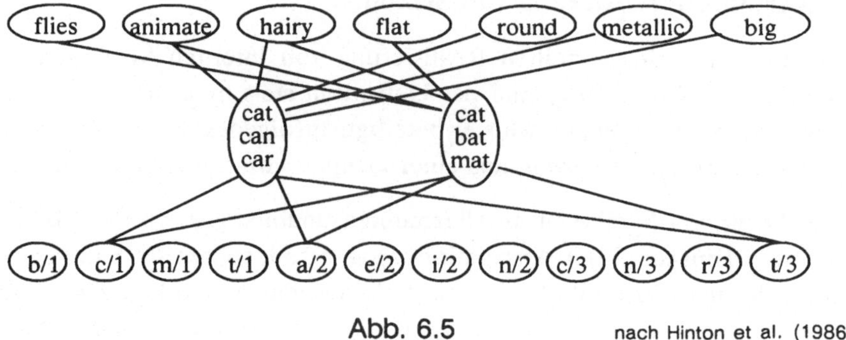

Abb. 6.5   nach Hinton et al. (1986)

Was in diesem Modell für den Moment relevant ist, ist die mittlere Ebene, die der internen Symboldarstellung. Hinton et al. zeigen, daß durch geeignete Art der Gewichte durchaus *mehrere* Units der mittleren Ebene *ein* Symbol repräsentieren können (die beiden dargestellten Units repräsentieren zum Beispiel 'cat'). Wenn die Anzahl der Semem- (= Feature) Units, die pro Wort- (= Symbol) Unit im Durchschnitt aktiviert werden, klein bleibt (das kann durch die Wahl der Parameter wie Verbindungsdichte, Gewichte, Anzahl der Units pro Layer, etc. erreicht werden), dann ist die Wahrscheinlichkeit einer unerwünschten Aktivierung vernachlässigbar gering. Unerwünscht wäre etwa die Aktivierung einer Semem-Unit, die eigentlich einem Wort entsprechen würde, dessen Symbolrepräsentation zufällig ähnlich dem gewünschten Wort ist. In diesem kleinen Beispiel könnte das auf das Semem *flat*, das dem Wort 'mat' zuzuordnen ist, zutreffen, wenn es durch das Wort 'cat' aktiviert würde, weil sich die Symboldarstellungen für *cat* und *mat* überschneiden. Das wird wie gesagt durch die gewählten Parameter, sowie einem Schwellwertmechanismus, der die Aktivierung einer Semem-Unit erst ab einer gewissen Anzahl von verbundenen aktivierten Symbolunits zuläßt, verhindert (bzw. sehr unwahrscheinlich gemacht).

Damit wäre im Prinzip gezeigt, daß durch einen ausbalancierten Parametersatz unerwünschte Effekte aufgrund von Ähnlichkeiten verteilter Repräsentationen ausgeschaltet werden können. Andere Vorteile verteilter Repräsentationen bleiben hingegen erhalten, so wie Robustheit (der Ausfall einer Unit muß ein Symbol nicht auslöschen) und Speichereffizienz (mit *n* Units können mehr als *n* Symbole dargestellt werden). Hinton et al. zeigen unter anderem, daß nach Zerstörung spontanes Wiedererlernen (spontaneous recovery) zu beobachten ist. Weiters kann eine interessante Eigenschaft bei leichten Störungen der

Units festgestellt werden: Wenn plötzlich doch Einflüsse anderer Symbole durchschlagen und einzelne Sememe ändern, wird plötzlich etwa statt des Wortes 'peach' das Wort 'apricot' erkannt (bzw. reproduziert, wenn man eine entsprechende Generierungskomponente vorsieht). Solche Fehler sind auch beim Menschen, im Fall von *tiefer Legasthenie* (*deep dyslexia*), beobachtbar.

Allerdings, sofern genauere Untersuchungsergebnisse anhand eines solchen Modells fehlen, bleibt die Frage nach wie vor offen: Kann es durch die zweifellos vorhandenen Musterähnlichkeiten (die zufälliger Natur sind) nicht doch zu einem seltsamen Fehlerverhalten kommen? Besonders kritisch wäre eine durch Lernen erreichte Grenze der subtilen Ausgewogenheit aller involvierten Parameter.[5]

Eines muß auf alle Fälle für verteilte Symbolrealisierungen gelten: Analog zur lokalen Realisierung, wo das Bestimmen eines eindeutigen Gewinners verlangt wurde, muß es hier zur Ausbildung eines stabilen Musters kommen, ehe man von einem Symbol sprechen kann. Mit anderen Worten, Zwischenzustände, so wie sie an anderen Stellen sub-symbolischen Wissens eine große Rolle spielen, dürfen auch hier nur zu kurzzeitig existieren. Zum Symbol wird ein Muster erst dann, wenn es erneut zu einem *Entscheidungsprozeß* kommt, wie wir ja schon gesehen haben. Stellt man sich die Zustände eines Vektors aus Units, die Symbole auf verteilte Art und Weise darstellen sollen, im (dreidimensionalen) Raum vor (Abb. 6.6), so sollte es stabile Maxima geben, auf die sich das Netz einrichten kann. Auch das kann wiederum durch einen Interactive Activation Mechanismus erreicht werden.

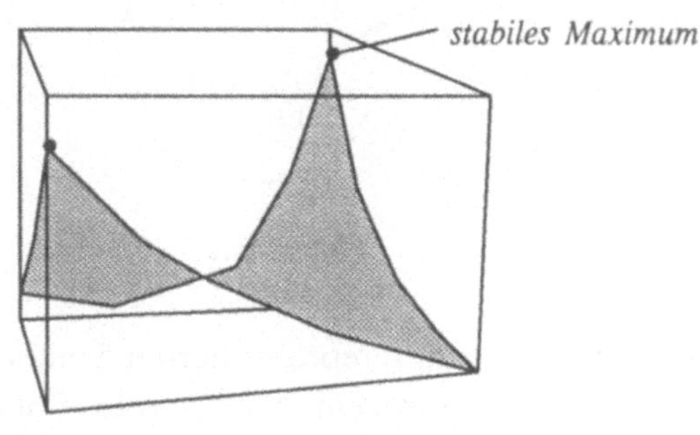

Abb. 6.6

---

5   In Hinton et al.'s Modell wurden die Gewichte empirisch bestimmt, daß Lernen
möglich ist, wurde nur angedeutet.

6.4.4 Verteilte Realisierung von externen Darstellungen – "Symbols among the Neurons"

In diesem Abschnitt soll kurz gezeigt werden, daß nicht jedes konnektionistische Modell, das Symbole verarbeitet, automatisch den Anforderungen in diesem Kapitel vertretenen Theorien genügt. Es wird ein Modell (Touretzky & Hinton 1985) demonstriert, in dem *externe Darstellungen* von Symbolen verteilt repräsentiert werden. Dieses ist konsequenterweise – gemäß den Definitionen in diesem Kapitel – wieder als *symbolischer* Ansatz zu werten, der hier nur der Illustration verteilter Realisierungen dient. Das Modell soll verteilt *repräsentierte* Regeln (Produktionen) gemäß einer ebenfalls verteilt repräsentierten Wissensbasis auslösen (matchen) und feuern. Die Grobstruktur ist in Abb. 6.7 angegeben.

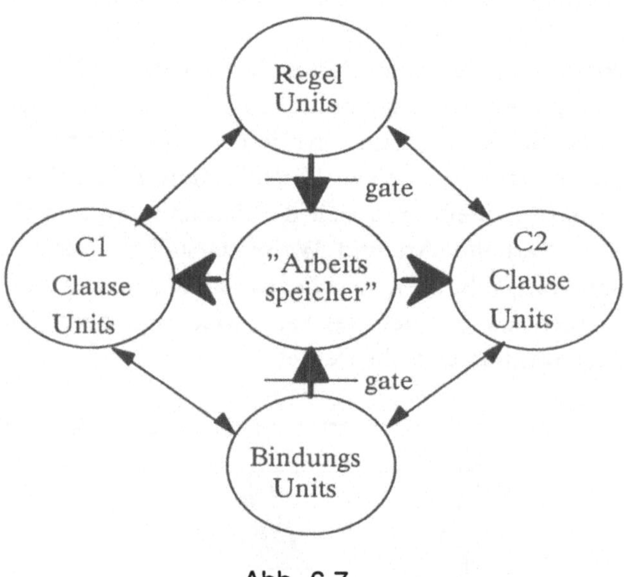

Abb. 6.7

Der Wissensspeicher besteht aus repräsentierten Symbol-Tripeln, z.B. *(f a a)*. Die verwendeten Produktionsregeln haben zwei Tripel auf der linken und mehrere Tripel mit einem '+' oder '–' auf der rechten Seite. Das '+' heißt, daß das betreffende Tripel zur Basis hinzugefügt werden soll, das '–' bedeutet entfernen. Ein Beispiel:

(f a a)(f b b)   –>   + *(g a b)* – *(f a a)* – *(f b b)*

Diese Regel bedeutet: Wenn die Tripel *(f a a)* und *(f b b)* in der Wissensbasis vorhanden sind, so füge das Tripel *(g a b)* hinzu und entferne *(f a a)* und *(f b b)*. Diese Vorgangsweise ist natürlich ein streng symbolischer Vorgang und wäre am ehesten ein Prozeß des CRI (obwohl er auch dafür zu rigide wäre). Die verteilte Repräsentation von Symbolen und Regeln geschieht in diesem Modell wie folgt:

Die Units im "Arbeitsspeicher" werden zufällig den Tripeln zugeordnet, in dem pro Tripel 28 Units ausgewählt werden. Man kann also sagen, daß jede dieser Units ein zufälliges rezeptives Feld (vgl. Kapitel 11) der Größe 28 über dem Raum der Tripel besitzt. Das "Speichern" eines Tripels bedeutet dann nichts anderes als alle 28 Units, die zu diesem Tripel gehören, maximal zu aktivieren. Natürlich kann es hier zu Überlappungen kommen, da eine Unit (durch die zufällige Verteilung) auf mehrere Tripel ansprechen kann. Übersteigt die Zahl der gespeicherten Tripel aber ein gewisses Limit nicht, so sind "falsche" Aktivierungen (beinahe) ausgeschlossen, bzw. kann durch Schwellenfunktionen in den Clause Units (die Units, die entscheiden, ob eine Regel matcht) sicher festgestellt werden, welche Tripel tatsächlich gemeint sind.

Dies ist das gleiche Prinzip wie das einfache Modell in Abb. 6.5. Überlappung (die an und für sich bedeutungslos ist) existiert zwar, kann aber durch geeignete Wahl der Parameter ausgesiebt werden. Die Vorteile, die man durch dieses Schema bekommt, sind auch wieder die gleichen: Robustheit und Speichereffizienz (bei 25 Buchstaben wären sonst 25^3 Units notwendig, wollte man alle Tripel lokal repräsentieren). Die Regeln sind in diesem Modell ganz analog realisiert. Wenn die entsprechenden Clause Units feuern, werden auch die Regel-Units aktiviert, die entsprechende Umaktivierungen (durch ein Gate gesteuert) in der Wissensbasis auslösen. Die Verbindungen von und zu den Regel-Units müssen natürlich fix verdrahtet werden.

Mit diesem Modell wird der Unterschied zwischen symbolischer und sub-symbolischer Modellierung, der uns schon in Abschnitt 6.4.1 klar geworden ist, nochmals unterstrichen. Wir erkennen, daß reine Symbolmanipulation, also Verarbeitung von Symbolen, die *von außen* in das System eingebracht werden, in diesem also nicht verankert sind, auch in konnektionistischen Modellen möglich ist. Den Ideen des sub-symbolischen Paradigmas entspricht ein Modell also erst dann, wenn es verankerte Symbole in eine sub-symbolische Landschaft einbettet und *"von innen heraus"* ins Spiel bringt. Das vorgestellte System konnte darüber hinaus auch nochmals demonstrieren, wie verteilte Aktivierungsmuster symbolische Funktion – als Verarbeitung ohne Rücksicht auf Ähnlichkeiten – implementieren können.

6.4.5 Strukturierte Symbole

Bisher wurde angenommen, daß Ähnlichkeiten zwischen Symboldarstellungen nicht relevant sind. Dies gilt, insbesondere wenn es um Wörter einer Sprache geht, nur bedingt. Wenn man zum Beispiel im Deutschen an verschiedene Wortformen wie 'Baum' und 'Bäume' denkt, so könnte man diese als zwei verschiedene Symbole auffassen, deren Ähnlichkeit aber sehr wohl etwas aussagt (nämlich daß sie dem Konzept *Baum* assoziiert sind). Ähnlich ist es mit Komposita (zusammengesetzte Wörter) wie 'Apfelbaum'. Wenn man vom Prinzip der reinen Kompositionalität (siehe Abschnitt 5.8.3) abgeht, so kann man dieses Wort durchaus als ein eigenständiges Symbol betrachten. Allerdings ist es (was die Bedeutung betrifft) ja nicht unverwandt den Symbolen 'Apfel' und 'Baum'. Ähnliches kann für interne Symbole gelten, zum Beispiel haben alle Hauptwörter etwas gemeinsam (die "Kategorie").

Rumelhart (pers. Kommunikation) schlägt daher ansatzweise ein Wortmodell vor, das auf verteilten Repräsentationen beruht. Die Repräsentation eines Wortes besteht aus mehreren Clusters, die für verschiedene Eigenschaften des Worts, so wie phonetische, syntaktische und morphologische Features stehen (Abb. 6.8). Zwei Wörter wie 'Baum' und 'Bäume' unterscheiden sich also im

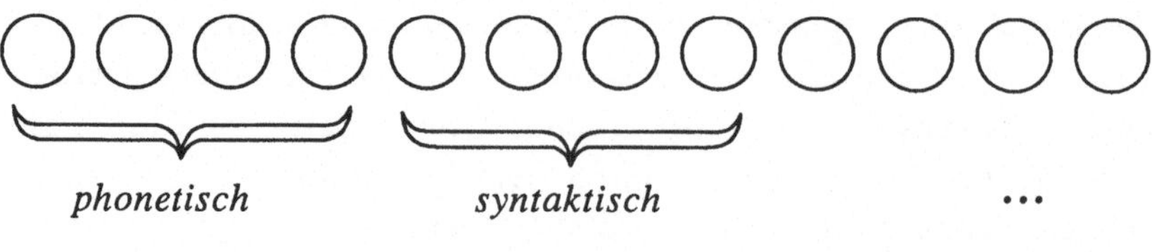

Abb. 6.8

morphologischen Teil, sind aber sonst ident. Ähnlich würden sich im Englischen die Repräsentationen von 'man' (Hauptwort 'Mann') und 'man' (Zeitwort 'bedienen') im syntaktischen Teil (Kategorie) unterscheiden, aber sonst gleich sein. Verteilte Repräsentation drückt also hier relevante Ähnlichkeiten aus. Zwischenzustände durch überlappende und überdeckende Muster wären jedoch auch hier nicht zulässig, wenn die symbolische Funktion des Musters gefragt ist, bzw. Symbolfunktion wäre erst bei Erreichen eines stabilen Zustands gegeben.

6.5 Ein Modellansatz für repräsentationsfreie interne Symbole

Nach den theoretischen Darstellungen der letzten Abschnitte soll nun im folgenden kurz ein implementierter Ansatz zur Realisierung von tatsächlich "verankerten" (grounded) internen Symbolen (Dorffner 1989c und in Druck) vorgestellt werden, der die theoretischen Ideen zusammenführt. Dazu ist es notwendig, das Bild in Abb. 6.2 etwas zu erweitern, indem man feststellt, daß der Vorgang der Erkennung einer externen Darstellung eines Symboles (C) sich im wesentlichen nicht von der Kategorisierung von anderen sensorischen Inputs unterscheidet (Abb. 6.9). Mit anderen Worten, auch die externe

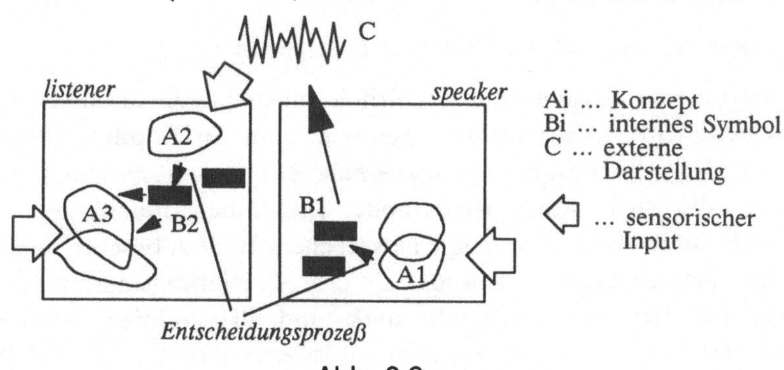

Abb. 6.9

Darstellung muß von anderen Inputs unterschieden, somit identifiziert und ein Konzept auf Ebene A daraus gebildet werden.

Wir erhalten somit ein Bild, in dem interne Symbole (B) die Verbindung zwischen Konzepten (A) darstellen. Basierend auf dieser Beobachtung können wir nun einen Lernmechanismus erstellen, der dem Modell die Möglichkeit gibt, selbst anhand von Inputs Symbole zu erlernen. Wann immer zwei Konzepte gleichzeitig auftreten, kann ein dazwischenliegendes internes Symbol feuern und versuchen, starke Verbindungen zwischen den Konzepten aufzubauen. Tritt dann nach der Lernphase eines der beiden Konzepte allein auf, so kann das andere via die Verbindung über das interne Symbol aktiviert werden.

6.5.1 Symbol Units

In dem einfachen Modell in Dorffner (1989c) wurde zunächst eine lokale Realisierung von internen Symbolen gewählt. In einem Layer von spezialisierten Units (den *Symbol Units*) kann jede einzelne theoretisch für ein internes

Symbol stehen. Welches in welcher Situation zum Einsatz kommt, bleibt – ähnlich wie beim Competitive Learning – Zufallsfaktoren und den durch die Inputs sich ergebenden Aktivierungen überlassen. Alle Symbol Units im Layer – SY-Layer genannt – sind untereinander verbunden und bestimmen mittels Interactive Activation, bzw. WTA ihre Aktivierungen.

Jede Symbol Unit besitzt folgende Eigenschaften:

- Sie kann konzeptuelle Zustände in einem mit ihr verbundenen Layer erkennen.

- Sie kann einen zusätzlichen Aktivierungswert – den *Symbolstatus* – speichern und ändern

- Sie kann winner-takes-all (WTA) im eigenen Layer initiieren.

Ein konzeptueller Zustand muß natürlich entsprechend definiert sein, damit eine Symbol Unit einen solchen erkennen kann. In Kapitel 4 wurde schon kurz über Möglichkeiten für *identifizierbare Zustände* gesprochen, also solche Zustände, die sich durch wiederholte Situationen heranbilden und den Berggipfeln in der Gebirgsanalogie entsprechen. In dem beschriebenen Modell wurde ein identifizierbarer Zustand als das Aktivierungsmuster eines Layers definiert, bei dem eine Unit sehr stark, und alle anderen Units möglichst schwach aktiviert sind. Solch ein Zustand ist etwa das Resultat des Rich–get–richer Effekts mit entsprechend negativen Gewichten. In Kapitel 12 ist ein Modell zur Konzeptualisierung anhand von sensorischen Inputs mit solchen identifizierbaren Zuständen als Konzepte etwas genauer beschrieben.

Der Symbolstatus einer Symbol Unit dient dazu, die Symbolfunktion zu markieren, also gewissermaßen festzulegen, ob die Unit nur zufällig anhand eines konzeptuellen Zustands feuert, oder ob sich aufgrund eines wiederholten gleichzeitigen Auftreten von zwei Konzepten eine starke Verbindung gebildet hat. Die Initiierung von WTA wiederum signalisiert die Identifizierung eines internen Symbols, bzw. den schon mehrfach diskutierten Entscheidungsprozeß.

Wenn nun ein SY-Layer mit mindestens zwei Konzeptlayern – wobei etwa einer Konzepte anhand visueller Inputs, der andere anhand akustischer Inputs formt – in beide Richtungen voll verbunden wird, so läßt sich folgende Strategie dazu verwenden, die Identifikation von Symbolen zu erlernen:

gegeben seien die Aktivierungen in den Konzeptlayern;
  – bestimme die Aktivierungen im SY–Layer durch einfaches Update

– wenn der Symbolstatus über einem Schwellwert liegt,
   dann: wenn zumindest ein Konzeptlayer in einem identifizierbaren
            Zustand ist
      dann: initiere WTA, und adaptiere die Gewichte
      sonst: nichts
      wenn beide Konzeptlayer in einem identifizierbaren Zustand sind,
         erhöhe den Symbolstatus
   sonst: wenn beide Konzeptlayer in einem identifizierbaren Zustand sind
      dann: initiere WTA, erhöhe den Symbolstatus, und adaptiere
           Gewichte
      sonst: nichts

Die Adaptierung der Gewichte in beide Richtungen erfolgt mittels einer Variante der verallgemeinerten Hebb–Regel, die sicherstellt, daß nur konsistente Paarungen von Konzepten eine starke Verbindung bilden.

6.5.2 Die Phasen der Referenzbildung

Während des Lernens können nun mindestens drei Phasen unterschieden werden (Abb. 6.10):

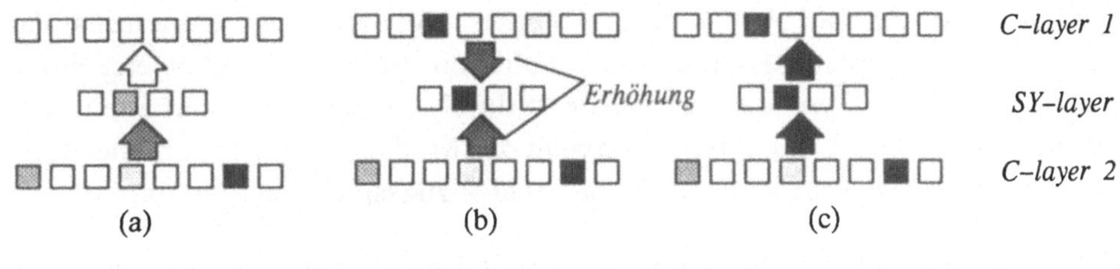

Abb. 6.10

(a) In der *Anfangsphase (fuzzy phase)* sind nicht gleichzeitig beide Konzeptlayer in einem identifizierbaren Zustand. Daher kann auch keine Symbol Unit feuern, bzw. WTA initiieren, und es werden sich in dieser Phase keine starke Verbindungen zwischen den Konzeptlayern heranbilden. Dadurch kann auch ein konzeptueller Zustand in einem Layer keine nennenswerten Aktivierungen im anderen Layer hervorrufen.

(b) In der *Identifikationsphase (identification phase)* sind beide Konzeptlayer in einem identifizierbaren Zustand. Dies signalisiert das gleichzeitige Auftreten zweier Konzepte, von denen das Modell nun eines davon als Symbol erkennen kann, das für das andere Konzept steht. Die Symbol Unit mit der größten Initialaktivierung feuert und initiert WTA. Außderdem wird der Symbolstatus dieser Unit erhöht und die Verbindungen zwischen den aktiven Units gestärkt. Geschieht dies oft genug und in konsistenter Weise – d.h. immer die selben Konzepte werden gepaart – so werden der Symbolstatus, sowie die Gewichte zwischen den aktiven Units konstant wachsen.

(c) In der *Wiedererkennungsphase (recognition phase)* hat der Symbolstatus einer Unit den Schwellwert erreicht. Nun genügt ein Konzeptzustand, um diese Unit feuern und WTA initieren zu lassen. Durch die stark gewachsenen Verbindungen kann nun auch der identifizierbare Zustand im anderen Konzeptlayer aktiviert werden.

Wir sehen also, daß mit dem vorgestellten Modell Verbindungen zwischen Konzepten erlernt werden können. Diese Verbindungen sind nicht im gewohnten Sinne assoziativ, da Ähnlichkeiten auf einer Seite sich nicht auf Ähnlichkeiten auf der anderen auswirken, sonderen reflektiert eben die symbolische Funktion der Verbindung. Daher könnte sie als *interne symbolische Referenz* bezeichnet werden. In der Wiedererkennungsphase kann ein Input als die externe Darstellung eines Symbols erkannt werden, indem ein internes Symbol (eine Symbol Unit) feuert. Dieses aktiviert dann seinerseits das zugehörige Konzept. Die symbolische Funktion erhält diese Unit erst durch das Ansteigen des Symbolstatus, also erst durch das adaptive Verhalten. Vor Beginn des Lernens kann keinem Element des Modells eine symbolische Rolle – in dem Sinne, daß es aktiv für etwas steht – zugesprochen werden.

Einige implizite Annahmen sind in diesem Modellansatz gemacht worden: Zunächst muß man voraussetzen, daß das Modell in irgendeiner Art und Weise motiviert ist, die symbolische Funktion eines Inputs zu erkennen. Nicht jede (zufällige) Paarung von Konzepten ist Anlaß für eine symbolische Verbindung, sondern nur die Paarungen, die das System auch als solche erkennen "will" (siehe auch Abschnitt 10.1.3). Weiters ist in diesem Modell die Richtung der symbolischen Referenz nur von uns Beobachtern aufgeprägt worden, nichts würde uns davon abhalten, es auch umgekehrt zu sehen (daß also etwa ein Bild für ein Wort steht anstatt umgekehrt). Da symbolische Referenz im allgemeinen aber doch gerichtet ist – man erkennt etwa ein Wort schon bevor man bemerkt, daß es mit einem Konzept gepaart wird – ist in einer erweiterten Version des Modells ein gerichtetes Verhalten vorgesehen (*directed identification* of a symbol, Dorffner 1989c). Dadurch kann die Benennung eines Konzepts mittels eines Symbols auch eine aktive Rolle in der Formung des Konzepts selbst spielen.

Außerdem muß davon ausgegangen werden, daß nicht bloß ein einziger sondern eine ganze Gruppe von SY–Layern existiert, da ja Konzepte mit verschiedenen Symbolen bezeichnet werden können, die Konsistenzregel aber eine starke Verbindung mehrerer Konzepte auf einer Seite mit dem selben auf der anderen ausschließen würde. Durch solche multiplen Layer wird zusätzlich aus der lokalen Realisierung von internen Symbolen wieder eine verteilte (Dorffner 1989c). Weiters sind durch die Annahme von symbolisch wirkenden Verbindungen über SY-Layer direkte verteilt-assoziative Verbindungen zwischen Konzepten keineswegs ausgeschlossen. Assoziationen anhand der Form der externen Darstellung eines Symbols[6] sollten sehr wohl noch einen Platz haben. Dies ist eigentlich eine fundamentale Beobachtung. Streng modulares Denken entspricht nicht dem sub-symbolischen Paradigma, bei allen Architekturschemen sollte es auch Wege geben, die darum herum führen können.

Anhand dieses einfachen Modellansatzes sehen wir, daß man in dem gewählten repräsentationsfreien Paradigma mit sehr fundamentalen Dingen beginnen muß, wenn man ein Modell verankerte Symbole erlernen lassen will. Da diese Symbole ja an Konzepte gebunden sind, die das System aus der eigenen Erfahrung heraus bildet, ist man eben auf das von einem künstlichen System Erfahrbare beschränkt. Das naheliegendste ist sicher zunächst visueller und akustischer Input, anhand dessen das System einfache Bilder oder Klänge "erfahren" und kategorisieren kann. Konzepte entsprechen hier einfach kategorialen Eindrücken. Durch Miteinbeziehen von immer mehr internen Zuständen in die Konzeptbildung (siehe auch Kapitel 12), bzw. von für das System relevante Antriebe und Motivationen (siehe Abschnitt 10.1.3) ist es vorstellbar, daß so dem System immer komplexere Symbole nahegebracht werden können. Einem künstlichen System ein Wort wie 'Freiheit' oder 'Liebe' beizubringen – wie schon angedeutet – scheitert sicher an der (noch) unmöglichen Erfahrbarkeit durch das System selbst.

---

6 wodurch zum Beispiel Phänomene wie das des "sound symbolism" – wonach Konzepte wie *Verteilung von Wasser* durch Teile eines Wortes wie 'sp(l,r)' in 'splash', 'spray' oder 'splutter' ausgedrückt werden – erklärt werden können.

6.6 Zusammenfassung

Zusammenfassend kann also über Symbole in sub–symbolischen Systemen folgendes gesagt werden: Wohl kann man auch in konnektionistischen Modellen so wie in der klassischen AI externe Darstellungen von Symbolen unterbringen und verarbeiten (wie etwa Touretzky & Hinton gezeigt haben). Will man aber den repräsentationsfreien sub-symbolischen Ansatz konsequent weiterführen, dann muß man sich mit internen Symbolen und deren "Verankerung" (grounding) beschäftigen. Nur solche ergeben in diesem Paradigma einen Sinn, bzw. sind für kognitive Funktionen relevant. Dann ist man aber in großem Grade auf die Erfahrbarkeit des künstlichen Systems beschränkt, da symbolische Referenz vollkommen intern, und somit auch an interne Systemzustände gebunden ist.

Die Unterscheidung zwischen externen Realisierungen und internen Symbolen ist deshalb wichtig, weil erstere per se keine Symbolfunktion – und somit auch keine Bedeutung – besitzen, sondern erst ein erkennendes Individuum benötigt wird, das ihnen mit Hilfe der internen Symbole die Funktion und die Bedeutung zuweist. Komplexe kognitive Funktionen, die sich solcher intern verankerter Symbole bedienen, laufen natürlich auf der Ebene des CRI ab. In diesem Sinne bilden Konzepte und interne Symbole eine der möglichen Schnittstellen zwischen IP und CRI. Die genaue Funktionsweise des letzteren muß aber auch weiterhin unklar bleiben.

7 Regeln und sub-symbolische AI

7.1 Allgemeines

Zur rein symbolischen Wissensverarbeitung in der klassischen AI sind immer Algorithmen notwendig, die genau festlegen, wie aus bestimmten Symbolstrukturen neue abgeleitet werden können. Diese Algorithmen werden im allgemeinen *Regeln* genannt. Im "strengen" Sinn (z.B. 'rule-based production systems', Buchanan & Shortliffe 1984) werden nur Algorithmen in Form von *Wenn... dann...* Regeln oder Produktionsregeln in der Form <lhs> –> <rhs>[1] auch als solche bezeichnet, allerdings könnte man alle Mechanismen zur Ableitung von Symbolstrukturen (also auch z.B. Inferenzen mittels Framesystemen, Scripts, etc.) als Regeln sehen. Wichtig ist, daß Regeln selbst wieder Symbolstrukturen sind, und stets explizit formulierbar sind. Wir wollen uns nun ansehen, inwieweit Regeln, ohne die die symbolische AI nicht denkbar wäre, in der sub-symbolischen Sicht eine Rolle spielen.

Wenn wir einen genaueren Blick auf Regeln in der AI werfen, kristallisieren sich (mindestens) zwei Grundtypen heraus, die eine unterschiedliche Funktion ausüben. Diese beiden Typen sollen im folgenden getrennt behandelt werden:

(a) Regeln zur Ableitung neuen Wissens
 (= **Transformationsregeln**)
 z.B: if (*lays–eggs* and *feathers*) then *bird*

(b) Regeln zur Beschreibung von Strukturen
 (= **Definitionsregeln**)
 z.B: *Satz –> Nominalphrase Verbalphrase*

Erstere sind quasi aktive Elemente, die in einem Prozeßablauf etwas steuern oder erzeugen. Letztere bestimmen das Aussehen von zugelassenen Inputs und

---

1 'lhs' und 'rhs' stehen für 'left hand side' (Prämisse) und 'right hand side' (Konklusio) einer Regel.

Outputs oder inneren Zuständen, wie zum Beispiel die Form von grammatischen Sätzen in der Sprachverarbeitung. Diese Trennung ist keineswegs als strikt zu sehen, da es durchaus Zwischenformen gibt, erweist sich für die folgenden Abhandlungen aber als günstig.

7.2 Transformationsregeln

Transformationsregeln bestimmen in der klassischen AI, wie aus vorhandenem Wissen neues abgeleitet wird. Mit dem hier – in diesem Buch – eingeschlagenen Weg ist das ein wenig komplexer. Wie wir schon im ersten Kapitel gesehen haben, sollte man zwischen mindestens zwei Ebenen kognitiven Handelns unterscheiden: die bewußte (in der sich unter anderem das symbolischen Denken abspielt, und der wir den CRI zugeordnet haben) und die unbewußte (diejenige des assoziativen und intuitiven Handelns, der der IP entspricht). Demgemäß müßte man auch hier zwischen zwei Ebenen von Regeln unterscheiden:

– *bewußte Regeln* = symbolische Ableitung

– *unbewußte Regeln* = Assoziationen, Intuitionen

Bewußte Regeln stehen für Wissensableitungen, derer wir uns gewahr werden. Diese kommen zum Beispiel dann ins Spiel, wenn wir uns erinnern, in der Schule gelernt zu haben, daß Sauerstoff zweiwertig ist, Stickstoff aber vierwertig, und daraus bewußt schließen, daß die Formel für Stickoxid NO_2 sein muß und nicht N_2O. Unbewußte Regeln stehen jedoch für Vorgänge, die vor sich gehen, ohne daß wir sie wissentlich verfolgen. So kann es zum Beispiel sein, daß wir ganz unbewußt daran denken, daß O das Zeichen für Sauerstoff und N das für Stickstoff ist. Mit anderen Worten, 'O' fällt uns sofort ein, wenn wir an Sauerstoff denken, ohne daß wir etwa die Periodentafel im Geist durchgehen müßten. Unbewußte Regeln sind also in diesem Fall mit Assoziationen gleichzusetzen – man assoziiert *O* mit *Sauerstoff* – in anderen Fällen mit Intuitionen.

In der klassischen AI haben nun alle Regeln den gleichen generellen Aufbau (sie sind Algorithmen zur Ableitung von Symbolstrukturen). Daher wird dort implizit angenommen, daß Vorgänge, die neues Wissen erschließen, auf bewußer und unbewußter Ebene gleichartig ablaufen. Daß unbewußte Regeln uns im allgemeinen nicht zugänglich sind, wird dadurch berücksichtigt, daß angenommen wird, sie seien in gewissem Sinne *compiliert*, also vorverarbeitet und in eine andere Form gebracht. Aber auch compilierte Regeln leisten das gleiche wie nicht compilierte, wodurch man den Vorgang durch letztere modellieren kann.

Symbolische Regelsysteme haben nun folgende Eigenschaften:

- *Zwei Regeln sind verschiedene (d.h. nicht überlappende) Entitäten*

- *Regeln werden immer ausgelöst (d.h. sie werden in Betracht gezogen; triggering) wenn sie dem Kontext entsprechen*

- *Wird mehr als eine Regel ausgelöst, muß ein Auswahlkriterium angegeben werden, das entscheidet, welche zur Anwendung kommt, bzw. feuert (conflict resolution).*

- *-> Durch Hinzunahme neuer Regeln wird die Wissensverarbeitung im allgemeinen komplexer (selten einfacher), bzw. muß der benötigte Speicher größer werden.*

Mit der Annahme, daß kognitive Wissensableitung durch Regelsysteme vollständig beschreibbar ist, folgt daraus:

- *Je mehr Wissen über Wissensableitung angeeignet wird, desto komplexer (also auch zeitaufwendiger) wird der Prozeß*

- *Neue Beispiele können also meist den Prozeß nicht vereinfachen*

Dies widerspricht vielen Beobachtungen in der Psychologie, wonach mehr Wissen durch Beispiele viele Aktionen und vor allem Zugriffe beschleunigt (siehe z.B. Klimesch 1988). In der sub-symbolischen AI sehen die Voraussetzungen daher anders aus: Bewußte Regeln sind ein Teil des CRI, und haben daher dort sehr wohl ihren Platz. Dort kann es auch durchaus zu den beschriebenen Eigenschaften kommen. Je mehr Regeln man *bewußt* berücksichtigen muß, desto länger kann die Lösung eines Problems dauern. Unbewußte Regeln sind jedoch mit der sub-symbolischen Hypothese nicht vereinbar. Da auf der Ebene des IP angenommen wird, daß Wissen nur sub-symbolisch realisiert wird, kann dort Wissensableitung auch nicht durch Symbolstrukturen allein modelliert sein. Daher werden unbewußte Regeln durch ein Modell für Assoziationen und Intuitionen ersetzt – etwa durch ein assoziatives Netzwerk. Da, wie wir gleich sehen werden, das Verhalten dieser Modelle sehr oft noch durch Regeln annäherungsweise beschrieben werden kann (was der Hypothese, symbolische Modelle seien Annäherungen von sub-symbolischen, entspricht), könnte man Assoziationsmodelle als Systeme *verteilter ('distributed')* oder *weicher ('soft') Regeln* bezeichnen. Diese Beobachtung soll im folgenden weiter beleuchtet werden.

7.2.1 Distributed (Soft) Rules

Sehen wir uns dazu das Verhalten eines einfachen assoziativen Netzwerks, so wie Netzsprech, im Detail an. Wie wir gesehen haben, ist dieses aufgrund der verteilten Verarbeitung fähig, auf neue, nie zuvor gesehene Muster zu generalisieren. Diese Generalisierung basiert auf Musterähnlichkeiten, die oberflächlich durch Unit-Überlappungen ausgedrückt sind, und durch den Einsatz von Hidden Layers von sehr abstrakter Natur sein können. Dadurch bildet sich oft ein Verhalten heran, das die Existenz einer Regel nahelegt, die in etwa so formalisiert werden könnte:

subpattern (**I**) $\rightarrow$ *subpattern* (**O**),   **I** ... Inputvektor, **O** ... Outputvektor

Verbal ausgedrückt: Wann immer ein Teilmuster I_1 am Input anliegt, wird das Teilmuster O_1 am Output erzeugt. Man kann sich das am besten so vorstellen, daß durch die wiederholte Präsentation des Teilmusters I_1 (das einer der Musterähnlichkeiten im Sinn von Überlappungen entspricht) sich *"Kanäle"* von betragsmäßig starken Gewichten heranbilden, die dann den Output O_1 erzeugen. Diese "Kanäle" könnten somit als die verteilte (oder sub-symbolische) Realisierung einer Regel betrachten werden (deren symbolische Form oben gegeben ist). Ein schematisches Beispiel ist in Abb. 7.1 dargestellt. Graue

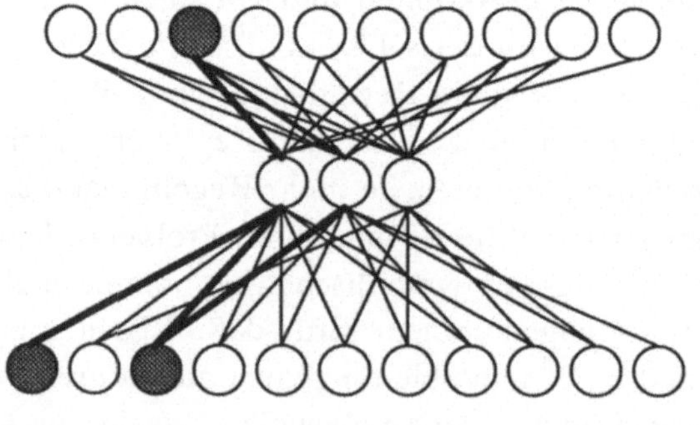

Abb. 7.1

Units stellen die Subpattern der Regel dar, dick ausgezogene Linien die Verbindungen mit starken Gewichten, die zusammen einen solchen Kanal formen können. Allerdings ist diese Eigenschaft keine klar lokalisierbare, da in einem

Vollverbindungsnetzwerk auch schwache Verbindungen einen kleinen Beitrag leisten können.

Allerdings – nicht überraschend – zeigen diese sub-symbolischen Regeln ein anderes Verhalten als symbolische. Denn obgleich (soferne das Netzwerk keine stochastischen Komponenten enthält) das Verhalten deterministisch ist (d.h. wenn Input I mit Teilmuster I_1 Teilmuster O_1 aktiviert, dann tut es dies immer), so kann es doch jederzeit durch einen anderen externen Kontext (= der zu I_1 komplementäre Teil von I) überschrieben werden. Obwohl eine verteilte "Regel"[2] in Form von Kanälen so stark sein kann, daß sie in fast allen Fällen den entsprechenden Output erzeugt, so sind ja immer alle anderen Gewichte auch noch da. Und diese können bei entsprechend starkem Input die durch den Kanal hervorgerufene Aktivierung auslöschen, also sozusagen den Kanal "umgehen". Der Grad dieser Auslöschung kann natürlich kontinuierlich variieren, die "Regel" kann also auch nur teilweise unterdrückt werden.

Weiters sind diese Kanäle natürlich nie eindeutig voneinander abtrennbar. Ein und die selbe Verbindung kann in mehreren Kanälen eine Rolle spielen, ganz analog zu Microfeatures in verteilten Darstellungen. Das bedeutet, daß verteilte "Regeln" – ähnlich wie verteilte Konzepte – im allgemeinen verschwimmende Grenzen haben und beliebig stark mit anderen verteilten "Regeln" überlappen können. Daraus resultiert, daß sie keineswegs immer lokalisierbar sein müssen, daß man also – ganz analog zur Diskussion in Kapitel 5 (Repräsentation) – von theoretisch beliebig vielen "Regeln" sprechen könnte, die alle jeweils adäquat zum Kontext aktiviert werden. Verteilte "Regeln" verhalten sich demnach zu symbolischen Regeln, so wie sub-symbolische Konzepte (siehe Gebirgsanalogie) zu Symbolen.

Als ein Beispiel für eine verteilte "Regel" wäre folgende Eigenschaft des Past-Tense-Modells von Rumelhart & McClelland (1986b) zu nennen (vgl. Abschnitt 2.4.2.1):

> Sehr häufig wird ein Verbstamm, der die beiden Laute 'in' (hier in geschriebener Version) vor einem velaren Verschlußlaut ([g] oder [k]) enthält, auf die Sequenz abgebildet, die statt 'in' ein 'an' enthält. Zum Beispiel: *sing -> sang*.

Symbolisch ließe sich diese Regel so ausdrücken:

---

2 Ich verwende hier "Regel" unter Anführungszeichen, um sie von einer symbolischen Regel zu unterscheiden.

x–*in*–{*g,k*}   –>   **x**–*an*–{*g,k*}   **x** ... *Variable*

Natürlich ist – auch in einem symbolischen System – diese Regel nicht immer gültig, wie das Beispiel *bring –> brought* zeigt. Das symbolische System müßte somit mindestens eine Ausnahmeregel zur Verfügung stellen. Im verteilten Netzwerk (soferne sowohl *sing* als auch *bring* gelernt wurden) bewirkt der Kontext ('br'), daß die sonst starke "Regel" überschrieben wird, und nicht 'ang' sondern 'ought' erzeugt wird. Ein umfangreicheres Beispiel soll diese Eigenschaft noch etwas mehr verdeutlichen:

7.2.2 NETZSPRECH als ein verteiltes "Regel"-System

Das NETZSPRECH-Modell und die Codierungen, die es verwendet, wurden bereits früher beschrieben. Betrachten wir nun einige konkrete Inputs und die im trainierten Netzwerk aktivierten Outputs. Dabei muß uns stets bewußt sein, wie das Trainingsset ausgesehen hat, da das Netzwerk nur das lernen kann, was durch das Set sozusagen "abgesteckt" wird: Das Trainingsset bestand aus den (ca.) 1000 häufigsten Wörtern des Deutschen (laut Meier 1967). Dies inkludiert eine große Anzahl von sehr kurzen Wörtern wie Artikel, Pronomen, Bindeglieder etc., sowie häufige Nomen, Verben und Adjektiva. So gut wie nicht enthalten sind zusammengesetzte Wörter (sogenannte Komposita) und Fremdwörter. Wenn also ein Teil der Ergebnisse dem "richtigen" Deutsch zu widersprechen scheint, so liegt das vor allem daran, daß komplexere Fälle während des Trainings nicht vorlagen. Was gelernt wurde, könnte als "einfache fundamentale deutsche" Aussprache umschrieben werden.

Abb.7.2 zeigt zwei Inputs, die beide die Buchstabenfolge 'sp' enthalten, und

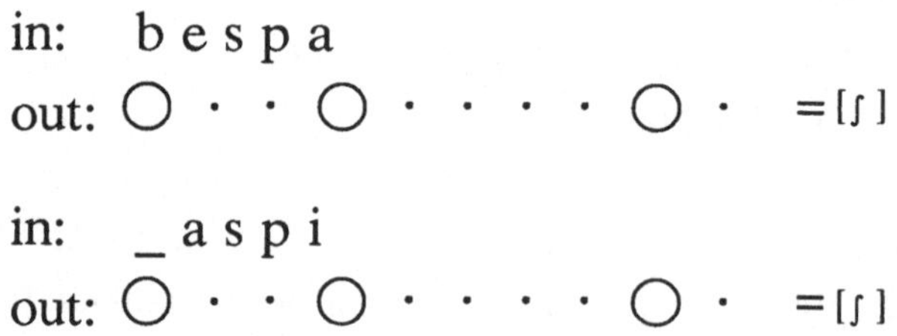

in: b e s p a

out: ◯ · · ◯ · · · · ◯ ·   = [ʃ]

in: _ a s p i

out: ◯ · · ◯ · · · · ◯ ·   = [ʃ]

Abb. 7.2

die Aktivierungen der Output Units, die davon verursacht werden (als Darstellung wurden Kreise gewählt, deren Radius proportional zum Aktivierungsgrad ist). In beiden Fällen ist der Output eindeutig als [ʃ] (i.e. der Laut, der im Deutschen meist mit 'sch' bezeichnet wird) zu interpretieren. Dies wiederholt sich bei fast allen Kontexten, die ebenfalls einen Vokal vor *sp* haben. Zu beachten ist, daß aufgrund des soeben erwähnten eingeschränkten Trainingssets auch im zweiten Beispiel in Abb. 7.2 ein [ʃ] als Output erzeugt wird. Es gibt zwar das Wort *Aspik* (mit Aussprache [s]), aber dies ist ein Fremdwort und wird daher "deutsch" ausgesprochen. Das so beobachtete Verhalten läßt sich nun als Regel der Form

V *s p*   ->   [ʃ]   **V** *... Vokal*

interpretieren. Das Netzwerk hat also eine verteilte "Regel" entwickelt, die besagt, daß ein *s* vor einem *p* und nach einem Vokal wie *sch* auszusprechen ist.

Diese Beobachtung – und somit die gefundene Regel – läßt sich noch erweitern. Viele einfache deutsche Wörter haben Vorsilben, die mit einem Vokal ('be', 'ge', 'da' ...[3]) oder mit einem [r] enden ('er', 'ver', ...). Alle solche Kontexte, die von einem 'sp' gefolgt werden, werden auf ein [ʃ] abgebildet. Ähnliches ist mit einem 'st' zu beobachten. Man könnte die Regel, die jedem Sprecher des Deutschen zumindest intuitiv bekannt ist, also auch allgemeiner interpretieren, nämlich als:

 # s {*p,t*} ->   [ʃ]   *# ... Silbengrenze*

Zu beachten ist, daß in dieser Regel schon einiges an Interpretation durch uns Beobachter steckt. Nirgends steht zum Beispiel *Silbengrenze* im Input, dies ist nur ein Konzept, dessen Einführung sinnvoll ist und die Formulierung der Regel vereinfacht. Es ergibt sich aus Zusammenhängen im Input und kann – muß aber nicht – vom Netzwerk ebenfalls entdeckt werden. Dies deckt sich mit unseren Beobachtungen über repräsentationsfreie konnektionistische Netze (Abschnitt 5.7.2).

Genauso wie im "Past-Tense" Beispiel gibt es zu jeder Regel Ausnahmen. Wie bereits erwähnt, wird dies in einem symbolischen System durch zusätzliche Ausnahmeregeln realisiert. Zum Beispiel ist die soeben entdeckte Regel (symbolisch gesehen) selbst eine Ausnahmeregel zur allgemeineren, daß ein 's' als [s] auszusprechen ist. Zusammen läßt sich das formal so ausdrücken:

s   ->   [*s*]
 # s {*p,t*} ->   [ʃ]

Verbal formuliert bedeutet das: Ein 's' ist (soferne keine weitere Information vorliegt) als [s] auszusprechen. Liegt das 's' allerdings zwischen einer Sil-

---

3 Dies wäre eine weitere Erklärung für die "falsche" Aussprache von 'Aspik'.

bengrenze und einem 'p' oder 't', dann ist es als [ʃ] auszusprechen. Im symbolischen System zur Aussprachebestimmung liegen also zwei Regeln vor, die unter Umständen (z.B. im Kontext 'bespa' von vorhin) *beide* ausgelöst werden können. Sie können somit, wie man sagt, im *Konflikt* stehen, was einen Mechanismus verlangt (die sogenannte *conflict resolution*), der entscheidet, welche der beiden Regeln nun tatsächlich angewandt werden soll. In diesem Fall wäre das recht einfach, z.B: "Nimm die unterste Regel, die ausgelöst wird" oder: "Nimm die spezifischere Regel, die ausgelöst wird". Die unspezifischere Regel, also die, die erst dann feuert, wenn keine andere vorhanden ist, wird im allgemeinen *Defaultregel* genannt. Bei komplexeren Problemen kann der Prozeß der Conflict Resolution allerdings sehr aufwendig sein.

Sehen wir uns nun wieder das Netzwerk an. Abb. 7.3 zeigt drei Kontexte, die

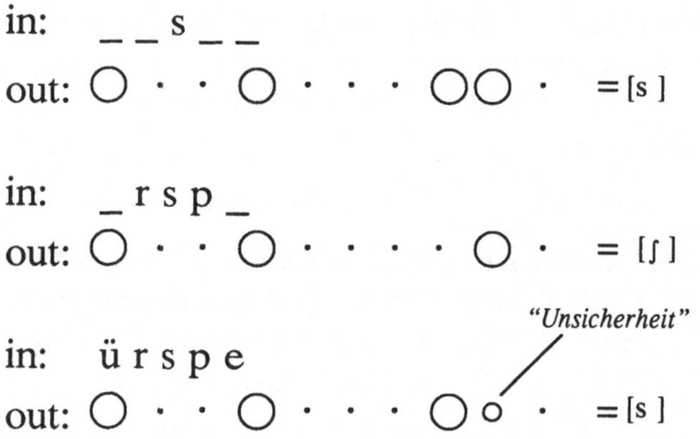

in: _ _ s _ _
out: ◯ · · ◯ · · · ◯◯ · = [s]

in: _ r s p _
out: ◯ · · ◯ · · · · ◯ · = [ʃ]

"Unsicherheit"

in: ü r s p e
out: ◯ · · ◯ · · · ◯ ∘ · = [s]

Abb. 7.3

immer spezifischer werden. Das '_' ist dabei als *unspezifiziert* zu lesen (d.h. in diesem Fall ist *keine* der Input Units des Clusters aktiviert), etwas was im Trainingsset gar nicht vorgekommen war. Der erste Fall läßt sich eindeutig als die oben angegebene Defaultregel (s –> [s]) interpretieren. Im zweiten Fall (durch Spezifischer-machen des Inputs) springt der Output von einem [s] auf ein [ʃ] um. Wie schon erwähnt enden sehr viele Silben mit 'r', wodurch dieser Kontext starke Evidenz für eine Silbengrenze vor dem 's' aufweist. Weiters ist nach dem 's' ein 'p' angegeben. Somit kann man dieses Umspringen des Outputs als ein Umschalten von der Defaultregel auf die spezifischere Regel deuten. Im dritten Fall hingegen (der den zweiten und ersten enthält) ist der Output wieder einem [s] näher. Auch das läßt sich anhand des Trainingssets (also anhand der "Umwelt") interpretieren. Das 'ü' macht es in diesem Fall offensichtlich unwahrscheinlicher, daß sich nach dem 'r' eine Silbengrenze befindet.

Dies zeigt, daß das Netzwerk tatsächlich alle "Regeln", die notwendig sind (und die aus dem Trainingsset "herausgelesen" werden können), realisiert hat, also sowohl – im symbolischen Sinn – *Default-* als auch *Ausnahme*regeln. Dies geschieht aber ohne Zunahme der Komplexität wenn neues Wissen erworben wird (sprich: mehr "Regeln" gelernt werden), so wie man es bei symbolischen Regelsystemen aufgrund der Conflict Resolution feststellen kann. Die Komplexität ist von vornherein durch die Anzahl der Units und Verbindungen vorgegeben und ändert sich durch die Heranbildung neuer "Regeln" nicht. Man könnte dies auch so sehen: Alle "Regeln" existieren zu jedem Zeitpunkt, sind nur meist zum Großteil sehr schwach aktiviert und werden erst durch wiederholtes Auftreten der entsprechenden Kontexte verstärkt. Dies erinnert uns an die Gebirgsanalogie: Dort haben wir angenommen, daß in einem verteilten Netzwerk alle möglichen Zustände, die eine Wissenslandschaft annehmen kann (innerhalb der Genauigkeitsgrenzen, die durch die Kapazität vorgegeben sind), schon von vornherein abgesteckt sind. Durch Selbstorganisation (Lernen) bilden sich dann der Umwelt angepaßte Maxima heran. Was dort also für mehr "statisches" Wissen gegolten hat, ist hier auch für die Wissensableitung anwendbar.

Um in einem symbolischen Regelsystem die Zunahme der Komplexität zu umgehen, müßte man sicherstellen, daß immer nur *eine* Regel pro Kontext ausgelöst werden kann. Das bedeutet aber auch, daß es keine Defaultregeln geben dürfte, sondern man für *jeden* möglichen Kontext eine (spezifische) Regel einführen müßte. Man hat also durch den Gewinn der Einfachheit den Vorteil durch das Defaultschema (das einen wichtigen Aspekt vieler Vorgänge modelliert) eingebüßt. Folglich ist in einem symbolischen Regelsystem immer ein Kompromiß notwendig: Entweder man inkludiert Default/Ausnahme-Verhalten, wodurch sich die Komplexität sehr erhöhen kann, oder man hält den Mechanismus einfach, wodurch das besagte Verhalten verloren geht. Das assoziative Netzwerk, wie wir gesehen haben, hat beides – Einfachheit und Defaultmechanismus – realisiert. Verstärkend kommt nun noch hinzu, daß es in vielen Fällen gar nicht möglich sein wird, *alle* möglichen Kontexte vorherzusagen, wie es für das vereinfachte Regelsystem notwendig wäre.

Defaultmechanismen sind deshalb wichtig, weil diese die Generalisierungsfähigkeit eines Modells ausmachen. Mit anderen Worten, ein Defaultmechanismus ermöglicht es ihm, auf unbekannte Inputs zu reagieren.

Da wir die Generalisierungsfähigkeit bereits als eine wesentliche Eigenschaft sub-symbolischer Systeme beschrieben haben, überrascht das Ergebnis des soeben gegebenen Vergleichs also nicht.

7.2.2.1 Kontexteinflüsse

Wie bereits aus dem dritten Beispiel in Abb. 7.3 zu sehen ist, kann es bei Kontexten, die nicht exakt eine Vorbedingung für eine der "Regeln" spezifizieren, zu Zwischenzuständen kommen. So ist zum Beispiel die vorletzte Unit schwächer als in anderen Fällen aktiviert. Dies ließe sich als eine gewiße "Unsicherheit" des Systems interpretieren, ob wirklich die richtigen "Regeln" angewandt wurden. Analoges passiert, wenn man einen Kontext präsentiert, der ganz sicher nicht im Trainingsset vorgekommen ist (da er nicht ein Teil eines deutschen Wortes ist), wie in Abb. 7.4.

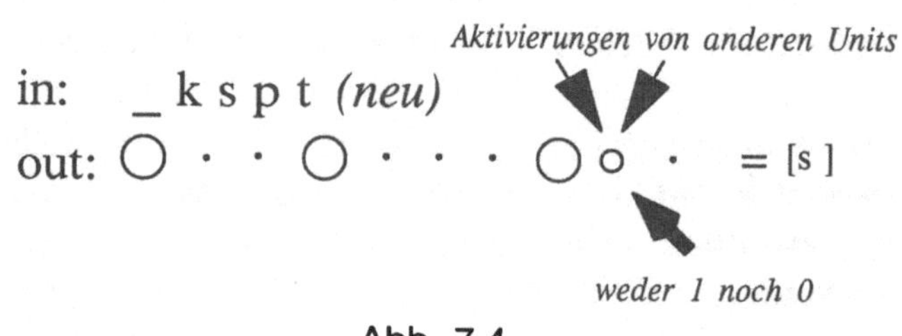

Abb. 7.4

Auch hier ist die vorletzte Unit eindeutig schwächer als mit dem Maximalwert aktiviert. Da in diesem Fall durch eine Schwellenfunktion decodiert wird – d.h. alles, was größer als 0.5 ist, wird als 1 angesehen – lautet das Ergebnis [s]. Die Evidenz für ein [s] ist demnach noch stärker als die für ein [ʃ], angesichts des Trainingssets. Oder wieder in den Termini eines Regelsystems interpretiert: Die "Regeln", die ein [s] als Output erzeugen, überwiegen die für das [ʃ], bzw. werden von letzteren nicht ausreichend überschrieben. Allerdings ist die Entscheidung sehr knapp, die Aktivierung der vorletzten Unit liegt nur wenig über 0.5. Das bedeutet, daß andere (Kontext-) Effekte, wie zum Beispiel Aktivierungen durch Vorwissen oder vorher Gehörtes,[4] sehr leicht diese Unit beeinflussen können, sodaß plötzlich ein anderer Laut die Interpretation des Outputs wäre.

---

[4] Dies geschieht natürlich nicht im kleinen Netzsprech-Modell. Sieht man allerdings ein solches assoziatives Netz als Teil eines größeren kognitiven Modells, erkennt man leicht, wie Beeinflussungen anderer Komponenten hier eine große Rolle spielen könnten.

Wir erkennen also eine wesentliche Eigenschaft verteilter "Regel"-Systeme. Nach außen hin (nach der Decodierung des Outputs etwa) mag das Verhalten des Systems zwar wie das eines symbolischen Regelsystems aussehen (wodurch man versucht ist, es durch ein solches zu ersetzen), jedoch berücksichtigt das sub-symbolische System auch die graduellen Übergänge *vor* der symbolischen Interpretation. In einem symbolischen System kann man das Problem durch den Einsatz sogenannter *Certainty Factors* (Buchanan & Shortliffe 1984), d.h. Gewichtungen der einzelnen Regeln nach Wahrscheinlichkeiten, annäherungsweise lösen. Nur erfolgt dort die Gewichtung *nach* der symbolischen Interpretation, kann also keine Zwischenzustände gemäß der Gebirgsanalogie miteinbeziehen. Erinnern wir uns an Abb 4.3 und die anschließende Diskussion. Das soeben gezeigte Verhalten des assoziativen Netzwerks untermauert als Beispiel exakt jene Diskussion, nur das dort von Konzepten und Symbolen und hier von verteilten "Regeln" und symbolischen Regeln die Rede ist.

7.2.2.2 Lernen anhand der gegebenen Umwelt

Weiter oben wurde bereits angedeutet, daß ein symbolisches Regelsystem, um immer plausible Antworten zu liefern, alle Arten von vorkommenden Inputs kennen muß, bevor Regeln formuliert werden können. Dies ist eine allgemeine Eigenschaft symbolischer Systeme, die wir schon mehrfach besprochen haben: die Eigenschaft, daß für symbolische Repräsentation (die nun Regeln miteinschließt) immer eine *vollständige* Formalisierung *vor* dem Systemaufbau notwendig ist. Aufgrund der Möglichkeit, sich selbst zu organisieren, benötigt dies ein sub-symbolisches System – was sein *internes* Wissen anbelangt – nicht. Verteilte "Regeln" zählen zum internen Wissen eines assoziativen Netzwerks. Daher überrascht es nicht, daß es solche immer gemäß der vorhandenen Umwelt heranbildet.

Im Falle von Netzsprech war die Umwelt das Trainingsset der 1000 Wörter. Wollte man ein symbolisches Regelsystem bauen, das genau diese Umwelt reflektiert, müßte man erst das Wissen, das in eben diesem Trainigsset steckt, formalisieren. Ich habe das ansatzweise auch getan, als ich dieses Wissen locker als "einfache fundamentale deutsche" Aussprache umschrieben habe, und als ich zum Zwecke der *nachträglichen Interpretation* des Netzwerkverhaltens von Silbengrenzen, fehlenden Fremdwörtern und dergleichen gesprochen habe. Diese Formalisierung und Interpretation des durch die Beispielwörter abgesteckten Raumes müßte vollständig geschehen, wollte man immer eine plausible Antwort vom System erhalten. Das selbstorganisierende Modell hat diesen Raum selbst nachgebildet. Die scheinbaren Schwächen, daß zum Beispiel 'Aspik', oder wie Abb. 7.5 zeigt, das Fremdwort 'Relais' "falsch" aus-

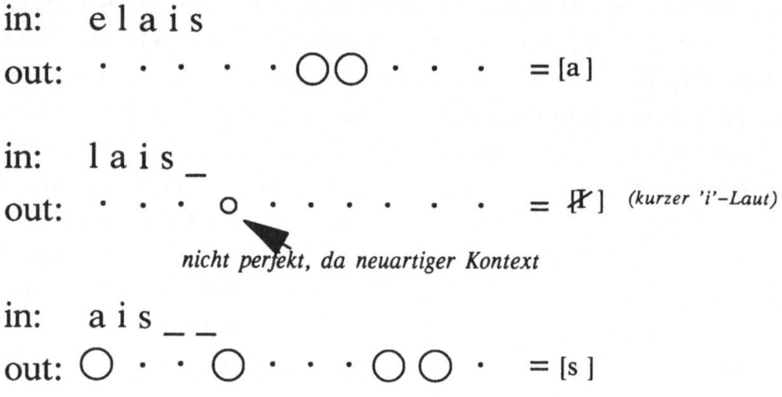

Abb. 7.5

gesprochen werden, entpuppen sich als wichtige Eigenschaft: Das interne gelernte Wissen reflektiert nur das in der Umwelt notwendige bzw. relevante Wissen, respektive, *kann* nur dieses reflektieren. Formalisierung und Interpretation kann *nachträglich* und *mit Hilfe* des Modells geschehen, ist aber nicht für die Funktionsweise des Modells notwendig. Auch hier schließt sich der Kreis zur früheren Diskussion über Repräsentation und Wissen wieder.

7.2.2.3 Robustheit und Fehlertoleranz

Zur Abrundung der Diskussion von Netzsprech als verteiltes "Regel"-System, soll nun noch kurz auf die Robustheit des Systems hinsichtlich einer möglichen Zerstörung eingegangen werden. Abb. 7.6 zeigt den Output auf die

Abb. 7.6

Sequenz '_rsp_', nachdem fünf zufällig gewählte Hidden Units samt ihrer Verbindungen aus dem Netzwerk entfernt wurden. Man sieht, daß die interpretierte Antwort nach wie vor das [ʃ] ist. Am Netzwerkzustand vor der Interpretation sieht man allerdings, daß eine Unit (nämlich eine, die [s] von [ʃ] unterscheidet) wieder schwächer als zuvor aktiviert wurde. Die Unterscheidung zwischen den Fällen – und somit den betreffenden "Regeln" –

wurde durch die Zerstörung abgeschwächt. Da die "Regeln" über viele Units verteilt sind, kann daher eine teilweise Zerstörung auch nur teilweise die "Regeln" löschen. Man erkennt, daß der Abfall der Performanz im allgemeinen kontinuierlich erfolgt (graceful degradation).

7.2.3 Das Past-Tense Modell als "System of Soft Rules"

Wir haben nun mehrmals davon gesprochen, daß eine Interpretation des Netzwerkwissens (verteilte "Regeln") als ein Satz von Regeln in vielen Fällen möglich ist. Anders ausgedrückt: Symbolische Regeln können eine *Annäherung* an das Netzwerkverhalten liefern. Nun müßte aber genauso wie im Fall von Konzepten eine Umkehrung möglich sein. Ähnlich wie es Hinton (1986) gelungen war, im Falle eines leicht formalisierbaren Problems in Hidden Units annäherungsweise symbolische Interpretationen zu finden (siehe Abschnitt 4.5), sollte es möglich sein, nachträglich Regeln in einem assoziativen Netzwerks zu entdecken.

McMillan und Smolensky (1988) sind am Beispiel des uns schon bekannten Past-Tense-Modells einen Schritt in diese Richtung gegangen. Sie haben allerdings keine Methode entwickelt, tatsächlich Regeln zu "entdecken", sondern sind den umgekehrten Weg gegangen und haben folgendes gezeigt: Wenn man eine Beschreibung eines Problems anhand von Regeln hat, und ein assoziatives Netz, daß das Problem ebenfalls modelliert, anhand dieser Regeln aufteilt und neu zusammensetzt, so kann man das Verhalten des ursprünglichen Netzwerks (fast) erreichen. Dieses Ergebis zeigt starke Evidenz für die Annahme, daß etwas im Netzwerk vorhanden ist, das durch Regeln angenähert wird, und das daher von McMillan und Smolensky 'soft rules' genannt wird.

7.2.4 Regelfolgend vs. regelbeherrscht

In den bisherigen Diskussionen um Regeln und "Regeln" wurde noch ziemlich achtlos über eine wesentliche Unterscheidung hinweggegangen; nämlich die, ob sich ein Modell mittels Regeln *beschreiben* läßt, oder ob es tatsächlich mit Regeln *arbeitet*. Diese Unterscheidung wird im allgemeinen wie folgt angegeben (Rumelhart & McClelland 1986a):

Regelbeherrscht (rule-governed)
Ein System ist regelbeherrscht, wenn es über eine interne Realisierung der Regeln verfügt, die (alleine) das Verhalten des Systems ausmachen.

Regelfolgend (rule-following)

Ein System ist regelfolgend, wenn sich das beobachtbare Verhalten durch Regeln beschreiben läßt, die aber nicht unbedingt im System selbst zu finden sein müssen.

Daraus folgt direkt, daß für regelbeherrschte Systeme die Regeln existieren und auch formalisiert sein müssen, um die Funktion des Systems zu gewährleisten. Im Falle eines regelfolgenden Systems kann es ausreichen, die Existenz der Regeln erst nach der Beobachtung festzustellen.

Auf den Vergleich von symbolischen Regelsystemen mit sub-symbolischen Modellen umgelegt, könnte man nun die Thesen der vorangegangenen Abschnitte so formulieren:

Die symbolische AI geht davon aus, daß regelfolgende Vorgänge auch regelbeherrscht modelliert werden sollten. Die sub-symbolische AI erkennt jedoch, daß Assoziationen und Intuitionen nur teilweise regelfolgend sind und modelliert sie daher mit einem Mechanismus, der keine Regeln voraussetzt (aber regelfolgendes Verhalten erreichen kann).

Um nochmals einen Konnex zu Kapitel 5 herzustellen, könnte man die aus dieser und den vorangegangenen Beobachtungen folgende These formulieren:

Hypothese zur Wissensableitung

Für Wissensableitung ist keine Repräsentation von Regeln notwendig. Verteilte "Regeln" sind Wissensableitung ohne Repräsentation im strengen Sinn.

Wir müssen mit den Implikationen der soeben gegebenen Hypothese allerdings sehr vorsichtig sein, solange wir unsere Diskussion nur auf einfache erprobte Modelle wie das assoziative Netzwerk beschränken. Denn diese Modelle scheinen nicht alles, was in der symbolischen AI mit Regeln beschrieben wird, modellieren zu können, wie der nächste Abschnitt zeigen soll.

7.2.5 Inhaltsblinde Regeln

Betrachten wir nochmals die Verarbeitung in einem assoziativen Netzwerk: Wir haben gezeigt, daß Generalisierung (und somit regelfolgendes Verhalten) *ausschließlich* auf Musterähnlichkeiten beruht. Diese Ähnlichkeiten müssen zwar nicht allein auf lineare Oberflächenähnlichkeiten zurückzuführen sein – wie der Einsatz von Hidden Units zeigt – das Verhalten ist jedoch nicht zu umgehen: Ein neuer (nie gesehener) Input wird *immer* aufgrund seiner Ähnlichkeiten zu bekannten Inputs klassifiziert!

Nun gibt es eine Reihe von Fällen, bei denen regelfolgendes Verhalten nicht rein auf Ähnlichkeiten von Inputs zurückzuführen ist. Steven Pinker (1988, in einer Präsentation an der Konferenz der Cognitive Science Society) hat anhand des linguistischen Problems der Past-Tense Bildung (kein Zufall, er hat vor allem Rumelhart & McClelland's Modell kritisiert) einen solchen Fall aufgezeigt. Zum Beispiel ist folgende Regel – die für die sogenannten schwachen Verben – eine, die sich nicht auf Ähnlichkeiten mit anderen Fällen beruft:[5]

w   –>   **w**-*ed*   **w** ... *Wort (schwaches Verb)*

Pinker argumentiert nun völlig zu recht, daß Rumelhart & McClelland nicht ausreichend zwischen den zwei unterschiedlichen Fällen der starken und schwachen Verben unterschieden haben. Denn obwohl die Regeln bei ersteren tatsächlich hauptsächlich auf Ähnlichkeiten basieren (aufgrund von 'sing' –> 'sang' kann man auf 'sink' –> 'sank' oder sogar auf das Nonsenswort 'fring' –> 'frang' schließen), ist die Regel für zweitere praktisch völlig unabhängig von der Form des Wortes. Sie sagt nämlich: "Hänge an das Wort ein 'ed' an, ganz egal, wie dieses Wort aussieht". Pinker nennt diese Regel *inhaltsblind (content-blind)*, da sie gegenüber dem Inhalt (oder besser: der Form) des Inputs sozusagen blind ist, ihn also nicht berücksichtigt.

Pinker argumentiert nun weiter, daß es beim Phänomen der Past-Tense-Bildung (wie man es an Menschen beobachten kann) durchaus auch bei schwachen Verben zur Generalisierungsfähigkeit kommen kann. Wird zum Beispiel jemand mit Nonsens-Wörtern, die nicht so wie 'fring' starke Ähnlichkeiten zu starken Verben haben – etwa 'gool' – konfrontiert, so ist in fast allen Fällen die Antwort die schwache Past-Tense Bildung: 'gooled'. Sogar dort, wo es Oberflächenähnlichkeiten zu starken Wörtern gibt, spielen diese oft keine Rolle. Man könnte zum Beispiel den Namen des Gefängnisses Sing-Sing in folgendem Satz zu einem Verb machen:

"Alcatraz out-sing-singed Sing-Sing"[6]

Fast keine Versuchsperson sagt:

---

5 Der Einfachheit halber wird die Regel auf graphemischer (statt phonetischer) Ebene formuliert und Ausnahmen (wie 'learnt') außer Acht gelassen.

6 In dem Sinne von: "Alcatraz wurde ein besseres Sing-Sing als Sing-Sing selbst"

"Alcatraz out-sing-sang Sing-Sing"

obwohl dies aufgrund der Ähnlichkeit (ja sogar vollständigen Überlappung) mit dem bekannten Verb *sing* naheliegend wäre (Pinker 1988, wie oben).

Ein assoziatives Netzwerk würde zweifellos letzteren Satz erzeugen, da – wie gesagt – Ähnlichkeiten bei neuen Inputs immer eine Rolle spielen. Etwas formaler ausgedrückt: Ein assoziatives Netzwerk kann folgende Generalisierung nicht nachvollziehen:

Aus	A	$->$	$A + x$
und	B	$->$	$B + x$
generalisiere:	C	$->$	$C + x$

Dieses Problem könnte man als das **Copy Problem** bezeichnen, da ein solches Netzwerk offensichtlich aufgrund einer Serie von Beispielen nicht lernen kann, einen Teil des Inputs einfach auf den Output zu *kopieren*. Daher kann auch das Past-Tense Modell nicht lernen, aufgrund der Tatsache, daß aus 'talk' 'talked' und aus 'raid' 'raided' folgt, zu generalisieren, daß der Default für das neue Wort 'function' 'functioned' sein sollte. Sogar noch stärker: Aufgrund dessen, daß es 'walk' auf 'walked' und 'talk' auf 'talked' abbilden kann, kann es noch nicht ohne weiters (im Falle einer buchstabenweisen Codierung) von 'balk' auf 'balked' schließen. Es wird zwar richtigerweise die Endung 'ed', und eventuell sogar die Folge 'alk' in diesem Fall erzeugen, aber um ein 'b' am Output zu aktivieren, hätte es lernen müssen, einen einzelnen Buchstaben auf den Output zu kopieren. Es bliebe also nichts anderes übrig, als zumindest *jeden* Buchstaben and *jeder* Stelle einmal vorkommen zu lassen, um das Netzwerk korrekt zu trainieren. Die Generalisierungsfähigkeit beim Menschen scheint aber schon bei viel weniger Beispielen zu funktionieren.

7.2.5.1 Das Copy-Problem

Pinker schloß daraus: "There are rules in the head". Er meint also, es gebe symbolische Regeln, die obige Hypothese wäre also zum Teil widerlegt. Um die Hypothese aufrecht zu halten, müßte man sich stattdessen die Frage stellen: Wie trainiert man ein Netzwerk darauf, Teile des Inputs in gewissen Fällen unabhängig von ihrer Ausprägung zu kopieren (Abb. 7.7).

Um im Rahmenwerk der bisher geschilderten Modellvorstellung zu bleiben, müßte solch ein Netzwerk folgende Eigenschaften besitzen:

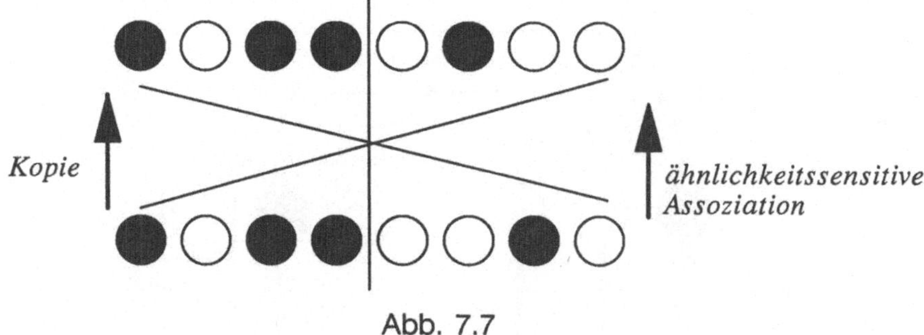

Abb. 7.7

– Das Kopieren müßte graduell ins Spiel kommen, also kontinuierliche Übergänge zwischen inhaltsbasierter und inhaltsblinder Assoziation müßten möglich sein.

– Das Kopieren müßte jederzeit durch entsprechenden (auch internen) Kontext überschreibbar sein.

Ein Vorschlag dieser Art wird in Mannes & Dorffner (1990) angegeben. Abb. 7.8 zeigt die Architektur eines Netzwerks, daß inhaltsblinde "Regeln" lernen kann. Es enthält einen Input einen "Hidden" und einen Output Layer wie ein reguläres Assoziationsnetzwerk. Diese Layer sind mit vollen Feedforward-Verbindungen verbunden. Zusätzlich existieren eins-zu-eins Verbindungen zwischen dem Input und dem Output Layer. Diese Verbindungen haben ein konstantes Gewicht von 1 und kopieren einfach im Normalfall (per *Default*) das Inputmuster auf den Output (solche Verbindungen wurden übrigens auch von Pinker vorgeschlagen). Der "Hidden"Layer ist ein Klassifikationslayer wie im Competitive Learning und lernt, die Inputmuster in Klassen einzuteilen. Von diesen Units gehen zusätzliche Verbindungen aus, die die eins-zu-eins Verbindungen "modulieren", d.h. bei Bedarf wirkungslos machen können. Dies wird durch das einfache Sigma-Pi Prinzip (siehe Kapitel 2) ermöglicht, indem die Aktivierungswerte, die über die beiden zusammengeschalteten Verbindungen eintreffen, miteinander multipliziert werden.

Das Netzwerk funktioniert nun nach folgendem Prinzip: Nachdem die Regel, einen Teil des Inputs an den Output zu kopieren, offensichtlich nicht von Musterähnlichkeiten abhängt, dreht man den Spieß einfach um. Das Kopieren wird einfach zum "Normalfall" gemacht, während bestimmte Inputklassen es ganz oder teilweise ausschalten können, was durch die besagten Klassifikationsunits geschieht. Für jede Musterklasse kann nun durch Variationen des Hebb'schen Lernens – auch für die modulierenden Verbindungen – gelernt

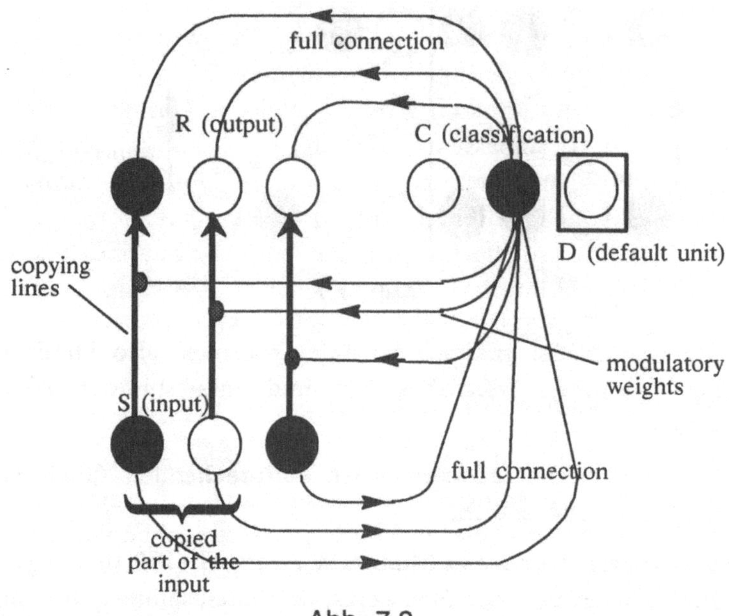

Abb. 7.8

werden, Teile des Inputmusters "auszublenden" und durch ein anderes Teilmuster zu ersetzen. Letzteres geschieht durch die assoziativen Verbindungen
zwischen Klassifikations- und Output Layer.[7] Da auch im Normalfall etwas mit
dem Outputmuster geschehen kann (etwa das Anhängen des 'ed' im Past-
Tense Modell), wurde noch eine *Default Unit* eingeführt, die immer dann
feuert, wenn keine andere Klassifikationsunit einen nennenswerten Input
erhält. Diese Unit entspricht sozusagen der *Komplementärklasse* aller erlernten
Klassen.

Dieses Netzwerk wurde an einer deutschen Version des Past-Tense Problems
getestet und hat dort tatsächlich einige der ganz oder teilweise inhaltsblinden
"Regeln" erlernt. Allerdings muß man bei diesem Ansatz sicher noch große
Abstriche machen, da das Netzwerk zum Beispiel noch sehr sensitiv gegenüber
der "korrekten" Klassifikation ist und daher subjektiv "falsche" oder "unplausible" Ergebnisse liefern kann. Trotzdem hat er gezeigt, daß erweiterte
Netzwerke auch zu weniger ähnlichkeitssensitiven Lernvorgängen fähig sind.

---

7 Die Teilstruktur mit Input, Hidden und Output Layer kommt also einem Counterpropagation Netzwerk gleich.

Um Mißverständinissen vorzubeugen, sei hier noch erwähnt, daß die Lösung des Copy Problems wohl nicht die adäquateste Methode ist, die Bildung der Past-Tense plausibel zu modellieren. Für solch ein linguistisches Problem wäre es wohl viel besser, Wortunits einzuführen und den Output über diesen Umweg zu erzeugen, da es unpassend erschiene, es als reine Musterabbildung zu betrachten. Das Problem wurde nur – so wie von Pinker – dazu verwendet, offensichtliche Schwächen der assoziativen Netzwerke aufzuzeigen. Da es wahrscheinlich ist, daß solche inhalts-, bzw. formblinde Assoziationen an anderen Stellen sehr wohl ihre Berechtigung haben, ist diese Auseinandersetzung wesentlich für den Erfolg der sub-symbolischen AI.

7.2.5.2 Copy und Binding Problems vereint

In Kapitel 5 hatte sich ein anderes mögliches Problem verteilter Netzwerke herauskristallisiert, das *Binding Problem,* das besagte, daß Variablen (so wie sie in der Logik vorkommen), die an beliebige Werte gebunden werden sollen nicht oder nur schwer und ohne Generalisierung, verteilt dargestellt werden können. Dieses Problem hat eine Instanz, bei der es sich mit dem Copy Problem vereinen läßt.

Man betrachte dazu folgendes Problem: Man möchte ein Modell dazu bringen, auf assoziative Art logische Inferenzen wie die folgende zu lernen:

liebt (x, y)   –>   *glücklich (y)*

Mit andern Worten: Wann immer die Repräsentation von *lieben* und den zwei involvierten Personen am Input anliegt, soll die Repräsentation von *glücklich* und der zweiten Person am Output aktiviert werden. Da es sich um Bindung von Variablen und deren Repräsentation handelt, haben wir es mit dem Binding Problem zu tun. Da aber gleichzeitig ein Teilmuster (nämlich *y*) auf den Output kopiert werden soll (unabhängig von dessen Form), ist auch das Copy Problem involviert.

Ähnliche Kommentare, wie sie in Kapitel 5 präsentiert wurden, gelten natürlich auch hier. Zuallererst muß man sich natürlich fragen, wie weit und in welcher Form solche Inferenzen assoziativ (also im Rahmen des IP) bzw. ohne zusätzlichen Kontext gelernt werden sollen. Zumindest reduziert bleibt aber auf alle Fälle eine Restriktion assoziativer Netze bestehen, mit der man sich sicher beschäftigen wird müssen, um sub-symbolische Modelle nicht im Ansatz ersticken zu lassen.

7.3 Definitionsregeln: Am Beispiel Sprache

Im Vergleich zu den bisher besprochenen Transformationsregeln spielen Definitionsregeln in der symbolischen AI eine etwas andere Rolle: Sie sind weniger aktiv daran beteiligt, neue Wissensstrukturen herzuleiten, sondern dienen einerseits dazu, Strukturen selbst zu definieren, und andererseits Generativität wie die der Sprache zu erklären. Linguistische Regeln sollen im folgenden auch als Beispiel dienen, das zeigen soll, was in der sub-symbolischen AI diesen Regeln entsprechen könnte.

In der von Noam Chomsky (1965, 1975) initiierten generativen Grammatiktheorie spielen Regeln ungefähr folgende Rolle:

Strukturregeln sind notwendig, die potentiell unendliche Sprachbeherrschung aufgrund endlich vieler Beispiele zu erklären, und daher fest im Modell verankert.

Dadurch versucht man etwa zu erklären, daß jemand, der Deutsch lernt, nach dem Hören der Beispiele

"der alte Hund"

"das schwarze Heft"

(und anderer) fähig ist, die Phrase

"der schwarze Hund"

zu verstehen, bzw. zu produzieren. Man erklärt sich das damit, daß eine Phrasenregel wie die folgende gelernt wird

NP   ->   DET ADJ NOM

die besagt, daß eine Nominalphrase in einem einfachen Fall aus Artikel (DET), Adjektiv und Nomen besteht. Zusätzlich zu dieser Regel muß natürlich auch noch die Zuordung von Wörtern zu Kategorien (DET, ADJ, NOM) gelernt werden.

Nun stellt es sich allerdings heraus, daß eine solche Regel zwar sehr gut die beobachtbaren Äußerungen beschreibt (weil eben die meisten Nominalphrasen dieses Typus so aussehen), daß aber im täglichen Sprachgebrauch Regeln dieser Art jederzeit durchbrochen werden können, ohne daß die Verständlichkeit dadurch unbedingt "auf null" zurückgehen muß. Es ist also auch in diesem Fall eine Art "graceful degradation" festzustellen. Die Verständlichkeit eines Satzes sinkt nur graduell ab, wenn immer mehr dieser Regeln durchbrochen werden (siehe Dorffner 1989c und Kapitel 13).

Es stellt sich also heraus, daß in der Sprachverwendung Form und Struktur, die in der Linguistik durch Regeln beschrieben werden, wohl ein Hilfsmittel zur Kommunikation sind und Information enthalten, aber keine unbedingte Notwendigkeit für das Funktionieren der Sprache als Kommunikationsmittel darstellen. Sprachliche Äußerungen sind demnach zwar sehr oft (zumindest annäherungsweise) regelfolgend, können aber nicht regel-beherrscht sein, da im Prinzip mit jeder beliebigen Äußerung etwas assoziiert werden kann (obwohl diese Assoziation sehr schwach werden kann). Die Linguistik – zumindest wenn sie so in ein Performanzmodell umgesetzt wird, wie es in der symbolischen AI geschieht – nimmt allerdings an, daß Sprache sehr wohl regelbeherrscht ist. Diese Annahme ist in der sub-symbolischen AI nicht haltbar.

Um zu einer Alternative zu gelangen, muß man folgende Beobachtung anstellen:

- Zunächst ist es offensichtlich, daß die Strukturen, die die definitorischen Regeln vorgeben, nicht in der Äußerung selbst enthalten sind. Diese besteht nur aus einer Aneinanderreihung von Elementen (prinzipiell die Wörter), also aus einer *Sequenz* von Inputs. Genausowenig wie symbolische Funktion in einer externen Realisierung eines Symbols – also etwa eines Wortes – selbst enthalten ist (vgl. Kapitel 6), sind komplexe Strukturen und Abhängigkeiten in einer Äußerung – also etwa einem Satz – selbst zu finden.

- Weiters ist es höchst unwahrscheinlich, daß die syntaktischen Strukturen "am anderen Ende" der Verarbeitung – also sprich: in den assoziierten Aktivierungen – isomorph und explizit enthalten sind. Assoziationen müssen zwar die Information über Relationen zwischen Konzepten und ähnliches enthalten (vgl. dazu Kapitel 12), aber diese haben keine eins-zu-eins Entsprechung mit dem in der Linguistik postulierten syntaktischen Aufbau.

Die Entsprechung der linguistischen Regeln ist also am ehesten im Prozeß der Verarbeitung selbst zu suchen. Dieser Prozeß nimmt Sequenzen von Einzelmustern als Input und erzeugt einfache oder komplexe Aktivierungsmuster als Resultat. Dieser Vorgang ist primär assoziativ, daher dem IP zuzuordnen. Man kann also im Fall von linguistischer Struktur folgendes sagen:

In der sub-symbolischen Modellvorstellung werden strukturbestimmende linguistische Regeln durch die Assoziation zwischen durch Aneinanderhängung hervorgehenden (konkatenativen) Musterfolgen und anderen Mustern ersetzt.[8]

Wir sehen also auch hier den Dualismus zwischen den "natürlichen" Begebenheiten (dem assoziativen und fehlertoleranten Verstehen von sprachlichen Äußerungen) und der symbolischen Annäherung (dem Regelmodell), der uns seit Kapitel 4 begleitet hat. Es ist daher zu erwarten, daß ein solcher Prozeß implizit Mechanismen enthält, die im Groben durch linguistische Regeln beschrieben werden können.

7.3.1 Assoziative Analyse von Mustersequenzen

Die soeben formulierte Hypothese besagt, daß man es nun nicht mehr nur mit parallel anliegenden Einzelmustern, sondern mit Mustersequenzen zu tun hat. Es stellt sich also die Frage nach einem sub-symbolischen Modell, das Mustersequenzen (deren Reihenfolge und Gruppierung wesentlich ist) auf beliebige andere Muster (die "Bedeutung") abbilden kann. Damit ergibt sich die Information, die in der Mustersequenz steckt, aus den Mustern selbst und aus deren Aufeinanderfolge in der Sequenz.

Schematisch ist ein einfaches solches Modellschema in Abb. 7.9 dargestellt. Resultierende Aktivierungen werden von zwei Kanälen beeinflußt: den Aktivierungen der Einzelwörter und der Information, die in der Sequenz steckt. Dies kann so weit gehen, daß einer der beiden Kanäle vom anderen völlig ausgeschaltet wird, wie etwa bei Phrasen, deren Bedeutung beinahe unabhängig von den involvierten Wörtern geworden ist. Zum Beispiel bedeutet 'ins Gras beißen' sehr oft einfach *sterben*, hat also weder mit *Gras* noch mit *beißen* etwas zu tun, weckt also oft kaum derartige Assoziationen.

Wesentlich ist, daß die Muster zeitlich nacheinander am Input anliegen. Ein einfaches feed-forward Netzwerk, wie es das assoziative Netzwerk ist, wird hier nicht mehr genügen, da bei diesem nach Anlegen eines neuen Musters die Aktivierungen des vorangegangenen verloren gehen. Daher müssen in irgendeiner Form Schleifen, bzw. Feedback-Verbindungen im Modell vorhanden sein. In gewissem Sinn stellen diese Schleifen das *Gedächtnis* des Systems dar,

---

[8] Komplexe Phänomene wie geschachtelte Sätze oder sogenannte 'garden path' Sätze wären nicht durch reine Assoziation zu erklären, sondern müßten zum Teil dem CRI zugeschrieben werden.

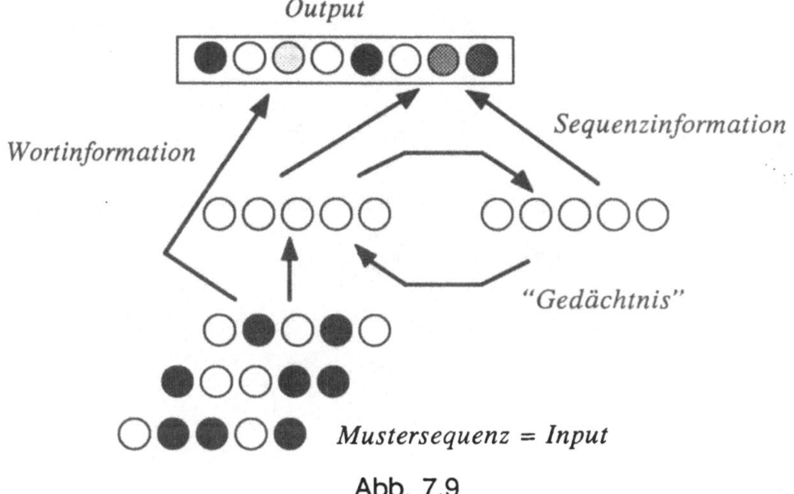

Abb. 7.9

das es ihm ermöglicht, Aktivierungen vorangegangener Muster mit den Aktivierungen darauffolgender Muster interagieren zu lassen. Nicht-Kommutativität der Verarbeitung (die durch nicht-lineare Aktivierungsfunktionen meist gegeben ist) stellt dabei sicher, daß eine Musterfolge A B C andere Aktivierungen erzeugen kann als etwa A C B.

Auf das Beispiel der Sprache zurückkommend kann man feststellen, daß hier meist nicht so sehr die Abfolge von bestimmten Einzelwörtern, sondern vielmehr die Abfolge von *Kategorien* von Wörtern relevant ist. Eine linguistische Regel ist meist nicht anhand konkreter Wörter sondern anhand sogenannter *grammatischer* oder *Wortkategorien* (z.B. Nomen, Verb, etc.) definiert. Das Netzwerk zur Assoziation von Inputsequenzen muß also imstande sein, solche Kategorien zu erkennen und für die Analyse zu verwenden.

7.3.1.1 Das Modell von Jordan

Eines der ersten Modelle nach diesem Schema war das Sequenzennetzwerk von M.Jordan (1986), dessen Grundstruktur in Abb. 7.10 dargestellt ist. Auf den ersten Blick sieht dieses Netzwerk wie ein herkömmliches Assoziationsnetz mit einem Input- einem Hidden und einem Outputlayer aus. Hinzu kommt jedoch ein weiterer Layer von Units (den sogenannten *Kontext-* oder *State-Units*). Diese erhalten Input sowohl von den Output Units als auch von sich selbst und "zeichnen" somit auf, in welchem Zustand (state) sich das Netz

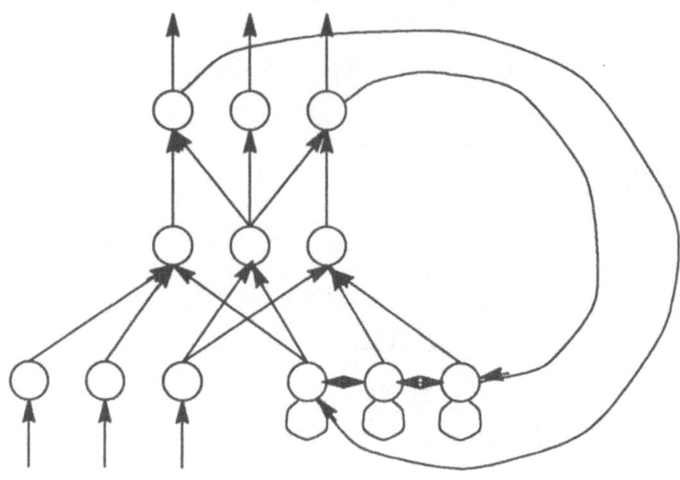

Abb. 7.10

befindet, bzw. welcher Präkontext bereits angelegen ist. Der Layer dient dem Netz also als Gedächtnis.

Dieses einfache Netzwerk kann nun – zum Beispiel mit einfacher Backpropagation – trainiert werden, Sequenzen von Mustern zu speichern (indem immer jeweils ein Muster am Input und das nächstfolgende Muster am Output als Teaching Input angelegt wird) und zu reproduzieren. Da die State-Units eine akkumulative Aktivierung der gesamten Sequenz erhalten, kann man sie als statische Assoziation mit der gesamten Mustersequenz (ohne direkten Lehrer entstanden), und somit als extrahierte Information, interpretieren. Das Netzwerk zeigt eine Reihe von anderen interessanten Eigenschaften, wie zum Beispiel Fehlertoleranz bezüglich Verschiebungen und Auslassungen in der Sequenz.

Elman (1990) hat dieses Netzwerk leicht abgewandelt (die Rückverbindungen zu den State-Units gehen vom Hidden statt vom Output Layer aus) und eindrucksvoll gezeigt, wie es imstande ist, sprachliche Eingaben zu verarbeiten. So wurde das Modell etwa mit 10.000 kurzen Sätzen der Form Hauptwort–Verb–Hauptwort (z.B: 'woman smash plate') trainiert, die zu einer langen Sequenz zusammengefügt waren. Das Training wurde nicht lange genug fortgesetzt, sodaß das Netzwerk die Sequenz etwa "auswendig" hätte lernen können. Stattdessen war es gezwungen, das jeweils folgende Wort möglichst gut vorherzusagen. Als Repräsentationen für die verwendeten 50 Wörter wurden zufällige 10-Bit Vektoren eingesetzt, die also untereinander nur zufällige

Ähnlichkeiten hatten (vgl. die Diskussion über die Eigenschaften eines Symbols in Abschnitt 6.3) und keine linguistische Merkmale – wie etwa Wortkategorien oder Bedeutungsmerkmale – enthielten.

Es ist natürlich unmöglich, anhand dieses Inputs ein Wort in der Sequenz exakt vorherzusagen. Allerdings entwickelt das Netzwerk durch den Prozeß der Selbstorganisation interne Darstellungen in den Hidden Units, die bemerkenswerte Eigenschaften beinhalten. Trägt man sie nämlich gemäß ihren Ähnlichkeiten (mittels sogenannter *Clusteranalyse*) in einer baumartigen Struktur auf (Abb. 7.11), so stellt man fest, daß sie sich nach mehreren Kriterien gruppieren. So liegen etwa die Darstellung für alle Haupt- und alle

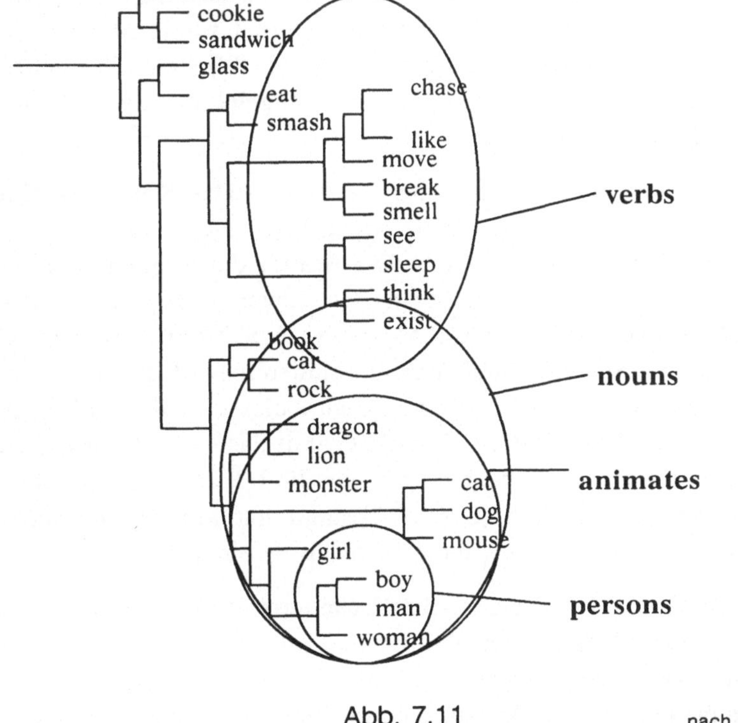

Abb. 7.11   nach Elman (1988)

Zeitwörter nahe beisammen. Aber auch "semantische" Klassifikationen lassen sich feststellen, so etwa die Gruppe aller Hauptwörter, die Personen bezeichnen. Die Merkmale *Hauptwort* oder *Person* sind natürlich nur unsere Interpretation der sich ergebenden Aktivierungsgruppen, ähnlich wie in Kapitel 4 Hinton's (1986) Hidden Units interpretiert wurden.

Wir sehen also, daß tatsächlich mehrere für die sogenannte syntaktische Struktur als wesentlich erachtete Aspekte implizit im selbstorganisierenden Prozeß enthalten sind. Das Netzwerk erkennt offensichtlich, daß die präsentierte Sequenz Teile enthält, in denen Gruppen von Wörtern auf bestimmte andere Gruppen folgen können. So folgt etwa einem Verb meist ein Hauptwort, oder muß einem Verb einer aktiven Tätigkeit ein Hauptwort der Gruppe *Person* vorangehen.

7.3.1.2 Selbstorganisierende Sequenzendetektoren

Das Jordan-Netz und seine Abwandlungen folgen im Prinzip der Struktur des Backpropagation-Lernens, also des Lernens mit explizitem Lehrer. Zwar ist bei einer Sequenz dieser Lehrer implizit vorgegeben (das jeweilig zeitlich folgende Muster ist der Target), doch gibt es auch andere Gründe, die für ein rein selbst-organisierendes Modell sprechen. Mannes (1989) stellt ein solches, stark an die Modelle von Kohonen und Grossberg angelehntes System vor (siehe auch Mannes & Dorffner 1990):

Abb. 7.12 zeigt den Grundaufbau des Netzwerks. Das Kernstück sind drei Layer, der sensorische (S), der Erkennungslayer (R) und ein Layer zur Speicherung des Zustandes in R (R'). Die Muster der Sequenz kommen am Input herein und werden zunächst in den Layer S kopiert. Der Erkennungslayer R kategorisiert nun diese Muster zuzüglich der Muster in R' nach einem kompetitiven Schema. Stellt sich ein eindeutiges Muster (meist mit nur einer stark aktivierten Unit) in R ein, so wird dieses in R' kopiert und das nächste Inputmuster hereingeholt. R' bildet somit das Gedächtnis des Systems und speichert einen Zustand ab, der eindeutig die Information über die "Position" in der Sequenz enthält. Dieser Zustand hat auf die Klassifizierung zusammen mit dem Input (bzw. dem Muster in S) einen Einfluß.

Das Detektornetzwerk lernt mit leicht abgeänderten verallgemeinerten Hebb-Regeln. Ein zusätzlicher Korrekturmechanismus, der ähnlich wie die Resonanz in ART (vergleiche Abschnitt 2.4.4.4) neuartige Situationen feststellen kann, stellt sicher, daß für das gleiche Inputmuster zu verschiedenen Zeitpunkten in der Sequenz ein jeweils eindeutiger Zustand in R entsteht. Dieser Mechanismus arbeitet mit einem Vergleich von tatsächlichem Input und dem vom Erkennungslayer *erwarteten* Input.

Dieses Modell kann, abhängig von zufälligen Anfangsverteilungen, durch ständiges Adaptieren aus einer langen Sequenz von Inputs immer wiederkeh-

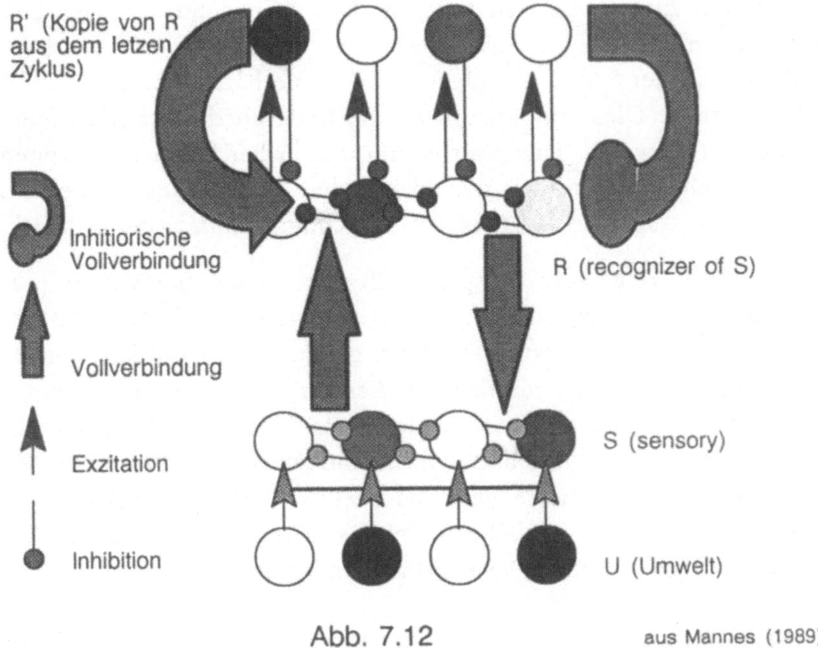

Abb. 7.12   aus Mannes (1989)

rende Teilsequenzen erkennen und sich auf diese stabilisieren, sodaß es
schließlich einen *Detektor* dieser Sequenz bildet. Auch die Abbildung auf ein
eindeutiges Outputmuster ist möglich. Solch ein Detektor ist als ein Teil eines
größeren Systems zu sehen, das aus einer großen Anzahl von Netzen gleichen
Typs mit jeweils verschiedenen Anfangskonfigurationen besteht. So kann jeder
Detektor auf eine andere Teilsequenz ansprechen, während auf höherer Ebene
weitere Detektoren die Aktivierungen einzelner darunter liegender zu
komplexeren Mustern zusammenfassen.

Dieses Modell kann also lernen, auf eine Sequenz zu reagieren, und diese
schließlich auch zu vervollständigen bzw. abzubilden, ohne das ihm je explizit
etwas über Mustersequenzen mitgeteilt wird. In diesem Sinne ist es ein selbstorganisierender Ansatz. Probleme bestehen in dieser einfachen Version allerdings vor allem noch bei der Zuordnung der Inputs zu Kategorien, so wie es
für die Sprachverarbeitung wesentlich wäre.

7.3.2 Sequenzen und zeitliche Erwartungen

Wir erkennen aus den vorgestellten Beispielen, daß die Verarbeitung von Inputsequenzen und die implizite Projektion von Struktur in diese Sequenzen

sehr viel mit *Erwartungen* zu tun hat. Das "Gedächtnis" eines Sequenzenmodells kann in vielen Fällen eine Voraktivierung im Netzwerk bewirken, sodaß sogar in der Sequenz fehlende oder fehlerhafte Inputs plausibel ergänzt werden können. Dies erinnert uns an die fehlerkorrigierenden Eigenschaften assoziativer Netzwerke. Die Information, die in der Sequenz enthalten ist, hat also die gleiche Funktion wie beliebige andere Aktivierungen in einem verteilten Netzwerk, trägt also wie diese zum gesamten *Kontext* der Erkennung bei.

Elman (1990) zeigt zum Beispiel, daß auch neue, nie vorher präsentierte Wörter auf plausible interne Darstellungen abgebildet werden, daß also plausible Defaultannahmen getroffen werden, genauso wie wohl jeder unbewußt annimmt, daß im Satz "Ich zerbrach das Fenster mit dem grmblfx" das 'grmblfx' ein Hauptwort, das einen harten Gegenstand bezeichnet, sein müßte. Eine ähnliche Funktion hat aber auch eine Handbewegung während der Äußerung des Satzes, oder das Wissen, daß das *grmblfx* vorher aus einer Werkzeugbox genommen wurde. Die zeitliche Abfolge von Inputs spielt also die prinzipiell gleiche Rolle wie kontextuelle Einflüsse anderer Art.

7.3.3 Rekursionen

Betrachtet man die Komplexität gängiger linguistischer Regelsysteme (z.B. Chomsky 1981, Gazdar et al. 1985), so ist es sicher noch bei weitem zu einfach, sprachliche Struktur mittels eines simplen Netzwerks mit Feedback-Verbindungen abzutun. Eine Reihe von zusätzlichen Aspekten und Mechanismen wird zur vollständigen Behandlung notwendig sein, weswegen die Betrachtungen hier nur als Anfang gesehen werden können.

Ein Aspekt, der auf alle Fälle noch besprochen werden sollte, ist einer der Fundamente generativer Regelsysteme: die *Rekursion*, bzw. *Rekursivität* der Regeln. 'Rekursion' bedeutet in diesem Zusammenhang, daß eine Regel entweder direkt oder auf dem Umweg über andere Regeln ihre eigene Prämisse in der Conclusio enthält, sich also beliebig oft selbst anwenden kann. Damit einher geht im allgemeinen die Beobachtung, daß Regelsysteme offenbar auf verschiedenen Ebenen arbeiten können, daß es also so etwas wie *eingebettete* Strukturen gibt.

In der Sprache ist uns dieses Phänomen aus der Beobachtung bekannt, daß Sätze Untergruppen – sogenannten *Phrasen* – und diese selbst wieder Phrasen oder ganze eingebettete Sätze enthalten können. Diese Einbettung ließe sich tatsächlich theoretisch beliebig lang fortsetzen, man könnte also etwa einen

Satz wie "Der Hund des alten Mannes, der mir mit seiner Frau, die schon gestern im Kaufhaus, das seit kurzem keine Schallplatten, die ich so gerne ...." ins Unendliche fortsetzen, und immer noch eine "gültige" Äußerung produzieren. Die Rekursion im linguistischen Regelsystem ist also ein wesentliches Element, um zu erklären, warum man instande ist, beliebig lange und komplexe – oft noch nie zuvor gehörte – Sätze zu bilden.

Es muß also auch im sub-symbolischen Modell etwas geben, das im Groben der Rekursivität entspricht, will es eine ähnliche Erklärungsadäquatheit erreichen. Allerdings – eigentlich nicht überraschend – ist ein Überdenken des Prinzips notwendig, da der strenge Regelansatz offensichtlich wieder an den "natürlichen" Begebenheiten vorbeigeht. Wohl stimmt es, daß man keine absolute Grenze ziehen kann, ab der äußerbare Sätze aufhören, daß also die theoretische Unbeschränktheit bei der Bildung und beim Verstehen von Sätzen durchaus gegeben scheint. Allerdings erscheint die Kapazität des Menschen, Rekursionen beliebig einzusetzen, mehr als beschränkt, so sehr, daß der unlimitierte Regelansatz höchst inadäquat erscheint. Man nehme zum Beispiel obigen Beispielsatz "Der Hund ...". Wenn in diesem Satz nicht kurz nach dem vorläufigen Ende ein Zeitwort erscheint, wird es wohl kaum jemanden geben, der beim einmaligen Lesen noch weiß, wer oder was überhaupt das Subjekt des Satzes ist. Je mehr Sätze und Phrasen durch die Einbettung quasi "offen" bleiben, desto eher wird jemand, der die Äußerung hört, ihr assoziativ nichts mehr zuordnen können. Die Betonung liegt natürlich wieder einmal auf 'assoziativ', über den Umweg des CRI ist es bewußt sicher möglich, vielen komplexen Sätzen (bis hin zu den Konstrukten von Thomas Mann oder Heimito von Doderer) eine Bedeutung zuzuweisen.

Was also die assoziative Verarbeitung von Wortsequenzen betrifft, dürfte die Kapazität zur Rekursion beim Menschen stark limitiert sein. Man könnte natürlich versuchen – so wie beim obigen Satz – dies mit einer Limitierung der Speicherfähigkeit, besonders des Kurzzeitgedächtnisses (vgl. Abschnitt 8.2.1), zu erklären, aber auch wesentlich kürzere Sätze können bereits die Grenzen des Verstehbaren überschreiten. Im Englischen ist dies sehr leicht zu demonstrieren. So ist es da leicht möglich, einfache Zweiwortsätze als Attribut einzubetten wie in "The food *dogs like* is expensive". Nun nehme man folgenden Satz:

"The people people people love love love hamburgers"

Obwohl in diesem Satz nur sieben Inhaltswörter und zwei Einbettungsebenen enthalten sind – was das Kurzzeitgedächtnis nicht überlasten sollte – gibt es wohl kaum jemanden, der assoziativ oder sogar mit Anstrengung auf Anhieb diesen Satz interpretieren könnte. Trotzdem ist er perfekt "grammatisch".

Wir erkennen also, daß ein sub-symbolisches Modell auf der Ebene des IP keineswegs das Analogon zur unbeschränkten Rekursion von Regeln modellieren können muß. Dennoch muß es die Fähigkeit besitzen, Ebenen (wie Phrasen oder Nebensätze) zu erkennen, die Erkennung einer solchen Ebene kurzzeitig zu unterbrechen und zu einem späteren Zeitpunkt fortzusetzen. Hofstadter (1980) zeigt, wie auch in der Musikperzeption solche Unterbrechungen eine Rolle spielen. Um dies zu bewerkstelligen, benötigt man offensichtlich eine Komponente zur kurzzeitigen Speicherung von Zuständen – also tatsächlich ein *Kurzzeitgedächtnis* (*short term memory, STM*). Da dieses auch beim Menschen naturgemäß limitiert ist, würde die beschränktheit der Rekursion – unter anderen Faktoren – automatisch folgen.

Konnektionistische Ansätze zum STM gibt es wenige (z.B. Schreter & Pfeifer 1989). Im allgemeinen wird versucht, das Phänomen auf der Ebene der Aktivierungen, also nicht durch Gewichtsänderungen zu erklären. Letztere erfolgen fast immer langsam und nicht spontan (vgl. Kapitel 8). Eine mögliche Modellierung kurzzeitiger Speicherung wäre also, dynamische Muster einzuführen, die in Netzwerkschleifen eine zeitlang aktiv bleiben und so auf später eintreffende Muster eine Auswirkung haben können, bzw. zu späteren Zeitpunkten wieder aufgerufen werden können. Schematisch ist dies in Abb. 7.13 dargestellt. Ein Signalmuster kommt von links in das Netzwerk und wird

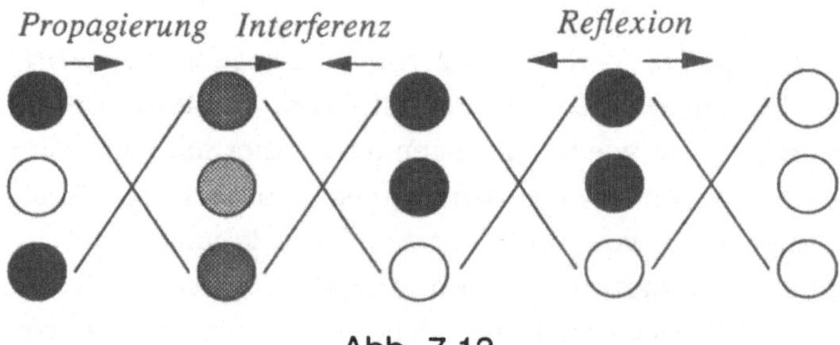

Abb. 7.13

durch mehrere Layer weiter ausgebreitet. An bestimmten Layern könnte das Muster gewissermaßen "reflektiert" werden (durch Rückverbindungen) und so mit neuen Mustern interferieren. Außerdem könnte so ein Prozeß kurzzeitig unterbrochen und durch einen anderen ersetzt werden, ohne die Resultate von ersterem zu zerstören. Da dieser Ansatz noch kaum je angewandt wurde, muß er fürs erste eine Idee bleiben.

Eine andere Realiserung konnektionistischer Rekursion mit einer impliziten "Stapelverarbeitung" ist das Recursive Auto-Associative Memory (RAAM, Pollack 1988), das in Abschnitt 5.8.2 schon vorgestellt wurde.

7.4 Zusammenfassung

Die Betrachtungen zu den in der klassischen AI als Regelsysteme modellierten Aspekten haben also gezeigt, daß in einem sub-symbolischen Modell nicht von einer *Regelbeherrschtheit* ausgegangen werden sollte. Dies deckt sich mit den meisten Beobachtungen natürlicher kognitiver Aspekte, für die ein Regelsystem als zu starr erschienen ist. Stattdessen können konnektionistische Prozesse gefunden werden, die – wenn adäquat – *regelfolgendes* Verhalten zeigen können, aber weder die Regeln explizit enthalten, noch auf die diskreten Zustände dieser beschränkt bleiben müssen. Dies gilt für die beiden behandelten Fälle Transformation und Strukturdefinition und fügt sich gut in das Bild des sub-symbolischen Paradigmas ein.

8 Lernen

Bereits ganz zu Anfang wurden Selbstorganisation und Lernen als zentrale Eigenschaften kognitiver Modelle aus der Sicht der sub-symbolischen AI betrachtet. Auch in der klassichen AI ist Maschinelles Lernen (Michalski et al. 1983, 1986) ein immer wichtiger werdendes Teilgebiet. In diesem Kapitel soll zunächst kurz erläutert werden, was man unter Lernen verstehen kann, und dann ausführlich auf Lernverfahren in konnektionistischen Modellen eingegangen werden.

8.1 Was ist Lernen?

Als 'Lernen' werden Vorgänge auf verschiedenen Ebenen bezeichnet. Eine genaue, immer gültige Definition kann wahrscheinlich nicht gegeben werden. Hier sind einige Versuche, die das umreißen, was man für gewöhnlich meint, wenn man von lernenden Systemen oder Programmen spricht:

(a) Aufnahme neuen Wissens
(b) Adaptierung von Verhalten mit Feedback
(c) Merken (Gedächtnis)

In der klassischen AI, in der Wissen mittels symbolischer Repräsentationen definiert wird, ist – wie wir gesehen haben – eine vollständige Formalisierung einer Domäne notwendig. Aus diesem Grund hatte Lernen in Form von "Aufnahme neuen Wissens" (Definition (a)) zunächst wenig Bedeutung. Später übernahmen Algorithmen zur Einbindung neuer symbolisch repräsentierter Konzepte in bereits bestehende Repräsentationen teilweise die *Rolle des Formalisierers*. Wie in der Diskussion um Repräsentation bereits erläutert wurde, handelt es sich allerdings auch da meist nur um eine beschränkte Erweiterung des Wissens, da der potentielle Raum des erlernbaren Wissens ebenfalls *vor* dem Systemaufbau im Detail bestimmt und vor allem interpretiert werden muß. Das System kommt über den Raum solch vorgegebener Konzepte nie hinaus, etwas was Winograd & Flores (1986, S. 97ff) in Anlehnung an Heidegger die "Blindheit" eines symbolischen Systems nennen.

In sub-symbolischen Modellen haben wir Lernvorgänge bereits als schrittweise Adaptierung des Modellverhaltens mit Hilfe externen Feedbacks gesehen (Definition (b)). Dieser Vorgang wird als *zentraler* Modellbestandteil angesehen, da erst dadurch komplexes Verhalten ohne symbolische Repräsentationen möglich wird. Die Adaptierung übernimmt die *Rolle der Formalisierung*, das heißt, sie bewirkt die Heranbildung einer der Umwelt adäquaten Wissens"landschaft". Mit der bereits formulierten neuen Definition für *Wissen* (Abschnitt 5.5) ließe sich daher auch Definition (a) anwenden. Unter *neuem* Wissen wäre diejenige Information zu verstehen, die durch den Adaptierungsvorgang in das System gelangt, und die es diesem dann ermöglicht, in erwarteter Weise auf Umweltsituationen zu reagieren, auf die es vorher nicht in dieser Art und Weise reagieren konnte. Lernen unter diesem Gesichtspunkt betrifft also die Adaptierung des IP, sodaß man zusammenfassend folgendes sagen kann:

Lernen im Intuitive Processor (IP) bewirkt die Umstrukturierung der Modellprozessoren, auf der Basis der adaptiven Interaktion mit der Umwelt, sodaß adäquates Verhalten in neuen Situationen möglich wird.

Was in einer Situation 'adäquat' ist, muß dabei entweder durch einen Beobachter, oder durch fundamentalen Prinzipien der Zielgerichtheit (z.B. Antriebe und Motivationen – siehe Abschnitt 10.1.3) definiert werden.

Defintion (c), die auch sehr oft als Beschreibung von Lernen verwendet wird, spielt schon weit mehr in den CRI hinein. Lernen etwa im Sinne von Auswendiglernen sprachlich (und daher symbolisch) repräsentierter Fakten hängt zweifellos stark mit der Ebene des bewußten symbolischen Denkens zusammen. Dieses symbolische Lernen hat aber wiederum seine Einbettung im IP, insbesondere dann, wenn einmal symbolisch gelernte Fakten (z.B. wo Stickstoff in der Periodentabelle zu finden ist, und wie man sich die Buchstabenfolge merken kann, sodaß N als Lösung gefunden wird) in Assoziationen oder Intuitionen übergehen ("man denkt bei Stickstoff einfach an N"). Nur insoweit kann Lernen dieser Art in diesem Rahmen besprochen werden.

8.2 Lernen vom Hebb-Typus

Im Zusammenhang mit konnektionistischen Netzwerken, die uns ja hier als die Ausprägung sub-symbolischer Modelle dienen, haben wir mehrere sogenannte

Lernverfahren besprochen. Unter dem soeben gesagten wird uns klar, was wir primär von solchen Verfahren erwarten können: Die Änderung oder Adaptierung des Netzwerkverhaltens (meist mit Hilfe von Feedback), sodaß es in Bezug auf die Umwelt zu einem – nach oben genannten Gesichtspunkten – adäquaten wird. Nehmen wir nun die dafür angewandten Verfahren etwas genauer unter die Lupe.

Die bisher beschriebenen konnektionistischen Lernverfahren haben eine Reihe von Eigenschaften gemeinsam und lassen sich in etwa so zusammenfassen:

Sie bewirken ein langsames, inkrementelles Verstärken oder Abschwächen von Verbindungen, mit oder ohne direktes Feedback (Teaching Input genannt).

Da, wie wir gesehen haben, praktisch alle Verfahren mehr oder weniger auf den Grundideen der Hebb'schen Regel aufbauen (i.e.: Verstärke, wenn positiv; schwäche ab, wenn negativ) möchte ich diese Art der Adaptierung 'Lernen vom **Hebb-Typus**'[1] nennen. Dieser Typus schließt alle bisher beschriebenen Algorithmen wie Delta Rule, Back Propagation, Competitive Learning, Lernen in der Boltzmann Maschine, sowie eine Reihe weiterer ein.

Lernen vom Hebb-Typus zeichnet sich durch folgende Eigenschaften aus:

(a) Die Adaptierung erfolgt über einen langen Zeitraum –> 'Long Term Memory' (LTM)

(b) Es ist statistisches Lernen, d.h. es ist abhängig von der statistischen Verteilung der Muster während der Lernphase

(c) Abhängig von der Existenz eines direkten Feedbacks kann zwischen *supervised* (mit Feedback) und *unsupervised learning* unterschieden werden.

(d) Es ist rein sub-symbolisches Lernen, also immer dem Intuitive Processor (IP) zuzuordnen

(e) Es ist Lernen bei fix vorgegebener Architektur (wie Unit-Layers, Verbindungsschemen, etc.)

Auf diese Eigenschaften soll im folgenden genauer eingegangen werden:

---

[1] Hier soll explizit zwischen der sehr speziellen Hebb–Regel (siehe Abschnitt 2.3.1) und dem viel allgemeineren Terminus 'Hebb-Typus' unterschieden werden.

8.2.1 ad (a): LTM vs. STM

Eine bekannte Unterscheidung in der Gedächtnisforschung (Deutsch & Deutsch 1975, Feldman 1981) ist die Trennung von *Long Term Memory* (LTM = Langzeitgedächtnis) und *Short Term Memory* (STM = Kurzzeitgedächtnis). Letzterem werden Phänomene wie das kurzzeitige Merken einer Telefonnummer oder eines Namens zugesprochen, während ersteres unser auf lange Zeit hinaus zugängliches Wissen abdeckt.

LTM zeichnet sich dadurch aus, daß Verbesserungen bzw. Änderungen meist nur sehr langsam und nur mit oftmaligen Wiederholungen des Trainingsvorgangs vor sich gehen. Die Veränderungen erfolgen daher bei jedem Lernschritt nur um einen kleinen Wert. Auf der anderen Seite steht aber eine äußerst lange Speicherzeit, da auch Abschwächungen ("Vergessen") nur sehr langsam vor sich gehen, und in vielen Fällen das Wissen gar nicht mehr vollständig auslöschen. Trägt man zum Beispiel den (hypothetischen) gemittelten Prozentsatz, daß ein bestimmter Aspekt richtig wiedererkannt, bzw. im Gedächtnis "zugegriffen" wird, auf einer Kurve mit Zeitachse auf, so sieht das (stilisiert) ungefähr so aus:

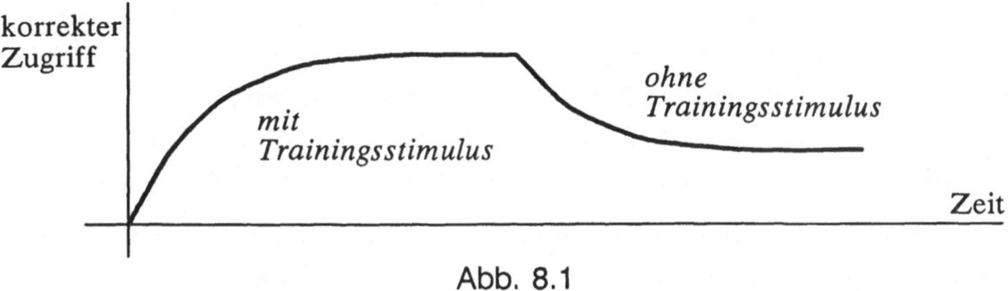

Abb. 8.1

Solange sich eine Person aufgrund eines Stimulus (also zum Beispiel das Wiederholen eines Satzes oder ein motorischer Versuch) in der "Trainingsphase" befindet, steigt der Prozentsatz kontinuierlich (bis zu einem durch verschiedene Einflüsse vorgegebenen Maximalwert) an. Fehlt der Stimulus, so sinkt der Prozentsatz auf ähnliche Weise wieder ab, allerdings oft mit einer geringeren Rate und nicht wieder ganz bis zum Ausgangspunkt zurück.

STM hingegen hat eine andere Charakteristik. Veränderungen geschehen hier spontan und daher rasch (ein bis zwei Wiederholungen können genügen), diese verbesserte Performanz sinkt aber ebenso rasch wieder ab. Eine (nicht gemittelte aber dennoch stilisierte) Kurve dieses Verhaltens ist in Abb. 8.2 zu sehen.

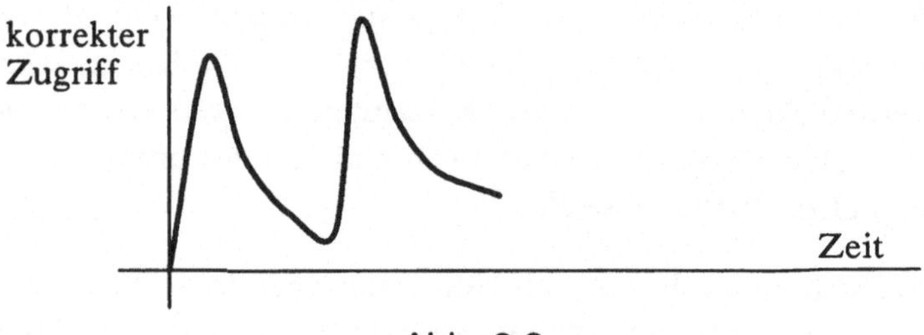

Abb. 8.2

Die Zeitskala ist hier, im Vergleich zu Abb.8.1, jedoch mit einer anderen Einheit zu sehen. Während es sich hier (beim Menschen) um Sekunden oder Minuten handelt, bewegt sich LTM über Tage, Monate und Jahre. Interessant ist auch, wie im allgemeinen die Interaktion zwischen STM und LTM gesehen wird. Wie in Abb.8.2 bereits angedeutet, sinkt die Performanz auch beim STM oft nicht mehr ganz auf den Ausgangspunkt ab, mit der Konsequenz, daß ein weiterer Lern- und Abfallzyklus insgesamt einen höheren (oder schnelleren) Erfolg erzielt. Würde man mehrere Zyklen, die sich dann insgesamt wieder über einen um Größenordnungen längeren Zeitraum erstrecken können, aneinanderreihen und die durch den schnellen Anstieg und Abfall des STM sich ergebenden Oszillationen durch Mittelwert glätten, würde man wieder die LTM-Kurve aus Abb. 8.1 erhalten. Das STM 'speist' sozusagen das LTM, bzw. das LTM entwickelt sich aus mehrfach durchlaufenen STM-Zyklen.

Ein einfaches, und in diesem Zusammenhang oft zitiertes Beispiel dazu ist das Merken von Telefonnummern. Ein- bis zweimaliges Ablesen der Nummer im Telefonbuch reicht oft, um sie sich solange zu merken, daß man sie aus dem Gedächtnis wählen kann. Bereits ein paar Minuten später hat man sie aber sehr wahrscheinlich wieder ganz vergessen. Wiederholt sich dieser Vorgang mehrmals (eventuell auch mit mehreren Tagen Abstand dazwischen), so kann sich die Nummer mit der Zeit "einprägen", sodaß man sie auch ohne Zuhilfenahme des Telefonbuches zugreifen kann. Die Nummer geht also vom Kurzzeitgedächtnis (STM) durch die Wiederholung des Vorgangs ins Langzeitgedächtnis (LTM) über, wo sie oft erst durch sehr lange Pausen wieder verloren geht.

Sehen wir uns nun, nach dieser vereinfachten Betrachtung der menschlichen Gedächtnisleistung, das Verhalten eines assoziativen Netzwerkes, das mit Hilfe

eines Lernalgorithmus vom Hebb-Typus trainiert wird, an. Wie die Beispiele –
z.B. die Lernkurve des Past-Tense Modells (Abb. 2.18) – zeigen, ist das Adap-
tierungsverhalten am ehesten mit dem des LTM zu vergleichen: Der Erfolg
kommt nur langsam und in kleinen Schritten, dafür gehen einmal gelernte Assoziationen (wenn man sie zum Beispiel im Trainingsset nicht mehr vorsieht,
aber die Lernphase fortsetzt – siehe später) auch nur sehr langsam wieder verloren, bzw. bleiben oft bis zu einem gewissen Grad resistent, wie die Experimente mit neuem Lernen nach Zerstörung zeigen (siehe z.B. Sejnowski &
Rosenberg 1986).

Unter diesem Gesichtspunkt sind alle Modelle, die auf assoziativen
Netzwerken basieren und mit einem der beschriebenen Lernverfahren arbeiten, zu sehen. So ist es zum Beispiel wesentlich, das Past-Tense Modell von
Rumelhart & McClelland in diesem Licht zu betrachten, um auch die Grenzen
des Ansatzes zu erkennen. Ein Erwachsener, der etwa Englisch als
Fremdsprache lernt, würde die Bildung der Mitvergangenheit nicht unbedingt
(oder nur auf lange Zeit gemittelt gesehen) in einer stetig ansteigenden Kurve
lernen.[2] Nach einmaliger Präsentation eines Wortpaares würde die betreffende
Person stattdessen sofort die richtige Antwort reproduzieren können, dies aber
eventuell schnell wieder vergessen (STM). Erst das wiederholte Lernen auf
lange Sicht bringt dauerhaften Erfolg (LTM). Assoziative Netzwerke können
nur als Modell für den zweiten Vorgang dienen, sind daher in dieser
Beziehung unvollständig.

Wir erkennen daher die erste Einschränkung, die das Lernen vom Hebb-Typus
betrifft:

*Lernen vom Hebb-Typus ist nicht dazu geeignet, Phänomene des
Kurzzeitgedächtnis (STM) nachzubilden. Änderungen der Gewichte durch
einen Lernschritt resultieren im allgemeinen nicht in der spontanen
Änderung der Performanz.*

Das bedeutet, daß Lernverfahren gesucht werden müssen, die auch den STM-
Aspekt in Betracht ziehen, und die (in ungefähr der oben geschilderten Weise)
mit den LTM-Lernprozessen interagieren können. In dieser Richtung existiert

---

2 In ihrer Diskussion geben Rumelhart & McClelland Resultate von Sprachpsychologen
(wie etwa Bybee & Slobin 1982) an, die zeigen, daß im Spracherwerb von Kindern
sehr wohl eine Lernkurve in Form von Abb. 2.18 auftritt, und es daher auch zu den
geschilderten Übergeneralisierungen kommt. So zeigen Experimente, daß selbst das
Vorsagen der korrekten Form bei Kleinkindern nicht zu einer spontanen Verbesserung der Performanz führt (der STM-Zyklus also quasi nicht durchlaufen wird).

allerdings noch wenig Forschung. Einige Ansätze bzw. Vorschläge wären die folgenden:

– Gewichtsänderungen in der Größenordnung der Gewichte selbst (große Lernparameter) bei gleichzeitigem zeitlichen Abfall (*decay*) der Änderung.

– Einsatz von Netzwerken mit Schleifen (*recurrent networks*), in denen sich kurzzeitig Muster ausbreiten, bzw. über einige Zeit hinweg selbst erhalten können.

Der zweite Vorschlag würde in die Richtung gehen, Gewichtsänderungen den LTM-Aspekten der zu modellierenden Vorgänge vorzubehalten und STM durch andere Schemen (wie etwa dynamisch sich erhaltende Muster) zu realisieren (siehe Feldman 1981, Schreter & Pfeifer 1989). Dies würde der anfangs gemachten Unterscheidung zwischen *statischem* und *dynamischen Wissen* in einem Netzwerk (Abschnitt 2.1) entsprechen. *Statisch* hieße in diesem Kontext: in kurzzeitigen Intervallen (fast) konstant, Änderungen nur in längeren Zeitabschnitten. *Dynamisch* hieße: starke Änderungen auch kurzzeitig möglich (z.B. zwischen zwei Taktschritten einer diskretisierten Simulation).

8.2.2 ad (b): Lernen als statistischer Vorgang

Neben anderen Kritikern konnektionistischer Modelle haben Pylyshyn (1988, Präsentation, Cognitive Science Conference) und Pinker (1988, ebenda) darauf hingewiesen, daß Lernen in Netzwerken (klarerweise vom Hebb-Typus) immer von der statistischen Verteilung der Muster und Teilmuster abhängt. Das bedeutet nichts anderes, als daß sich nicht nur die Ähnlichkeiten zwischen den Mustern, sondern auch die Häufigkeit der einzelnen (Teil-)Muster direkt auf den Lernerfolg auswirken. Auch das sollte uns aus den bisherigen Betrachtungen schon klar sein. Erst das häufige Auftreten eines Teilmusters I_1 bewirkt die Adaptierung des Netzwerks hinsichtlich einer Berücksichtigung dieses Musters (im Zuge der Generalisierung). Bei mehreren häufigen Teilmustern (seltene Muster werden im allgemeinen ausgemittelt, sozusagen als Rauschen geglättet) entscheidet das Verhältnis oder ein etwas komplexerer Zusammenhang[3] zwischen den Häufigkeiten, welches der Teilmuster stärker zur Generalisierung herangezogen wird.

---

[3] Das direkte Verhältnis ist es dann, wenn sich die meisten involvierten Units im linearen Bereich der Aktivierungsfunktion befinden – siehe etwas später.

Wir können also folgendes feststellen:

Lernen vom Hebb-Typus wird immer *von der statistischen Verteilung der Muster und Teilmuster während des Trainings beeinflußt.*

Diese Eigenschaft des Lernens ist inhärent und läßt sich nur durch Wahl der Aktivierungsfunktionen (nicht-lineare Teile der Funktion) oder durch Variieren der Lernparameter während des Trainings kontrollieren.

Nehmen wir nochmals das Verhalten von Netzsprech in Abb.7.3 als Beispiel. Das Ergebnis, daß im Fall mit Input '_kspt' als Default [s] und nicht [ʃ] erzeugt wird, hängt (etwas vereinfacht gesprochen) direkt vom Verhältnis der Wörter, die einen Konsonanten wie 'k' vor dem 's' auf ein [s] abbilden, zu den Wörtern, die 's' vor 'p' auf ein [ʃ] mappen, ab. Ändert man die Verteilung im Trainingsset etwas zugunsten des anderen Teilmusters (bzw. Musterklasse), so wird sich auch dieser Default-Output ändern.[4] Ein einzelner Fall, bzw. sehr seltene Fälle, können nur äußerst selten eine Auswirkung auf die Gesamtleistung des Netzwerks haben. Im Prinzip ist dieses Verhalten ja gewollt, oft führt es aber zu unerwünschten Effekten.

Pylyshyn und Pinker nehmen diese Eigenschaft zum Anlaß, den Netzwerkformalismus als unzureichend darzustellen. Sie argumentieren, daß es in der Linguistik sehr wohl Phänomene gibt, die sich nicht nur aufgrund von Verteilungen der gehörten Wörter und Sätze erklären lassen. Als Beispiel führen sie (mit direkter Referenz auf das Past Tense Modell) folgendes an: Es gibt Kinder mit einer Vokabulargröße von zirka 60 ohne Übergeneralisierung der von Rumelhart & McClelland gezeigten Art, während das Netzwerkmodell diese bereits bei 6 Wörtern erreicht. Wie bereits im Kapitel 7 besprochen, wird die Fähigkeit, aufgrund weniger Beispiele komplexe Zusammenhänge lernen zu können, in der Linguistik mit dem Erlernen von (symbolischen) Regeln erklärt. Für den Erwerb einer bestimmten Regel können wenige Beispiele bereits ausreichen, während assoziative Netzwerke wiederholtes Training benötigen. Es ist wichtig hier zu ergänzen, daß nicht die absolute Häufigkeit der Trainigsschritte gemeint ist (oder gemeint sein sollte), sondern die relativen Häufigkeiten verschiedener Musterklassen zueinander. Denn ein Netzwerk mit wenigen Units und großen Lernparametern könnte zweifellos auch eine "Regel" nach nur ganz wenigen Lernschritten erwerben. Wird aber

---

4 Aus diesem Grund wurden auch die häufigsten Wörter des Deutschen als Traingsset gewählt, weil es sich dabei mit großer Wahrscheinlichkeit um eine "natürliche" Verteilung der Kontexte handelt.

eine "Regel" durch eine kleine Gruppe von Mustern belegt, eine andere aber durch sehr viele Muster im gleichen Set, so kann es passieren, daß erstere "Regel", besonders wenn sie eine Ausnahme zu letzterer bei ähnlichem Kontext bildet, durch die besagte Eigenschaft des Lernens überschrieben wird. Zumindest wird sie nicht als gleichwertig behandelt. Im Spracherwerb beim Menschen dürfte das aber nicht immer so sein.

Als Antwort auf diese Kritik könnte man zunächst einmal sagen, daß die Zahlenvergleiche deswegen nicht als Beweis herangezogen werden können, weil es sich bei den implementierten Netzwerken um "toy models" handelt, die sich nicht mit einer "real world" Situation vergleichen lassen. Außerdem sollte die Generalisierungsfähigkeit des Lernen vom Hebb-Typus nicht unterschätzt werden (Rumelhart, Präsentation ebenda, 1988). Diese zeigt sehr wohl Eigenschaften, wie sie sonst nur der Generativität durch Regelsysteme zugeschrieben wird. So sind vor allem die nicht-linearen und die Sättigungsbereiche einer Unit zu beachten. Durch nicht-lineares Transferverhalten einer Unit werden in vielen Fällen bestimmte Inputmuster über andere betont, in dem Sinn, daß diese schneller erlernt werden, daß also die relative Häufigkeit im Trainingsset nur eine untergeordnete Rolle spielt. Dies ist besonders dann der Fall, wenn verschiedene Inputmuster einander nur wenig ähneln. Durch die teilweise Orthogonalität bleiben bestimmte Unitgruppen, die für Muster A wesentlich sind, bei Muster B unberührt. Diese Units sind daher auch nach einer Überpräsentation des Musters A empfänglich für Muster B. Erreichen weiters einige Units den Sättigungsbereich (z.B. den flachen asymptotischen Teil der sigmoiden Funktion), so bewirken erneute Präsentationen des selben Musters kaum etwas mehr, können also das Erlernen vieler anderer Muster nicht verhindern.

Dennoch unterliegen die Netzwerke hier einer Einschränkung, besonders dann wenn ähnliche Muster unterschiedlich behandelt werden sollen, bzw. wenn sich viele Units im linearen Bereich der Aktivierungsfunktion bewegen. Dann ist es sehr wohl oft ein Nachteil, daß ungleich verteilte Musterklassen kraß unterschiedlich betont werden. Es gilt daher, Lernverfahren zu entwickeln, die dieser nicht immer unterliegen. Einige Ansätze in dieser Richtung seien nun aufgelistet:

- wie bereits angedeutet kann man durch Wahl der Aktivierungsfunktionen, bzw. der Lernparameter erreichen, daß auch wenige Präsentationen von Mustern eine dauerhafte Änderung in der Gewichtsmatrix bewirken. Allerdings ist es nicht klar, wie die Parametervariation gesteuert werden kann, ohne einen Beobachter und Vor-Interpreter der Muster vorauszusetzen.

– Letzteres könnte man in einigen Fällen dadurch lösen, daß man das Netzwerk *sensitiver gegenüber "novelties"*, also neuartigen Mustern macht. Kohonen (1984) und andere haben gezeigt, daß man ein Netzwerk trainieren kann, neuartige Muster zu entdecken, indem man etwa versucht, die bekannten (also alle bisherigen) mittels einer Output Unit auf *0* abzubilden. Solange Muster ähnlich zu den vorangegangenen Mustern sind, wird diese Detektor-Unit um *0* herum aktiviert sein. Neuartige Muster lassen diese Unit allerdings "ausschlagen", woraufhin man kurzzeitig den Lernfaktor vergrößern könnte. Experimente zeigen, daß damit Verbesserungen möglich sind.

– Schließlich könnte ein erweiterter Lernalgorithmus, der auch das STM berücksichtigt (so wie im letzten Abschnitt diskutiert), hier Verbesserungen bringen. Denn viele Phänomene, bei denen einmalige (oder seltene) Ereignisse einen großen Einfluß haben, zeigen zunächst ein Verhalten wie das Kurzzeitgedächtnis.

Der Ansatz, Modelle sensitiver gegenüber neuartigen Inputs zu machen, taucht auch in anderen Modellen auf. Im schon vorgestellten ART-Modell (Grossberg 1976, Grossberg & Carpenter 1987, Abschnitt 2.4.4.4) wird *novelty detection* mittels des Resonanzmechanismus realisiert, der im Falle einer starken Abweichung zwischen erwartetem und tatsächlichem Muster den Aktivierungszustand des Recognition Layers verändert. Hier wird also nicht das Lernverfahren, sondern der Updatemechanismus variiert. Dadurch wird erreicht, daß neuartige Muster automatisch auf neue Antwortmuster abgebildet und nicht von bereits erlernten "aufgesogen" werden. Die Empfindlichkeit gegenüber Neuartigkeit (*vigilance*) kann variiert werden, sodaß das Modell in verschiedenen Situationen unterschiedlich sensitiv auf Stimuli reagieren kann.

Obwohl ein Teil dieser Vorschläge also realisiert wurde, werden weitere Forschungen nötig sein, um konnektionistisches Lernen etwas weniger abhängig von den statistischen Verteilungen der Stimuli, bzw. sensitiver gegenüber neuartigen Stimuli zu machen.

8.2.3 ad (c) supervised vs. unsupervised

Da ein Lernvorgang das Netzwerk in ganz bestimmter Weise adaptieren soll – bei einem assoziativen Netzwerk zum Beispiel dahingehend, daß gewünschte

Assoziationen reproduziert werden – muß er in eine Richtung *gelenkt* werden. Mit anderen Worten, Lernen soll nicht völlig chaotisch und zufällig sein (wie es etwa rein stochastische Suchverfahren – die "random walk" Methoden – sind), sondern soll sich in die Richtung einer (vorher definierten) Performanzänderung bewegen. Beim Lernen vom Hebb-Typus unterscheidet man im allgemeinen zwei Formen von Leitung:

(i) durch direktes Feedback (= Lehrer)

(ii) durch Festlegung, wie sich Aktivierung heranbilden kann.

Im Fall (i) definiert sich die einzuschlagende Richtung anhand der Abweichung der momentanen Aktivierungen von den gewünschten. Da diese Abweichung für die Modellkomponente von außen definiert werden muß, wird diese Art von Lernen *supervised* genannt. Fall (ii) ist wesentlich, wenn die genaue Antwort des Modells nicht von vornherein bekannt ist, wohl aber ihre prinzipielle Ausprägung. Da das Lernen in gewissem Sinne "sich selbst überlassen" (d.h. nicht direkt von außen beinflußt) wird, wird dies als *unsupervised* bezeichnet.

Wir haben Fall (ii) bereits im Falle der Musterkategorisierung mithilfe des Competitive Learning kennengelernt. Dort wurde nicht festgelegt, *wieviele* Kategorien entdeckt werden sollen,[5] bzw. wurde nicht exakt festgelegt, *wie* die Antwort in einem bestimmten Fall aussehen soll (sprich: welche Unit welcher Kategorie entsprechen soll). Es mußte jedoch vorausgesetzt werden, daß Kategorien existieren und daß Units in einer ganz bestimmten Weise auf Instanzen einer Kategorie reagieren sollen (hier: Der Gewinner soll alle anderen unterdrücken und als einziger lernen). Mit anderen Worten, auch dieses Modell kommt nicht ohne vorher festgelegte Richtungsweisung aus, nur liegt sie in diesem Fall nicht in Form von externen Mustern vor, die reproduziert werden sollen, sondern in Form von vorgegebener Netzwerkkonfiguration.

8.2.3.1 Arten von Lehrern

Die Faktoren, die das Lernen im Fall (i) steuern, werden im allgemeinen *Lehrer* genannt, da sie von der Modellkomponente aus gesehen externe Einflüsse sind. Technisch gesehen kann man nun mehrere Arten von Lehrern unterscheiden:

---

[5] Die Anzahl der Units pro Cluster legt zwar fest, wieviele Kategorien maximal gelernt werden können, beeinflußt die Zahl der Kategorien aber sonst wenig.

– *externes Feedback Unit für Unit*
Dies ist, was zum Beispiel im Fall von Backpropagation geschieht. Jeder einzelnen Unit eines Output Layers wird gesagt, wie stark sie von der gewünschten Aktivierung abweicht. Diese Methode eignet sich sehr gut für kleine Modelle mit nicht direkt verankerten Repräsentationen an Input und Output (siehe Kapitel 5 und unten). Als globale Methode für größere kognitive Modelle wird sie aber oft sehr unplausibel, da in der Natur nur selten solche exakten Lehrer vorliegen. Zum Beispiel könnte ein Modell, das lernt, Vokale durch Aktivieren artikulatorischer Parameter eines Modells des Vokaltrakts zu produzieren, plausiblerweise nicht durch exakte Muster von Aktivierungen trainiert werden.

– *Gesamtmaß der Güte*
Das soeben erwähnte Artikulationsmodell müßte stattdessen mit einem globaleren Maß der Abweichung trainiert werden (etwa: wie stark das erzeugte Signal vom gewünschten abweicht). *Global* bedeutet hier, daß sich dieser Deltawert nicht oder nur zum Teil auf die einzelnen Units umlegen läßt. Im einfachsten Fall erhielten also alle Output Units das gleiche δ zur Adaptierung ihrer Gewichte. Diese Methode wäre plausibler, da sie häufiger dem natürlichen Lernvorgang entspricht.

Lernen dieser Art wird in der Literatur sehr oft *reinforcement learning* genannt. Es geht darum, ein Netzwerk anhand eines unspezifischen Feedbacks, das durch die Umwelt erzeugt wird, zu adaptieren. Die meisten Beispiele stammen wie das oben erwähnte aus dem Bereich der Motorik, also dem Ansteuern von Effektoren, die in die Umwelt eingreifen und so das Feedback indirekt verursachen können. Zu den bekanntesten Methoden zählen die des sogenannten *Adaptiven Kritikers* (Barto et al. 1983, Schmidhuber 1990) und des *Modellnetzwerks* bzw. der *Systemidentifikation* (Munro 1987). Erstere sind Units, die lernen, unspezifisches Feedback auf die relevanten Units im Netzwerk aufzuteilen (dieses Problem, welcher Unit welcher Anteil an der Abweichung – dem δ – zuzuordnen ist, wird übrigens *credit assignment problem* genannt). Letztere Methode besteht darin, die Umwelt mit einem zweiten Netzwerk nachzubilden – also zu lernen, das Feedbackverhalten der Umwelt zu reproduzieren – und dieses Netzwerk dann als Unit-für-Unit Lehrer zu verwenden. Dies leitet zur nächsten Art von Lehrer über:

– *internes Feedback*

Was über fehlende Plausibilität des Unit-für-Unit-Lehrers gesagt wurde, gilt natürlich nur dann, wenn er als für das ganze Modell *extern* gesehen wird. Sehr wohl könnte aber etwa Backpropagation plausibel eingesetzt werden, wenn zwei Modellkomponenten einander so beeinflussen sollen, daß die eine danach strebt, den Output der anderen zu reproduzieren (siehe Abb. 8.3). Das Feedback ist in diesem Fall nur für eine Kom-

Abb. 8.3

ponente extern, für das Gesamtmodell allerdings intern. Ein Beispiel wäre die Interaktion von Kategorisierung und Wortbildung in einem einfachen Sprachmodell (Dorffner 1989c), also die Aneinanderbindung von sub-symbolischen Konzepten (Kategorien) und Symbolen (Worte).

– *Kontext als Lehrer*

In vielen Fällen kann auch (externer) Kontext die Rolle eines Lehrers übernehmen. Wenn zum Beispiel ein Teilmuster I_1 am Input bewirkt, daß I dem Output O_1 zugeordnet wird, ein Teilmuster I_2 allerdings O_2 hervorruft, so kann der entsprechende Teil des Inputs als Lehrer für den Lernvorgang betrachtet werden. Insbesondere dann, wenn der Output eigentlich zu dem zu I_1 und I_2 komplementären Inputmustern assoziiert werden soll. Ein Beispiel für einen solchen Lernvorgang ist bei Rumelhart & Zipser (1985) zu finden. Zur Unterscheidung von horizontalen und vertikalen Linien mittels Competitive Learning ist eine Erweiterung des Inputs um eine weitere Punktmatrix notwendig (siehe Abb. 8.4). Bei jeder horizontalen Linie wird eine bestimmte zweite horizontale Linie zusätzlich aktiviert, jede vertikale Linie wird um eine bestimmte zweite Vertikale ergänzt.[6] Ohne diesen zusätzlichen Input könnte das Netzwerk nicht zwischen den beiden Klassen unterscheiden, da anhand der einfachen Ähnlichkeitsstruktur (Unit-Überlappung) keine horizontale Linie mit einer anderen horizontalen etwas gemeinsam hat. Schlimmer noch,

---

6 Außerdem besteht die Architektur aus zwei Layern über dem Input Layer.

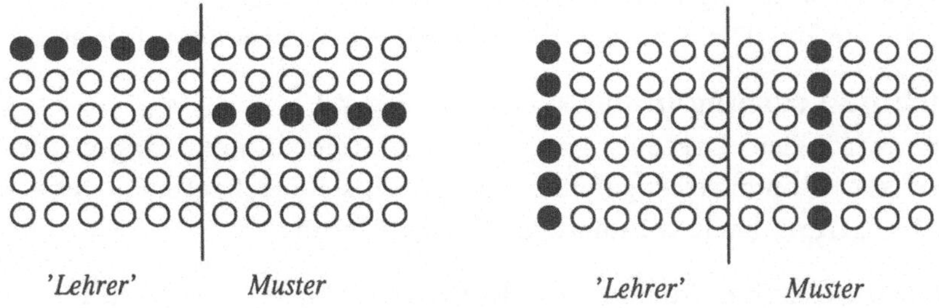

Abb. 8.4

jede horizontale Linie hat mit jeder vertikalen genau eine Unit gemeinsam, ist dieser also ein wenig ähnlich. Erst nach dem Lernen – wenn alle
Gewichte gesetzt sind – kann der zusätzliche Input weggelassen werden.

Obwohl das Netzwerk als Ganzes *unsupervised* lernt, also keinen Teaching Input auf der Outputseite verlangt, ist es dennoch nicht ohne einen
externen Lehrer – nämlich genau die beiden zusätzlichen Linien – aus-
gekommen. Daraus folgt, daß man auch im Falle sogenannten Unsupervised Learnings von Lehrern sprechen kann. Der interessante Unterschied besteht darin, daß hier der Lehrer Teil des Inputmusters ist.

8.2.3.2 Lernen und Repräsentation

Die anfängliche Beobachtung über die Steuerung des Unsupervised Learnings
bringt uns zur Diskussion über Repräsenation bzw. Repräsentationsfreiheit in
sub-symbolischen Modellen zurück (vgl. Kapitel 5). Wir stellen fest, daß
Selbstorganisation in Form von Netzwerklernen zwar in Teilen des Modells
ohne vorher festgelegte (formalisierte) Muster auskommen kann, daß aber
dennoch Architektur in bestimmter Art und Weise vorverdrahtet, bzw. von der
Existenz von bestimmten Meta-Konzepten ausgegangen werden muß. Im Falle
des Competitive Learning mußte die Existenz des Konzepts *Kategorie* postuliert werden, das im Lernalgorithmus dann berücksichtigt wurde. In gewissem Sinne handelt es sich hiebei auch um Repräsentation, allerdings auf einer
metakonzeptueller Ebene. Die Hypothese aus Kapitel 5 wird somit unterstrichen. Die Forderung nach einer Richtungsweisung für das Lernen
kommt also in der symbolischen AI zunächst einer Forderung nach Repräsentation von Wissen gleich. Schrittweise sind wir dann von einem Lernvorgang,
der vollständige symbolische Repräsentation verlangt, in Richtung eines

Lernvorgangs ohne linguistische Repräsentation gelangt. Dieser Weg läßt sich nun im Lichte der Diskussionen dieses Kapitels so zusammenfassen:

- **Machine Learning in der symbolischen AI**
  Hier wird das Lernen von formalen Algorithmen, das heißt von Repräsentationen selbst geleitet, bzw. durch sie durchgeführt. Daher folgt die Forderung nach vollständiger Formalisierung.

- **sub-symbolisches Lernen mit Repräsentationen als Lehrer**
  In diesem Fall werden Repräsentationen nur mehr an den Enden benötigt, die die Selbstorganisation durch Lernen steuern. Dazu gehören etwa alle assoziativen Netzwerke, die repräsentierende Muster aufeinander abbilden (wie z.B. Netzsprech oder das Past-Tense Modell). Wie die Diskussion anhand des Tower Bridge Bildes gezeigt hat, ließen sich theoretisch die Enden eines Modells soweit nach außen verschieben, daß Input und Output nur mehr *direkt verankerte Repräsentationen* sind. Allerdings wurde festgestellt, daß dieses Modell nicht ohne speziell entworfene Architektur arbeiten wird können. Auf Selbstorganisation umgelegt heißt das, daß die verankerten Repräsentationen allein nicht das Lernen steuern können (wie in einem einfachen Stimulus-Response System). Dies führt unter anderem zur Forderung nach

- **unsupervised Learning** [7]
  Input zu dieser Form des Lernens können direkt verankerte Repräsentationen sein. Konzeptuelle Repräsentationen sind nicht zur Steuerung des Lernvorgangs notwendig, wohl aber solche auf *Metaebene*. Der letzte Schritt, sich von diesen auch noch zu befreien, wäre nur noch

- **Lernen durch Simulation der Evolution**
  in diesem Fall könnte sich eine Klasse von Modellen alleine aufgrund der Umwelteinflüsse, die in Form von direkt verankerten Repräsentationen ins System kommen und schließlich zu einer Gesamtbewertung führen, selbst entwickeln. Allerdings liegt diese Modellvorstellung weit jenseits des uns zur Zeit zugänglichen, und wird hier daher auch nur angedeutet (siehe Abschnitt 8.2.5).

Im Gegensatz zu den Eigenschaften (a) und (b), die uns auf große Limitationen des Lernens vom Hebb-Typus hingewiesen haben, dürften die

---

[7] Supervized learning mit globalem Delta, so wie oben beschrieben, würde am ehesten zwischen diese beiden Punkte passen.

Erkenntnisse dieses Abschnitts allgemeine Gültigkeit haben (d.h. auch für alternative Lernverfahren gelten).

8.2.4 ad (d): Lernen über den CRI

Wir haben bereits erkannt, daß Lernen vom Hebb-Typus nur sub-symbolisches Lernen auf der Ebene des IP modellieren kann. Es kann also keine direkten Erklärungen für das Lernen mit Hilfe von bewußten symbolischen Regeln liefern. Dieser Vorgang wäre zum Großteil dem Conscious Rule Interpreter (CRI) zuzuschreiben und ist daher nicht Thema dieses Buches. Da wir aber schon mehrmals betont haben, daß der CRI in den IP eingebettet sein muß, symbolische Handlungen also in assoziativen und intuitiven Prozessen fußen müssen, sollten wir uns auch Lernen über den CRI im Rahmen sub-symbolischer Verarbeitung vorstellen. Gerade hier bietet sich nämlich ein möglicher Weg zur Verbindung von CRI und IP an.

Bewußtes Lernen bedeutet meist den Erwerb der Fähigkeit, Symbole und Regeln mit Situationen zu verbinden und daraus bewußt gesteuert neue Situationen zu erschließen. Beispiele für damit verbundene Regeln sind etwa die Suche in einer virtuellen Liste (um z.B. den Namen des US-Staates, der mit F beginnt, zu erhalten) oder die Anwendung von Formeln (z.B. zur Berechnung der Einwohner pro Quadratkilometer von Österreich). Der Vorgang ist zunächst dieser:

(i) Finden einer Regel die paßt
(ii) Bewußtes Anwenden der Regel
(iii) Formulierung der Antwort

Die Interaktion mit dem IP, also mit assoziativen Handlungen, wird leicht klar: Um eine Regel (die selbst eine Symbolstruktur ist) zu finden, die auf einen Kontext paßt, müssen entweder Schritte (i) bis (iii) selbst durchlaufen werden, oder (da ja dieser Regress nicht unendlich sein kann) durch eine Assoziation ins Spiel kommen. Ein kleines Beispiel: Möchte man bewußt bestimmen, welche Einwohnerzahl pro Quadratkilometer Österreich hat, so weiß man zunächst *assoziativ*, daß sich diese Regel aus dem Quotient von Einwohnerzahl und Fläche ergibt, oder man entsinnt sich – *wieder assoziativ* – einer neuen Regel, die diese Regel finden hilft (etwa: suche im Geist die Liste der Formeln im Mathematikbuch durch). Assoziativ ist dieser Zugriff deswegen, weil er sich anhand der Sinneseindrücke und des internen Vorwissens in der Situation ergibt. Symbolische Regeln, sowie Symbole selbst, könne daher nicht

einfach gegeben sein, sondern müssen durch Assoziationen oder Intuitionen –
also sub-symbolische Vorgänge – ins Spiel gebracht werden. Dies entspricht
der bereits geforderten Verankerung der Symbole (Kapitel 6).

Nun beobachtet man jedoch weiter folgendes: Symbolisches Lernen, Lernen
also, daß sich durch bewußte Regelanwendung ergibt, endet in vielen Fällen
wieder in Assoziationen. Stärker noch: Da ja auch die Regeln zunächst gelernt
werden müssen, und diese irgendwo in der Kette durch Assoziationen im System verankert sein müssen, kann man erst dann von *Lernen* (also Wissenserweiterung) sprechen, wenn Assoziationen im Spiel sind. Soll etwa gelernt werden, daß Tomaten rot sind, so muß zunächst einmal die Regel 'Tomaten sind
rot' mit dem Konzept *Tomate* assoziiert werden. Diese Assoziation muß
genauso wie andere durch Wiederholungen und meist langsame Adaptierun-
gen (vergleiche aber Abschnitt 8.2.1) erworben werden.

Abb. 8.5 gibt ein einfaches Modell für diesen Vorgang. Aus dem Kontext *xxx*

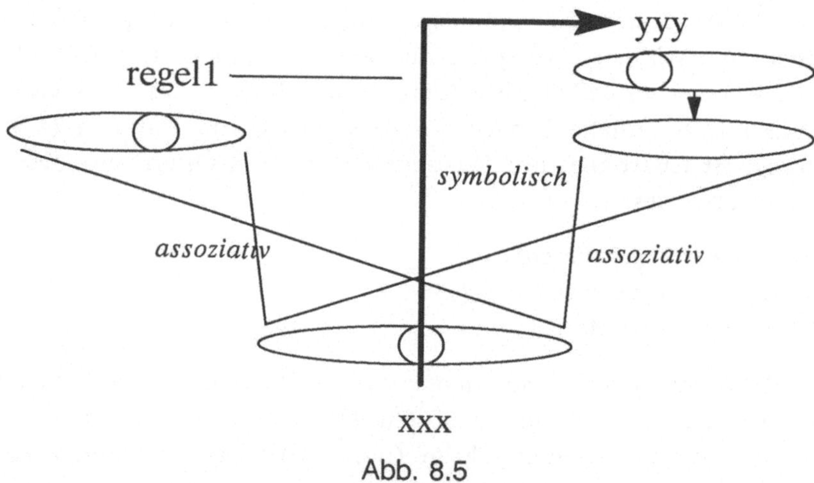

Abb. 8.5

wird eine Regel (*regel1*) assoziativ zugegriffen (modelliert durch das linke assoziative Netzwerk). Diese Assoziation wird als gegeben angenommen (z.B.
die Regel 'Tomaten sind rot' wird mit dem Kontext *Tomate* assoziiert). Der
CRI bedient sich nun der Regel *regel1* und kann (bewußt und daher auf eben
dieser Ebene) auf die Antwort *yyy* schließen (z.B. *rot*). Mehrmalige Wiederholung dieses Vorgangs kann allerdings wieder dazu führen, daß yyy gleich
direkt assoziativ mit *xxx* verbunden wird (etwa: *Tomate* wird gleich mit *rot* in
Beziehung gebracht, ohne bewußte Anwendung einer Regel). Dies kann durch

ein weiteres assoziatives Netzwerk, das rechte in Abb.8.5, modelliert werden. Die symbolische Regel *regel1* dient für dieses Netzwerk als Lehrer. Sobald dieses damit gelernt hat, eine adäquate Antwort zu liefern, ersetzt es den symbolischen Prozeß.

Sollte die Assoziation von *xxx* auf *regel1* nicht vorgegeben sein, so muß ein ähnlicher Prozeß durchlaufen werden, wobei *yyy* durch *regel1* und *regel1* durch eine andere Regel ersetzt wird. Da dieser Regress nicht ins Unendliche fortgesetzt werden kann, muß irgendwo halt sein. Dort wird dann ein externer Lehrer (etwa das externe Vorsagen der Regel 'Tomaten sind rot') die Rolle einer Regel übernehmen.

Um nochmals Klarheit zu schaffen, sei folgendes erwähnt: Dieses Buch beschäftigt sich – wie erläutert – hauptsächlich mit den Prozessen des IP. Auch hier wurde keine Lösung angegeben, wie der CRI ohne Fomalisierung oder Programmierung in irgendeiner Art arbeiten könnte. Es wurde nur gezeigt, wie Symbolstrukturen, die der CRI verwendet, assoziativ erzeugt werden können, und wie die Verarbeitung durch den CRI wieder auf den IP zurückwirken kann. In dem einfachen Modell in Abb.8.5 fällt besonders die strenge Trennung zwischen den beiden Modellteilen auf, die sich sicher in Zukunft nicht halten können wird. Eine Implementierung dieses Modells müßte also zur Simulation des CRI wieder klassische AI-Techniken verwenden. Ein solches System könnte als *hybrides* System, das Eigenschaften symbolischer und subsymbolischer Systeme vereint, bezeichnet werden. Für die nahe Zukunft praktischer AI-Modelle wird dies wohl einer der gangbaren Wege sein.

8.2.5 ad (e) Architektur- und Strukturlernen

Bei allen Diskussionen um Netzwerklernen wurde eines als fix angenommen: die Netzwerkarchitektur in Form von Units, Layern und Verbindungen. Lernen war auf Veränderung der übrigbleibenden Freiheitsgrade (Gewichte, Parameter) beschränkt. Eine andere, noch sehr wenig ausgeschöpfte Möglichkeit wäre, den Aufbau der Netzwerkarchitektur mit in den Lernvorgang miteinzubeziehen, sprich: den Lernvorgang nicht nur eine optimale Gewichtskonfiguration, sondern auch eine optimale Architektur finden zu lassen. Gerade die Architektur für ein spezifisches Problem war ja oft nur durch eine ad-hoc Lösung bestimmt worden (etwa: man nehme 30 Hidden Units, weil in der Literatur ein ähnliches Netzwerk zu finden ist). Daß eine Architektur funktioniert, heißt jedoch noch lange nicht, daß sie auch die optimale für ein Problem ist.

Der *Aufbau von Verbindungen* kann in das Lernen vom Hebb-Typus sehr leicht eingebaut werden, wenn man eine Verbindung mit Gewicht *0* als nicht-existent auffaßt. So kann man etwa ein Netzwerk vollständig verbinden, sehr viele Verbindungen aber mit *0* gewichten. Beim Lernen werden diese Verbindungen dann mit berücksichtigt, können also ihr Gewicht betragsmäßig anheben. Am Ende des Lernens werden dann diejenigen Verbindungen, deren Gewicht in einer ϵ-Umgebung um *0* liegt, vernachläßigt und die sich so ergebene Architektur als die erlernte genommen. Bei dieser Methode kann es allerdings technische Probleme geben, da eine große Menge eigentlich "nicht existenter" Verbindungen ständig in die Verarbeitung miteinbezogen werden müssen. Außerdem können auch viele kleine Gewichte in Summe einen Beitrag liefern, die aber durch diese Methode entfernt würden.

Für den *Aufbau von Units* kann das Prinzip des *recruiting* verwendet werden (Diederich 1988). Wann immer eine neue Unit benötigt wird, wird aus einem *Pool* von (bis dahin brach liegenden) Units eine genommen und mit den bestehenden Units des Netzwerks verbunden. Die Methode der *Cascade Correlation* (Fahlman 1990) ist solch ein Verfahren, das Hidden Units (und Layer) in einem Feedforward-Netzwerk automatisch erzeugen kann. Methoden zum Aufbau von Struktur werden neuerdings *konstruktive*, solche zum Abbau *destruktive Lernverfahren* genannt.

Ein Blick auf biologische Neuronennetzwerke liefert starke Evidenz, daß zumindest während eines Teils der Lernphase Architekturlernen eine große Rolle spielt. Abb. 8.6 zeigt ein Vernetzungsbild des Gehirns eines Menschen bei Geburt, mit ca. 6 Jahren und mit ca. 14 Jahren (New York Times 1986). Man erkennt, daß die Vernetzungsdichte (und eventuell auch die Anzahl der Neuronen) mit 6 Jahren weitaus größer als bei Geburt und außerdem größer als mit 14 Jahren ist. Dies deutet darauf hin, daß Verbindungen (und Neuronen?) während der ersten Lernzeit aufgebaut werden, von denen allerdings einige wieder verworfen werden. Die größte Dichte fällt mit der Zeit der größten Lernfähigkeit eines Kindes zusammen. Biologische Relevanz ist bis jetzt noch nie sehr betont worden, allerdings sind Hinweise durch Querblicke wie diesen sicher sehr aufschlußreich.

Mehrmals erwähnt worden ist bereits die Tatsache, daß komplexe Architektur, die für kognitive Modelle zweifellos nötig sind, entweder vorgegeben, oder der

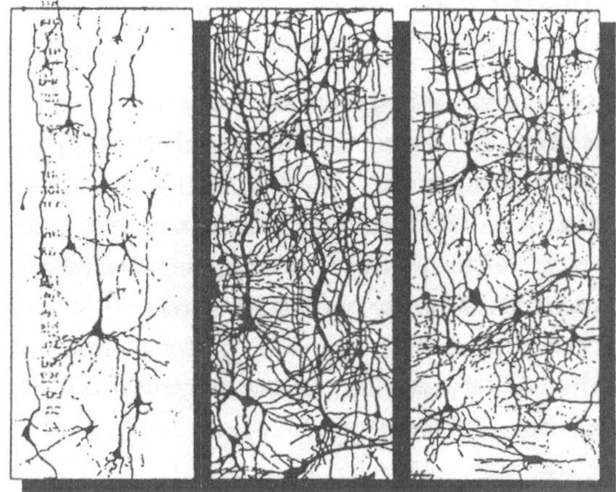

Abb. 8.6   aus: New York Times, 24.6.1986, S.17

Prozeß der Evolution in die Modellvorstellung miteingebunden werden muß. Auch das wäre eine Möglichkeit für Architekturlernen: ein Selektionsprozeß, der ähnlich wie die Evolution abhängig von der Performanz existierender Architekturen neue erzeugt. Ansatzweise geschieht tatsächlich auch das: Sogenannte *Genetische Algorithmen* (Holland 1975) nutzen einige der Eigenschaften evolutionärer Lernvorgänge aus, und können an neuronalen Netzwerkarchitekturen arbeiten. Auf diese Möglichkeit soll hier allerdings nicht näher eingegangen werden, sondern auf die Literatur verwiesen werden (z.B.: Chalmers 1990b, Belew et al. 1990).

8.3 Verlernen

Nachdem nun ausführlich über die Eigenschaften von Lernvorgängen in konnektionistischen Netzwerken gesprochen wurde, soll noch kurz vom *Vergessen* oder *Verlernen* (*unlearning*) die Rede sein. Analog zur Definition von Lernen, könnte Verlernen als der *Verlust* von Wissen oder Performanz aufgefaßt werden. In konnektionistischen Netzwerken kann dies wie folgt vor sich gehen:

- *durch Erreichen der Kapazitätsgrenze*
  jedes Netzwerk kann nur eine bestimmte Menge von Mustern verarbeiten. Wird diese Grenze erreicht, so wird (gemäß der Eigenschaft der Graceful Degradation) die Fehlerrate für alle Muster durch Hinzunahme neuer Muster sukzessiv höher. Es werden also nicht einzelne Muster

"vergessen" (in dem Sinn, daß sie vollständig aus dem Modell "herausfallen"), sondern die Gesamtperformanz wird zunehmend beeinträchtigt.

– *durch "Überschreiben" mit neuen Aktivierungen*
wir haben gesehen, daß Lernen (nach dem Hebb-Typus) auf den statistischen Musterverteilungen im Trainingsset basiert. Seltene Mustertypen tendieren dazu, von häufigeren "überschrieben" zu werden. Daraus folgt: Wenn man während des Trainings ein bestimmtes Muster immer seltener vorkommen läßt, so wird das erlernte Verhalten dem Muster gegenüber stetig schwächer werden (soferne das Muster nicht ausreichend ähnlich zu anderen Traingsmustern ist). Lange nicht gesehene Muster werden also "verlernt".

– *Mit Decay auf den Gewichten*
Bisher wurden Gewichtsveränderungen meist als dauerhaft betrachtet und konnten nur durch andere (im Vorzeichen komplementäre) Gewichtsänderungen rückgängig gemacht werden. Eine Möglichkeit, "Verlernen" explizit in ein Modell einzubauen, wäre die eines automatischen *Gewichtsabfalls (weight decay)*. Eine Gewicht würde demnach tendieren, nach einer gewissen Zeit wieder zum Ausgangszustand oder zu einem Ruhezustand zurückzukehren. Mathematisch könnte das so realisiert werden:

$$w := w + \Delta w - \eta \ (w - rest) \quad rest \ ... \ Ruhewert$$

gemäß dieser Formal strebt w gegen einen Wert nahe *rest*, wenn lange kein nennenswertes Δw vorliegt. Da der Decay proportional zur Differenz von w und *rest* ist, wird sichergestellt, daß die sich so ergebende Gewichtsänderung kontinuierlich kleiner wird, *rest* also nur asymptotisch angenähert wird. Ein Lernfortschritt (durch Δw ausgedrückt) wird also nach einiger Zeit wieder rückgängig gemacht. Nur oftmaliges Wiederholen sichert den Bestand des gewünschten Gewichtes. Leichte Änderungen der Formel können auch sicherstellen, daß durch Wiederholungen der effektive Ruhewert sich in Richtung des Gewichts nach dem Lernen bewegt, daß sozusagen nach langer Zeit immer ein Rest des Lernerfolgs bestehen bleibt (es also nie ganz "vergessen" wird).

– *"Unlearning" in der Boltzmann Maschine (BM)*
In ihrem Artikel über die Boltzmann Maschine reißen Hinton und Sejnowski (1986) kurz eine Methode an, die auf Beobachtungen von Crick & Mitchison (1983) zurückgeht, und die BM wie folgt eine Art von

"Verlern"-Vorgang durchwandern läßt: Zunächst wird die BM normal, mit externem Input, laufen gelassen. Nachdem sie einige Zeit gelernt hat, wird der externe Input abgeschaltet und die Simulation fortgesetzt. Alle sich so ergebenden Einflüsse (Aktivierungen) werden unit-weise aufsummiert, und bei späteren Lernvorgängen *abgezogen*. Hinton und Sejnowski erklären das in etwa so: Bei der Simulation ohne externen Input bleiben hauptsächlich *Störeinflüsse*, also Aktivierungen, die sich aufgrund von lokalen Minima ergeben, und dem gewünschten Verhalten zuwiderlaufen, übrig. Diese werden gespeichert und beim neuen Lernvorgang *mit* Input abgezogen, also rückgängig gemacht. Durch Vergleiche mit Beobachtungen durch F.Crick wird sogar so weit gegangen, diesen Vorgang mit dem *Träumen* zu vergleichen.

8.4 Zusammenfassung

Lernen spielt in sub-symbolischen Modellen eine wesentliche Rolle und zeigt dort in vieler Hinsicht "natürliche" Züge, in dem Sinn, daß sich der Lernfortschritt des künstlichen Systems mit dem eines Menschen in ähnlichen Aufgaben vergleichen läßt. Wie aus den Diskussionen der Eigenschaften herkömmlicher konnektionistischer Lernmethoden zu sehen war, deckt das *Lernen vom Hebb-Typus* jedoch bei weitem noch nicht alle Aspekte adaptiven intelligenten Handelns ab. Man wird also um alternative Lernalgorithmen im selben Rahmen (= Lokalität des Verfahrens, einfaches Schema) nicht herumkommen. Die angegebenen Vorschläge für mögliche einzuschlagende Richtungen zeigen, daß dies durchführbar sein sollte.

Aus ähnlichen Überlegungen ist für viele (z.B. Chandasekaran et al. 1988) etwa das Backpropagation Verfahren nicht viel anderes als eines zur Bestimmung einer geeigneten Gewichtsmatrix (wo es ja auch Schwächen hat, wie lokale Minima zeigen), aber nicht ein Modell für den Lernvorgang selbst. Im Falle der Selbstorganisation zur Entwicklung repräsentationsfreien Wissens, zum Beispiel, könnte man demnach folgendes feststellen: Das sich durch Lernen mit Backpropagation ergebende Verhalten ist adäquat, und die Hypothese der Repräsentationsfreiheit ist (zum Teil) erwiesen, aber der Weg dorthin (also der Vorgang während der Adaption) ist noch nicht ausreichend adäquat modelliert.

Abschließend sei noch folgendes bemerkt: Obwohl immer wieder von Trainings- und Testphasen die Rede war, so ist diese Unterscheidung meist nur prag-

matisch (etwa weil man zum Testen von Hypothesen den Systemzustand fest-
halten möchte). In einem allgemeinen kognitiven Modell sollte aber zwischen
Lernphase und Performanzphase nicht in dieser Weise unterschieden werden.
Adaptierung sollte ständig stattfinden, kann aber etwa durch Verringerung der
Parameter oder durch Erreichen von Unit-Sättigungen zu gewissen Zeiten
stark verringert sein.

Ein Unterschied hingegen wurde bis jetzt kaum gemacht (oder nur angedeutet): Es scheint ein prinzipieller Unterschied zwischen den Lernphasen
eines Kindes und den eines Erwachsenen zu herrschen (wie etwa die Diskussion um das Past-Tense Modell oder um das Architekturlernen gezeigt hat),
der in konnektionistischen Modellen noch kaum berücksichtigt wird. Lernen
ist also auch in dieser Hinsicht keineswegs immer gleich Lernen.

9 Zufälligkeit

9.1 Die Bedeutung stochastischer Komponenten

In der klassischen Artificial Intelligence verhalten sich die meisten Systeme deterministisch. Das bedeutet, daß das Verhalten für eine gewisse Eingabe exakt vorhersagbar ist, soferne man das Programm nur genau genug kennt. In einem sprachverstehenden System etwa, wird die Antwort auf eine Anfrage unter den exakt gleichen Bedingungen (z.B. Kontext und Vorwissen) immer exakt die gleiche sein.

Auch die meisten konnektionistischen Modelle sind rein deterministische Modelle. Es ist zwar aufgrund der großen Anzahl der Freiheitsgrade (Gewichte, Parameter) oft viel schwieriger, ein bestimmtes Verhalten nachzuverfolgen oder vorherzusagen, in Theorie ist dies aber trotzdem meist möglich. Wie wir jedoch gesehen haben, gibt es eine Klasse von Netzwerkmodellen (Ackley et al. 1985, Smolensky 1986), in die ein Maß an Zufälligkeit (Stochastizität) explizit eingebaut wird. Vorausgesetzt, es handelt sich um echte Stochastizität – d.h. die involvierten Wahrscheinlichkeiten stammen nicht von einem "Pseudo-random Number Generator", der nur Pseudozufall erzeugt und daher genauso vorhersagbar wäre – dann kann man die sich ergebenden Aktivierungsmuster des Netzwerks nicht mehr exakt vorhersagen.

Diese Stochastizität wurde bis jetzt aus einem rein technischem Blickwinkel betrachtet. Um in bestimmten Netzwerken (z.B. dem Hopfield Netz) immer einen optimalen Ruhezustand zu finden, muß man nicht-deterministische Verfahren des Update einsetzen. Ebenso verhält es sich für viele Lernregeln (z.B. Backpropagation), wenn man ein möglichst gutes Ergebnis erhalten möchte. Es stellt sich nun die Frage, ob Stochastizität dieser Art, bzw. Nicht-determinismus, aus der Sicht der AI und der kognitiven Modellierung ebenfalls eine Bedeutung hat, ob Zufall nur ein technisches Hilfsmittel bleibt, oder ob es sich um eine wesentliche Modelleigenschaft handelt, da sich bestimmte Phänomene erst dadurch erklären lassen.

Diese Frage ist eigentlich mit zweiterem zu beantworten. Im Sinne "natürlicher" Intelligenz, die von einem Modell erwartet wird, erscheint es höchst unplausibel, daß das System immer rein deterministisch, also auf gleiche Eingaben immer gleich reagiert. Eine Reihe von Beobachtungen scheinen darauf hinzuweisen, daß Zufälligkeit sehr wohl fixer Bestandteil eines kognitiven Modells sein sollte.

Ein Indiz dafür sind zweifellos *freie Assoziationen*. Assoziationen – also der unbewußt hervorgerufene Aufruf von Gedächtnisinhalten – scheinen nicht immer rein von Ähnlichkeiten der momentanen Situation mit anderen Situationen gesteuert zu werden, sondern treten oft auch rein zufällig auf – zumindest hat es den Anschein. Freie Assoziationen sind also Zugriffe auf konzeptuelles Wissen, die unabhängig von momentanten internen Zuständen sind, also zufällig gesteuert sein müssen. Aber auch dort, wo Ähnlichkeiten eine entscheidende Rolle spielen, scheint es nicht ohne Zufall abzugehen (Skarda & Freeman 1987). Nicht immer wird der gleiche Gedächtnisinhalt in der gleichen wiederkehrenden Situation aktiviert, zu verschiedenen Zeitpunkten scheinen verschiedene Aspekte unterschiedlich stark betont zu werden. Leger gesagt: Einmal fällt einem dies dazu ein, einmal jenes. Es gibt also im assoziativen Handeln eine Reihe von Aspekten, die zur Erklärung Stochastizität im Modell verlangen

Andere Phänomene wie das bekannte "tip-of-the-tongue" Phänomen (Brown & McNeill 1966) – die Situation, daß einem etwas absolut nicht einfällt, obwohl es "auf der Zunge zu liegen" scheint – oder Aspekte des temporären Vergessens scheinen ebenfalls von Zufälligkeit geprägt zu werden. Wir können also zu dem Schluß kommen, daß größere AI-Modelle nie rein deterministisch funktionieren sollten, wenn man "Natürlichkeit" verlangt. Ein sprachverstehendes System etwa – um ein Beispiel zu nennen – daß einen zweideutigen Satz ohne offensichtlichen Anlaß einmal so und einmal anders versteht, wäre demnach durchaus realistisch, müßte dazu aber Zufälligkeit in den Systemkomponenten eingebaut haben. Auch scheinen zufällige Assoziationen unabdingbar zu sein, wenn man auch nur annähernd so etwas wie Kreativität modellieren wollte (siehe dazu etwa Hofstadter & Mitchell 1988, die Kreativität als die zum Teil zufällige Variation einzelner Aspekte von Konzepten sehen).

Auch das biologische Vorbild Gehirn scheint auf zufällige Komponenten hinzuweisen. Das Feuern der Neuronen, bzw. das Übertragen der Signale über die Synapsen dürfte kein rein deterministischer Vorgang sein (z.B. existieren spontane Erregungen), chaotisches Verhalten könnte sogar eine ganz wesentliche Komponente kognitiven Verhaltens sein (Skarda & Freeman 1987).

Anhand des Umfangs der Modelle, die wir bis jetzt gesehen haben, muß man allerdings sagen, daß diese Diskussion wohl eher zur Zukunftsmusik gehört, da kaum ein System weitreichend genug scheint, um derartige Phänomene miteinzubeziehen. Außerdem muß man mit einer Zufallskomponente, die wie gesagt nicht nur aus technischen Gründen eingesetzt wird, sondern auch das beobachtbare Verhalten entscheidend beeinflussen soll, selbstverständlich einige Nachteile in Kauf nehmen. Zur bereits vorhandenen Komplexität kommt damit ein weiterer Faktor hinzu, der es erschwert oder gar unmöglich macht, ein Modell für eine gestellte Aufgabe zu erstellen. Ein System in eine gewünschte Richtung zu steuern, das nicht steuerbare Elemente enthält, ist wohl eine Kunst, die kaum einer beherrscht. Es ist daher keine Überraschung, daß kaum ein konnektionistisches Netzwerk Zufälligkeit als Modellkomponente einsetzt. Man wird also höchstens in einem Modell, daß deterministisch ungefähr das tut, was man sich vorstellt, nachträglich Zufälligkeit einbauen können. So könnte man etwa das Past-Tense Modell (Rumelhart & McClelland) nachträglich mit gezielter Stochastizität versehen, um Produktionsfehler zu simulieren.

9.2 Pseudo-Zufälligkeit

Das Argument, die betrachteten Modelle wären alle zu klein und zu wenig umfangreich, um Stochastizität wirklich zu berücksichtigen, könnte man allerdings auch umdrehen. Es wäre durchaus möglich, daß das, was wir in unserer Beobachtung menschlichen Verhaltens als zufällig empfinden, nur ein Epiphänomen der massiven Interaktion einer riesigen Anzahl von Einzeleinflüssen ist. Man betrachte zum Beispiel den Prozeß der freien Assoziation oder des scheinbar zufälligen Zugriffs auf Gedächtnisinhalte. Kognitive Prozesse wie diese sind extrem von allen möglichen Kontexteinflüssen, wie Sinneseindrücken, vorangegangene Erfahrungen, aber auch Gefühlszuständen und Motivationen abhängig. Diese Einflüsse bestehen jedoch selbst aus einer riesigen Anzahl von Einzelstimuli, die unmöglich je in zwei Situationen exakt die gleichen sein können.

Demnach wäre es durchaus vorstellbar, daß alle vermeintliche Zufälligkeit das Ergebnis eines deterministischen aber extrem komplexen Vorgangs ist. Solche *Pseudo-Zufälligkeit* ist bereits in relativ kleinen Modellen zu bemerken. Nehmen wir etwa ein assoziatives Netzwerk, das wir mit der Backpropagationregel und einem Trainingssatz, den wir vorher nicht einsehen können, lernen lassen. Obwohl der Vorgang rein deterministisch ist, können wir dennoch nicht exakt vorhersagen, wie der Output nach einer bestimmten Trainigszeit aussehen wird. Mehr noch, der gleiche Input kann zu verschiedenen Zeitpunkten ganz unterschiedliche Auswirkungen haben, da das Training dazwischen das Netzwerk beeinflußt haben kann. Wenn nun noch interne Zustände und größere unüberschaubare Inputmuster hinzukommen, kann sich das Netz tatsächlich scheinbar zufällig (wenn auch global gesehen gerichtet) verhalten.

Interessant in diesem Zusammenhang sind einige weitere Ideen von Hofstadter (1985). Er zeichnet dabei ein Bild, das kognitive Vorgänge bis hin zum Bewußtsein und dem sogenannten freien Willen als Resultat einer Unmenge von Einzelereginissen (das Feuern von Neuronen) darstellt. Auch wenn jedes Einzelereignis deterministisch funktioniert, können scheinbar unabhängige Handlungen wie der freie Wille entstehen, die in dieser Form aber nur Illusion sind. Ähnlich könnte man sich dadurch zufälliges Verhalten erklären (obwohl das vielleicht nicht in Hofstadter's ursprünglicher Absicht lag), das somit auch nur ein Resultat des Zusammenspiels der Einzelereignisse wäre.

Solch ein Weltbild der scheinbaren Zufälligkeit aufgrund von Komplexität könnte man ein anderes gegenüberstellen – nämlich jenes, das durch die Quantenphysik initiiert wurde. Demnach gibt es auf der mikroskopischen Ebene (eventuell sogar schon auf der Ebene der Neuronen) überhaupt kein deterministisches Verhalten mehr, die Ereignisse sind nur mehr durch Wahrscheinlichkeitsaussagen zu beschreiben. Zufälligkeit wäre also das Zugrundeliegende, Determinismus wäre nur ein Epiphänomen bzw. eine Illusion. Im Modell müßte man somit alle Units immer zufällig feuern lassen, um sowohl global deterministisches (auch ein stochastisches Netz wie die Boltzmann Maschine hat ja global gesehen einen gerichteten und oft deterministischen Ausgang) und zeitweise zufälliges Verhalten zu reproduzieren.

Wie dem auch immer sei, Zufälligkeit scheint eine große Rolle für intelligentes Verhalten zu spielen. Da wir ja an einer Modellvorstellung interessiert sind, die plausibles beobachtbares Verhalten erzeugen soll, kann es uns im Moment gleich sein, welches Weltbild man adaptieren sollte.

10 Feedbacks, Motivation und aktive System-komponenten

Zum Abschluß der thematisch geordneten, theoretischen Betrachtungen sub-symbolischer Modelle folgen nun noch einige zukunftsweisende Überlegungen zu deren innerem Aufbau. Die in diesem Kapitel angerissenen Aspekte könnten diejenigen sein, die die bisherigen einfachen Modelle erst zu wirklich mächtigen größeren Systemen machen.

10.1 Weg vom Stimulus-Response System

Praktisch alle bisher näher betrachteten konnektionistischen Modelle beinhalten eine extreme Vereinfachung, die sich in größeren Systemen nicht bewähren wird. Sie gehen davon aus, daß ein Modell etwas relativ Passives ist, das auf eine Eingabe wartet, um dann einen Output zu produzieren. Aus diesem Grund setzen sich diese Modelle den berechtigten Kritiken aus, denen bereits der Behaviorismus (Skinner 1953) in der Psychologie zum Opfer gefallen ist – daß sie nämlich nur nach dem Stimulus-Response Schema arbeiten und deswegen kein plausibles Modell für irgendeine menschliche kognitive Fähigkeit liefern können. Für diese müßte das Modell nämlich selbst aktiv etwas beitragen, müßte seine interne Zustände auch ohne relevante externe Eingaben erhalten und weiterentwickeln können, bzw. auf die gleichen Stimuli entscheidend unterschiedlich reagieren können. Sprache etwa läßt sich sicher nicht allein dadurch erklären, daß ein bestimmter Input ohne Berücksichtigung solcher Faktoren einen sprachlichen Output erzeugt.

Ein sub-symbolisches AI-Modell wird also ohne eine Reihe von internen Komponenten, die das System zu einem aktiven, sich selbst ändernden machen können, nicht auskommen. Warum sie bis jetzt zu kurz gekommen sind, hat sicher viele Gründe. Zunächst lassen sich solche Faktoren selten beobachten, da sie schon per Definition systemintern und daher nicht zugänglich sind. Zweitens haben die Modelle kaum auch nur annähernd eine Komplexität erreicht, die interne aktive Faktoren unumgänglich machen würden. Man hat absichtlich immer einen sehr kleinen Bereich herausgegriffen – etwa eine einmalige Assoziation, ein einmaliges Erkennen einer Form – und dabei Faktoren, die diesen Bereich beeinflussen könnten – etwa, daß das System motiviert sein muß zu erkennen – entweder stillschweigend vorausgesetzt oder durch fix vorgegebene Aktivierungen simuliert.

Auch in diesem Buch können wir uns noch kaum in solche Gefilde wagen. Zur Abrundung des Bildes von intelligenten Handlungen, das sich anhand des sub-symbolischen Paradigmas ergeben soll, dürfen solche Komponenten jedoch nicht fehlen. Deshalb sollen einige der Faktoren besprochen und Modellierungsmöglichkeiten angedeutet werden. Diese Liste erhebt keinen Anspruch auf Vollständigkeit.

10.1.1 Feedback-Schleifen

Als wichtigste Komponente für ein System, das auch ohne wesentlichen Inputaktivierungen aufrechterhalten kann, zählen zweifellos Feedback-Verbindungen, d.h. Schleifen aller Art. In einem reinen Feedforward Netzwerk ändern sich die Aktivierungen nach endlicher Zeit nicht mehr, bzw. gehen die Aktivierungsmuster verloren. Das Modell hat somit kein Kurzzeitgedächtnis, kann also Aktivierungsmuster nicht für einige Zeit speichern (unter der Annahme, daß die Units im Netzwerk ständig ihre Aktivierungen neu berechnen). Einem Assoziationsnetzwerk, zum Beispiel, fehlt jede Möglichkeit für Prozesse, die über die einmalige Aktivierungsausbreitung hinausgehen.

Diese Tatsache wird gerne zu wenig hervorgehoben, was schon oft zu Mißverständnissen in der Beurteilung konnektionistischer Modelle geführt hat. Das Past-Tense Modell zum Beispiel kann nichts anderes sein als ein Modell der einmaligen Assoziation zwischen Wortformen. Es ist daher weit verfehlt, bereits von einem kognitiven Modell zu sprechen, da es selbst auf seine Arbeitsweise keinen Einfluß haben kann. In vielen Kritiken wird hingegen sehr oft die Annahme getroffen, es wäre ein (teilweises) Modell der Sprachproduktion, woraufhin die natürlich unvermeidlichen Unzulänglichkeiten angeprangert werden.

Wie schon in Kapitel 2 betont, sollten solche Grundarchitekturen lediglich als ein kleiner Teil einer viel komplexeren Architektur aufgefaßt werden. In einer solchen Architektur sollte es möglich sein, daß einzelne Komponenten andere mittels Feedback-Verbindungen ständig neu "anwerfen", sodaß die Aktivierungsausbreitung sich über längere Zeiträume hinweg immer wieder neu gestalten kann. Daraus sehen wir, daß einfache Schleifen hier durchaus nicht genügen. Auch Vollverbindungsnetzwerke (wie das Kompetitionsnetz oder das Hopfield Netz) enthalten eine große Anzahl von Schleifen, jedoch wurden diese vornehmlich so gestaltet, daß die Aktivierungsausbreitung nach ein paar Schritten in einen Ruhezustand übergeht. Die Schleifen, die nun verlangt werden, müssen hingegen aktiv sein und eher verstärkend als dämpfend wirken.

Modelle dieser Art gibt es verhältnismäßig wenig. Ein Beispiel in diese Richtung wäre am ehesten noch das ART-Modell (Grossberg 1976), das wir in Abschnitt 2.4.4.4 schon kurz untersucht haben. In diesem Modell zur Kategorisierung ist der Ablauf oft nicht auf einen einzigen Zyklus beschränkt, sondern kann aktiv über mehrere Durchgänge ablaufen, die einander sozusagen aufrufen. Spricht etwa eine Unit im Recognition-Layer auf ein Inputmuster an, besteht jedoch den Vergleich mittels Resonanz nicht, so feuert eine speziell dafür eingeführte Unit ("Reset") und unterdrückt den momentanen Gewinner. Daraufhin kann der Prozeß der Aktivierungsausbreitung bis zu einem Ruhezustand (Kompetition) erneut ablaufen. Die Reset-Unit ermöglicht also, daß das Netzwerk gegebenenfalls mehrmals aus einem Ruhezustand "herausgestoßen" wird, daß also einfache Prozesse auch ohne erneuten Stimulus von außen mehrfach angeregt werden können.

Es ist leicht zu erkennen, welche Vielfalt von Prozessen mit weitaus komplexeren Netzwerkarchitekturen zu modellieren wäre. Einfache Assoziationen könnten durch ganze Assoziationsketten ersetzt, Konzeptbildung könnte zu einer Folge von Ruhezuständen, und daher zu einem komplexen sequentiellen Prozeß werden. Zu diesem Zeitpunkt muß allerdings gesagt werden, daß noch relativ wenig bekannt ist, wie solche Architekturen aussehen müßten, damit die Aktivierungsausbreitung auch sinnvoll geschieht, bzw. damit nicht ungewollte Schwingungszustände oder andere Artefakte entstehen.

10.1.2 Interner Kontext

Interne Feedback-Schleifen bringen noch einen weiteren entscheidenden Aspekt für komplexe Modelle, nämlich die Beeinflussung eines Prozesses von innen her, sozusagen die Berücksichtigung eines "internen Kontexts". Wir haben schon mehrmals gesehen, wie Netzwerke auf Ähnlichkeiten in Aktivierungsmustern reagieren, bzw. wie eine Vielzahl von Stimuli gemeinsam in ihrer Gesamtheit berücksichtigt werden können. Dadurch beeinflussen eine Vielzahl von Inputs gleichzeitig einen Prozeß, die Berücksichtigung von Kontext wird ein Leichtes. Existieren in einem Modell nun nicht bloß Feedforward Verbindungen vom Input zum Output, sondern auch Querverbindungen zwischen internen Layern, kann nun jedes Aktivierungsmuster *im* Modell in Theorie den gleichen Einfluß ausüben wie ein Inputmuster.

Dies ist ein wesentlicher Aspekt für Prozesse wie Perzeption, Kategorisierung oder Konzeptbildung, wie wir später noch sehen werden. Diese werden nicht nur durch die Inputs allein bestimmt, sondern auch davon, in welchem internen Zustand das System sich momentan befindet. Natürlich werden in vielen Modellen die Verbindungsstrukturen so gewichtet sein, daß den Inputmustern mehr Bedeutung zukommt – schließlich gelingt es uns Menschen doch in den meisten Fällen zwischen "wahrem" Input und Illusion zu unterscheiden – aber es besteht kein prinzipieller Unterschied zwischen externen und internen Aktivierungen. Dies ergibt Sinn, da auch beim Menschen im Prinzip Inputstimuli und interne Stimuli beide aus feuernden Neuronen bestehen.

Abb.10.1 verdeutlicht den Effekt in einem einfachen konnektionistischen Beispiel. Zwei verschiedene Inputs, die für sich alleine betrachtet einander

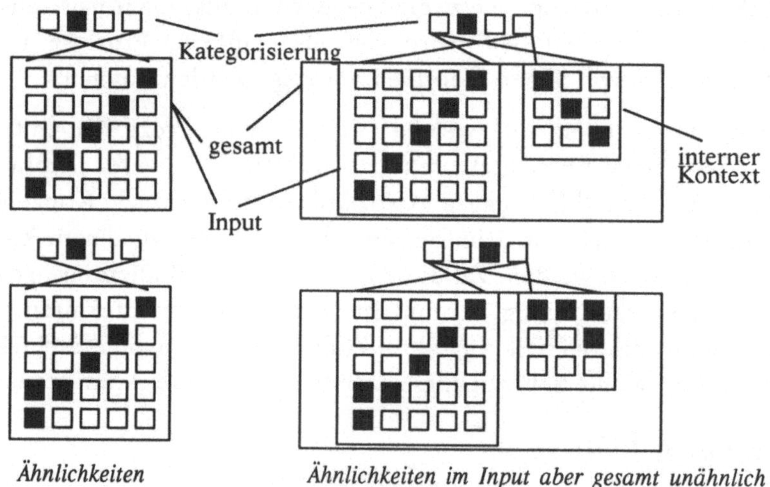

Abb. 10.1

sehr ähnlich sind, werden kategorisiert (ähnlich wie im Competitive Learning). Ohne Kontext ergeben sie das gleiche Ergebnis. Werden jedoch Aktivierungen eines anderen, internen Layers ebenfalls für die Kategorisierung berücksichtigt, so können durchaus unterschiedliche Kategorisierungen zustande kommen. Im rechten Teil von Abb.10.1 ist dieser Layer gleich neben dem Input dargestellt und verdeutlicht dadurch, was hier passiert. Unterschiedlicher Kontext kann die tatsächlichen (gesamten) Inputs, die die Verarbeitungskomponente sieht, weitaus unähnlicher machen als die Inputs alleine zueinander waren. Die Kategorisierung macht keinen prinzipiellen Unterschied zwischen tatsächlichem Input und der Aktivierung eines internen Layers (vielleicht mit Ausnahme einer unterschiedlichen Gewichtung).

Ein Beispiel für internen Kontext zeitlicher Natur haben wir ja bereits in Abschnitt 7.3 kennengelernt. Dort wurde die Frage gestellt, wie ein Modell auf eine Sequenz von Inputs adäquat reagieren kann. Die Lösung zu dieser Frage lag offensichtlich in der Berücksichtigung eines "Gedächtnisses", also einer Komponente, die Aktivierungen speichern und die Assoziationen auf neue Inputs beeinflussen konnte. Ein Inputmuster kann somit abhängig von der "Vorgeschichte" innerhalb der Sequenz abgebildet werden, die somit den – internen – Kontext zum Input bildet.

10.1.3 Motivationen und Antriebe

Eine wesentliche Bedingung für ein autonomes System, das nicht bloß kausal auf Stimuli reagiert, ist *zielgerichtetes* Handeln. Damit ein intelligentes System von selbst, ohne relevanten Stimulus, eine Aktion setzen kann, muß es bestimmte Ziele geben, sozusagen "Gründe" für das System zu handeln. Bei Mensch und Tier werden angeborene Ziele dieser Art im allgemeinen *(An-)Triebe* oder *Motivationen* genannt (siehe Guttmann 1982, S. 331ff, für eine Übersicht). Verlangt man also von einem künstlichen System, daß es von selbst aktiv bleibt und nicht passiv auf eine Anregung wartet, so muß man in irgendeiner Form ein Analogon solcher Triebe oder Motivationen vorsehen.

Was könnte der Trieb oder die Motivation eines künstlichen Systems sein? In den meisten Fällen wird ein Antrieb implizit durch den Systemdesigner vorgegeben sein. Hat dieser etwa ein System entworfen, das einfache Sprache versteht, so hat er oder sie implizit (und wahrscheinlich unbewußt) die Motivation miteingebaut, daß das System verstehen "möchte". Unter 'einbauen' ist nicht unbedingt das Einschließen von etwas Lokalisierbarem gemeint – in dem Sinne, daß man auf eine Systemkomponente zeigen könnte und sagen "hier sitzt die Motivation" – sondern die fixe Verdrahtung des Modells, sodaß es "gar nicht anders kann" als Verstehen im Sinne von erwarteten Reaktionen auf Inputs.

In der klassichen AI – sowie in den meisten bisher vorgestellten konnektionistischen Modellen – wird diese Vorgangsweise praktisch immer angewandt.

Dies sollte uns eigentlich an etwas erinnern – nämlich an die Diskussion über Repräsentationen im strengen Sinn in Kapitel 5. Dort war es konkretes Wissen, das vom Designer eines klassischen Systems formalisiert und in das System eingebaut wurde, hier sind es treibende Kräfte wie Antriebe und Motivationen. In einem sehr weiten Sinn *repräsentieren* bestimmte Modellaspekte gewisse Triebe und Motivationen. Dazu stellt sich natürlich sofort die Frage: Inwieweit könnten Triebe und Motivationen selbst erlernt werden, bzw. was kann man als gegeben annehmen? Gibt es außerdem auch hier so etwas wie *direkt verankerte Repräsentationen*?

Mit den Antworten auf diese Fragen haben sich erstaunlich wenige Konnektionisten beschäftigt (siehe etwa Beer 1990). Letztere ist wohl zu bejahen: Eine direkt verankerte Repräsentation wäre wohl die Vorverdrahtung von wirklich grundlegenden Antrieben, die das "Überleben" eines künstlichen Systems sichern würden. Wie schon bei den repräsentationsfreien Konzepten müssen wir aber dabei von Dingen ausgehen, die für das System erfahrbar sind und somit "Sinn" ergeben. Einfache Beispiele wären etwa das Vermeiden einer Zerstörung oder das Aufrechterhalten der Energieversorgung. Fix verdrahtet dazu könnte etwa das Verlangen sein, Hindernissen prinzipiell auszuweichen, bzw. zu Energiequellen hinzudriften. Komplexere Antriebe und Motivationen könnten sich in tiefer liegenden Schichten daraus entwickeln.

Zielgerichtetes Verhalten mittels Motivationen könnte auch als Weg gesehen werden, in einem komplex verbundenen Netzwerk bestimmte Ausbreitungskanäle für die Aktivierung aus der Vielzahl von möglichen herauszufiltern. Wir haben zuvor gesehen, daß ein intelligentes System eine große Anzahl von Schleifen und sich selbst anregenden Mechanismen besitzen muß. In dieser Konfiguration muß allerdings verhindert werden, daß es zu einer Überaktivierung, bzw. zu einer Aktivierung in zu vielen Teilsystemen kommt, die adäquates Verhalten unmöglich machen könnten. Motivationen bestimmen das Ziel einer Handlung und können dadurch helfen, aus der großen Anzahl von Kanälen einige wenige auszuwählen. So ist etwa zu einem Zeitpunkt das Verstehen einer sprachlichen Äußerung im Mittelpunkt, zu einem späteren aber das Ausweichen eines Hindernisses. Im ersten Fall wird die Aufmerksamkeit eher auf den akustischen Input gerichtet werden, und dieser auf interne Symbole und Assoziationen abgebildet. Im zweiten Fall wird dieser besser ignoriert werden, und stattdessen die Kopplung zwischen visuellem Input und motorischem Output betont werden.

10.1.4 Selbsterhaltende (autonome) Systeme

Systeme, die mittels einfacher Antriebe oder Motivationen ein zielgerichtetes, von der Umwelt beeinflußtes aber nicht vollkommen abhängiges Verhalten zeigen können, werden im allgemeinen *autonome Systeme* (*autonomous agents*) genannt. Diesen Systemen ist ein eigener Forschungszweig gewidmet, der auch auf konnektionistische Modelle zurückgreift (z.B. Maes 1989, Beer 1990). Besonders die Fähigkeit, mittels positivem Feedback zu lernen, einmal erfolgreiche Situationen (wie zum Beispiel das Finden von Nahrung an einer bestimmten Stelle) wieder zu suchen, ist durch hebbartige Mechanismen leicht zu modellieren. Ein Beispiel solcher Systeme, die an neuronale Netzwerke angelehnt sind, ist das Modell DARWIN von Reeke, Edelman und anderen (Reeke & Edelman 1988). Aus den schon mehrfach angedeutenden Gründen müssen natürlich solche Systeme, will man sie tatsächlich implementieren, extrem einfach bleiben, zeigen aber bereits bemerkenswertes Verhalten. Ergebnisse aus diesen Forschungen werden sicher höchst wertvoll für zukünftige subsymbolische Systeme sein.

10.1.5 Interne Reflexionen und der CRI

Setzt man die Ideen der Feedback-Schleifen, sowie der zielgerichteten und selbsterhaltenden Systeme konsequent fort, so sollte man tatsächlich auf der Ebene von Prozessen anlangen, die man allgemein als rein *kognitiv* bezeichnet. Mit anderen Worten, Prozesse auf der Ebene des conscious rule interpreters (CRI) sind wahrscheinlich am besten als ständig neu angeregte und zielgerichtete Aktivierungsausbreitungen zu verstehen. Parallele Prozesse, die den IP beherrscht haben, werden hier vermutlich durch sequentielle Abfolgen ergänzt. Als Grundelemente dieses Handelns bieten sich Konzepte und interne Symbole an, sicher greifen aber Prozesse des CRI auch auf sub-konzeptuelle Zustände zu.

Offen ist zweifellos die Frage, was es bedeuten würde, daß solche Vorgänge dem System selbst *bewußt* sind. Wir haben uns in unseren Beobachtungen menschlicher kognitiver Handlungen sehr oft den Begriffen 'unbewußt' und 'bewußt' bedient, ohne wirklich zu wissen, was in einem Modell dieser Unterscheidung entsprechen könnte. Vorschläge dazu gibt es nur spärliche und vage – wie etwa die Annahme, daß bewußte Prozesse ein bestimmtes Mindest-Aktivierungsniveau, das über eine gewisse Zeit hinweg stabil bleiben kann (Smolensky 1988), voraussetzen. Im Sinne von Hofstadter (1982) sollte man Bewußtsein wahrscheinlich ebenso wie die bisher betrachteten Aspekte als

Epiphänomen massiv paralleler Prozesse ansehen. Dieses Epiphänomen scheint nun selbst imstande zu sein – auf welchem Weg bleibt offen – zielgerichtetes Verhalten zu erzeugen, also die Aktivierungsausbreitungen in Teilen des Systems zu steuern.

Sollte man einmal so weit sein, solche Vorgänge zu modellieren, hätte man vermutlich die Tür zum reflexiven "Denken" – die Domäne also, derer sich die AI eigentlich ursprünglich angenommen hatte – auch für das sub-symbolische Paradigma weit geöffnet. Dann wäre es tatsächlich gelungen, einen Modellansatz der Kognition beginnend mit "low-level" assoziativen Prozessen aufzubauen, so wie es Abb. 1.3 vorgeschlagen hat. Für den Moment müssen aber die Beobachtungen hier enden, der Rest leider Spekulation bleiben. Die Forschung in der Zukunft wird zeigen, ob der sub-symbolische Modellansatz auch entscheidende Beiträge zur Ebene "über der 300 ms – Grenze" liefern wird können. Die Hypothese ist – wie auch noch später bemerkt werden wird – daß die regel- und symbolbasierten Ansätze der klassischen AI auch auf dieser Ebene nur eine Annäherung sein können, daß sie wohl aber Beiträge zur Modellierung liefern.

Zu guter letzt sei noch erwähnt, daß aus praktischen Gründen in naher Zukunft wahrscheinlich ein "hybrider" Ansatz der zielführendste sein wird, insbesondere dann, wenn man wieder an in größerem Umfang funktions- und einsatzfähigen AI-Systemen interessiert ist. Klassische symbolische Ansätze auf der CRI-Ebene könnten demnach mit sub-symbolischen Prozessen auf der IP-Ebene gekoppelt werden (siehe zum Beispiel der einfache Vorschlag in Abschnitt 8.2.4). Wie auch immer – als Beitrag zur Modellierung oder als Komponente eines hybriden Systems – spätestens hier können klassische Ideen der AI mit denen des sub-symbolischen Paradigmas verbunden werden. Das Logo auf der Titelseite des vierten Teils dieses Buches soll das in lockerer Art und Weise symbolisieren. Das Weltbild des "YIN" (frei nach der chinesischen Philosophie) – die Welt des Intuitiven und Ganzheitlichen – soll durch konnektionistische Netzwerke mit dem Weltbild des "YANG" – die Welt des Rationalen und Logischen – wieder vereint werden, da ersteres von der klassischen AI zu sehr vernachlässigt wurde.

10.2 Radikaler Konstruktivismus und sub-symbolische AI

Viele der Ideen, die hier und auch in den Kapiteln 4 und 5 vertreten werden, decken sich mit einer Strömung in der Philosophie, die sich *Radikaler*

Konstruktivismus (Maturana & Varela 1980 und 1987, von Glasersfeld 1987, Winograd & Flores 1986, etc.[1]) nennt. Einige der Konzepte dieses Weltbilds sollen anhand der Ideen des sub-symbolischen Paradigmas kurz erläutert werden. Wie man sehen wird, kristallisiert sich daraus ebenfalls die Notwendigkeit von internen Komponenten der geschilderten Art heraus.

Zunächst geht der Konstruktivismus – wie schon der Name sagt – von der Idee aus, daß ein kognitives System kein Abbild der realen Welt enthält, sondern sich die empfundene Realität innerhalb der Systemstruktur selbst *konstruiert*. Dies deckt dich mit den Annahmen für ein repräsentationsfreies System (Kapitel 5). Konzepte werden in einem selbst-organisierenden konnektionistischen Modell aufgrund von interaktivem und adaptivem Verhalten herangebildet, ohne von der Voraussetzung auszugehen, daß dadurch irgendeine Realität abgebildet werden müßte. Die Interpretation, daß ein solcher Zustand dies dennoch tut, erfolgt durch einen externen Beobachter, der in den Theorien des Konstruktivismus ebenfalls eine entscheidende Rolle spielt. Denn nur ein Beobachter kann Verhalten interpretieren, das System selbst verhält sich so, wie es seine interne Struktur vorgibt.

Diese letzte Feststellung nennt man im Konstruktivismus *Strukturdeterminiertheit*. Ein System kann sich nur innerhalb seiner vorgegebenen Architektur bewegen. Dort tendiert es, immer wieder stabile Zustände anzunehmen, die ein Beobachter eventuell als konzeptuelle Zustände interpretieren könnte. Auch das haben wir in der sub-symbolischen Modellvorstellung bereits gesehen. Wir sind davon ausgegangen, daß Repräsentationen auf Metaebene existieren müssen, die nun der Struktur im konstruktivistischen Sinne entsprechen.

Inputs spielen in dieser Auffassung nur eine triggernde Rolle (als *Perturbation*), können also gewisses Verhalten in Gang bringen, bestimmen aber das Verhalten nicht in vollem Umfang. Dies ist in Abb.10.2 schematisch angedeutet (Maturana & Varela 1987, Peschl 1990). Daraus folgt, daß das System seine Zustände intern erhalten muß, daß es also auch ohne Input zu Aktivitäten kommen muß. Dies ist der hauptsächliche Aufhänger für dieses Kapitel. Ein Modell kognitiven Handelns muß demnach aktive interne Systemkomponenten besitzen, die etwa interne Inputs, die an Stelle der externen treten können, erzeugen. Die Theorie des Konstruktivisums betont, daß für ein kognitives System externe und interne Stimuli im Prinzip das gleiche darstel-

---

1 Auf die Parallelen zwischen Konstruktivismus und sub-symbolischer AI haben mich neben anderen Markus Peschl (Peschl 1990) und Stuart Umpleby aufmerksam gemacht.

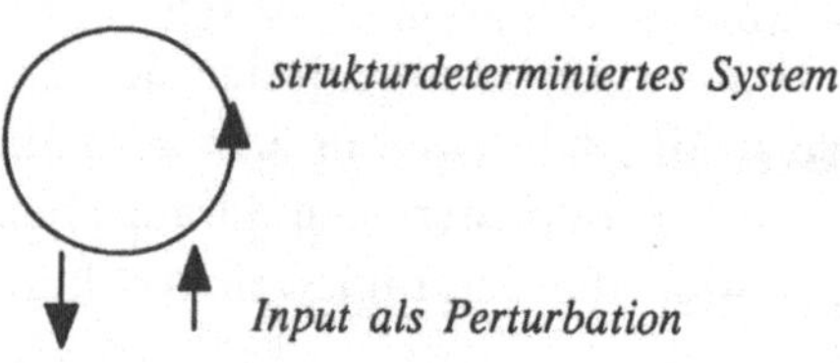

Abb. 10.2

len, da sie für das System die gleiche Form besitzen (i.e. aus Neuronenaktivierungen bestehen), daß es aber in den meisten Fällen wohl zwischen ihnen
unterscheiden kann. Dies haben wir aus der sub-symbolischen konnektionistischen Sicht auch bereits gesehen, als wir angenommen haben, daß interne
Unitaktivierungen das Verhalten genauso wie Inputaktivierungen beeinflussen
können (siehe Abschnitt 10.1.2 in diesem Kapitel).

Die Schlußfolgerung, die auch aus diesen Beobachtungen zu ziehen ist, muß
also eine Erweiterung des extrem vereinfachten Bildes eines repräsentationsfreien kognitiven Modells (Abb. 5.4) um interne Feedbacks und systemerhaltende Schleifen sein (siehe auch Peschl 1990). Erst dann wird man von
adäquaten AI-Modellen sprechen können. Alle Modelle, die in der Literatur
und auch in diesem Buch zu finden sind, und die solche Komponenten nicht
besitzen, müssen demnach im "richtigen" Licht der Überlegungen dieses
Kapitels betrachtet werden.

10.3 Offene Fragen

Natürlich bleiben hier noch eine Menge von Fragen offen, manche könnten
sagen zu viele. Die Tragweite des sub-symbolischen Paradigmas wird sicher
erst dann sichtbar werden, wenn Komponenten, wie die, die in diesem Kapitel
angerissen wurden, in größerem Maße realisiert werden können. Ohne diese
sind konnektionistische Modelle erst als kleine Schritte in Richtung von
"wirklichen" AI-Systemen zu betrachten.

Die Probleme erscheinen allerdings nicht unlösbar, und die Grundideen des
Ansatzes bleiben nach wie vor konsistent. Weiters muß man anführen, daß
sich klassische Modelle mit Fragen der Motivation oder gar der internen
Reflexion kaum oder erst in letzter Zeit beschäftigt haben. Daher sind die
Feststellungen dieses Kapitels nicht als große Einschränkung des Ansatzes zu
sehen, sondern als Richtungsweisung für zukünftige Forschung. Wir sind ja bei
der Formulierung des sub-symbolischen Paradigmas von ganz besonderen

Vorstellungen ausgegangen – nämlich die Ebene unbewußter assoziativer Vorgänge als Ausgang zu nehmen und Selbstorganisation und Lernen in den Mittelpunkt zu stellen, um plausible Modellvorstellungen für die detaillierten Aspekte menschlichen Handelns zu erhalten. Wir haben zwei Ebenen erkannt, von der eine – der conscious rule interpreter (CRI) – noch weitgehend aus dem Blickfeld gerückt ist. Viele Problemstellungen dieses Kapitels sind aber dort oder zumindest auf einer ähnlichen weitreichenden Ebene von sequentiellen, über längere Zeiten sich erhaltenen Prozessen zu suchen. Daher scheint es nicht überraschend zu sein, daß diese Problemstellungen trotz ihrer Bedeutung noch kaum berührt wurden.

Teil 3
Anwendungsorientierte Betrachtungen

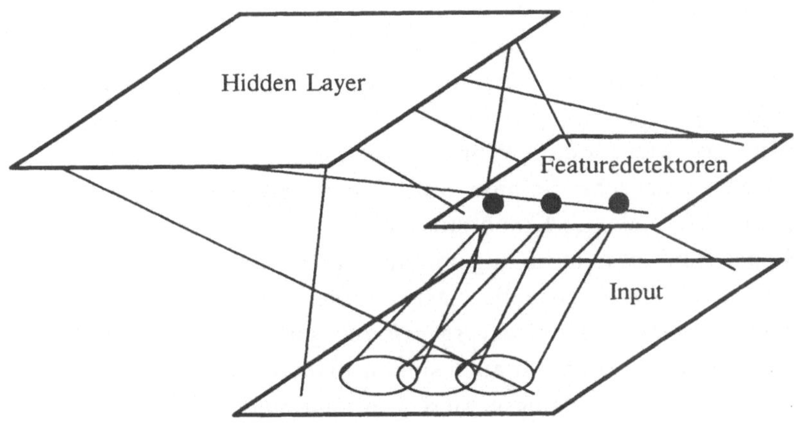

Im dritten Teil dieses Buches soll besprochen werden, wie sich die Ideen der letzten Kapitel in Anwendungen der Artificial Intelligence umsetzen lassen. Dabei werden einige ausgesuchte Teilgebiete herausgenommen und einer genaueren Analyse im Lichte des sub-symbolischen Paradigmas unterzogen. Viele Aspekte werden dabei aber nur im Ansatz miteinbezogen werden können, andere müssen vorerst sogar ganz unter den Tisch fallen. Dennoch wird versucht, ein umfassendes Bild der notwendigen Komponenten eines künstlich intelligenten Systems zu zeichnen, wobei auch traditionelle Gebiete der AI im neuen Licht besprochen werden.

11 Modelle der Perzeption

11.1 Allgemeines

Jedes intelligente System muß mit seiner Umwelt in Kontakt treten können. In traditionellen AI-Systemen bestehen diese Schnittstellen meist aus der Ein- und Ausgabe von vorverarbeiteten Symbolstrukturen wie formalen Sprachen oder quasi-natürlichsprachigem Input. Ein realistisches kognitives Modell sollte jedoch jene Inputs verarbeiten können, mit denen auch ein Mensch konfrontiert ist. Mit anderen Worten, es sollte sensorische Inputs wie visuelle Muster oder akustische Signale aufnehmen, erkennen und unterscheiden können. Den Bereich der Erkennung von Formen und Strukturen in sensorischen Signalen nennt man im allgemeinen *Perzeption*. Zu den wichtigsten Teilbereichen zählt die visuelle Mustererkennung und die Erkennung gesprochener Sprache (englisch *speech recognition*). In der klassischen AI hatte dieser Bereich sehr wohl auch seinen Platz, wurde aber allzu gerne in die Randbereiche des Forschungsgebiets gedrängt und von vielen daher außer Acht gelassen.

In der sub-symbolischen AI gehört der Bereich der Perzeption zu den Grundpfeilern der Modellbildung. Zunächst sind perzeptorische Vorgänge fast ausschließlich dem intuitive processor (IP) zuzuordnen, da sie unbewußt und assoziativ ablaufen – und der IP war ja als die zugrundeliegende Ebene im sub-symbolischen Paradigma vorgestellt worden. Außerdem bilden sensorische Inputs genau jene *direkt verankerten Repräsentationen (immediately grounded representations)*, die für ein repräsentationsfreies Modell vorausgesetzt wurden. Gelingt es also, perzeptorische Vorgänge zu modellieren und in ein Modell einzubinden, so ist man der Idealvorstellung eines kognitiven Modells ohne Repräsentation einen großen Schritt näher gekommen.

Im nächsten Abschnitt werden nun kurz die wichtigsten Eigenschaften perzeptorischer Vorgänge vorgestellt. Danach sollen die zwei bereits als wesentlich

erkannten Teilbereiche der akustischen Spracherkennung und der visuellen
Mustererkennung näher behandelt werden.

11.2 Merkmale perzeptorischer Vorgänge

Perzeption ist – grob gesagt – die Aufnahme einer großen Anzahl von sensorischen Reizen, die Reduzierung der darin enthaltenen Information bis hin zur
Erkennung, bzw. Identifizierung von Strukturen und sich wiederholenden Formen. Sensorische Reize sind die Schnittstellen mit der Außenwelt und stellen
für das System nichts in einer Art und Weise dar, das schon Bedeutung im
Sinne einer möglichen Bewußtbarmachung hätte. In diesem Sinne verköpern
sie bloß direkt verankerte Represäntationen von externen Signalen. Erst die
gesamte Fülle der einzelnen Reize ermöglicht dem System, größere Einheiten
zu erkennen. Der Vorgang der Erkennung geschieht im allgemeinen in mehreren Stufen, die sich durch immer größere *Datenreduktion* (Abstraktion) auszeichnen (Fukushima 1980), und mündet für gewöhnlich in eine kategorische
interne Antwort oder einen konzeptuellen Zustand (oder kürzer ausgedrückt:
einer Kategorie oder einem Konzept).

Die große Anzahl von Reizen ist unter anderem deshalb notwendig, weil die
entsprechenden Signale durch vielfältige Fehlerquellen gestört bzw. verrauscht
sein können. Die Erkennung kann daher nicht von Einzelsignalen abhängen,
sondern muß sich aus dem Zusammenspiel der großen Menge ergeben.
Zusätzlich wird meist jede andere verfügbare interne oder externe Informationsquelle – im gesamten als der allgemeine *Kontext* der Perzeption
bezeichnet – herangezogen, um dem Input Konzepte zuzuordnen. Visuelle
Erkennung, zum Beispiel, oder Spracherkennung funktionieren deshalb fast
nie isoliert von anderen Reizen oder inneren Zuständen, sie sind also *kon-
textsensitiv*. In vielen Fällen können die Kontexteinflüsse sogar die
physikalische Realität des Signals überwiegen.

Ein beeindruckendes Beispiel dafür ist ein Experiment, bei dem Versuchspersonen die auf Band aufgenommenen und leicht manipulierten akustischen Signale von längeren gängigen Wörtern vorgespielt werden (siehe McClelland &
Elman 1986 für eine Übersicht über die Literatur zur Sprachperzeption).
Spielt man etwa ein Wort wie 'Kanalisation', entfernt von der Bandaufnahme
das akustische Korrelat des Lautes [s] und setzt dafür einen Pfeifton ein, so
vermeinen erstaunlich viele Versuchspersonen, dennoch ein [s] zu hören. Der
Pfeifton wird zwar auch wahrgenommen, aber eher als "irgendwo" im Wort

eingeordnet. Die Erwartung, an der Stelle ein [s] zu hören – die internen
Zustände also, die sich bis dorthin aufgebaut haben – kann also groß genug
sein, um die Empfindung einer Form auszulösen, die physikalisch nicht
präsent war.

Daraus folgt, daß Perzeption weder rein "bottom-up" – also nur von den Eingangsdaten gesteuert – funktioniert, noch ein objektiver, für alle Individuen
gleicher Vorgang ist. Das Ergebnis einer Erkennung – etwa die konzeptuellen
Zustände – kann sich also von Individuum zu Individuum unterscheiden und
hängt von der Erfahrung und den momentanen Zuständen eines Individuums
ab. Auch dies ist eine Sichtweise, die sich von vielen Ansätzen der klassischen
AI abhebt, wo man oft von der prinzipiellen Möglichkeit einer kontextfreien,
rein datengesteuerten Erkennung ausgeht. Unter anderem deswegen hatten die
klassischen Systeme bereits viele ihrer Grenzen erreicht.

Eine weitere interessante Beobachtung über Perzeption ist die folgende:
Erkennung ist im allgemeinen gerichtet, das heißt, sie kann in einer Art Filter-
wirkung auf einen von vielen Reizen fokussieren. Ein bekanntes Beispiel dafür
ist der sogenannte "Cocktail Party Effekt", das Phänomen, daß man in einer
Umgebung von sehr vielen gleich starken sensorischen Reizen – etwa dem
Stimmengewirr auf einer Party – fähig ist, einen davon herauszufiltern und
darauf eingestellt zu bleiben. Ähnliche Phänomene sind auch bei der visuellen
Erkennung allgegenwärtig. Das bedeutet, daß keineswegs alle Eingangssignale
einen gleich starken Einfluß auf die Erkennung haben müssen.

Diese Merkmale perzeptorischer Vorgänge, die für deren Funktionieren
entscheidend sind, lassen konnektionistische Modelle für ihre Simulation
prädestiniert erscheinen. Wie schon mehrmals gezeigt, eignen sich Neuronale
Netzwerke ideal dafür, eine große Anzahl von Kontexteinflüssen in ein Modell
miteinzubeziehen. Durch den einheitlichen Formalismus in Netzwerken – das
Schema des Unit-Updates – ist es leicht, sowohl Eingangsdaten, als auch interne Zustände einen Vorgang wie die Erkennung beeinflussen zu lassen. In
Abb.11.1 ist dies an einem einfachen Layer angedeutet, dessen Aktivierungszustand sich sowohl aus den Input Units (ein einfaches visuelles
Muster) als auch aus den Aktivierungen anderer interner Layer ergeben kann.
Die Stärke der verschiedenen Einflüsse läßt sich durch die jeweilige Gewichtung einstellen (sodaß sie etwa den sensorischen Input mehr als alles andere
betont), prinzipiell könnten aber interne Einflüsse die externen überwiegen.

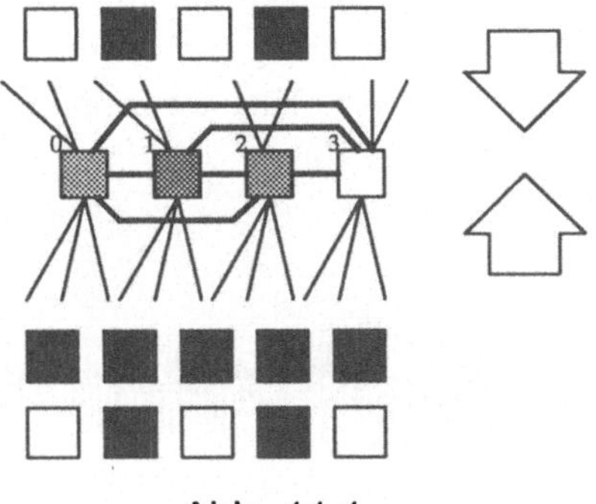

Abb. 11.1

Die Datenreduktion, die bei der Perzeption notwendig ist, kann man in konnektionistischen Modellen ebenfalls leicht durch mehrere Layer und kompetitive Mechanismen erzielen. Ein einfaches und extremes Beispiel dazu ist das Competitive Learning (Rumelhart & Zipser 1985), wo die große Anzahl von aktiven Units im Input auf eine einzige Unit pro Cluster reduziert wird. In realistischen Modellen sollte diese Reduktion natürlich weniger drastisch sein und sich auf mehrere Layer verteilen.

Als Grundarchiektur zur Erkennung und Klassifizierung sensorischer Inputs bietet sich die schon mehrmals beschriebene Mehrlayer-Feedforward-Architektur an, da man das Erkennen als eine assoziative Abbildung von Mustern auf konzeptuelle Zustände betrachten kann. Um auch Kontexteinflüsse und (subjektive) "top-down" Effekte zu berücksichtigen, muß diese Architektur um Feedback-Verbindungen erweitert werden (vgl. zum Beispiel die Diskussion um die bidirektionale Assoziation in Kapitel 2). Aus mehreren Gründen, etwa um kompetitive Mechanismen wie eben erwähnt einzubringen, oder um Eigenschaften der Signale, die im folgenden noch diskutiert werden, verarbeiten zu können, werden zusätzliche Erweiterungen und Ergänzungen dieser Grundarchitektur notwendig sein.

11.3 Akustische Spracherkennung (Speech Recognition)

Der Ausgangspunkt für die *akustische Spracherkennung (speech[1] recognition)* sind Signale mit ganz bestimmten Charakteristiken, die es dem Menschen erlauben, im allgemeinen schon vor der Erkennung Sprache von Nicht-Sprache

---

1 Das englische Wort 'speech' unterscheidet hier schön vom Begriff 'language', die tiefer liegenden linguistischen Aspekte von Sprache.

zu unterscheiden. Abb. 11.2 zeigt, im zeitlichen Verlauf, ein typisches Sprachsignal, aus dem allerdings ad hoc wenig Aussagen über die zu erkennenden
Merkmale getroffen werden können. Erst wenn man sich das selbe Signal im

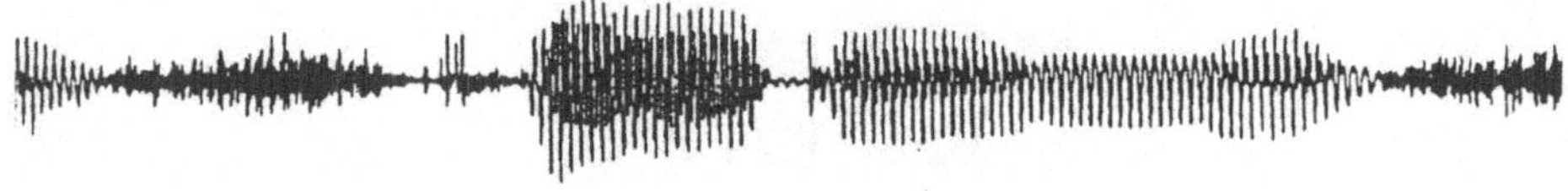

Abb. 11.2

Frequenzbereich ansieht (der durch eine einfache sogenannte *Fouriertransformation* ermittelt werden kann), erkennt man typische Eigenschaften wie bestimmte Maxima im Intensitätsverlauf (Abb. 11.3). Demnach benutzen prak-

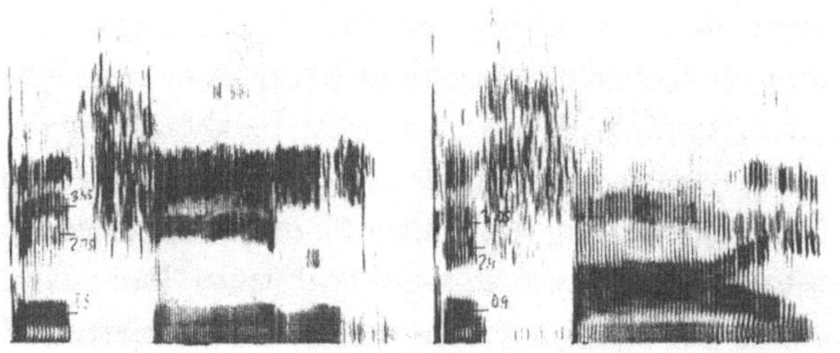

Abb. 11.3

tisch alle Ansätze zur Spracherkennung den Frequenzbereich als Input. Dies
scheint nicht unplausibel, da auch das menschliche Ohr hauptsächlich auf Fre-
quenzverläufe zuzugreifen scheint (Baron 1987). Auch in der sub-symbolischen Speech Recognition werden wir daher vornehmlich Intensitätswerte für
einzelne Frequenzbereiche heranziehen, die somit einen Grundtypus für direkt
verankerte Repräsentationen darstellen. In der Literatur sind noch einige
artverwandte Variationen zu finden, wie die Verwendung des *Cepstrums*
(Bereich nach nochmaliger Fouriertransformation), oder der sogenannten
LPC-Koeffizienten, die ein am menschlichen Sprachapparat angelehntes
Modell zugrunde legen.

Einige typische Eigenschaften von akustischen sprachlichen Inputs sollen nun beschrieben und im Licht sub-symbolischer Modelle besprochen werden.

11.3.1 Vielfalt und Kontext

Gerade bei der Erkennung gesprochener Sprache sind massive Variationen und Störungen der Signale ein wesentlicher Aspekt. Zunächst können die möglichen Unterschiede von Sprachsignalen verschiedener (z.B. männlicher und weiblicher) Sprecher, aber auch desselben Sprechers bei verschiedenen Stimmungen, Geschwindigkeiten oder Intonationen bemerkenswert groß sein, wenn man bedenkt, mit welcher Leichtigkeit Menschen einander dennoch verstehen können. Weiters bleiben akustische Signale selten ohne zusätzliche Störungen wie Nebengeräusche, Rauschen in Telefonleitungen, oder Verzerrungen durch Sprechfehler.

Was das Sprachverstehen dennoch ermöglicht, ist – wie schon im letzten Abschnitt angeführt – die große Anzahl von Informationsquellen, die man sich während des Erkennens zunutze machen kann (Salasoo & Pisoni 1985). Dazu zählen vor allem die *Erwartungen*, die man während des Verstehens der Bedeutung einer Äußerung ständig aufstellt. Sprache enthält selbst extreme Redundanz, also zusätzliche, wenig neue Information tragende Elemente, sodaß einzelne Teile durchaus wegfallen können, ohne die Erkennung zu gefährden. Nach dem Hören eines Teils der Äußerung erwartet man oft den Rest (der somit kaum noch etwas zur Bedeutung beiträgt) so sehr, daß Störungen mühelos ausgeglichen werden. Dieser Vorgang kann auch in die umgekehrte Richtung erfolgen, sodaß ein anfangs gestörtes Wort durch den ungestörten Rest problemlos verstanden werden kann. Zu den Quellen, die diesen Vorgang unterstützen, zählen aber auch andere Eindrücke wie visuelle Bilder (Lippen des Sprechers, Gestik, etc.), Motivationen, sowie zusätzliche Aspekte des Sprachsignals selbst, zum Beispiel die Zeitdauer der Laute oder die Betonung. Experimente mit einer kleinen Anzahl von ähnlichen Wörtern, die sich hauptsächlich durch die Länge der Einzelteile unterscheiden, zeigen etwa, daß diese Zeitinformation alleine bereits für eine gute Unterscheidung der Wörter ausreichen kann (Port et al. 1988).

Im klassischen Ansatz ist man aufgrund der Vielfalt der Signale und der kontextuellen Einflüsse, die zusammen die Erkennung ausmachen und daher alle berücksichtigt werden müssen, auf das von D. Klatt (1985) als "chicken-and-egg" bezeichnete Problem gestoßen: Der zunächst gewählte *bottom-up* Ansatz, der vom Signal alleine ausging und kontextfrei Laute identifizieren sollte, wurde bald als unzureichend erkannt, da wie gesagt nicht alle relevante Information im Signal selbst enthalten ist. Spätere Ansätze wie etwa das HEARSAY System (Erman et al. 1980) berücksichtigten eine größere Anzahl von Informationsquellen wie die Syntax und Semantik der Äußerung, um in dem oben angeführten Sinn Erwartungshaltungen über Signalteile mit zu modellieren. Die prinzipielle Sichtweise des Prozesses war jedoch nach wie vor eine inhärent sequentielle mit einem zentralen Interpreter (von Neumann Architektur). Dadurch entstand das Problem, daß man nicht leicht entscheiden konnte, welchen Teil der Erkennung man zunächst angehen sollte, und wie oft man gegenseitige Abhängigkeiten berücksichtigen sollte. Man erkannte etwa, daß es zur Erkennung eines Lautes extrem hilfreich sein kann, über das Wort Bescheid zu wissen (etwa beim [s] in 'Kanalisation' wie oben angeführt). Andererseits ist die eindeutige Identifizierung des Wortes erst mit dem Wissen über alle Laute möglich. Die Assoziation, die dieses Problem zur bekannten Frage "Was war zuerst da – die Henne oder das Ei?" weckt, hat ihm zu besagtem Namen verholfen.

Der Ansatz zur Lösung, den auch HEARSAY verwendet hat, wäre, mit teilweisen Hypothesen zu arbeiten. Etwa kann eine Einengung, den Laut betreffend, die Entscheidung über das Wort erleichtern, was wieder nähere Einzelheiten über den Laut bestimmen hilft. Dieses Prinzip spiegelt sich nun voll in neuronalen Netzwerkarchitekturen wider. Betrachtet man eine Unit als Hypothese (in vielen Fällen sub-symbolisch, also uninterpretiert), so kann eine gegenseitige Aktivierung und Unterdrückung mehrerer Units als Entscheidungsprozeß betrachtet werden, bei dem Teilhypothesen zur Verwerfung oder Unterstützung anderer Teilhypothesen herangezogen werden, bis sich eine endgültige Identifizierung eingestellt hat. Besonders der Mechanismus der Interactive Activation läßt sich dafür einsetzen. Der Unterschied zum klassischen Ansatz ist hier, daß keine prinzipielle Trennung der Ebenen und keine prinzipielle Sequentialität zur Steuerung des Vorgangs vorausgesetzt werden müssen. Die Frage etwa, wie oft eine wechselseitige Befruchtung der Hypothesen stattfinden muß, wird inhärent durch die Aktivierungsausbreitung bis zum Ruhezustand beantwortet. Wesentlich sind dafür im konnektionistischen Modell – wie schon eingangs erwähnt – Verbindungen in beide Richtungen, also auch in *top-down* Richtung von tiefer im Modell liegenden Layern zum Input (siehe dazu auch das psychologische COHORT-Modell von Marslen-Wilson & Welsh 1978).

Der zweite große Unterschied zu Systemen wie HEARSAY besteht natürlich im Ansatz des zur Erkennung eingesetzten Wissens des Modells. Während man in klassischen Systemen nach numerischen Vorverarbeitungen (z.B. einer Fouriertransformation) möglichst früh symbolische Features eingesetzt hat, so zeichnet sich der konnektionistische Ansatz durch den Einsatz von Selbstorganisation aus. Teilhypothesen müssen also nicht interpretiert werden, um den Prozeß der gegenseitigen Unterstützung zu starten. Stattdessen kann das Modell selbst relevante Features in der Fülle der Einzelstimuli entdecken. Diese repräsentationsfreie Erkennung funktioniert natürlich nur, wenn man eine geeignete Architektur wählt, also Repräsentationen auf Metaebene einbringt. So wird man etwa so etwas wie eine Phonem- (Laut) ebene (siehe nächster Abschnitt) voraussetzen müssen, in der sich einzelne Units ähnlich einem kompetitiven Klassifikationsschema auf unterscheidbare Laute spezialisieren können.

11.3.2 Segmentierung und Phoneme

Eines der Grundprinzipien klassischer Ansätze zur Speech Recognition fußt auf der Annahme, daß sprachliche Äußerungen segmentiert werden können und auf unterster Ebene aus Lauten oder *Phonemen* bestehen. Dies entspricht auch unserer Intuition, wenn wir unsere eigene Sprache beobachten. 'Segmentiert' bzw. 'segmental' bedeutet hier, daß sich größere Elemente der Sprache durch Aneinanderreihung der kleineren – der Phoneme – ergeben. Als 'Phoneme' werden dabei jene Lautkategorien bezeichnet, die zur bedeutungsmäßigen Unterscheidung von Wörtern notwendig sind (Chomsky & Halle 1968). Die Menge der Phoneme einer Sprache ist zahlenmäßig beschränkt, so gibt es im Deutschen etwa 35 davon. Ihnen werden im allgemeinen die *Phone* gegenübergestellt, die physikalischen Ausprägungen der Phoneme. Hier sind weitaus mehr Variationen möglich – etwa durch besagte Kontext- oder Störungseinflüsse – die aber auf die Bedeutung des Wortes keine Auswirkungen haben.

Das klassische Prinzip der Segmentierung besagt zusätzlich, daß Phoneme eine von erkennenden Individuen unabhängige Existenz haben, also Konzepte der Welt sind und sich daher in den akustischen Signalen wiederfinden lassen. Dieses Prinzip war einer der Hauptgründe, warum man zunächst den reinen bottom-up Ansatz gewählt hatte. Unterschiede in einzelnen Signalen wurden hauptsächlich als Fehler oder Störungen betrachtet, die höchstens lokal verhindern können, daß man so etwas wie ein [a] oder ein [t] im Eingangssignal entdeckt. Diese Ansicht taucht auch in vielen Alltagstheorien (folk theories) auf, wenn man zum Beispiel davon spricht, daß "ein Amerikaner doch das /ö/ in 'Österreich' wahrnehmen müßte, da es doch eindeutig zu hören und von einem /o/ verschieden ist".

Das große Problem dieses Ansatzes ergibt sich aus der Tatsache, daß die physikalische Realität, die Phonemen zugrundeliegen sollte, offenbar nur zum Teil vorhanden ist. So ist es bis heute nicht gelungen, eine Menge von identifizierbaren akustischen Merkmalen (Features) zu finden, die eindeutig jedes Phonem einer gegebenen Sprache festlegen. Zwar gibt es sehr wohl eine Reihe von Merkmalen, die man in den Signalen entdecken kann, und die einigen Aufschluß über den geäußerten Laut geben, absolute, über alle Situationen hinweg gültige Regeln lassen sich jedoch nicht aufstellen. Ein Beispiel für ein oft eingesetztes Feature sind die sogenannten *Formantfrequenzen* (oder *Formanten*). Diese sind mehr oder weniger ausgeprägte Maxima im Frequenzbereich eines Lautes, wie an einem Beispiel in Abb. 11.4 dargestellt. Im

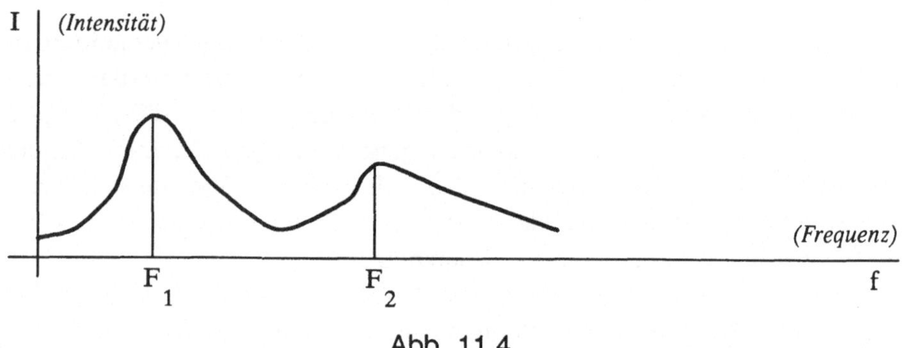

Abb. 11.4

wesentlichen sind es zwei bis drei solcher Maxima, die vor allem bei Vokalen Aufschluß über die Lautqualität geben. Abb. 11.5 zeigt eine ungefähre Aufstellung der ersten beiden Formanten für einige der wichtigsten Vokale im Deutschen und Englischen (Borden & Harris 1984).

Allerdings decken Tabellen wie Abb. 11.5 nur einen Teil des möglichen Spektrums ab. Formanten enstehen im wesentlichen aus Resonanzen im Mund-Rachenraum des Menschen, daher kann es schon allein aufgrund von anatomischen Unterschieden zu stark unterschiedlichen Ausprägungen kommen. Absolute Werte, die die Vokale unabhängig von jedweden Sprechern bestimmen, können also nicht festgelegt werden. Vielmehr scheint es die ungefähre *relative* Lage der zwei oder drei ersten Formanten zueinander zu sein,

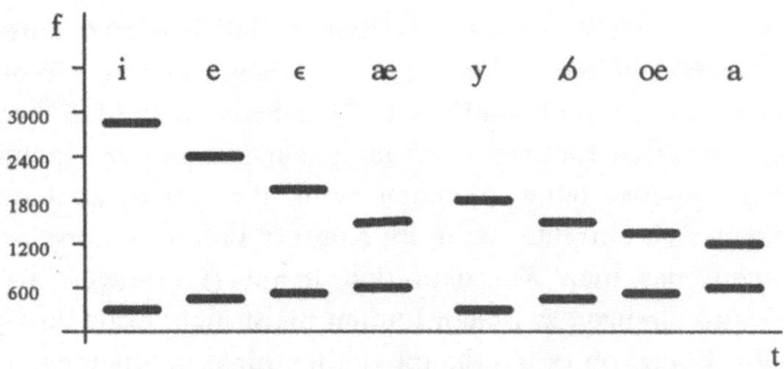

Abb. 11.5

die den Vokal ausmachen, doch auch dieses Maß läßt sich nicht in eine allgemein gültige Form bringen. Oft sind es mehr die *Formantübergänge* zwischen den Lauten, die den Ausschlag geben, manchmal werden sogar eindeutig Vokale wahrgenommen, ohne daß Formanten auch nur annähernd in der in Abb. 11.4 dargestellten Form vorliegen (Borden & Harris 1984).

Aus Beobachtungen wie diesen muß man schließen, daß Phoneme zu einem großen Teil subjektive Einheiten sind, die wohl von externen Inputs stark beeinflußt sind, sich aber durch diese nicht vollständig bestimmen. Dies ist eine Auffassung von Lauten, die perfekt in das sub-symbolische Paradigma paßt. Phoneme werden demnach hier nicht als externe Realitäten, sondern als interne sub-symbolische Konzepte angesehen, also wieder als Gipfel in der Wissenslandschaft. Ihre exakte und unzweideutige Ausprägung ist für die Erkennung eines Wortes nie von bestimmender Bedeutung, sondern unterstützt bloß den Gesamtablauf. So wie andere Konzepte auch (siehe dazu auch Kapitel 12), können sich Phonemzustände abhängig von Kontext, momentanen Erwartungen und anderen Einflüssen ausprägen, womit das Modell mit den Beobachtungen in Einklang gebracht werden kann.

Klar sollte auch sein, daß Phoneme im allgemeinen keine symbolische Funktion haben (in der Definition von Kapitel 6), da sie per se für nichts stehen, sondern nur zu einem übergeordneten Vorgang – Spracherkennung oder -produktion – beitragen. Erst wenn man einzelne Laute durch sich selbst benennt (etwa in "Das [a] in 'Mann'") geben sie Anlaß zu symbolischen Zuständen, so wie es andere Konzepte auch tun können.

Auch die Segmentierung selbst stellt einen weiteren Faktor dar, der klassische Ansätze stark eingeschränkt hat. Um Wörter als Aneinanderreihung von Phonemen zu erkennen, wo vielleicht sogar die Zeitdauer einzelner Phoneme von Bedeutung ist, muß man die Grenzen der Segmente kennen und daher im Signal festlegen. Nun stellt es sich aber heraus, daß – wieder aufgrund von anatomischen Gegebenheiten und anderen Ursachen – in einem Wort benachbarte Phoneme stets einander beeinflussen. Sprache ist nicht bloß die Aneinanderkettung von isolierten Lauten – was man sehr gut an der Unnatürlichkeit früher Sprachsynthesebausteine erkennen kann, die genau das voraussetzen. Stattdessen prägen sich einzelne Laute im Kontext anderer unterschiedlich aus – ein Phänomen, das man *Koartikulation* nennt (Ladefoged 1975). Aus diesem Grund sind Grenzen zwischen Lauten meist nicht exakt zu legen, ja es stellt sich oft die Frage, ob es überhaupt zeitlich nicht überlappende Bereiche gibt, die ausschließlich jeweils einem Laut zuzuordnen sind.

Ähnlich verhält es sich übrigens auch an den Übergängen zwischen ganzen Wörtern. In der normalen Umgangssprache sind nur selten klare akustische Grenzen festzustellen, diese werden vom Hörer durch die Identifizierung der Worte quasi erst "hineinprojiziert". Daher war bisher – vor allem im klassischen Ansatz[2] – die Verarbeitung von zusammenhängender Sprache noch kaum möglich, woraufhin man sich hauptsächlich auf die Erkennung einzelner Wörter konzentriert hat.

Der sub-symbolische Ansatz hingegen muß keine Phonem- oder Wortgrenzen ansetzen, vorausgesetzt, das Modell hat die Möglichkeit, zeitlich aufeinanderfolgende Inputs zu verarbeiten (siehe nächster Abschnitt). Im Netzwerk geschieht die Erkennung im Sinne einer kontinuierlichen Aktivierung und Unterdrückung von Teilhypothesen, sodaß sich etwa die Aktivierungen von Units, die Phonemen oder Wörtern entsprechen, langsam aufbauen. Dabei ist es aber belanglos, wo genau das Phonem oder Wort beginnt oder aufhört, da die Unit ja bereits von der ersten schwachen Aktivierung an einen Beitrag für den gesamten Prozeß liefern kann. Da Phoneme als sub-symbolische Konzepte betrachtet werden, ist die klare Ausprägung einzelner davon meist gar nicht notwendig – genausowenig wie für die visuelle Erkennung eines Gegenstandes alle Merkmale und Teile exakt identfiziert werden müssen (siehe auch Abschnitt 11.4 und Kapitel 12). Infolgedessen muß es auch keine eindeutige Zuordnung von Phonemen zu allen Zeitintervallen geben. Dies ist eine der

---

2 Mit 'klassisch' ist hier wie schon zuvor ein rein symbolischer Ansatz gemeint, der schon auf unterster Ebene (oder zumindest möglichst früh) mit symbolischen Beschreibungen und Regeln arbeitet. Die Literatur zur Spracherkennung enthält eine Reihe von recht erfolgreichen nicht-konnektionistischen, aber auch nicht-klassischen Methoden, die oft in der in Kapitel 6 gegebenen Definition auch als 'sub-symbolisch' zu bezeichnen wären.

Stärken des sub-symbolischen Ansatzes, wenn es um die Erkennung von gesprochener Sprache geht.

11.3.3 Sequentialität und Zeitverhalten

Eine wesentliche Eigenschaft von Sprachsignalen ist, daß sie primär sequentieller Natur sind (im Gegensatz etwa zu momentanen visuellen Mustern) und dementsprechend verarbeitet werden müssen. Die Information, die in einem einzelnen Wort steckt, kommt am System in einer bestimmten zeitlichen Abfolge an, die erstens wesentlich für die Beschaffenheit des zu erkennenden Wortes ist (Reihenfolge), zweitens aber bereits Teile davon eine Aktivierung ("Response") im System auslösen können. Um etwa Erwartungen über einzelne Laute eines Wortes aufstellen zu können, müssen die Teile des Wortes bis dorthin bereits eine teilweise Erkennung ermöglichen. Ein Modell für die Spracherkennung muß also eine Architektur besitzen, die es ermöglicht, zeitlich aufeinanderfolgende Inputs (auch *spatiotemporale* Inputs' genannt) entsprechend zu verarbeiten.

Ein Beispiel dafür, daß wesentliche Informationen im Zeitverhalten des Signals stecken können, sind die Veränderungen von Features wie Formanten beim Übergang von einem Laut zum anderen. In Abb. 11.6 sind die *Formantverschiebungen* in den beiden Lautsequenzen [ba] und [ga] dargestellt

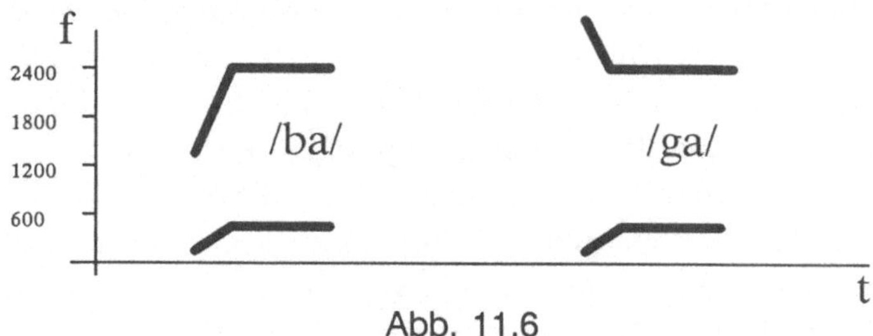

Abb. 11.6

(Borden & Harris 1984). Wesentlich zur Identifizierung des Konsonanten ist dabei, daß im ersten Fall die Formanten nahe beieinander beginnen und auseinandergehen, während sie im zweiten Fall zunächst weiter auseinander liegen und dann zusammenkommen. Die exakte Lage der Formanten ist in diesem Fall nicht so entscheidend.

Im engen Zusammenhang mit solchen sequentiellen Phänomenen muß das System auch *Zeitdauern* von "Segmenten" in Betracht ziehen können. Zum Beispiel unterscheiden sich die beiden englischen Wörter 'IMport' (Hauptwort

'der Import') und 'imPORT' (Zeitwort 'importieren') neben der Betonung vor
allem in der Länge der Silben (die längere der beiden Silben wurde mit Block-
buchstaben geschrieben). Ein weiteres Beispiel sind die beiden Wörter 'rabbit'
und 'rapid' im amerikanischen Englisch, die sich hauptsächlich .durch die
Dauer des ersten Vokals und des Verschlusses ('b' bzw. 'p') unterscheiden, und
nicht so sehr durch die Lautqualität des Verschlusses, der in beiden Fällen
stimmhaft ist (Port & Dalby 1982).

In anderen Fällen wiederum sind unterschiedliche Zeitdauern zu ver-
nachlässigen. Zu den erwähnten Variationen von Sprachsignalen gehört, daß
sich die Dauer von Wörtern und Lauten – beeinflußt von Sprechgeschwindig-
keit, Betonung und anderen Faktoren – stark ändern kann. Ein schneller
gesprochenes Wort besteht jedoch im allgemeinen nicht einfach aus im
gleichen Verhältnis verkürzten Lauten, sondern setzt sich aus verschieden stark
veränderten Segmenten zusammen. Vokale etwa werden sehr stark verkürzt,
während die Zeitdauer von Plosiven (z.B. [t]) fast unverändert bleiben kann.
Dieses Problem bzw. seine Lösung ist unter dem Begriff *time warping* bekannt
und verlangt eine komplexe und nicht-lineare Verarbeitung der sequentiell sich
ändernden Signale.

11.3.3.1 Konnektionistische Ansätze zur Verarbeitung spatiotemporaler Inputs

Sprachsignale unterscheiden sich aufgrund dieser wesentlichen zeitabhängigen
Aspekte von den Inputs, die bisher hauptsächlich im Rahmen neuronaler
Netzwerke besprochen wurden. Meistens war nämlich angenommen worden,
daß Inputsignale alle parallel an einem Input Layer anliegen und demnach
auch gleichzeitig verarbeitet werden können. Feedforward Netzwerke ohne
Schleifen waren dafür oft gut genug. Schon einige Male ist uns aber die Notwendigkeit für erweiterte Architekturen bewußt geworden, etwa bei der Verarbeitung von "syntaktischer" Struktur in den Inputs (siehe Kapitel 7). Dort
haben wir gesehen, daß zur Behandlung von Mustersequenzen am Input einfache schleifenlose Netzwerkarchitekturen nicht ausreichen. Das Problem, auf
das wir jetzt gestoßen sind, ist ein ähnliches. Zeitlich ausgedehnte Signale
können ja in Zeitintervalle diskretisiert werden (in sequentiellen Simulationen
müssen sie es sogar), wodurch sich ebenfalls eine Sequenz von Inputmustern
für das Netzwerk ergibt. Gefragt sind also Netzwerkarchitekturen, die mit Inputsequenzen statt eines einmalig parallel anliegenden Inputs umgehen
können. Einige Ansätze sollen nun kurz im Licht des Speech Recognition
Problems diskutiert werden.

Die naheliegendste Lösung ohne grundsätzliche Erweiterung der Feedforward-Architektur ist die, den Input Layer genügend groß zu machen, um mehrere Muster zu aufeinanderfolgenden Zeitschritten anlegen zu können, und den gesamten Input an diesem Fenster "vorbeistreichen" zu lassen. Diese Lösung wäre sozusagen eine *Parallelisierung* der Sequentialität. Eine ähnliche Variante haben wir bereits in den NetTalk und Netzsprech Modellen gesehen. Beim akustischen Sprachsignal müssen nun aus dem selben Grund mehrere Zeitintervalle gleichzeitig betrachtet werden, aus dem für Netzsprech fünf Input Clusters gewählt wurden – damit nämlich der Kontext benachbarter Intervalle, und somit eben die sequentielle Abfolge, mit berücksichtigt werden kann. Ein Modell, das sich dieser Technik (neben anderen Vernetzungsstrukturen) zur Speech Recognition bedient, ist TRACE (McClelland & Elman 1985, 1986), das später noch etwas ausführlicher beschrieben wird.

Der Vorteil einer Parallelisierung ist sicher, daß damit erprobte Architekturen wie Assoziationsnetzwerke oder der Interactive Activation Mechanismus ohne große Erweiterungen der Architektur eingesetzt werden können. Zu den großen Nachteilen zählen aber sicher die von vornherein beschränkte Größe des Inputfensters – wodurch die Anzahl der Zeitintervalle, die sich als Kontext auswirken können, streng eingegrenzt bleibt – sowie die notwendige Vervielfältigung von Architektur, wie dies anhand von TRACE noch offenbar werden wird. Außerdem ist das Problem des Time-Warpings mit dieser Methode kaum befriedigend zu lösen, da sich durch Verkürzen oder Verlängern der Zeitdauern Signalteile am Input verschieben und somit im allgemeinen neue unähnliche Muster erzeugen (vgl. dazu die Diskussion um Invarianzen im Abschnitt 11.4).

Ein weiterer möglicher Lösungsansatz für das Sequentialitätsproblem ist bei der Besprechung von möglichen Ansätzen für Phänomene des Kurzzeitgedächtnisses (STM, Kapitel 8) bereits kurz aufgetaucht. Da man die Fähigkeit, zeitlich aufeinanderfolgende Signale während der Verarbeitung miteinander in Beziehung zu bringen, bzw. einander beeinflussen zu lassen, als einen Aspekt des Kurzzeitgedächtnisses auffassen könnte, läge es nahe, so wie dort bereits vorgeschlagen, dynamische Muster einzuführen. Ein Vorteil der Methode, die Verarbeitung spatiotemporaler Inputs als Phänomen des STM zu modellieren, ergäbe sich daraus, daß dieser kurz zurückliegenden Mustern mehr Betonung gibt, was bei der Parallelisierung nicht der Fall war.

Der am weitesten verbreitete Ansatz basiert jedoch auf der bereits vorgestellten Architektur von Jordan (1986): In einem Feedforward-Assoziationsnetzwerk

werden Rückverbindungen vom Output Layer oder auch vom Hidden Layer
auf Teile des Input Layers eingeführt, sodaß momentane Netzwerkzustände
sich auf zukünftige Muster auswirken können. In Kapitel 7 wurde bereits
gezeigt, wie mit einem solchen Netzwerk Mustersequenzen erkannt und vervollständigt werden können. Im Falle der Erkennung gesprochener Sprache
liegt das Augenmerk auf zeitlich ausgedehnten Signalen, die eine Muster-
quenz mit folgenden Eigenschaften erzeugen: Erstens tendieren benachbarte
Muster dazu, einander sehr ähnlich zu sein, da sich das Signal im Vergleich
zur Abtastfrequenz nur langsam ändert. Zweitens ist oft die Anzahl von
aufeinanderfolgenden gleichen oder sehr ähnlichen Mustern entscheidend, da
Zeitdauern von Einzellauten sich oft auf eine Serie von gleichen oder zumindest ähnlichen Mustern abbilden, wie dies in Abb. 11.7 für das Beispiel der
beiden Wörter 'import' schematisch angedeutet ist. Ein 'i' stünde in diesem

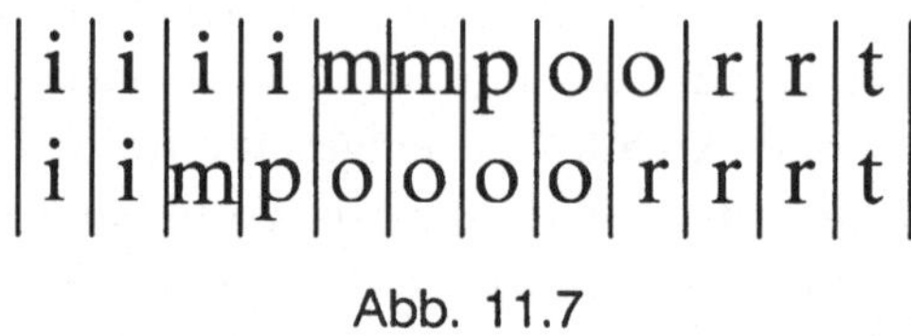

Abb. 11.7

Fall für den Lautwert eines [i], der über einige Zeit hinweg stationär bleibt.
Koartikulative Übergänge sind in dieser vereinfachten Darstellung noch nicht
berücksichtigt.

Diese Aspekte verleihen dem Problem im Vergleich zur Aufgabenstellung in
Kapitel 7 zwar eine eigene Note, dennoch können Architekturen wie das Jordan-Netz auch hier eingesetzt werden. Ein Beispiel ist das Modell von Elman
(1990), das in Kapitel 7 bereits vorgestellt wurde, und das sich auch auf
Speech anwenden läßt. Ein Aspekt, mit dem man normalerweise in der
Spracherkennung konfrontiert ist, wird durch diesen Ansatz allerdings nur
wenig berücksichtigt, nämlich der der *Abbildung*. Im allgemeinen will man ein
Signal, bzw. eine Mustersequenz nicht nur erkennen (also als bekannt klassifizieren), sondern auch auf einen konzeptuellen Zustand oder einen anderen
Output abbilden. Auch diese Aufgabenstellung wurde uns in Kapitel 7 bereits
bewußt. In einer Inputsequenz steckt Information, die bestimmte andere Muster als Response auslösen soll. Im Prinzip soll es sich also nach wie vor um
eine Assoziation handeln, wobei der Input nicht aus einzelnen, sondern aus
einer Serie von Mustern besteht.

Ein auf dem Jordan-Netz basierendes Modell, das eben solch eine Assoziation darstellt, ist jenes von Anderson et al. (1988). Dieses System setzt die fundamentale Jordan-Architektur ein, verwendet aber nicht Einzelmuster aus der Sequenz, sondern ein frei gewähltes neues Outputmuster als Target für das Training. Im vorliegenden Fall soll das Netzwerk zwischen mehreren Konsonant-Vokal-Sequenzen unterscheiden lernen, also wurde als Outputmuster eine Repräsentation der betreffenden Phonemsequenzen gewählt (z.B. [ba] oder [da]). Wie auch in anderen Systemen wurden aufgenommene Sprachsignale zu diskreten Zeitpunkten abgetastet und mehrere codierte Frequenzwerte (plus einiger zusätzlicher Parameter) als Inputmuster genommen.

Die Schwierigkeit beim Training liegt hier darin, daß der Output nicht den einzelnen Mustern, sondern der ganzen Sequenz zugeordnet werden sollte. Daher wird das gewünschte Outputmuster während des ganzen Ablaufs als Lehrer verwendet, allerdings mit variabler Stärke. Von Null beginnend wird es während der Präsentation der Inputsequenz linear sukzessive verstärkt. Der Input ungefähr in der Mitte der Sequenz – das entsprechende Zeitsegment und die Zustandsunits, die die Mitte ausdrücken – wird somit mit dem auf halben Wert aktivierten Output als Target trainiert. Am Anfang der Sequenz ist der Target gleich dem Nullmuster (hier kann ja auch noch keine Aussage getroffen werden), am Ende der voll aktivierte Output (zu diesem Zeitpunkt sollte ja bereits Sicherheit herrschen).

Abb. 11.8 zeigt die Outputaktivierungen der jeweiligen Repräsentationen nach dem Training während der Präsentation einer der Sequenzen (fett ausgezogene

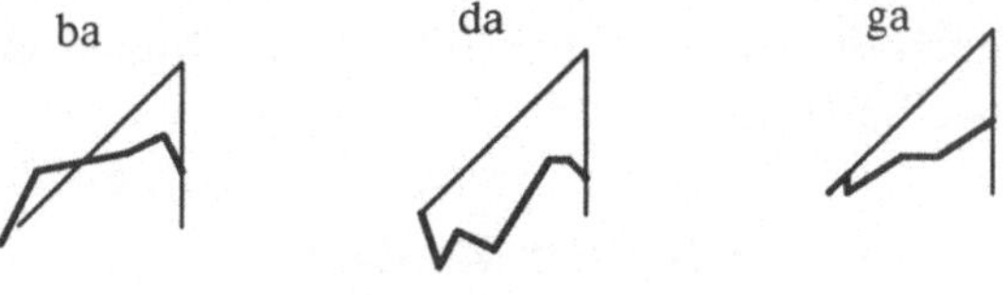

Abb. 11.8   nach Anderson et al. (1988)

Linien), und im Vergleich dazu der gewünschte lineare Anstieg, der während des Trainings gegeben war. Tatsächlich bleibt immer nur die korrekte Repräsentation am Ende aktiviert, wobei während des Sequenzablaufs ein (annähernd lineares) Ansteigen der Aktivierung festzustellen ist. Ein ganz ähnlicher Ansatz ist jener von Watrous & Shastri (1987).

Jordan-Netzwerke und ihre Weiterentwicklungen sind sicher erst der Anfang. Eine ganze Reihe von Modellen zur Behandlung des Sequenzenproblems ist in der Literatur zu finden, zu viele, um sie im Rahmen dieses Buchs detailliert vorzustellen. Zu erwähnen wären vielleicht noch Ansätze mit sogenannten *attractor transitions* (Bell 1988), *time delay neural networks* (Waibel & Hampshire 1989, siehe auch etwas später), und natürlich selbst-organisierende Ansätze wie jener von Mannes (1989). Dennoch kann das Problem noch nicht in seinem vollen Umfang als gelöst betrachtet werden.

Eine wesentliche Beobachtung, die auf eine der anfänglichen Diskussionen zurückkommt, ist die folgende: Bei Netzwerken, die Inputsequenzen verarbeiten, bauen sich kontinuierlich Aktivierungen auf. Je länger also ein stationäres Signal ist, d.h. je öfter der entsprechende Input präsentiert wird, desto stärker werden bestimmte Aktivierungsmuster im Netz. Dadurch wird Zeitdauerinformation in ein kontinuierlich aktiviertes Muster umgesetzt. Bei Übergang zu einem anderen stationären (oder auch nichtstationären) Signal wird die Aktivierung langsam von anderen Mustern abgelöst, bzw. verursacht zusammen mit dem ersten Muster ein neues. Durch diese Transformation in kontinuierliche Aktivierungsmuster kann man die gleiche Art von Flexibilität bezüglich Fehlern und Abweichungen in den Zeitdauern erreichen, die neuronale Netzwerke schon früher ausgezeichnet haben. Daraus folgt aber auch, daß so wie angekündigt eine exakte Festlegung einer Phonemgrenze nicht notwendig ist, da sich die Erkennung aus der Gesamtheit einander ablösender Muster ergibt, einzelne Zeitintervalle per se aber nicht absolut wesentlich sind. Wichtig ist also nur die Beobachtung, daß sich in einem kontinuierlichen Netzwerk auch dann eine ungefähre Zeitdauer einem Teil des Inputs zuordnen läßt, wenn sich keine eindeutigen Grenzen legen lassen. Die Dauer ist somit genauso wie Features implizit im Signal enthalten und muß nicht exakt lokalisierbar sein.

11.3.4 Erwartungen und zeitlicher Kontext

Eine weitere Beobachtung der sequentiellen Eigenschaften von Sprachsignalen und deren Verarbeitung schließt den Kreis dieser Untersuchung: Zu Beginn war davon die Rede, daß Kontexteffekte verschiedenster Art die Erkennung von gesprochener Sprache beeinflussen können. Diese Effekte sind Anlaß für subjektive, also vom Individuum und seinen Erfahrungen abhängige Zustände und Eindrücke, wie wir es am Beispiel der Phoneme gesehen haben. Nun kam ein weiterer solcher Kontexteffekt hinzu: die zeitliche Abfolge von Signalen bzw. Signalteilen. Dieser Effekt unterscheidet sich nicht wesentlich von allen anderen, er ist eben nur zeitlich und nicht räumlich ausgedehnt. Im

Netzwerkmodell heißt das nichts anderes, als daß zeitlich bedingte Aktivierungen die internen Zustände genauso beeinflussen können wie räumlich bedingte. Wir haben das sehr schön dadurch gesehen, daß die zeitliche Abhängigkeit entweder schon am Input, oder durch den Prozeß selbst in räumliche Aktivierungen umgesetzt werden müssen, die so wie alle anderen den Ablauf bestimmen. Im Jordan-Netzwerk etwa sind die Zustandsunits dafür verantwortlich, indem sie sozusagen das zeitliche Geschehen durch die Feedback-Verbindungen "aufzeichnen" und in ein stationäres Muster transformieren.

Erwartungen, die während der Perzeption einer Äußerung aufgestellt werden, unterscheiden sich im Modell also qualitativ nicht von Voraktivierungen, die sich aufgrund anderer Einflüsse – den momentan aktivierten Konzepte, Motivationen oder ähnliches – ergeben. Dies ist eine sehr angenehme Eigenschaft konnektionistischer Modelle, da für unterschiedliche Aspekte die gleiche Maschinerie eingesetzt werden kann (vergleiche Abschnitt 7.3.2).

11.3.5 Weitere Beispiele

Speech Recognition ist einer der größten Anwendungsbereiche für neuronale Netzwerke, da diese sich aus den erwähnten Gründen ausgezeichnet zur Lösung des Problems eignen, und der klassische Ansatz hier auf größere Grenzen gestoßen ist als in anderen Bereichen der AI. Drei implementierte Modelle sollen exemplarhaft vorgestellt werden.

11.3.5.1 Das TRACE Modell

Ein Modell der "frühen PDP-Stunde" rund um Rumelhart und McClelland ist das TRACE Modell (Elman & McClelland 1985, McClelland & Elman 1986). Dieses Modell entspricht keineswegs allen Ideen des sub-symbolischen Paradigmas, da es etwa eine Reihe von Repräsentationen von Features und Phonemen enthält. Wie schon andere Modelle kann es dennoch als ein gutes Beispiel herangezogen werden, anhand dessen man sich in Zukunft repräsentationsfreie Modelle vorstellen kann.

Die Grundstruktur von TRACE entspricht der Architektur mit dem Interactive Activation Algorithmus, die auch dem Worterkennungsmodell von McClelland & Rumelhart (1981) zugrundegelegen ist (siehe auch Abschnitt 2.4.2.1). Wieder werden prinzipiell drei Layer angenommen, deren höchster Units enthält, die den zu erkennenden Wörtern entsprechen (Abb. 11.9). An

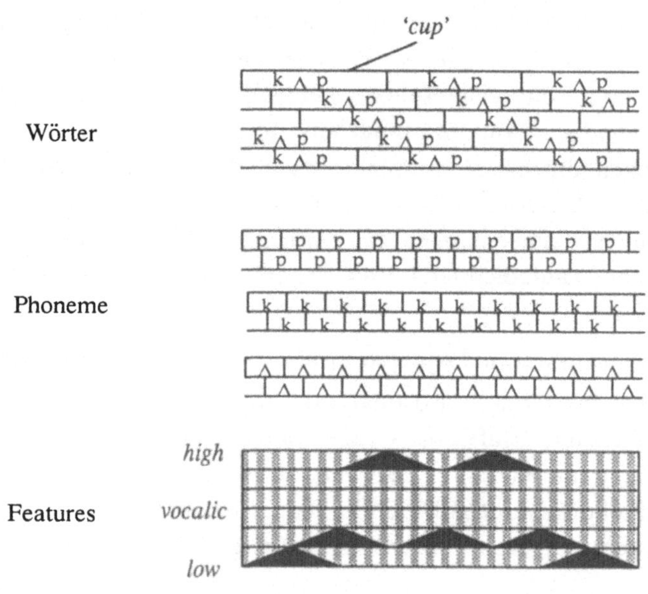

Abb. 11.9   nach McClelland & Elman (1986)

die Stelle der graphischen Features treten hier phonetisch-akustische
Merkmale wie unter anderem Formantfrequenzen oder die *Vokalität (vocalic)*.
Abb. 11.9 zeigt in der untersten Ebene eine Unit pro Zeitabschnitt und
Featureausprägung. Die schwarzen Dreiecke deuten linear ansteigende und ab-
fallende Aktivierung eines Features an. Buchstabenunits des Worterken-
nungsmodells werden hier durch Phonemunits ersetzt. Dabei sieht jeweils eine
Unit mehrere Abschnitte des Feature-Layers ein, was – wie auch im Wortlayer
– durch die Breite der die Units darstellenden Rechtecke angedeutet ist. Alle
Layers sind lateral und untereinander in beide Richtungen verbunden. Wieder
werden positive Gewichte zwischen verträglichen Hpothesen und negative
Gewichte zwischen unverträglichen eingeführt. In diesem Sinn entspricht das
Modell dem eingangs erwähnten Prinzip der gegenseitigen Befruchtung einzelner Ebenen. Kontexteffekte, die außerhalb der Erkennung einzelner Wörter
liegen, werden allerdings nicht miteinbezogen.

Interessant ist die Behandlung der zeitabhängigen Informationen. Wie bereits
angedeutet, wird das Problem durch ein weites Inputfenster gelöst, an dem der
Input "vorbeistreicht". Das Fenster ist mehrere Zeitintervalle groß und erlaubt
somit einzelnen Signalwerten, einen Einfluß auf zeitlich benachbarte Signalwerte auszuüben. Dies – und das ist ja für die Spracherkennung als wesentlich

erkannt worden – kann sowohl in Vorwärtsrichtung (im Sinne der schon besprochenen Erwartungen) als auch rückwirkend (im Sinne einer
nachträglichen Verfeinerung durch zusätzliche Inputs) geschehen.

Damit Kontexteinflüsse nun tatsächlich wirken können, müssen mehrere
Vorkehrungen getroffen werden: Zunächst müssen wie im originalen
Buchstabenmodell Teile der Architektur vervielfältigt werden. Jeder
Zeitabschnitt muß – so wie früher die Buchstabenpositionen im Wort – seine
eigenen Erkennungsunits auf den drei Ebenen besitzen. Danach müssen
Zuordnungen zwischen den Phonemen und den Wörtern, die diese an bestimmten Positionen enthalten, sowie zwischen Features und Phonemen in
Form von Verbindungen zwischen den Layern getroffen werden. Im Unterschied zum Buchstabenmodell kann dies aber hier nicht einfach anhand der
exakten Positionen geschehen, da wie gesagt Phoneme verschiedene Länge
haben können und außerdem noch Fehlereffekte berücksichtigt werden
müssen. Daher werden exzitatorische und inhibitorische Verbindungen zwischen Units in *mehreren* benachbarten Zeitrahmen eingeführt, mit Gewichtungen, die dem Abstand vom Zentrum dieses Intervalls umgekehrt proportional
sind. In Abb. 11.9 ist das durch Überlappungen der Bereiche der einzelnen
Units dargestellt, Abb. 11.10 zeigt das nochmals an einem kleinen Ausschnitt
des Gesamtnetzwerks. Pro Rahmen von drei Zeitintervallen existiert für jedes

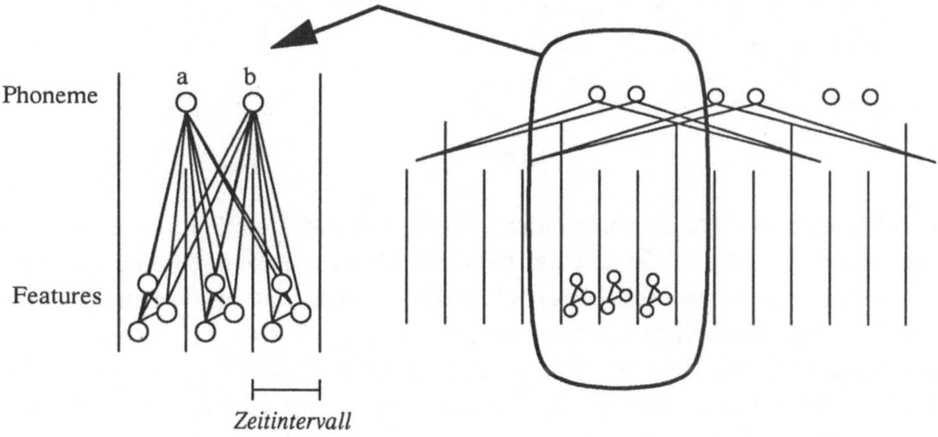

Abb. 11.10   nach Elman & McClelland (1985)

Phonem eine Unit. Eine solche Phonemunit empfängt positiven bzw.
negativen Input – je nach Verträglichkeit der Hypothesen – von allen

Featureunits innerhalb eines Rahmens von elf Zeitintervallen, am stärksten von der jeweils mittleren, etwas schwächer von den anderen. Eine ähnliche Verbindungsstruktur besteht zwischen Phonem- und Wortunits. Alle Verbindungen im TRACE-Modell wurden durch statistische Untersuchungen ermittelt und per Hand gesetzt, Lernen fand zunächst keines statt.

Durch diese Multiplikation der Architektur mit überlappenden Inputbereichen lassen sich viele der Effekte der Erkennung gesprochener Sprache nachvollziehen. Dazu wird das digitalisierte und diskretisierte Signal, räumlich ausgebreitet durch die Parallelisierung, vom linkesten Input Cluster beginnend am Fenster vorbeigezogen. 'Vorbeiziehen' bedeutet hier, daß nach jedem Update-Zyklus die Inputsequenz um ein Zeitintervall weitergerückt wird. Abb. 11.11 zeigt die Aktivierungen mehrerer Phonemunits in allen Rahmen am Anfang und am Ende der Präsentation der Lautsequenz [ba]. Im ersten Bild befindet

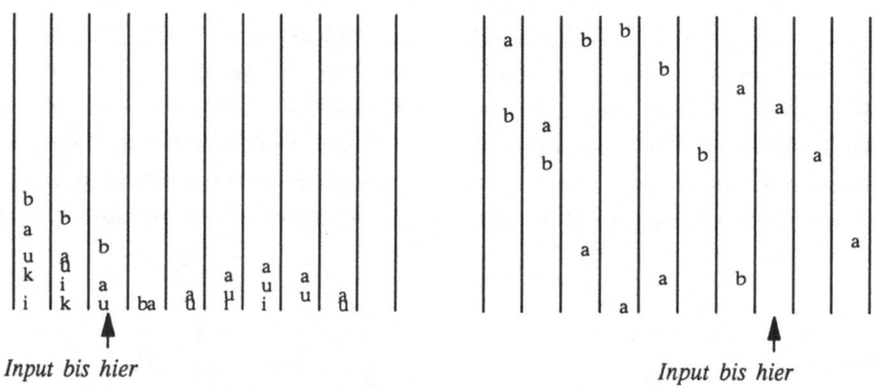

Abb. 11.11   nach Elman & McClelland (1985)

sich der Input an den Zeitintervallen 1 bis 6, also erst ziemlich am Anfang, wo noch nicht viel von der Sequenz sichtbar ist. Man beachte, daß dennoch einige Units hinter dem sechsten Intervall aktiviert sind, was als vorauswirkender Kontexteffekt betrachtet werden kann. Obwohl noch kaum etwas vom Vokal am Inputfenster sichtbar ist, sind die "Erwartungen" durch die multilateralen Verbindungen schon groß genug, um die [a]-Unit am stärksten zu aktivieren, wenn auch nur leicht über der [u]-Unit. Im zweiten Bild ist die Situation dargestellt, die sich ergibt, wenn der Input bis zum 21-ten Intervall vorgerückt ist. Hier ist bereits eine ziemlich eindeutige Entscheidung bezüglich der erkannten Phoneme getroffen worden, die Units [b] und [a] sind in den meisten der Position entsprechenden Rahmen am stärksten aktiviert. Man sieht, daß nicht nur der Input, sondern auch die Aktivierungen an den Erkennungsunits, die wie gesagt über die ganze Breite vervielfältigt sind, von links nach rechts wandern.

Abb. 11.12 zeigt die Entwicklung der Aktivierungen am Wortlayer, wenn ein teilweise gestörter Input angelegt wird. Als Beispiel wird ein Wort gewählt, das

Abb. 11.12   nach McClelland & Elman (1986)

eine "Mischung" zwischen [p] und [t][3] am Wortanfang und [luli] als Rest enthält. Weder [tluli] noch [pluli] sind englische Wörter, jedoch liegt das erste sehr nahe dem Wort 'truly'. Dieses Experiment entspricht fast exakt der Simulation mit dem teilweise verdeckten Input im Buchstabenmodell von Abschnitt 2.4.2.1. Nicht überraschend entwickeln sich daher die Aktivierungen der Phonem- und Wortunits ganz analog zu dort. Zunächst sind die beiden Units [p] und [t] gleich stark aktiviert, bis schließlich die wachsende Hypothese, daß es sich um das Wort 'truly' handeln könnte, das [t] über das [p] gewinnen läßt.

TRACE zeigt also sehr gut, wie ein massiv verbundenes Netzwerk die "chicken-and-egg" Probleme der Speech Recognition lösen, und Kontexteffekte (die gemäß Abb. 11.1 durch beliebige andere Einflüsse erweitert werden könnten) zur Erkennung miteinbeziehen kann. Man sieht auch, daß an keiner Stelle des Modells Phonemgrenzen angenommen werden müssen, diese könnten nur ungefähr – etwa am Übergang von [b] zu [a] in Abb. 11.12 – geortet werden. Außerdem müßten keineswegs alle Phonemunits voll aktiviert sein, bevor die eindeutige Erkennung eintritt, im Zusammenspiel von vielen Aspekten reichen einige Teilhypothesen dafür.

---

3 In dieser Version wurde künstlicher Input ("mock speech") verwendet, für den sich leicht solche Zwischenformen erzeugen lassen.

Auch die für die Erkennung wesentliche Informationsreduktion ist in TRACE verwirklicht. Von einem Input mit einer sehr großen Anzahl von Feature-Units ausgehend, werden schrittweise Zeitintervalle zusammengefaßt – wie aus der Verbindungsstruktur (Abb. 11.10) ersichtlich ist, die die Aktivierung von Phonem- und Wortunits bestimmt. Schließlich bleiben einige wenige Wortunits aktiviert, die Vielfalt hat sich also wesentlich verringert und mündet in einen kategorialen Zustand (das erkannte Wort).

Was das Modell jedoch nicht zeigt, ist die Entwicklung von Phonemen als sub-symbolische Konzepte in einem selbstorganisierenden Prozeß. Dazu müßten kompetitive Lernprozesse in einer Architektur, die das Konzept *Phonem* auf Metaebene repräsentiert, angenommen werden. Dennoch kann TRACE zum Verständnis einer sub-symbolischen Modellvorstellung der akustischen Spracherkennung sehr dienlich sein.

11.3.5.2 Phonotopic maps

Ein Modell, das die Selbstorganisation von phonemischen Zuständen realisiert, ist der konsequente Einsatz von Topographic Maps (siehe Abschnitt 2.4.4.3) zur Lautklassifizierung (Kohonen 1988) – sinnvollerweise *phonotopic maps* genannt. Phoneme, als Spektralvektoren präsentiert, werden toplogieerhaltend (oder besser: topologieerzeugend) auf Zustände in einem zweidimensionalen Layer kompetitiver Units abgebildet. Lautübergänge innerhalb von Wörtern äußern sich als Zustandsübergänge innerhalb dieser Ebene. Ein Wort hinterläßt also eine typische "Spur" von Aktivierungszentren, wie in Abb. 11.13 das finnische Wort 'humppila' (Kohonen 1988, S.19). Interessant ist, daß unter den Zwischenzuständen nicht alle eindeutig als ein bestimmtes Phonem interpretierbar sind (die Labels sind ja nur ungefähre Zuordnungen anhand von Beobachtungen). Besonders die Unterscheidung von Plosiven wie [p] und [t] erfolgt hauptsächlich aus der Verschiebungs*charakteristik,* statt aus der Position der Zustände selbst.

Dieses Modell wird praktisch im sogenannten "Phonetic typewriter", einem Spracherkennungssystem, das sprecherunabhängig Äußerungen verstehen kann, eingesetzt.

11.3.5.3 Modulares Erkennen und "connectionist glue"

Waibel & Hampshire (1989) stellen eine Methode vor, ein komplexes Speech Recognition System aus Modulen für die Erkennung und Unterscheidung ein-

Abb. 11.13   nach Kohonen (1988)

zelner Lautgruppen zusammenzusetzen. Im Prinzip geht auch er vom assoziativen Ansatz aus, wobei das Sequenzen- und Zeitproblem durch sogenannte *time delay neural networks* gelöst wird. Units in diesem Netzwerk empfangen und akkumulieren die Outputwerte von mehreren aufeinanderfolgenden Inputs – ebenfalls gewichtet – und können somit auf zeitliche Abfolgen und Übergänge reagieren, unabhängig von deren Lage im Input. Dies kommt wieder ungefähr einer Parallelisierung des sequentiellen Inputs gleich, wenn man sich die Units und ihre Aktivierungen zu aufeinanderfolgenden Zeitpunkten räumlich ausgebreitet denkt (Abb. 11.14). In dieser Paral-

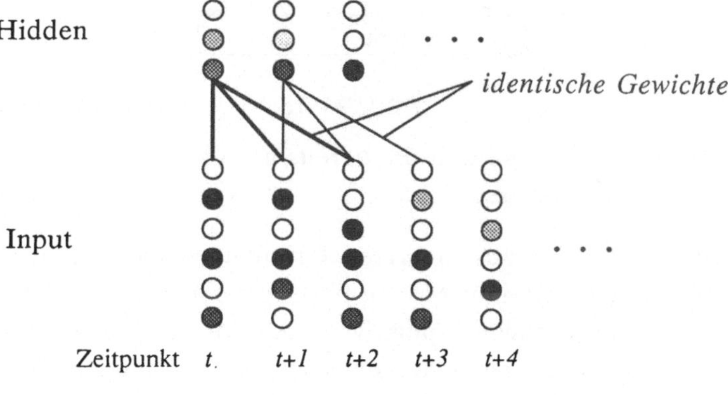

Abb. 11.14   nach Waibel & Hampshire (1989)

lelisierung sieht jede Hidden Unit einen fixen Bereich ein, wobei entsprechende Gewichte der selben Hidden Unit zu verschiedenen Zeit-

punkten identisch sind. In Abbildung 11.14 ist die Parallelisierung mit sechs
Input Units, drei Hidden Units und fünf Zeitintervallen am Input dargestellt.

Ein interessanter Aspekt des Modells ist nun der folgende: Während ein
Netzwerk zur Unterscheidung von drei Konsonanten relativ einfach konstruiert
und trainiert werden kann, erfordert die Vergößerung auf sechs oder gar
sämtliche Phoneme einer Sprache eine exponentiell ansteigende Rechenzeit.
Daher schlägt Waibel vor, kleinere Netzwerke auf Phonemgruppen (wie [p], [t]
und [k]) zu trainieren und diese dann zu einem größeren Netzwerk zu verbinden. Damit bei dieser modularen Zusammensetzung die Vorteile des verteilten
Ansatzes nicht verloren gehen, müssen zusätzliche Hidden Units mit freien
Gewichten eingeführt werden, die Waibel bezeichnenderweise als "connectionist glue" (Klebstoff) bezeichnet (Abb.11.15). Das gesamte Netzwerk wird

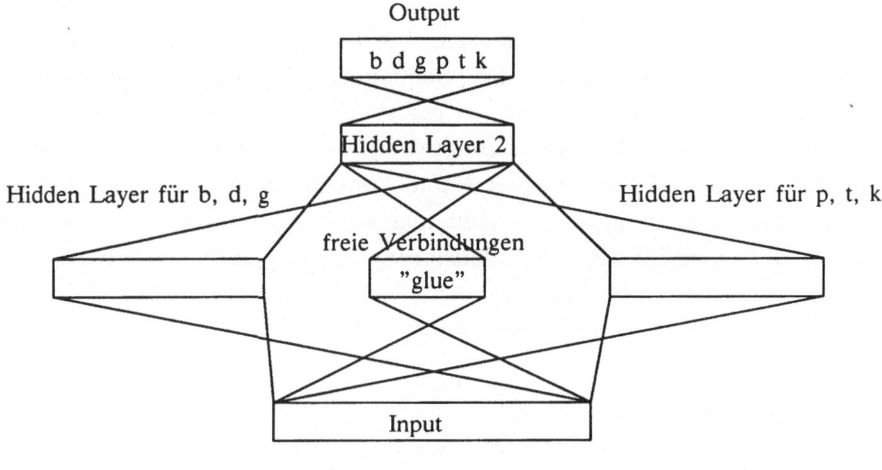

Abb. 11.15   nach Waibel & Hampshire (1989)

sodann neu trainiert, wobei sich die bereits geänderten Gewichte der Modul-
netze nur mehr fein justieren.

Ansätze wie dieser sind aus mehreren Gründen vielversprechend. Zunächst
scheint ein komplett verteiltes Modell für ein komplexes Problem wenig sinnvoll, weil meist nur ähnliche Inputs (wie eben [p], [t] und [k]) einander stark
beeinflussen, und weil das Erlernen von neuen Inputs nicht immer die
bisherigen Resultate beeinflussen soll (siehe dazu auch Abschnitt 12.5).
Außerdem ist im Sinne einer praktischen Realisierbarkeit der Modelle eine
nicht exponentiell ansteigende Rechenzeit für Modellvergrößerungen eine
äußerst wertvolle Eigenschaft (siehe auch Kapitel 15).

11.4 Visuelle Mustererkennung – Vision

Eine zweite wichtige – wenn nicht sogar die wichtigste – Möglichkeit für den
Menschen, Information aus der Umwelt aufzunehmen, ist der visuelle Sinn,
das Sehen. Daher ist es für AI-Systeme von großer Bedeutung, über eine Komponente zur visuellen Mustererkennung – sozusagen "künstliches Sehen", im
Englischen *vision* – zu verfügen. Lichtreize, auf Unitaktivierungen umgesetzt,
bilden also in konnektionistischen Modellen eine primäre Quelle für direkt
verankerte Represäntationen.

Im einfachsten Fall wird ein visueller Reiz – ein Bild – ähnlich wie in einer
Videokamera in Bildpunkte (sogenannte *Pixel*) auf einem zweidimensionalen
Raster aufgeteilt. Die naheliegendste Methode, diese Bildpunkte als Input für
ein Netzwerk zu verwenden, ist, jedem Pixel eine Input Unit zuzuordnen und
diese proportional zum Grauwert des Pixels zu aktivieren. Dies entspräche
auch im groben der Situation in der menschlichen Netzhaut (*Retina*), wo lichtempfindliche Neuronen sitzen, die abhängig vom Reiz feuern. "Direkt
verankert" sind diese Repräsentationen deswegen, da sie selbst-evidente
Codierungen der Umweltreize darstellen, und sich Ähnlichkeiten im Code
ganz automatisch aus Ähnlichkeiten in den Reizen ergeben. Etwas später werden wir sehen, daß diese Sicht doch bei weitem zu vereinfacht ist.

Wieder werden sich primär Assoziationsnetzwerke mit Feedback anbieten, die
Bilder in der eben genannten Form über informationsreduzierende Zwischenlayer auf konzeptuelle Zustände oder andere Outputs abbilden. Solange nicht
von bewegten Bildern ausgegangen wird, handelt es sich primär um eine parallele Verarbeitung, das Sequentialitätsproblem ist also zunächst nicht so vorherrschend wie bei der Speech Recognition. In den nun folgenden Abschnitten
soll anhand einiger wesentlicher Aspekte visueller Mustererkennung gezeigt
werden, daß der einfache Feedforward-Ansatz jedoch nicht ohne wesentliche
Erweiterungen auskommen wird.

11.4.1 Invarianzen

Eine wesentliche Forderung an die Mustererkennung, die sich aus einfachen
Beobachtungen ergibt, ist die folgende: Die Erkennung muß invariant sein
gegenüber Transformationen wie Verschiebung (*Translation*), Größenveränderung und Drehung (*Rotation*). Das heißt, Muster müssen auch dann
erkannt werden, wenn sie innerhalb des Inputfeldes verschoben, vergrößert
oder verkleinert, oder gedreht worden sind (oder durch Kombinationen davon

entstanden sind). Sehen wir uns dazu Abb. 11.16 an.[4] Angenommen, ein Sy-

Original	Translation	Größe	Rotation

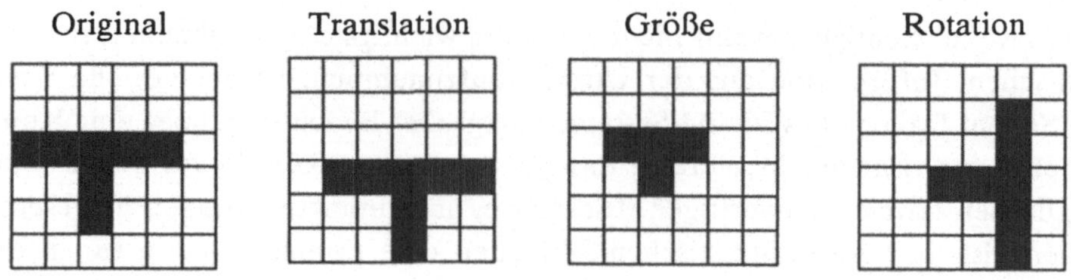

Abb. 11.16

stem könnte das erste der vier Muster erkennen und klassifizieren. Dann erwartet man sich von einer plausiblen Erkennung, daß es ohne zusätzliches Training auch die drei anderen Muster genauso klassifiziert, die aus dem ersten durch einfache Verschiebung, Verkleinerung, bzw. Drehung hervorgehen. Man erwartet sich dies deswegen, da es uns Menschen ein leichtes ist, von den Transformationen zu abstrahieren und das gegebene Muster in allen Fällen zu erkennen.

Kommen wir aber auf das Grundmodell des Assoziationsnetzwerkes zurück, das wir ja zunächst als adäquat für die Mustererkennung angesehen haben. Ein Assoziationsnetzwerk arbeitet an Musterähnlichkeiten, die – wie in Abschnitt 3.1.1 klar wurde – zumindest für binäre Aktivierungen durch Musterüberlappung, das heißt Unit-für-Unit Übereinstimmung, definiert ist. Dieses Maß für die Ähnlichkeit könnte man auch *Hammingdistanz* – in Anlehnung an das Maß für die Übereinstimmung binärer Codes – nennen. Das Netz kann nur generalisieren, d.h. neue Inputs wie bekannte behandeln, wenn starke Ähnlichkeiten vorliegen. Um also ausgehend von der Erkennung des ersten Muster in Abb.11.16 automatisch die anderen drei zu erkennen, müßten alle vier Muster starke Unitüberlappungen aufweisen können. Ein einfacher Blick auf die Muster zeigt uns, daß dies zum Großteil nicht so ist. Das zweite Muster (Translation) hat mit dem ersten nur eine einzige Unit gemeinsam, aber nicht einmal das müßte bei einer Verschiebung der Fall sein. Das dritte Muster weist noch die stärksten Ähnlichkeiten auf, jedoch beruht dies auf der Besonderheit des Musters, wonach eine Verkleinerung relativ viele Units gleich beläßt. Auch diese starke Überlappung müßte also nicht sein. Schließlich bleibt noch die

---

4 Hier und in den folgenden Abschnitten werden extrem einfache und "künstliche" Bilder als Beispiele verwendet. Dies nur deswegen, um das Verhalten der Netzwerke anhand einzelner Units zu demonstrieren.

Rotation, die, wie man sieht, auch wenige bis gar keine Unit vom Originalmuster aktiviert läßt.

Wir haben also eine weitere starke Einschränkung assoziativer Netzwerke in ihrer einfachen Form entdeckt, bzw. wiederentdeckt, da sie uns bei der Besprechung des Competitive Learning schon einmal untergekommen ist (siehe Abschnitt 8.2.3). Rumelhart & Zipser (1985) haben bereits demonstriert, wie viele vom Menschen mit Leichtigkeit erkannte Muster von einem solch einfachen Netzwerk nicht oder nur mit "Tricks" erfaßbar sind. In ihrem Fall sollte das Netzwerk lernen, zwischen horizontalen und vertikalen Linien zu unterscheiden. Werden allerdings horizontale Linien in der Ebene verschoben, so haben sie überhaupt keine Unit mehr gemeinsam (siehe Abb. 8.4). Schlimmer noch, sozusagen durch "Zufall" hat jede vertikale Linie mit jeder horizontalen genau eine Unit gemeinsam, zeigt für das Netzwerk also stärkere Ähnlichkeit mit diesen als mit anderen vertikalen Linien. Die Lösung, die die Autoren vorschlagen, bedient sich mehrerer Layers und eines Teaching Inputs, der explizit horizontale Linien einander ähnlich macht. Das Netzwerk muß also während des Trainings förmlich gezwungen werden, bestimmte Muster gleich zu klassifizieren. In einem plausiblen Erkennungsmodell sollte dies aber auf "natürliche" Art und Weise, also automatisch erfolgen.

Wir müssen demnach das Konzept der *Musterähnlichkeiten* in neuronalen Netzwerken erweitern. Bevor wir dies versuchen, sollen einzelne Invarianzen noch etwas näher betrachtet werden, und außerdem weitere Probleme bei subjektiven Ähnlichkeiten aufgezeigt werden.

Die *Translationsinvarianz*, wenn genauer beobachtet, scheint nur zum Teil relevant zu sein. Auch als Mensch kann man ein Objekt nicht auf jeder beliebigen Stelle auf der Netzhaut erkennen, man muß zunächst das zu erkennende Muster in den Mittelpunkt der Retina stellen, oder – wie man es nennt – *zentrieren* und *fokussieren*. Das Problem ließe sich im ersten Schritt also so lösen, daß ein Muster immer zunächst in den Mittelpunkt gerückt wird, bevor der Erkennungsvorgang beginnen kann. Einige Ansätze der konnektionistischen Mustererkennung bedienen sich dieser Methode (siehe später), doch ist damit das Problem sicher nicht aus der Welt geschafft. Erstens muß es nicht für alle Muster einfach sein, einen eindeutigen Mittelpunkt (oder sozusagen den "Musterschwerpunkt") zu finden, zweitens bleibt im allgemeinen das visuelle Feld groß genug, um bei komplexen Mustern die Translationsinvarianz wieder wesentlich erscheinen zu lassen.

Betrachten wir dazu die beiden Muster in Abb. 11.17. Obwohl global gesehen

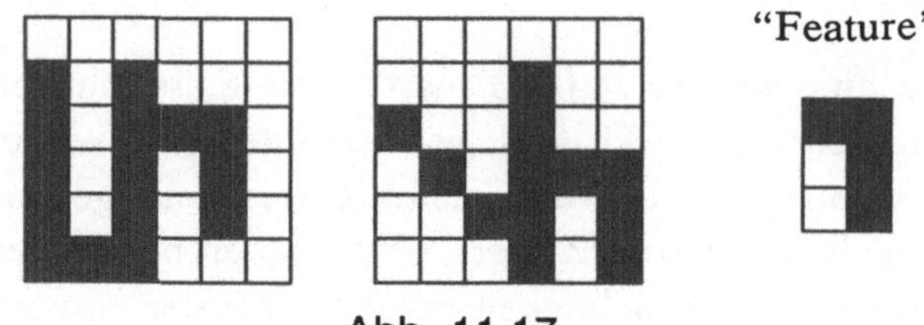

Abb. 11.17

unähnlich, haben sie dennoch ein Merkmal (Feature) in Form eines Teilmusters gemeinsam. In gewissen Situationen sollten sie also gleich klassifiziert werden. Wir sehen, daß Mustererkennung nicht auf globale Ähnlichkeiten beschränkt bleiben kann, sondern auch Teilmuster berücksichtigen muß. Für solche Teilmuster ergibt sich aber wieder das gleiche Problem wie vorhin, nämlich, daß sie an verschiedenen Stellen auftreten können (wie in Abb. 11.17), die Erkennung also wieder translationsinvariant sein muß. Die Frage, die sich hier natürlich stellt, ist, inwieweit solche Features vom Menschen unbewußt bei der Erkennung des Ganzen erfaßt werden. Erst wenn dies der Fall ist, müßten sie im rein assoziativen Ansatz auch berücksichtigt werden, da wir ja von einem natürlichen und plausiblen Modell ausgehen wollen. Dazu aber mehr in Kapitel 12.

Das Problem der *Größeninvarianz* scheint am relevantesten von allen zu sein, da sie sich nicht einfach durch normalisierende Prozesse wie Fokussierung erklären läßt. Wir Menschen sind in erstaunlichen Bandbreiten fähig, Muster in verschiedenen Größen zu verarbeiten. Wir erkennen etwa uns bekannte Gesichter auch schon aus weiter Entfernung, obwohl die objektiven Muster, die sich auf der Retina ergeben müßten, kaum Ähnlichkeiten mit den Eindrücken beim Betrachten aus der Nähe aufweisen.

Rotationsinvarianz hingegen scheint auch der Mensch zum Großteil nicht zu besitzen. Es gibt Experimente, die zeigen, daß der Mensch so etwas wie eine *"mentale Rotation"* bei der Erkennung von gedrehten Objekten durchführt, da Antwortzeiten sich im allgemeinen als proportional zum Drehwinkel herausstellen (Shepard & Metzler 1971). Auch ist es keineswegs trivial, ohne Übung etwa eine um 180 Grad oder sogar weniger gedrehte Schrift zu lesen. Offensichtlich wird also Rotation mental ausgeglichen, bevor es zur Erkennung kommt. Die Restriktion für Netzwerke, die sich aus Rotationsveränderungen ergeben, scheinen also zunächst nicht so dramatisch

zu sein, was natürlich noch offen läßt, wie ein Vorgang wie mentale Rotation
zu modellieren wäre.

11.4.2 Andere subjektive Ähnlichkeiten

Abb. 11.18 demonstriert weitere starke Einschränkungen, wenn man die für
Netzwerke erkennbaren Ähnlichkeiten mit den von uns Menschen subjektiv
empfundenen vergleicht. Gehen wir wieder von einem Originalmuster aus,

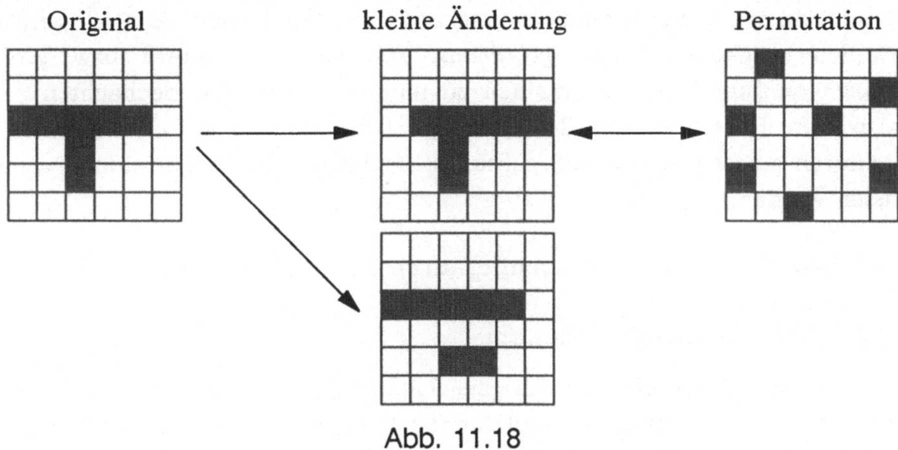

Abb. 11.18

und verändern das Bild unitweise. Vom linken 'T'-Muster ausgehend können
wir die beiden Muster in der Mitte erzeugen, indem wir jeweils eine aktivierte
Unit deaktivieren (von *1* auf *0* setzen, bzw, den Bildpunkt von schwarz auf
weiß ändern) und eine dekativierte Unit aktivieren (umgekehrter Vorgang).
Die Hammingdistanz beider sich so ergebender Muster zum Original ist gleich
2. Für das Netzwerk sind also beide gleich ähnlich zum Original und können
daher nicht ohne weiteres qualitativ unterschiedlich behandelt werden. Subjektiv würden wir als Beobachter jedoch sagen, daß das obere der beiden Muster
ähnlicher dem Original ist als das untere. Eine Erklärung dafür wäre, daß
ersteres noch ungefähr der originalen 'T'-Form entspricht, während das untere
eher als zwei unzusammenhängende Linien gesehen wird.

Noch viel dramatischer wird die Demonstration, wenn wir von der Tatsache
ausgehen, daß das Originalmuster aus sieben aktivierten Units (von 30) besteht
und nun einfach sieben beliebige andere Units aktivieren. Es entsteht dabei ein
Muster, daß Beobachter wohl kaum als irgend einem anderen Muster ähnlich
bezeichnen würden, da es eine völlig unzusammenhängende Permutation von
Punkten darstellt. Für das Netzwerk ist aber sowohl das Original als auch die

Permutation nichts anderes als sieben aktivierte Units von insgesamt 30, es kann keinen *qualitativen* Unterschied feststellen und in der Klassifikation berücksichtigen. Es wird die Muster zwar keineswegs als ähnlich erkennen, aber es wir die Permutation genauso leicht in irgendeine Kategorie werfen können wie das Original.

Der Grund für das unplausible Verhalten in beiden Beispielen scheint darin zu liegen, daß das Netzwerk nicht erkennen kann, was *zusammenhängend* bedeutet, da es die Input Units als ungeordnete Menge sieht. Ähnlich wird es auch Schwierigkeiten haben, *gekrümmte* von *geraden* Mustern, bzw. große *Flächen* von *Linien* im allgemeinen zu unterscheiden. Wir beobachten also eine weitere Einschränkung des einfachen Ansatzes, der mit erweiterten Architekturen gelöst werden muß. Lösungsvorschläge dafür sollen nun kurz angerissen werden.

11.4.3 Erweiterte Netzwerkarchitekturen zur Mustererkennung

11.4.3.1 Nachbarschaftsbeziehungen

Einer der primären Gründe für die Unzulänglichkeit bisher betrachteter Musterähnlichkeiten ist sicher die fehlende Nachbarschaftsbeziehung zwischen den Units im Input Layer. Bildpunkte werden als ungeordnete Menge dem Netzwerk übergeben, wodurch entscheidende Information verloren geht. Die Darstellung des Input Layers als zweidimensionale Matrix ist hier eigentlich irreführend, da sie uns als Beobachtern eine solche Struktur nahelegt, die aber in den Aktivierungen und Verbindungen keineswegs ausgedrückt ist. Solange etwa keine lateralen Verbindungen oder andere Abhängigkeiten zwischen den Input Units eingeführt werden, können das 'T'-Muster in Abb. 11.18 und das Permutationsmuster in der selben Abbildung keineswegs qualitativ unterschiedlich sein. Wir hätten also zur Darstellung auch letzteres Muster nehmen und immer noch ein 'T' meinen können, ohne daß sich für das Netzwerk etwas ändert.

Ein erster Schritt in Richtung einer Erweiterung des Netzwerkansatzes ist also, die zweidimensionale Struktur der Input Units auch in der Verbindungsstruktur widerspiegeln zu lassen. Man könnte etwa im *nxn* Raster jede Unit mit den unmittelbar danebenliegenden Units verbinden (Abb. 11.19a). Unmittelbar benachbart könnte man in diesem Schema die vier angrenzenden Units (starkes Gewicht) und außerdem die vier diagonal anliegenden Units (schwächeres Gewicht) betrachten. Um Nachbarschaft besser definieren zu

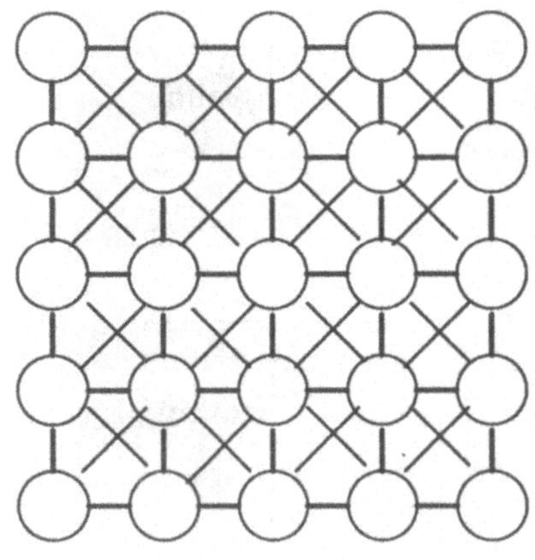

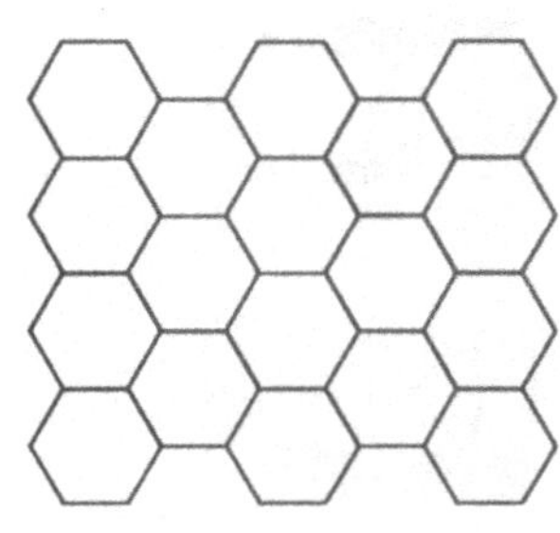

Abb. 11.19a   Abb. 11.19b

können, empfiehlt sich auch eine Anordnung der Bildpunkte in hexagonale Felder (Abb. 11.19b). Die Aktivierung einer Unit ergibt sich somit aus der gewichteten Summe von externem Input (so wie bisher) und den Aktivierungen der anderen benachbarten Units. Ein Bildpunkt tendiert daher, nicht nur die direkt entsprechende Unit, sondern auch alle benachbarte Units zu aktivieren. Der externe Input wirkt im Falle eines Übergangs von schwarz auf weiß (oder umgekehrt) dagegen, im Fälle von Flächen der gleichen Helligkeit in die gleiche Richtung. Dadurch ergeben sich bei unzusammenhängenden Mustern andere Aktivierungen als bei zusammenhängenden. Ähnliche Überlegungen können gemacht werden, wenn man benachbarte Units einander hemmen läßt. Dieser Ansatz zeigt starke Ähnlichkeiten mit der sogenannten *lateralen Inhibition* (siehe zum Beispiel Guttmann 1982), derer sich die menschliche Retina offensichtlich zur Kontrastverstärkung zunutze macht. Durch Lichtreize feuernde Neuronen tendieren dabei, ihre Nachbarn zu hemmen.

Betrachten wir als Beispiel die drei Muster aus Abb. 11.18 nochmals in Abb. 11.20. Zur besseren Darstellung wurde statt der bisherigen 0-Aktivierung eine leicht positive Aktivierung (etwa 0.2) gewählt. Dadurch haben zunächst alle Units einen Einfluß auf die Verarbeitung, sodaß wir Unterschiede in den Überlappungen besser beobachten können. Ähnliche Überlegungen wären aber auch für binäre 0- und 1-Werte möglich, wenn prinzipiell negative Aktivierungen zugelassen sind. Weiters wird angenommen, daß die Gewichte

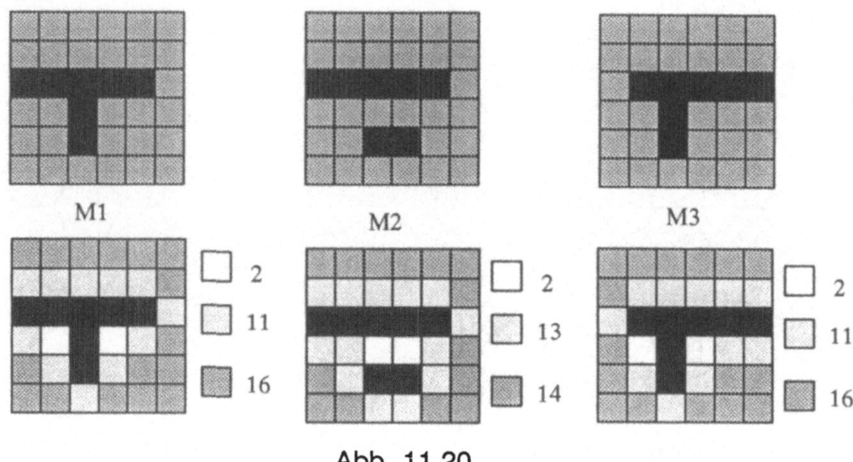

Abb. 11.20

zwischen benachbarten Units (nur direkt anliegende, keine Diagonalen) leicht negativ sind, die Nachbarn also unterdrückt werden.

Die obere Reihe in Abb. 11.20 zeigt die Aktivierungen ohne Nachbarschaftseinfluß. Muster M1 und M2, bzw. M1 und M3 unterscheiden sich in genau 2 Units, so wie zuvor. Daher werden M2 und M3 als gleich ähnlich zu M1 betrachtet. Die untere Reihe zeigt das Muster, nachdem in einem Zyklus aktivierte Units ihre direkten Nachbarn hemmen. Nun stellt man fest, daß Muster M1 und M3 einander weiterhin in 2 Units unterscheiden, M1 und M2 aber in 4. Daher ist tatsächlich M2 "unähnlicher" geworden als M3. Dies läßt sich ganz einfach folgendermaßen erklären: Unzusammenhängende Muster wie M2 haben mehr "offene Flächen" zu umgebenden Nachbarn als zusammenhängende. In der geometrischen Darstellung von Abb. 11.19 sind damit die Kanten der schwarzen Quadrate gemeint. M2 besitzt 17 solcher Kanten, M1 und M3 nur 15. Dadurch kann ein unzusammenhängendes Muster seine Nachbarn stärker unterdrücken als ein zusammenhängendes, was Anlaß für unterschiedliche Muster gibt. Dies ist auch daran zu sehen, daß M2 nun 13 schwächer aktivierte Units (☐) enthält, M3 nur 11. Der Effekt ist für diesen einfachen Fall nicht sehr groß, bedeutet aber einen ersten Schritt in Richtung einer Erkennung von *Zusammengehörigkeit*.

Eine andere Möglichkeit, Nachbarschaftsbeziehungen in das Modell einzubauen, wäre der Ansatz, den Lernerfolg einer Unit, bzw. die Gewichtsänderung einer Verbindung lateral gemäß der zweidimensionalen Struktur auszubreiten. In Abb. 11.21 ist dies für den eindimensionalen Fall dargestellt. Wird gemäß einer momentanen Konfiguration, beim supervised

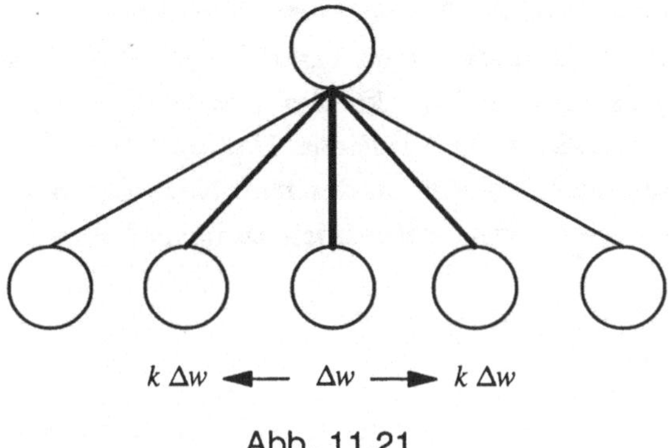

Abb. 11.21

oder auch beim unsupervised learning, das Gewicht einer Verbindung geändert (Δw), so kann man entsprechende benachbarte Gewichte mit dem selben Wert, oder einen durch einen Faktor abgeschwächten proportionalen Wert ebenfalls ändern. Wird zum Beispiel das Gewicht w_{ij} um Δw geändert, so ändert man die Gewichte w_{ij+1} und w_{ij-1} ebenfalls, und zwar mit $k\Delta w$, $k\leq 1$. Ein Feature, das an Stelle j entdeckt wird, kann damit also automatisch auch an den Stellen $j+1$ und $j-1$ – um k abgeschwächt – erkannt werden. Das Translationsproblem kann damit in lokalen Bereichen des Netzwerkes gelöst werden, wobei Nachbarschaft nicht nur über eine sondern über mehrere Units hinweg definiert werden kann. Im Prinzip entspricht das Ergebnis jenem, das man dadurch erzielen könnte, daß man einfach das gegebene Muster n Mal an verschiedenen Positionen präsentiert.

Allerdings hat dieser Ansatz sehr starke Grenzen. Er kann nur funktionieren, wenn die Nachbarschaft über nicht zu weite Bereiche ausgedehnt wird, und das durch die betreffende Hidden Unit zu erkennende Feature nicht zu viele aktive Units beinhaltet. Wie man nämlich leicht erkennt, kann es durch diese laterale Ausbreitung des Lernerfolgs schnell zu einer Übersensibilisierung der Unit kommen. Angenommen, die Unit entdeckt ein Feature, bei dem jede dritte Unit maximal aktiviert ist. Dann werden die Gewichte an den Verbindungen, die von jeder dritten Input Unit ausgehen, sehr stark werden. Läßt man nun auch noch die jeweils benachbarten Verbindungen mitlernen, so wird die Unit schließlich auf *alle* Input Units ansprechen, also eigentlich nichts mehr erkennen.

Demnach kann man durch laterale Ausbreitung nur lokale Translationsinvarianzen beherrschen, wenn sich alle Hidden Units auf relativ kleine Features des Musters spezialisieren. Ist dies nicht der Fall, kann der Ansatz die Performanz, wie wir soeben gesehen haben, verschlechtern. Vielmehr wird verlangt, daß nicht mehr jede Hidden Unit für den gesamten Input verantwortlich ist, sondern nur einen gewissen Teil einsieht. Dadurch erreicht auch der Hidden Layer eine geometrische Struktur, in der man Nachbarschaft definieren kann. Auf diesen Ansatz wird etwas später noch zurückgekommen.

11.4.3.2 Featuredetektoren

Bisher wurde vom Ansatz ausgegangen, daß eine Unit einem Bildpunkt im Sinne der Stärke des Lichtreizes an einer bestimmten Stelle entspricht. Die Unzulänglichkeit der bisher beschriebenen Netzwerke kann durchaus daran liegen, daß dieser Ansatz zu einfach ist. Ein kurzer Blick auf biologische Neuronen in der Retina scheint dies zu bestätigen. Dort kann man feststellen, daß verschiedene Neuronen auf primitive Features auf unterster Ebene ansprechen. Ein bekanntes Beispiel sind die sogenannten *on-center-off-surround* und *off-center-on-surround* Neuronen, die ein etwa kreisförmiges sensitives Feld besitzen, wobei zwischen dem Zentrum und dem umliegenden Feld unterschieden wird (Baron 1987). Erstere feuern dann, wenn das Zentrum im Vergleich zum Umfeld angeregt wird, bei zweiteren ist es genau umgekehrt. Es gibt aber auch Indizien dafür, daß andere spezialisierte Neuronen auf vertikale oder horizontale Übergänge oder ähnliche primitive geometrische Features ansprechen.

Anhand dieser Beobachtungen bietet sich eine der schon öfter zitierten Anleihen am biologischen Vorbild an. Ohne ein Modell in seiner Allgemeinheit zu beschränken, könnte man also primitive Featuredetektoren einbauen, im Sinne von Units, die nicht auf eine reine hell/dunkel Unterscheidung spezialisiert sind, sondern abhängig von primitiven *Helligkeitsübergängen* aktiviert werden. In Abb. 11.22 sind einige Vorschläge dargestellt. Ein Typ von Unit könnte etwa auf horizontale hell/dunkel Übergänge ansprechen, ein weiterer Typ auf vertikale Übergänge. Bei schrägen Übergängen wären beide Typen verlaufend mehr oder weniger schwach aktiviert. Sogar Detektoren für primitive konkave und konvexe Übergänge wären möglich, ja es ist sogar denkbar, daß ohne solche Detektoren die Unterscheidung von gekrümmten von geraden Objekten in seiner Allgemeinheit nicht möglich wäre. Schließlich

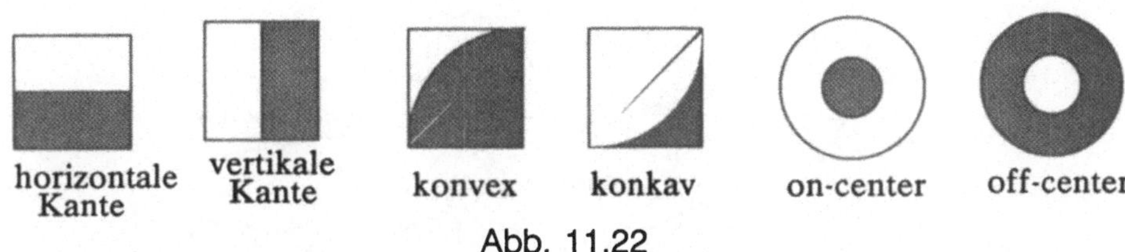

Abb. 11.22

könnte man in einer direkten Analogie zu den Neuronen der Retina *on-center* und *off-center Units* entwerfen

Einem Bildpunkt können in dieser Erweiterung somit mehrere Units zugeordnet werden, wie in Abb. 11.23 angedeutet. Neben der bewährten hell/

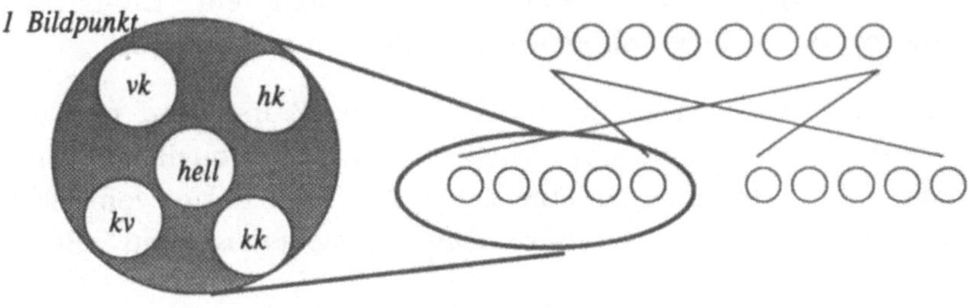

Abb. 11.23

dunkel Unterscheidung müßten mehrere Units für jedes betrachtete Feature in das Netzwerk eingefügt werden. Nachbarschaftsbeziehungen, wie im letzten Abschnitt beschrieben, müßten zwischen ganzen solchen Gruppen von Units eingeführt werden. Die Wirkungsweise dieses Ansatzes entsteht primär dadurch, daß durch die vermehrte Unitanzahl neuartige Ähnlichkeitsstrukturen ins Spiel kommen.

In einer anderen Sichtweise werden Featuredetektoren nicht auf der Bildpunktebene selbst, sondern eine Ebene tiefer im Modell angesetzt, die zwischen Input Layer und dem ersten Hidden Layer eingefügt wird. Diese Ebene müßte ebenso wie der Input zweidimensionale Struktur besitzen. Auf diese Weise können Detektoren mehrere Bildpunkte zusammenfassen (auch überlappend) und mit diesen festverdrahtete Verbindungen besitzen. Um die Bildpunktinformation selbst auch auf weitere Layer wirken zu lassen, müßten auch Direktverbindungen (*shortcut connections*) zwischen Input und erstem Hidden Layer existieren. Abb. 11.24 zeigt eine solche Architektur. Es ist übrigens wert zu erwähnen, daß auch das Original-Perceptron von Rosenblatt (1961) eine ähnliche Struktur besaß. Ausgehend von den Pixels eines Bildes

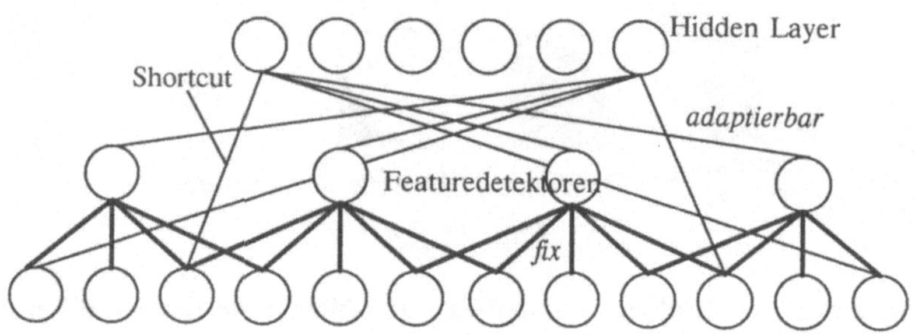

Abb. 11.24

bestand der erste Layer aus Merkmalsdetektoren mit fixen Verbindungen. Erst
die dort sich ergebenden Muster wurden durch ein Ein-Layer Assoziationsnetzwerk geschickt. Shortcut-Verbindungen gab es keine.

Mit Hilfe von Erweiterungen mittels solcher Detektoren sind nun weitaus
komplexere Ähnlichkeiten zwischen Mustern, bzw. Musterqualitäten verarbeitbar. In Abb. 11.25 sind zwei Inputmuster und je zwei Raster von einfachen
Featuredetektoren gegeben. Das linke Raster besteht aus Units, die jedem

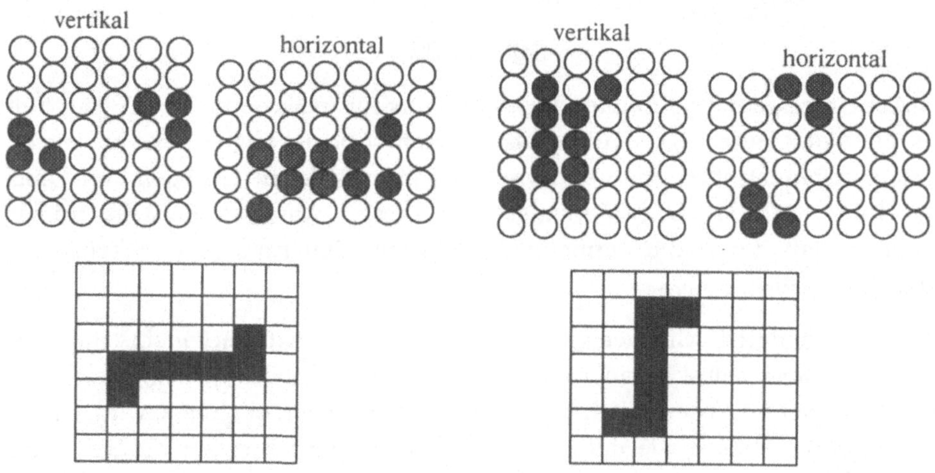

Abb. 11.25

horizontalen Paar von Input Units zugeordnet sind, und dann feuern, wenn das
betreffende Paar einen vertikalen schwarz/weiß Übergang bildet. Das rechte
Raster besteht aus analogen Detektoren für horizontale schwarz/weiß
Übergänge. Der linke Input erzeugt nun ein starkes Muster im rechten Raster
und ein eher schwaches Muster im linken. beim rechten Input ist es genau

umgekehrt. Dadurch wird eindeutig eine unterschiedliche Qualität der beiden Muster ausgedrückt, die man ungefähr als horizontale und vertikale Orientierung interpretieren könnte. Ein bezüglich dieser Orientierung neutrales Muster würde ungefähr gleichstarke Aktivierungen in beiden Rastern erzeugen. Ein assoziatives Netzwerk kann nun leicht diese Qualitätsunterschiede während einer Klassifikation erkennen und ausnützen. Probleme wie Invarianzen sind allerdings nach wie vor gegeben.

Featuredetektoren dieser Art bringen klarerweise Wissen über die Struktur von Mustern in das Modell. Auf einem sehr niedrigen Niveau *repräsentieren* sie Eigenschaften von Mustern, der Ansatz geht somit nicht mehr von reinen direkt verankerten Repräsentationen aus. Dennoch bleiben die Codierungen auf einem grundsätzlichen Niveau und sind durch die gesteckten Grenzen nach wie vor selbstevident, da die verlangte Vorverarbeitung höchst einfach bleibt. Außerdem verrät uns der Seitenblick auf das biologische Vorbild, daß dort ähnliche primitive und vorverdrahtete Vorverarbeitungen zu existieren scheinen, daß der Ansatz sich also durchaus noch eine "Natürlichkeit" bewahrt. Wenn wir uns an die Speech Recognition erinnern, so haben wir auch dort eine Vorverarbeitung, etwa in Form einer Frequenzanalyse, vorausgesetzt, die sich ebenfalls am natürlichen Vorbild orientiert, und daher im selbstdefinierten Sinne dem Schema der direkt verankerten Repräsentationen entspricht.

In vielen Modellen (z.B. Oyster & Skrzypek 1987) werden Featuredetektoren nicht als neuronale Architektur, die auf Pixeln arbeitet, entworfen, sondern mit Hilfe anderer Vorverarbeitungsverfahren. So können zum Beispiel Kantendetektoren oder Kontrastalgorithmen auf das Bild angewandt werden, wodurch sich eine Menge von Merkmalen ergibt, die dann geeignet am Input Layer repräsentiert werden. In vielen Fällen werden praktische Gründe für solch eine Lösung sprechen. Gleichzeitig stellt sich aber oft die Frage, wie plausibel solche Vorverarbeitungsprozesse sind, bzw. wieviel Wissen dadurch vorweggenommen wird, was unter Umständen zu einer zu starken Einschränkung des Ansatzes führen kann.

In welcher Art auch immer, erste Schritte der Bild-Vorverarbeitung werden oft *low-level* oder *early vision* genannt, im Unterschied zur *high-level vision*, die schon in Prozesse der Kognition übergeht, also die eigentliche Erkennung und Weiterverarbeitung umfaßt.

11.4.3.3 Rezeptive Felder

Eine weitere Methode, Units sensitiver und somit empfänglicher gegenüber komplexen Musterstrukturen zu machen, ist die Einführung sogenannter *rezeptiver Felder*. Ein rezeptives Feld ist jener Bereich eines Bildes, auf den eine Unit anspricht, der nun nicht mehr wie bisher nur aus einem einzigen Bildpunkt bestehen muß. Wie in Abb. 11.26 angedeutet, könnte man etwa jeder Unit einen kreisförmigen Bereich zuordnen, den sie sozusagen "einsieht". Sie wird nun gemäß der durchschnittlichen Helligkeit der Bildpunkte

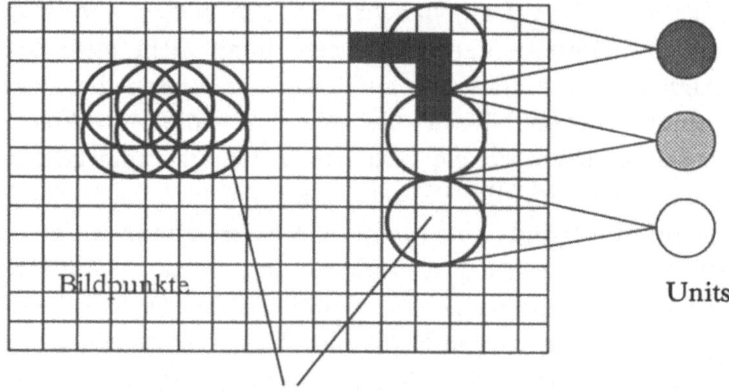

Abb. 11.26

oder abhängig von der Existenz eines ganz bestimmten Teilmusters innerhalb dieses Bereichs aktiviert. Bereiche verschiedener Units überlappen einander im allgemeinen, was ungefähr dem Coarse Coding Schema entspricht, das in Kapitel 3 vorgestellt wurde. Die Vorteile sind daher wie dort eine hohe Auflösung (in Relation zur Unitanzahl) und eine starke Sensitivität zusammenhängenden Bereichen gegenüber. In Abb. 11.27 ist dazu ein einfaches Beispiel gegeben, wobei angenommen wird, eine Unit im oberen Layer werde proportional zu den aktivierten Units in ihrem Feld aktiviert. Ein im großen und ganzen zusammenhängendes Muster wird durch die Überlappung auf einen Bereich stark aktivierter Units abgebildet, während ein zufälliges unzusammenhängendes Muster (das aus der gleichen Anzahl von aktiven Units besteht) nur sporadische Muster erzeugt. Damit kann diese Architektur dem Netzwerk eine Information über Zusammenhang vermitteln.

Die Kehrseite der gewonnenen Vorteile ist sicher eine größere Fehleranfälligkeit. Zufällige Konglomerationen von Bildpunkten können damit leicht

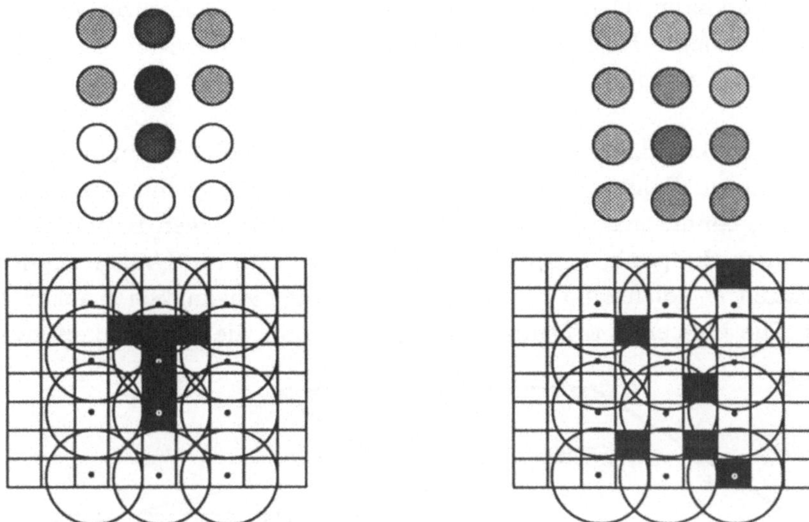

Abb. 11.27

fälschlicherweise zusammen erkannt werden. Wieder ist ein kleiner Seitenblick auf die Retina des Menschen wertvoll, denn auch dort sind so etwas wie rezeptive Felder feststellbar (siehe zum Beispiel: Hubel & Wiesel 1962, Guttmann 1982, Baron 1985). Ein Beispiel dafür sind die schon genannten On-center-off-surround- und Off-center-on-surround-Neuronen (Abb. 11.22), die auch hier wieder ein wertvolles Beispiel sind. Beide haben ähnlich dem eben vorgestellten Schema einen etwa kreisförmigen Bereich, auf den sie ansprechen. Erstere feuern dann, wenn der Rand des Bereichs dünkler als der Mittelpunkt ist, letztere genau umgekehrt. Allerdings kann diese Zusammenfassung von Bildpunkten in "fehlerhaften" Aktivierungen resultieren, was sich durch optische Täuschungen bemerkbar macht. Das Bild in Abb. 11.28 ist ein Beispiel dafür (siehe z.B. Köhle 1990). Die Schnittpunkte der weißen Geraden am

Abb. 11.28

schwarzen Hintergrund erscheinen bei genauem Hinsehen dünkler, die der schwarzen Linien heller. Mittels On-center- bzw. Off-center-Neuronen läßt sich dies leicht erklären. Dadurch, daß der Schnittpunkt des Kreuzes von Flächen der jeweils anderen Helligkeit umgeben ist, sprechen die jeweiligen rezeptiven Felder an und erzeugen die Illusion in der Mitte.

Durch diese Ähnlichkeiten mit dem biologischen Vorbild erscheint der Ansatz mit rezeptiven Feldern nicht unplausibel. Um die Fehleranfälligkeit zu reduzieren, könnte man wie zuvor beide Layer – den Layer, in dem jede Unit genau einem Bildpunkt entspricht, und jenen, in dem die Units rezeptive Felder besitzen – gleichzeitig der Weiterverarbeitung zugänglich machen (Abb. 11.29). Die On-center-off-surround-Neuronen und die Ähnlichkeit zwischen

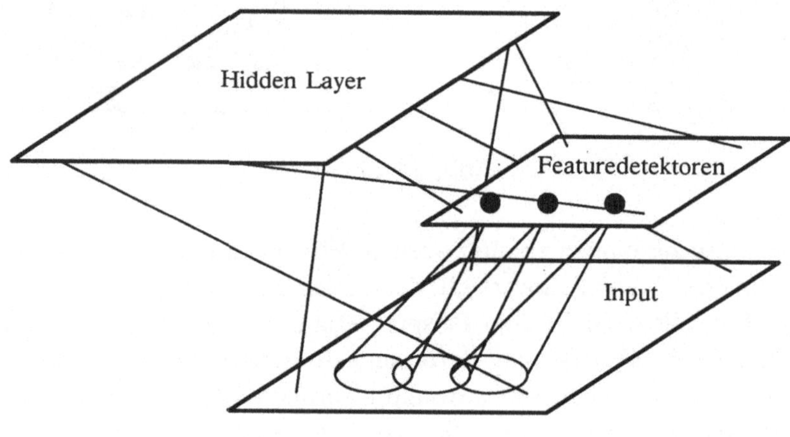

Abb. 11.29

Abb. 11.19 und 11.24 zeigen uns, daß Featuredetektoren eigentlich als Spezialfall des Ansatzes mit rezeptiven Feldern betrachtet werden können. Wenn die partiellen Verbindungen der rezeptiven Felder adaptierbar gemacht werden, lernen die Units im zweiten Layer, lokale immer wiederkehrende Features in Form von Teilmustern zu erkennen. Diese Features werden dann im nächsten Layer, der eventuell wieder rezeptive Felder für jede Unit vorsieht, zu komplexeren Mustern zusammengefaßt. Diese Architektur, in der dann auch die Shortcut Verbindungen entfallen könnten, verwirklicht also Featuredetektoren auf selbstorganisierender Basis. Sie bewerkstelligt also mit Repräsentation auf Metaebene, was die Detektoren im letzten Abschnitt durch direkte Repräsentation geschafft haben. Durch die Größe der rezeptiven Felder läßt sich die Komplexität der Features einstellen. Je komplexer diese sind, desto stärker treten jedoch wieder die Probleme der Invarianz und Ähnlichkeiten innerhalb der Features auf. Optimal werden also relativ beschränkte Felder, dafür aber mehrere dazwischenliegende Ebenen, sein.

Da nun auch tieferliegende Layer eine zweidimensionale Struktur bekommen, kann die Idee der lateralen Ausbreitung von Lernerfolgen (siehe Abb. 11.21) nun in einer etwas abgeänderten Form angewandt werden. Eine Unit, die lernt, bestimmte Features zu erkennen, kann die anderen Units im selben Layer daran teilhaben lassen, indem sie die Inkremente der von ihr verwalteten Gewichte an die anderen Units weitergibt. Dadurch läßt sich erreichen, daß sämtliche Units des Layers das gleiche Feature an einer jeweils anderen Stelle des Inputs erkennen können. Das Problem der Übersensibilität, das wir vorhin schon gesehen haben, tritt dabei nur dann auf, wenn viele verschiedene Features erkannt werden sollen. Dadurch würde jede Unit wieder auf alle von ihr eingesehenen Input Units ansprechen und somit nichts erkennen. Um mehrere verschiedene Features mit globaler Translationsinvarianz zu erkennen, müßten also mehrere derartige Hidden Layer auf der gleichen Ebene eingeführt werden. Das Neocognitron, ein Modell, das weiter unten näher beschrieben wird, realisiert diese Idee.

Dieser Prozeß der automatischen Featuredetektion muß aber nicht auf die erste Ebene beschränkt bleiben. Da die Hidden Units selbst wieder eine geometrische Struktur besitzen, kann ein weiterer Layer auf die gleiche Art Features im ersten Hidden Layer – also quasi Features auf höherer Ebene, bzw. Features, die aus Features aufgebaut sind – entdecken. Dadurch ergibt sich ein mehrstufiger Prozeß, der von den Pixels ausgehend immer mehr Punkte zu komplexeren Features zusammenfaßt, bis eine eindeutige Erkennung des Gesamtinputs vorliegt. Diese Architektur entspricht auch exakt der verlangten Informationsreduktion während der Perzeption.

Auch im Modell TRACE zur Speech Recognition haben wir übrigens bereits rezeptive Felder gesehen. Jede Phonem- und jede Wortunit erhält dort ihren Input aus einem Bereich des darunterliegenden Layers. Die Bereiche sind dort, so wie hier, überlappend und zusätzlich noch verlaufend, sodaß Units am Rand des Bereichs weniger Einfluß haben als in der Mitte.

11.4.4 Das Neocognitron

Ein erfolgreich implementiertes Modell zur visuellen Mustererkennung, das viele Ideen der letzten Abschnitte verwirklicht, ist das Necognitron von Fukushima (1980). Seine Grundarchitektur ist in Abb. 11.30 dargestellt. Das

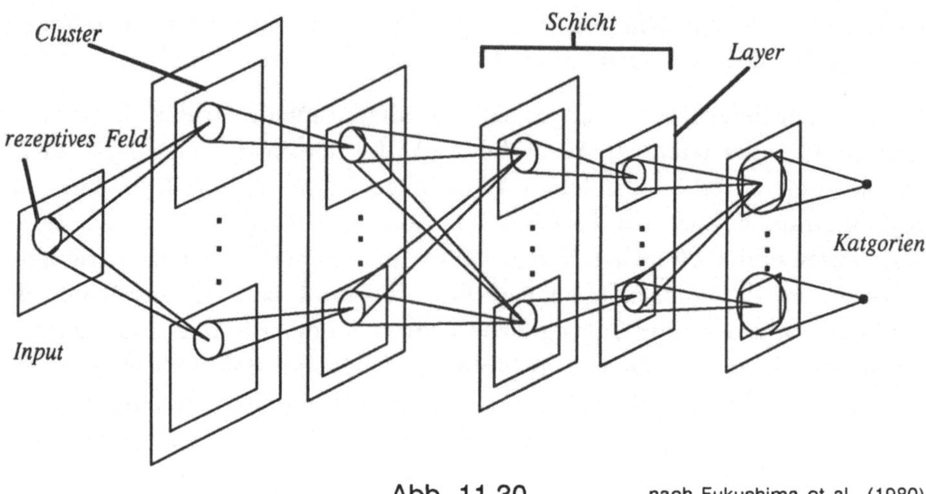

Abb. 11.30   nach Fukushima et al. (1980)

Neocognitron ist in mehrere Schichten aufgeteilt, wobei jede aus zwei Unit-layern besteht. Zwischen den beiden Layern der selben Schicht sind die Units fix – also mit unveränderlichem Gewicht – verdrahtet, zwischen den Schichten existieren adaptierbare Verbindungen, die in Form von rezeptiven Feldern für jede Unit angelegt sind. Jede Unit sieht also nur einen gewissen Bereich des unmittelbar darunterliegenden Layers. Dadurch, daß auf diese Weise – so ähnlich wie schon im letzten Abschnitt vorgeschlagen – immer größere Bereiche zusammengefaßt werden, werden schrittweise von Layer zu Layer immer größere Teile des Bildes durch eine Unit abgedeckt.

Diese Architektur ist an Experimente von Hubel & Wiesel (1962) angelehnt, die eine ähnliche Struktur für den menschlichen Erkennungsapparat po-stulieren. Wesentlich ist dabei wieder die bereits besprochene Infor-mationsreduktion, die hier tatsächlich in mehreren Schritten erfolgt. Es han-delt sich in diesem Fall sogar um eine vollständige Informationsreduktion, da in der obersten Ebene immer nur eine einzige Unit pro Musterkategorie ak-tiviert bleibt. Solch eine Unit nennt man oft "grandmother cell" – in dem scherzhaften Vergleich, daß nach einem solchen Schema ein Mensch genau ein Neuron haben müßte, das immer dann feuert, wenn die Person ihre Großmutter sieht.

Die Funktionsweise des Modells ist folgende: Prinzipiell lernt das Netzwerk nach einem Art Competitive Learning Schema. Wie bei Rumelhart & Zipser (1985) ist jeder Layer in mehrere Clusters aufgeteilt, in denen immer nur eine

Unit aktiviert bleiben darf. Diese Clusters entsprechen den verschiedenen Features, die erkannt werden sollen, da – wie angedeutet – pro Layer immer nur ein Merkmal gelernt werden sollte, um Übersprechen zu vermeiden. Die jeweils stärkste Unit (Gewinner) adaptiert ihre Gewichte zu aktiven Units im davorliegenden Layer. Zusätzlich wird nun dieser Lernerfolg auf die anderen Units im selben Cluster ausgebreitet, wodurch – wie oben geschildert – eine Verschiebungsunabhängigkeit der Erkennung erreicht wird. Durch die beschränkten rezeptiven Felder lernen die Units nun, unabhängig von der Position wiederkehrende Features im Muster des darunterliegenden Layers zu erkennen.

In Abb. 11.31 ist das an einem schematischen Beispiel dargestellt. Die

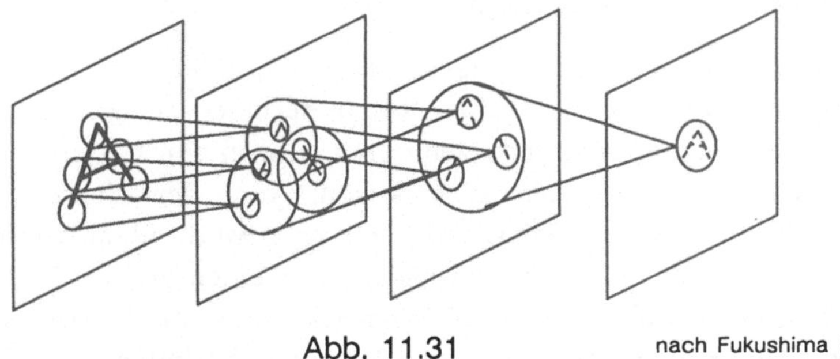

Abb. 11.31   nach Fukushima (1980)

gewählten Features sind hier zur Veranschaulichung gemäß relativ einsichtigen Merkmalen des Buchstaben 'A' gewählt, was sich im wirklichen Modell allerdings nicht so wiederfinden läßt. Wesentlich ist nämlich, daß es sich um einen selbst-organisierenden Prozeß (unsupervised learning) handelt, daß also alle entdeckten "Features" ohne Interpretation bleiben, also eigentlich Microfeatures in dem uns schon gewohnten Sinn sind.

Die Verbindungen zwischen zwei Layern (dem S-Layer und dem C-Layer) innerhalb einer Schicht sind fix – können also durch Lernen nicht verändert werden – und dienen dazu, leichte Verschiebungen der Features in der Ebene auszugleichen. Sie haben also eine verstärkende Wirkung auf die Translationsinvarianz des Modells. Diese Architektur geht wie gesagt auf Überlegungen von Hubel & Wiesel (1962) zurück.

Das Neocognitron, das in mehreren Jahren aus weniger komplexen Modellen (Fukushima 1975) entwickelt wurde, wurde erfolgreich zur Erkennung von handgeschriebenen Zeichen wie zum Beispiel Ziffern eingesetzt.

11.4.5 Visuelle Filterfunktionen

Bei den bisherigen Betrachtungen zur visuellen Mustererkennung wurde davon ausgegangen, daß am Input genau ein zu erkennendes Muster anliegt, das im allgemeinen zentriert (also von Invarianzen abstrahiert) präsentiert wird. Reelle Bilder bestehen jedoch meist aus einer Vielzahl von einander überlappenden Bereichen, die über die gesamte Retina verteilt sind. Um also einen Erkennungsprozeß wie die bisher beschriebenen zu starten, muß der relevante Teil – also etwa der interessante Gegenstand unter vielen – aus der Fülle von Mustern gefunden und herausgefiltert werden. In Folge werden einige Aspekte zu dieser Problematik besprochen.

11.4.5.1 Zentrieren von Mustern

Um ein Objekt aus vielen herauszuerkennen, oder ein Muster, das sich zunächst am Rand der künstlichen Retina befindet, geeignet zu verarbeiten, empfiehlt es sich, das Muster zu zentrieren, also in den Mittelpunkt des Input Layers (der künstlichen Retina) zu setzen. Auch der Mensch fixiert seine Augen meist auf den Gegenstand, den er bewußt identifizieren möchte. Bildteile am Rande seiner Retina haben zwar einen großen Einfluß auf die Perzeption, müssen aber zur detaillierten Erkennung in die Mitte gerückt werden, wo sich auch weit mehr sensitive Neuronen befinden.

Wir erkennen, daß – wie bereits früher angedeutet – ein Zentrieren das Problem der Translationsinvarianzen im Groben lösen kann. Ein Muster muß nun nicht mehr auf jeder beliebigen Position im Input exakt erkennbar sein, Verschiebungen müssen nur noch lokal um den Mittelpunkt berücksichtigt werden.

Im Sinne eines selbst-organisierenden Modells sollte das Zentrieren natürlich automatisch, das heißt, ohne die Notwendigkeit von explizitem Wissen über das zu erkennende Bild funktionieren. Mit recht einfachen Mitteln läßt sich dies auch realisieren. Was dazu benötigt wird, ist eine Art Evaluierungsschema – quasi ein weiteres "Energie"maß – das jedem momentanen Input einen bestimmten Wert zuweist, der dann ein Maximum erreicht, wenn das Muster möglichst gut in der Mitte liegt (vgl. auch das *value scheme* in Reeke et al. 1989). Ein einfaches solches Schema weist jeder Unit einen Wert, der umgekehrt proportional zu ihrem Abstand vom Mittelpunkt ist, zu und summiert für alle Units diese Werte auf. Das Modell müßte nun so gestaltet sein, daß das Muster am Input in Richtung eines steigenden Wertes verschoben wird, bis ein

Maximum erreicht ist. Dazu muß es also auch über die Richtung der momentan größten Änderung (den Gradienten des Wertes) Bescheid wissen.

Zentrierung ist demnach ein ähnlicher Vorgang wie das Erreichen eines Ruhezustands in einem vollverbundenen Netzwerk (Energieminimierung). Natürlich kann es auch hier mehrere lokale Minima geben, vor allem dann, wenn mehrere gleichwertige Muster am Input vorhanden sind, von denen jedes unabhängig zentriert werden könnte. In einer Erweiterung dieses einfachen Mechanismus sollte die Zentrierung auch von internen Zuständen beeinflußbar, also nicht vom Zentrierungswert allein, sondern auch von anderen Kriterien steuerbar sein (etwa bei gleichzeitiger Erkennung der Anweisung: "erkenne den blauen Gegenstand"). Andere Möglichkeiten, Zentrierung durchzuführen, wären das zufällige "Umherwandern" (= Verschieben des Inputs) bis ein erwarteter Gegenstand im Zentrum erkannt wird, das Steuern des Mechanismus durch Bewegung im Input, etc. (siehe etwa Mozer 1988). Es sollte anhand dieser kurzen Betrachtungen klar sein, daß man zwischen dem ganzen Bild (dem Input) und dem auf der künstlichen Retina momentan aktiven Muster unterscheiden muß; erst dann ergibt das "Verschieben" des Musters einen Sinn.

Mannes (1990) stellt ein einfaches "künstliches Auge" vor, das den Zentriervorgang erlernen kann. Die Grundstruktur ist in Abb. 11.32 dargestellt. Eine

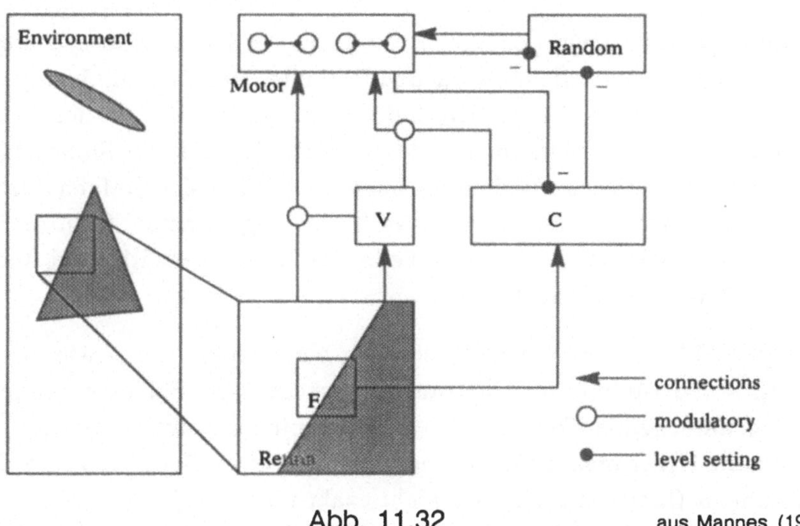

Abb. 11.32   aus Mannes (1990)

kleine künstliche Retina empfängt Teile des Bildes. Zur Steuerung der Bewegung existieren zwei Unitpaare, die für horizontale (links/rechts) und vertikale (oben/unten) Bewegung zuständig sind. Diese Units werden von mehreren Komponenten angesteuert: Von einem Kategorisierungslayer (C), der die Muster im Retinazentrum klassifiziert und so etwa Linien verschiedener Orientierung unterscheiden kann; vom Input selbst, moduliert durch das Evaluierungsschema (V); und von einer Zufallskomponente (Random), die bei lange unverändertem Input eine beliebige Bewegung erzeugt. Das verwendete Evaluierungsschema berechnet – so wie oben angedeutet – die "Gesamtentfernung" des Musters auf der Retina vom Mittelpunkt.

Während des Lernens werden zunächst vor allem zufällige Bewegungen erzeugt. Die Differenz der Evaluierungen vor und nach einer Bewegung wird berechnet, und die Verbindung zur betreffenden Motorunit abhängig vom Betrag und vom Vorzeichen verstärkt oder geschwächt. Dadurch lernt das Netzwerk graduell, zu Inputs mit einem größeren Wert der Evaluierung zu streben. Die Kategorisierung verleiht dem Modell eine zusätzliche Selektivität, die es ihm etwa erlaubt, Linien einer Kontur zu folgen. Man sieht, daß recht einfache Mittel bereits zufriedenstellende Ergebnisse liefern kann, insbesondere da der Ansatz leicht auf komplexere Bilder und Probleme verallgemeinert werden kann.

11.4.5.2 Focus of Attention

Zentrieren eines Inputs bedeutet noch nicht, daß das Muster in der Mitte stärker betont wird als die umliegenden Bildteile. Denn zur eindeutigen Erkennung eines Musters sollte der Einfluß der umliegenden Teile weitgehend abgeschwächt werden, wenn auch nicht zu stark, da sie ja im Sinne eines Konexteffekts sehr wohl ihre Bedeutung haben. Dies läßt sich einfach durch Überlagern des Inputs mit einem Fenster (oder sogenannten *Spotlight* – siehe Mozer 1988, Schreter 1990), das Teile des Inputs verstärkt und andere unterdrückt (Abb. 11.33) realisieren.

Ähnliches läßt sich auch beim Menschen beobachten, der – wie oben schon erwähnt – Details nur im Zentrum seines visuellen Feldes erkennen kann, während umliegende Teile quasi "verschwommen" oder zumindest nur vage erscheinen. Experimente zeigen aber, daß das eigentliche Zentrum der Aufmerksamkeit (focus of attention) nicht exakt im Mittelpunkt liegen muß, sondern daß auch ohne Augenbewegung die Konzentration auf verschiedene Teile des Bildes gelenkt werden kann. Für das Modell heißt das, daß das

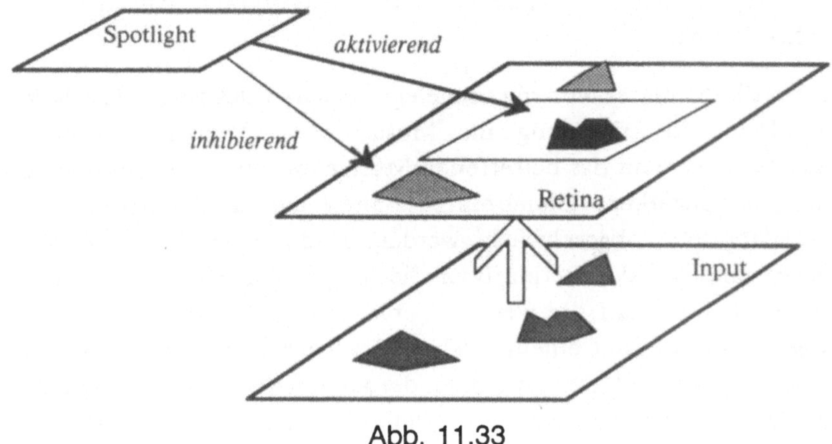

Abb. 11.33

Fenster – oder ein zusätzlicher Spotlight – auch beweglich und von internen Zuständen – etwa Erwartungen – steuerbar sein muß.

11.4.5.3 Abheben vom Hintergrund

Auch mit den bisher betrachteten Mechanismen ist immer noch nicht gesichert, daß nur das relevante Teilmuster dem Netzwerk präsentiert wird. Besonders bei mehreren überlappenden Darstellungen und Musteranhäufungen muß eine davon ausgewählt und gewissermaßen herausgefiltert werden. Weiters muß in vielen Fällen das zu erkennende Objekt vom Hintergrund unterschieden – also "abgehoben" – werden, besonders dann, wenn es sich in der Helligkeit von der Umgebung nur wenig unterscheidet. Dieses Abheben vom Hintergrund könnte man als weiteren Mechanismus der Aufmerksamkeit (attention) betrachten.

In konnektionistischen Modellen wird dies meist durch Feedback-Verbindungen von tiefer liegenden Layern zurück auf den Input realisiert (siehe z.B. Fukushima 1986). Werden während des Lernens (also während des Klassifizierens der Muster) die Verbindungen nicht nur in "Bottom-Up" Richtung, sondern auch umgekehrt verstärkt, so kann nicht nur ein Inputmuster Aktivierungen im Modell erregen, sondern auch ein internes Muster seinerseits eine Aktivierung auf der Retina erzeugen, verstärken oder abschwächen. Dieser Mechanismus ist uns keineswegs unbekannt, denn schon bei der bidirektionalen Assoziation, wie auch bei der Speech Recognition haben wir gesehen, wie einander erregende Layer Hypothesen verstärken und abschwächen können.

Auf die visuelle Mustererkennung umgelegt, bedeutet das folgendes: Setzt anhand eines Inputs die Erkennung eines Musters ein, so können die resultierenden Zustände im System das betreffende Muster im Input über die Feedback-Verbindungen verstärken. Gleichzeitig können alle anderen Bildteile mit diesem Mechanismus abgeschwächt werden. Dadurch wird der zu betrachtende Gegenstand auf der Retina über die umgebenden hervorgehoben, was einen starken Einfluß auf die weitere Verarbeitung haben kann. Fukushima (1986) zeigt etwa, wie mit einem solchen Feedback-Mechanismus aus einem Bild mit mehreren Buchstaben, die einander auch teilweise abdecken können, nacheinander die Einzelbuchstaben erkannt werden können. Mehr noch, durch die Top-Down Verstärkung können teilweise verdeckte Muster sogar vervollständigt werden.

Abb. 11.34 zeigt an einem einfachen Beispiel, wie der Feedback-Mechanismus in ein zweideutiges Muster eines der beiden möglichen Bilder "hineinprojizieren kann" – ein Vorgang der wesentlich für eine eindeutige Identifizierung fehlerhafter Inputs ist. Das zweideutige Muster in diesem Fall

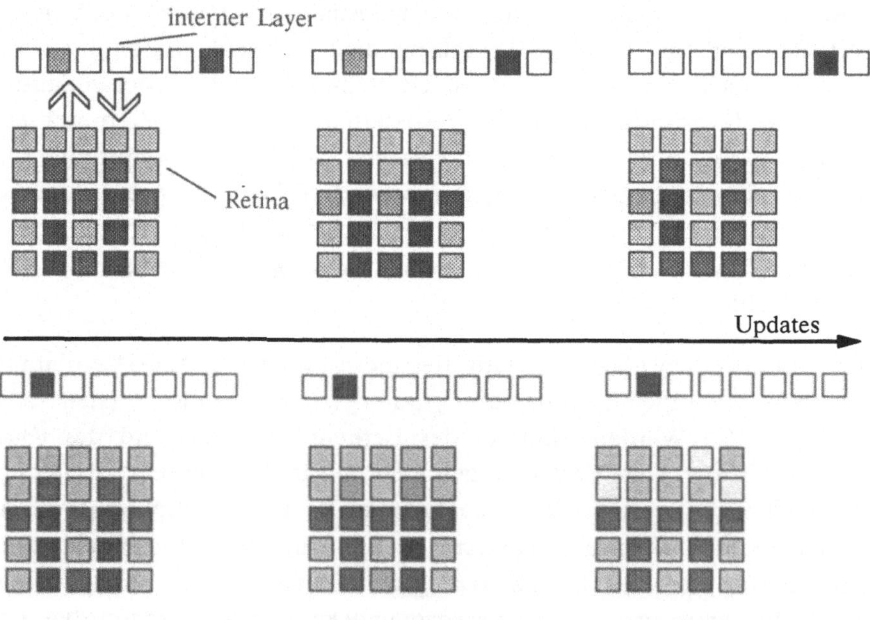

Abb. 11.34

ist eine Überlappung aus einem 'U'–förmigen und einem 'Π'–förmigen Einzel-muster, die beide in diesem Modell erkannt werden können. Durch einen in-ternen Einfluß – in diesem Fall war es die Benennung mittels eines Wortes (Dorffner 1989c) – können die eines der beiden Muster erkennenden Units voraktiviert werden. Die drei Phasen im linken und rechten Teil der Abbil-dung zeigen, wie durch zusätzliche Updates aus dem Inputmuster eines der beiden ursprünglich gelernten wird. Doch nicht nur diese Muster, sondern auch die internen Zustände verändern – besser gesagt: verstärken – sich. Im Sinne einer gegenseitigen Befruchtung (vergleiche die Abhandlungen zur aku-stischen Spracherkennung) profitieren also beide Seiten davon.

Wesentlich dabei ist, daß nun dieses resultierende Aktivierungsmuster weiter-verarbeitet wird, und nicht das zweideutige (oder fehlerhafte, oder vage) ursprüngliche Bild. Das bedeutet, daß die "Aufmerksamkeit" des Modells tatsächlich auf einen Teil des Inputs gelenkt wird, wobei natürlich Details der umliegenden Teile verloren gehen, bzw. eventuell Details in das verstärkte Muster hineinprojiziert werden, die vorher nicht vorhanden waren. Diese Modelleigenschaft deckt sich mit vielen Beobachtungen, wonach viele Menschen etwas "sehen, was eigentlich gar nicht da ist", da die Erwartungshal-tung und dementsprechend die Projektion groß genug sind, um einen "falschen" Eindruck oder eine Illusion zu erzeugen. Dies deckt sich erneut mit der eingangs gemachten Aussage, daß Perzeption ein höchst subjektiver Vor-gang sein kann.

Die Forschung zum Thema Aufmerksamkeit ist mit diesen Ansätzen noch nicht erschöpft. Einige weitere Ideen, wie zum Beispiel ein Ansatz, der das Fokussieren auf einen Input mit dem Verhalten einer sogenannten *phase locked loop* – ein Mechansimus, den man in Radios zum Einstellen und Fixieren eines Senders verwendet – vergleicht (Kryukov 1988), könnten auch den eingangs erwähnten "Cocktail Party Effekt" erklären.

11.4.5.4 Habituation

Ein weiterer Effekt, der auch beim Menschen – nicht nur bei der visuellen Perzeption – beobachtet werden kann, ist jener der *Gewöhnung* (*Habituation*) bei länger andauerndem, konstantem Input. Dieser Effekt scheint bereits auf der Ebene der einelnen Neuronen einzusetzen, und spielt eine entscheidende Rolle, um Übersättigungen zu vermeiden und die Sensitivität der Perzeption zu erhalten. Er äußert sich darin, daß bei wiederholtem und gleichbleibendem

Input die Neuronen immer schwächer auf den Stimulus reagieren, sodaß ihre Aktivierung von selbst abfällt.

Auch in konnektionistischen Modellen wird oft ein der Habituation verwandter Mechanismus eingesetzt. Dieser bewirkt, daß sich die Aktivierung einer Unit bei gleichbleibendem Nettoinput auf einen Ruhewert absenkt. Dies wird in der visuellen Perzeption dazu ausgenutzt, das zu lange Verharren der Aufmerksamkeit auf einem Inputteil zu vermeiden. Fukushima (1986) zeigt, wie Habituation dazu verwendet werden kann, das schon oben erwähnte Modell zur Erkennung eines Buchstabens in einer ganzen Gruppe von Zeichen alternierend auf einen jeweils anderen der Buchstaben im Input fokussieren zu lassen. Auch die Zufallskomponente bei Mannes (1990), die bei gleichbleibendem Input von den anderen Komponenten die Oberhand gewinnt, spielt eine ähnliche Rolle.

11.4.6 Sequentielle Erkennung und Gestaltphänomene

Einer der Aspekte von visueller Perzeption, die bis jetzt noch weitgehend unbeachtet geblieben sind, ist die sequentielle Erkennung von komplexen Mustern und der Übergang zur ganzheitlichen Erkennung. Perzeption spielt sich sehr oft auf verschiedenen Ebenen ab. Um neue komplexe Muster zu verarbeiten, muß sehr oft auf kleinere bekannte Muster zurückgegriffen werden, bevor durch sequentielle Zusammensetzung die Erkennung und Klassifikation des Ganzen einsetzen kann. Durch wiederholtes Trainieren übernimmt nach und nach die gesamte Erscheinung die entscheidende Rolle und steuert hauptsächlich die Erkennung, wenn nicht explizite Fokussierung auf den Einzelteil zurück verlangt wird. Dieses gesamte Erscheinungsbild eines komplexen Musters wird in der Psychologie *Gestalt* genannt.

Ein einfaches Beispiel: Ein ungeübter Schachspieler muß, um aus dem Bild, das sich aus einer momentanen Spielsituation ergibt, einen guten Zug herauszuerkennen, lokale Kontexte von Figuren betrachten, wo er die möglichen Züge einer Figur erkennen kann. Um eine gesamte Situation zu beurteilen, muß dieser Spieler sequentiell mehrere lokale Positionen durchgehen. Ein Experte hingegen kann allein von der Gesamterscheinung einer Spielsituation her den Raum möglicher Züge stark einengen. Die Gestalt der Brettkonfiguration bereitet ihm (ihr) also die Möglichkeit, eine Erkennung und Klassifizierung der Situation durchzuführen. Ein sequentieller Prozeß ist also in einen großteils parallelen Prozeß übergegangen, wobei es natürlich beliebig viele Zwischenschritte gibt.

Hier ist natürlich nur von den perzeptorischen Aspekten eines Schachspiels die Rede, weder der Laie noch der Experte sind fähig, rein assoziativ aufgrund einer Spielsituation eine klare Entscheidung zu treffen. Das Beispiel zeigt aber gut, wie sich die Komplexität und die Verarbeitungsart der betrachteten Muster durch Training verändern kann. Ein anderes Beispiel wäre das Lesen einer unbekannten Schrift (etwa Arabisch oder Hebräisch für viele Leser). Um assoziativ einer Zeichenkette eine Reihe von Lauten zuweisen zu können, muß beim Lernen auch hier von lokalen Kontexten ausgegangen werden – eigentlich genauso wie es Netzsprech im Falle der Buchstabenschrift des Deutschen tut. Das Lesen von Wörtern für geübte Personen ist jedoch keineswegs ein streng sequentieller Vorgang mehr. Zunächst häufige Buchstabensequenzen, dann häufige Wörter und sogar einige Phrasen können nach einiger Zeit als Ganzes assoziativ abgebildet werden. Wieder ist es die Gestalt eines Wortes, die hier entscheidend sein kann. Da spielt es oft keine Rolle, daß ein Schreibfehler enthalten ist, oder das Schriftbild Störungen aufweist, die Erkennung funktioniert dennoch aufgrund des gesamten Erscheinungsbildes. Dies hat ja das Worterkennungsmodell von McClelland & Rumelhart (1981) ausgezeichnet simuliert (Abschnitt 2.4.2.1). Auch Lesefehler, die man erst durch explizites Verlangsamen und Sequentialisieren des Lesevorgangs ausmerzen kann, lassen sich damit erklären.

Um diese Phänomene in einem Modell unterzubringen, muß man also – auch im visuellen Fall – von einem sequentiellen Prozeß, der an wenig komplexen Mustern arbeitet, ausgehen. Dieser Prozeß muß dann sukzessive durch Training von einem globaleren parallelen Erkennungsprozeß komplexerer Muster abgelöst werden können. Perzeption sollte im Modell also nicht immer als einheitlicher homogener Vorgang betrachtet werden, sondern auf mehreren ineinander verschachtelten Ebenen vor sich gehen können.

Ein einfaches Modell, daß einen derartigen Übergang simulieren kann, sind *kaskadierte assoziative Netzwerke* (*KAN*s, Dorffner 1989a). Es geht davon aus, daß mehrere Assoziationsnetzwerke auf verschiedenen Niveaus der Komplexität eingesetzt werden, wovon das komplexere vom weniger komplexen trainiert wird. Abb. 11.35 zeigt eine solche Kaskadierung. Das Netzwerk auf dem niedrigeren Niveau (n) ist kleiner und kann daher auch schneller lernen. Um jedoch die Erkennung eines komplexen Musters zu bewerkstelligen, muß es mehrmals hintereinander – also sequentiell – arbeiten.

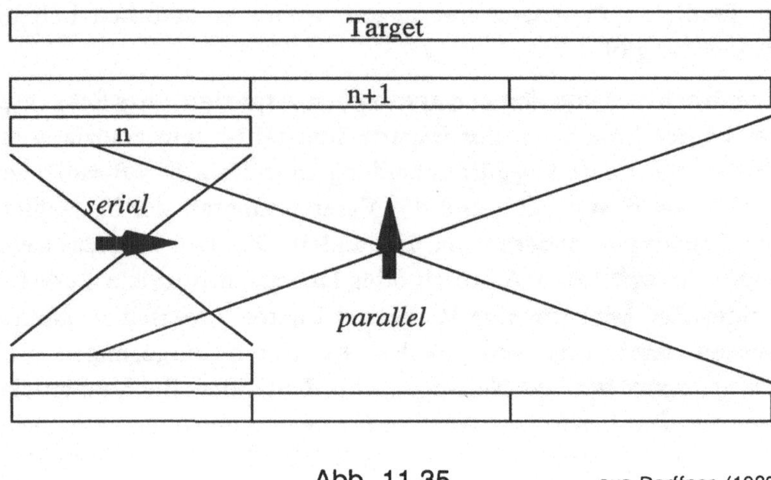

Abb. 11.35   aus Dorffner (1989)

Gleichzeitig liefert es einen Output, der in den sogenannten *Targetlayer* kopiert wird. Dieser Layer – wie der Name andeutet – bildet den Teaching Input für das Netzwerk auf dem höheren Niveau (*n+1*).

Das Kopieren von Netzwerk *n* in den Targetlayer geht nun in mehreren Schritten vor sich. Die Gewichte (Eins-zu-Eins Verbindungen) sind klein gehalten, daher wird der Kopiervorgang solange wiederholt, bis die Units im Targetlayer *Sättigung* erreichen. Sättigung bedeutet, daß alle Units genügend nahe bei Maximal- oder Minimalwert liegen, und ist formal so definiert:

$$sat: \Sigma_i \, min \, ((M - o_i), \, (o_i - m)) < \epsilon \qquad M = 1, \, m = 0 \qquad (11.1)$$

Auch das Netzwerk *n+1*, das lernen soll, ein komplexeres Muster auf einmal abzubilden, schreibt seine Outputs in den Targetlayer, allerdings in einem einzigen Schritt. In Abb. 11.36 sind die Kopiervorgänge formal dargestellt. Die sich so ergebenden Aktivierungen im Targetlayer werden zum Backpropagation Training für Netzwerk *n+1* herangezogen.

Der Mechanismus bewirkt nun folgendes: Da Netzwerk *n* schneller lernt (mit regulärer Backpropagation), produziert es die korrekten Outputs bereits viel früher als Netzwerk *n+1*, das zunächst einen mehr oder weniger zufälligen Output generiert. Dieser Output wird in den Targetlayer geschrieben. Danach folgen die Kopierzyklen aus dem Output Layer von Netzwerk *n*. Da die Aktivierungen im Targetlayer zufällig sind, müssen relativ viele Kopierschritte durchgeführt werden, bis der Layer Sättigung erreicht, was gleichzeitig bedeutet, daß die Aktivierungen im entsprechenden Teil des Targetlayers

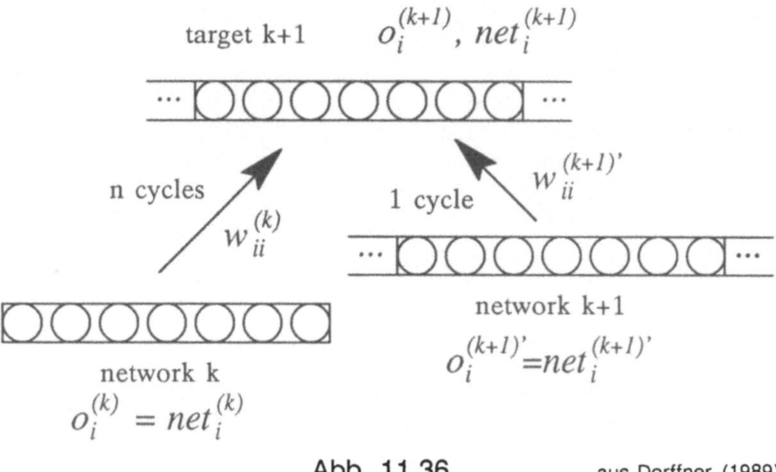

Abb. 11.36   aus Dorffner (1989)

gleich jenen in Netzwerk *n* sind. Danach wird das kleine Netz auf den nächsten Teil des komplexen Musters weitergeschaltet und die Prozedur wiederholt. Das gesamte Muster wird durch einen langsamen sequentiellen Prozeß von Teilabbildungen erledigt.

Nach und nach lernt jedoch Netzwerk *n+1*, richtige Muster zu reproduzieren. Dies gilt bereits für Musterteile, die im Input sehr häufig vorkommen. Je näher Teile des Outputs dem gewünschten Muster sind, desto weniger Kopierzyklen sind für die betreffenden Teile notwendig, um Sättigung zu erreichen. Der sequentielle Prozeß wird also für bekannte und immer wieder vorkommende Teile stetig schneller werden. Idealerweise wird am Schluß das Netzwerk *n+1* vollkommen die Arbeit übernehmen, wodurch der Abbildungsprozeß vollständig durch einen parallelen abgelöst wird.

Das Modell durchfährt daher tatsächlich einem kontinuierlichen Übergang von sequentieller auf parallele Verarbeitung. In Abb. 11.37 ist als Beispiel eine erweiterte Version von Netzsprech mit zwei Netzwerken und einer Kaskade zu sehen (Dorffner 1988a). Netzwerk 1 entspricht dem Original, bildet also den lokalen Kontext von fünf Buchstaben auf ein Phonem ab. Netzwerk 2 soll lernen, ein ganzes Wort (bis zur Länge 8) auf all seine Phoneme abzubilden.

Angenommen, Netzwerk 1 hätte bereits gelernt, im Großteil der Fälle das richtige Phonem zu generieren. Je mehr Netzwerk 2 lernt, auch schon für Teile des Wortes eine richtige Abbildung zu erzeugen, desto schneller wird das sequentielle Vorüberstreichen lokaler Kontexte werden, das in Netzsprech imma-

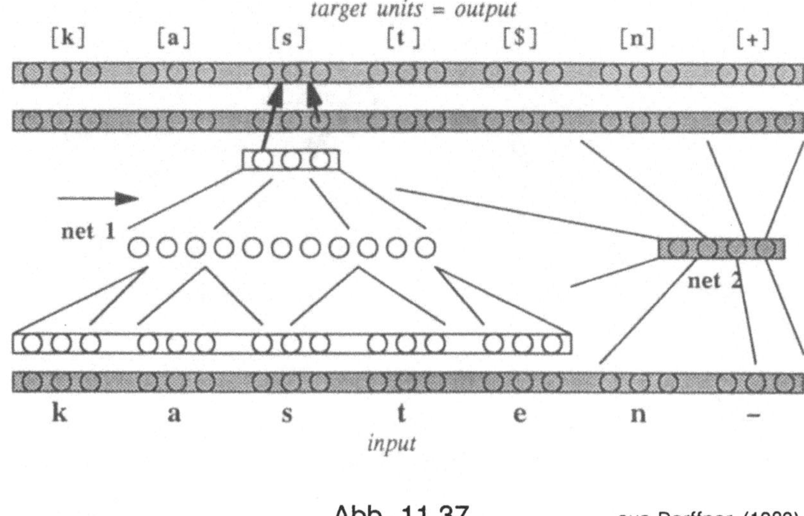

Abb. 11.37   aus Dorffner (1989)

nent war. Für häufige Buchstabensequenzen – z.B. 'sch' – kann der Output
von Netzwerk 2 bereits so stark werden, daß für diesen Teil des Wortes Netz 1
überhaupt nicht mehr notwendig ist, daß die Sequenz also nur mehr
"überflogen" wird. Abb. 11.38 zeigt die Abnahme der durchschnittlichen Anzahl von Kopierzyklen für eine häufige Sequenz ('sch') und eine seltene ('sal'),
für ein Experiment mit 15 Trainingswörtern, die alle ein 'sch' enthielten. Die
Zahl sinkt für die häufige Sequenz schneller.

Um zu zeigen, daß tatsächlich die Gestalt eines Wortes, also sein ganzheitliches Erscheinungsbild, die wichtigste Rolle für die Assoziation des ganzen
Musters spielt, kann ein ganz bestimmtes Fehlerverhalten herhalten. Angenommen, die maximale Anzahl von Kopierzyklen wird beschränkt (auf 3), und das
fehlerhafte Wort 'schreiban' wird am Input angelegt (Das Wort 'schreiben'
zählte zum Trainingsset). Das Erscheinungsbild des Wortes ist stark genug, um
am Output von Netzwerk 2 die Phoneme für 'schreiben' zu produzieren. Da
die Kopierzeit beschränkt ist, kann auch Netzwerk 1 nichts mehr ändern. Es
wird zwar die maximale Anzahl von Kopierzyklen für den Kontext von 'a'
ausgenutzt (Abb. 11.39), aber der Output bleibt ein [$] (der sogenannte
Schwa-Laut). Außerdem kann ein gut trainiertes Netzwerk 2 trotz der Abweichung am Input einen Output erzeugen, der sich in Sättigung befindet,
wodurch Netzwerk 1 auch nicht mehr zum Zug kommt.

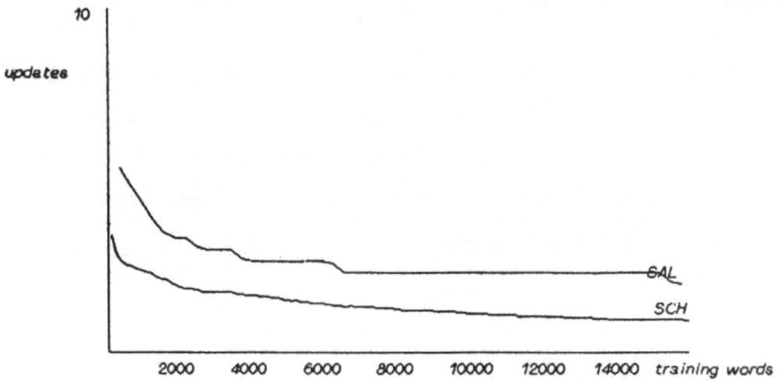

Abb. 11.38   aus Dorffner (1989)

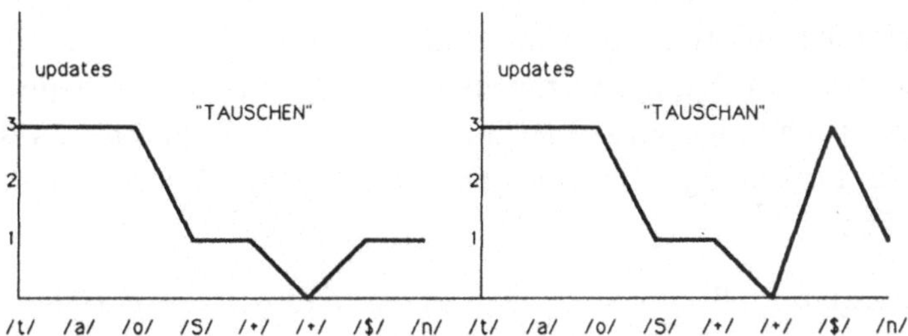

Abb. 11.39   aus Dorffner (1989)

Ein weiterer interessanter Aspekt ist der, daß der Fehler durch zusätzliches
Training nicht ausgemerzt wird, da ja nicht externer Input sondern der Targetlayer als Lehrer verwendet wird. Das ist ein sehr plausibles Verhalten, da es
viele Fehlleistungen gibt, die sich durch Wiederholungen nur verstärken. Erst
eine explizit langsame sequentielle Verarbeitung – sozusagen ein "bewußt
langsames Lesen" – kann den richtigen Output erzeugen und den
Trainingsvorgang beeinflussen. Außerdem ermöglicht das Training durch den
Targetlayer eine Fortsetzung des Lernvorgangs, auch wenn kein externer Lehrer mehr vorhanden ist, bzw. für den Gesamtoutput nie existiert hat. Die
Zusammensetzung muß ja nicht reine Aneinanderkettung sein, sondern kann

komplizierter ablaufen, wodurch es vorkommen kann, daß Trainingsbeispiele in der komplexen Form gar nicht existieren (Dorffner 1989a).

Das Modell vereinfacht natürlich extrem. Es soll nicht behauptet werden, daß Lesen, oder visuelle Erkennung überhaupt als einfache Assoziation funktioniert. Kaskadierte Netzwerke sind aber dennoch eine interessante Bereicherung für perzeptorische Modelle, da sie die beschriebenen Übergänge zwischen sequentieller und paralleler Verarbeitung sehr gut nachvollziehen können.

11.5 Zusammenfassung

Ähnlich wie die Speech Recognition zählt das Gebiet der visuellen Mustererkennung zu den großen Anwendungsgebieten des Konnektionismus. Aus ähnlichen Überlegungen wie zuvor konnten hier sehr große Erfolge im Vergleich zu klassischen Ansätzen, die versucht haben, schon sehr früh eine symbolische Repräsentation von Bildteilen einzubringen (z.B. Waltz 1975), erzielt werden. Auch viele Theoretiker haben sich ausführlich mit dem Thema der Perzeption beschäftigt, unter ihnen David Marr (1982), der ein komplexes Modell des visuellen Apparats entwickelt hat, das schon sehr früh viele Ideen des sub-symbolischen Konnektionismus vorweggenommen hat. Es ist zu erwarten, daß die Forschung von solchen Theorien in Zukunft noch sehr viel profitieren kann.

Trotz der Erfolge muß man sicherlich sagen, daß die Gebiete der akustischen Spracherkennung und vor allem der visuellen Perzeption zum großen Teil erst an der Oberfläche angekratzt wurde. Visuelles Erkennen und Verstehen ist etwa nicht bloße Klassifikation und Einordnung von einzelnen Mustern, sondern besteht aus mehreren Ebenen von Abstraktion, beinhaltet das komplexe Filtern von einzelnen Formen aus einer Vielzahl von gleich starken Mustern, und ist mit weitaus massiveren und umfangreicheren Inputs konfrontiert, als wir es hier in unseren Überlegungen angenommen haben. Weiters sind viele Aspekte, wie dreidimensionales Sehen, Farbempfinden und Bewegungen noch völlig unerwähnt geblieben (obwohl es auch hier im Zusammenhang mit konnektionistischen Modellen einige Ansätze gibt). Außerdem – im Sinne einer holistischen Modellvorstellung – wird man visuelles Erkennen in Zukunft nie ganz isoliert von anderen kognitiven Vorgängen wie Sprache, internes konzeptuelles Wissen, etc. betrachten können, was in der Bedeutung von "Top-Down" Komponenten ja bereits angeklungen ist.

Aus diesem Grund können die hier angestellten Betrachtungen nur als erster Schritt in ein riesiges Unterfangen betrachtet werden. Im Ansatz bestätigen sich jedoch grundsätzlich die Ideen des sub-symbolischen Paradigmas, die in früheren Kapiteln ausführlich erläutert wurden. Zu den Fragen, die in diesem Zusammenhang offen blieben, gehört sicherlich die folgende: Welche Annahmen der Vorverarbeitung sind zu treffen, ehe neuronale Prozesse einsetzen können. Mit anderen Worten, was sind die wirklichen direkt verankerte Repräsentationen, mit denen es ein Modell optimalerweise zu tun haben sollte. Wir haben gesehen, daß in vieler Hinsicht das biologische Vorbild einige fix-verdrahtete Vorverarbeitungen einsetzt, daß also die Erkennung nicht allein an Frequenzen oder Pixeln arbeitet. Weitere Seitenblicke auf dieses Vorbild werden also auch in Zukunft von Nutzen sein. 'Direkt verankert' ist dann so zu verstehen, daß so wenig interpretierte und Wissen einsetzende Vorverarbeitung angewandt werden sollte wie möglich, ohne den Ansatz von vornherein zu disqualifizieren – was offensichtlich bei einem visuellen System, das ausschließlich auf unzusammenhängende Bildpunkte zugreifen kann, der Fall ist.

12 Kategorisierung und Konzeptualisierung

12.1 Allgemeines

Nachdem beschrieben wurde, wie mit Modellen perzeptorischer Vorgänge ein Informationsaustausch zwischen Umwelt und kognitivem System stattfinden kann, ist nun der nächste interessante Punkt die Informationsspeicherung auf konzeptueller Ebene. Die Beschäftigung mit diesem Teilbereich wird in der klassischen AI *Wissensrepräsentation*[1] genannt. Nachdem wir in diesem Buch anhand des sub-symbolischen Paradigmas alternative Annahmen, was Repräsentation betrifft, getroffen haben, müssen wir das Thema auch unter diesem Blickwinkel betrachten. Wir können in einer allgemeinen Vorstellung intelligenter Systeme also nicht davon ausgehen, daß Wissen in repräsentierter und vorinterpretierter Form vorliegt, sondern daß ausgehend von den direkt verankerten Repräsentationen (Kapitel 11) innerhalb der durch die Architektur vorgegebenen Repräsentationen auf Metaebene Prozesse der Selbstorganisation Informationsstrukturen aufbauen, die dem System bestimmtes beobachtbares Verhalten ermöglichen (vgl. Abschnitt 5.7).

Das zentrale Element in der klassischen Wissensrepräsentation war das *Konzept*, das mittels eines Symbols innerhalb einer Struktur, die Relationen unter den Konzepten repräsentiert, dargestellt wurde. Unter Konzept versteht man dabei die allgemeine prototypische Beschreibung eines Objekts, einer Kategorie von Objekten, oder auch einer abstrakteren Begebenheit, Beziehung oder Konstellation der Welt. Konzepte werden dabei im allgemeinen in Hierarchien angeordnet, die einerseits Unter- und Überklassen von Konzep-

---

[1] In der klassischen Modellvorstellung wird sehr oft nur die konzeptuelle Ebene – also das, was in diesem Kapitel besprochen werden soll – als 'Wissen' bezeichnet. Wir haben diesen Begriff ja auch auf sub-konzeptuelle Strukturen erweitert, sodaß er auch Aspekte beinhaltet, die man 'Fertigkeiten' nennen könnte. Nachdem die sub-symbolische Hypothese nur von Epiphänomenen auf oberster Ebene spricht, sonst aber keine strengen Grenzen zieht, erscheint eine solche erweiterte Definition weiterhin sinnvoll. Im folgenden ist also vom konzeptuellen Teil des Wissens die Rede.

ten, andererseits den Unterschied zwischen Kategorien und Einzelfällen (*Instanzen*) ausdrücken.

Dieser Ansatz muß in der sub-symbolischen AI sicher überdacht werden. Zunächst bewegen wir uns ja zum Großteil auf der Ebene unbewußter Vorgänge, wo stark verteilte und für den Beobachter uninterpretierbare Informationen eine große Rolle spielen. Solche haben wir etwa im Bereich der Perzeption schon gesehen. Nach wie vor werden jedoch Kategorien und Konzepte eine Rolle spielen – besonders am Übergang zu Prozessen des Conscious Rule Interpreter (CRI) – da sie offensichtlich zu den zentralen Aspekten menschlicher Kognition gehören (vgl. Lakoff 1987, Neisser 1987a, 1987b). Der klassische Ansatz kam ja nicht von ungefähr, man sollte daher nicht das Baby – die Konzepte – mit dem Bad – dem rein symbolischen Ansatz – ausschütten. Diese (die Konzepte) müssen nun allerdings in Form von Netzwerkzuständen realisiert werden. Da Selbstorganisation im Mittelpunkt steht, müssen wir uns hauptsächlich mit der *Konzeptbildung* beschäftigen, während das generelle Aussehen von konzeptuellen Zuständen durch Architektur (also Metarepräsentation) vorgegeben werden muß. Dies ist der hauptsächliche Inhalt dieses Kapitels.

In den Kapiteln 2 und 3 wurde ausführlich über verteilte Muster gesprochen, die einige der interessantesten Eigenschaften konnektionistischer Modelle ausmachen. In Kapitel 4 wurde wiederum kurz vorgeschlagen, was ein Konzept als Gipfel im Sinne der Gebirgsanalogie sein könnte. In diesem Kapitel soll geklärt werden, wie diese Vorschläge vereint werden können. Weiters werden eine Reihe von Fragen auftauchen, die ebenfalls ansatzweise beantwortet werden sollen. Bevor wir uns einem konnektionistischen Modell der Konzeptbildung widmen, sollen noch einige Beobachtungen über die Natur menschlicher Konzeptbildung durchgeführt werden.

12.2 Menschliche Kategorisierung und Implikationen daraus

12.2.1 Allgemeines

In psychologischer (Neisser 1987a, Rosch 1973) und linguistischer Literatur (Lakoff 1987) wird die Kategorisierung und damit zusammenhängend die Bildung von Konzepten (*Konzeptualisierung*) als ein zentrales Element menschlicher Kognition dargestellt. Durch sie wird intelligentes Handeln erst möglich, da durch kategoriales Wissen ein adäquates Verhalten in neuen Situationen, bzw. effiziente Reflexion über das Wissen und Kommunikation mit anderen erlaubt wird. Hier soll nun kurz der Vorgang der Kategorisierung, sowie die Implikationen für deren Modellierung im sub-symbolischen Paradigma besprochen werden.

Zunächst ist eine Definition am Platz. Unter Kategorie soll ab jetzt eine Menge von Stimuli verstanden werden, die von einem intelligenten System ähnlich behandelt werden und daher idealerweise ähnliche Zustände hervorrufen. Kategorisierung ist der Vorgang des Erkennens bzw. Entdeckens von Kategorien. Konzepte sind – wie schon bisher – jene systeminternen Zustände, die die klaren Antworten auf Kategorien darstellen. Ein System lernt während der Kategorisierung, solche Zustände bei gewissen Stimuli zu erreichen. Man kann sich derartige konzeptuelle Zustände als diejenigen mentalen Erregungen vorstellen, die aktiviert sind, wenn man eine bestimmte Situation als etwas "Besonderes", also etwas, das sich von anderen Situationen abhebt, erkennt. Meistens sind konzeptuelle Zustände solche, die man mit einem Wort seiner Sprache bezeichnen kann (etwa 'Tisch', 'Villa', 'Grundstück', 'Eigentum', 'Eifersucht'). Sehr oft gibt es aber auch konzeptuelle Zustände, für die ad hoc kein Wort existiert. Solche Zustände enstehen auch immer wieder neu oder verändern sich, was gleichzeitig bedeutet, daß sich die Wissenslandschaft (siehe Gebirgsanalogie) immer wieder neu strukturieren kann.

Kategorisierung, bzw. Konzeptualisierung, hat beim Menschen einige bemerkenswerte Eigenschaften, die die klassische Sicht eines Konzepts bereits zu untergraben scheint (Lakoff 1987). Die klassische Ansicht, die sich auch implizit in den meisten AI-Ansätzen zur Wissensrepräsentation widerspiegelt, ist nämlich die, daß eine Kategorie eine Menge von Objekten oder Situationen ist, die "einen Satz von Merkmalen gemeinsam haben". Lakoff demonstriert jedoch, daß viele Kategorien und Konzepte, die Menschen bilden, nicht dieser Definition entsprechen, und unterscheidet in der Konzeptualisierung folgende Aspekte:

Radiale Kategorien:
Dies sind Kategorien, die von einem "zentralen" Element aus weitere neue Vertreter aufgrund von Ähnlichkeiten hinzunehmen, wobei es durchaus passieren kann, daß ein Element nichts mehr mit dem zentralen (oder anderen Elementen) gemeinsam hat, wie schematisch in Abb. 12.1 angedeutet. Lakoff nennt dazu ein Beispiel aus der Dyirbal- Sprache (australische Aboriginees), das dem Buch auch seinen Namen gegeben hat

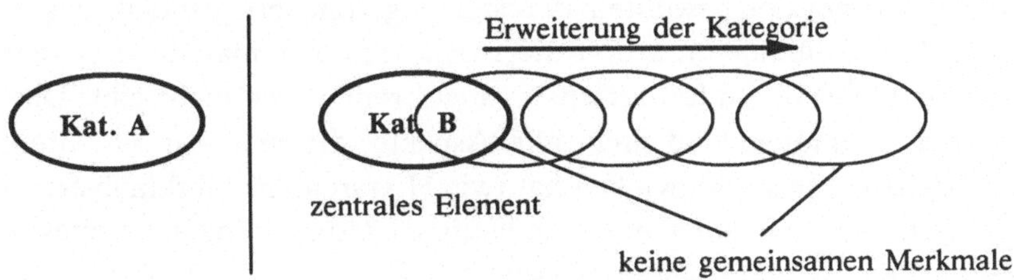

Abb. 12.1

("Women, Fire and Dangerous Things"). In dieser Sprache gibt es zwei Funktionswörter, die Nomen in zwei Kategorien aufteilen – ähnlich den Artikeln im Deutschen. In den Anfängen der Sprache modifizierte das eine Wort alle Begriffe wie *Mann*, das andere Begriffe wie *Frau*, war also eine Art Unterscheidung nach dem Geschlecht. Die zweite Kategorie hat sich aber im Lauf der Stammesgeschichte erweitert. Da in der betreffenden Kultur der Sonne weibliches Geschlecht zugewiesen wurde, nahm man auch das Wort für Sonne in die Kategorie auf. Aufgrund der gemeinsamen Eigenschaften (heiß und hell) kam *Feuer* hinzu. Da Feuer gefährlich ist, wurden schließlich auch Waffen und andere gefährliche Dinge hinzugerechnet. Die Kategorie umschließt also, unter anderem, Frauen, Feuer und gefährliche Dinge (siehe Buchtitel), obwohl diese drei Elemente keine Eigenschaft gemeinsam haben. Es ist interessant zu bemerken, daß die große Mehrheit derer (vor allem der Männer), die den Buchtitel zum ersten Mal hören, zu schmunzeln beginnen, offenbar deshalb, weil man unwillkürlich die klassische Auffassung einer Kategorie zugrundelegt. Wesentlich früher schon als Lakoff hat unter anderem Wittgenstein auf derartige Eigenschaften von Kategorien hingewiesen (etwa anhand des Beispiels *Spiel*).

Man muß aber nicht auf ferne Kulturen blicken, um Kategorien wie diese zu finden. Das Phänomen, daß neue Situationen und Stimuli zu bereits erworbenen Konzepten aufgrund von Ähnlichkeiten mit bekannten Situationen hinzugenommen werden, ist allgegenwärtig und resultiert oft in Kategorien, untere deren Vertretern keine allen gemeinsame Merkmale gefunden werden können. Aus ähnlichen Gründen sind viele Theorien des Wissensaufbaus, wie die der semantischen Merkmale (Katz & Fodor 1963) als umfassende Theorie gescheitert.

Dies deutet uns schon an, daß wir einen Unterschied machen müssen zwischen dem, was wir Menschen unbewußt bei der Kategorisierung tun, und dem, was wir bei der bewußten Beobachtung zunächst glauben, das es ist. Bei der Beschreibung unserer Kategorien vermutet man in den meisten gemeinsame definierende Merkmale, auch wenn es sie nicht gibt. Das läßt uns bereits vermuten, daß nicht alle Aspekte, die man zur Beschreibung menschlichen Wissens entwickelt hat (wie Hierarchien, Merkmalvererbung, etc. – siehe später), auch eine eindeutige Entsprechung im unbewußten menschlichen Handeln haben müssen.

Prototypeffekte
Eine wesentlicher Vorgang in der menschlichen Kategorisierung ist die *Prototypikalisierung* (siehe auch Rosch 1973). Das bedeutet, daß ein interner Vertreter – etwa eine Visualisierung – geformt wird, der die typischsten Eigenschaften aller Elemente der Kategorie besitzt. Dieser Prototyp wird sehr oft stellvertretend für die Kategorie in der Kognition eingesetzt. So haben etwa die meisten eine Vorstellung zu 'Vogel', die ungefähr einer Amsel oder einem Finken entspricht – weil dies sehr häufige Arten sind, die viele von den für Vögel typischen Eigenschaften haben. Dies bedeutet aber nicht, daß es in der Welt einen Vertreter der Kategorie geben muß, der mit dem Prototyp ident ist. Dieser vereint vielmehr die typischsten Eigenschaften, die auf mehrere Vertreter verteilt sein können.

Metonymie
Sehr oft läßt man einen Vertreter einer Kategorie oder einen Aspekt eines Konzepts für die ganze Kategorie oder das ganze Konzept stehen. Dies äußert sich in Sätzen wie "Das Weiße Haus verhandelt mit Moskau", in dem zwei Orte (weißes Haus, Moskau) für die Regierungen, die dort beheimatet sind, stehen. Das bedeutet also, daß in der Konzeptbildung nicht immer alle Aspekte gleich stark in der Kognition beteiligt sind.

Metaphern
Lakoff & Johnson (1980) und Lakoff (1987) erklären Metaphern (so wie in "unsere Beziehung ist in einer Sackgasse") als eine Abbildung (mapping) zwischen Konzeptschemen. Ein gängiges Konzept aus einer Domäne wird kraft seiner Ähnlichkeiten und Entsprechungen auf eine andere projiziert. Sehr oft sind es räumliche Vorstellungen wie die Bewegung auf einer Linie oder das Innere und Äußere eines Behälters, die metaphorisch für andere Konzepte verwendet werden. Lakoff zeigt auch auf, daß Metaphern eigentlich etwas allgegenwärtiges sind, also fast in allen Konzeptschemen vorkommen und nicht zu eher außergewöhnlichen Randerscheinungen gehören. So ist zum Beispiel schon der Satz "Ich habe

neben dir keine Freunde" eine räumliche Metapher. Solch metaphorisches Denken und Handeln widerspricht offensichtlich einer Vorstellung über klar aufgeteiltes Wissen über die Welt, in dem scheinbar distinkte Teile auch vollkommen isoliert voneinander abgespeichert sind.

All diese Beobachtungen – und noch mehr – tragen zu einem Bild bei, das Konzepte und Kategorien nicht als streng formales und widerspruchfreies System sieht. Lakoff fügt sie zu einer Theorie der *idealized cognitive models* (ICMs) zusammen, also die Bildung interner Konzeptschemen, die aus dem adaptiven Verhalten in einer Umwelt resultieren, und die für dieses Verhalten relevant sind. Dabei kann es durchaus – im Sinne einer klassischen Beschreibung – zu Widersprüchen, Unvollständigkeiten und Inkonsistenzen kommen, die aber meist die Kognition nicht behindern. Zusammen mit den Annahmen früherer Kapitel (vor allem Kapitel 5) können Konzeptualisierungen schließlich als vor allem *subjektive* Zustände betrachtet werden, die nur durch global angeborene Strukturen (Metarepräsentationen) oder durch adaptives Verhalten mehrere Individuen die Tendenz für objektiv bestimmbare Prinizipen haben. Klassische Modelle des konzeptuellen Wissens stehen oft in starkem Widerspruch zu diesen Beobachtungen. Obwohl auch sie in gewissem Rahmen unvollständige und widersprüchliche Wissensdarstellung erlauben, legen sie doch ein anderes Bild nahe, in dem für nicht auf formaler Logik (als objektives Prinzip) basierende Aspekte wenig bis gar kein Raum bleibt.

Unter der 'klassichen' Auffassung ist hier nicht ausschließlich die symbolische AI gemeint, sondern auch viele objektivistische philosophische und psychologische Modellvorstellungen bis hin zu dem Bild, das wir selbst im Alltagsleben über unser eigenes Wissen machen. Dies ist uns ja eingangs schon anhand der Beobachtung aufgefallen, daß uns Kategorien intuitiv fast immer klassich (d.h. durch gemeinsame Merkmale definiert) erscheinen. Viel könnte über den klassisch orientierten Aufbau von *folk theory* oder *folk psychology* – eben unsere Alltagstheorien, die unserem Handeln meist zugrunde liegen (siehe Churchland 1989, Clark 1989) – gesagt werden, wahrscheinlich ist er für ein Überleben einer Gemeinschaft sogar notwendig.[2] Wenn wir so wie hier allerdings versuchen, Modelle zu bilden, also "hinter die Kulissen zu blicken", müssen wir uns offensichtlich von einer streng rationalen, logischen und objektivistischen Sicht trennen.

---

2 Man stelle sich nur einmal vor, was in einer Gemeinschaft passieren würde, wenn jeder nach der Beobachtung handeln würde, alle Konzepte und daher Vorstellungen sind ohnehin subjektiv, objektive Prinizpien wie Gesetze also nicht festlegbar.

Konnektionistische Netzwerke scheinen sich nun für Modelle zu eignen, die diesen Beobachtungen gerecht werden (siehe auch Lakoff 1988). Prototypikalisierung zum Beispiel ist ein im Hebb'schen Lernen natürlicher Effekt, da häufige gemeinsame Merkmale verstärkt und zu einer überlappenden Darstellung zusammengefügt werden. Radiale Kategorien können ebenso erklärt werden (Dorffner 1989c), wie metaphorische Abbildungen (Lakoff 1988). Weiters fügen sich alle diese Aspekte in das Bild eines mehr konstruktivistischen, selbstorganisierenden System ein, das das sub-symbolische Paradigma ja bereits postuliert hat (vergleiche Peschl 1990). Natürlich würde es zu weit gehen, zu diesem Zeitpunkt bereits sub-symbolische ICMs zu verlangen, oder das Phänomen der Metonymie voll auszuloten. Im folgenden soll aber ein Ansatz beschrieben werden, der dem von Lakoff und anderen geformten Bild menschlichen konzeptuellen Wissens einen Schritt näher kommen sollte.

12.2.1 Bottom-Up und Top-Down Komponenten der Kategorisierung

Aus der obigen Zusammenstellung ihrer möglichen Ausprägungen folgt, daß Kategorien und Konzepte nicht allein von externen Einflüssen wie sensorischen Eindrücken abhängen können. Interne Zustände müssen während der Kategorisierung und Konzeptualisierung genauso eine Rolle spielen wie der gleichzeitige Einfluß von verschiedenen sensorischen Inputs. Unter 'Situation' und 'Stimuli' in Zusammenhang mit Kategorien ist somit die Summe aus externen und internen Zuständen zu verstehen.

Anders ausgedrückt muß der Prozeß der Konzeptbildung in zwei Richtungen funktionieren: Zunächst *Bottom-Up*, das heißt von externen sensorischen Reizen gesteuert, schließlich aber auch *Top-Down*, das heißt von internen Zuständen beeinflußt. Bottom-Up Komponenten werden etwa bei der Kategorisierung von greifbaren Gegenständen überwiegen, da diese sehr oft nach Aussehen (visuelle Inputs) oder anderen perzeptorischen Aspekten klassifiziert werden. Abstraktere Konzepte, die nicht direkt einem sensorischen Reiz zugeordnet sind, werden jedoch nicht ohne Top-Down Komponente gebildet werden können. So wird zum Beispiel das dem Wort 'Liebe' zugeordnete Konzept (oder die Konzepte) erst anhand anderer Erfahrungen, das heißt zuvor gelernter interner Zustände ausgeprägt werden können. Eine dieser Erfahrungen zur Bildung von Konzepten ist sicher die Sprache selbst, eine Situation also, in der ein Wort zur Bezeichnung verwendet wird. Das

Wort – mit seiner symbolischen Funktion ein interner Zustand – gibt also selbst oft Anlaß zur Konzeptbildung.

Ein Aspekt, der sich zum Teil aus diesen Betrachtungen ergibt, und in Konsistenz mit den bisherigen Betrachtungen zum sub-symbolischen Paradigma wesentlich ist, ist der folgende: Kategorien, und daher konzeptuelle Zustände, sind prinzipiell *individuell* und *subjektiv*, d.h. sie hängen von der jeweiligen Umwelt und Vorgeschichte des Individuums ab und sind daher für zwei verschiedene Individuen nie exakt gleich. Diese Ansicht ist sowohl konsistent mit den Theorien des Konstruktivismus (Maturana & Varela 1980, 1987), als auch mit den Ideen für ein repräsentationsfreies Modell (Kapitel 5). Da der prinzipielle Mechanismus die Selbstorganisation innerhalb einer vorgegebenen Architektur ist, dieser Prozeß anhand von Interaktionen mit der Umwelt vor sich geht, aber zwei Individuen sich nie in der exakt gleichen Umwelt befinden, folgt, daß die Ergebnisse der Selbstorganisation – wie eben Konzepte – individuelle Unterschiede aufweisen müssen. Da allerdings das Verhalten von Individuen sehr oft in Richtung gemeinsames Handeln und Verstehen ausgerichtet ist, werden die Unterschiede, bzw. die daraus resultierenden verschiedenen Verhaltensweisen, prinzipiell tendieren, in vieler Hinsicht relativ klein zu bleiben (siehe auch Kapitel 13 über Sprache).

Diese Annahme deckt sich durchaus mit genauen Beobachtungen menschlichen Verhaltens. Während die Konzepte des "Alltags", die verschiedene Personen haben, so wie *Tisch* oder *Baum* sicher größere Übereinstimmungen zeigen werden, spürt man bei fast jeder Unterhaltung, daß Worte zu abstrakteren Begriffen wie *Leidenschaft*, *Freiheit* oder *Assoziation* anscheinend bei jedem eine etwas andere Assoziation wecken. Dazu muß gesagt werden, daß die Sprache, deren Ausdrücke wie gesagt meist für die Konzepte stehen, eines der wichtigsten Mittel, um Konzepte eines anderen beobachten zu können. Die Symbole der Sprache – wie wir gesehen haben – sind diskrete und eindeutig identifizierbare Zustände, die sich daher extern festhalten lassen (z.B. durch die Schrift). Dies erzeugt offenbar unser Gefühl, daß auch Konzepte etwas Fixes und Eindeutiges sein könnten, verschleiert also oft die unvermeidlichen individuellen Unterschiede.

Schließlich ist es durchaus plausibel, so wie es in Assoziationsnetzwerken bereits getan wurde, in einem Modell zufällige Anfangszustände einer Architektur anzunehmen. Tut man dies, so baut man damit eine weitere Grundlage für kleine individuelle Unterschiede ein. Plausibel ist dies deswegen, da – um wieder einmal eine Anleihe vom biologischen Vorbild Gehirn zu holen – auch in der Natur kaum zwei Neugeborene mit der exakt gleichen Neuronenstruktur existieren. Dies läßt zumindest darauf schließen, daß die Architektur zweier individueller Modelle zwar eventuell im groben, nie aber im Detail übereinstimmen sollte.

All dies sind Beobachtungen über Kategorien und Konzepte, die im klassischen Ansatz nur wenig Raum gefunden hatten. Dies wird noch erhärtet durch das Postulat der sub-symbolischen Hypothese (Kapitel 4), daß individuelle Unterschiede sehr subtil sein können, also primär unterhalb der konzeptuellen Ebene ansetzen. Nicht nur, daß ein symbolisches Modell solche sub-symbolischen Feinheiten nicht erfassen kann, setzt es meist implizit eine relativ universale (vom Individuum und seinen Erfahrungen unabhängige) Wissensstruktur voraus.[3] Im folgenden soll gezeigt werden, wie ein konnektionistisches Modell die hier besprochenen Aspekte unterbringen kann.

12.3 Kategorien und Bildung von Konzepten im sub-symbolischen Wissen

12.3.1 Verteilte Repräsentation von Konzepten

Beginnen wir – um uns einer adäquaten sub-symbolischen Modellvorstellung konzeptuellen Wissens zu nähern – mit den in Kapitel 2 begonnenen Beobachtungen zur verteilten Realisierung von Wissen. Bereits in Abb. 2.8 wurde auf vereinfachte Weise eine Möglichkeit dargestellt, wie man mittels verteilter Repräsentation Konzepte und sogar Hierarchien von Konzepten darstellen könnte. Der große Fortschritt, der dadurch erreicht wird, ist die Repräsentation der Konzepte gemäß ihrer Ähnlichkeiten, sodaß diese nicht explizit vorgesehen werden müssen, sondern implizit bereits in der Darstellungsform enthalten sind. Neue Konzepte können somit leicht eingeordnet werden, da sich ihre Beziehung zu bestehenden automatisch aufgrund der Überlappungen der Repräsentationen ergeben (Hinton et al. 1986, Churchland and Sejnowski 1989, etc.). Dies bietet weiters ein Modell für eine Reihe von Phänomenen wie induktives Schließen, die sich in menschlicher Kognition beobachten lassen.

Nun sind wir aber von solchen strengen Repräsentationsannahmen abgegangen (Kapitel 5) und können eine derartige Darstellung höchstens als

---

3 Dies ist wieder eine Eigenschaft des symbolischen Paradigmas, die nicht so sein müßte, aber durch die sprachliche Qualität der Repräsentationen induziert wird (vgl. Fußnote 2 in Kapitel 4).

metaphorische Beschreibung von durch Selbstorganisation entstehendem, repräsentationsfreiem Wissen ansehen. Obwohl es nicht gesichert ist, daß eine solche Beschreibung in jedem Fall existieren muß, können wir sie dennoch einmal als Grundlage für unsere Betrachtungen nehmen. Dies hat jedoch Konsequenzen. Abgesehen vom Binding Problem, das wir in Abschnitt 5.8 kennengelernt haben, bringt die Anwendung dieses einfachen Schemas noch einige weitere Probleme mit sich.

Zunächst stellt sich die Frage, ob übergeordnete Konzepte tatsächlich – so wie in Abb. 2.8 angedeutet – als Überlappung von Unterkonzepten gesehen werden können. Dies würde ja so etwas wie die klassische Sicht von Kategorien mittels gemeinsamer definierender Merkmale implizieren, wenn man die Units als Microfeatures – also (uninterpretierte) Merkmale – betrachtet. Vielmehr könnte man stattdessen die Vereinigung der Muster aller Unterkonzepte als das übergeordnete Konzept betrachten, da all diese Units diejenigen Aspekte vereinen, die das Konzept in irgendeiner Ausprägung betreffen. Dadurch kann es aber leicht zu widersprüchlichen Aktivierungen kommen, wenn es unter den Unterkonzepten eine Reihe von "Ausnahmen" zu den allgemeinen Merkmalen des Superkonzepts gibt.

Eine weitere Schwierigkeit ergibt sich aus der gleichzeitigen Darstellung von Konzepten verschiedener Komplexität. Konzepthierarchien (wie *Tier—Säugetier—Raubtier—Hund—Pudel*, vgl. auch später) müßten alle in der Darstellung vorhanden sein, genauso wie Teil-Ganzes Beziehungen oder andere Relationen. Ein Problem ergibt sich einerseits aus der Frage, wie detailliert die Darstellung sein sollte, ob also jede noch so seltene Tiergattung, und jedes noch so kleine Merkmal im verteilten Schema von Tieren enthalten sein sollte. Dies würde bedeuten, daß etwa bei der Aktivierung des Konzepts *Pudel* alle darüberliegenden Konzepte (wie *Raubtier, Säugetier*, etc.) und alle Merkmale (wie *Fell, Aussehen, Anatomie*, etc.) mitschwingen müßten, was das Modell schnell zu einem unhandlichen Apparat machen würde. Andererseits stellt sich die Frage nach der Erweiterung der Struktur, wenn neue Konzepte gebildet werden, was ja unser Hauptaugenmerk in diesem Abschnitt sein soll. Plausible Einordnung – wie oben angedeutet – scheint ja im verteilten Schema ein Leichtes zu sein, würde aber bedeuten, daß von vornherein genügend Units für Details beliebiger Auflösung vorhanden sein müßten.

Eine der heftigsten Kritiken am konnektionistischen Ansatz (Fodor & Pylyshyn 1988) hat unter anderem diesen Punkt als Argumentationsbasis verwendet. Die Autoren meinten, daß der verteilte Ansatz deswegen unzulänglich ist, weil er nur aus einer unzusammenhängenden Menge aus repräsentierenden Einheiten (den Units) bestehe, und deshalb nicht fähig sei, Struktur und Relationen zwischen den Konzepten zu realisieren. Als Beispiel wählten sie unter anderem folgendes Szenario. Angenommen jemand ginge bei strahlend blauem Himmel mit seinem schwarzen Hund spazieren. Aufgrund der Eindrücke müßten bei dieser Person also die Konzepte *Himmel, blau, Hund, schwarz,* etc. aktiviert sein. Da im verteilten Ansatz nun jedoch die Zuordnung zwischen den Mustern fehle, könnte der Zustand nun nicht mehr von der Situation unterschieden werden, daß die Person etwa einen blauen Hund (oder schwarzen Himmel, etc.) sieht. Dieses Problem ist uns bereits als das "Binding Problem" verteilter Darstellungen begegnet (Kapitel 5).

Diese Kritik zeigt allerdings nicht – wie es die Autoren intendierten – die Unzulänglichkeit des konnektionistischen Ansatzes an sich auf, sondern eben nur, daß die Ansicht, Konzepte würden einfach durch Überlappung von großflächigen Aktivierungsmustern darstellbar sein, zu sehr vereinfacht. Dieser Sicht sind vor allem Fodor & Pylyshyn selbst verfallen, weil sie sehr von klassichen Auffassungen von Wissen geleitet wurden.

Die Probleme fußen zum Großteil darauf, daß zunächst angenommen wurde, daß *alle* Konzepte, Subkonzepte und Merkmale in *einem* verteilten Layer Platz finden sollen. Ohne die Vorteile des verteilten Ansatzes zu mindern, muß daher stattdessen eine starke Modularität, bzw. komplexe Architektur innerhalb der "Wissens"komponente eines sub-symbolischen Modells angenommen werden. Man muß somit die Argumentationen rund um verteilte Netzwerke, so wie sie auch in Kapitel 2 anhand des Affennetzwerkes angeführt wurden, nicht als Modell per se, sondern als eine wesentliche Grundlage für ein solches sehen, die noch um einiges erweitert werden muß. In den nun folgenden Abschnitten soll ein erster Versuch in diese Richtung gestartet werden. Wie schon angedeutet, müssen dabei auch einige klassischen Ansichten über Konzepte und Konzeptstrukturen revidiert werden.

12.3.2 Ein konnektionistisches Modell der Konzeptbildung

In diesem Abschnitt soll kurz ein konnektionistisches Modell zur Kategorisierung und Konzeptbildung vorgestellt werden. Anhand dieses einfachen Modells sollen dann weitere Überlegungen zum Aufbau sub-symbolischen Wissens angestellt werden. Es soll dabei stellvertretend für eine Reihe von anderen konnektionistischen Ansätzen zur psychologisch plausiblen Kategorisierung (Gluck & Bower 1988, Kruschke 1990) und Konzeptbildung (z.B. Amari 1977, Salu 1985) stehen, da es einen Versuch darstellt, die Ideen des sub-symbolischen Paradigmas mit den in diesem Kaptiel gemachten Beobachtungen im Ansatz zu vereinen.

12.3.2.1 C-Layers und ihre Funktion

Zunächst soll nochmals daran erinnert werden, was hier unter *Kategorie* und *Konzept* verstanden wird. Eine Kategorie ist eine Menge von Situationen – die, wie wir bereits bemerkt haben aus externen Stimuli und internen Zuständen bestehen kann und die vom System gleich oder ähnlich behandelt werden. Der Vorgang der Kategorisierung ist das Erlernen dieses Gleichbehandelns. Konzepte hingegen bezeichnen hier die systeminternen Zustände, die sich aufgrund der Reaktion auf eine Kategorie ergeben. Ist solch ein Zustand relativ klar (was das heißt wird noch zu definieren sein), so kann man sagen, das System hat der momentanen Situation ein Konzept zugeordnet. Konzeptbildung ist also eng verbunden mit Kategorisierung.

Was bedeutet also 'klar'? Zunächst sollte ein solcher Zustand über längere Zeit *stabil* sein können. Dies deckt sich mit Vorschlägen von Hofstadter (1981) oder Smolensky (1988), und ergibt auch Sinn, wenn Konzepte als Teil bewußter Vorgänge (CRI) herangezogen werden sollen. Weiters muß der Zustand sicher *eindeutig* und *identifizierbar* sein. Mit anderen Worten, um zwei Situationen zwei verschiedene Konzepte zuzuordnen – sie also in zwei verschiedene Kategorien einzuteilen – muß man von vielen Details, bzw. Ähnlichkeits abstrahieren können. Wir haben bereits bei der Besprechung der Perzeption gesehen, daß Erkennen gleichbedeutend mit *Informationsreduktion* ist, und haben bereits dort, ohne es so zu nennen, den Vorgang der Kategorisierung gemeint. Einzelstimuli – und daher Situationen – bestehen aus einer Unzahl von Elementen, die fast unmöglich zu verschiedenen Zeitpunkten genau identisch sein können. Ein Bild eines Gegenstands etwa, Pixel für Pixel betrachtet, wird sich von einem Moment zum anderen immer in kleinen Details unterscheiden. Um also überhaupt auf Situationen sinnvoll reagieren zu können, müssen jene Details, die etwa zur Identifizerung eines Gegenstands oder eben einer Kategorie von Gegenständen irrelevant sind, ausgefiltert werden. Es muß also die Fülle der Informationen drastisch reduziert werden.

Mit anderen Worten, während der Kategorisierung werden *Ähnlichkeiten* – also geringe Abweichungen – (annähernd) auf *Gleichheiten* transformiert. Im Sinne konnektionistischer Verarbeitung kann das bedeuten, daß extrem *ver-*

teilte Darstellungen auf relativ *lokale*, bzw. weniger verteilte abgebildet werden. Wenn etwa ein Bild aus tausenden von Pixeln – in Unitaktivierungen umgesetzt – auf einige wenige Zustände einer geringen Anzahl von Output Units übergeführt wird, ist damit die notwendige Informationsreduktion geschehen. Ähnliches haben wir auch schon in den Hidden Units eines Backpropagation-Netzwerks gesehen. Wird die Anzahl dieser Units sehr klein gewählt, so ist das Netzwerk gezwungen, eine kompakte, das heißt wenig verteilte innere Darstellung zu wählen, um die gewünschte Abbildung durchzuführen. Resultat ist, daß die Inputs stark in Gruppen zusammengefaßt werden, also viele unterschiedliche Muster fast oder ganz gleich behandelt werden. Dies ist nichts anderes als ein Vorgang der Kategorisierung.

In vielen gängigen konnektionistischen Modellen zur einfachen Kategorisierung (z.B. im Competitive Learning) wird diese Informationsreduktion ins Extreme fortgesetzt. Durch den Einsatz von Winner-take-all (WTA) wird ein exakt lokal aktiviertes Muster erzeugt, das also keine Ähnlichkeiten mit anderen lokal aktivierten Mustern (WTA-Zuständen) mehr besitzt (vergleiche Abschnitte 2.4.4.1 und 3.1.2). In einem Counterpropagation-Netzwerk (Abschnitt 2.4.4.2) etwa werden die Kategorien von Inputs immer exakt gleich behandelt, Unterschiede werden vollständig ausgeschaltet. Ein plausibles sub-symbolisches Kategorisierungsmodell sollte dies offensichtlich nicht so tun. In der Gebirgsanalogie haben wir bereits angenommen, daß es zwar stark unterscheidbare Zustände geben muß – die Gipfel, bzw. eben die Konzepte – daß diese aber dennoch eine gewisse verteilte Struktur – manche mehr, manche weniger – behalten werden. Besonders um klare von weniger klaren Konzepten zu unterscheiden, etwas was sicherlich während der Konzeptbildung wesentlich ist, muß man einen gewissen Grad von Verteiltheit beibehalten.

Das Modell, das hier vorgestellt werden soll (Dorffner 1989c und in Druck), realisiert diese Idee. Erinnern wir uns daran, daß WTA nichts anderes als eine Extremform der Kompetition darstellt, was liegt also näher als ersteren Prozeß durch zweiteren zu ersetzen. Kompetition kommt sehr schön in einem vollverbundenen Layer, der mit dem Interactive Activation Algorithmus als Update-Mechanismus (siehe Abschnitt 2.4.2.1) arbeitet, zu Tage. Solche Layer – von nun an *C-Layer* ('C' steht für 'categorization' bzw. 'conceptualization') genannt – werden daher im Kategorisierungsmodell als Grundkomponente angenommen. In Abb. 12.2 ist die Grundvernetzungsstruktur eines C-Layers angedeutet. Er empfängt Input von beliebig vielen anderen Layern im Modell –

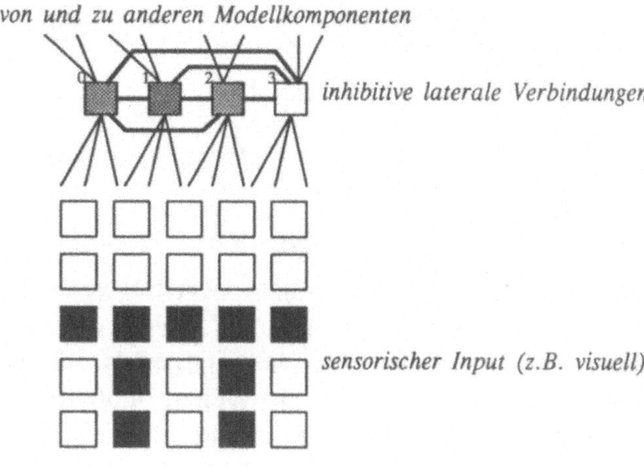

Abb. 12.2

so etwa vom sensorischen Input, aber auch von anderen C-Layern. Im Sinne der Beobachtung, daß Konzepte individuell sind und jederzeit von internen Zuständen beeinflußt werden können, besteht zwischen den in der Sensorik und in den modellinternen Layern ausgehenden Aktivierungen kein prinzipieller Unterschied, von eventuellen Skalierungen abgesehen. Es empfiehlt sich daher, alle Units, die mit einem C-Layer verbunden sind mit einem Namen – z.B. 'E-Unit' ('E' steht für 'extern', d.h. extern für den C-Layer) – zu benennen. Das Aktivierungsmuster über alle E-Units ist somit die *Situation*, auf die der C-Layer zu reagieren hat.

Initialisiert man nun die Verbindungen, die von anderen Layern ausgehen, mit zufälligen Gewichten und die lateralen Vollverbindungen mit relativ kleinen negativen Gewichten, so wird sich – abhängig von den Aktivierungen der E-Units – ein Rich-get–richer Effekt einstellen, der eine Unit relativ stärker als die anderen werden läßt. Durch die geringe Stärke der inhibitiven Gewichte wird dieser Effekt allerdings nur sehr schwach sein, der Gewinner wird also über die anderen Units nicht absolut die Oberhand gewinnen. Mit anderen Worten, die Informationsreduktion wird nicht voll ausgeprägt sein, viele verteilte Ähnlichkeiten werden im sich so ergebenden Muster noch enthalten sein (Abb. 12.3).

Ziel der Kategorisierung ist natürlich eine ausgeprägte Informationsreduktion. Mit anderen Worten, der Zustand nach der Kompetition sollte eine Unit sehr stark aktiviert lassen, alle anderen hingegen sehr schwach (Abb. 12.4). Um das

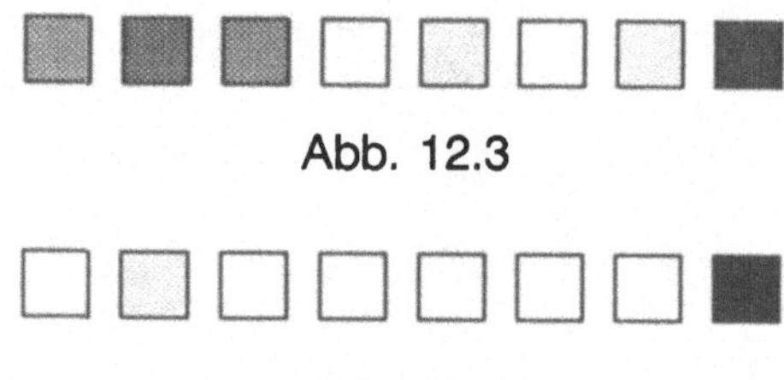

Abb. 12.3

Abb. 12.4

zu erreichen, muß während des Lernens zweierlei geschehen: Zunächst muß die Kompetition zwischen den Units im C-Layer verstärkt werden, sodaß in der gleichen Situation der Gewinner das nächste Mal stärker über die anderen hinauswächst, bzw. diese unterdrückt. Weiters muß die Wahrscheinlichkeit vergrößert werden, daß in einer ähnlichen Situation die gleiche Unit als Gewinner in die Kompetition einsteigt. Beides ist in diesem Kategorisierungsmodell durch verallgemeinerte Hebb-Regeln realisiert. Die Kompetition läßt sich dadurch verstärken, daß man die negativen Gewichte zwischen zwei unterschiedlich stark aktivierten Units in Richtung von der stärkeren zur schwächeren betragsmäßig vergrößert. Die zweite Bedingung läßt sich – ähnlich wie beim Competitive Learning – dadurch erfüllen, daß alle Verbindungen von aktiven E-Units zum Gewinner verstärkt, die anderen abgeschwächt werden (Hebb'sches Prinzip). Da jedoch die verteilte Struktur gemäß der Gebirgsanalogie sehr wohl wesentlich ist – wir haben sie ja deswegen durch WTA nicht ausgeschaltet – wird noch ein zusätzlicher Faktor in das Lernen mit einbezogen. Dieser geht davon aus, daß es ja jetzt nicht bloß einen Gewinner gibt, sondern daß jede Unit – je nachdem wie stark sie ist, und wieviel schwächere Units es gibt – eine *Grad des Gewinnens* besitzt. Dieser wird in der Lernregel mit berücksichtigt.

Die Lernregel bewirkt, daß bei wiederholt präsentierten ähnlichen Situationen der C-Layer dazu tendiert, einen WTA-ähnlichen Zustand einzunehmen, wobei während der Adaptierung die Verteiltheit des Zustandes zwar reduziert wird, aber ihre Charakteristik beibehält. Dieser Vorgang ist also in der Analogie mit der "Formung" eines klar ausgeprägten Gipels gleichzusetzen. Siehe dazu Abb. 12.5: Wird aus einem verteilten Zustand durch Update ein identifizierbarer, so kommt das dem Erreichen eines Gipfels gleich. Ensteht der identifizierbare Zustand für die gleiche Situation durch Lernen, so entspricht das der Formung eines ausgeprägten Gipfels. Da nun der Gewinner nicht mehr den vollen Anteil am Lernen hat, könnte man die involvierten Mechanismen "Winner-take-more" (WTM) nennen. Sowohl die Bedingungen

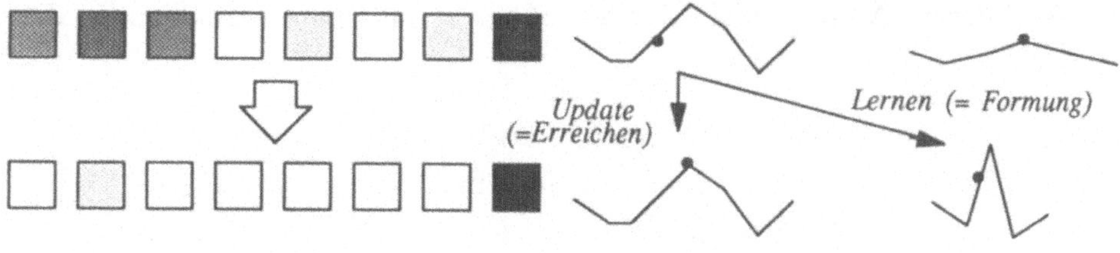

Abb. 12.5

der Informationsreduktion als auch der Stabilität – weitere Updates ändern kaum noch etwas – sind für diesen Ansatz erfüllt.

Ein WTA-ähnlicher Zustand wird nun *identifizierbarer Zustand* (*identifiable state*, kurz *ID-state*) genannt, und läßt sich – wie gewünscht – als konzeptueller Zustand interpretieren. Mit anderen Worten, wenn das Modell gelernt hat, auf eine Situation mit einem identifizierbaren Zustand zu reagieren, so kann man sagen, es hat dieser Situation ein Konzept zugeordnet. Dieses Konzept ist rein aus Selbstorganisation und unter dem Einfluß mehrer interner Zustände entstanden, ist also repräsentationsfrei (im strengen Sinn) und subjektiv (in-dividuell), so wie es aufgrund unser bisherigen Betrachtungen gefordert war. Die Identifizierbarkeit eines Zustands kann relativ einfach formal definiert werden (siehe Dorffner 1989c) und vervollständigt somit die ersten Vorschläge aus Abschnitt 4.6. Auch das Symbolmodell, das in Abschnitt 6.5 beschrieben wurde und das ja Konzepte in Form von identifizerbaren Zuständen vorausgesetzt hat, fügt sich gut in diesen Ansatz ein.

Natürlich kann einer Situation nicht nur *ein* Konzept zugeordnet werden, ein einziger C-Layer ist also unzureichend. Darüber hinaus kann durch die – meist zufällige – Initialisierung eines C-layers und seiner Verbindungen nicht gewährleistet werden, daß immer für das Verhalten relevante[4] Kategorisierungen stattfinden. Daher ist in diesem Modell nicht ein einzelner, sondern eine große Anzahl von C-Layern vorgesehen (vgl. dazu das Competitive Learning in Abschnitt 2.4.4.1, das auch mehrere Clusters pro Layer vorgesehen hat). Alle sind wie vorhin angedeutet – durch zufällige Faktoren beeinflußt – mit dem sensorischen Input und anderen Layern verbunden, haben aber leicht un-terschiedliche Konfigurationen. Gesamt gesehen besteht somit für jedes relevante Konzept eine reelle Chance, "entdeckt" zu werden. Außerdem wird dadurch aus dem fast rein lokalen Zustand (ein Gewinner) wieder ein verteil-ter, der Vorteile wie Robustheit und Fehlertoleranz in sich vereint (Abb.

---

4 um nicht zu sagen 'gewünschte', was ja eine Interpretation des Prozesses wäre.

12.6). Dieser Ansatz, viele kleine Module mit unterschiedlichen Kon-

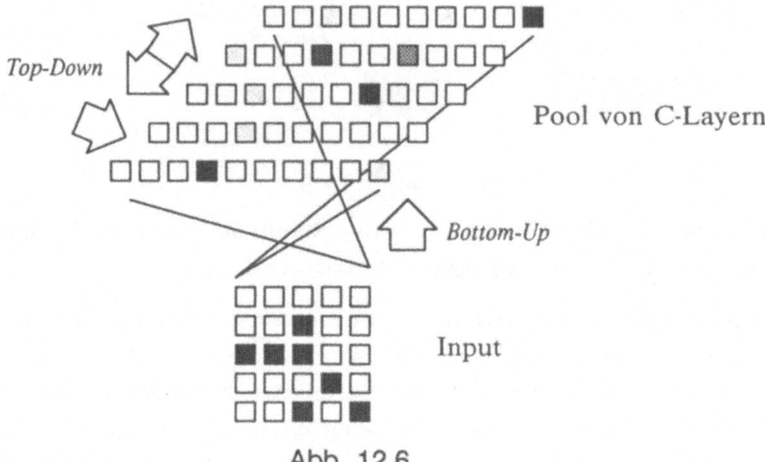

Abb. 12.6

figurationen auf ein Problem anzusetzen, ist durch die von Edelman, Reeke und anderen entwickelte *neuronal group selection theory* (NGST, z.B. Edelman 1987) inspiriert worden, einer Theorie, die auf Experimente mit biologischen Systemen zurückgeht. Auch der Sequenzendetektor von Mannes (1989) greift auf eine ähnliche Idee zurück (siehe Abschnitt 7.3.1).

Dieser Ansatz zur sub-symbolischen und repräsentationsfreien Konzeptbildung vereinfacht natürlich noch extrem. So sollte der Übergang vom sensorischen Input zum identifizierbaren Zustand im C-layer sicher nicht in einem Schritt geschehen. Ein Mehrebenenmodell, so wie das Neocognitron (Abschnitt 11.4.4), das die Informationsreduktion schrittweise durchführt, wäre hier angebracht. Damit würden sich die Beobachtungen über den Vorgang der Perzeption mit denen über die "tiefer" liegenden Prozesse zusammenfügen. Da es aber hier hauptsächlich um letztere gehen soll, wurde das Modell vereinfacht dargestellt.

12.3.2.2 Die Leistungen des Modells

Dieses Modell kann mittels uninterpretierter Selbstorganisation konzeptuelle Zustände für wiederkehrende Situationen entwickeln, es kann also seine Wissenslandschaft der Umwelt entsprechend adäquat formen. Die Eigenschaften der damit verbundenen Kategorisierung decken sich mit vielen der eingangs gemachten Beobachtungen menschlicher Kognition. So werden etwa Muster, die einander lokal ähnlich sind, bei entsprechender Verteilung zu bestehenden

Kategorien hinzugefügt, sodaß der Effekt der radialen Kategorie auftreten kann; daß nämlich zwei oder mehrere Muster gleich klassifiziert werden, die keine gemeinsamen Units haben. Durch die Berücksichtigung der Top-Down Einflüsse kann das Modell aber auch in anderer Hinsicht beliebig von Oberflächenähnlichkeiten abstrahieren, und somit abstrakte oder allein durch internes Verhalten motivierte Konzepte generieren. In einer einfachen Form fügt es sich also in das Bild "natürlicher" Konzepte ein, das durch die Beobachtungen zu Beginn dieses Kapitels gezeichnet wurde.

12.3.3 Hierarchien von Konzepten

Nachdem nun ein einfaches sub-symbolisches Modell für Konzeptbildung vorgestellt wurde, stellt sich als nächstes die Frage, wie Konzeptstrukturen – also zum Beispiel Hierarchien von Konzepten – in diesem Ansatz Platz finden könnten. Konzeptuelles Wissen ist ja offensichtlich weit komplexer als das Zuordnen von einfachen identifizierbaren Zuständen zu Situationen.

Eine bekannte Type von Konzepthierarchie im klassischen Ansatz wird durch die sogenannte IS-A Verbindung erzeugt, die Hierarchie der *Super-* und *Subkonzepte*. So kann man etwa Tierarten in einen baumartigen Graph einordnen, in denen sich Ketten wie die folgende ergeben: *Pudel* IS-A *Hund* IS-A *Raubtier* IS-A *Tier*. Man sagt also im allgemeinen, daß es Konzepte (z.B. *Hund*), Subkonzepte davon (wie *Pudel*) und übergeordnete Superkonzepte (wie *Tier*) gibt. Jedes Konzept in der Kette subsumiert über weite Teile die Konzepte, die unterhalb liegen. Demnach werden auch Eigenschaften von Superkonzepten auf Subkonzepte *vererbt*, die in vielen Fällen durch explizites Überschreiben für Ausnahmen geändert werden können.

IS-A Hierarchien in verteilten konnektionistischen Netzwerken unterzubringen war ja zunächst recht einfach, wie es das einfache Affennetzwerk aus Abb. 2.8 gezeigt hat (Rumelhart & McClelland 1986a, Rotter 1990). Ein übergeordnetes Konzept ergibt sich dort aus der Überlappung aller Konzeptmuster auf der gleichen Ebene der Hierarchie. Im einfachen Modell zur Konzeptbildung gibt es bei klarer Ausprägung eines konzeptuellen Zustands jedoch nur mehr eine oder zumindest sehr wenige stark aktivierte Units. Ist das nicht ein Widerspruch zu den ursprünglichen Annahmen verteilter sub-symbolischer Systeme? Nicht notwendigerweise, wenn man eine entscheidende Unterscheidung macht: nämlich die zwischen unbewußten verteilten Zuständen, die intuitive Wissenslandschaft also, und bewußt zugänglichen klaren und relativ stabilen Konzepten. Wir haben ja schon anhand der Beschreibung von

C-Layern gesehen, daß beliebige Zwischenzustände vorkommen können, sich diese überlappen und daher im Sinne assoziativer Verbindungen ähnliche Zustände in anderen Layern hervorrufen können. Dies entspricht den schon mehrmals erwähnten Eigenschaften verteilter Modelle. Wenn es jedoch um Konzepte im Moment des Erkennens und der Klassifizierung geht, muß die Situation offensichtlich etwas anders sein. Bevor wir diese Idee weiter verfolgen können, sind noch einige weitere theoretische Überlegungen notwendig.

12.3.3.1 Basic-Level Kategorien

In der sub-symbolischen AI bewegt man sich hauptsächlich auf der Ebene des Intuitive Processor (IP) und ist daher zunächst an jenen Konzepten und Konzeptarten interessiert, die *assoziativ* und *intuitiv* gelernt werden können. Es empfiehlt sich daher, Ergebnisse von psychologischen Experimenten zur Begriffsbildung anzusehen, von denen einige ein Überdenken der strengen Konzepthierarchien zu implizieren scheinen. Eine wesentliche Beobachtung dazu ist die, daß es bei Menschen so etwas wie eine fundamentale Ebene der Kategorien (*basic level categories*) zu geben scheint (Rosch 1973, Lakoff 1987), auf der Kategorisierung ohne zusätzliche Einflüsse offenbar am leichtesten und "natürlichsten" geschieht. Experimente zeigen, daß Basic-Level Kategorien am frühesten gelernt, und am meisten zur Benennung von Dingen verwendet werden (Roberts & Horowitz 1986, Mervis & Pani 1980). So ist es etwa am natürlichsten, Tiere auf der Ebene von 'Hund', 'Katze', 'Pferd' etc. zu benennen anstatt 'Pudel', 'Siamkatze' und 'Schimmel' oder 'Raubtier' und 'Paarhufer' zu sagen. Mit anderen Worten, der "Default"-Ausdruck für Tiere bewegt sich auf der Ebene der Basic-Level Kategorien. Man stellt nun fest, daß Kategorien auf dieser Ebene deshalb am leichtesten und natürlichsten unterschieden werden, weil übergeordnete Kategorien meist zuwenige, untergeordnete zuviele Merkmale gemeinsam haben (Neisser 1987b). Konzepte auf einer dieser Ebenen sind also ohne zusätzlichen Einfluß (etwa einen impliziten oder expliziten Lehrer) nicht so ohne weiteres erlernbar, ohne speziellen Kontext offensichtlich nicht so ohne weiteres erkenn- und zugreifbar.

Obwohl das besprochene Kategorisierungsmodell extrem vereinfacht, scheint diese Beobachtung über Basic-Level Kategorien eine interessante Entsprechung zu haben. Als fundamental könnte man jene Kategorien bezeichnen, die am leichtesten ohne zusätzliche Kontextaktivierungen, also etwa nur anhand von Bottom-Up Komponenten entdeckt werden können. Haben Muster zu viele Units gemeinsam, so benötigt man Top-Down Aktivierungen um sie getrennten Kategorien zuzuordnen. Haben sie hingegen zuwenig gemeinsam, braucht man ebenfalls eine Top-Down Komponente, um sie in der gleichen Kategorie unterzubringen. Das Modell sagt also die Beobachtung voraus – wenn auch auf einem sehr einfachen Niveau – daß alle Konzepte auf der IS-A Hierarchie außer den fundamentalen sozusagen "künstlich" erlernt werden müssen. Diese Vorhersage wird durch psychologische Experimente über die Konzeptualisierung beim Kleinkind (Nelson 1988) und beim Erwachsenen (Mervis & Pani 1980) erhärtet.

Dies legt also die Hypothese nahe, daß viele Aspekte von Konzepthierarchien "künstlich" sind, in dem Sinn, daß sie nicht ohne weiteres in ihrem vollen Umfang assoziativ oder intuitiv erlernbar sind. Die Hypothese sagt weiterhin, daß man sich der Hierarchien sehr wohl bewußt werden kann, sie also auf der Ebene des conscious rule interpreter (CRI) existieren, daß sie aber im IP nicht notwendigerweise vollständig ausgeprägt sein müssen. Hierarchien müssen also nicht notwendigerweise isomorph in verteilten Aktivierungen zu finden sein, in ihrer strengen Form sind sie sozusagen – um wieder einmal mit Hofstadter zu sprechen – die Beschreibung eines Epiphänomens von sub-symbolischen Prozessen.

12.3.3.2 Aus verteilt mach lokal

Im Zuge des vorgestellten Kategorisierungsmodells bietet sich folgender Vorschlag zur sub-symbolischen Verarbeitung von Konzepthierarchien an. In Abb. 12.7 ist eine Version des Modells mit vier C-Layern dargestellt. Mittels Benennung – durch das in Kapitel 6 vorgestellte Symbolmodell – lernt das Netzwerk, einfache Bilder in Kategorien auf drei Abstraktionsebenen aufzuteilen. Dies äußert sich darin, daß ein und dasselbe Bild mit mehreren verschiedenen Namen – wie z.B: 'Barocktisch', 'Tisch' und 'Möbel' – bezeichnet werden. Eines dieser Label ('Tisch') stellt die Benennung auf der Ebene der Basic-Level Kategorien dar; ein anderes ('Barocktisch') ist die Benennung eines Subkonzeptes, in dem Sinn, daß nur einige Muster aus der vorigen Kategorie so benannt werden; das dritte schließlich ('Möbel') bezeichnet ein Superkonzept, in dem Sinn, daß auch noch andere Muster als die in der Basic-Level Kategorie enthaltenen damit benannt werden.

Betrachtet man diese Benennung als einen Top-Down Einfluß für die Konzeptbildung, so kann dieses Modell lernen, jedem Muster mindestens drei Konzepte (ID-States) zuzuordnen, die sich mit großer Wahrscheinlichkeit in verschiedenen C-Layern heranbilden, da sie miteinander nicht direkt in Oppo-

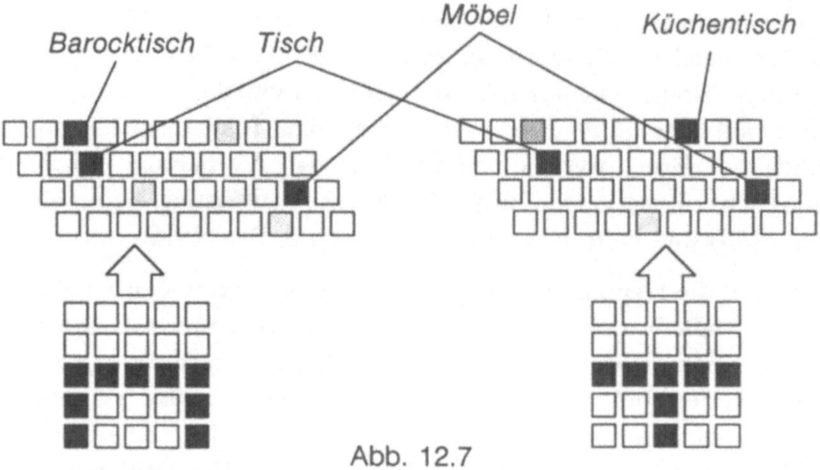

Abb. 12.7

sition stehen.[5] Aktiviert man nach einer solchen Lernphase ein visuelles Inputmuster, so werden im Idealfall alle (hier drei) zugeordneten Konzeptzustände aktiviert. Nun kommt ein wichtiger Aspekt ins Spiel, der ganz wesentlich für die verteilte Verarbeitung zu sein und sich auch mit psychologischen Daten zu decken scheint: den der *Inhibition*, auch zwischen verschiedenen Konzeptlayern. Wir haben eingangs angenommen, daß ein konzeptueller Zustand ein relativ lokalisierbarer und identifizierbarer sein sollte. Sind nun – so wie im vorliegenden Fall, mehrere für sich allein identifizierbare Zustände aktiviert, so muß ein neuerlicher Kompetitionsprozeß unter diesen einen auswählen, der sozusagen im Mittelpunkt der Aufmerksamkeit steht (Abb. 12.8). Dies ergibt Sinn, wenn man bedenkt, daß man beim Betrachten eines Gegenstand wohl kaum an alle möglichen Klassifizierungen denkt, sondern meist nur eine davon eine Rolle spielt. Ein Ding ist eben zum Beispiel in einem Moment ein *Tisch* (wenn ich zum Beispiel etwas draufstellen will), in einem anderen ein *Möbelstück* (wenn ich etwa meine Zimmereinrichtung verschiebe), selten aber mit gleicher Aufmerksamkeit beides. Dies reflektiert sich auch meist wieder in der Sprache.

---

5 Die kursiv geschriebenen Bezeichnungen der Konzepte in dieser und den folgenden Abbildungen sind Namen, die durch Interpretation durch uns Beobachter des Modells ins Spiel kommen und sind nicht Teil des Modells selbst. Man sollte sich also des Eindrucks erwehren, es handle sich hier um eine klassische und symbolische Wissensdarstellung. Zur Beschreibung des Modellverhaltens ist eine solche interpretative Bezeichnung notwendig, für die Funktion des Modells selbst nicht.

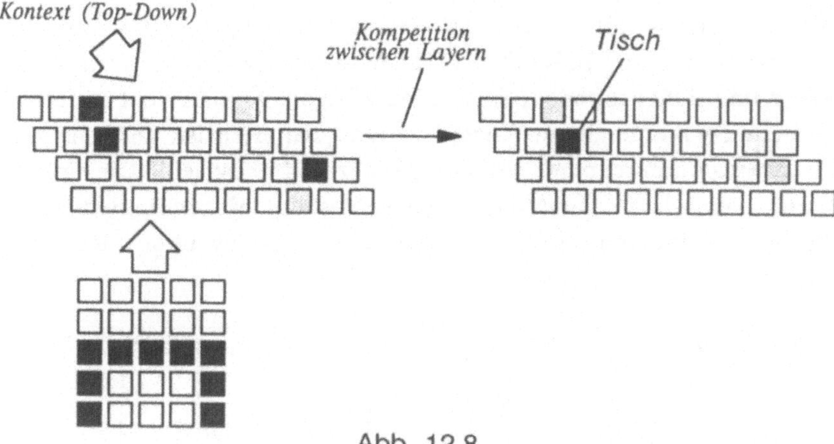

Abb. 12.8

Der Schlüssel zur Beantwortung der oben angerissenen Fragen könnte also in der Beobachtung liegen, daß sich an der Schnittstelle zwischen assoziativen unbewußten Vorgängen (IP) und der Bewußtmachung von Konzepten (CRI) offensichtlich Prozesse abspielen müssen, die eine extrem verteilte Darstellung (die wieder abhängig von Kontext ist, der schon vorher den Raum möglicher Zustände stark einengen kann) in eine relativ lokale überführen. 'Lokal' muß hier nicht unbedingt 'eindeutig lokalisierbar' heißen (im Sinne eines "grandmother neurons"), sondern stattdessen 'mit weniger verteilten Eigenschaften' im Sinne von weniger Überlappung mit anderen Darstellungen.

Ein weiterer Aspekt, der hier noch hinzukommen muß, ist jener des ständigen Wechselspiels zwischen ausgeprägten Konzepten und verteilten assoziativen Aktivierungen. Das System sollte nie in einem einmal eingenommenen Konzeptzustand verharren, sondern ständig von internen Einflüssen pertubiert werden (siehe auch Kapitel 10 über selbsterhaltende Systeme). So kann sich etwa folgendes abspielen: Ein Input aktiviert ein verteiltes Muster über mehrere C-Layer. Kompetition wählt davon einen aus, der für einige Zeit identifizierbar und stabil bleibt. Danach kann dieser Zustand selbst wieder verteilte Muster aktivieren, woraufhin ein neuer Konzeptzustand herausgefiltert wird, usw. Dies erinnert an die schon in Kapitel 10 vorgeschlagene Assoziationskette, die im ersten Ansatz eine der Tätigkeiten des CRI bedeuten könnte.

Die Vorteile verteilter Aktivierungsmuster – etwa das induktive Lernen oder die Fehlertoleranz – gehen in dieser Modellvorstellung also keineswegs verloren, da sie potentiell und vor der Kompetition auch real vorhanden sind.

Erfährt das System also etwas über Schimpansen, so kann das Wissen über die verwandten Gorillas durchaus mitlernen, da für einige Zeit Units, die nur letztere betreffen (zum Beispiel der ID-State zum Konzept *Gorilla*), mitaktiviert sind und daher mitadaptiert werden können. Je näher ein anderes Konzept zu dem im momentanen Kontext herausgefilterten ist, desto länger werden die korrespondierenden Zustände gleichzeitig aktiv sein. Dies gilt besonders dann, wenn kein eindeutiger Konzeptzustand eingenommen wird, was etwa bei einer schnellen Assoziation, also quasi "unbewußten" Reaktion auf Inputs passiert.

Abb. 12.9 verdeutlicht das. Ein Input (das Muster, das zuletzt als *Tisch* klas-

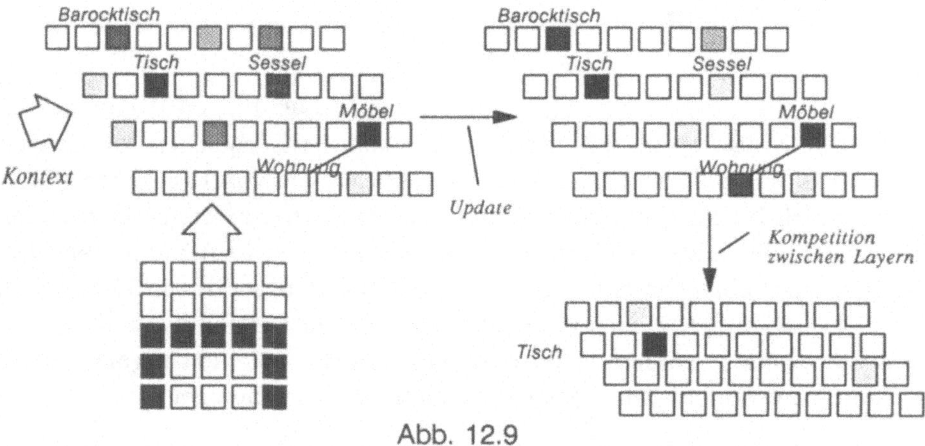

Abb. 12.9

sifiziert wurde) erzeugt zunächst ein verteiltes Muster, das alle damit verbundene (bzw. einige durch den Kontext ausgewählte) Konzepte in unausgeprägter Form enthält. Dadurch sind auch artverwandet Konzepte wie *Sessel* mitaktiviert. Weiter Updates, die eine Kompetition innerhalb der Layers, sowie weitere Cross-Aktivierungen bewirken, erzeugen klare Konzeptzustände, sowie können auch andere Konzepte wie *Wohnung* aktivieren, soferne durch korreliertes Auftreten starke positive Verbindungen entstanden sind. Findet zu diesem oder dem vorigen Zeitpunkt Lernen statt, so können solche artverwandten und korrelierten Konzepte mitadaptiert werden. Eine "unbewußte" Handlung anhand des Inputs könnte auf diesem Zustand auch verbleiben. Für eine "bewußt" gemachte Konzeptualisierung erfolgt jedoch im nächsten Schritt die Kompetition zwischen den Layern, die schließlich ein dem Kontext adäquates Konzept auswählt und die Verteiltheit zum Großteil unterdrückt.

Zusammenfassend kann man der Modellvorschlag also folgendes bieten: Das verteilte Prinzip ist für konzeptuelles Wissen nur in einem eingeschränkten Bereich, und hauptsächlich im unbewußten Bereich des IP gültig. Dort gilt das Prinzip der Überlappung a la Abb. 2.8. In Abb. 12.7 etwa überlappt das Muster bestehend aus den ID-states für *Barocktisch*, *Tisch* und *Möbel*, das von einem speziellen Input aktiviert wird, mit anderen ähnlichen Mustern. Je geringer die Überlappungen (also etwa nur die ID-states *Tisch* und *Möbel*), desto weniger haben die betreffenden Zustände gemeinsam, wobei die gemeinsamen Teile genau dem Konzept (oder den Konzepten) auf höherer Ebene entsprechen. Auf der Ebene des CRI geht dieses Prinzip aber großteils verloren. Dort sind Konzepte relativ unabhängig voneinander, wobei zu jedem Zeitpunkt immer nur eines vollkommen ausgeprägt sein kann.

Die Ähnlichkeitstransformation, die in den C-Layern vonstatten geht, bewirkt, daß auch nicht-klassische Kategorien in ein klassisches Schema mit gemeinsamen "definierenden" Merkmalen übergeführt werden. Besonders durch Top-Down Einflüsse werden ja Kategorien erkannt, die nicht rein von a prori (Oberflächen-) Ähnlichkeiten (vergleiche Abschnitt 3.1.1.4) zwischen Inputs abhängig sind. Dadurch werden oft Situationen in einen Topf geworfen, die keine für alle Situationen gemeinsame Merkmale besitzen. Die erzeugten verteilten Muster entsprechen jedoch wieder dem klassischen Schema. Dies kann auch als eine Modellvorstellung dafür gesehen werden, warum uns alle Kategorien klassisch erscheinen (vgl. die Beschreibung, wie es zum Titel von Lakoff's Buch "Women, Fire and Dangerous Things" kam).

12.3.3.3 Natürliche und künstliche Hierarchien

Das Prinzip der Überlappung muß aber keineswegs für sämtliche Ebenen einer möglichen Taxonomie gelten, bzw. muß keineswegs vollständig und fehlerfrei sein. Es drückt vielmehr nur jene Aspekte aus, die dem System intuitiv und assoziativ zugänglich sind. Der Sprung von Hund auf Tier etwa wird ein sehr gängiger, da häufig vorkommender sein, während die Beziehungen zwischen *Hund* und *Raubtier* oder *Säugetier* schon etwas fremdartiger erscheinen werden. Hier kommt wieder der Mechanismus konnektionistischen Lernens als Korrelationsprinzip zur Geltung: Es werden jene Aktivierungsmuster in Beziehung gebracht, die häufig miteinander auftreten. Wenn ein Input (etwa das Bild eines Hundes) mit einem Konzept wie *Säugetier* viel selter in Verbindung gebracht wird, werden sich auch die Verbindungen viel weniger stark ausprägen. In solchen Fällen muß also viel Kontextaktivierung aufgebracht werden (es handelt sich außerdem um ein vom Basic-Level entferntes Konzept), um den betreffenden ID-state über andere gewinnen zu lassen. Ohne diesen Kontext wird dieser nur eher schwach aktiviert sein, wird also im verteilten Muster nur eine untergeordnete Rolle spielen.

Dies deckt sich sehr gut mit Beobachtungen und Resultaten aus der Psychologie. Taxonomien werden von vielen nur dort als natürlich empfunden, wo sie im täglichen Leben auch einen Sinn ergeben. Künstliche Hierarchien, speziell jene, die von der Wissenschaft in die Sprache eingebracht werden, werden im allgemeinen vor allem über den Umweg CRI (zum Beispiel die Anwendung auswendig gelernten, regelhaften Schulwissens) beherrscht, wenn überhaupt. Weiters ist es sehr leicht möglich, daß konzeptuelles Wissen starke Inkonsistenzen enthält (siehe etwa Lakoff 1987). So kann es sein, daß man etwa dem Konzept *Säugetier* allgemeine Eigenschaften zuordnet (etwa: *produziert Milch*), die man mit dem Konzept *Hund* keineswegs assoziiert, obwohl im Sinne einer klassischen Auffassung Eigenschaften eigentlich "vererbt" werden sollten. In der Modellvorstellung kann dies damit erklärt werden, daß die Konzepte unabhängig voneinander realisiert sind, also selten wirklich gemeinsam aktiviert werden. Mit anderen Worten, die beiden Konzepte werden weder gemeinsam durch die gleiche Situation aktiviert (so wie *Tisch* und *Möbel* in Abb. 12.9), noch besitzen sie durch häufiges gemeinsames Auftreten eine stark positive Verbindung (so wie *Möbel* und *Wohnung* in Abb. 12.9).

12.3.3.4 Die sub-symbolische "Vererbung"

Bleibt noch zu klären, wie man sich in diesem Modell das Verhältnis zwischen Über- und Unterkonzept vorstellen kann. Dazu kann wieder das Prinzip der Korrelation herhalten, das häufig gemeinsam auftretende Muster stark miteinander verbindet. In Abb. 12.7 wird sich etwa eine starke Verbindung zwischen dem ID-state *Möbel* und dem ID-state *Tisch* aufbauen (wir erinnern uns, daß wir auch Verbindungen zwischen C-Layern angenommen haben). Wann immer nun *Tisch* aktiv ist, kann auch *Möbel* aktiviert werden (und umgekehrt). Während allerdings in dieser Richtung nur wenige andere Konzepte aktiviert werden, bewirkt die umgekehrte Richtung – von *Möbel* ausgehend – die Aktivierung einer großen Anzahl von gleichberechtigten ID-states (wie *Sessel, Bett*, etc.). In letzterem Fall wird es also ein Kompetitionsprozeß wesentlich schwieriger haben, die Aufmerksamkeit auf einen Zustand zu lenken. Unter der Annahme, daß der Kontext eine Ebene der Hierarchie herausfiltert (es würde ja auch *Tisch* alle untergeordneten Konzepte wie *Barocktisch* mitaktivieren) ist also ein qualitativer Unterschied zwischen den beiden Richtungen festzustellen. Dieser Unterschied wird einem leicht klar, wenn man versucht, spontan die beiden Fragen

"Nenne mir alle Ballsportarten, so wie 'Fußball'"
"Zu welcher Sportkategorie wie 'Ballsportart' gehört Schwimmen?"

zu beantworten. Im ersten Fall muß man wahrscheinlich im Geiste mehrere Assoziationen "anwerfen" um zu einem Ergebnis zu kommen, während im zweiten Fall eine Antwort sofort erfolgen kann. Die beiden Zusätze "so wie Fußball" und "wie 'Ballsportart'" dienen dabei übrigens dazu, die Aufmerksamkeit auf eine konzeptuelle Ebene zu lenken, spielen also die Rolle des oben erwähnten Kontexts. In der Psychologie wird diese Vorgangsweise *Priming* genannt.

Ein weiterer Aspekt, der bei derartigen Hierarchien eine Rolle spielt, ist der der Zuordnung eines *Prototypen* zu einem konzeptuellen Zustand. Je konkreter ein Konzept ist, desto weiter unten es in einer Taxonomie also liegt, desto einfacher ist es, sich eine detaillierte Vorstellung davon zu machen. Bei konkreten Konzepten, die greifbaren Gegenständen entsprechen, geschieht dies meist visuell im Sinne eines internen Verbildlichen. Diese Vorstellung hat in den meisten Fällen Eigenschaften, die ungefähr einer Überlagerung der gängigsten Merkmale entspricht. So haben etwa die meisten von uns eine gute Vorstellung von *Vogel*, während bei allgemeineren Kategorien wie *Wirbeltier* so eine Visualisierung bzw. Prototypikalisierung viel schwieriger gelingt, da der Durchschnitt der Eigenschaften aller Vertreter wenig Sinnvolles ergibt. Dies deckt sich wieder mit den eingangs erwähnten Beobachtungen zu Basic-Level Kategorien, wonach Vertreter übergeordneter Kategorien meist zu wenige Eigenschaften gemeinsam haben. In solch einem Fall wird zur Visualisierung am ehesten noch ein typischer Vertreter herangezogen (Metonymie).

Prototypen können nun zur bewußten Festlegung von Konzepthierarchien herangezogen werden. Um etwa die Frage

"Sind Hunde Säugetiere?"

zu beantworten, kann der Prototyp von Hund sozusagen intern, stellvertretend für einen visuellen Input, assoziativ klassifiziert werden. Eine Frage wie

"Sind Haustiere Säugetiere?"

kann auf die gleiche Weise nur mittels eines typischen Vertreters (etwa: Hund)
und daher möglicherweise inkorrekt beantwortet werden. Wohlgemerkt, hier
geht es wieder nur um rein assoziative Aspekte im Wissen des "Menschen auf
der Straße".

Das Kategorisierungsmodell bietet – wenn auch sehr vereinfacht – auch dafür
eine Erklärung. In Abb. 12.10 ist das Netzwerk von Abb. 12.7 in drei Phasen
dargestellt. Ausgehend vom konzeptuellen Zustand für Tisch kann ein

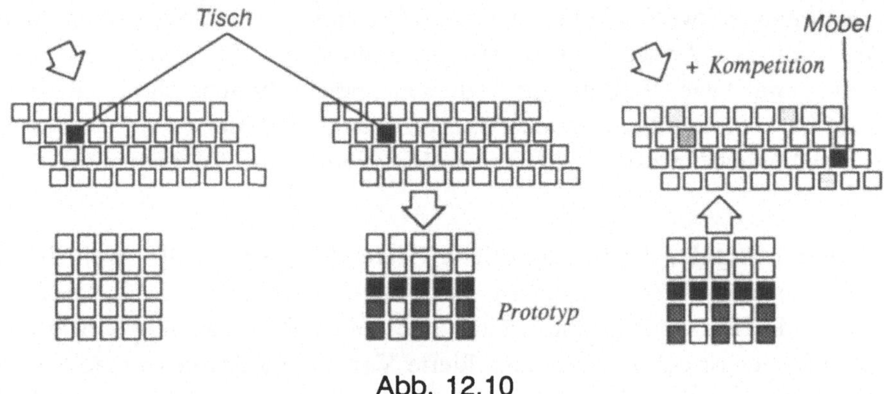

Abb. 12.10

prototypisches Muster im Inputlayer aktiviert werden, das seinerseits wieder
konzeptuelle Zustände erregt. Durch Priming auf die Ebene von *Möbel*, kann
das gewünschte Superkonzept leicht herausgefiltert werden. In der umgekehrten Richtung ist dies nicht so leicht möglich.

Anhand dieser Beobachtungen macht das Kategorisierungsmodell auch einen
Unterschied zwischen *konkreten* und *abstrakten* Konzepten. Erstere wären
solche, bei der eine Prototypikalisierung auf visueller Ebene leicht gelingt,
während dies im zweiten Fall nur auf der Ebene der C-Layer selbst, also mit
Hilfe anderer Konzepte zustandekommt. Dies deckt sich mit Theorien der
Visualisierung in der Psychologie (Paivio 1971).

12.3.3.5 Zusammenfassung

Wir erkennen also, wie ein sub-symbolisches Modell scheinbar Konzepthierarchien verwirklicht, ohne diese explizit im Mechanismus nachempfunden zu
haben. Der Anschein, es handle sich um ein strenges Taxonomieschema,
entsteht erst durch die darüberliegenden Prozesse, die zum Großteil (wie etwa
der in Abb. 12.10) auf der Ebene des CRI ablaufen. Wichtig ist in diesem

Modell auch, daß hierarchische Abhängigkeiten sich nur dort entwickeln, wo es im adaptiven Verhalten sinnvoll ist, wo es also "natürlich" zustandekommt. Wir haben gesehen, daß das als Modell menschlicher Kognition sehr plausibel ist. Mit diesen Aspekten haben wir uns also von der klassichen Auffassung über Konzepthierarchien weit entfernt.

Wie viele Hypothesen, die in diesem Teil des Buches aufgestellt werden, stehen auch diese noch auf relativ schwachen Beinen, da umfangreiche Experimente mit größeren Modellversionen noch fehlen. Sie stellen daher hauptsächlich einen Vorschlag für eine Modellvorstellung dar, die konsistent mit den Annahmen des sub-symbolischen Paradigmas ist. Eine Menge von Fragen bleibt natürlich noch offen, etwa wie das Erkennen von "gleicher" und "unterschiedlicher" Ebene der Hierarchie automatisch erfolgen könnte, wie also *Sessel Tisch* primen könnte, und nicht *Möbel*.

Es versteht sich übrigens wieder von selbst (siehe auch Fußnote 5), daß alle Konzeptbezeichnungen wie '*Säugetier*' in diesen Betrachtungen eine Interpretation von uns als Beobachtern ist, daß das eigentliche Modell aber selbstorganisierend arbeitet, und auf solche Interpretationen nicht angewiesen ist. Die klassisch anmutende Beschreibung des konzeptuellen Wissens ist also ständig im Sinne des sub-symbolischen Paradigmas relativiert zu sehen.

12.3.4 Merkmale (Features) und Konzepte verschiedener Komplexität

Ähnliche Überlegungen wie zuvor müssen wir auch anstellen, wenn wir uns einer anderen Art von Konzepthierarchie zuwenden – den Beziehungen zwischen Teil und Ganzem, im klassischen Ansatz oft PART-OF Hierarchie genannt. Es wird angenommen, daß ein Konzept Eigenschaften und Merkmale (sogenannte *Features*) besitzt, die einerseits helfen, das Konzept zu definieren und einzuordnen, andererseits bei der Erkennung und Klassifizierung eine Rolle spielen. Um etwa eine Kaffeekanne als solches zu erkennen – so wird von den meisten Theorien implizit angenommen – muß man auch gewisse Features wie *Henkel* oder *Ausgußöffnung* erkennen, die eine Kaffeekanne auszeichnet und von anderen ähnlichen Gegenständen wie, zum Beispiel, einer Vase unterscheidet.

Bisher haben wir im Zusammenhang mit Kategorisierung im Konnektionismus fast ausschließlich von Aktivierungsmustern gesprochen, dessen "Features" Teilmuster oder einzelne Unitaktivierungen waren, also meist Teile, die schwer losgelöst vom Ganzen zu interpretieren waren. Bei den Features im mehr klassischen Sinn handelt es sich aber um etwas anderes, nämlich um Teile des Ganzen, die selbst wieder Konzepte bilden, also auch isoliert erkannt werden und selbst Anlaß für konzeptuelle Zustände geben können. Würde der klassische Ansatz der Feature-Ganzes Relation in das sub-symbolische Paradigma übernommen werden, müßte man sich die Frage stellen, wie konzeptuelle Zustände für Features und solche für das Ganze miteinander in Beziehung stehen, bzw. wie ihre PART-OF Relation zu realisieren wäre. Es müßte also auch dafür eine Struktur im verteilten Netzwerk zu finden sein.

Bei einer genaueren Betrachtung der Problematik stellen sich aber wieder ähnliche Fragen wie im Fall der IS-A Hierarchien: Wie weit müssen Teil-Ganzes-Beziehungen *zwischen Konzepten* – also nicht zwischen Konzepten und sub-symbolischen Teilen – im assoziativen unbewußten Erkennen und Klassifizieren eine Rolle spielen. Etwas lockerer ausgedrückt: Wenn wir eine *Kaffeekanne* erkennen, spielt es dann auf der assoziativen Ebene (IP) eine entscheidende Rolle, daß es auch das Konzept *Henkel* gibt und dieses ebenfalls erkennbar wäre? Es ist klar, daß wir uns der Features jederzeit bewußt werden können, und sogar ihre Beziehungen zum Ganzen beschreiben können, aber damit ist nicht gesagt, daß wir beim unmittelbaren und sofortigem Erkennen auch dieses Konzept verwenden. Vielmehr könnte es die Erscheinungsform des Ganzen – die Gestalt – sein, die uns zum Erkennen und Einordnen verhilft.

Die Frage kann mit einem ähnlichen Vorschlag wie für IS-A Hierarchien beantwortet werden, da es starke Indizien dafür gibt, daß wir strenge Konzeptrelationen im Sinne von PART-OF nicht unbedingt im Modell auf der Ebene des IP berücksichtigen müssen. Stattdessen wird es eine Form von "weicher" und verteilter Abhängigkeit der konzeptuellen Zustände von Feature und Ganzem geben (Rotter 1990). Im obigen Beispiel wird also die Erscheinung der Kaffeekanne zu einem gewissen Grad den konzeptuellen Zustand für *Henkel* kurzzeitig mitaktivieren – und dieser kann den ID-State für *Kaffeekanne* unterstützen – das endgültige Resultat wird aber hauptsächlich *Kaffeekanne* sein, und nicht etwa *Kaffeekanne* und alle ihre Features, wie es der klassische Ansatz suggeriert. Dadurch wird aber auch ein wesentliches Problem vermieden, das von vielen Kritikern des Konnektionismus wie Fodor & Pylyshyn (1988) prophezeit wird: daß nämlich im verteilten Netzwerk bei der Präsentation mehrerer Inputs durch Aktivierungsausbreitung im Endeffekt eine große Anzahl von Merkmalen aktiviert ist, die aufgrund von fehlender Struktur im Netzwerk nicht mehr einander zuordenbar sind. Dieses Problem ist im Prinzip ident mit dem Binding Problem, das wir schon kennengelernt haben (Abschnitt 5.8), und das sich auf die Schwierigkeit bezieht, mehreren gleichzeitig aktivierten Konzepten (wie *John, lieben* und *Mary*) ihre korrekten Rollen in der Beziehung der Konzepte untereinander zuzuordnen.

Die Aufteilung zwischen IP und CRI hilft uns hier wieder sehr. Wie müssen wieder zwischen der sub-symbolischen Wissensstruktur des IP und den konzeptuellen Zuständen, die in den CRI hineinreichen, unterscheiden. Beziehungen zwischen Konzepten, so wie wir sie uns bewußt vorstellen können, sind demnach von einem ständigen Wechseln zwischen IP und CRI begleitet. Das Erkennen einer Situation kann nur im konzeptuellen Zustand des Ganzen, oder in dem eines Teils münden. Um uns einer Beziehung klar zu werden, müssen wir sequentiell vorgehen und zwischen bewußten Konzepten und unbewußten Erkennungsvorgängen abwechseln. Wie erkennen also zunächst die Kaffeekanne als Ganzes, wodurch wir der Erscheinung ein Konzept zuordnen. Um das Feature *Henkel* allerdings auch zu erkennen, müssen wir den Schwerpunkt unserer Aufmerksamkeit wechseln, den konzeptuellen Zustand des Ganzen aufgeben, und schließlich dem Feature ein Konzept zuordnen. Ein wesentlicher Faktor, den wir bereits bei der Perzeption kurz besprochen haben, ist dabei die Fokussierung auf einen Bereich oder eine Ebene des zu Erkennenden. Er bewirkt wie die Kompetition zwischen C-Layern, daß aus der Fülle von möglichen Zuständen immer nur einer oder wenige herausgefiltert werden.

In Abb. 12.11 ist das schematisch dargestellt. Ein Input wird zunächst

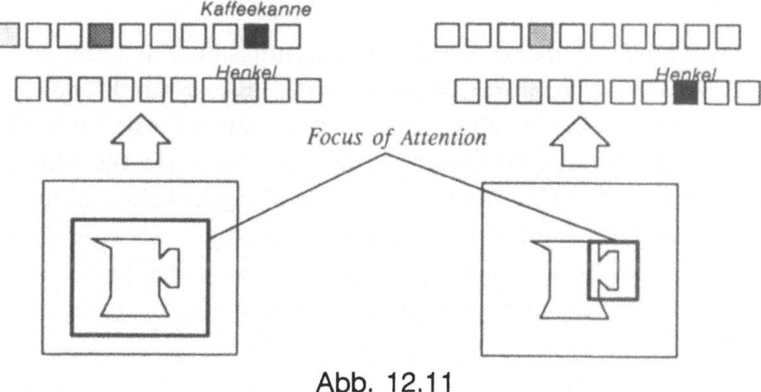

Abb. 12.11

ganzheitlich gemäß seiner Gestalt klassifiziert (Konzept *Kaffeekanne*). Dabei können einzelne Features als konzeptuelle Zustände mitaktiviert sein. Will man diese jedoch auch bewußt erkennen, so muß ein weiterer Schritt mit verändertem Focus of Attention (vergleiche Abschnitt 11.4.5.2) folgen. Sehr oft wird natürlich auch die ganzheitliche Erkennung solche Umwege gehen müssen, d.h. daß das Resultat der Erkennung von *Kaffeekanne* erst nach dem Identifizieren von *Henkel* durch Voraktivieren möglich wird. Auch dies ist aber ein sequentieller Prozeß (oft vom CRI gesteuert) und impliziert nicht eine vollständige kompositionale Wissensstruktur im Modell. Die Konzepte und Features können vielmehr unabhängig voneinander existieren und gegebenenfalls starke Querverbindungen durch korreliertes Auftreten entwickeln.

Psychologische Experimente bestätigen wiederum die Vorhersagen dieses Modells (z.B. Baron 1985). Wird man kurzzeitig mit Bildern von komplexen Gegenständen konfrontiert, so ist eine eindeutige Identifizierung sehr oft möglich, ohne daß man fähig wäre, hinterher alle Details, also alle Features ebenfalls wiederzugeben. Diese sind für die Erkennung daher höchstens ein kleiner Stein im Puzzle, als ausgeprägtes Konzept aber nicht wesentlich. So ist es etwa denkbar, daß man auf einem Bild ein Auto einwandfrei identifiziert, ohne in der kurzen Zeit zu erkennen, daß es eigentlich keine Räder hat. Dazu müßte man etwas mehr Zeit verwenden und seinen Focus of Attention auf den unteren Teil des Bildes verlagern. Parallele assoziative Erkennung scheint also tatsächlich sehr oft ohne komplette Merkmalsidentifizierung vor sich zu gehen. Das oben beschriebene sub-symbolische Modell entspricht also wieder im Groben den "natürlichen" Begebenheiten.

12.4 Struktur und das Binding Problem

Unsere Betrachtungen anhand des Kategorisierungsmodells scheinen sich auf alle Konzeptstrukturarten im Wissen eines sub-symbolischen Modells verallgemeinern zu lassen. Im Zuge unserer Betrachtungen sind wir wieder auf eine Variante des Binding Problems gestoßen, das im Falle von verteilter Repräsentation (im strengen Sinn) einige Unzulänglichkeiten aufgezeigt hat. Nun, nach einem Überdenken dessen, was konzeptuelle Struktur im sub-symbolischen Paradigma heißt, erscheint es so, als würde das Problem in einem selbstorganisierenden Modell der oben beschriebenen Art fast von selbst verschwinden.

Rotter & Dorffner (1990) argumentieren dazu wie folgt: Ähnlich wie bei lokalen Hierarchien und bei Teil-Ganzen Beziehungen sind Relationen zwischen Konzepten im allgemeinen keineswegs alle exakt und vollständig in

Netzwerkaktivierungen umzusetzen. Stattdessen muß man sich in der Modellierung zunächst nur auf das beschränken, was im assoziativen Handeln eine Rolle spielt. Hier ist es vor allem der Aspekt der "Zusammengehörigkeit", der Konzepte aneinander bindet. Etwas was häufig gleichzeitig behandelt wird, muß sich auch eindeutig in verteilten Mustern widerspiegeln. Komplexere und globalere Zusammenhänge sind hingegen meist nur mittels des CRI zu modellieren. Auch die *Art* der Beziehung (etwa *Körperteil, Berührung,* etc.) wäre selbst als Konzept zu sehen, die erst mittels Kompetitionsvorgang wie oben konkretisiert werden könnte.

Einige Beobachtungen dazu: Für einen durchschnittlichen Menschen wird wahrscheinlich die Beziehung zwischen Rad und Wagen intuitiv klarer sein, als die zwischen Zylinderkopf und Wagen. Erstere beiden Konzepte werden häufig miteinander auftreten und dadurch gemeinsame Aktivierungen erregen. Eine assoziative Erkennung der Beziehung ist daher denkbar. Im Modell müssen diese daher ein distinktes Muster erzeugen, ohne gleichzeitig alle anderen möglichen Beziehungen miteinbeziehen zu müssen. Stenning & Levy (1988) weisen nach, daß Menschen oft Probleme mit der Zuordnung beliebiger, also nicht korrelierter, Konzepte haben. Werden Versuchspersonen mit Listen von Eigenschaften, die verschiedenen Objekten zugeordnet werden, konfrontiert, so ergeben sich zunächst Schwierigkeiten, diese nachher wieder zuzuordnen. Fehlleistungen aufgrund "falscher Bindings" sind die Folge. Werden Beziehungen durch oftmaliges Wiederholen schließlich assoziativ erlernt, so scheinen sich die sich so ergebenen Konzepte sehr stark voneinander zu unterscheiden. *Roter Mantel* und *rotes Auto*, zum Beispiel, haben dann gar nicht mehr so viel gemeinsam (konzeptuell gesehen), wenn diese beiden Beziehungen erst einmal gelernt werden konnten.

Im Zusammenhang mit diesen Beobachtungen stellt sich weiters die Frage, inwieweit assoziatives Handeln (und nur solches kann ja durch verteilte Systeme modelliert werden) überhaupt auf Beziehungen verallgemeinerbar ist. Es wäre durchaus vorstellbar, daß Inferenzen wie *Hans liebt Maria –> Maria ist glücklich* in ihrer allgemeinen Form (durch *beliebiges* Ersetzen von *Hans* und *Maria*) nur auf der Ebene des CRI ablaufen. Diese Frage muß zur Zeit noch unbeantwortet bleiben, es scheinen aber hauptsächlich *räumliche Beziehungen* (wie etwa *oberhalb, links-von,* etc.) zu sein, die im assoziativen Erkennen eine große Rolle spielen.

Das sub-symbolische Modell muß also nur lokale Beziehungen im Sinne einer korrelierten Zusammengehörigkeit realisieren. Dabei genügt es, daß verschiedene Zusammensetzungen (wie *A ist oberhalb von B* vs. *B ist oberhalb von A*) distinkte Muster ergeben, auf die das Modell unterschiedlich reagieren kann. Es muß also nicht – so wie es etwa Smolensky (1987b) versucht hat – eine der symbolischen Struktur isomorphe Aktivierungsstruktur existieren. Daß solcherart lokale Beziehungen auf diese Weise leicht in einer ungeordneten Menge von Unitaktivierungen einen Niederschlag finden kann, wird von mehreren Ansätzen in der Literatur gezeigt. Beispiele sind das Recursive Auto-Associative Memory (RAAM – siehe auch Kapitel 5) von Pollack (1988) und die implizite Darstellung von Hirarchien in Hinton (1988). Van Gelder (1990) vergleicht Ansätze dieser Art und zeigt, daß verteilte Muster die Voraussetzungen dafür haben, funktionell gleich mit der konkatenativen syntaktischen Kompositionalität des symbolischen Ansatzes zu sein. Hier soll diese alternative Sicht von Struktur an einem einfachen Modell von Rotter (1990) und Rotter & Dorffner (1990) – der *Bindingvektor-Repräsentation* – gezeigt werden.

12.4.1 Die Bindingvektor-Repräsentation

Gegeben sei ein Netzwerk mit einem Input- und einem Outputvektor (siehe Abb. 12.12). Jede Unit des Inputs sei mit jeder Outputunit verbunden, wobei die Gewichte der Verbindungen zufällig (größer als 0) gewählt sind.

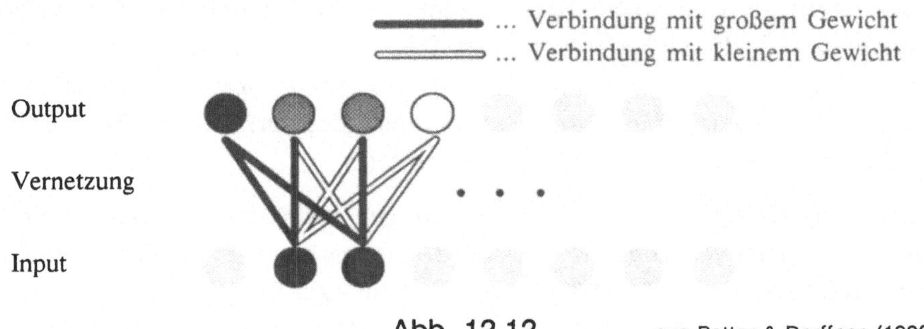

Abb. 12.12   aus Rotter & Dorffner (1990)

Nehmen wir an, im Input seien genau zwei Units aktiv. Werden nun die Aktivierungen zum Output propagiert, so erscheint dort ein Aktivierungsmuster folgender Art:

Besitzt eine Outputunit stark gewichtete Verbindungen von beiden aktiven Inputunits, so ist diese selbst stark aktiviert. Besitzt eine Outputunit nur mit einer der beiden Inputunits eine Verbindung mit großem Gewicht, so wird sie schwächer aktiviert. Alle anderen Outputunits werden nur schwach oder gar nicht aktiviert.

Es erscheint also ein charakteristisches Outputmuster, das die gemeinsame Aktivierung dieser beiden Inputunits signalisiert. Dieses Muster wird in den meisten Fällen von allen anderen Kombinationen zweier Inputunits unterschiedlich sein.

Nun kann eine der Inputunits als Rolle, die andere als Füller interpretiert werden. Die besonders aktiven Outputunits können dann als jene Bindingunits angesehen werden, die das Binding der Rolle mit dem Füller darstellen. Die Outputunits übernehmen somit die Funktion von Bindingunits. Ihre Anzahl ist nicht von der Zahl der Rollen- und Füllerunits abhängig (so wie es beim Tensorprodukt der Fall ist), sondern frei wählbar, und somit an die Anforderungen anpaßbar. Bei einer ausreichenden Anzahl von Outputunits – und wenn man kein ausgesprochenes Pech bei der Zufallsverteilung der Gewichte hat – ist nun jeder möglichen Kombination zweier Inputunits ein charakteristisches, von allen anderen unterschiedliches Outputmuster (bzw. Bindingmuster) zugeordnet. Dabei entziehen sich die einzelnen Outputaktivierungen einer genauen Interpretation, da die Bindinginformation im gesamten Muster steckt. Der Outputvektor soll in der Folge *Bindingvektor* (*BV*), die Methode *Bindingvektor-Repräsentation* (*BVR*) genannt werden.

12.4.1.1 Überlagerung

Für eine komplexe Struktur genügt es nicht, nur einzelne Rolle/Füller-Bindings darzustellen, sondern es sollten mehrere davon gleichzeitig im Output repräsentierbar sein. Wenn z.B. die Struktur {{*A*,*a*},{*B*,*b*}} darzustellen ist, so müssen beide Bindings – {*A*,*a*} und {*B*,*b*} – im Output aktiviert sein, wodurch aber die Bindinginformation nicht verloren gehen darf. Dies kann durch eine *nicht-kommutative* Überlagerung der beiden Bindingmuster geschehen:

Zuerst werden *A* und *a* gemeinsam an den Output propagiert, wonach dieser das Binding *A+a* darstellt.[6] Dieses Muster wird "zwischengespeichert" und dann mit dem zweiten Bindingmuster *B+b* überlagert. Die Nicht-Kommutativität läßt sich dadurch erreichen, daß die Bindingmuster vor der Überlagerung einem (beliebigen) Thresholding unterzogen werden. Die Überlagerung der Bindings, also *threshold(A+a)+threshold(B+b)* ist dann ungleich *threshold(A+b)+threshold(B+a)*. Es kann dann zwar Ähnlichkeiten zwischen

---

6 Das Binding zweier Inputs sei durch das Zeichen '+' dargestellt.

den Ergebnisvektoren geben, eine Übereinstimmung ist aber sehr unwahrscheinlich.

In Abb. 12.13 sind derartige – vom Computer errechnete – Bindingvektoren dargestellt. Im Input gibt es zwei Rollenunits *A, B* und zwei Füllerunits *a, b*. Im Output wird immer das Bindingmuster nach Anwendung der Thresholdfunktion gezeigt. Die Outputmuster für die vier Bindings *A+a*, *A+b*, *B+a* und *B+b* sind alle verschieden. Danach können die Bindings additiv überlagert werden.

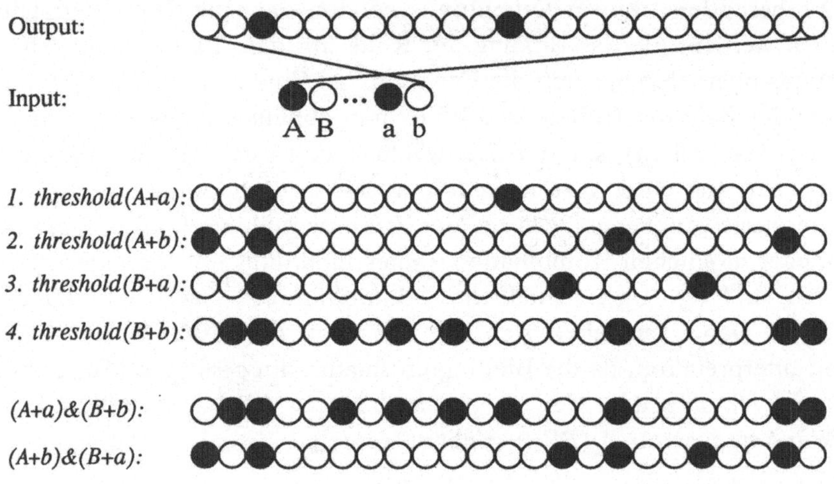

Abb. 12.13   aus Rotter & Dorffner (1990)

Zuerst ist der Bindingvektor nach der Überlagerung von *A+a* und *B+b* dargestellt, darunter jener von *A+b* und *B+a*. Beide Muster sind eindeutig verschieden.[7]

Auf diese einfache Art kann also durch einen Outputvektor die Akkumulation mehrerer Rolle/Füller-Bindings dargestellt werden.

12.4.1.2 Ein Beispiel

Ein typischer Fall für Konzeptrelationen, die in der assoziativen Verarbeitung vorkommen, sind – wie schon angeduetet – geometrische Zusammenhänge in der visuellen Mustererkennung. Das folgende Beispiel zeigt, wie eine BVR damit fertig werden kann.

---

[7] Die Überlagerung mit Threshold sei durch das Zeichen '&' symbolisiert.

Dazu betrachte man zwei einfache Bilder bestehend aus je zwei Teilbildern (die man etwa als *Tisch* und *Sessel* interpretieren könnte, s. Abb. 12.14 oben).

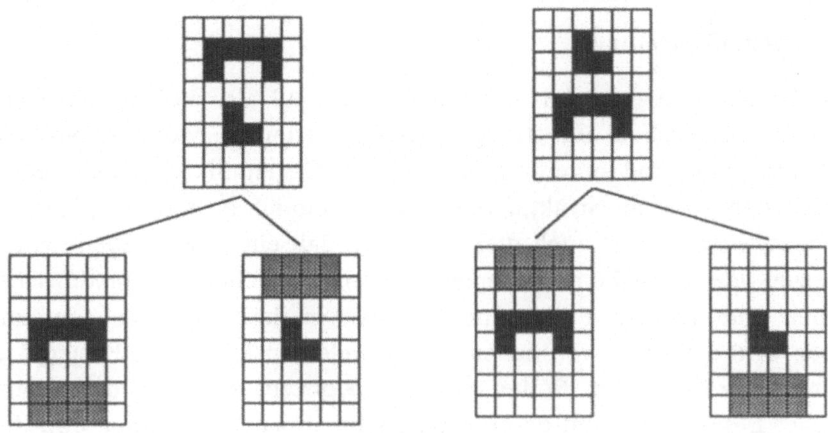

Abb. 12.14   aus Rotter & Dorffner (1990)

Der Unterschied besteht in der Relation *Tisch auf Sessel*, bzw. *Sessel auf Tisch*. Setzt man zunächst voraus, daß die Erkennung der beiden Gegenstände ein sequentieller Vorgang mit sich verschiebendem Fokus der Aufmerksamkeit ist, so könnten sich die Muster in Abb. 12.14 unten ergeben. Hier ist die Aufmerksamkeit auf jeweils eines der beiden Teilmuster gerichtet, während das Umfeld als "verschwommene" Aktivierung erscheint. Man könnte nun jeweils das stark aktivierte Muster als einen "Füller", bzw. das Umfeld als die zugehörige "Rolle" interpretieren (wie wir aber schon gesehen haben, ist diese Interpretation nicht notwendig). Die Muster stellen demnach die Bindings *Sessel + oben* und *Tisch + unten*, bzw. umgekehrt dar.

Wendet man nun die oben beschriebene Bindingvektor-Technik auf jeweils eines der beiden Musterpaare an, so ergeben sich eindeutig unterschiedliche Aktivierungsmuster, die aber dennoch Ähnlichkeiten miteinander aufweisen, also Informationen über die Gemeinsamkeiten enthalten. Das Netzwerk kann also unterschiedlich auf die beiden Bilder reagieren, obwohl – wie man leicht erkennt – in beiden Fällen in Summe gesehen die vier gleichen Teilmuster präsentiert werden. Interessant dabei ist zu beobachten, daß die Gewichte zwischen Input und BV nicht notwendigerweise zufällig sein müssen, sondern auch durch Lernen verschieden ausgeprägt sein können. Hat das Netzwerk zum Beispiel gelernt, auf die beiden als 'Tisch' und 'Sessel' bezeichneten Muster mit einer stark aktivierten Unit (während die anderen Units sehr schwach tiviert bleiben) zu reagieren, so kann die BVR-Technik dennoch distinkte Muster für die beiden Beziehungen erzeugen.

12.4.1.3 Schlußfolgerung

Durch das Zusammenspiel von IP und CRI muß also bei weitem weniger Struktur im klassischen und strengen Sinn in verteilten Modellen vorhanden sein als von Fodor und anderen prophezeit. Im Gegenteil, ein Modell mit dem beschriebenen Grad an Struktur führt wahrscheinlich zu weitaus plausibleren Verhaltensweisen. Es ist auch nicht der Fall, daß ein *einzige* Ebene von Aktivierungen *alle* möglichen Konzepte auf *allen* möglichen Abstraktionsebenen darstellen muß (wie es Fodor und Pylyshyn in ihren Kritiken annehmen). Dadurch wird die Frage vermieden, bis zu welchem Detail ein Konzept denn dargestellt werden sollte. Sollte etwa das Konzept *Flugzeug* die Konzepte sämtlicher Bestandteile und derer Teile bis hinab zu den Atomen und Atomteilchen in Form von Teilmustern mit beinhalten? Das entsprechende Modell wäre sicher nicht realisierbar. PART-OF und IS-A Beziehungen in Form von Musterüberlappungen spielen stattdessen nur auf lokaler Ebene eine Rolle, dort wo es sich für assoziative Erkennung als notwendig erweist. Ansonsten können sich viele Konzepte relativ unabhängig voneinander entwickeln. Komplexere oder vor allem weitläufigere Beziehungen (wie zum Beispiel *Flugzeug* zu *Einstellknopf*) sind erst mit Hilfe des CRI verarbeitbar.

12.5 Modularität, Rekrutierung und Resonanz

Anhand der Architekturüberlegungen zum Kategorisierungsmodell können wir zu dem Schluß kommen, daß eine sub-symbolische Komponente zur Wissensbildung stark modular und somit strukturiert sein muß, wenn auch diese Strukturen nichts mit den in der AI gewohnten Konzeptstrukturen zu tun haben müssen. Das bedeutet, daß konzeptuelles Wissen nicht vollständig verteilt angenommen wird, sondern sich diese Eigenschaften nur lokal zunutze macht. Über den Grad der Lokalität der Verteiltheit selbst können noch relativ wenig Aussagen gemacht werden, da die großen Modelle und Experimente fehlen. Wir haben nur gesehen, daß ein vollkommen verteiltes Modell nicht machbar wäre und außerdem falsche Aussagen liefern würde.

Da die Modellarchitektur selbst nicht die nach außen hin beobachtbare Struktur der Konzepte (z.B. Hierarchien) widerspiegeln muß, ist es einfacher geworden, neue Konzepte zu erwerben und sozusagen "einzuordnen". Im beschriebenen einfachen Modell wird das durch zufällig verbundene C-Layer realisiert, von denen immer welche untrainiert bleiben und daher neue ID-States heranbilden können. Natürlich bleiben hier noch eine Menge Fragen bezüglich der notwendigen Konnektivität offen, das Problem der Komplexität und der Bereitstellung aller notwendigen gegenseitigen Abhängigkeiten konzeptueller Zustände kann noch keineswegs als gelöst betrachtet werden. Im Ansatz scheint hier aber eine Lösung für verteiltes aber dennoch modulares Wissen gegeben.

Durch die Modularität und die Existenz von untrainierten Layern und Units, die sozusagen für neue Situationen "rekrutiert" werden können, eröffnet sich ein wesentlicher Aspekt, den wir in Kapitel 2 bei der Diskussion des ART-Modells (Carpenter & Grossberg 1988) schon besprochen haben. Vollkommen verteilte Komponenten, wie etwa ein Hidden Layer in einem assoziativen Netzwerk, beteiligen immer *sämtliche* Units am Lernen. Dabei bleiben zwar in vielen Fällen dennoch einige Verbindungen unbetroffen; dann nämlich wenn einige Input Units immer unaktiviert sind (0), also einen unbekannten Bereich darstellen. Im großen und ganzen wird das Netzwerk aber immer unempfindlicher gegenüber neuen Inputs werden, da es aufgrund der immer ausgeprägteren Ähnlichkeitstransformationen neue Muster immer stärker auf bekannte abbildet. Mit anderen Worten, die Ähnlichkeiten neuer Situationen zu den bekannten werden mit fortschreitendem Lernen immer mehr betont (siehe auch Abschnitt 8.2.2).

Im Gegenschlag wirken sich bei vollständig verteilten Modellen neue Inputs immer auch auf die bereits gelernten aus. Das heißt, daß Konzepte, die das Modell einmal erworben hat, durch fortschreitende Adaptierung durch Änderung auch von sehr unähnlichen Situationen nicht gefeit sind. Ständige Adaptierbarkeit von konzeptuellen Zuständen war zwar gefragt und ist auch eine wesentliche Komponente der Modellvorstellung, aber sie sollte ihre Grenzen haben. Nicht jede Erfahrung beeinflußt jedes Konzept, es müssen schon starke Gemeinsamkeiten und Ähnlichkeiten vorhanden sein. Wenn etwa zum Beispiel jemand sein (ihr) Konzept von *Assoziation* anpaßt, wird sich wohl kaum etwas an Konzepten wie *Apfel* oder *Liebe* ändern, außer es kommen beide im selben Kontext vor. Verteilte Netzwerke – wie gesagt – können sehr wohl zwischen Bereichen von einander ähnlichen Stimuli unterscheiden, sie sind jedoch ständig gegenüber starken unerwünschten Änderungen verwundbar, besonders wenn die Inputs einer Gruppe gegenüber denen einer anderen relativ häufiger werden (siehe Abschnitt 8.2.2). Grossberg (1988) hat dieses Problem das *stability-plasticity Dilemma* genannt.

Ein modulares Netzwerk mit Mechanismen, die Lernen in gewissen Situationen verhindern können – so wie oben beschrieben – kann jedoch offen gegenüber neuartigen Situationen bleiben, sowie einmal gelernte Abbildungen und Reaktionen unangetastet lassen. Ein weiterer Mechanismus, der dies unterstützen kann, ist die besagte *Resonanz*, die in ART und anderen Modellen verwirklicht ist. Wenn etwa ein C-Layer immer versucht, so wie ART ein Muster in einem darunterliegenden Layer zu reproduzieren, und abhängig vom Unterschied zwischen Erwartung und tatsächlichem Muster die Gewichtsadaptierung geschwächt oder abgeschaltet werden kann, so kann ebenfalls eine unerwünschte Änderung im Modell vermieden werden.

12.6 Schemata

Ein letzter Aspekt des konzeptuellen Wissens, der hier noch kurz angerissen werden soll, sind die sogenannten *Schemata*, denen in der klassischen AI eine große Bedeutung beigemessen wird. Dazu gehören *Frames* – Rahmen, die alles Wissen über komplexe Konzepte zusammenfassen – und *Scripts* – Handlungsrahmen, die die wichtigsten Elemente eines Aktionsablaufs vereinen. Diese Strukturen sind in der klassischen AI deshalb so wichtig, weil sich ohne sie nur schwer zusammenhängende Konzeptkomplexe berücksichtigen lassen. Sie ermöglichen es unter anderem, daß man unbekannte (d.h. in einem Kontext unerwähnte) Teile durch Defaultannahmen ergänzen kann. Eng damit verbunden ist das sogenannte *Frame Problem*, die Frage, welche Ansammlung von Merkmalen für einen Prozeß relevant sind, und wann sich diese wie ändern.

Rumelhart et al. (1986b) zeigen ansatzweise, wie man sich Schemata in einem verteilten Netzwerk vorstellen könnte. Sie verwendeten dazu ein vollverbundes Netzwerk, in dem jede Unit für ein Merkmal von *Räumen* (z.B. *Schlafzimmer*, *Küche*, etc.) steht. Die Verbindungen wurden nun so gewählt, daß sie ungefähr den Korrelationsstärken der jeweiligen Merkmalspaare entsprachen (sie wurden händisch gesetzt). Danach wurden ein oder mehrere Merkmale aktiviert und festgehalten und das Netzwerk bis zu einem Ruhezustand laufen gelassen. Je nach Anfangskonfiguration ergab sich so ein stabiler Zustand, bei dem meist die typischen Merkmale für einen ganz bestimmten Raum (z.B. *Herd*, *Kühlschrank*, *mittelgroß*, etc. für *Küche*) aktiviert waren.

Diese stabile Zustände könnten nun als eine Art "Frame" betrachtet werden, das typische Eigenschaften eines komplexen Konzepts zusammenfaßt. Das interessante dabei ist, daß diese Frames keinewswegs abgeschlossen und isoliert voneinander existieren, sondern theoretisch beliebig viele Merkmale – je nach Adäquatheit in einer bestimmten Situation – sich zu einem solchen zusammenschließen können. Es sind also alle potentiellen Frames in der Darstellung enthalten, von denen einige sich klar ausprägen. Noch interessanter wird es natürlich, wenn man die Gewichte adaptierbar macht. Dann kann man sich vorstellen, daß sich ein ähnlicher Ansatz auch in einem selbst-organisierenden System, das den bisherigen Annahmen dieses Kapitels folgt, widerspiegelt. Frames sind also Konglomerate von korrelierten Konzepten, bzw. auch Microfeatures, die sich im Zuge der Adaptierung herausbilden. Ein Frameproblem erscheint damit unwahrscheinlicher als im klassischen Ansatz, da es sich dort hauptsächlich aus den Repräsentationsannahmen und der Notwendigkeit einer expliziten Formalisierung ergeben hat.

Ergänzend kann man noch feststellen, daß die stabilen Zustände im kurz beschriebenen Schematamodell auch als ID-states bezeichnet werden könnten, da sie ganz analoge Eigenschaften haben. Ähnliche Überlegungen könnte man übrigens auch über das anstellen, was in der klassischen AI mittels Scripts (der Zusammenfassung von Ereignisabläufen) modelliert wird.

13 Sprachverarbeitung

Der Inhalt dieses Kapitels ist die Modellierung der Sprachverarbeitung – das
Verstehen sowie das Erzeugen von sprachlichen Ausdrücken. Dieser Punkt ist
sicher einer der zentralsten, wenn es um Kognition und Intelligenz geht. Dennoch, oder eben aus diesem Grund wird dieses Kapitel eher kurz ausfallen, da
nämlich die wesentlichsten Aspekte schon woanders behandelt wurden.
Sprache ist stark in andere kognitive Vorgänge eingebunden und beinhaltet
Funktionen wie Konzeptualisierung, symbolische Referenz oder die Behandlung von Inputsequenzen, also Themen die an anderer Stelle schon
ausführlich diskutiert wurden. Hier sollen sie nochmals zusammengestellt und
zu einem konsistenten Bild menschlicher Sprache im sub-symbolischen
Paradigma zusammengefügt werden. Wie schon zuvor werden aber dennoch
viele Fragen offen bleiben, es kann also erst von einem ersten Schritt in Richtung einer umfassenden Sicht gesprochen werden.

13.1 Klassische Modelle und deren Grenzen

Das Thema der Verarbeitung natürlicher Sprache, das sowohl das Verstehen –
also die *Interpretation* oder *Analyse* – als auch das Erzeugen – also die
Generierung – umfaßt, ist eines der größten Teilgebiete der Artificial Intelligence. Im Zusammenhang mit der Beschäftigung mit Sprache am Computer
ist sogar eine fast eigenständige Forschungsrichtung – die Computerlinguistik,
bzw. im Englischen *computational linguistics* – entstanden. Wie der Name andeutet, werden dort in enger Zusammenarbeit mit Sprachwissenschaftern linguistische Theorien in Maschinenprogramme umgesetzt, bzw. durch diese
bereichert. Mit Sprache sind hier weniger gesprochene Äußerungen gemeint –
diese wurden schon beim Thema Perzeption behandelt – sondern die "tiefer"
liegenden Aspekte von Sprache wie *syntaktische Struktur* und *Bedeutung*. Im
Englischen wird dieser Bereich von dem der gesprochenen Sprache (speech)
unterschieden und mit dem eigenen Wort *'language'* bezeichnet.

Linguistische Theorien seit Chomsky (1959) fügen sich perfekt in die Grundannahmen der klassischen AI ein. Sie betrachten zunächst hauptsächlich die Form der Sprache (ihre *Syntax*) und beschreiben diese mittels Regeln, die in einer Grammatik zusammengefaßt sind. Dieser Ansatz wurde in der Computerlinguistik übernommen, indem die Regelsysteme in Algorithmen zur Analyse eines geschriebenen (etwa eingetippten) Satzes umgesetzt wurden. Solche Analyseprogramme werden *Parser* genannt und entsprechen demnach dem regelbasierten Schema der AI.

Die Formalisierung der Bedeutung (*Semantik*) einer sprachlichen Äußerung ist da schon schwerer gefallen. Regelbasierte (generative) Ansätze sind in der Linguistik ebenso als gescheitert anzusehen wie die Theorie der *semantischen Merkmale* (der Versuch, Bedeutung auf einen Satz von primitiven, atomaren Merkmalen zrückzuführen) oder logikorientierte Ansätze (von Frege bis Quine).[1] In der Computerlinguistik hat man sich deswegen entweder dennoch semantischer Merkmale bedient, oder die Ansätze der symbolischen Wissensrepräsentation zunutze gemacht, da beide im Sinne der symbolischen Annäherung recht gute Teilerfolge garantierten. Die Bedeutung einer Äußerung wurde damit durch die Darstellung einer Wissensstruktur im Repräsentationsformalismus realisiert, die das Analyseprogramm ermitteln muß.

Mit diesem Ansatz sind aus der praxisorientierten Sicht zweifellos große Erfolge erzielt worden (Winograd 1976, Trost et al. 1987). Natürliche Sprache kann zu einem großen Teil anstelle streng formaler Computersprachen verwendet werden, um Anfragen oder Befehle an die Maschine zu richten. Zumindest hat dies den Anschein. Bei einem etwas genaueren Blick erkennt man, daß man mit diesen Systemen wohl eine recht komfortable Schnittstelle zur Verfügung hat, aber nicht wirklich dem Computer die Fähigkeit zur Sprachverwendung in allen Facetten verliehen hat. Durch den zugrundeliegenden Regelapparat hat man vielmehr eine zwar flexible aber doch formale Abfragesprache geschaffen, die in weiten Bereichen starke Ähnlichkeiten mit natürlichen Sprachen aufweist. Sprachverstehen wurde somit zu einer Übersetzung von einer formalen Sprache in die andere.

Sowohl die Erfolge der formalen algorithmischen Ansätze zur Verarbeitung natürlicher Sprache, als auch deren Scheitern als Modellvorstellung, die die

---

1 Sie sind vor allem deswegen gescheitert, weil sie nicht genügend das Individuum und seine subjektiven Erfahrungen anerkannt haben – vergleiche dazu Kapitel 12.

vielen bunten Facetten menschlichen Sprachverstehens nachvollzieht, sollten
nach den in diesem Buch vertretenen Hypothesen nicht überraschend kommen:

- Zum einen hat ja Sprache genau jenen Aufbau, der Modell für die Formalismen zur Darstellung von Prozessen und Fakten gestanden ist: Sie besteht zum Großteil aus symbolischen Elementen – den Inhaltswörtern –
  und sie folgt in weiten Teilen einer relativ strengen Struktur. Diese Tatsache legt natürlich nahe, gerade bei der Sprachverarbeitung symbolische
  Ansätze zu verwenden.

- Auf der anderen Seite ist aber der Sprachgebrauch in die meisten anderen
  kognitiven Vorgänge wie Perzeption, Konzeptualisierung, Adaptierung,
  etc. stark eingebunden, da er von einer Vielzahl von Effekten auf diesen
  Ebenen beeinflußt wird. Sprachverstehen ist primär ein assoziativer Vorgang auf der Ebene des IP, der nur in bestimmten Situationen Gebrauch
  von bewußten Handlungen macht (etwa dann wenn man bei einem
  zweideutigen Satz in die "Falle" gegangen ist).

Gemäß den Hypothesen des sub-symbolischen Paradigmas sollte es also kein
Wunder sein, daß der symbolische Ansatz viele Phänomene des Sprachgebrauchs nicht erklären kann. Folgende Annahmen werden unter anderem
implizit von vielen klassischen linguistischen Theorien, sowie von praktisch allen AI-Modellen zur Sprachverarbeitung vertreten:

- Es gibt fixe Sprachen (so wie "das Deutsche" und "das Englische", oder
  zumindest das Deutsche einer bestimmten Sprachgruppe), deren korrekte
  syntaktische Form und Bedeutung der Wörter und der komplexeren
  Ausdrücke festgelegt werden kann. Jede Äußerung, die diesem festgeleg-
  ten Schema nicht entspricht, wird demnach als fehlerhaft, "ungrammatisch" oder unvollständig betrachtet, und wird daher immer in Bezug
  auf ihre korrekte "zugrundeliegende" Form analysiert.

- Die Wortbedeutung ist etwas Absolutes innerhalb einer Sprachgruppe.
  Diese Annahme ist praktisch ident mit den Annahmen, die hinter der Wissensrepräsentation im strengen Sinn stehen (siehe Kapitel 5). Es wird angenommen, daß ein Wort unabhängig von seinem Gebrauch durch ein Individuum und dessen Erfahrungswelt eine Bedeutung besitzt, es also einen
  Teil der Welt abbildet. Jedes Individuum lernt, diese Bedeutung zu identifizieren, einer sprachverstehenden Maschine wird die Bedeutung durch

den Designer in Form einer Symbolstruktur des Repräsentationsformalismus mitgegeben.

– Der Begriff der 'Grammatikalität' trägt eine große Bedeutung, da er korrekte ('grammatische') von unkorrekten Äußerungen unterscheidet. Solche unkorrekte Formen werden wie gesagt in Bezug auf korrigierte Versionen derselben betrachtet. Chomsky (1965) etwa unterscheidet zwischen der *Kompetenz*, der zugrundeliegenden Maschinerie zur Sprachverwendung, die immer die korrekte Äußerung festlegt, und der *Performanz*, der Peripherie, die die eigentliche Äußerung produziert, und in der durch Umwelteinflüsse Fehler entstehen können. In der AI wirkt sich Grammatikalität so aus, daß sie zwischen jenen Äußerungen, die verarbeitet werden können, und jenen, die (absolut) kein Ergebnis liefern, unterscheidet.

Aufgrund dieser Annahmen kommen eine Reihe von sprachlichen Phänomenen und Facetten zu kurz. Hier ist eine kurze unvollständige Aufzählung (für mehr Details siehe Dorffner 1989c):

– Es wird der Tatsache nicht Rechnung getragen, daß – so wie im Kapitel 12 über Kategorien und Konzepte bereits bemerkt – im Sprachgebrauch stets individuelle Unterschiede auftreten, da Sprache adaptiv erworben wird, und kein Individuum sich in der exakt selben Umwelt bewegt.

– Es wird nicht berücksichtigt, daß Sprachgebrauch über die Konzepte eng mit den erfahrbaren Zuständen des Individuums zusammenhängt, daß also auch er in den Erfahrungen "verankert" ist (grounding).

– Es wird weiters im Modell nicht berücksichtigt, daß Sprachgebrauch sich aufgrund der stetigen Adaption zeitlich ändern kann, auch bei Individuen, die Sprache schon "perfekt beherrschen".

– Das Modell kann nicht erklären, warum sogenannte "ungrammatische" Ausdrücke dennoch in den meisten Fällen lebhafte Assoziationen hervorrufen, daß also Sprachverstehen fast nie vollkommen "abgeschaltet" wird. Man würde sich also von einem Computer, der Sprache so versteht wie ein Mensch, erwarten, daß er allein aufgrund der Tatsache, daß er den Satz "Wieviel verdient unser Angestellte Herr Maier" verarbeiten kann, auch etwas mit "Maier, Gehalt, was?" anfangen kann, ohne daß man von vornherein die etwas absonderliche Struktur der letzten Äußerung vorgesehen hat.

– Und selbstverständlich kann das Modell alle jene Phänomene nicht erklären, die auf sub-symbolischen Assoziationen und intuitiven Schlüssen beruhen, die nur durch Zwischenzustände in der Wissenslandschaft zu erklären wären. Es kann also kaum erklären, warum für viele Amerikaner "liberal" wie ein Schimpfwort klingt, und warum ein Hungriger im Satz "Bananen kosten 20 Schilling" eher die 'Bananen' heraushört, jemand, der pleite ist, jedoch eher die '20 Schilling' (die Betonung liegt auf 'eher').

13.2 Eine sub-symbolische Sicht

All diese Argumente sind zum Teil weit hergeholt und auch (absichtlich) etwas überspitzt formuliert. Es wäre vermessen, ein konnektionistisches Modell zu prophezeien, daß in naher Zukunft einer Maschine zum Verstehen von Sprache mit allen jenen Aspekten verhilft. Dieses Kapitel ist also keine Darstellung, wie man bessere sprachverstehende Systeme bauen kann, sondern – wie auch die Kapitel zuvor – eine fundamentale Modellvorstellung mittels konnektionistischer Netzwerke, die im Ansatz alle zuvor aufgelisteten Aspekte zu berücksichtigen versucht. Es soll eine mögliche Grundlage für neuartige Modelle aufgebaut werden, die Sprache auf "natürlichere" Weise behandeln, als es der stark abgrenzende regelbasierte Ansatz kann. Dabei werden einige recht radikale Thesen aufgestellt, die zum Teil noch auf eine Bestätigung durch funktionierende konnektionistische Systeme warten, also noch ohne Fundament sind, sich aber dennoch großteils mit Theorien wie dem Konstruktivismus (siehe Abschnitt 10.2) decken.

Wie auch schon zuvor gibt es zwar eine Reihe von Arbeiten, die sich mit konnektionistischen Systemen zur Sprachverarbeitung beschäftigen, aber nur wenige davon übernehmen den sub-symbolischen Ansatz mit allen seinen Konsequenzen (aus mehreren Gründen, einer davon ist sicherlich praktisch orientiert). Auf diese Systeme soll etwas später nochmals eingegangen werden. Jetzt soll erläutert werden, was es heißt, ein Sprachmodell innerhalb der Ideen, die in diesem Buch entwickelt worden sind, aufzubauen.

13.2.1 Wörter und ihre Bedeutung

Die Grundlagen für ein solches Modell bestehen aus den zwei bereits angeführten Beobachtungen: Erstens ist Sprachverstehen ein primär unbewußter, assoziativer und intuitiver Vorgang, der daher dem Intuitive Processor (IP) zuzurechnen ist. Zweitens liefert die Sprache selbst die Symbole für den Conscious Rule Interpreter (CRI), also für bewußte (symbolische) Handlungen. Es sind ja – wie schon einmal formuliert – die sprachlichen Symbole (in einem sehr weiten Sinn, nicht nur die Wörter einer uns gewohnten Sprache), die als einzige als Symbol eine Rolle im sub-symbolischen Modell spielen. Diese Dualität siedelt Sprache also am Übergang zwischen IP und CRI an, geht aber bei der Behandlung des Verarbeitungsprozesses zunächst vor allem von ersterem aus. Obwohl Symbole entscheidend involviert sind, ist Sprachverstehen an sich primär kein symbol-*manipulierender* (d.h. nur an Symbolen als Tokens arbeitender) Vorgang!

Im Mittelpunkt eines Sprachmodells werden also assoziative sub-symbolische Vorgänge, sowie Modelle zur internen symbolischen Referenz stehen. Wir können daher bereits folgende Hypothese aufstellen:

(a) Die Bedeutung eines Worts ist ein interner mentaler Zustand, der assoziativ, mittels interner symbolischer Referenz, aktiviert wird. Dieser Zustand ist meist ein sub-symbolisches Konzept (wie in Kapitel 12 definiert), oder eine dazu ähnliche Aktivierung, das (bzw. die) weitere Assoziationen hervorrufen kann.

Daraus folgt, daß Bedeutung – genauso wenig wie symbolische Funktion (vgl. Kapitel 6) – nicht in einem Wort selbst enthalten sein kann, sondern es immer eines erkennenden Individuums bedarf, bevor von solcher die Rede sein kann. Bedeutung hat keine Existenz außerhalb der die Sprache benutzenden Individuen.

Diese Hypothese hat mehrere Konsequenzen. Zunächst beinhaltet sie die bereits angeschnittenen individuellen Unterschiede, weil wir ja bereits postuliert haben (Kapitel 12), daß Konzepte sowie assoziative Vorgänge selbst variieren können und von der Umgebung, in der ein Individuum lernt, abhängig sind. Es kann also auch von keiner global gültigen Bedeutung gesprochen werden. Stattdessen wird Semantik nun allein *intern* mittels adaptiver Interaktion eines Individuums mit seiner Umwelt definiert. Weiters gilt – da ja Sprache in die sub-symbolische Wissenslandschaft eingebunden ist – daß sprachliche Äußerungen als Mittel der Kommunikation nie die ganze Information (die gesamten internen Zustände des Sprechers) übertragen kann, da sie aufgrund ihrer symbolischen Natur nur eine Annäherung an die sub-symbolischen internen Zustände liefert (siehe Abschnitt 4.3). Ein Wort kann zwar für einen konzeptuellen Zustand (des Sprechers) stehen und einen anderen (des Hörers) aktivieren, die Art und Weise; wie die konzeptuellen Zustände allerdings in die übrige Struktur eingebunden sind, welche Assoziationen sie wie stark hervorrufen, bleibt dadurch unübertragbar.

Wir erkennen hier bereits wieder, was uns im Laufe dieses Buches schon mehrmals begegnet ist: daß Wörter in ihrer symbolischen Funktion meist für klare Konzepte stehen, von diesen also motiviert werden, bzw. diese auch beeinflussen können (Abb. 6.13). Das Symbolmodell von Abschnitt 6.5 ist eine Realisierung dieser Annahme und kann daher als Kern eines Sprachmodells dienen. Es erfüllt die Bedingungen, die aus Hypothese (a) folgen, denn auch dort ist uns ja bereits klar geworden, daß ein Wort die Symbolfunktion – und somit auch seine Bedeutung – nicht mit sich trägt.

Da Sprache auf diese Art und Weise mit Perzeption und Konzeptualisierung zusammenhängt, folgt, daß Sprachverstehen extrem kontextabhängig ist, daß also eine Reihe von externen und internen Einflüssen entscheiden kann, wie eine Äußerung interpretiert wird. Diese Beobachtung wurde zwar von klassischen Ansätzen keineswegs abgestritten, nur hatten diese große Schwierigkeiten, nicht-sprachliche Auswirkungen wie etwa sensorische Reize oder nicht-beschreibbare mentale Zustände miteinzubeziehen.

13.2.2 "syntaktische" Struktur

Um von einzelnen Wörtern auf komplexere sprachliche Ausdrücke zu kommen, müssen die Strukturen innerhalb einer Äußerung in Form von Gruppierungen und Reihenfolgebedingungen in die Erkennung miteinbezogen werden. Davon wurde schon in Abschnitt 7.3 gesprochen. Sogenannte "syntaktische Struktur" sollte im sub-symbolischen Modell nicht als strenges Regelsystem, sondern als zusätzliche Informationsquelle betrachtet werden, die theoretisch auch wegfallen kann. Solange ein Satz oder eine Phrase diesem Strukturschema folgt, wird dadurch die Verarbeitung extrem erleichtert, bzw. unterstützt. Folgt er oder sie der Struktur einmal nicht, so werden dennoch Assoziationen hervorgerufen. Die einzelnen Wörter werden ja dennoch erkannt und interpretiert, genauso die teilweise erkennbaren Abfolgestrukturen. Im Sinne von Fehlertoleranz und Graceful Degradation sollten also auch die Assoziationen nur langsam geringer werden, wenn ein Satz immer weniger einem sytaktischen Muster folgt, wie Beobachtungen menschlicher Sprachverarbeitung zeigen.

Die folgenden Beispiele sollen dazu als Illustration dienen. Betrachten wir einige Sätze, die die Regeln zur Bildung von Hauptwortphrasen und Sätzen brechen:

"Der Mann große kam durch Tür die"
"Ich das Mädchen küßte"

Es wird wohl keinem Leser schwerfallen, aus diesen Sätzen dennoch Sinn zu machen (auch rein assoziativ, ohne "lange nachzudenken" mittels CRI), ungeachtet der Tatsache, daß man wahrscheinlich merkt, "daß etwas nicht stimmt". Solche scheinbar künstlichen Variationen kommen aber in der Umgangssprache sehr oft vor, wenn zum Beispiel ein Sportreporter – wohl als Resultat hastigen Sprechens – meint:

".. und der Ball geht durch die Beine direkt ins Tor des Tormanns"
    gemeint sind: *die Beine des Tormanns*

In einigen Fällen ist man mit Äußerungen konfrontiert, deren Sprecher grammatische Regeln aus Unwissen gar nicht befolgen können:

"U–Bahn wo?"
"Ich Deutsch nicht"

Es hängt sicher vom Kontext ab, wie man solche Äußerungen versteht, aber daß man sie meist versteht oder zumindest etwas damit assoziiert, steht in den meisten Fällen außer Frage.

So bestätigen etwa Experimente, daß auch "vollkommener Nonsens" (etwa willkürlich aneinandergereihte Wörter) starke Assoziationen hervorrufen können, da – sofern die Motivation vorhanden ist – ständig versucht wird, der Äußerung eine Bedeutung zuzuordnen. Folgender "Satz" ist eine willkürliche Aneinanderreihung von jeweils ersten Worten der Absätze auf einer Zeitungsseite:

"zuerst was der eingeladene mit nach maria ..."

Beim Lesen dieser Worte – soferne man wie gesagt irgendwie motiviert ist, etwas zu verstehen – vermeint man fast mit jedem Wort, etwas mitzubekommen. Die Gesamtassoziation dieser Äußerung bleibt relativ bescheiden, aber lokal spielen sich doch Prozesse ab, die durch ein einfaches '*' (der Markierung für 'ungrammatisch' in der Linguistik) nicht zu erklären sind.

Wir erkennen also, daß grammatische Form einen starken Beitrag zur Verständlichkeit leistet – würde man etwa Wörter willkürlich aneinander reihen, könnte man nicht mehr Eigenschaftswörter zu Hauptwörtern zuordnen oder ähnliches (man wäre also mit einer Art Binding Problem konfrontiert).

Wir erkennen aber auch, daß Grammatikalität keine Grundvoraussetzung für
das Assoziieren von Bedeutungen mit sprachlichen Ausdrücken sein kann. Wir
können daher eine weitere, dieser Erkenntnis entsprechende Hypothese formulieren:

*(b) "Syntaktische Form" ist ein zusätzliches Hilfsmittel, sowie Infor-
mationsquelle, die – wie einzelne Wörter auch – wegfallen kann, ohne daß
die Äußerung deswegen automatisch vollkommen unverständlich würde.*

Das sub-symbolische Modell dafür wären konnektionistische Netzwerke, die
Sequenzen verarbeiten und Information aus der Reihenfolge von Mustern ex-
trahieren, sowie kurzzeitig Information über Wortgruppen speichern können.
Solche Netzwerke wurden in den Abschnitten 7.3 und 11.3.3 bereits besprochen, die Forschungen stehen hier allerdings noch am Anfang, was den
Einsatz auf der Ebene der Sprachverarbeitung (language) betrifft. Ein Sequen-
zenmodell sollte lernen, gewisse immer wiederkehrende Abfolgen von Mustern – oder vielmehr Musterklassen – zu erkennen und Inputs, die dieser Abfolge entsprechen, verstärkt abzubilden. Ähnlich wie die "Verbindungskanäle", die verteilte "Transformationsregeln" ausmachen (Abschnitt
7.2), sollten auch hier Musterabfolgen eingefahrene Verbindungsstrukturen erzeugen. Dadurch könnten auch – wie im Falle des einfachen parallelen assoziativen Netzes – abweichende Abfolgen aufgrund von Ähnlichkeiten oder
Ausnahmen gesondert behandelt werden.

Wie wir aus der Diskussion zu "Definitionsregeln" in Kapitel 7 bereits
gesehen haben, ist also auch Struktur – genauso wie früher Symbolfunktion
und Bedeutung – nicht in der Äußerung selbst enthalten, sondern wird erst im
verstehenden Individuum konstruiert. Alles, was physikalisch da ist, ist eine
sequentielle Abfolge von wiederkehrenden Elementen. So kann also auch jede
komplexere Struktur wie eingebettete Sätze und Abhängigkeiten (z.B.
Koreferenz – die Eigenschaft, daß sich zwei Ausdrücke auf dasselbe beziehen)
nur als Beschreibungsmittel der Äußerung gesehen werden, die in ihr selber
aber nicht steckt.

Eine Entsprechung dieses Beschreibungsmittels – der Regeln und der Syn-
taxbäume, die die Einbettungen ausdrücken – ist also höchstens im System
selbst zu suchen, also im Prozeß der Erzeugung oder des Verstehens von
Sprache. Im Sinne des sub-symbolischen Paradigmas ist jedoch anzunehmen,
daß diese Entsprechung nur im Sinne einer formalen Annäherung zu finden
sein wird, daß also keineswegs die Regeln oder die Strukturen selbst explizit im

Prozeß enthalten sind, sondern im "verteilten" und sub-symbolischen Sinn ein annäherndes Analogon besitzen. Die Relation zwischen diesem Analogon und den Grammatikregeln wäre also die gleiche wie jene zwischen sub-symbolischen Konzepten und Symbolen, oder die zwischen verteilten "Regeln" und Transformationsregeln. Fehlertoleranz, Graceful Degradation und Robustheit sind daher logische Konsequenzen dieses Ansatzes und bestätigen die Beobachtungen.

Elman (1990) zeigt anhand eines rekurrenten Feedforward-Netzes – neben den bereits in Kapitel 7 beschriebenen Experimenten – daß sogar komplexere Strukturen, wie die zur Auflösung der Referenz von Pronomen notwendige, implizit von einem Netzwerk erlernt werden können. Dieses letztgenannte Problem wird – zum Teil inadäquat – im linguistischen Modell durch Abhängigkeiten im vollständigen Syntaxbaum des Satzes erklärt (*c–command*). Weder der Syntaxbaum, noch diese Abhängigkeiten müssen dem Netzwerk beigebracht werden, um das gebenene Problem zu lösen. Dieses Modell ist sicher nur ein kleiner Schritt in Richtung einer rein sub-symbolischen Version eines "Parsers", zeigt aber die prinzipielle Möglichkeit dieses Vorhabens.

Zur Graceful Degradation der Sequenzenerkennung wäre noch folgendes zu sagen: Es zeigt sich, daß wir Menschen sehr oft ein Gefühl zu haben scheinen, ob es sich bei einer Äußerung um einen "grammatischen" oder "ungrammatischen" Satz handelt. Mit anderen Worten, obwohl wir dieser Tatsache bei der Interpretation kaum Bedeutung beimessen (also tolerant sind), erkennen wir dennoch meist sofort, daß etwas "inkorrekt" ist. Es muß also einen Art "Grammatikalitätsdetektor" – anhand des soeben grob beschriebenen Modells des eingefahrenen Sequenzendetektors – im Modell geben, der aber auf die Assoziationen nur wenig Einfluß haben sollte. Dieser ließe sich etwa als eine weitere Art von "novelty detector" in Form einer Resonanzkomponente wie in ART verwirklichen.

13.2.3 Fixes Sprachsystem als Illusion und Wirklichkeit

Nachdem nun in groben Zügen ein sub-symbolisches Modell der Sprachverarbeitung angedeutet wurde, bleibt vor allem eines zu klären: Wie kann man sich unter den Annahmen der Adaptierbarkeit und der individuellen Unterschiede vorstellen, daß Kommunikation möglich ist und so etwas wie ein konstantes Sprachsystem scheinbar existiert. Dazu könnten wir folgende Hypothese aufstellen, die aus den bisher gemachten Annahmen folgt:

(c) Ein absolutes und fixes Sprachsystem wie "das Deutsche" oder ein "deutscher Dialekt" ist eine Illusion, die daraus entsteht, daß sich in einer Menge von adaptiven Individuen ein annähernder Gleichgewichtszustand einstellt.

Dazu muß natürlich die Adaption in den Individuen *gerichtet* sein. Dazu können wir postulieren, daß jedes Individuum – innerhalb von Grenzen – danach strebt, im Sinne von Kommunikation optimal verstanden zu werden. Mit anderen Worten, ein lernendes Individuum tendiert dazu, die selben (oder ähnlichen) Worte in ähnlichen Kontexten einzusetzen, die auch andere verwenden, bzw. die selben (oder ähnlichen) Abfolgen ("syntaktische Strukturen") wie andere zu benutzen. Das adaptive Verhalten strebt also in weiten Bereichen danach, Unterschiede im Sprachgebrauch auszumerzen. Da dieser – wie schon in Kapitel 12 bemerkt – auch einer der Einflüsse zur Konzeptbildung ist, werden auch konzeptuelle Zustände verschiedener Individuen zueinander streben, in dem Sinne, daß sie ähnliches Verhalten oder ähnliche Reaktionen – zum Beispiel eben sprachliches Handeln – ermöglichen.

Abb.13.1 zeigt schematisch, wie man sich ein Individuum in seiner

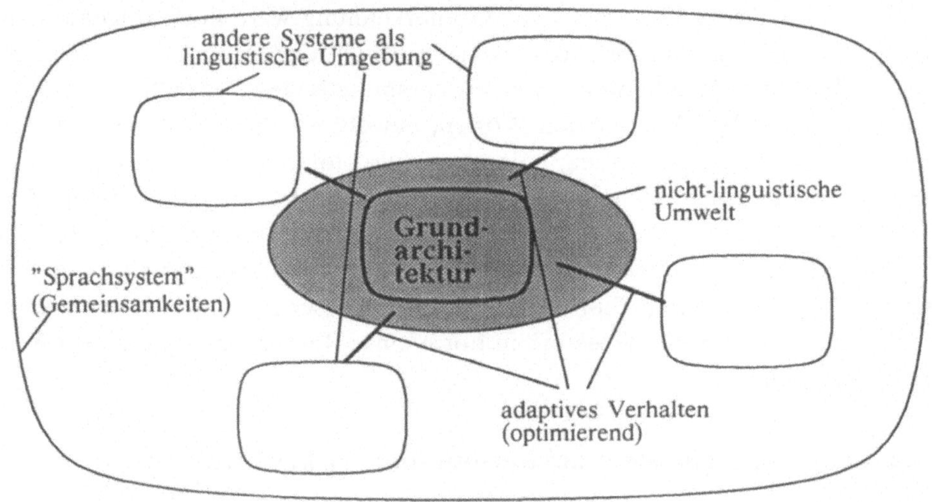

Abb. 13.1

sprachlichen und nicht-sprachlichen Umwelt vorstellen kann. Die Illusion des fixen Sprachsystems ergibt sich aus der Gesamtheit der ähnlichen Äußerungen mit ähnlichem Gebrauch, die sich bei den meisten Individuen im Gleichgewichtszustand ergeben. Für dieses Bild ist es klarerweise notwendig anzunehmen, daß diese Umwelt bereits besteht, daß Individuen nur innerhalb einer solchen von Grund auf lernen können. Das Modell erklärt also nicht, wie Sprache an sich im Menschen zustande gekommen ist (dies war aber auch nicht die beabsichtigt worden).

13.2.4 "Universalgrammatik"

In der Linguistik ist eine Auseinandersetzung zwischen Lehrmeinungen besonders berühmt geworden – nämlich jener Disput zwischen N. Chomsky und F. Skinner (Skinner 1957, Chomsky 1959), bei dem es um die Angeborenheit von Sprache geht. Skinner postulierte damals, daß Sprache in keiner Weise vorgegeben ist, daß es sich also um rein angelerntes Verhalten handle. Chomsky's Theorie hingegen setzt eine angeborene *Universalgrammatik* voraus, eine Prädisposition, die das Erlernen einer Sprache gegenüber anderen Handlungen erleichtert und auch Universalien, also Eigenheiten, die alle Sprachen der Welt gemeinsam zu haben scheinen, erklärt.

Diese Diskussion gibt Anlaß für eine weitere Beobachtung im Rahmen des sub-symbolischen Sprachmodells. Aus der Diskussion um repräsentationsfreie Modelle (Kapitel 5) geht hervor, daß man ohne vorverdrahtete Struktur – also Repräsentation auf Metaebene – auch im Sprachmodell nicht auskommen wird. Mögliche Ansätze zu dieser vorgegebenen Architektur wurden etwa im Symbolmodell vorgestellt. Dieses ist davon ausgegangen, daß es so etwas wie konzeptuelle Zustände und interne Symbole gibt, ohne die das Modell einfache Referenzfunktionen nicht erlernen kann. Solche vorgegebenen Architekturen können nun – in sehr weitem Sinn – als Modell für das interpretiert werden, was Chomsky 'Universalgrammatik' genannt hat, also die angeborene Disposition für Sprache (oder symbolisches Handeln im allgemeinen). Innerhalb dieser Architektur ist aber jede Adaptierung und Entwicklung von individuellen Feinheiten möglich, vielleicht mehr als Chomsky annehmen wollte.

Aus dieser Beobachtung geht aber auch hervor, daß der sub-symbolische Ansatz *kein* streng behavioristisches Modell ist, wie man es zunächst wegen der Betonung des Lernens und der Adaptierbarkeit vermuten könnte.

13.3 Andere konnektionistische Systeme zum Thema Sprache

Die soeben gebrachte Modellvorstellung ist also die Fortsetzung zuvor besprochener Ideen, bildet aber erst den Anfang des so reichen Gebietes der menschlichen Sprache. Eben aus dem Grund, daß die Forschung hier erst am Anfang steht – ja stehen muß – sind viele Aspekte nur angerissen worden. Der Vollständigkeit halber sollen nun einige Ansätze aus der Literatur zur Verarbeitung sprachlicher Inputs besprochen werden. Die meisten folgen nicht vollständig dem bis jetzt vorgestellten sub-symbolischen Paradigma, sondern bewegen sich auf einer Ebene mit zahlreichen Repräsentationsannahmen. Sie beleuchten aber dennoch den Anreiz, den der Konnektionismus für die Sprachmodellierung hat, und untermauern die Eignung neuronaler Netzwerke dafür, viele interessante Aspekte der Sprache nachvollziehen zu können. Für eine umfangreiche Übersicht siehe unter anderem Reilly & Sharkey (in Druck).

13.3.1 Konnektionistische Parser

Eine Reihe von konnektionistischen Modellen zur Sprachverarbeitung auf Satzebene geht nach wie vor von der Vorstellung einer zugrundeliegenden formalen Grammatik in Chomsky-Normalform oder ähnlichem aus. Die Netzwerkarchitektur soll dabei ausgenutzt werden, effizient eine Lösung, d.h. eine Baumstruktur, für einen Satz bei gegebener Grammatik zu liefern. Das Problem wird dabei als eine Constraint Satisfaction aufgefaßt (siehe Abschnitt 2.5), deren Randbedingungen durch die grammatischen Regeln und die syntaktischen Kategorien der Inputwörter gegeben ist. Dazu muß die Grammatik in Netzwerkarchitektur umgesetzt werden.

Abb. 13.2 zeigt ein Beispiel aus Selman & Hirst (1985). Die drei Regeln für

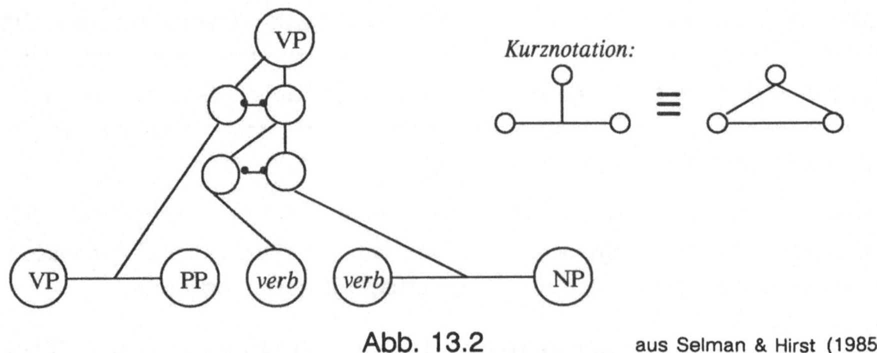

Abb. 13.2   aus Selman & Hirst (1985)

Verbalphrasen *VP –> VP PP, VP –> verb, VP –> verb NP* werden in eine Netzwerkstruktur mit bidirektionalen Verbindungen umgesetzt. Sogenannte *binder units* (kleine Kreise) mit inhibitiven Verbindungen stellen sicher, daß nur eine der drei Ableitungen, die ja Alternativen darstellen, aktiv bleibt. Auf diese Art und Weise wird eine ganze Grammatik in ein Netzwerk umgesetzt. "Parsing" ist nun der Vorgang der Aktivierungsausbreitung bis ein Ruhezustand erreicht wird, der einem konsistenten Syntaxbaum entspricht. Dabei können Aktivierungen sowohl inputgesteuert von unten nach oben (bottom up), als auch erwartungsgesteuert von oben nach unten (top down) fließen.

Ein ähnliches System ist der konnektionistische Earley-Parser von Schnelle & Doust (in Druck). Er zeigt unter anderem, wie Symbolstrukturen im klassischen Sinn in einem Netzwerk dargestellt, das Binding Problem für diese Strukturen also in den Griff zu bekommen sind. Grundlage dafür sind Smolensky's Ideen zur Tensor-Produkt Darstellung, wonach Beziehungen zwischen Konzepten explizit durch Matrizen von Bindungsunits dargestellt werden. Zusätzlich werden mehrere symbolische Mechanismen wie Shifting und Kopieren von Registern in Netzwerkstruktur realisiert.

Keines der hier vorgestellten Modelle geht sehr auf die Ideen des sub-symbolischen Paradigmas ein. Selbstorganisation spielt zum Erkennen von Satzstrukturen aus Beispielen kaum eine Rolle, Sprachverständnis wird durch Vorverdrahten von Netzwerkarchitektur im Sinne eines klassischen Grammatikmodells erklärt. Dennoch zeigen die Eigenschaften des Netzwerkansatzes oft eine größere Plausibilität im Verhalten (was z.B. die Fehlertoleranz und das assoziative Erreichen eines Ergebnisses betrifft) als der sequentielle klassische Ansatz.

13.3.2 Andere strukturierte Modelle

Eine große Anzahl von konnektionistischen Sprachmodellen bewegen sich auch semantisch auf der Ebene der strukturierten – also rein lokalistisch repräsentierenden – Netzwerke. Dazu gehören einige Ansätze, die die automatische kontextfreie *Desambiguierung* (das eindeutig Machen) mehrdeutiger Sätze modellieren. Abb.13.3 zeigt ein Beispiel aus Waltz & Pollack (1985). Hier soll der englische Satz "John shot three Bucks" interpretiert werden, der zwei Hauptbedeutungen haben kann: "Hans erschoß drei Böcke" im Kontext *Jagd* und "Hans verpulverte drei Dollar" in einem Kontext wie *Glücksspiel*. Semantische Features, sowie syntaktische Merkmale (z.B. *Noun*) werden lokal von jeweils einer Unit repräsentiert, die Verbindungen drücken wie schon öfters die Vereinbarkeit und Unvereinbarkeit zweier Konzepte aus. Das Netzwerk kann nun abhängig von einem Anfangszustand in einen von zwei Ruhezuständen übergehen, die den beiden Interpretationen entsprechen.

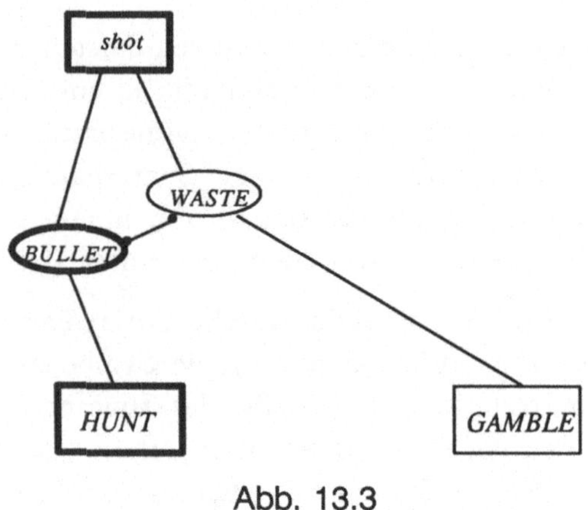

Abb. 13.3

Dieses Verhalten ist ein Modell dafür, wie Kontext – etwa ein zuvor geäußerter Satz – durch Voraktivierung von Units die Interpretation eines Satzes beeinflussen kann. Obwohl hier von strenger Repräsentaion ausgegangen wird, sind dennoch Rückschlüsse auf selbstorganisierende Modelle gültig, wenn man sich konzeptuelle Zustände (ID-States) statt der lokalistischen Units vorstellt.

Arbeiten von Schade (1989, 1990) und anderen zeigen, wie man mit Hilfe von strukturierten Netzwerken eine Reihe von empirischen Daten aus Beobachtungen menschlichen Sprachgebrauchs, vor allem was Fehlleistungen und inkohärente Resultate betrifft, verifizieren kann. Dies unterstreicht die prinzipielle Eignung des Netzwerkansatzes, detaillierte Aspekte des Sprachgebrauchs zu modellieren.

13.3.3 Verteilte assoziative Modelle

Eine Gruppe von konnektionistischen Anwendungen in der Sprachverarbeitung geht davon aus, den Interpretationsvorgang beim Verstehen mittels assoziativer Abbildungen zu modellieren. Ein Beispiel dazu haben wir bereits in Kapitel 3 kurz kennengelernt, nämlich das Modell zum "Sentence Processing" von McClelland & Kawamoto (1986). Ein assoziatives Netzwerk wurde trainiert, einen (vorverarbeiteten) Satz auf eine thematische Bedeutungsstruktur abzubilden. Letztere besteht dabei aus einem Rahmen von sogenannten *semantischen Rollen* wie *Agens*, *Objekt* oder *Rezipient*, die durch das Verb des Satzes vorgegeben sind und in die entsprechende Füller eingesetzt werden müssen. Der Satz im Input wurde dahingehend vorverarbeitet, daß von vielen syntaktischen Eigenschaften abstrahiert wurde, und nur die Phrasen mit ihren semantischen Merkmalen repräsentiert wurden.

Als Codierungsschema wurde das in Kapitel 3 vorgestellte Conjunctive Coding eingesetzt, das am Input einen Merkmalsvektor (der die Phrase repräsentiert), und am Output die Merkmalsvektoren von Rolle und Füller miteinander verknüpft (Details siehe Abschnitt 3.4). Dieses Schema verhilft dem Netzwerk zu bemerkenswerten Generalisierungseigenschaften. So kann es etwa semantische Merkmale von Füllern bei fehlenden Phrasen ergänzen (z.B. daß das Instrument, mit dem etwas zerbrochen wird, hart sein muß), syntaktisch zweideutige Sätze eindeutig interpretieren (z.B: "The dog broke the plate" – *dog* ist der Agens und nicht das Instrument), und Fehler korrigieren.

Die Fähigkeit, Inputs gemäß ihrer Stellung richtig zu interpretieren und semantisch einzuteilen, erinnert sehr stark an das Netzwerk von Elman (1990), der damit syntaktische Sequenzen analysiert hat (siehe Abschnitt 7.3.1). Dort waren es die syntaktischen Kategorien, die das Netzwerk vorhersagen konnte. Nicht zufällig hat McClelland, diesmal mit St.John (St.John & McClelland 1988), eine weiterführende Version des Satzmodells implementiert, der mit einem Jordan-Ansatz explizit auch die sequentielle Struktur einer Äußerung berücksichtigt. Abb. 13.4 zeigt den Aufbau des Modells. Es besteht aus einem

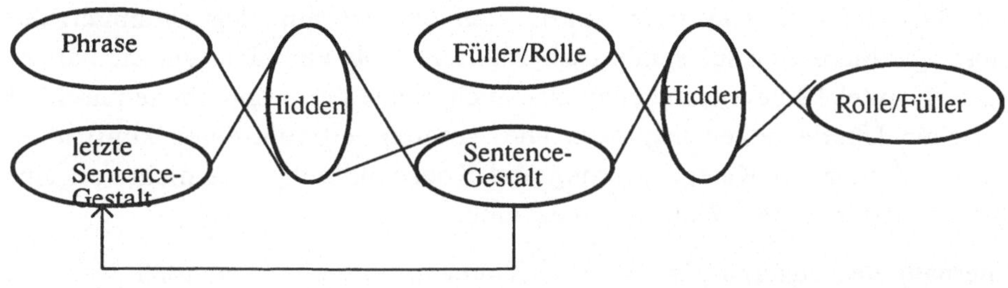

Abb. 13.4   nach St. John & McClelland (1988)

Jordan-Netz, das eine Inputsequenz auf eine verteilte Darstellung der Satzinterpretation (*"sentence Gestalt"*) abbildet. Diese Darstellung bietet zusammen mit der Repräsentation einer Rolle oder eines Füllers des semantischen Rahmens den Input für ein weiteres assoziatives Netzwerk, daß dem der Rolle (bzw. Füller) zugehörigen Füller (bzw. Rolle) ausgeben soll. Das gesamte Netzwerk lernt mit der Backpropagation Regel.

Das interessante an diesem Netzwerk – neben seiner Schleifenstruktur, die beliebig lange Sequenzen verarbeiten kann – ist die Tatsache, daß die seman-

tische Interpretation nun nicht mehr durch explizite Repräsentation vorgegeben sein muß, sondern sich intern durch Selbstorganisation entwickelt.
Der einzige Lehrer kommt durch die linke (in Abb. 13.4 obere) Hälfte des
Teilnetzes ins Spiel, das lernt, die Sentence-Gestalt quasi zu decodieren. Wird
diese Gestalt, die sich aber erst im Zuge des Lernprozesses entwickelt, mit
einer Rollen- oder Füllerbeschreibung "abgefragt" (probing), so erzeugt das
Netzwerk die zugehörige Ergänzung. Diese wird während des Trainings vorgegeben. Somit wird ein entscheidender Schritt in Richtung selbstorganisierendes Modell getan, wobei in diesem Fall der Vorgang des Probing die
Interaktion mit der Umwelt darstellt.

Dieses Netzwerk kann, ähnlich wie jenes von Elman, nun auch zeitliche Erwartungen über Rollen des Kasusrahmen aufstellen, und auch syntaktische
Feinheiten wie Passiv-Wortstellung auflösen. Trotz der Attraktivität geht dieses
System allerdings von einer zu sehr vereinfachten Theorie der Abbildung aus,
die nach wie vor einerseits Repräsentation vor allem von semantischen
Merkmalen voraussetzt, andererseits das Wesen symbolischer Referenz nicht
erklären kann.

13.3.4 Selbstorganisierende Modelle

Die Arbeiten von Reeke & Edelman (1988) an den Modellen DARWIN II
und Darwin III, obwohl nicht speziell auf Sprache ausgelegt, kommen dem
selbstorganisierenden sub-symbolischen Ansatz wohl am nächsten. Sie haben –
wie in Kapitel 12 bereits angedeutet – auch einige der besprochenen architek-
tonischen Überlegungen inspiriert. Die Autoren vertreten einen konstruktivistischen Ansatz zur Kategorisierung und Konzeptbildung, der nicht von einer
objektiv existierenden Welt ausgehen muß.

Innerhalb des engeren Kreises von Konnektionisten wären noch Nenov &
Dyer (1988) zu erwähnen, deren Modell DETE zum selbstorganiserenden
Spracherwerb sehr nahe an die in diesem Kapitel vorgestellten Annahmen
kommt. Abb. 13.5 zeigt die Grundstruktur des Modells. Es soll lernen, Sätze
wie

"A small ball is moving towards the left wall"

assoziativ mit visuellen Szenen, in denen auch Bewegungen eine Rolle spielen,
in Beziehung zu setzen. Dies soll durch adaptives Verhalten und ohne einen
expliziten Lehrer geschehen. Zu diesem Zweck werden jedoch eine Reihe von
Repräsentationsannahmen, wie zum Beispiel die Identifikation der Konzepte

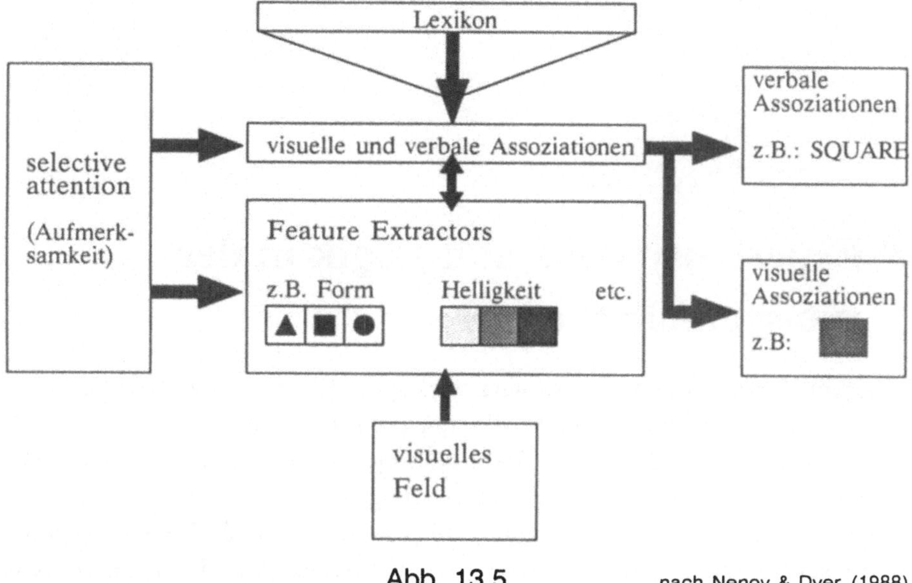

Abb. 13.5   nach Nenov & Dyer (1988)

Größe, Geschwindigkeit, etc. gemacht. Viele davon sind nicht unplausibel, vor allem was Aspekte wie Helligkeit oder Bewegungsrichtung betrifft. Es kann daher als ein weiterer Versuch in Richtung eines Sprachmodells nach Ideen des repräsentationsfreien sub-symbolischen Paradigmas betrachtet werden.

14 Expertensysteme und Logik in der sub-symbolischen AI

In diesem Kapitel sollen zwei weitere wichtige Teilgebiete der Artifcial Intelligence aus der Sicht des sub-symbolischen Paradigmas beleuchtet werden: Expertensysteme und logikbasierte Verarbeitung. Diese Bereich werden deshalb zusammen besprochen, weil sie erstens einige Berührungspunkte aufweisen, und zweitens noch eher zu den Randgebieten der sub-symbolischen AI zählen, da sie sehr stark in die Funktion des conscious rule interpreters (CRI) hineinspielen.

14.1 Menschliche Expertise, IP und CRI

Expertensysteme sollen, per Definition, das Wissen eines menschlichen Experten auf einem meist klar umrissenen Fachgebiet zusammenfassen und einer Maschine zugänglich machen, sodaß automatische Diagnosen, Schlußfolgerungen oder andere Resultate aufgrund dieser Expertise erhalten werden können. Wie schon mehrmals in diesem Buch muß man hier zwischen unbewußtem assoziativen und bewußtem regelbasierten Wissen unterscheiden. Ein menschlicher Experte setzt meistens beides ein, muß also sowohl assoziativ Situationen erkennen, als auch regelbasiertes, symbolisch formalisiertes Wissen einsetzen können.

Ein Großteil der Anwendungen für Expertensysteme konzentrieren sich sehr stark auf Aufgaben, die eindeutig dem CRI in der in Kapitel 4 gegebenen Definition zuzuschreiben wäre. Die Analyse von Bakterienkulturen etwa (Buchanan & Shortliffe 1984), oder das Entdecken von Mineralien im Erdboden (Gaschnig 1982) ist selten eine Aufgabe, die rein durch assoziatives Interpretieren eines Bildes oder eines Datensatzes durchführbar ist. Mit anderen Worten, auch ein menschlicher Experte kommt nicht umhin, Regeln, Heuristiken und zahlreiche andere sequentielle Vorgänge anzuwenden, bevor er zu einem Resultat kommt.

Daraus folgt, daß ein konnektionistisches System nicht so ohne weiteres ein Expertensystem auf diesem Niveau ersetzen wird können, zumindest in der Sicht einer plausiblen Modellierung. Es ist zwar denkbar, daß etwa ein großes assoziatives Netzwerk trotzdem zu einer Lösung kommt, der Vorgang könnte dann aber nur zum Teil als Modellvorstellung menschlicher Expertise betrachtet werden. Es wäre zwar nach wie vor Artificial Intelligence, aber aus einer rein praktisch orientierten Sicht, die für dieses Buch nicht oder nur am Rand gewählt wurde. Man könnte es aber auch anders herum ausdrücken. Aufgrund der Tatsache, daß es bei vielen Anwendungen keinem Menschen – und sei er auch noch so erfahren – gelingt, rein assoziativ, also unbewußt "durch Hinschauen" zu einem Ergebnis zu erlangen, kann man folgern, daß man es auch von einem einfachen assoziativen Netzwerk nicht verlangen muß. Bewußte Regelanwendung ist in vielen Fällen entscheidend und sollte daher in einem plausiblen Modell nicht fehlen.

Das sub-symbolische Paradigma will bewußte Regelanwendung ja keineswegs ausschließen. Im Gegenteil, der CRI wird als wesentlicher Bestandteil der Modellvorstellung gesehen. Allerdings ist die exakte Funktion des CRI ein Thema, das fürs erste nur angeschnitten werden kann – wir haben etwa mögliche Schnittstellen wie konzeptuelle Zustände und symbolische Referenz betrachtet – in seinem ganzen Umfang aber den Rahmen der momentanen Forschung und dieses Buches sprengen würde. Daher kann zu Expertensystemen im sub-symbolischen Paradigma momentan nur folgendes gesagt werden: Menschliche Expertise besteht sowohl aus Prozessen des IP und des CRI. Erstere umfassen Assoziationen und Intuitionen, die gemäß den bisher gebrachten Modellen simuliert werden können. Letztere bleiben im Moment noch offen, müssen aber auf alle Fälle (gemäß Abb. 1.3) im IP eingebettet sein und aus diesem als Epiphänomen hervorgehen.

Der klassische Ansatz läßt im Fall von Expertensystemen die assoziativen und unbewußten Komponenten sehr oft außer Acht. Ein Knowledge Engineer kann etwa immer nur das beschreib- und formalisierbare Wissen eines Experten in das System einbringen. Dort, wo eine Beschreibung nicht gelingt (wo also ein Ergebnis hauptsächlich unbewußt erlangt wird), müssen klassische Systeme scheitern. Der sub-symbolische Ansatz kann wiederum die bewußte Regelanwendung noch kaum berücksichtigen. Die Annahme – die eigentlich aus den bisherigen Betrachtungen folgen sollte – ist jedoch, daß kaum ein klassischer regelbasierter Ansatz (wie *Planning*, *Problem Solving*, etc. – siehe etwa Winston 1977) die "natürlichen" Verhältnisse plausibel beschreibt. Bewußte

Regelanwendung geschieht fast nie vollkommen losgelöst von assoziativen Vorgängen und in dem mechanisierten Schema dieser Ansätze. Daher wird eigentlich auch hier ein Großteil der traditionellen System verworfen und nach einem in den IP eingebetteten und mit diesem ständig interagierenden Mechanismus verlangt.

Eine Möglichkeit, *praktisch einsetzbare* Systeme auch ohne vollständig plausible Modellierung des CRI zu bauen, wäre eine Verbindung des sub-symbolischen mit dem klassischen Ansatz (*hybride Systeme*). Zum Beispiel könnte weiterhin ein regelbasiertes System eingesetzt werden, das Regeln allerdings assoziativ feuern läßt (*associative rule matching*), auf diese Weise also in ein konnektionistisches Modell eingebunden wäre (Abb. 14.1). Ein Beispiel ist

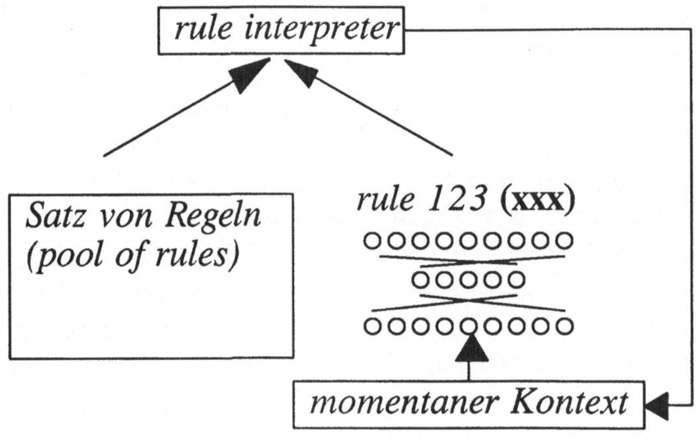

Abb. 14.1

etwa der Einbau neuronaler Netzwerke zur Bestimmung von Suchheuristiken in einem Theorembeweiser (Ertel et al. 1989).

Es gibt allerdings auch Anwendungsbereiche für Expertensysteme, in denen die Expertise fast ausschließlich aus assoziativem Wissen besteht. Dort können sub-symbolische Systeme den klassischen Ansatz ersetzen, bzw. auch dort eingesetzt werden, wo das klassische Modell wie erwähnt gescheitert ist. Beispiele dazu gibt es in der Literatur genug, die von der Interpretation von Röntgenbildern oder EKGs bis zur Unterscheidung von Materiaien anhand von Sonardaten (Sejnowski & Gorman 1988) reichen. In Abb.14.2a ist als Beispiel das Bild eines sogenannten Thallium-201 Szintigrammes des Herzens dargestellt, anhand dessen ein Experte eine Diagnose, die Verstopfung einer der Herzarterien betreffend, stellen kann. Das Netzwerk, schematisch in Abb.14.2b dar-

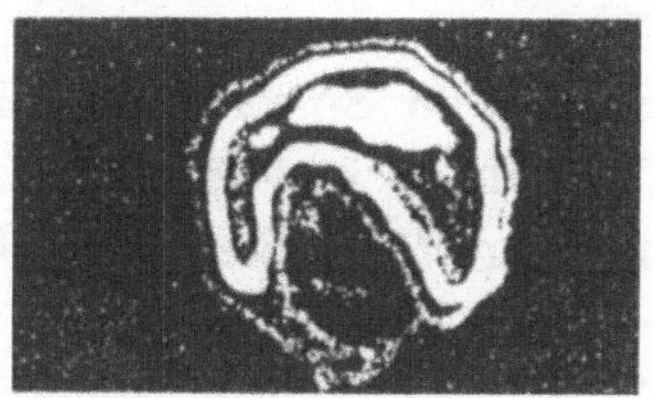

Abb. 14.2a

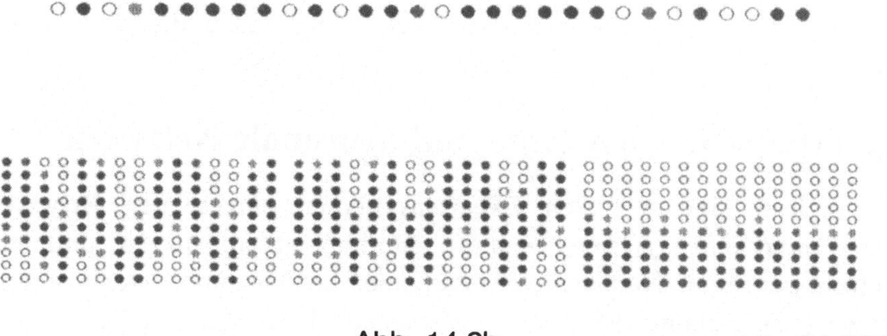

Abb. 14.2b   aus Kundrat (1990)

gestellt (Kundrat 1990), kann diese assoziative Diagnose nachempfinden
(Porenta et al. 1988). In vielen anderen Anwendungen ähnlicher Art (man
sehe sich nur die Proceedings diverser Neural Network Konferenzen an) sind
hier zum Teil sehr gute Erfolge erzielt worden, was mit ein Grund für das
aufstrebende Interesse an neuronalen Netzwerken der letzten Jahre ist.

Sub-symbolische Modelle können also sehr gut den Einsatz von Wissen eines
Experten nachempfinden, das der Experte selbst im allgemeinen nicht bewußt
sondern kraft seiner Erfahrung assoziativ einsetzt. Dies kann auch Wissen sein,
daß der noch unerfahrene Experte in Regelform gelernt und angewandt hatte,
bevor es ihm sozusagen "in Fleisch und Blut" übergegangen ist. Solches Wissen nennt man oft "internalisiert" oder in Anlehnung an Computer "compiliert". Das simple Modell in Abschnitt 8.2.4 gab eine ungefähre Vorstellung,
wie regelbasiertes Wissen von assoziativem Wissen abgelöst werden könnte.

Fast selbstverständlich muß man beim konnektionistischen Ansatz im Vergleich zu klassischen Expertensystemen einen großen Abstrich machen: Eine *Erklärung* des Verhaltens, im Sinne eines formalisierten Ablaufs des Schlußfolgerungsvorgangs, so wie er in Expertensystemen als zentrale Komponente angesehen wurden, ist zum Großteil jetzt nicht mehr möglich. Zwar gibt es einige Ansätze, Netzwerkverhalten nachträglich zu interpretieren (Sejnowski & Gorman 1988, Elman 1990), aber im allgemeinen bleiben Netzwerke dennoch zum Großteil undurchsichtig. Dies sollte uns nicht überraschen. Da wir angenommen haben, daß es Wissen (in der verallgemeinerten Definition) gibt, das durch symbolische Beschreibungen nur angenähert werden kann, kann man sich auch in vielen Bereichen keine – gezwungenermaßen symbolische – Erklärung der Vorgänge erwarten. Dort, wo klare Konzepte involviert sind (siehe das Beispiel von Hinton 1986), sollte eine Interpretation möglich sein, in anderen Fällen muß man von einer Forderung nach Erklärung in der gewohnten Form abgehen (vgl. dazu die Abhandlung in Abschnitt 5.6).

14.2 Produktionensysteme und neuronale Netzwerke

Ein Vergleich der in vielen Expertensystemen eingesetzten Regelsysteme (auch *Produktionensysteme* genannt, Gottlob et al. 1990) und einigen Ansätzen, neuronale Netzwerke für Aufgaben der Diagnose oder Inferenz einzusetzen (z.B. Gallant 1988) legt die folgende Überlegung nahe: Eine Regel besteht im allgemeinen aus mehreren Bedingungen (Prämissen) und einer Schlußfolgerung (Conclusio – vergleiche Kapitel 7). In Produktionensystemen werden solche Regeln verkettet, wobei die Schlußfolgerung einer Regel die Bedingung einer anderen erfüllen kann. Zeichnet man diese Verkettung auf, so ähnelt das sehr stark einem Netzwerk. Gallant (1988) hat das ausgenutzt und ein neuronales Netzwerk als Schlußfolgerungsmechanismus anstatt eines herkömmlichen Regelsystems verwendet und das Ergebnis "Connectionist Expert System" genannt.

Nun könnte man fragen, wo der essentielle Unterschied zwischen den beiden Ansätzen liegt. Die Antwort liegt sicher wieder in der Interpretierbarkeit der einzelnen involvierten Elemente. Der Regelansatz geht davon aus, daß das Wissen in den Bedingungen und Schlußfolgerungen symbolisch konzeptuelles Wissen, also etwas, was für den Designer und Benutzer des Systems zugänglich ist, darstellt. In einem selbst-organisierenden Feedforward-Netzwerk haben wir gesehen, daß unter Umständen keine einzige (Hidden) Unit eine Interpretation besitzen muß. Es läßt sich zunächst sicher sagen, daß zwischen Produktionensystemen und assoziativen (eventuell auch rekurrenten) Netzwerken ein kontinuierlicher Übergang, was ihre formale Kapazität und Funktionalität anbelangt, existiert. Mit einem fundamentalen Regelsystem beginnend könnte man nach und nach feinere Regeln hinzufügen, um immer mehr der durch die ursprünglich strenge Klassifikation der Regeln ausgelassenen Daten zu erfassen, bis man schließlich die Architektur eines neuronalen Netzwerks erreicht, das die gleiche Aufgabe erfüllt. Der qualitative Sprung tritt aber genau dort ein, wo der Großteil der involvierten Regeln ihre sprachliche Interpretierbarkeit verlieren und zu *"Microregeln"* (in Anlehnung an die Microfeatures von Abschnitt 2.2) werden. Damit geht gleichzeitig die Option verloren, das System klassisch zu programmieren, man muß also auf Mechanismen der Selbstorganisation zurückgreifen.

Im Sinne von Abschnitt 14.1 ist auch mit dieser Überlegung noch keineswegs das Gebiet der Expertensysteme durch neuronale Netzwerke subsumiert worden. Sie zeigt aber, daß eine theoretische funktionelle Äquivalenz von Produktionensystemen und assoziativen Netzwerken nicht den sub-symbolischen Ansatz in Frage stellt. Das Verhältnis ist das gleiche wie das schon in Abschnitt 4.3 beschriebene: Symbolische Systeme könnten zwar im Sinne einer Turingäquivalenz die gleiche Funktionalität wie sub-symbolische Systeme erreichen, die Fragen nach Plausibilität, Effektivität oder Möglichkeit der Implementierung bleiben aber bei dieser Äquivalenz großteils unbeantwortet.

14.3 Die Kritiken Dreyfus'

Zu den vehementesten Kritikern der Artficial Intelligence gehörte jahrelang der Philosoph Hubert Dreyfus. In seinen Werken wie "What Computers can't do" (Dreyfus 1985) und "Mind over Machine" (Dreyfus & Dreyfus 1987) versuchte er einige Unzulänglichkeiten des (vor allem klassischen) AI-Ansatzes aufzuzeigen. Eine seiner Kritiken bezog sich direkt auf das, was Expertensysteme zustande bringen können. Dreyfus unterscheidet dazu mehrere Ebenen der menschlichen Expertise, wovon zwei die folgenden sind:

– Der Anfänger:
  wendet stets bewußt Regeln und symbolisches (Lehrbuch-) Wissen an.

– Der Experte:
  hat eine Vielzahl von Regeln "compiliert" und wendet diese ganzheitlich an.

Dreyfus argumentiert weiter, daß Expertensysteme nie über die Ebene des Anfängers hinauskommen, wenn sie auch wesentlich effizienter im Regelanwenden als ein Mensch sein können. Als Beispiel zitiert er die Phasen eines Schachspielers vom Anfänger bis zum geübten Meister. Der Anfänger muß zweifellos viele Zugfolgen sequentiell durchprobieren, bevor er zu einem Ergebnis kommt, während der Meister zu weiten Teilen ganzheitliches Wissen über die momentane Stellung einsetzt. Ein Expertensystem, das Schach spielt, verfügt zwar über eine Reihe von Heuristiken, die ihm ein menschlicher Experte mitgegeben hat, es kann aber über die Phase des sequentiellen "Ausprobierens" nicht hinauskommen, bleibt also in gewissem Sinne auf der Stufe des Anfängers.

Der sub-symbolische Ansatz scheint nun eine perfekte Antwort auf diese frühen Kritiken von Dreyfus zu geben: Das, was er mit ganzheitlichem Wissen umreißt, ist genau das, was durch assoziative Modelle nachempfunden werden kann. Ein einfacher Ansatz in Abschnitt 11.4.6 (kaskadierte assoziative Netzwerke) hat bereits grob gezeigt, wie sequentielle Regelanwendung in eine mehr ganzheitliche parallele Lösungsfindung übergehen kann. Dreyfus hat also schon sehr früh das Fehlen eines "intuitive processors" in der AI erkannt.

14.4 Die Rolle der Logik

Systeme, die auf der formalen Logik (vor allem Aussagenlogik und Prädikatenlogik, aber auch nicht-monotone und andere Logiken) beruhen, wurden in der klassischen AI gerne als zentrales Paradigma für die Modellierung betrachtet. Theroembeweiser, Unifizierer, etc. wurden zu wesentlichen Komponenten für AI-Programme und viele Expertensysteme. Dabei wurden aber nicht nur komplexe Vorgänge wie Problemlösen und Suchen betrachtet, sondern durchaus auch Vorgänge wie Sprachverstehen oder Wissensbildung. Zum Beispiel sind viele Typen semantischer Netzwerke fast eins-zu-eins in Formalismen der Prädikatenlogik zu übersetzen. Nicht umsonst hat neben Lisp die logikorientierte Sprache *Prolog* (*"Prog*ramming in *Log*ic") einen Siegeszug in der klassischen AI angetreten.

Das sub-symbolische Paradigma hat dazu eine sehr radikale Hypothese anzubieten: Der IP bedient sich auf der Ebene der Konzepte nicht der Logik im strengen Sinn, diese ist rein anhand des CRI zu erklären, ist aber auch dort in höchstem Maße "unnatürlich". Damit ist gemeint, daß Logik als Epiphänomen der Kognition auf der Ebene des CRI ihre Bedeutung hat, aber im "Alltags"handeln eines Menschen oft nur eine geringe Rolle spielt. Zwar sind viele Handlungen (z.B. assoziative Inferenzen und Intuitionen) durch logische Regeln annäherbar, genauso wie verteilte 'Regeln' eine Annäherung für assoziatives Schließen waren (Kapitel 8), aber sie bleiben im Sinne des Logikkalküls praktisch nie ein abgeschlossenes widerspruchsfreies System. Lakoff (1987) zeigt zum Beispiel, daß Menschen sehr oft einander widersprechende Hypothesen aufrechterhalten (z.B. Licht einmal als Teilchen, einmal als Welle sehen), oder Dinge behaupten, die rein logisch betrachtet eine Kontradiktion ergeben. Betrachten wir folgendes Beispiel: Wenn man sagt

"Peter hat Maria dazu überredet zu fahren"

dann setzt man offensichtlich voraus, daß *Maria nicht fahren wollte*. Die gleiche Annahme trifft man, wenn man den Satz verneint:

"Peter hat Maria nicht dazu überredet zu fahren"

Nehmen wir diese Annahme gemäß der Logik als Aussage p. Sagt man hingegen

"Peter hat Maria davon abgehalten zu fahren"

setzt man voraus, daß *Maria fahren wollte*, also die Aussage $\rceil p$. Nun betrachte man folgende Situation. Peter soll auf Maria einreden, damit sie fährt, erreicht aber genau das Gegenteil damit. Nun kann man aufgebracht sagen

"Peter hat Maria nicht überredet zu fahren, er hat sie davon abgehalten!"

Während man diese Satz äußert setzt man als offensichtlich $p \wedge \rceil p$, also eine Kontradiktion voraus. Widerspruchsfreie logische Systeme zur Erklärung von menschlichen Schlußfolgerungsleistungen lassen sich offensichtlich nicht aufrechterhalten.

Damit wird mit einigen Ansichten von Vertretern der klassichen AI (z.B. Genesereth & Nilsson 1987) aber auch der Philosophie (Russell, etc.) gebrochen, die meinen, Logik wäre einer der Grundpfeiler der Kognition. Diesen Ansichten kann ich im Moment nur folgende Anekdote entgegenhalten:

Vor einiger Zeit sollte ich einem Freund von mir die Grundbegriffe der formalen Logik beibringen, da er sie für eine Prüfung benötigte. Die meisten Konzepte wie Wahrheitswert, logische Funktion und Widerspruchsfreiheit waren ihm völlig fremd. Als ich ihm erklären wollte, was eine Tautologie ist, nahm ich als Beispiel die Formel $p \vee \neg p$. "Etwas ist entweder wahr, oder es ist nicht wahr" sagte ich. Als ihm das noch nicht ganz einleuchtete, wählte ich ein Beispiel aus der realen Welt: "Ein Mensch kann nur entweder tot oder nicht tot sein". Seine spontane Reaktion darauf: "Aber es gibt doch mehrere Arten von tot sein ..."

Offensichtlich dachte er an Möglichkeiten des Scheintods, transzendente Zustände, oder ähnliches.

Diesem Beispiel spontanen natürlichen Denkens habe ich nichts mehr hinzuzufügen.

Teil 4

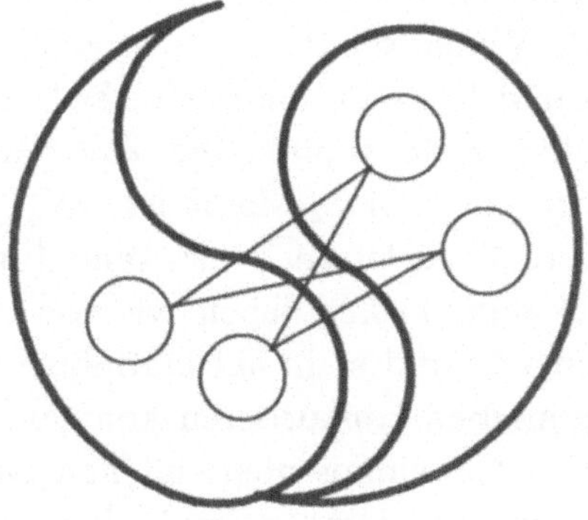

Mit diesem vierten und letzten Teil soll dieses Buch ausklingen. Bevor zusammenfassende Schlußworte die Betrachtungen der ersten drei Teile abrunden, soll noch ein höchst kritischer Blick auf die Zukunft des sub-symbolischen Ansatzes geworfen werden. Nicht alles ist dabei so rosig, wie es bis jetzt des öfteren den Anschein hatte.

15 Eine kritische Zusammenfassung

15.1 Allgemeines

In den ersten drei Teilen dieses Buches wurde ausführlich eine Modellvorstellung ausgearbeitet, die nicht nur die Artificial Intelligence revolutionieren könnte, sondern auch die Art und Weise, wie wir uns selbst als intelligent handelnde und denkende Wesen sehen. Diese Modellvorstellung scheint eine Reihe von Vorschlägen und Ideen zu bieten, die sich mit vielen Beobachtungen über natürliche Intelligenz deckt und daher eine plausiblere künstliche Intelligenz ermöglichen könnte. Eine Maschine voll und ganz "natürlich künstlich" intelligent werden zu lassen – das kann (und soll?) für uns hier noch gar nicht das Ziel sein. Daher haben wir von Anfang an auch diesbezügliche Abstriche gemacht und nicht auf lauffähige Computersysteme, die mit klassischen AI-Programmen konkurrieren könnten, abgezielt. Stattdessen geht es mehr darum, dem Geheimnis menschlichen Denkens und Handelns mit Hilfe eines auch auf einem Computer simulierbaren Ansatzes einen Schritt näher zu kommen. Denn das Bild vom denkenden Menschen als eine ein Programm abarbeitende Maschine scheint sich in der heutigen Zeit etwas überholt zu haben. Diesbezüglich könnte es uns eigentlich auch nicht stören, wenn die in diesem Buch gewählten und beschriebenen Ansätze noch viel zu naiv wären. Im Vergleich zu anderen (naiven) Ansätzen scheinen sie doch etwas Neues zu bieten.

Totz aller ihrer Attraktivität sind konnektionistische Modelle und das sub-symbolische Paradigma keineswegs unumstritten. Ganz im Gegenteil – der Erfolg der ersten Modelle hat ganz heftige Kritiken aus dem "klassichen Lager" hervorgerufen. Diese Kritiken kamen zum Teil zurecht – da im ersten Boom um neuronale Netzwerke sehr viele Forscher sicher den Ansatz zu unüberlegt übernommen haben – zum Teil aber in einer solchen fast unbegründet scharfen und polemischen Form, daß man sich fragen muß, ob die Auseinandersetzungen zwischen Konnektionisten und den Anhängern des symbolischen

Paradigmas nicht über das fruchtbare und notwendige These-Antithese Klima hinausgehen.

In diesem Kapitel soll nun auch ein kritischer Blick auf die in diesem Buch getroffenen Annahmen und aufgestellten Hypothesen geworfen werden. Zunächst sollen die gängigsten Kritiken am Konnektionismus kurz vorgestellt und besprochen werden. Danach soll auf einige mögliche Grenzen des Ansatzes eingegangen werden, die ihn entweder schon bald im Keim ersticken könnten, oder aber in fernerer Zukunft ein neues Paradigma hervorbringen könnten. Schließlich soll alles in einer Zusammenfassung ausklingen.

15.2 Die "Symbol Wars"

Fast unmittelbar nachdem Rumelhart & McClelland ihren Doppelband "Parallel Distributed Processing", der inzwischen die "Bibel der Konnektionisten" genannt wird, herausgebracht und Smolensky seinen einflußreichen Artikel "On the proper treatment of connectionism" veröffentlicht hat, meldeten sich vehement AI-Forscher, Linguisten und Philosophen der "klassischen Schule" mit heftigen Kritiken zu Wort. Zwei dieser Proponenten sind J. Fodor und Z. Pylyshyn, die zunächst ein Arbeitspapier mit dem Titel "Against Connectionism" und schließlich einen Artikel namens "Connectionism and cognitive architecture: A critical analysis" verfaßten. In ähnliche Kerben, wenn auch anhand einer ganz anderen Thematik schlugen Pinker & Prince, die vor allem das Past Tense Modell von Rumelhart & McClelland aus linguistischer Sicht detailliert untersuchten und kritisierten. So entwickelte sich – auf Papier und auf diversen Meetings und Konferenzen verbal – eine Auseinandersetzung, die sich zum Teil höchst unwissenschaftlich und unseriös entwickelte, sodaß man sie in Anlehnung an die in den USA bekannten "Cola Wars" (der Kampf via Fernsehwerbungen zwischen den zwei stärksten Cola-Erzeugern) die "Symbol Wars" – also die Diskussion um die Frage "Bringt ein Abgehen vom symbolischen Ansatz etwas Neues?" – nennen könnte.

15.2.1 Fodor & Pylyshyn

Die Hauptkritik von Fodor & Pylyshyn (1988) bezieht sich auf das Argument, daß verteilte konnektionistische Darstellungen Strukturen – also etwa Konzeptbeziehungen, kompositionale Zusammenhänge und Ausdrücke mit Variablen – nicht oder nur mit kaum realisierbaren Mitteln repräsentieren könnten. Dieser Kritik haben wir uns bereits mehrmals gewidmet, nämlich bei der Diskussion um das Binding Problem (Abschnitt 5.8) und bei der Vorstellung eines Modellansatzes für die Konzeptbildung (Kapitel 12). Als mögliche Lösung haben wir zweierlei gefunden: Zunächst sind wir zu dem Schluß gekommen, daß auf der Ebene, auf der sub-symbolische Modelle ansetzen, keineswegs Konzeptstrukturen in der Fodor & Pylyshyn gewohnten Form vollständig und widerspruchsfrei dargestellt werden müssen. Zweitens ist kurz gezeigt worden, daß im Prinzip auch ein verteiltes Muster die Information über eindeutige Konzeptbeziehungen enthalten kann, etwas was in einem repräsentationsfreien und selbstorganisierenden System, dessen Zustände nicht notwendigerweise interpretierbar sein brauchen, ausreichend sein müßte.

Auch wenn sich die ersten Ansätze als unzureichend herausstellen sollten, scheint die beste Antwort auf die Kritik die zu sein, darauf hinzuweisen, daß der mit aller Konsequenz betriebene Konnektionismus von vielen klassischen formalen Auffassungsweisen abgehen muß. Dies betrifft etwa das Wissen, das wir Menschen bei unseren täglichen Handlungen benützen, und wie es auszusehen hat. Stattdessen liefert er ein Bild, das sich oft radikal von traditionellen Modellen unterscheidet und nicht mehr eine objektiv existierende und formal klassifizier- und beschreibbare Welt in den Mittelpunkt rückt. Stattdessen betrachtet er Kognition primär als adaptives Handeln in einer Umwelt, im Zuge dessen die für das Handeln relevanten Gesetzmäßigkeiten herausgefiltert werden.

Für viele ist es zweifellos nicht leicht, ein solches Weltbild zu akzeptieren, da das des Realismus in so vielen Aspekten in unserer Kultur verankert ist. Vor allem in der "Folk Theory" – der "Theorie des Laien" – ist immer wieder von einer absoluten Wahrheit, von "Dingen, so wie sie wirklich sind" und von objektiv existierenden Strukturen die Rede. Dies ist vielleicht nicht schlecht so, denn unser Rechtssystem, zum Beispiel, würde wahrscheinlich nicht funktionieren, wenn jeder die Sachverhalte ständig relativieren würde. Man sollte sich jedoch durch dieses Weltbild nicht zu stark verleiten lassen, wenn es darum geht, die Funktionsweise unseres Verstandes zu verstehen. Offensichtlich arbeitet dieser nicht nach den Grundsätzen, die er uns ständig als Illusion vortäuscht. Mit anderen Worten, unser Verstand entwickelt sich nicht auf der Grundlage, daß es die eine richtige, vollständige und widerspruchsfreie Welt gilt, die es zu entdecken gibt, versetzt uns aber in den Glauben, es wäre so.

Nicht einmal Smolensky selbst ist von der klassischen Sichtweise vollständig weggekommen, als er den Kritiken von Fodor & Pylylshyn entgegnete

(Smolensky 1987a, 1988). Eine seiner Antworten darauf, daß konnektionistische Netzwerke keine Strukturen darstellen könnte, war nämlich die Entwicklung des Tensor-Produkt Schemas (siehe Abschnitt 5.8.1). Mit diesem gelingt es ihm zwar, symbolische Beziehungen in ein verteiltes Muster umzusetzen, aber er geht dabei noch immer von der Grundannahme aus, Rolle-Füller Beziehungen müßten vollständig, eindeutig und fehlerfrei in einem sub-symbolischen Modell unterzubringen sein. Die Unterscheidung von Intuitive Processor (IP) und Conscious Rule Interpreter (CRI) – von Smolensky ja selbst vorgeschlagen – hat uns aber gezeigt, daß diese Annahme nicht notwendigerweise eingehalten werden muß.

Außerdem hat sich Smolensky mit der Tensor-Produkt Repräsentation ein Problem eingehandelt, das auch Fodor & Pylyshyn indirekt bereits adressiert hatten. Die Darstellung von Beziehungen mittels einer Matrix scheint nämlich nicht umhin zu kommen, praktisch für jede Kombination von Rolle und Füller eine Unit vorzusehen, zumindest in der von Smolensky vorgestellten Form. Fodor & Pylyshyn hatten in ihrer Argumentation gemeint, eine unzusammenhängende Menge von Units könne Beziehungen nur so repräsentieren, daß für jede mögliche Kombination eine Unit vorgesehen werde. Dies ist natürlich ein untragbares Modell, das zunächst im Tensor-Produkt dupliziert wird.Das RAAM-Modell von Pollack (Abschnitt 5.8.3) und die Binding-Vektor Darstellung (Abschnitt 12.4.1) hingegen benötigen nicht unbedingt die kombinatorische Vielfalt an Units, können also dieses Argument zum Großteil ausräumen.

15.2.2 Pinker & Prince

Eine ganz anders angelegte Kritik am Konnektionismus haben die Linguisten Pinker & Prince (1988) anzubieten. Sie nehmen eines der am meisten bekannt gewordenen Modelle – das Past Tense Modell von Rumelhart & McClelland (siehe Abschnitt 2.4.1.1) – unter die Lupe und zeigen an etwa einem Dutzend Beispielen und Aspekten, daß dieses Modell inadäquate und falsche Vorhersagen trifft. Viele dieser Kritiken sind durchaus berechtigt – etwa wenn es darum geht, wie das Trainingsset gewählt wurde, um das Übergeneralisierungsverhalten zu erzeugen – andere gehen aber ähnlich wie zuvor etwas am Grundthema hinter konnektionistischen Systemen vorbei. Dazu gehört sicher die etwas zu genaue Betrachtung von kleinen Modelldetails wie die verwendete Codierung mittels Wickelfeatures, die – eigentlich nicht überraschend – zu unplausiblem Verhalten führt. Diese Kritik geht deshalb am

Thema vorbei, weil es von vornherein klar war, daß ein so einfaches Netzwerk nicht ein vollständiges Modell für alle Details des so komplexen Bereichs des Erwerbs von Zeitwörtern sein kann. Es sollten vielmehr einige Teilaspekte des Problems wie das Lernverhalten simuliert werden, was zweifellos auch gelungen ist.

Eine der berechtigten Kritiken am Past-Tense Modell ist uns in diesem Buch auch schon begegnet: Die Feststellung, daß es hier offensichtlich mindestens zwei Typen von Regeln gibt – solche, die auf Ähnlichkeiten zwischen Wörtern eingehen, und solche, die ganz unabhängig von der Gestalt des Wortes zur Anwendung kommen – das Modell diese aber beide in einen Topf wirft. Beide werden nämlich dem zweiten Typ, dem Form- (oder wie Pinker es nennt, Inhalts-) sensitiven zugerechnet. Wir haben uns unter dem Titel 'Copy Problem' ausführlich mit der Thematik beschäftigt und gezeigt, wie man Architekturen entwickeln könnte, die in gewissen Fällen den voll ähnlichkeitssensitiven Assoziationsprozeß umgehen können (Abschnitt 7.2.5).

Es zeigt sich also, wie Kritiken dieser Art zu einer Weiterentwicklung konnektionistischer Ideen führen können. Dies scheinen viele allerdings durch die Art und Weise, in der die Kritiken oft vorgetragen werden, nicht zu erkennen.

15.2.3 Andere Kritiken

Die kritischen Äußerungen zum Konnektionismus und der sub-symbolischen Hypothese enden natürlich nicht mit denen, die darüber am "lautesten" sind – im Gegenteil. Sie sollten daher auch in diesem Buch nicht fehlen (siehe auch etwas später). Der Grundtenor vieler negativer Stimmen zielt auf die mangelnde Erklärungskraft konnektionistischer Modelle ab. Auch das haben wir bereits gesehen. "Was nützt uns ein AI-System" – so wird argumentiert – "wenn es zwar das Richtige tut, wir es aber genausowenig wie unser Gehirn verstehen". Dies ist natürlich berechtigt. Andererseits hat das sub-symbolische Paradigma postuliert, daß viele Vorgänge gar nicht vollständig beschreib- und damit verstehbar sind. Dies würde bedeuten, daß uns gar nichts anderes übrigbleibt, als uns mit Modellen zu beschäftigen, die zum großen Teil nicht in der uns gewohnten Form beschreibbar sind.

Allerdings sind uns auch Möglichkeiten offenbar geworden, wie Erklärung vielleicht auf einer ganz anderen Ebene einsetzen könnte, nämlich mit Hilfe eines neuartigen Vokabulars, daß auf die Eigenschaften von und auf Vorgänge in konnektionistischen Netzwerken eingeht. Dies wäre vielleicht zu vergleichen mit dem Sprung, den die Physik von der klassichen Mechanik zur Quantentheorie durchgemacht hat. Dort war man jahrhundertelang davon ausgegangen, daß alle Ereignisse in der Welt exakt berechenbar, und somit auch voraussagbar wären, wenn man nur die Methoden fein und leistungsfähig genug machte. Die Quantenmechanik hat gezeigt, daß auf der Ebene der Elementarteilchen solche Berechnungen im klassischen Sinn unmöglich werden. Stattdessen hat man aber alternative Beschreibungsmethoden gefunden, wie die Mathematik der Wahrscheinlichkeitsverteilungen, die – zwar auf einer anderen Ebene aber dennoch recht erfolgreich – die Bildung einer Theorie gestatten. Ähnliches könnte der Kognitionsforschung mit Hilfe des Konnektionismus widerfahren.

Schließlich kann noch bemerkt werden, daß für viele Leute ein künstliches Modell eines Vorgangs selbst als Erklärung ausreichend ist, da es theoretisch auseinandergenommen werden könnte und somit nachvollziehbar würde. Ein Flugzeug etwa erklärt etwa in diesem Sinn, daß Gegenstände, die schwerer als Luft sind, fliegen können, auch dann, wenn man nicht im Detail versteht, warum es nun eigentlich abhebt. Auch diese Beobachtung kann auf den Konnektionismus erweitert werden.

Andere Kritiken am Konnektionismus konzentrieren sich auf die Aussagekraft von Netzwerkmodellen, wenn man deren Resultate mit Experimenten anhand des großen Vorbilds, des Menschen, vergleicht. Sehr oft werden auch kleine Unterschiede schon als Anlaß genommen, derartige Modelle zu verwerfen. Dabei stellt sich jedoch häufig die Frage, warum kaum jemand solche detaillierte Vergleich mit einem symbolischen Modell durchgeführt hat. Somit können solche Untersuchungen höchstens gegen ein bestimmtes Modell – wenn es denn Anspruch stellt, einen Vorgang auch quantitativ vollständig zu simulieren – aber nie für die vom Konnektionismus verworfenen klassischen Ideen sprechen. McClelland (1988) argumentiert hiezu übrigens sehr schlüssig – als Antwort auf die Kritiken am Past-Tense Modells – daß konnektionistische Modelle auch ohne quantitative Äquivalenz sinnvoll sind und große Erkenntnisse ermöglichen können.

Schließlich stoßen sich manche Psychologen am Konnektionismus (Massaro 1988), weil er Modelle liefert, die im Sinne einer Erklärungsadäquatheit "zu mächtig" seien. Man könne ein Netzwerk anhand seiner großen Anzahl an Freiheitsgraden immer so einstellen, daß es die richtige Ergebnisse liefere, was aber letztendlich kaum etwas über die möglichen Vorgänge im Menschen aussage. Die Antwort auf Kritiken dieser Art hängt sicher von dem ab, was man mit einem Modell bezwecken will.

15.3 Die Grenzen des sub-symbolischen Ansatzes

Obwohl auf die meisten bisher betrachteten Kritiken Antworten gefunden werden konnten, sollte man nicht vergessen, daß trotz allem eine Menge Fragen unbeantwortet im Raum stehen bleiben, die Grenzen des Ansatzes, bzw. die Chancen, daß sich die Hypothesen des Paradigmas bestätigen werden, noch bei weitem unklar sind. Einige dieser Fragen sollen nun kurz angerissen werden.

15.3.1 Modelldimensionen

Praktisch alle in der Literatur zitierten und auch in diesem Buch besprochenen Modelle sind verschwindend klein, wenn man bedenkt, welche Informationskapazität das menschliche Gehirn mit ca. 10^{10} Neuronen haben muß. Ein direkter Zahlenvergleich ist natürlich nicht möglich, da wir ja von biologischen Neuronen stark abstrahiert haben, dennoch kann man angesichts der Größenunterschiede das Gefühl nicht verleugnen, daß man mit den betrachteten Modellen noch nicht einmal an der Oberfläche dessen, was Intelligenz ausmachen könnte, gekratzt hat. Dies besonders dann, wenn man den ambitionierten sub-symbolischen Weg eingeschlagen hat, der von direkt verankerten Repräsentationen als Input ausgeht und somit nicht sofort auf höherer – etwa konzeptueller – Ebene beginnen kann. Die für ein realistisches System benötigte Netzwerkgröße scheint daher noch außer Reichweite zu sein.

Natürlich ist es für ein Modell nicht notwendig, die gleichen Dimensionen wie das Original anzunehmen, ja es scheint in vieler Hinsicht sogar das Wesen von Modellierung zu sein, daß dabei extrem vereinfacht und verkleinert wird. Erinnern wir uns: Von Anfang an war uns der Aspekt, einem Verständis intelligenter Vorgänge näher zu kommen, der wichtigste und nicht ein lauffähiges künstlich intelligentes System. Zum Verständnis der Dinge ist auch ein extrem verkleinertes Modell sehr hilfreich, so kann etwa das Prinzip der Assoziation und der verteilten Verarbeitung auch anhand weniger Units nachvollzogen werden. Allerdings haben wir gesehen, daß für komplexere Aufgaben eine um einige Größenordnungen umfangreicherer Ansatz notwendig sein wird, um wirklich in die interessanten Tiefen vorzudringen – besonders was die Dinge betrifft, die in den Kapiteln 10 (aktive Systemkomponenten) und 12 (Konzeptuelles Wissen) besprochen wurden.

Das bedeutet, daß der Erfolg des sub-symbolischen Paradigmas sicher entscheidend davon abhängig sein wird, inwieweit größere Netzwerkversionen in naher Zukunft – also etwa 10^5 oder 10^6 Units oder mehr, im Unterschied zu einigen Hundert – effektiv praktisch eingesetzt werden können. Forschungen an Parallelarchitekuren – vom Hypercube Rechner bis zur *connection machine*[1] (Hillis 1985) – und an Hardwareimplementierungen von neuronalen Netzwerken – also echten *connectionist machines* – werden zwar fieberhaft durchgeführt, aber es ist verfrüht, hier Aussagen über möglich Erfolge zu treffen.

Mit diesem eher praktisch orientierten Argument einher geht aber die Frage, inwieweit sich die einfachen Modelle, die wir jetzt beherrschen und halbwegs verstehen (soferne wir das überhaupt tun) einfach um einige Größenordnungen "aufblasen" lassen, ohne daß sich etwas Wesentliches an der Funktionsweise ändert. Mit anderen Worten, es ist nicht als gesichert zu sehen, daß Aussagen, die man jetzt über kleine Netzwerke trifft, in irgendeiner Form auch für Riesensysteme gültig sein werden. Dies ist zwar anzunehmen, aber massiv parallele Systeme sind einfach noch zu wenig verstanden, als daß nicht unerwartete und unüberbrückbare Artefakte auftreten könnten.

15.3.2 Erlernbarkeit

Ein sehr eng verwandte Frage ist diese: Angenommen, es gelingt, konnektionistische Modelle auch im großen Rahmen zu bauen und laufen zu lassen; ist es dann überhaupt in sinnvoller Zeit möglich, diese Systeme zu trainieren, also Ergebnisse zu erzielen. Hier könnten also wieder unsere idealistischen Annahmen über selbst-organisierende Systeme zu einer "Retourkutsche" werden, indem die notwendige Phase der Adaption eine so lange Zeit in Anspruch nimmt, daß wir erst recht keinen Nutzen von den Modellen haben. Wenn man bedenkt, daß auch ein Mensch ein halbes Leben lang lernt, bevor er halbwegs konsistente Konzeptschemen entwickelt, erscheint dieses Argument gar nicht so weit hergeholt. Als Modellvorstellung könnte somit der Ansatz nach wie vor geeignet erscheinen, aber aus erneut praktischen Gründen wäre uns das Mittel der Verifikation bzw. der Anwendung solcher Systeme genommen.

---

[1] Trotz der Namensähnlichkeit hat dieser Parallelcomputer direkt mit Konnektionismus nichts zu tun. Neuronale Netzwerke lassen sich zwar darauf simulieren (z.B. Blelloch & Rosenberg 1987), aber es bleibt eben bei der (keineswegs trivialen) *Simulation.*

15.3.3 Sub-symbolische AI und Evolution

Das vorige Argument wird noch durch eine Beobachtung verstärkt, der wir an einigen Stellen in diesem Buch schon begegnet sind: Wir haben festgestellt, daß ein komplexeres kognitives Modell eine Reihe von Architekturannahmen benötigt, also ohne Repräsentationen auf Metaebene nicht auskommt (siehe Abschnitt 5.7.1). Dies deswegen, weil man zunächst nicht annehmen kann, daß ein unstrukturiertes Netzwerk alle Funktionen der Intelligenz von Grund auf zu lernen imstande ist, und weil man kaum einen Mechanismus festlegen kann, der solche Architekturen für uns bestimmt. Dies käme nämlich einer Modellierung von so etwas wie der Evolution gleich, die ja in der Natur durch einfache Prinzipien die komplexe Architektur des menschlichen Gehirns hervorgebracht hat. Natürlich gäbe es effizientere Mechanismen als die Evolution zur Verfügung hat, ein solches Unterfangen scheint in naher Zukunft aber dennoch unmöglich.

Folglich muß zur Entwicklung der notwendigen Architekturen entweder unser Wissen über intelligente Leistungen, bzw. eventuell über physiologische Begebenheiten, eingesetzt werden, oder stattdessen zu einer Art Trial-and-Error Verfahren übergegangen werden: Man versucht so lange, verschiedene Architekturen auszuprobieren, bis man eine findet, die die Aufgabe einigermaßen wunschgemäß erfüllt. Dies erinnert jeden Konnektionisten fast schmerzhaft daran, wie wenig konkrete Ansätze zum optimalen Einsatz von Netzwerkstrukturen für gegebene Probleme es eigentlich in der Literatur gibt. Beide Lösungswege versprechen aber keineswegs den Erfolg. Es bleibt also die Frage offen, ob wir je imstande sein werden, Modelle im großen Rahmen geeignet zu entwerfen.

15.3.4 Hybride Systeme

Aus einer gar nicht mehr so sehr praktisch orientierten Sicht erscheint somit in naher Zukunft der Weg, klassische Ansätze in hybriden Systemen mit sub-symbolischen zu verbinden, als der einzige gangbare, um komplexere Modelle zu entwerfen. Obwohl aus vielen Gründen die strenge symbolische und regelbasierte Modellvorstellung in diesem Buch verworfen wurde, wird sie wahrscheinlich als Mittel, gewisse Einschränkungen zu umgehen, eingesetzt werden müssen. Symbolische Strukturen als Annäherung einer sub-symbolischen Wissensoberfläche können somit die Selbstorganisation eines Modells vorwegnehmen (etwas, was auch viele Vertreter strukturierter konnektionistischer Modelle im Sinn haben – wie Shastri 1987, Diederich 1989). Dies wird vor allem dort viel bringen, wo sich die symbolische Annäherung als recht adäquat erwiesen hat. Es ist kein Zufall, daß wir gerade im Zusammenhang mit Expertensystemen von hybriden Ansätzen gesprochen haben.

15.3.5 Der Conscious Rule Interpreter

An vielen Stellen in diesem Buch wurden entscheidende Probleme der Intelligenz- und Kognitionsmodellierung auf einen Bereich abgewälzt, der in der vorgestellten Konzeption noch kaum erfaßbar ist – bezeichnet als Conscious Rule Interpreter (CRI). Wir haben zwar postuliert, daß Vorgänge die auf dieser Ebene ablaufen (wie beuwßtes Schließen, sequentielles "Suchen" im Gedächtnis, Ausprobieren von Hypothesen, etc.), aus den tiefer liegenden sub-symbolischen Prozessen hervorgehen müssen, und somit in diese eingebettet sind. Weiters haben wir einige mögliche Schnittstellen zum CRI – wie Konzepte und Symbole oder das innere "Anwerfen" von Netzwerkdynamiken – kennengelernt. Eine umfassende Charakterisierung, geschweige denn Modellierung dieses Bereichs – streng aus der sub-symbolischen Hypothese heraus – ist aber noch in weiter Ferne. Es stellt sich also zweifellos die Frage, ob die Hypothesen, was den CRI betrifft, aufrechterhalten werden können, ob dieser also modellierbar und erfaßbar sein wird. Davon wird der Erfolg des sub-symbolischen Ansatzes entscheidend abhängen.

15.3.6 Wohin führt das?

All das zeigt vielleicht nur einen kleinen Teil der Aspekte, die den sub-symbolischen Ansatz zum Scheitern verurteilen könnten. Für viele könnten das Gründe genug sein, den Weg wieder aufzugeben. Doch offensichtlich ist das Bild nicht so finster, wie es jetzt plötzlich erscheint – wäre es das, so wäre dieses Buch sicher nicht geschrieben worden. Der sub-symbolische Ansatz kann insofern gar nicht ganz scheitern, weil er ja schon jetzt viel vollbracht hat: Er hat die AI in einigen Teilgebieten wie Perzeption oder dem assoziativen Schließen um einiges weitergebracht, und er hat uns eine Modellvorstellung für das Phänomen der Intelligenz geliefert, die zwar noch in den ersten Ansätzen steckt, aber im Sinne eines globalen Verständnisses "natürlicher" Vorgänge bereits einiges zu leisten imstande ist. Es ist nicht übertrieben, im Fahrwasser des Konnektionismus bereits von einem Paradigmenwechsel zu sprechen, der von vielen zwar ein Umdenken weg vom sehr realistischen Weltbild verlangt, der aber kraft seiner relativistischen und konstruktivistischen Aspekte ein mächtiges Werkzeug zum menschlichen Selbstverständnis darstellen kann. Das sub-symbolische Paradigma muß bei weitem noch nicht das "beste" Weltbild in dieser Richtung sein, aber es scheint aus der Sicht des Modellierers schon ein Stück weiter als die meisten anderen zu sein.

'Natürlich' muß in diesem Modellansatz übrigens nicht immer im strengen Sinn 'menschlich' heißen. Um wirklich menschliche Intelligenz nachbilden zu können – das sagen die Hypthesen wie die über die Repräsentationsfreiheit (Kapitel 5) voraus – müßte man Maschinen genau jene Erfahrungsmöglichkeiten, außerdem Motivationen und Emotionen (und ähnliches) mitgeben, die wir Menschen haben. Daß das noch lange nicht möglich sein wird, schließt nicht aus, künstliche Systeme mit eingeschränkten Erfahrungshorizont aber dennoch "natürlicher" Intelligenz zu bauen (vgl. French 1990). In diesem Sinne sind auch die meisten Überlegungen dieses Buches zu sehen.

15.4 Konklusion (ein Versuch)

In diesem Buch wurde also ein neuartiger Weg, Modelle biologischer Intelligenz zu gestalten, vorgestellt – das sub-symbolische Paradigma. Es wurde nicht nur eine Einführung in das dafür notwendige Rüstzeug – den Konnektionismus, bzw. die neuronalen Netzwerke – geboten, sondern auch eine Reihe von relevanten und wesentlichen Aspekten wurden vorgestellt und beleuchtet. Dabei wurde einerseits festgestellt, daß nicht jede Art, Konnektionismus zu betreiben, den Ideen der sub-symbolischen Hypothese und der eng verbundenen Repräsentationsfreiheit entspricht. Andererseits wurde aber auch gezeigt, daß neuronale Netzwerke, so wie sie von den meisten eingesetzt werden, noch nicht über alle notwendige Eigenschaften zur konsequenten Umsetzung des Paradigmas besitzen, eine Erweiterung aber möglich erscheint. Schließlich wurde anhand einiger ausgewählter Themen gezeigt, wie der Ansatz in praktisch orientierte Modelle umzusetzen ist. Die Betonung lag hier sicher auf 'ausgewählt', da einige wesentliche Bereiche wie etwa der der Motorik und Bewegungssteuerung vernachläßigt wurden (siehe etwa Schmidhuber 1989, Mel 1990). Auch hier wurde gezeigt, inwieweit das Paradigma konsequent eingesetzt werden kann, und wo sich einige der Stellen befinden, an denen neuronale Netzwerke überdacht bzw. erweitert werden müssen.

Aus den daraus sich ergebenden Argumentationen sollte klar geworden sein, daß dieses Buch keinen Kreuzzug gegen die hier als "klassisch" bezeichnete Artificial Intelligence darstellen sollte, höchstens gegen allzu vehement vertretene Meinungen, symbolische Modelle wären die umfassende Theorie menschlicher Kognition (z.B. Newell & Simon 1976). Stattdessen sollte ein alternativer Weg dargestellt und untermauert werden, der nicht zuletzt aus den zum Schluß geäußerten praktischen Gründen zusammen mit den klassischen Ansätzen sehr fruchtbare Ergebnisse bringen könnte. Gleichzeitig sollte aber auch die Faszination mitschwingen, die vom Konnektionismus ausgeht und in den letzten Jahren zu einem erstaunlichen Boom an Interesse für alles, was mit neuronalen Netzwerken zu tun hat, geführt hat. Der Autor dieser Zeilen teilt diese Faszination voll und ganz und hat versucht, sie mit diesem Buch an die Leser weiterzugeben.

Literatur

Aarts E., Korst J.(1989): Simulated Annealing and Boltzmann Machines, Wiley, Chichester, UK.

Ackley D.H., Hinton G.E., Sejnowski T.J.(1985): A Learning Algorithm for Boltzmann Machines, Cognitive Science, 9(1)147–169.

Amari S.-I.(1977): Neural Theory of Association and Concept– Formation, Biological Cybernetics, 26,175–185.

Anderson S., Merrill J., Port R.(1988): Dynamic Speech Categorization with Recurrent Networks, Indiana University, Computer Science Dept., Techn. Report No. 258.

Baron R.J.(1987): The Cerebral Computer, Erlbaum, Hillsdale, NJ.

Barto A.G., Sutton D.C., Anderson C.(1983): Neuron–like adaptive elements that can solve difficult learning control problems, IEEE Transactions on Systems, Man and Cybernetics, SMC–13, pp. 834–846.

Beer R.D.(1990): Intelligence as Adaptive Behavior, An Experiment in Computational Neuroethology, Academic Press, New York, Perspectives in Artificial Intelligence, Vol.6.

Belew R.K., McInerney J., Schraudolf N.(1990): Evolving Networks: Using the Genetic Algorithm with Connectionist Learning, Cognitive Computer Science Research Group, Univ. of California at San Diego, CSE Tech. Report #CS90–174.

Bell T.(1988): Sequential Processing using Attractor Transitions, Morgan Kaufmann, Los Altos, CA, Proceedings of the Connectionist Summer School.

Blelloch G., Rosenberg C.R.(1987): Network Learning on the Connection Machine, in Proceedings of the 10th International Joint Conference on Artificial Intelligence (IJCAI–87), Morgan Kaufmann, Los Altos, CA, pp.323–326.

Brachman R.J., Schmolze J.G.(1985): An Overview of the KL–ONE Knowledge Representation System, Cognitive Science, 9(2)171–216.

Brown A.S., McNeill D.(1966): The "tip of the tongue" phenomenon, Journal of Verbal Learning and Verbal Behavior, 5, pp.325–337.

Buchanan B.G., Shortliffe E.H.(eds.) (1984): Rule-Based Expert Systems – The MYCIN Experiments of the Stanford Programming Project, Addison-Wesley, Reading, MA.

Bybee J., Slobin D.I.(1982): Rules and schemas in the development and use of the English past tense, Language, 58, pp. 265–289.

Campbell J.(1982): Grammatical Man, Information, Entropy, Language, and Life, Simon & Schuster, New York, Touchstone Book.

Carpenter G.A., Grossberg S.(1987): A massively parallel architecture for a self-organizing neural pattern recognition machine, Computer Vision, Graphics, and Image Processing, 37, p.54–115.

Chalmers D.J.(1990a): Syntactic Transformations on Distributed Representations, Connection Science, 1&2(2)53–62.

Chalmers D.J.(1990b): The Evolution of Learning: An Experiment in Genetic Connectionism, Center for Research on Concepts and Cognition, Indiana University, Tech. Report CRCC-TR-47.

Chandrasekaran B., Goel A., Allemang D.(1988): Connectionism and Information-Processing Abstractions, AI-Magazine, Winter(88)p.24– 34.

Chomsky N.(1959): Review of: Verbal Behaviour, by B.F.Skinner, Language, 1(35).

Chomsky N.(1965): Aspects of the Theory of Syntax, MIT Press, Cambridge, MA.

Chomsky N., Halle M.(1968): The Sound Pattern of English, Harper & Row, New York.

Chomsky N.(1975): Reflections on Language, MIT Press, Cambridge, MA.

Chomsky N.(1981): Lectures on Government and Binding, Foris, Dordrecht.

Churchland P.M.(1989): A Neurocomputational Perspective, MIT Press, Cambridge, MA.

Churchland P.S., Sejnowski T.J.(1989): Neural Representation and Neural Computation, in Nadel L., et al.(eds.), Neural Connections, Mental Computations, MIT Press, Cambridge, MA, Bradford Books.

Clark A.(1989): Microcognition, MIT Press, Cambridge, MA.

Cohen M.A., Grossberg S.(1983): Absolute stability of global pattern formation and parallel memory storage by competitive neural networks, IEEE Transactions on Systems, Man and Cybernetics, SMC– 13, 815–826.

Cottrell G.W.(1985): A Connectionist Approach to Word Sense Disambiguation, University of Rochester, NY, Dissertation, TR 154.

Crick F., Mitchison G.(1983): The function of dream sleep, Nature, 304. pp.111–114.

Cummins R., Schwarz G.(1987): Radical Connectionism, Proc. of Spindel Conf. 1987: Connectionism and the Philosophy of Mind.

Deutsch D., Deutsch J.A.(1975): Short-term memory, Academic Press, New York.

Diederich J.(1988): Connectionist Recruitment Learning, in Kodratoff Y.(ed.), Proceedings of the 8th European Conference on Artificial Intelligence (ECAI-88), Pitman, London, pp.351-356.

Diederich J.(1989): Instruction and High-Level Learning in Connectionist Networks, Connection Science, 2(1) pp.161-180.

Dorffner G.(1988a): Modeling Gestalt Phenomena in a Distributed 'Rule' System, in Trappl R.(ed.), Cybernetics and Systems '88, Kluwer, Dordrecht.

Dorffner G.(1988b): NETZSPRECH - Another Case for Distributed 'Rule' Systems, in Bower G.(ed.), Proceedings of the Tenth Annual Conference of the Cognitive Science Society, Erlbaum, Hillsdale, NJ, pp.573-579.

Dorffner G.(1989a): Cascaded Associative Networks for Complex Learning Tasks, in Personnaz L., Dreyfus G.(eds.), Neural Networks from Models to Applications, I.D.S.E.T. Paris.

Dorffner G.(1989b): Replacing Symbolic Rule Systems with PDP Networks, NETZSPRECH: A German Example, Applied Artificial Intelligence, 3(1)45-67.

Dorffner G.(1989c): A Sub-Symbolic Connectionist Model of Basic Language Functions, Indiana University, Computer Science Dept., Dissertation.

Dorffner G.(in Druck): A Step Toward Sub-Symbolic Language Models without Linguistic Representations, in Reilly R., Sharkey N.(eds.), Connectionist Approaches to Natural Language Processing, Vol.1, Erlbaum, Hove.

Dreyfus H.L.(1972): What Computers Can't Do. A Critique of Artificial Reason, Harper & Row, New York.

Dreyfus H.L., Dreyfus S.E.(1985): Mind over Machine, The Free Press, New York.

Dreyfus H.L., Dreyfus S.E.(1987): Kuenstliche Intelligenz: Von den Grenzen der Denkmaschine und dem Wert der Intuition, Rowohlt, Reinbek/Hamburg.

Edelman G.M.(1987): Neural Darwinism, The Theory of Neuronal Group Selection, Basic Books, New York.

Elman J.L., McClelland J.L.(1985): Exploiting Lawful Varaibility in the Speech Wave, in Perkell J., Klatt D.H.(eds.), Invariance and Variability of Speech Processes, Lawrence Erlbaum, Hillsdale, NJ.

Elman J.L.(1988): Finding Structure in Time, UCSD, CRL Technical Report 8801.

Erman L.D., Hayes-Roth F., Lesser V.R., Reddy D.R.(1980): The Hearsay-II Speech-Understanding System: Integrating Knowledge to Resolve Uncertainty, Computing Surveys, 12(2)213-253.

Ertel W., Schumann J.M.P., Suttner C.B.(1989): Learning Heuristics for a Theorem Prover Using Back Propagation, in Retti J., Leidlmair K.(eds.), 5.Oesterreichische Artificial-Intelligence-Tagung, Springer, Berlin, pp.87-95.

Fahlman S.E.(1990): The Cascade Correlation Algorithm, in Touretzky D.E.(ed.), Neural Information Processing Systems II, Morgan Kaufman, Palo Alto.

Feldman J.A.(1981): A Connectionist Model for Visual Memory, in Hinton G.E., Anderson A.(eds.), Parallel Models of Associative Memory, Erlbaum, Hillsdale, NJ.

Fodor J.A., Pylyshyn Z.W.(1988): Connectionism and cognitive architecture: A critical analysis, Cognition, 28(1988)3-71.

French R.(1990): Subcognition and the limits of the Turing test, Center for Research on Concepts and Cognition, Indiana University, Manuscript, to appear in MIND.

Fukushima K.(1975): Cognitron: A Self-oganizing Multilayered Neural Network, Biological Cybernetics, 20,121-136.

Fukushima K.(1980): Neocognitron: A Self-organizing Neural Network Model for a Mechanism of Pattern Recognition Unaffected by Shift in Position, Biological Cybernetics, 36,193-202.

Fukushima K.(1986): A Neural Network Model for Selective Attention in Visual Pattern Recognition, Biological Cybernetics, 55,5-15.

Gallant S.I.(1988): Connectionist Expert Systems, Communications of the ACM, 2(31)pp.152-169.

Gaschnig J.(1982): Prospector: An Expert System for Mineral Exploration, in Michie D.(ed.), Introductory Readings in Expert Systems, Gordon & Breach, New York.

Gazdar G., Klein E., Pullum G.K., Sag I.(1985): Generalized Phrase Structure Grammar, Basil Blackwell, Oxford.

Gelder T.van(1990): Compositionality: A Connectionist Variation on a Classical Theme, Cognitive Science, 14, pp.208-212.

Genesereth M., Nilsson N.(1987): Logical Foundations of Artificial Intelligence, Morgan Kaufmann, Los Altos, CA.

Georgopoulos A.P., Schwartz A.B., Kettner R.E.(1986): Neuronal Population Coding of Movement Direction, Science, Vol.233, pp.1416-1419.

Glasersfeld E.von(1987): Wissen, Sprache und Wirklichkeit, Vieweg, Braunschweig.

Gluck M.A., Bower G.H.(1988): From conditioning to category learning: An adaptive network model, J. of Experimental Psychology: General, 117, pp.227-247.

Gottlob G., Fruehwirth T., Horn W.(eds.) (1990): Expertensysteme, Springer, Wien.

Grossberg S.(1976): Adaptive pattern classification and universal recoding, I: Parallel development and coding of neural feature detectors, Biological Cybernetics, 21, 145–159.

Grossberg S.(1982): Studies of mind and brain, Neural principles of learning, perception, development, and motor control, Reidel Press, Boston.

Grossberg S.(1987): Competitive Learning: From Interactive Activation to Adaptive Resonance, Cognitive Science, 11(1)23–64.

Grossberg S.(ed.) (1988): Neural Networks and Natural Intelligence, A Bradford Book, MIT Press, Cambridge, MA.

Guttmann G.(1982): Lehrbuch der Neuropsychologie, Hans Huber, Bern.

Harnad S.(1990): The Symbol Grounding Problem, Physica D, 42, pp.335–346.

Hebb D.O.(1949): The organization of behavior, Wiley, New York.

Hecht–Nielsen R.(1987): Counterpropagation Networks, in Caudill M., Butler C.(eds.), IEEE First International Conference On Neural Networks, San Diego, IEEE.

Hecht–Nielsen R.(1990): Neurocomputing, Addison–Wesley, Reading, MA.

Hillis W.(1985): The Connection Machine, MIT Press, Cambridge, MA.

Hinton G.(1988): Representing Part–Whole Hierarchies in Connectionist Networks, in Bower G.(ed.), Proceedings of the Tenth Annual Conference of the Cognitive Science Society, Erlbaum, Hillsdale, NJ.

Hinton G.E.(1986): Learning Distributed Representations of Concepts, in Proceedings of the Eight Annual Conference of the Cognitive Science Society, Erlbaum, Hillsdale, NJ.

Hinton G.E., McClelland J.L., Rumelhart D.E. (1986): Distributed Representations, in Rumelhart D.E., McClelland J.L. (eds.), Parallel Distributed Processing, Explorations in the Microstructure of Cognition, Vol1: Foundations, MIT Press, Cambridge, MA.

Hinton G.E., Sejnowski T.J.(1986): Learning and Relearning in Boltzmann Machines, in Rumelhart D.E., McClelland J.L.(eds.), Parallel Distributed Processing, Explorations in the Microstructure of Cognition, Vol 1: Foundations, MIT Press, Cambridge, MA.

Hirsch M.W., Smole S.(1974): Differential Equations, Dynamical Systems, and Linear Algebra, Academic Press, New York.

Hofstadter D.R.(1980): Goedel, Escher, Bach: an Eternal Golden Braid, Vintage Books, New York.

Hofstadter D.R.(1981): Who Shoves Whom Around Inside the Careenium, or, What Is the Meaning of the Word "I", in Hofstadter D.R.(ed.), Metamagical Themas: Questing for the Essence of Mind and Pattern, Basic Books, New York.

Hofstadter D.R.(1982): Waking up from the Boolean Dream, in Hofstadter D.R.(ed.), Metamagical Themas: Questing for the Essence of Mind and Pattern, Basic Books, New York.

Hofstadter D.R.(1985): Metamagical Themas: Questing for the Essence of Mind and Pattern, Basic Books, New York.

Hofstadter D.R., Mitchell M.(1988): Conceptual Slippage and Analogy-Making: A Report on the Copycat Project, in Bower G.(ed.), Proceedings of the Tenth Annual Conference of the Cognitive Science Society, Erlbaum, Hillsdale, NJ.

Holland J.H.(1975): Adaptation in Natural and Artificial Systems, University of Michigan Press, Ann Arbor, MI.

Hopfield J.J., Tank D.(1985): "Neural" computation of decisions in optimization problems, Biological Cybernetics, 52, 141–152.

Hopfield J.J.(1988): Neural networks and physical systems with emergent collective computational abilities, in Anderson J.A.(ed.), Neurocomputing, A Bradford Book, MIT Press, Cambridge, MA.

Hubel D.H., Wiesel T.N.(1962): Receptive fields, binocular interaction and functional architecture in cat's visual cortex, Journal of Physiol., 160, pp.106–154.

Huhns M.(ed.) (1987): Distributed Artificial Intelligence, Morgan Kaufmann, Los Altos, CA.

Jordan M.I.(1986): Serial Order: A Parallel Distributed Processing Approach, ICS-UCSD, Report No. 8604.

Kaghofer W.(1990): Aehnlichkeiten in assoziativen Netzwerken, in: Dorffner G. (ed.): Konnektionismus – Seminararbeiten, Inst.f.Med.Kybernetik u. AI der Univ. Wien, internes Manuskript.

Kaplan S., Weaver M., French R.(1990): Active Symbols and Internal Models: Towards a Cognitive Connectionism, AI & Society, 1(4)51–72.

Katz J.J., Fodor J.A.(1963): The structure of a semantic theory, Language, 39, pp.170–210.

Kindermann J., Linden A.(1989): Detection of Minimal Microfeatures by Internal Feedback, in Retti J., Leidlmair K.(eds.), 5.Oesterreichische Artificial-Intelligence-Tagung, Springer, Berlin, pp.230–239.

Klatt D.H.(1985): The perceptual reality of a formant frequency, Journal of the Acoustical Society of America (JASA), Supp.1 (78).

Klimesch W.(1988): Struktur und Aktivierung des Gedaechtnisses, Das Vernetzungsmodell: Grundlagen und Elemente einer uebergreifenden Theorie, Hans Huber, Bern.

Koehle M.(1990): Neurale Netze, Springer, Wien.

Kohonen T.(1984): Self–Organization and Associative Memory, Springer–Verlag, Berlin, Heidelberg, New York.

Kohonen T.(1988, 1981): Self–organized formation of topologically correct feature maps, in Anderson J.A.(ed.), Neurocomputing, A Bradford Book, MIT Press, Cambridge, MA, pp.511–522.

Kosko B.(1987): Competitive adaptive bi–directional associative memories, in Caudill M., Butler C.(eds.), IEEE First International Conference On Neural Networks, San Diego, IEEE.

Kruschke J.K.(1990): ALCOVE: A connectionist model of category learning, Cognitive Science, Indiana University, Research Report 19.

Kryukov V.I.(1988): Short–Term Memory as a Metastable State. V. ”Neurolocator”, a Model of Attention, in Trappl R.(ed.), Cybernetics and Systems ’88, Kluwer, Dordrecht, pp.999–1006.

Kundrat S.(1989): Klassifikation von komplexen Datensaetzen mit konnektionistischen Methoden, Institut fuer Med.Kybernetik u. AI, Universitaet Wien, Diplomarbeit.

Ladefoged P.(1975): A Course in Phonetics, Harcourt Brace Jovanovich, New York.

Laird J.E., Newell A., Rosenbloom P.S.(1987): SOAR: An Architecture for General Intelligence, Artificial Intelligence, 33(1)1–64.

Lakoff G., Johnson M.(1980): The Metaphorical Structure of the Human Conceptual System, Cognitive Science, 4(2)195–208.

Lakoff G.(1987): Women, Fire and Dangerous Things; What Categories Reveal about the Mind, University of Chicago Press, Chicago.

Lakoff G.(1988): A Suggestion for a Linguistics with Connectionist Foundations, in Touretzky D.(ed.), 1988 Connectionist Models Summer School, Morgan Kaufmann, Los Altos, CA.

Le Cun Y.(1988): A theoretical framework for backpropagation, in Touretzky D.(ed.), 1988 Connectionist Models Summer School, Morgan Kaufmann, Los Altos, CA.

Lippmann R.P.(1987): An Introduction to Computing with Neural Nets, IEEE ASSP Magazine, 4(2)4–22..

Lyons J.(1977): Semantics, Vol. I & II, Cambridge University Press, Cambridge, UK.

Maes P.(1989): How to do the Right Thing, Connection Science, 3(1)pp.291–324.

Malsburg C.von der(1973): Self–organization of orientation sensitive cells in the striate cortex, Kybernetik, 14, 85–100.

Mannes C.(1989): Sequentielle konnektionistische Verarbeitung: Detektoren fuer spatiotemporale Muster, Institut fuer Med.Kybernetik u. AI, Universitaet Wien, Diplomarbeit.

Mannes C.(1990): Learning Sensory-Motor Coordination by Experimentation and Reinforcement Learning, in Dorffner G.(ed.), Konnektionismus in Artificial Intelligence und Kognitionsforschung, Springer, Berlin, pp.95–102.

Mannes C., Dorffner G.(1990): Self-Organizing Detectors of Spatiotemporal Patterns, in Kindermann J., Linden A.(eds.), Distributed Adaptive Neural Information Processing, Oldenbourg, Muenchen/Wien, GMD-Bericht Nr. 185, pp. 89–102.

Mannes C., Dorffner G.(1990): On Learning Content-Blind Rules, in Trappl R.(ed.), Cybernetics and Systems '90, World Scientific Publishing, Singapore, pp.1009–1016.

Marcus M.P.(1979): A Theory of Syntactic Recognition for Natural Language, in Winston P.H., Brown R.H.(eds.), Artificial Intelligence: An MIT Perspective, Vol.2, MIT Press, Cambridge, MA.

Marr D.(1982): Vision, Freeman, San Francisco.

Marslen-Wilson W.D., Welsh A.(1978): Processing Interactions and lexical access during word recognition in continuous speech, Cognitive Psychology, 10, pp.29–63.

Massaro D.W.(1988): Some Criticisms of Connectionist Models of Human Performance, J. of Memory and Language, 27, p.213–234.

Maturana H.R., Varela F.J.(1980): Autopoiesis and Cognition, Reidel, Dordrecht.

Maturana H.R., Varela F.J.(1987): The Tree of Knowledge, The Biological Roots of Human Understanding, New Science Library, Shambhala, Boston.

McClelland J.L., Rumelhart D.E.(1981): An Interactive Activation Model of Context Effects in Letter Perception: Part 1. An Account of Basic Findings, Psychological Review, Vol.88, 375–407.

McClelland J.L., Elman J.L.(1986): Interactive Processes in Speech Perception: The TRACE Model, in Rumelhart D.E., McClelland J.L.(eds.), Parallel Distributed Processing, Explorations in the Microstructure of Cognition, Vol 1: Foundations, MIT Press, Cambridge, MA.

McClelland J.L., Kawamoto A.H.(1986): Mechanisms of Sentence Processing: Assigning Roles to Constituents of Sentences, in Rumelhart D.E., McClelland J.L.(eds.), Parallel Distributed Processing, Explorations in the Microstructure of Cognition, Vol 1: Foundations, MIT Press, Cambridge, MA.

McClelland J.L., Rumelhart D.E.(1986): Parallel Distributed Processing, Explorations in the Microstructure of Cognition, Vol II: Psychological and Biological Models, MIT Press, Cambridge, MA.

McClelland J.L.(1988): Connectionist Models and Psychological Evidence, J. of Memory and Language, 27, pp.107–123.

McMillan C., Smolensky P.(1988): Analyzing a Connectionist Model as a System of Soft Rules, in Bower G.(ed.), Proceedings of the Tenth Annual Conference of the Cognitive Science Society, Erlbaum, Hillsdale, NJ.

Meier H.(1967): Deutsche Sprachstatistik, Hildesheim.

Mel B.W.(1990): Connectionist Robot Motion Planning, A Neurally- Inspired Approach to Visually-Guided Reaching, Academic Press, New York, Perspectives in Artificial Intelligence, Vol.7.

Mervis C.B., Pani J.R.(1980): Acquisition of Basic Object Categories, Cognitive Psychology, 12, p.496-522.

Michalski R.S., Carbonell J.G., Mitchell T.M.(eds.) (1983): Machine Learning: An Artificial Intelligence Approach, Tioga, Palo Alto, CA.

Michalski R.S., Carbonell J., Mitchell T.(eds.) (1986): Machine Learning: An Artificial Intelligence Approach, Vol.II, Kaufmann, Los Altos, Calif..

Minsky M., Papert S.(1969): Perceptrons, Expanded Edition 1988, MIT Press, Cambridge, MA.

Mozer M.C.(1988): A Connectionist Model of Selective Attention in Visual Perception, in Bower G.(ed.), Proceedings of the Tenth Annual Conference of the Cognitive Science Society, Erlbaum, Hillsdale, NJ, pp.195-201.

Munro P.W.(1987): A dual back-propagation scheme for scalar reinforcement learning, Proc. of the Ninth Annual Conference of the Cognitive Science Society, Seattle, WA, pp.165-176.

Neisser U.(ed.) (1987a): Concepts and Conceptual Development, Cambridge University Press, Cambridge, UK.

Neisser U.(1987b): Introduction: The ecological and intellectual bases of categorization, in Neisser U.(ed.), Concepts and Conceptual Development, Cambridge University Press, Cambridge, UK, pp.1-10.

Nelson K.(1988): Where Do Taxonomic Categories Come from?, Hum.Dev., 31, p.3-10.

Nenov V.I., Dyer M.G.(1988): DETE: Connectionist/Symbolic Model of Visual and Verbal Association, in Kosko B.(ed.), IEEE International Conference On Neural Networks, San Diego, IEEE, Vol. II, pp.17-24.

Newell A., Simon H.A.(1976): Computer Science as Empirical Inquiry: Symbols and Search, Communications of the ACM, 19(3)113-126..

Oyster J.M., Skrzypek J.(1987): Computing Shape with Neural Networks: A Proposal, in Caudill M., Butler C.(eds.), IEEE First International Conference On Neural Networks, San Diego, IEEE.

Paivio A.(1971): Imagery and verbal processes, Erlbaum, Hillsdale, NJ.

Peschl M.(1990): Cognitive Modelling, Deutscher Universitaetsverlag.

Pinker S., Prince A.(1988): On language and connectionism: Analysis of a parallel distributed processing model of language acquisition, Cognition, 28 (1988) 73-193.

Pollack J.B.(1988): Recursive Auto-Associative Memory: Devising Compositional Distributed Representations, in Bower G.(ed.), Proceedings of the Tenth Annual Conference of the Cognitive Science Society, Erlbaum, Hillsdale, NJ.

Pollack J.B.(1990): Recursive Distributed Representations, Special Issue on Connectionist Symbol Processing, Artificial Intelligence, 46(1-2).

Porenta G., Dorffner G., Schedlmayer J., Sochor H.(1988): Parallel Distributed Processing as a Decision Support Approach in the Analysis of Thallium-201 Scintigrams, in Proc. Computers in Cardiology 1988, Washington, D.C., IEEE.

Port R., Dalby J.(1982): C/V ratio as a cue for voicing in English, Perception & Psychophysics, 2, pp.141-152.

Port R., Reilly W., Maki D.(1988): Use of syllable-scale timing to discriminate words, Journal of the Acoustical Society of America (JASA), 83(1)pp.265-273.

Reeke G.N.Jr, Edelman G.M.(1988): Real Brains and Artificial Intelligence, Daedalus, Winter 1988, "Artificial Intelligence".

Reeke G.N.Jr, Sporns O., Edelman G.M.(1989): Synthetic Neural Modeling: Comparisons of Population and Connectionist Approaches, in Pfeifer R., et al.(eds.), Connectionism in Perspective, North- Holland, Amsterdam, pp.113-142.

Reilly R., Sharkey N.(eds.) (1991): Connectionist Approaches to Natural Language Processing, Vol.1, Erlbaum, Hove.

Roberts K., Horowitz F.D.(1986): Basic level categorization in seven- and nine-month-old infants, J. of Child Language, 13, p.191-208.

Rosch E.(1973): On the internal structure of perceptual and semantic categories, In T.Moore (Ed.), Cognitive development and the acquisition of language, Academic Press, New York.

Rosch E.(1978): Principles of Categorization, in E.Rosch, B.B.Lloyd (eds.), Cognition and Categorization, Erlbaum, Hillsdale, NJ.

Rosenblatt F.(1961): Principles of Neurodynamics: Perceptrons and the theory of brain mechanisms, Spartan Books, Washington, DC.

Rotter M.(1990): Ueber die Darstellung und Verarbeitung von Struktur in konnektionistischen Modellen, Institut fuer Med.Kybernetik u. AI, Universitaet Wien, Diplomarbeit.

Rotter M., Dorffner G.(1990): Struktur und Konzeptrelationen in verteilten Netzwerken, in Dorffner G.(ed.), Konnektionismus in Artificial Intelligence und Kognitionsforschung, Springer, Berlin, pp.85-94.

Rumelhart D.E., McClelland J.L.(1982): An Interactive Activation Model of Context Effects in Letter Perception: Part 2. The Contextual Enhancement Effect and Some Tests and Extensions of the Model, Psychological Review, No.88, 60-94,.

Rumelhart D.E., Hinton G.E., Williams R.J.(Rumelhart et al. 1986a): Learning Internal Representations by Error Propagation, in: Rumelhart D.E., McClelland J.L.(eds), Parallel Distributed Processing, Vol I, MIT Press 1986.

Rumelhart D.E., Zipser D.(1985): Feature Discovery by Competitive Learning, Cognitive Science, 9(1)75–112.

Rumelhart D.E., McClelland J.L.(1986a): Parallel Distributed Processing, Explorations in the Microstructure of Cognition, Vol 1: Foundations, MIT Press, Cambridge, MA.

Rumelhart D.E., McClelland J.L.(1986b): On Learning the Past Tenses of English Verbs, in McClelland J.L., Rumelhart D.E.(eds.), Parallel Distributed Processing, Explorations in the Microstructure of Cognition, Vol II: Psychological and Biological Models, MIT Press, Cambridge, MA.

Rumelhart D.E., Smolensky P., McClelland J.L., Hinton G. (Rumelhart et al. 1986b): Schemata and Sequential Thought Processes in PDP Models, in McClelland J.L., Rumelhart D.E.(eds.), Parallel Distributed Processing, Explorations in the Microstructure of Cognition, Vol II: Psychological and Biological Models, MIT Press, Cambridge, MA.

Rumelhart D.E., McClelland J.L.(1988): Explorations in Parallel Distributed Processing, MIT Press, Cambridge, MA.

Salasoo A., Pisoni D.B.(1985): Interaction of knowledge sources in spoken word identification, J. of Memory and Language, 24, pp.210– 231.

Salu Y.(1985): Learning and Coding of Concepts in Neural Networks, Biosystems, 18, p.93–103.

Schade U.(1989): A Note on K.Bock's "Syntactic Adjustment Effect" Problem, in Retti J., Leidlmair K.(eds.), 5.Oesterreichische Artificial–Intelligence–Tagung, Springer, Berlin, pp.218–223.

Schade U.(1990): Kohaerenz und Monitor in konnektionistischen Sprachproduktionsmodellen, in Dorffner G.(ed.), Konnektionismus in Artificial Intelligence und Kognitionsforschung, Springer, Berlin.

Schmidhuber J.(1989): A Local Learning Algorithm for Dynamic Feedforward and Recurrent Networks, Connection Science, 4(1) pp. 403–412.

Schmidhuber J.(1990): Recurrent networks adjusted by adaptive critics, in International Joint Conference on Neural Networks, San Diego, IEEE, 719–722.

Schnelle H., Doust R.(in Druck): A Net–Linguistic Earley Parser, in Reilly R., Sharkey N.(eds.), Connectionist Approaches to Natural Language Processing, Vol.1, Erlbaum, Hove.

Schreter Z., Pfeifer R.(1989): Short–Term Memory /   Long–Term Memory Interactions in Connectionist Simulation of Psychological Experiments on List Learning, in

Personnaz L., Dreyfus G.(eds.), Neural Networks from Models to Applications, I.D.S.E.T. Paris, pp. 36–44.

Schreter Z.(1990): Attention, Discrimination Learning and Unspecific Modulatory Effects in the Brain, A Connectionist Model on their Relation, Universitaet Zuerich, Manuskript.

Searle J.R.(1980): Minds, Brains and Programs, Behavioral and Brain Sciences, 3,417–457.

Searle J.R.(1990): Is the Brain's Mind a Computer Program?, Scientific American, 1(1990)pp.20–25.

Sejnowski T.J., Rosenberg C.R.(1986): NETtalk: A Parallel Network that Learns to Read Aloud, Johns Hopkins University, TR JHU/EECS- 86/01.

Sejnowski T.J., Gorman R.P.(1988): Analysis of Hidden Units in a Layered Network Trained to Classify Sonar Targets, Neural Networks, 1(1)pp.75–88.

Selman B., Hirst G.(1985): A Rule–Based Connectionist Parsing System, in Proceedings 7th Annual Conference of the Cognitive Science Society, Irvine, CA..

Shannon C.E.(1948): A Mathematical Theory of Information, Bell Systems Technical Journal, 27:379–423, 623–656.

Shastri L.(1987): Semantic Networks:, An Evidential Formalization and its Connectionist Realization, Morgan Kaufmann, Los Altos, CA.

Shepard R.N., Metzler J.(1971): Mental rotation of three- dimensional objects, Science, 171, pp.701–703.

Skarda A., Freeman W.J.(1987): How brains make chaos in order to make sense of the world, Behavioural and Brain Sciences, 2(10)pp. 161–196.

Skinner B.F.(1953): Science and Human Behaviour, MacMillan, New York.

Skinner B.F.(1957): Verbal Behavior, Appleton-Century-Crofts, New York.

Smolensky P.(1986): Information Processing in Dynamical Systems: Foundations of Harmony Theory, in Rumelhart D.E., McClelland J.L.(eds.), Parallel Distributed Processing, Explorations in the Microstructure of Cognition, Vol 1: Foundations, MIT Press, Cambridge, MA.

Smolensky P.(1987a): The Constituent Structure of Connectionist Mental States: A Reply to Fodor and Pylyshyn, Spindel Conference 1987: Connectionism and the Philosophy of Mind, The Southern Journal of Philosophy.

Smolensky P.(1987b): On variable binding and the representation of symbolic structures in connectionist systems, University of Colorado, CU–CS–355–87.

Smolensky P.(1988): On the Proper Treatment of Connectionism, Behavioral and Brain Sciences 11(88), p.1–74.

Stenning K., Levy L.(1988): Knowledge-rich solutions to the binding problem: a simulation of some human computational mechansims, Knowledge-Based Systems, 3(1)pp.143–152.

Szu H., Hartley R.(1987): Fast simulated annealing, Physics Letters, 1222(3,4) pp.157–162.

Touretzky D.S., Hinton G.E.(1985): Symbols Among the Neurons: Details of a Connectionist Interference Architecture, in Proceedings of the 9th International Joint Conference on Artificial Intelligence (IJCAI–85), Los Angeles, California.

Trost H.(1983): SEMNET – Ein semantisches Netz zur Darstellung von Umweltwissen in einem natuerlichsprachigen System, Institut fuer Med.Kybernetik u. AI, Universitaet Wien, Dissertation.

Trost H., Buchberger E., Heinz W., Hoertnagl C., Matiasek J.(1987): "Datenbank-DIALOG" – A German Language Interface for Relational Databases, Applied Artificial Intelligence, 1(2)181–203.

Waibel A., Hampshire J.(1989): Building Blocks of Speech, BYTE, 8(14)pp.335–340.

Waltz D.(1975): Understanding Line Drawings of Scenes with Shadows, in Winston P.H.(ed.), The Psychology of Computer Vision, McGraw- Hill, New York.

Waltz D.L., Pollack J.B.(1985): Massively Parallel Parsing: A Strongly Interactive Model of Natural Language Interpretation, Cognitive Science, 9(1)51–74.

Wasserman P.D.(1989): Neural Computing, Theory and Practice, Van Nostrand Reinhold, New York.

Watrous R.L., Shastri L.(1987): Learning Phonetic Features using Connectionist Networks, in Proceedings of the 10th International Joint Conference on Artificial Intelligence (IJCAI–87), Morgan Kaufmann, Los Altos, CA, pp.851–854.

Watzlawick P.(1976): Wie wirklich ist die Wirklichkeit?, Piper, Muenchen.

Werbos P.(1974): Beyond regression: New tools for prediction and analysis in the behavioral sciences, Harvard University, Ph.D. Dissertation.

Widrow G., Hoff M.E.(1960): Adaptive switching circuits, IRE WESCON Convention Record, New York:IRE, pp.96–104.

Winograd T.(1976): Understanding Natural Language, Academic Press, New York.

Winograd T.(1983): Language as a Cognitive Process, 1: Syntax, Addison-Wesley, Reading, MA.

Winograd T., Flores F.(1986): Understanding Computers and Cognition, Ablex, Norwood, NJ.

Winston P.H.(1977): Artificial Intelligence, Addison-Wesley, Reading, MA.

Sachregister

Abbau einer Verbindung 266
Abbildung 22, 37, 41, 42, 49f, 69, 70,
  87, 89, 91f, 97–106, 113, 116, 121, 122,
  124, 140, 169, 187, 235, 243, 291, 302,
  341, 358, 384, 400, 402
Abfallfaktor 54
Abschwächungsfaktor 71
Abstraktion 289, 344, 365, 382
Abweichungsterm 34
Adaptierung *von Verhalten* 34, 95, 98,
  127, 213, 248ff, 259, 264, 270, 360,
  383f, 388, 397
Adaptiver Kritiker 259
Adaptive Resonance Theory 73
adaptives Handeln 178, 249, 351, 402,
  416
Adressierbarkeit anhand des Inhalts 80
Ähnlichkeiten *von Mustern* 26f, 37, 43ff,
  60, 65, 67f, 74, 80f, 90, 103, 133–142,
  185f, 198, 205, 210, 214, 230f, 241,
  254, 260, 272, 277, 313, 314–316,
  317ff, 323f, 348, 354, 357f, 379, 381,
  383, 394
  ad-hoc - 99, 369
Ähnlichkeitsmaß 72, 90, 94, 96, 314
Ähnlichkeitstransformation 97, 369, 383
AI 2–14, 15, 21, 23, 25, 30, 36, 52, 63,
  148, 152, 165, 177, 181, 192f, 217,
  271f, 282, 284, 287, 305, 313, 348, 382,
  387, 389, 410, 415, 418, 423
a-kind-of 5, 10, 25, 152, 184
Aktivierung *einer Unit* 16–26, 34, 54f, 59,
  64f, 70, 96, 126, 141, 179, 202, 206,
  214, 221, 226, 258f, 303, 310, 319, 338,
  379
Aktivierungsausbreitung 20, 23, 54, 75,
  84, 85ff, 106, 113f, 132, 276f, 281f,
  294, 374, 399
Aktivierungsfunktion 16, 19, 22, 24, 35,
  54, 55, 85, 97, 98, 101, 102, 106, 113,
  122, 239, 255, 256
Aktivierungsvektor 85, 88, 95, 141
ambige Inputs 202
Anfangsphase 213
annealing 76, 112, 128, 129, 131
annealing schedule 129
Anti-Hebb 32
Antrieb 279

Äquivalenz, universale 13
Architektur *eines Netzwerks* 30, 36f, 41,
  49, 54, 58, 60–64, 69, 70, 75, 78, 85,
  101, 122, 132, 180f, 215, 233, 250,
  261f, 265ff, 276, 283, 291, 294f,
  299–310, 318, 325f, 328–331, 346f,
  353, 356, 382, 397–399, 409, 418, 422
Architekturlernen 265
ART 73ff, 257, 277, 373, 374, 382–384,
  395
Artificial Intelligence (AI) 2, 13, 143,
  165, 287, 386, 405, 414, 424
  klassische 3, 10, 11, 12, 19, 52, 79, 148,
  155, 159, 165, 175, 176, 188, 200, 204,
  216–218, 247, 248, 265, 271, 282, 288,
  290, 346, 384f, 387, 410, 414, 424
  konventionelle 3
  traditionelle 3, 287f
associative memory 52, 59, 75, 190,
  378
associative rule matching 406
Assoziation 37ff, 41, 52, 56, 60, 86, 93,
  98, 103f, 115, 122, 233, 238f, 263f,
  276, 302, 342, 420
  freie 272
Assoziationsnetzwerk 38ff, 49, 52, 62, 64,
  95, 106, 125, 172f, 182, 233, 276, 301,
  313f, 324, 339, 353
assoziative Prozesse 11f, 14, 61, 80, 147,
  263, 282, 285, 367, 388, 390f, 406
assoziatives Netzwerk 38, 61, 63, 69,
  85ff, 96f, 102, 103, 122, 137, 141,
  162f, 219, 225, 227, 229, 232, 235, 238,
  244, 252f, 255, 257, 262, 264, 274, 315,
  325, 383, 394, 400f, 405, 409f
Assoziativspeicher 59
attractor basin 59, 110
attractor transition 304
Aufbau einer Verbindung 266
Auffaltung *eines Netzwerks* 106
Ausbreitungsregel 76
Auslesen *von Information* 21, 47
Auslösen *einer Regel* 208, 219
Ausnahmeregel 222f, 225
Autoassoziation 40, 191
autonomes System 281
autonomous agent 281
Axon 18

Backpropagation 33, 35f, 39, 41, 47, 70,
  76, 122, 123ff, 132, 142, 172, 190, 202,